Der praktische Maschinenbauer

Ein Lehrbuch für Lehrlinge und Gehilfen
ein Nachschlagebuch für den Meister

Herausgegeben von

Dipl.-Ing. H. Winkel

Zweiter Band

Die wissenschaftliche Ausbildung

1. Teil

Mathematik und Naturwissenschaft

Bearbeitet von

R. Kramm, K. Ruegg

und

H. Winkel

Mit 369 Textfiguren

Berlin

Verlag von Julius Springer

1923

ISBN-13: 978-3-642-89140-3   e-ISBN-13: 978-3-642-90996-2
DOI: 10.1007/978-3-642-90996-2

Softcover reprint of the hardcover 1st edition 1923

Vorwort des Herausgebers.

Mit dem „Praktischen Maschinenbauer" soll dem Lehrling und Gehilfen des Maschinenbaues ein Buch an die Hand gegeben werden, das ihnen während ihrer Ausbildung ein gewissenhafter Führer, in ihrer praktischen Tätigkeit ein zuverlässiger Ratgeber ist. In der Werkstatt werden der Lehrling und der junge Gehilfe vom Meister beruflich unterwiesen, in der Werk- und Fachschule übernehmen Techniker und Ingenieure die fachwissenschaftliche Ausbildung des Nachwuchses in unserer Maschinenindustrie. Nach diesen Gesichtspunkten ist das Werk gegliedert.

Der 1. Band ist der Werkstattausbildung des jungen Maschinenbauers gewidmet und stellt einen Versuch dar, die überaus vielseitigen Arbeiten, die bei dem heutigen hochentwickelten technischen Stande unserer Industrie der Werkstatt zufallen, durch Wort und Bild dem Lernenden näherzubringen. Es kann gar keine Frage sein, daß dieser Versuch unvollkommen sein muß; Erschöpfendes zu bringen ist ein einzelner außerstande, so umfassend auch seine Erfahrungen sein mögen. Soll hier etwas geleistet werden, so bedarf es der Hilfe vieler. Die Fachkollegen aller Grade werden gebeten, dem Verlage Wünsche und Anregungen mitzuteilen, die geeignet sind, den weiteren Ausbau des Werkes zu fördern.

Der 2. Band soll den Lehrling und Gehilfen in die wissenschaftlichen Grundlagen des Maschinenbaues einführen, Rechnung und Zeichnung ihrem Verständnis erschließen, die vielseitigen Baustoffe nach Gewinnung, Verarbeitung und Prüfung zeigen, die Werkzeugmaschinen nach Bau und Wirkungsweise erläutern und die erforderlichen mathematischen und naturwissenschaftlichen Kenntnisse übermitteln.

Der 3. Band umfaßt die Kraftmaschinen, die Feuerungsanlagen und die Beförderungsmittel in Betrieben, die nach Bau, Wirkungsweise und Wirtschaftlichkeit beschrieben werden. Beabsichtigt ist, den jungen Maschinenbauer auch mit den Dingen bekannt zu machen, die zwar nicht unmittelbar mit seiner Ausbildung zusammenhängen, die aber doch wesentliche Bestandteile von neuzeitlich eingerichteten Betrieben sind.

Der 4. Band ist der Betriebsführung gewidmet und behandelt schwierigere Arbeitsvorgänge und ihre Hilfsmittel, die bei der Massenfertigung unerläßlich sind. Der Leser wird darauf hingewiesen, daß alle in einem größeren Betriebe Tätigen nach sorgfältig durchdachten Plänen zusammenarbeiten müssen, wenn erfolgreiche Arbeit geleistet werden soll. Es wird der Versuch gemacht, das, was unsere heutige Technik unter

„wissenschaftlicher Betriebsführung" versteht, dem jungen Maschinenbauer in einer Form zu bringen, die seinem Verständnis und seiner Auffassungsgabe angepaßt ist.

Das vollständige Werk lehnt sich somit eng an den Lehrplan an, den der Deutsche Ausschuß für technisches Schulwesen für Werkschulen aufgestellt hat; es zeigt nach Anlage und Durchführung das Bestreben, dem Grundsatz gerecht zu werden: Für Lehrlinge und Gehilfen des Maschinenbaues ist das Beste gut genug.

Möge das Werk zu seinem Teile dazu beitragen, daß der werdende Maschinenbauer in seinen Beruf hineinwächst, damit er früher, als es jetzt möglich ist, zu einer gewissen Berufsreife gelangt.

Für die Unterstützung, die der Verlag Julius Springer dem Unternehmen entgegenbringt, sei ihm auch an dieser Stelle bestens gedankt.

Berlin, im Dezember 1920.   Dipl.-Ing. **H. Winkel.**

Vorwort zum zweiten Band (1. Teil).

Der erste Teil des zweiten Bandes soll die mathematischen und naturwissenschaftlichen Kenntnisse übermitteln, die der junge Maschinenbauer zum Verständnis seines Berufes braucht. Hier die Auswahl so zu treffen, daß jeder befriedigt ist, wird außerordentlich schwierig sein. Die Bearbeiter der einzelnen Abschnitte haben sich zwar bemüht, das Notwendige zu bringen, doch sind sie überzeugt, daß manches für notwendig erachtet werden kann, was wegen mangelnden Raumes nicht berücksichtigt werden konnte.

In der Mathematik ist der Hauptwert auf die Algebra gelegt, die deshalb ausführlicher behandelt wurde, weil sie in den Anwendungsbeispielen der übrigen Fächer stets vorausgesetzt werden muß. Damit der Leser Sicherheit im Lösen der Aufgaben erhält, sind 162 Übungsbeispiele durchgerechnet, so daß dieser Abschnitt eine recht umfangreiche Aufgabensammlung enthält. Von der Lehre von den Logarithmen wurde abgesehen, da sich Praktiker ihrer selten bedienen. Die Darstellung der Grundrechnungsarten mit positiven und negativen Zahlen stützt sich mehr als üblich auf die Zeichnung; ich hoffe, dadurch die Schwierigkeiten dem Verständnis des Lesers nähergerückt zu haben.

Die Mechanik im Abschnitt Physik beschränkt sich auf die Lehre von den festen Körpern als denjenigen, die für Lehrlinge in erster Linie in Frage kommen. Sie ist in dem verhältnismäßig engen Rahmen allerdings nur gedrängt dargestellt, doch konnten 75 vollständig durchgeführte Übungsbeispiele Platz finden, die für die Erlangung von Gewandtheit in der Anwendung der physikalischen Gesetze sehr geeignet sein dürften und deren eingehende Durcharbeitung dem Leser empfohlen wird. Wo es irgend anging, ist der Versuch als Ausgangspunkt gewählt.

Die Wärmelehre wurde nur so weit gebracht, daß der Leser dem Abschnitt über Wärmekraftmaschinen mit Verständnis folgen kann, die im 3. Bande behandelt werden sollen. Ebenso sind im Abschnitt über Elektrizität und Magnetismus nur die physikalischen Grundlagen der Elektrotechnik bearbeitet, ihre Anwendung auf elektrische Maschinen ist dem 3. Bande vorbehalten.

Auch in der Festigkeitslehre hat nur das Notwendigste Aufnahme gefunden. Die Absicht war, den Werkmeister zur selbständigen Lösung einfacher Aufgaben heranzubilden, vor die er in der Werkstatt gestellt wird; sei es z. B., daß der Umbau einer vorhandenen Transmission eine Abstützung verlangt, oder daß beim Verladen schwerer Stücke ein Hilfsgerüst aufgestellt werden soll. Daraus ergibt sich von selbst eine stärkere Betonung der Grundbegriffe und im Zusammenhange damit die Einbeziehung der Baustoffprüfung in den Rahmen der Festigkeitslehre. Der Versuch belebt nicht nur die Darstellung, er ist unerläßlich für Leser, denen das Arbeiten mit Begriffen infolge der Art ihrer Tätigkeit ferner liegt.

Gerade weil sich das Buch an den Mann der Praxis wendet, ist kein Begriff gebracht, der nicht durch vollständig durchgerechnete Beispiele seine Vertiefung gefunden hätte.

Den Kollegen an den Werk- und Berufsschulen der Metallindustrie hoffe ich ein brauchbares Hilfsmittel für den Unterricht gegeben zu haben, auch wenn das Gebotene über den Rahmen der eigentlichen Lehrlingsschule hinausgeht. Gewiß ist die Berufsschule eine Abschlußschule und als solche keine Vorstufe für die höhere gewerbliche Fachschule, doch leitete mich bei der Festsetzung des Rahmens der Gedanke der Berufsausbildung mit dem Aufstieg Lehrling — Gehilfe — Meister. Deshalb behandelt der erste — theoretische — Teil des zweiten Bandes den Stoff so weit, daß der Leser den Anforderungen gerecht wird, die die Werkmeisterprüfung an ihn stellt, wenn er sich mit ihm vertraut gemacht hat.

Noch ein Punkt wäre der Beachtung wert: in der heutigen Zeit der wirtschaftlichen Not wird der Besuch einer Tagesfachschule dem Lehrling mehr und mehr erschwert, und mancher muß auf eine weitere Berufsausbildung verzichten, der durch den Besuch der Berufs- oder Werkschule den größten Anreiz dazu empfangen hat. Da will das Buch helfend eingreifen. Sowohl die Art der Darstellung als auch die große Zahl der Beispiele setzen den Leser in den Stand, sich durch das Studium des Buches Kenntnisse in den theoretischen Fächern des Maschinenbaufaches zu erwerben, falls der Besuch einer Schule oder die Teilnahme an Kursen nicht möglich ist.

Dem Verlage Julius Springer danken Herausgeber und Mitarbeiter für die Sorgfalt, mit der auch dieser Band ausgestattet wurde, und für das Entgegenkommen, das alle Wünsche gefunden haben.

Berlin, im Oktober 1922.   **H. Winkel.**

Inhaltsverzeichnis.

Erster Teil.

Mathematik.
Bearbeitet von Dipl.-Ing. H. Winkel.

Physik.
Bearbeitet von Dipl.-Ing. H. Winkel.

Grundbegriffe der Chemie.

Bearbeitet von Dipl.-Ing. K. Ruegg.

Festigkeitslehre.
Bearbeitet von Dipl.-Ing. H. Winkel.

Mathematik.

Bearbeitet von Dipl.-Ing. H. Winkel.

Algebra.

Die vier Grundrechnungsarten.

Addition und Subtraktion. Angenommen, 2 Arbeiter stellen
Schrauben her, der erste in der Stunde 150, der zweite 130; beide zusammen haben insgesamt 280 Stück hergestellt, wovon man sich durch
Abzählen überzeugen kann. 280 ist die Summe der von beiden Arbei-
tern hergestellten Schrauben. Die Tätigkeit des Abzählens oder Zu-
sammenzählens heißt addieren; das Verfahren selbst Addition. Um
die Summe 280 zu finden, addiert man die Zahlen 150 und 130; die
mathematische Schreibweise lautet

$$150 + 130 = 280$$

gelesen: 150 plus 130 gleich 280. Das $+$-Zeichen heißt plus und ist
ein Rechnungszeichen; 150 und 130 sind Glieder der Summe und
heißen Summanden.

In unserm Beispiel sind 150 und 130 bestimmte Zahlen; will man
zum Ausdruck bringen, daß zwei beliebige Zahlen addiert werden
sollen, so bedient man sich der Buchstaben. So setzt man a für 180
und b für 130 und bezeichnet ihre Summe beispielsweise mit s, so daß
sich die Addition oder Summenbildung zweier Zahlen in der Form darstellt

$$a + b = s\,.$$

Die Einführung von Buchstaben statt der bestimmten Zahlen hat den
Vorteil, daß man nicht mehr an die bestimmten Zahlen gebunden ist;
vielmehr kann man sich jede beliebige Zahl unter a und b vorstellen,
und hat damit die Möglichkeit erhalten, Rechnungen allgemein durchzuführen.

Offenbar wird der Wert s der Summe $a + b$ nicht geändert, wenn wir
zu der Zahl b die Zahl a hinzufügen; es ist ebenso gut $s = b + a$, wie
vorher $s = a + b$ war.

Besteht eine Summe aus 2 Gliedern, so heißt sie Binom; z. B. $a + b$;
$x + y$; $u + v$. Eine mehrgliedrige Summe hat z. B. die Form $a + b + c$
$+ d$; ist s der Wert dieser Summe, so besteht die Beziehung $s = a + b$
$+ c + d$. Den Wert s finden oder bestimmen heißt die Summe der

Glieder a, b, c, d bilden. Dieser Wert s bleibt unverändert, wenn die Reihenfolge der Glieder a, b, c, d vertauscht wird; stets ist

$$s = a + b + c + d \text{ oder } s = b + c + d + a \text{ oder } s = c + d + a + b \text{ usw.}$$

Für a, b, c, d bestimmte Zahlen wählen, heißt einsetzen. Sollen a den Wert 5, b den Wert 3, c den Wert 4, d den Wert 6 annehmen, so schreibt man:

für $a = 5$; $b = 3$; $c = 4$; $d = 6$ wird $s = 5 + 3 + 4 + 6$ oder $s = 18$.

Soll mit einer Summe eine Rechnung ausgeführt werden, so setzt man die Summe in Klammern. So heißt $c + (a + b)$, daß zu der Zahl c die Summe $(a + b)$ hinzugefügt werden soll. Es wird $s = c + (a + b)$ oder $s = c + a + b$; wir finden den Wert der Summe $c + (a + b)$, indem wir zu der Zahl c erst a und zu dem so gefundenen Werte $c + a$ außerdem b hinzufügen. Für $c = 5$; $a = 4$; $b = 3$ wird

$$s = 5 + (4 + 3) = 5 + 4 + 3 = 12 .$$

Gedächtnismäßig ist zu beachten, daß eine Klammer nach einem $+$-Zeichen weggelassen werden darf. Die Klammer zum Verschwinden bringen heißt „die Klammer auflösen".

Beispiele:
1) $s = 15 + (b + 2) = 15 + b + 2 = 17 + b$
2) $s = p + 2 + (q + 10) = p + 2 + q + 10 = p + q + 12$

Soll eine gegebene Zahl a um b vermindert werden, so sagt man, „b ist von a zu subtrahieren" und schreibt $a - b$, gelesen a minus b · b von a subtrahieren bedeutet aber, die Zahl suchen, die zu b addiert a ergibt; sie heißt Differenz; ihr Wert ist

$$d = a - b .$$

a und b sind die Glieder der Differenz (a heißt im besonderen Minuendus, b Subtrahendus). Das Zeichen $-$ heißt minus und ist ein Rechnungszeichen. Die Probe auf die Richtigkeit der Subtraktion geschieht durch die Addition: wenn $d = a - b$ sein soll, dann muß $b + d = a$ sein. Das Rechnungsverfahren heißt Subtraktion und ist die Umkehrung der Addition. Soll mit einer Differenz gerechnet werden, so setzt man sie in Klammern.

$c - (a + b)$ bedeutet, daß die Summe $(a + b)$ von der Zahl c subtrahiert werden soll. Der Wert d der Differenz $c - (a + b)$ ist die Zahl, die zu $(a + b)$ addiert c ergibt; d. h.

$$d = c - (a + b), \text{ weil } d + (a + b) = c \text{ ist.}$$

Z. B. $d = 15 - (7 + 3) = 15 - 10 = 5$, weil $5 + (7 + 3) = 15$ ist. Statt die Summe $a + b$ von c zu subtrahieren, kann man auch die Summanden einzeln subtrahieren, so daß

$$d = c - (a + b) = c - a - b \text{ wird, wie}$$
$$d = 15 - (7 + 3) = 15 - 7 - 3 = 5 \text{ ist.}$$

Die Umkehrung der Beziehung $c - (a + b) = c - a - b$ zeigt, wie man eine Klammer einführt. Es ist

$$c - a - b = c - (a + b) .$$

Der Ausdruck besagt: Statt a und b nacheinander von c abzuziehen, kann man die Summe $(a + b)$ unmittelbar von c abziehen. Es ist

$$15 - 7 - 3 = 15 - (7 + 3) .$$

Ist eine Differenz $(a - b)$ zu einer Zahl c zu addieren, so ist der Wert dieser Summe $s = c + (a - b)$. Wir erhalten s, wenn wir zunächst die Summe $c + a$ bilden und dann diesen Wert um b vermindern. Es ist

$$s = c + (a - b) = c + a - b$$

$12 + (7 - 4)$ bedeutet: Die Differenz $(7 - 4)$ ist zu der Zahl 12 hinzuzufügen; wir erhalten als Wert dieser Summe

$$s = 12 + (7 - 4) = 12 + 3 = 15$$

Zu demselben Ergebnis gelangen wir aber durch

$$s = 12 + (7 - 4) = 12 + 7 - 4 = 15$$

Auch hier wiederholt sich, daß eine Klammer nach einem $+$ Zeichen weggelassen werden darf.

Es bleibt noch die Aufgabe, eine Differenz von einer Zahl zu subtrahieren; in die Sprache der Mathematik übersetzt lautet dieser Satz:

$$c - (a - b) .$$

Dieser Ausdruck ist wieder eine Differenz aus c und $(a - b)$; ihr Wert ist $d = c - (a - b)$. Subtrahiert man a von c, d. h. bildet man $c - a$, so hat man b zuviel abgezogen, da ja nur der um b verminderte Wert subtrahiert werden soll. Erst wenn man $c - a$ die Zahl b zufügt, erhält man den wahren Wert der Differenz $c - (a - b)$; es wird also $d = c - (a - b) = c - a + b$.

$12 - (7 - 4)$ bedeutet: Die Differenz $(7 - 4)$ ist von der Zahl 12 abzuziehen; wir erhalten $d = 12 - (7 - 4) = 12 - 3 = 9$. Zu demselben Ergebnis gelangen wir durch

$$d = 12 - (7 - 4) = 12 - 7 + 4 = 9 .$$

Auch hier zeigt die Umkehrung der Beziehung $c - (a - b) = c - a + b$, wie man eine Klammer einführt. Es ist

$$c - a + b = c - (a - b)$$

Der Ausdruck besagt: Statt a zu subtrahieren und b zu addieren, kann man die Differenz $(a - b)$ unmittelbar von a abziehen.

Beispiele: 3) $d = 28 - (a + 3) = 28 - a - 3 = 25 - a$
4) $s = 50 + (a - 10) = 50 + a - 10 = 40 + a$
5) $d = 25 - (b - 7) = 25 - b + 7 = 32 - b$
6) $s = 13 + (a - 5) - (b + 2) = 13 + a - 5 - b - 2 = 6 + a - b$.

Klammern. Es war $s = c + (a + b) = c + a + b$; das hieß: Zu der Zahl c ist die Summe $(a + b)$ hinzuzufügen. Betrachten wir die Aufgabe $c + (a + b)$ mit dem Ergebnis $c + a + b$, so folgt aus

$$c + (a + b) = c + a + b,$$

daß die Klammer weggelassen werden darf, wenn ein $+$ Zeichen davor steht.

Ferner war: $c - (a + b) = c - a - b$; das hieß: Von der Zahl c ist die Summe $(a + b)$ zu subtrahieren; ebenso war $c - (a - b) = c - a$

$+ b$, das hieß: Die Differenz $(a - b)$ ist von der Zahl zu subtrahieren. Vergleichen wir in diesen beiden Fällen, wo ein $-$ Zeichen vor der Klammer steht, Aufgabe und Ergebnis, so zeigt sich, daß infolge des $-$ Zeichens die Rechenoperationen mit den eingeklammerten Zahlen umgekehrt werden; aus $- (a + b)$ wird $- a - b$ und aus $- (a - b)$ wird $- a + b$. Sollen Summen und Differenzen zusammengefaßt werden, so führt man eine zweite Klammer ein: $a + [(b + c) - (d + e)]$. Die Aufgabe besagt: Zu der Zahl a ist die Differenz der Summen $(b + c)$ und $(d + e)$ hinzuzufügen. Da ein $+$ Zeichen vor der [ ] steht, kann diese wegfallen, so daß

$$a + [(b + c) - (d + e)] = a + (b + c) - (d + c)$$

wird. Wir sagen: Die eckige Klammer ist aufgelöst. Nunmehr werden die runden Klammern aufgelöst; es wird

$$a + (b + c) - (d + e) = a + b + c - d - e$$

Beispiele: 7) $a - [(b + c) - (d + e)] = a - (b + c) + (d + e)$
$$= a - b - c + d + e.$$

8) $(25 - a) + [5 - (3 + a)] = (25 - a) + 5 - (3 + a) = 25 - a$
$$- 5 - 3 - a = 27 - 2 \cdot a$$

9) $(12 - x) + (x - 7) = 12 - x + x - 7 = 5$

10) $(35 + 2 x) - [2 x - (a - 35)] = 35 + 2 x - 2 x + (a - 35)$
$$= 35 + 2 x - 2 x + a - 35 = a.$$

In $a + [(b + c) - (d + e)]$ heißt der erste Summand a; der zweite ist die eckige Klammer. Da diese ein zusammengesetzter Ausdruck ist, kann sie natürlich zunächst für sich berechnet werden; es ist

$$[(b + c) - (d + e)] = [b + c - d - e], \text{ so daß}$$
$$a + [(b + c) - (d + e) = a + [b + c - d - e]$$

wird. In diesem Falle wurden zuerst die runden Klammern aufgelöst. Die Summe aus a und der eckigen Klammer ergibt

$$a + [b + c - d - e] = a + b + c - d - e.$$

In gleicher Weise ergibt

$$a - [(b + c) - (d + e)] = a - [b + c - d - e] = a - b - c + d + e.$$

In welcher Reihenfolge wir Klammern auflösen, ist gleichgültig; nur die durch Klammern zum Ausdruck gebrachte Zusammengehörigkeit ist zu beachten.

Multiplikation und Division. 5 mit 4 multiplizieren heißt: Die 5 soll 4 mal als Summand gesetzt werden:

$$5 \times 4 = 5 + 5 + 5 + 5 = 20.$$

Statt des $\times$ Zeichens wird in der Algebra ein Punkt gesetzt; wir schreiben $5 \cdot 4 = 20$. Das Ergebnis der Multiplikation heißt Produkt; die Zahlen, die multipliziert werden sollen, heißen Faktoren. 5 und 4 sind Faktoren, 20 ist das Produkt.

In der Buchstabenrechnung schreibt man ein Produkt $a \cdot b$ und deutet damit an, daß a mit b multipliziert werden soll; doch wird ebenso häufig $a b$ (ohne Punkt) geschrieben. Es ist

$$a \cdot b = a\,b = b\,a,$$

da wir zu demselben Ergebnis gelangen, wenn wir den Faktor $b\,a$ mal als Summanden setzen, ebenso wie

$$5 \times 4 = 4 \times 5 = 4 + 4 + 4 + 4 + 4 = 20$$

ist.

20 durch 5 dividieren heißt 20 in 5 gleiche Teile teilen und einen davon nehmen, z. B.

$$20 \text{ Pfund} : 5 = 4 \text{ Pfund}.$$

Vom „Teilen" ist zu unterscheiden „enthalten sein".

20 durch 5 **dividieren** heißt auch **feststellen**, wie oft die 5 in der 20 enthalten ist; wir schreiben $\dfrac{20}{5} = 4$ und nennen $\dfrac{20}{5}$ **Quotient** (Bruch); 20 ist der Zähler, 5 der Nenner. Es ist $\dfrac{20}{5} = 4$, weil $4 \times 5 = 20$ ist. Das heißt: Die Richtigkeit der Division prüfen wir durch die **Multiplikation**; insofern ist die Division die Umkehrung der Multiplikation.

Mit den allgemeinen Zahlen, den Buchstaben, ist $\dfrac{a}{b} = c$, wenn $c \cdot b = a$ ist.

Hat ein Produkt bestimmte und unbestimmte Zahlen als Faktoren, so setzt man die bestimmten voran (z. B. $7 \cdot a = 7\,a$) und läßt den Punkt gewöhnlich weg. Jede Zahl kann als Produkt mit dem Faktor 1 aufgefaßt werden: $a = 1 \cdot a$; $12 = 1 \cdot 12$.

Summe und Differenz aus Produkten. $3\,a + 7\,b - 2\,a + 3\,b = a + 10\,b$.
Man sagt: Die Glieder mit a werden zunächst zusammengefaßt, dann die Glieder mit b.

Beispiele: 11) $25\,p - 7\,q + 3\,r + 4\,q - 3\,r + 3q = 25\,p$
12) $18\,x - y + 12\,x + 3\,z - 30\,x + 2\,y = y + 3\,z$
13) $-6\,a\,b + 11\,x\,y + 7\,a\,b - 12\,x\,y = a\,b - x\,y$.

Zeichnerische Darstellung der Grundrechnungsarten.

Addition und Subtraktion. Um die Rechnungsvorgänge anschaulich zu machen, stellt man die Zahlen als Strecken dar und bedient sich dazu eines Maßstabes, wenn es sich um bestimmte Zahlen handelt. So können wir die Zahl a durch die Strecke $A\,B$ (Fig. 1) darstellen. Soll z. B. a gleich 6 sein, dann legen wir als Maßstab fest: $1\,\text{cm} = 1$, d. h.

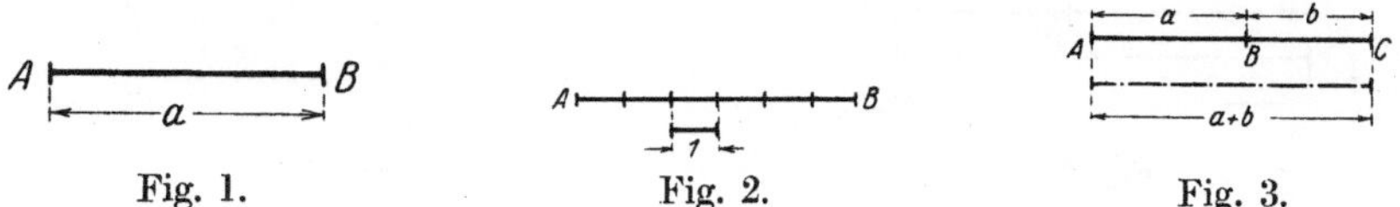

Fig. 1.   Fig. 2.   Fig. 3.

eine Strecke von 1 cm stellt die Zahl 1 dar, die Zahl 6 wird demnach durch eine Strecke von 6 cm zeichnerisch wiedergegeben (Fig. 2).

Die Addition zweier Zahlen a und b wird durch Aneinanderfügen der die Zahlen a und b darstellenden Strecken ausgeführt; die Strecke

$A\,C$ ist die Summe $(a + b)$ (Fig. 3). Soll b von a subtrahiert werden, so gibt Fig. 4 diese Rechnungsart wieder: $A\,C$ ist die Differenz $(a - b)$.

Beachtet man, daß der Flächeninhalt eines Rechtecks gleich dem Produkt beider Seiten ist, so haben wir in dem Rechteck die Möglichkeit,

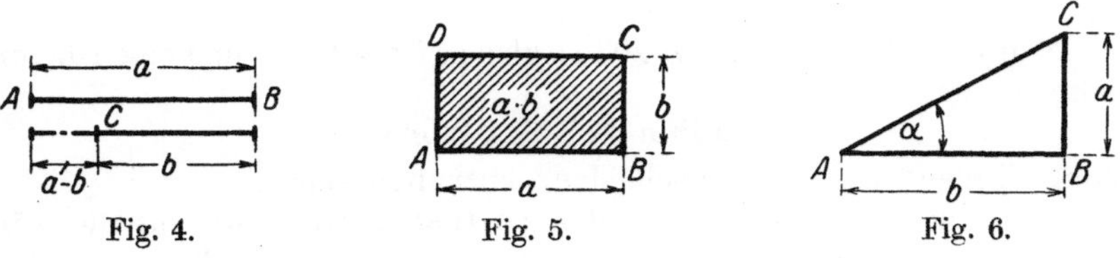

Fig. 4.   Fig. 5.   Fig. 6.

die Multiplikation zweier Zahlen zeichnerisch darzustellen. In Fig. 5 ist der Flächeninhalt des Rechtecks $A\,B\,C\,D$ ein Maß für die Größe des Produktes $a\,b$. Der Quotient $\dfrac{a}{b}$ läßt sich als Verhältnis der Katheten eines rechtwinkligen Dreiecks $A\,B\,C$ (Fig. 6) veranschaulichen. Die Trigonometrie (S. 79) nennt dieses Verhältnis den Tangens des Winkels α und schreibt

$$\frac{a}{b} = \operatorname{tg} \alpha$$

Ist eine Summe $(a + b)$ zu einer Zahl c zu addieren, so gibt Fig. 7 die Ausführung der Addition wieder; die Summe der Zahlen c und $(a + b)$

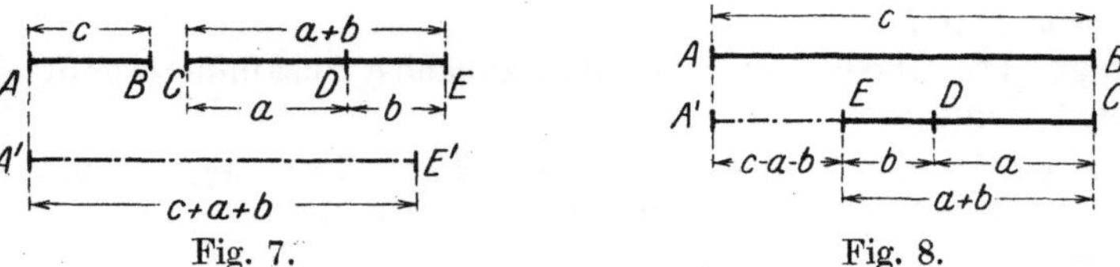

Fig. 7.   Fig. 8.

wird durch Aneinanderfügen der Strecken $A\,B$ und $C\,E$ erhalten; $A'\,E'$ ist das Ergebnis der Addition.

Wie eine Summe $(a + b)$ von einer Zahl c subtrahiert wird, zeigt Fig. 8, in der $A'\,E$ das Ergebnis der Subtraktion darstellt. Die Summe

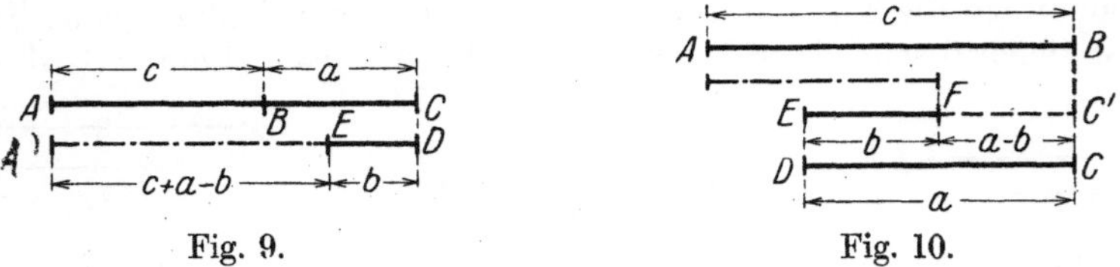

Fig. 9.   Fig. 10.

$c + (a - b)$ wird durch Aneinanderfügen der Strecken $A\,B = c$ (Fig. 9) und der Strecke $B\,E = a - b$ erhalten. Das Ergebnis der Summe ist die Strecke $A'E$. Die Differenz $c - (a - b)$ erhält man in Fig. 10, wenn man zunächst die Differenz $C'F$ aus a und b bildet und dann diese

Strecke von $AB = c$ abzieht; das Ergebnis ist die strichpunktierte Strecke $AF = c - a + b$.

Da die Beispiele 11÷13 leicht undurchsichtig werden, eignet sich die zeichnerische Darstellung nur für die Rechnung mit einfachen Zahlen. Wir verwenden sie mit Vorteil bei der

Multiplikation von Summen und Differenzen.

Das Produkt $a \cdot (b + c)$ wird durch Fig. 11 durch das Rechteck $ABD'D$ wiedergegeben, das sich aus den beiden Rechtecken $ABC'C$ und $CC'D'D$ zusammensetzt. Aus

$$AB D' D = A B C' C + C C' D' D \text{ folgt}$$
$$a (b + c) = a b + a c$$

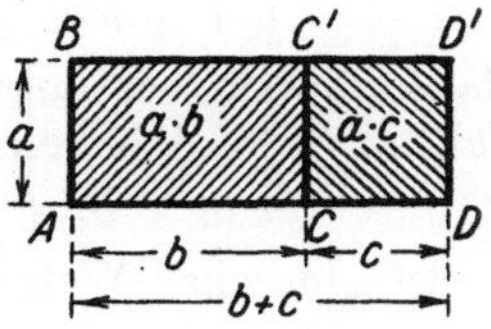

In Worten: Wir multiplizieren eine Summe mit einer Zahl, indem wir jedes Glied der Summe mit der Zahl multiplizieren, wobei die Anzahl der Summanden keine Rolle spielt. Die Umkehrung ergibt

$$a b + a c = a (b + c).$$

Fig. 11.

Die Summe $a b + a c$ ist eine Summe aus den Produkten $a b$ und $a c$, die beide den Faktor a gemeinsam haben. Wir verwandeln sie in ein Produkt, dessen einer Faktor der beiden Summanden gemeinsame Faktor ist. Man sagt: Wie ziehen den gemeinsamen Faktor vor die Klammer; in der Klammer bleiben die Summanden ohne den gemeinsamen Faktor.

Das Produkt $a (b - c)$ wird in Fig. 12 durch das Rechteck $ABD'D$ dargestellt, dessen Flächeninhalt durch die Differenz der beiden Rechtecke $ABC'C$ und $CDD'C'$ bestimmt ist. Aus

$$A B D' D = A B C' C - C D D' C' \text{ folgt}$$
$$a (b - c) = a b - a c.$$

In diesem Falle wird jedes Glied der Differenz $(b - c)$ mit dem Faktor a multipliziert. Die Umkehrung ergibt

$$a b - a c = a (b - c)$$

wir haben die Differenz $a b - a c$ in das Produkt $a (b - c)$ zerlegt, indem wir den gemeinsamen Faktor a vor die Klammer zogen.

Das Produkt zweier Summen $(a + b)$ und $(c + d)$ läßt sich ebenfalls als ein Rechteck darstellen, dessen Seiten $(a + b)$ und $(c + d)$ sind. Wir entnehmen der Fig. 13

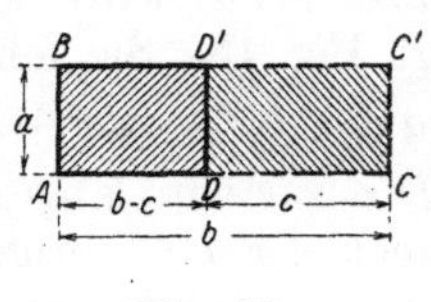

Fig. 12.

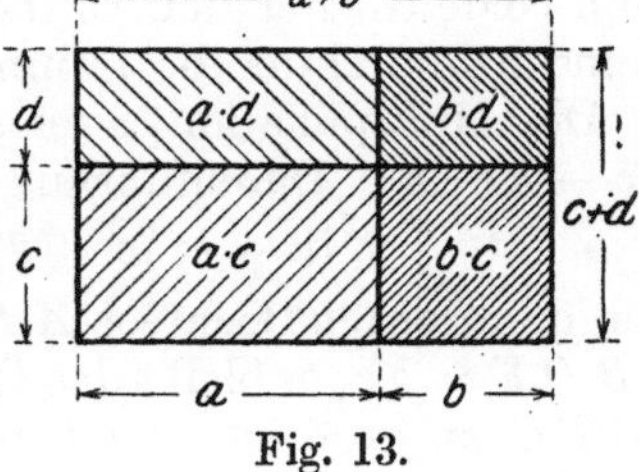

Fig. 13.

$$(a + b) (c + d) = a c + b c + a d + b d.$$

In Worten: Wir multiplizieren zwei Summen, indem wir jedes Glied der einen Summe mit jedem Gliede der andern Summe multiplizieren.

Die Umkehrung

$$a\,c + b\,c + a\,d + b\,d = (a + b)\,(c + d)$$

zeigt, wie aus einer Summe ein Produkt entsteht, wenn gemeinsame Faktoren vorhanden sind. Wir verfolgen die Aufgabe, $a\,c + b\,c + a\,d + b\,d$ in ein Produkt zu zerlegen, rechnerisch und fassen zunächst Glieder mit gemeinsamen Faktoren zusammen. Dann erhalten wir

$$a\,c + b\,c + a\,d + b\,d = (a\,c + b\,c) + (a\,d + b\,d)\,.$$

Aus der ersten Summe ziehen wir c, aus der zweiten d als gemeinsame Faktoren heraus und schreiben

$$(a\,c + b\,c) + (a\,d + b\,d) = c\,(a + b) + d\,(a + b)\,.$$

Damit haben wir eine Summe von Produkten, die den gemeinsamen Faktor $(a + b)$ haben, der vor die Klammer gezogen wird. Es wird

$$c\,(a + b) + d\,(a + b) = (a + b)\,(c + d)\,.$$

In ähnlicher Weise liefert Fig. 14

$$(a + b)\,(c - d) = a\,c - a\,d + b\,c - b\,d$$

oder

$$(a + b)\,(c - d) = a\,c + b\,c - a\,d - b\,d$$

oder

$$(a + b)\,(c - d) = a\,c + b\,c - (a\,d + b\,d)\,.$$

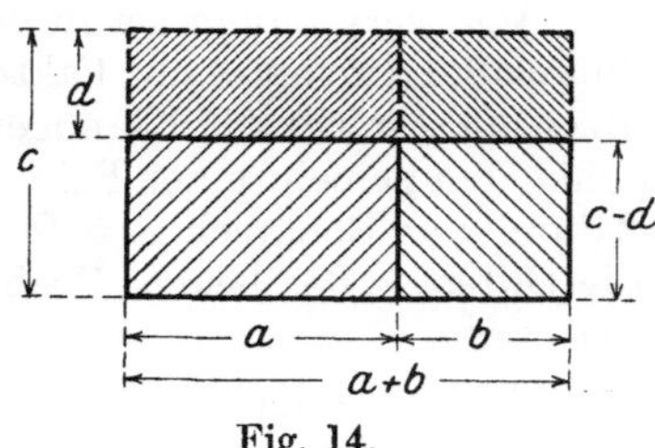
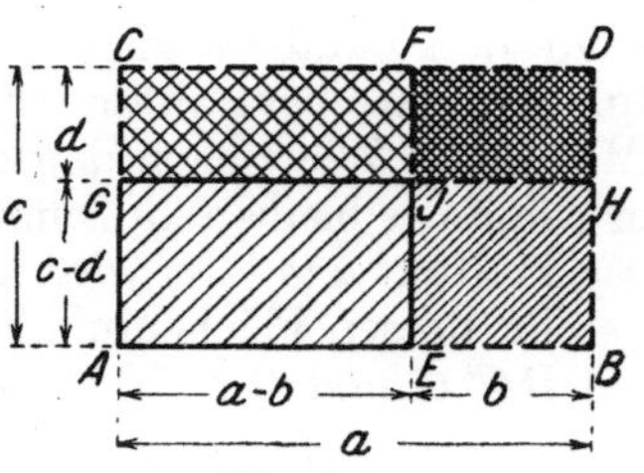

Fig. 14.   Fig. 15.

Die Umkehrung zeigt die Umwandlung einer Summe in ein Produkt für den Fall, daß mehrere Glieder gemeinsame Faktoren haben: aus
$$a\,c + b\,c - a\,d - b\,d = a\,c + b\,c - (a\,d + b\,d) \text{ folgt}$$
$$a\,c + b\,c - a\,d - b\,d = c\,(a + b) - d\,(a + b) = (a + b)\,(c - d),$$
denn beide Glieder der Differenz $c\,(a + b) - d\,(a + b)$ haben als gemeinsamen Faktor die Summe $(a + b)$.

Die Multiplikation zweier Differenzen wird geschrieben $(a - b) \cdot (c - d)$; ihre Durchführung zeigt Fig. 15. Sie lehrt

$$(a - b)\,(c - d) = a\,c - b\,c - a\,d + b\,d\,.$$

Von dem ganzen Rechteck $A\,B\,C\,D = a\,c$ wird abgezogen das Rechteck $E\,B\,D\,F = b\,c$; es bleibt das Rechteck $A\,E\,F\,C$ übrig, das um den Betrag $G\,J\,F\,C$ zu groß ist. Subtrahieren wir das Rechteck $G\,H\,D\,C = a\,d$, so haben wir $J\,H\,D\,F = b\,d$ zu viel abgezogen, müssen also diesen zuviel abgezogenen Betrag wieder hinzufügen. Übersetzen wir diese Worte in die Sprache der Mathematik, so erhalten wir

$$(a - b)\,(c - d) = a\,c - b\,c - a\,d + b\,d\,.$$

Wir können auch folgendermaßen zu dem Ergebnis gelangen: Das Rechteck $a\,b$ vermindern wir zunächst um das Rechteck $b\,c$ und dann um die Differenz der Rechtecke $a\,d$ und $b\,d$. Da diese Differenz ein Ganzes bedeutet, schreiben wir sie in Klammern und erhalten

$$(a - b)\,(c - d) = a\,c - b\,c - (a\,d - b\,d),$$

so daß der Wert des Rechtecks $A\,E\,J\,G = (a - b)\,(c - d)$ einmal wiedergegeben wird durch $a\,c - b\,c - a\,d + b\,d$, das andere Mal durch $a\,c - b\,c - (a\,d - b\,d)$. Daraus folgt, daß $a\,c - b\,c - a\,d + b\,d$ und $a\,c - b\,c - (a\,d - b\,d)$ gleich sein müssen. Wir schreiben

$$a\,c - b\,c - a\,d + b\,d = a\,c - b\,c - (a\,d - b\,d)$$

und ziehen ferner c als gemeinsamen Faktor der beiden ersten, d als gemeinsamen Faktor der beiden letzten Glieder vor die Klammer, dann wird

$$a\,c - b\,c - (a\,d - b\,d) = c\,(a - b) - d\,(a - b).$$

Diese Differenz zweier Produkte enthält $(a - b)$ als gemeinsamen Faktor, der ebenfalls herausgezogen wird, dann geht $c\,(a - b) - d\,(a - b)$ über in $(a - b)\,(c - d)$. Damit ist die Umkehrung

$$a\,c - b\,c - a\,d + b\,d = (a - b)\,(c - d)$$

auch auf rechnerischem Wege gefunden.

Beispiele: 14) $(a - b) \cdot x = a\,x - b\,x$

15) $3\,y \cdot (2\,a - 3\,b + 5\,c) = 6\,a\,y - 9\,b\,y + 15\,c\,y$

16) $(4\,a + 1)\,(b + 7) = 4\,a\,b + b + 28\,a + 7$

17) $(3\,x + 4\,y + z)\,(2\,a + 3) = 6\,a\,x + 8\,a\,y + 2\,a\,z + 9\,x + 12\,y + 3\,z$

Zerlegung in Faktoren:

18) $21\,a - 13\,a = a\,(21 - 13) = 8\,a$

19) $a\,x + b\,x = x\,(a + b)$

20) $21\,a + 7\,b - 14 = 7\,(3\,a + b - 2)$

21) $6\,a\,b - 3\,b\,c - 2\,a\,d + c\,d = 6\,a\,b - 3\,b\,c - (2\,a\,d - c\,d)$
$$= 3\,b\,(2\,a - c) - d\,(2\,a - c) = (2\,a - c)\,(3\,b - d)$$

Division von Summen und Differenzen.

Es ist $\dfrac{a + b}{c} = \dfrac{a}{c} + \dfrac{b}{c}$, weil $c\left(\dfrac{a}{c} + \dfrac{b}{c}\right) = c \cdot \dfrac{a}{c} + c \cdot \dfrac{b}{c} = a + b$ ist.

Wenn wir $c \cdot \dfrac{a}{c} = a$ schreiben, so heben oder kürzen wir den Ausdruck $c \cdot \dfrac{a}{c}$ durch c; das dürfen wir, weil $\dfrac{c}{c} = 1$ ist. Setzen wir für a den Ausdruck $\dfrac{c}{c} \cdot a$, so haben wir a mit c erweitert; hierbei hat a seinen Wert behalten, da $\dfrac{c}{c} = 1$ ist.

Da $\dfrac{a - b}{c} = \dfrac{a}{c} - \dfrac{b}{c}$ ist, weil $c\left(\dfrac{a}{c} - \dfrac{b}{c}\right) = c \cdot \dfrac{a}{c} - c\,\dfrac{b}{c} = a - b$

ist, so können wir sagen: Summen und Differenzen werden durch eine Zahl dividiert, indem man jedes Glied der Summe oder Differenz durch diese Zahl dividiert.

Andererseits können wir den Quotienten $\dfrac{a+b}{c}$ als ein Produkt auffassen, dessen Faktoren $(a+b)$ und $\dfrac{1}{c}$ sind. Es ist $\dfrac{a+b}{c} = \dfrac{1}{c} \cdot (a+b)$. denn $\dfrac{1}{c}(a+b)$ ist gleich $\dfrac{a}{c} + \dfrac{b}{c}$. Damit führen wir die Rechnungsart der Division auf das Multiplizieren zurück und beachten, daß hierbei der Faktor $\dfrac{1}{c}$ eine gebrochene Zahl, d. h. ein Bruch ist.

Für $\dfrac{ab+ac}{d}$ können wir schreiben $\dfrac{a(b+c)}{d}$ und ebenso $\dfrac{ab+ac}{d} = \dfrac{a}{d}(b+c)$.

Beispiele: 22) $\dfrac{3x+6y}{3} = \dfrac{3x}{3} + \dfrac{6y}{3} = x + 2y$

oder auch $(3x+6y):3 = \dfrac{3x}{3} + \dfrac{6y}{3} = x + 2y$.

23) $\dfrac{12pq-9qr}{3pr} = \dfrac{12pq}{3pr} - \dfrac{9qr}{3pr} = \dfrac{4q}{r} - \dfrac{3q}{p} = q\left(\dfrac{4}{r} - \dfrac{3}{p}\right)$

oder auch $(12pq-9qr):3pr = \dfrac{12pq}{3pr} - \dfrac{9qr}{3pr} = \dfrac{4q}{r} - \dfrac{3q}{p}$.

Gleichungen ersten Grades mit einer Unbekannten.

Wollen wir ausdrücken, daß zwei Größen A und B einander gleich sein sollen, so schreiben wir $A = B$ und nennen diese Beziehung zwischen den Größen A und B eine Gleichung. Zweifellos sind $a = a$; $a = \dfrac{ab}{b}$ oder $\dfrac{a+b}{c} = \dfrac{a}{c} + \dfrac{b}{c}$ auch Gleichungen, und doch ist ein Unterschied zwischen $A = B$ und den übrigen Gleichungen; diese bleiben stets richtig, welchen Wert auch a, b, c annehmen mögen. Die rechte Seite der Gleichung ist nur eine andere Form der linken Seite. Dagegen stellt die Gleichung $A = B$ die Forderung auf, daß A gleich B sein soll. Gleichungen, bei denen die eine Seite nur eine Umformung der andern ist, nennt man identische Gleichungen. Gleichungen, die aus einer Forderung folgen, heißen Bestimmungsgleichungen. Solche Forderung kann z. B. lauten: Suche die Zahl, deren Dreifaches 15 ergibt. Zunächst ist diese Zahl unbekannt; sie wird im allgemeinen mit x bezeichnet und muß so beschaffen sein, daß ihr Dreifaches, das ist

$3\,x$, die Zahl 15 ergibt. In die Sprache des Mathematikers übersetzt, nimmt diese Bedingung die Form einer Gleichung an; wir schreiben

$$3\,x = 15\,.$$

Durch „Raten" finden wir, daß nur die Zahl 5 der gestellten Forderung genügt; nur $3 \cdot 5$ ist 15 . Im Gegensatz zu den identischen Gleichungen, die richtig bleiben, auch wenn man beliebige Zahlenwerte statt der Buchstaben setzt, hat x in der Bestimmungsgleichung $3\,x = 15$ nur einen Wert; er heißt die Wurzel der Gleichung. Die Gleichung ist erfüllt, wenn wir für x den Wert 5 einsetzen. Durch das Einsetzen der errechneten Wurzel in die gegebene Gleichung prüfen wir, ob die Rechnung richtig durchgeführt wurde.

Fügen wir auf der linken Seite der Gleichung 2 hinzu, so erhalten wir $3\,x + 2$; jetzt bleibt der Wert $x = 5$ nur dann richtig, wenn wir auch auf der rechten Seite 2 hinzufügen. Es bleibt $3\,x + 2 = 15 + 2$ für $x = 5$ richtig, denn

$$3 \cdot 5 + 2 = 15 + 2\,.$$

Ziehen wir auf der linken Seite 2 ab, so müssen wir es auch auf der rechten Seite tun, wenn die in der Aufgabe gestellte Forderung beibehalten werden soll. So bleibt

$$3\,x - 2 = 15 - 2$$

ebenfalls für $x = 5$ richtig. Das Gleiche gilt für das Multiplizieren, denn

$$2 \cdot 3\,x = 2 \cdot 15$$

bleibt für $x = 5$ richtig, und auch für das Dividieren, denn

$$\frac{3\,x}{2} = \frac{15}{2}$$

bleibt für $x = 5$ ebenfalls richtig. Wir entnehmen aus diesem Beispiel den Grundsatz: Jede Rechenoperation muß gleichzeitig auf beiden Seiten ausgeführt werden.

Kommt in einer Gleichung die Unbekannte nur in der Form x vor, sind also Produkte $x \cdot x$ oder $x \cdot x \cdot x$ nicht vorhanden, so nennt man diese Bestimmungsgleichungen „Gleichungen erstes Grades mit einer Unbekannten". Ihre einfachste Form lautet

$$A \cdot x = B$$

und heißt „Normalform einer Gleichung ersten Grades mit einer Unbekannten". Die Größen A und B sind hierbei beliebige ein- oder mehrgliedrige Größen, die aber die Unbekannte x nicht mehr in sich enthalten dürfen. Kommt x als Faktor in einem Produkt vor, z. B. in der Form $a\,x$, so heißt a der Koeffizient von x .

Jede gegebene Gleichung muß auf die Normalform gebracht werden; aus ihr ergibt sich dann die Unbekannte

$$x = \frac{B}{A}\,.$$

Die Unbekannte ist Glied einer Summe.

$$(1) \qquad x + a = b .$$

Subtrahiert man auf beiden Seiten a, so erhält man

$$x + a - a = b - a \quad \text{oder} \quad x = b - a .$$

Die „Probe" liefert (die identische Gleichung) $(b - a) + a = b$.

$$(2) \qquad x - a = b .$$

Addiert man auf beiden Seiten a, so erhält man

$$x - a + a = b + a \quad \text{und daraus} \quad x = b + a .$$

$$(3) \qquad a - x = b .$$

Man addiert zunächst auf beiden Seiten x und erhält

$$a - x + x = b + x \quad \text{oder} \quad a = b + x;$$

jetzt subtrahiert man auf beiden Seiten b und erhält

$$a - b = b + x - b \quad \text{oder} \quad a - b = x .$$

Wir schreiben die 3 Fälle ohne Worterklärungen — wie man es bei der Lösung von Aufgaben zu tun pflegt —:

1. $x + a = b$	2. $x - a = b$	3. $a - x = b$
$x = b - a$	$x = b + a$	$a = b + x$
		$a - b = x$

Die Zusammenstellung läßt erkennen: Kommt ein Summand von der einen zur andern Seite, so wird aus dem $+$-Zeichen ein $-$-Zeichen und umgekehrt. Das heißt: Eine Zahl, die auf der einen Seite zu addieren ist, muß bei ihrem Übergang auf die andere Seite subtrahiert werden; eine Zahl, die auf der einen Seite subtrahiert werden soll, muß bei ihrem Übergang auf die andere Seite addiert werden.

Die Unbekannte ist Faktor.

$$(4) \qquad a\,x = b .$$

Man dividiert beide Seiten der Gleichung durch den Koeffizienten von x und erhält

$$\frac{a\,x}{a} = \frac{b}{a} \quad \text{und daraus} \quad x = \frac{b}{a} .$$

$$(5) \qquad \frac{x}{a} = b .$$

Man multipliziert beide Seiten der Gleichung mit a und erhält

$$\frac{x}{a} \cdot a = b \cdot a \quad \text{und daraus} \quad x = a\,b .$$

$$(6) \qquad \frac{a}{x} = b .$$

Man multipliziert beide Seiten der Gleichung mit x und erhält

$$\frac{a}{x} \cdot x = b \cdot x \quad \text{und daraus} \quad a = b \cdot x .$$

Jetzt dividiert man beide Seiten dieser Gleichung durch b und erhält

$$\frac{a}{b} = \frac{b \cdot x}{b} \quad \text{und daraus} \quad x = \frac{a}{b}.$$

Die Zusammenstellung der 3 Fälle:

4. $\quad a x = b$ 5. $\quad \dfrac{x}{a} = b$ 6. $\quad \dfrac{a}{x} = b$

$\quad\quad x = \dfrac{b}{a}$ $\quad\quad x = a b$ $\quad\quad a = b \cdot x$

$\quad\quad\quad\quad\quad\quad\quad\quad\quad\quad\quad\quad\quad \dfrac{a}{b} = x$

läßt erkennen: Eine Zahl, die auf der einen Seite als Zähler steht, kommt bei ihrem Übergang auf die andere Seite in den Nenner und umgekehrt.

Beispiele: 24) $\quad 5 x + 7 x = 48$ 25) $\quad 3 x + 8 = 32$

$\quad\quad\quad\quad\quad 12 x = 48$ $\quad\quad\quad\quad 3 x = 32 - 8 = 24$

$\quad\quad\quad\quad\quad\quad x = 4.$ $\quad\quad\quad\quad\quad x = 8.$

26) $\quad 6 x - 19 = 4 x - 7$ 27) $\quad a x - b x = a + b$

$\quad\quad 6 x - 4 x = - 7 + 19$ $\quad\quad x (a - b) = a + b$

$\quad\quad\quad\quad 2 x = 12$ $\quad\quad\quad\quad x = \dfrac{a + b}{a - b}.$

$\quad\quad\quad\quad x = 6.$

28) $\quad\quad\quad a - b x + c x - d = 0$

$- b x + c x = d - a; \quad x (c - b) = d - a; \quad x = \dfrac{d - a}{c - b}.$

29) $\quad\quad\quad (2 x - 3) \cdot 5 = 7 (x + 3).$

Zunächst werden die Klammern aufgelöst; wir erhalten

$$10 x - 15 = 7 x + 21;$$

sodann werden die Glieder mit x auf der einen Seite zusammengefaßt; das ergibt

$$10 x - 7 x = 21 + 15$$

und daraus $3 x = 36;\ x = 12$.

30) $\quad\quad (3 x + 5) + (x - 4) = (7 x - 10) - (5 x - 21)$

$$3 x + 5 + x - 4 = 7 x - 10 - 5 x + 21$$
$$3 x + x - 7 x + 5 x = + 21 - 10 + 4 - 5$$
$$2 x = 10;\ x = 5.$$

31) $\quad\quad\quad 1 - x + [x - (x - 2)] = 0$

$$1 - x + x - (x - 2) = 0 \quad \text{oder} \quad 1 - x + x - x + 2 = 0$$
$$3 = x;\ x = 3.$$

32) $\quad\quad\quad \dfrac{x}{3} + \dfrac{x}{4} = 21.$

Der Hauptnenner ist $3 \cdot 4 = 12$; mit ihm werden beide Seiten der Gleichung multipliziert. Das ergibt

$$12 \cdot \frac{x}{3} + 12 \cdot \frac{x}{4} = 12 \cdot 21 \quad \text{oder} \quad 4x + 3x = 12 \cdot 21$$

$$7x = 12 \cdot 21, \text{ daraus } x = \frac{12 \cdot 21}{7} = 36.$$

Anm.: Es ist häufig vorteilhaft, die rechte Seite nicht auszumulti-
plizieren, da sich nach der Zusammenfassung der Glieder mit x die
Gleichung unter Umständen heben läßt.

33) $$\frac{x-2}{5} + \frac{x+2}{8} = \frac{23}{20}.$$

Wir multiplizieren die Gleichung mit dem Hauptnenner $5 \cdot 8 = 40$
und erhalten

$$40 \cdot \frac{x-2}{5} + 40 \cdot \frac{x+2}{8} = 40 \cdot \frac{23}{20}$$

$$8 \cdot (x-2) + 5 \cdot (x+2) = 2 \cdot 23.$$

Die Zähler $x-2$ und $x+2$ sind Faktoren und müssen in Klammern
geschrieben werden. Die Auflösung der Klammern liefert

$8x - 16 + 5x + 10 = 46$ oder $13x = 46 + 16 - 10 = 52; \; x = 4$.

Textgleichungen. Sind die Bedingungen für die Berechnung einer
Größe in Worten ausgedrückt, so hat man die Beziehungen zwischen
den gegebenen Größen und der Unbekannten, das ist der zu errechnenden
Größe, in der Form einer Gleichung wiederzugeben, die dann nach der
Unbekannten aufzulösen ist.

Beispiele: 34) Von zwei Zahlen ist die erste 3 mal so groß wie die
zweite; wie groß ist jede, wenn ihre Differenz 24 ist?

Die unbekannte Zahl sei x; ihr Dreifaches ist $3x$; die Differenz
beider Zahlen ist $3x - x$. Da diese Differenz 24 sein soll, erhalten wir
die Bestimmungsgleichung

$$3x - x = 24 \quad \text{oder} \quad 2x = 24; \quad \text{also} \quad x = 12.$$

35) Die Summe zweier Zahlen beträgt 245. Teilt man die erste durch
5, die zweite durch 6, so ergibt sich als Summe 45. Wie heißen die
Zahlen?

Die eine Zahl sei x, dann ist die zweite $245 - x$, da die Summe
beider 245 sein soll. x durch 5 dividiert ergibt $\frac{x}{5}$; $245 - x$ durch 6 dividiert ergibt $\frac{245 - x}{6}$. Da die Summe beider Quotienten 45 sein soll,
erhalten wir als Bestimmungsgleichung

$$\frac{x}{5} + \frac{245 - x}{6} = 45$$

$6x + 5(245 - x) = 5 \cdot 6 \cdot 45 \quad$ oder $\quad 6x + 5 \cdot 245 - 5x = 5 \cdot 6 \cdot 45$

$x = 5 \cdot 6 \cdot 45 - 5 \cdot 245 = 1350 - 1225 = 125; \; x = 125$

$245 - x = 245 - 125 = 120$. Die beiden Zahlen sind 125 und 120.

36) Zwei Städte A und B seien 300 km voneinander entfernt. Von
A aus fährt um 5 Uhr Morgens ein Zug nach B mit einer Geschwindigkeit
von 60 km die Stunde. Um 7 Uhr fährt von B nach A ein Zug mit einer
Geschwindigkeit von 40 km die Stunde. Um welche Zeit treffen sich
beide Züge?

Die Fahrzeit des ersten Zuges sei t Stunden, dann ist die des zweiten
$(t - 2)$ Stunden, da er 2 Stunden später abfährt. Der vom ersten Zuge
zurückgelegte Weg ist $s_1 = V_1 \cdot t$, wenn V_1 seine Geschwindigkeit bedeutet. Der zweite Zug legt den Weg $s_2 = V_2 \cdot (t - 2)$ zurück. Da
die Summe beider Wege die Entfernung s der Städte A und B sein
soll, so besteht die Beziehung

$$V_1 \cdot t + V_2 (t - 2) = s \quad \text{oder} \quad V_1 \cdot t + V_2 \cdot t - 2 V_2 = s$$

$$t (V_1 + V_2) = s + 2 V_2; \quad \text{daraus} \quad t = \frac{s + 2 V_2}{V_1 + V_2}.$$

Setzen wir die Zahlenwerte der Aufgabe ein, so wird

$$t = \frac{300 + 2 \cdot 40}{60 + 40} = \frac{380}{100} = 3{,}8 \text{ Stunden} = 3 \text{ Std. } 48 \text{ Min.}$$

Sie treffen sich um 5 Uhr $+$ 3 Std. 48 Min. $=$ 8 Uhr 48 Minuten. Der
erste Zug hat einen Weg $s_1 = V_1 \cdot t = 60 \cdot 3{,}8 = 228$ km; der zweite
Zug hat einen Weg $s_2 = V_2 (t - 2) = 40 \cdot 1{,}8 = 72$ km zurückgelegt.

37) Ein Wasserbehälter von 9 m³ Inhalt wird durch 3 Pumpen ge-
füllt, von denen die erste 200 l, die zweite 150 l, die dritte 100 l in der
Minute fördern. In welcher Zeit ist der Behälter gefüllt, wenn alle drei
Pumpen gleichzeitig arbeiten?

Die Pumpen seien t Minuten in Betrieb, dann fördert die erste
$200 \cdot t$ l, die zweite $150 \cdot t$ l, die dritte $100 \cdot t$ l. Ihre Gesamtleistung
ist $200 \cdot t + 150 \cdot t + 100 \cdot t$, die nach der Aufgabe 9 m³ $=$ 9000 l sein
soll. Diese Bedingung liefert die Gleichung

$$200\, t + 150\, t + 100\, t = 9000; \quad 450\, t = 9000; \quad t = 20 \text{ Min.}$$

Das Potenzieren.

Will man zum Ausdruck bringen, daß die Zahl a n mal als Faktor gesetzt werden soll, so schreibt man a^n (gelesen: a hoch n) und nennt a die
Grundzahl oder Basis, n den Exponenten; a^n selbst heißt Potenz, und
zwar ist a^n die $n$te Potenz von a. Die Tätigkeit, die beim Bilden einer
Potenz ausgeübt wird, heißt potenzieren. Demnach ist

$$a^n = a \cdot a \cdot a \cdot a \dots\dots\dots (n \text{ mal}),$$

z. B.

$$7^5 = 7 \cdot 7 \cdot 7 \cdot 7 \cdot 7 = 16\,807.$$

Anm.: Die zweite Potenz von a wird auch gelesen a Quadrat $(= a^2)$,
weil $a^2 = a \cdot a = $ dem Flächeninhalt eines Quadrates von der Seite
a ist.

Summe und Differenz von Potenzen.

$$a^p + b^q = (a \cdot a \cdot a \dots p \text{ mal}) + (b \cdot b \cdot b \dots q \text{ mal}).$$

Die Glieder lassen sich nicht zusammenfassen!
$$a^p - b^q = (a \cdot a \cdot a \ldots p\,\text{mal}) - (b \cdot b \cdot b \ldots q\,\text{mal}).$$
Die Glieder lassen sich nicht zusammenfassen!

Produkt und Quotient von Potenzen.
$$a^p \cdot b^q = (a \cdot a \cdot a \ldots p\,\text{mal}) \cdot (b \cdot b \cdot b \ldots q\,\text{mal})$$
Die Glieder lassen sich nicht zusammenfassen!
$$\frac{a^p}{b^q} = \frac{a \cdot a \cdot a \ldots p\,\text{mal}}{b \cdot b \cdot b \ldots q\,\text{mal}}.$$
Die Glieder lassen sich nicht zusammenfassen!

Sollen irgendwelche algebraische Operationen mit Potenzen möglich sein, so müssen wir Voraussetzungen machen. Diese Voraussetzungen können sein 1. Einschränkungen in Beziehung auf die Grundzahlen, 2. Einschränkungen in Beziehung auf die Exponenten, 3. Potenzen mit gleichen Grundzahlen und gleichen Exponenten.

1. Potenzen mit gleichen Grundzahlen.

Summe und Differenz $a^p + a^q = a^p + a^q$; eine Zusammenfassung ist nicht möglich.

$a^p - a^q = a^p - a^q$; eine Zusammenfassung ist nicht möglich.

Multiplikation und Division von Potenzen.

$a^p \cdot a^q = (a \cdot a \cdot a \ldots p\,\text{mal}) \cdot (a \cdot a \cdot a \ldots q\,\text{mal})$; insgesamt wird a $(p + q)\,$mal als Faktor gesetzt. Demnach wird
$a^p \cdot a^q = a^{p+q}$ und umgekehrt $a^{p+q} = a^p \cdot a^q$,
$$\frac{a^p}{a^q} = \frac{a \cdot a \cdot a \ldots p\,\text{mal}}{a \cdot a \cdot a \ldots q\,\text{mal}}.$$
Für den Fall, daß p größer ist als q, hebt sich a q mal als Faktor heraus, so daß im Zähler a $(p - q)\,$mal als Faktor bleibt. Demnach wird
$$\frac{a^p}{a^q} = a^{p-q} \quad \text{und umgekehrt} \quad a^{p-q} = \frac{a^p}{a^q}.$$

Für den Fall, daß $q = p$ wird, ergibt sich $\dfrac{a^p}{a^p} = a^{p-p} = a^0$.

Nun ist aber $\dfrac{a^p}{a^p} = 1$, weil $1 \cdot a^p = a^p$ ist. Folglich ist $a^0 = 1$, d. h. die nullte Potenz einer Zahl ist gleich 1. Für den Fall, daß q größer ist als p, hebt sich a p mal als Faktor heraus, so daß im Nenner a $(q - p)$ mal als Faktor bleibt. Demnach wird $\dfrac{a^p}{a^q} = \dfrac{1}{a^{q-p}}$.

Der Vergleich des 1. Falles $(p > q)$ und des 3. Falles $(q > p)$ liefert, da die linken Seiten gleich sind, die Beziehung $a^{p-q} = \dfrac{1}{a^{q-p}}$.

2. Potenzen mit gleichen Exponenten.

Summe und Differenz. $a^n + b^n = a^n + b^n$; eine Zusammenfassung ist nicht möglich.

$a^n - b^n = a^n - b^n$; eine Zusammenfassung ist nicht möglich.

Anm. Für den Sonderfall $n = 2$ dürfen wir setzen

$$a^2 + b^2 = c^2 \quad \text{bzw.} \quad c^2 - b^2 = a^2,$$

in diesem Falle ist c Hypotenuse in einem rechtwinkligen Dreieck mit den Katheten a und b (Pythagoräischer Lehrsatz, vgl. Abschnitt Geometrie, S. 71).

Multiplikation und Division.

$$a^n \cdot b^n = (a \cdot a \cdot a \ldots n\,\text{mal}) \cdot (b \cdot b \cdot b \ldots n\,\text{mal})$$

a und b kommen n mal als Faktoren vor; wir können demnach das Produkt $(a \cdot b)$ n mal als Faktor setzen und erhalten $a^n \cdot b^n = (a \cdot b)^n$ und umgekehrt $(a \cdot b)^n = a^n \cdot b^n$.

$$\frac{a^n}{b^n} = \frac{a \cdot a \cdot a \ldots n\,\text{mal}}{b \cdot b \cdot b \ldots n\,\text{mal}};$$

hier erscheint der Quotient $\left(\dfrac{a}{b}\right)$ n mal als Faktor, so daß wir erhalten $\dfrac{a^n}{b^n} = \left(\dfrac{a}{b}\right)^n$ und umgekehrt $\left(\dfrac{a}{b}\right)^n = \dfrac{a^n}{b^n}$.

3. Potenzen mit gleichen Grundzahlen und gleichen Exponenten.

$$a^n + a^n = 2\,a^n; \quad 3\,a^n + 5\,a^n = 8\,a^n; \quad 7\,a^n - 2\,a^n = 5\,a^n; \quad a^n - a^n = 0.$$

$$a \cdot x^n + b \cdot x^n = x^n \cdot (a + b); \quad a \cdot x^n - b \cdot x^n = x^n \cdot (a - b).$$

Beispiele:

38) $\quad 3\,x^5 + 2\,y^2 - (9\,y^5 - 7\,x^5) = 3\,x^5 + 2\,y^2 - 9\,y^5 + 7\,x^5$
$$= 10\,x^5 + 2\,y^2 - 9\,y^5$$

39) $\quad 3\,a\,(a^2 + b^3) = 3\,a^3 + 3\,a\,b^3.$

40) $\quad (2\,x + 1)\,(3\,x + 1) = 6\,x^2 + 3\,x + 2\,x + 1 = 6\,x^2 + 5\,x + 1;$
umgekehrt ist $\quad 6\,x^2 + 5\,x + 1 = (2\,x + 1)\,(3\,x + 1).$

41) $\quad (2\,a + 3\,b)\,(3\,a + 2\,b) = 6\,a^2 + 9\,a\,b + 4\,a\,b + 6\,b^2$
$$= 6\,a^2 + 13\,a\,b + 6\,b^2;$$
umgekehrt ist $\quad 6\,a^2 + 13\,a\,b + 6\,b^2 = (2\,a + 3\,b) \cdot (3\,a + 2\,b).$

42) $\quad \dfrac{9\,b^3}{3\,b} = 3\,b^2.$ $\qquad\qquad$ 43) $\quad \dfrac{28\,x^5}{7\,x^3} = 4\,x^2.$

44) $\qquad (25\,a^3 + 15\,a^2) : 5\,a = 5\,a^2 + 3\,a = a\,(5\,a + 3).$

45) $\qquad (8\,a^5 b^2 + 20\,a^3 b^2 + 4\,a^2 b^2) : 4\,a^2 b^2 = 2\,a^3 + 5\,a\,b + 1.$

Algebraische Zahlen.

Die bisher von uns betrachteten Zahlen waren der natürlichen Zahlenreihe entnommen, auch wenn sie durch Buchstaben ausgedrückt wurden. Es ist üblich, sie als absolute Zahlen zu bezeichnen. Sie konnten weiter ganze oder gebrochene Zahlen sein. Heißt die Aufgabe: $5 - 7$, soll also eine größere Zahl von einer kleineren abgezogen werden, so reichen die bisher betrachteten Zahlen der natürlichen Zahlenreihe nicht aus. Es wird notwendig, diese Zahlenreihe zu erweitern. Zur

Veranschaulichung der gestellten Aufgabe 5 — 7 bedienen wir uns des
Begriffes der Richtung; dann könnte die Aufgabe lauten: Gehe zunächst 5 Einheiten (z. B. Schritte) vorwärts, dann kehre um und gehe
7 Schritte rückwärts. Für die Bewegung wählen wir einen Ausgangspunkt
A (Fig. 16) und gehen in Richtung B so weit vorwärts, daß $A B = 5$ ist.
Von B aus gehen wir nunmehr in Richtung A zurück, und zwar soweit,
daß $B C = 7$ wird. Dann gelangen wir über den Anfangspunkt A hinaus,
und zwar in einer Richtung, die der Anfangsrichtung $A B$ entgegengesetzt ist. Den Gegensatz der Richtung kennzeichnet man durch
verschiedene Vorzeichen. Nennen wir die Richtung $A \to B$ positiv,

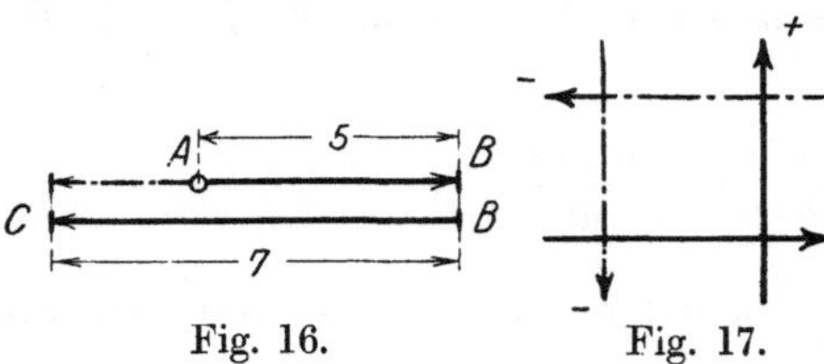

so wird die Richtung $B \to A$
negativ; das Vorzeichen der
positiven Richtung ist das
$+$ Zeichen, das Vorzeichen
der negativen Richtung das
$-$ Zeichen. Die Zahl $+ 5$ hat
demnach den Sinn, daß 5 Einheiten in der positiven Rich-

Fig. 16.　　　　　　Fig. 17.

tung gezählt werden; $- 7$ bedeutet, daß 7 Einheiten in entgegengesetzter Richtung gezählt werden sollen. Wenn es auch an sich gleichgültig ist, welche Richtung man als positiv festlegt, so ist doch üblich,
die Richtung nach rechts, bzw. die nach oben als $+$ Richtung zu bezeichnen und durch eine Pfeilspitze hervorzuheben. Damit sind auch
die negativen Richtungen als die entgegengesetzten festgelegt (Fig. 17).

　　$+$ und $-$ Zeichen haben von nun an zweierlei Bedeutung: Einmal
sind sie nach wie vor Rechnungszeichen und geben als solche
an, ob zwei Größen addiert oder subtrahiert werden sollen; zum zweiten
sind sie Vorzeichen und kennzeichnen als solche die Richtung. In
diesem Falle umschließt man die Zahlen mit dem Vorzeichen durch
eine Klammer und schreibt z. B. $(+ 5) + (- 7)$.

　　Zahlen mit dem positiven Vorzeichen heißen positive Zahlen; Zahlen mit dem negativen Vorzeichen heißen negative Zahlen. Beide zusammen nennt man mit dem gemeinsamen Begriff algebraische
Zahlen. Die Aufgabe $(+ 5) + (- 7)$ bedeutet demnach: Die positive
Zahl $(+ 5)$ soll mit der negativen Zahl $(- 7)$ addiert werden; oder kurz:
Die algebraischen Zahlen $(+ 5)$ und $(- 7)$ sind zu addieren. Sie ist in
Fig. 16 bereits gelöst, denn an die Strecke $A B = + 5$ ist die Strecke
$B C = - 7$ unter Berücksichtigung der entgegengesetzten Richtung
gefügt. Als Ergebnis erhalten wir die Strecke $A C$ in Richtung C, d. h.
nach links, gemessen; es ist negativ. Wir haben

$$(+ 5) + (- 7) = - 2 .$$

Um die Schreibweise weniger schwerfällig zu gestalten, läßt man die
positiven Vorzeichen weg und schreibt

$$5 + (- 7) = - 2 .$$

Zu demselben Ergebnis $- 2$ gelangt man auch, wenn man die positive
Zahl $(+ 7)$ von der positiven Zahl $(+ 5)$ subtrahiert; es ist

$$(+\,5) - (+\,7) = -\,2,$$

wenn wir daran denken, wie in Fig. 4 die Subtraktion dargestellt war. Damit vereinfacht sich die Schreibweise weiter zu

$$5 - 7 = -\,2;$$

es ist also auch das +Zeichen als Rechnungszeichen herausgefallen. Stoßen + und — Zeichen vor einer Zahl zusammen, so fällt das +Zeichen stets heraus; es ist

$$a + (-\,b) + (-\,c) = a - b - c,$$
$$a + (-\,b) - (+\,c) = a - b - c,$$
$$a - (+\,b) + (-\,c) = a - b - c.$$

Hat eine Summe positive und negative Glieder, so heißt sie algebraische Summe. $a - b - c$ ist eine algebraische Summe; ihr Wert ist negativ,

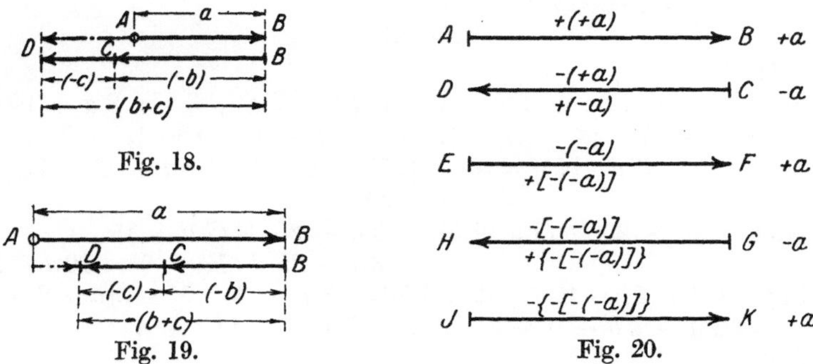

Fig. 18.

Fig. 19.

Fig. 20.

wenn die Summe der absoluten Werte b und c, d. h. $b + c$ ohne Rücksicht auf das Vorzeichen, größer ist als a (Fig. 18). Ihr Wert ist positiv, wenn die Summe der absoluten Werte b und c kleiner ist als a (Fig. 19). Im ersten Falle ist $A\,D$ als Wert der algebraischen Summe nach links, im zweiten Falle nach rechts gerichtet. Aus den Fig. 18 und 19 folgt, daß

$$a - b - c = a - (b + c)$$
$$a - (b + c) = a - b - c$$

ist und umgekehrt. In Fig. 20 sei $A\,B = +\,a$, dann ist $C\,D = -\,a$. Die Darstellung der Zahl a enthält die Aufforderung: Füge die positive Zahl $(+\,a)$ hinzu, so daß $+ (+\,a) = a$.

$C\,D = -\,a$ enthält 1. die Aufforderung: Füge die negative Zahl $(-\,a)$ hinzu, oder 2. subtrahiere die positive Zahl $(+\,a)$. Ist $C\,D = -a$, dann wird $E\,F$ als entgegengesetzte Zahl $= - (-\,a)$ und deckt sich mit $A\,B = +\,a$. $E\,F = - (-\,a)$ kann aber auch als Aufforderung angesehen werden, die negative Zahl $(-\,a)$ zu subtrahieren. Die Ausführung der Subtraktion liefert die positive Strecke $E\,F = +\,a$. Die $E\,F = - (-\,a)$ entgegengesetzte Zahl ist $G\,H = - [-(-\,a)]$, die sich mit $C\,D = -\,a$ deckt; es ist also $- [- (-\,a)] = -\,a$. Ebenso wird $J\,K = - \{- [- (-\,a)]\} = +\,a$, weil sich $J\,K$ mit $A\,B = +\,a$ deckt.

2*

Damit ist die Addition algebraischer Zahlen auf die Addition und Subtraktion absoluter Zahlen zurückgeführt.

Es ist $a - a = 0$, weil nichts übrigbleibt, wenn wir a von a wegnehmen. Ebenso erhalten wir $a - (+ a) = a - a = 0$ oder $a + (- a) = a - a = 0$. Die Null läßt sich demnach auffassen als die Differenz zweier gleicher Zahlen. Unsere erweiterte, um die negativen Zahlen vermehrte Zahlenreihe läßt sich nach Fig. 21 darstellen, wenn wir die Null als Ausgangspunkt wählen.

Nach beiden Richtungen erstreckt sich die Zahlenreihe bis ins Unendliche.

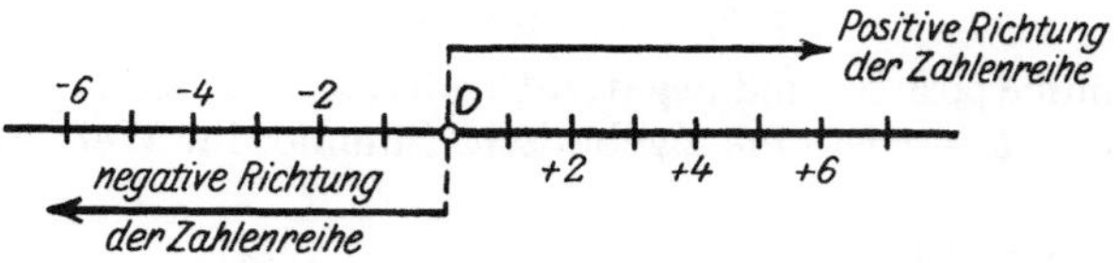

Fig. 21.

Beispiele:

46) $(6a + 7b) + (2a + 3b) = 6a + 7b + 2a + 3b = 8a + 10b$.

47) $12 - (x + 1) + (4 - x) = 12 - x - 1 + 4 - x = 15 - 2x$.

48) $3a - [25 - (7a + 5)] = 3a - [25 - 7a - 5] = 3a - 25 + 7a + 5$
$\qquad = 10a - 20$

oder $\; 3a - [25 - (7a + 5)] = 3a - 25 + (7a + 5)$
$\qquad\qquad\qquad = 3a - 25 + 7a + 5 = 10a - 20$.

49) $[3a - (4b + 5)] - [3a + (2 + 7b)] = [3a - 4b - 5] - [3a + 2 + 7b]$
$\qquad = 3a - 4b - 5 - 3a - 2 - 7b = - 11b - 7$

oder

$[3a - (4b + 5)] - [3a + (2 + 7b)] = 3a - (4b + 5) - 3a - (2 + 7b)$
$\qquad = 3a - 4b - 5 - 3a - 2 - 7b = - 11b - 7$

Da es häufig vorkommt, daß die einzelnen Glieder einer algebraischen Summe untereinander stehen, sei auch diese Schreibweise erwähnt.

50) $\qquad\qquad 7a - 3b + 2c \qquad$ Die Glieder sind
$\qquad\qquad \underline{ - 2a + 7b - c} \qquad$ zu addieren.
$\qquad\qquad 5a + 4b + c$.

Hintereinander geschrieben lautet die Aufgabe

$(7a - 3b + 2c) + (- 2a + 7b - c) = 7a - 3b + 2c - 2a + 7b - c$
$\qquad\qquad\qquad = 5a + 4b + c$.

51) $\qquad\qquad 7a - 3b + 2c \qquad$ Die zweite Reihe ist von der
$\qquad\qquad \underline{ - 2a + 7b - c} \qquad$ ersten zu subtrahieren.
$\qquad\qquad 9a - 10b + 3c$.

Hintereinander geschrieben lautet die Aufgabe

$(7a - 3b + 2c) - (- 2a + 7b - c) = 7a - 3b + 2c + 2a - 7b + c$
$\qquad\qquad\qquad = 9a - 10b + 3c$.

52) $\qquad\qquad 7a - 3b \; + 2c \qquad$ Die erste Reihe ist von der
$\qquad\qquad \underline{ - 2a + 7b \; - c} \qquad$ zweiten zu subtrahieren,
$\qquad\qquad - 9a + 10b - 3c$

weil

$$(-2\,a) - (+\,7\,a) = -\,2\,a - 7\,a = -\,9\,a$$
$$(+\,7\,b) - (-\,3\,b) = +\,7\,b + 3\,b = +\,10\,b$$
$$(-\,c) - (+\,2\,c) = -\,c - 2\,c = -\,3\,c$$

ist.

Hintereinander geschrieben lautet die Aufgabe

$$(-\,2\,a + 7\,b - c) - (7\,a - 3\,b + 2\,c) = -\,2\,a + 7\,b - c - 7\,a + 3\,b - 2\,c$$
$$= -\,9\,a + 10\,b - 3\,c\,.$$

Die Multiplikation algebraischer Zahlen.

1. **Grundaufgabe:** $(+\,a) \cdot (+\,b) = +\,a \cdot b$. Das Produkt ist positiv. Unter Berücksichtigung der Fig. 17, die die üblichen Richtungen festlegt, wird das Produkt $(+\,a) \cdot (+\,b)$ durch das Rechteck $A\,B\,C\,D$ (Fig. 22) dargestellt. Der Flächeninhalt ist ein Maß für den Wert $a\,b$ des Produktes, der nur positiv sein kann. Beachtet man den Umfahrungssinn des Rechtecks $A\,B\,C\,D$, so gelangt man von A ausgehend über $A\,B = +\,a$ und $B\,C = +\,b$ im entgegengesetzten Sinne

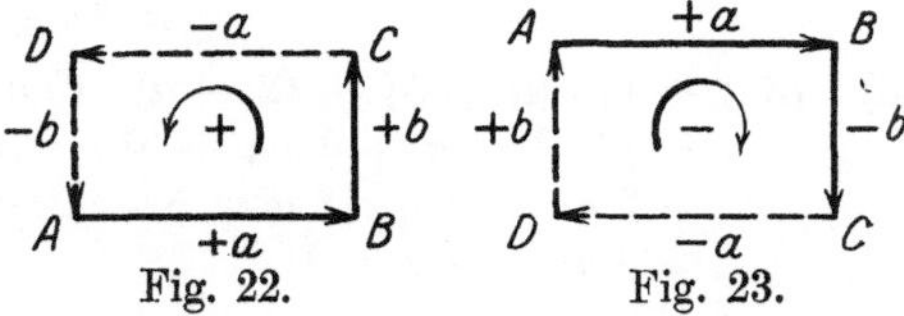

des Uhrzeigers über D nach A zurück. Dieses Linksumfahren ist das Kennzeichen des positiven Produktes $a \cdot b$. Daraus folgt umgekehrt: Ergibt die Darstellung ein Rechtsumfahren, dann ist das Produkt negativ.

2. **Grundaufgabe:** $(-\,a) \cdot (-\,b) = +\,a\,b$; das Produkt ist positiv. In Fig. 22 ist $C\,D = -\,a$ und daran anschließend $D\,A = -\,b$. Bildet man das den Wert $a \cdot b$ darstellende Rechteck $C\,D\,A\,B$, so ergibt sich dasselbe Rechteck, was das Produkt $(+\,a) \cdot (+\,b)$ darstellte; beide Ergebnisse haben gleiche Größe und gleichen — linksläufigen — Umfahrungssinn; sie müssen also auch gleiche Vorzeichen erhalten.

3. **Grundaufgabe:** $(+\,a) \cdot (-\,b) = -\,a \cdot b$; das Produkt ist negativ. Fügt man an $A\,B = +\,a$ unter Berücksichtigung der festgelegten Richtungen $B\,C = -\,b$ und ergänzt das Rechteck $A\,B\,C\,D$, so gelangt man bei rechtsläufigem Umfahrungsinn — im Sinn des Uhrzeigers — an den Ausgangspunkt A zurück. Der absolute Wert des Produktes ist durch den Flächeninhalt des Rechtecks $A\,B\,C\,D$ dargestellt, das dem Rechteck $A\,B\,C\,D$ der Fig. 22 flächengleich ist; da aber der Umfahrungssinn entgegengesetzt ist, muß das Produkt $a \cdot b$ das entgegengesetzte Vorzeichen erhalten. (Fig. 23).

4. **Grundaufgabe:** $(-\,a) \cdot (+\,b) = -\,a\,b$; das Produkt ist negativ. In Fig. 23 ist $C\,D = -\,a$ und daran anschließend $D\,A = +\,b$. Bildet man das den Wert $a \cdot b$ darstellende Rechteck $C\,D\,A\,B$, so ergibt sich dasselbe Rechteck, was das Produkt $(+\,a) \cdot (-\,b)$ darstellte. Beide Ergebnisse haben gleiche Größe und gleichen — rechtsläufigen — Umfahrungssinn; sie müssen also auch gleiche Vorzeichen erhalten.

Unter Berücksichtigung dieser 4 Grundaufgaben läßt sich die Multiplikation algebraischer Summen auf die Multiplikation von Summen zurückführen (S. 7).

$$(a + b) \cdot (c - d) = a \cdot c + b \cdot c + [a \cdot (- d)] + [b \cdot (- d)]$$
$$= a\,c + b\,c - a\,d - b\,d\,.$$
$$(a - b) \cdot (c + d) = a \cdot c + [c \cdot (- b)] + a \cdot d + [d \cdot (- b)]$$
$$= a\,c - b\,c + a\,d - b\,d\,.$$
$$(a - b) \cdot (c - d) = a \cdot c + [c \cdot (- b)] + [a \cdot (- d)] + [(- b) \cdot (- d)]$$
$$= a\,c - b\,c - a\,d + b\,d\,.$$

Beispiele: 53) $(3\,a - 7\,b) \cdot (- 2\,c) = - 6\,a\,c + 14\,b\,c\,.$

54) $(3\,x + 2) \cdot (2 - 3\,x) = 6\,x + 4 - 9\,x^2 - 6\,x = 4 - 9\,x^2\,.$

55) $(3\,a + b) \cdot (4\,b - a) \cdot (a - b) = [(3\,a + b) \cdot (4\,b - a)] \cdot (a - b)$
$$= [12\,a\,b + 4\,b^2 - 3\,a^2 - a\,b] \cdot (a - b)\,.$$

Die Glieder der 1. Klammer lassen sich zusammenfassen zu

$$(11\,a\,b + 4\,b^2 - 3\,a^2) \cdot (a - b) = 11\,a^2 b + 4\,a\,b^2 - 3\,a^3 - 11\,a\,b^2 - 4\,b^3$$
$$+ 3\,a^2 b = 14\,a^2 b - 7\,a\,b^2 - 3\,a^3 - 4\,b^3\,.$$

56) $(3\,a + 1) \cdot (a + 5) - (2 - a) \cdot (5\,a + 2)$
$$= [3\,a^2 + a + 15\,a + 5] - [10\,a - 5\,a^2 + 4 - 2\,a]$$
$$= 3\,a^2 + a + 15\,a + 5 - 10\,a + 5\,a^2 - 4 + 2\,a$$
$$= 8\,a^2 + 8\,a + 1\,.$$

57) $x\,(x + y) - x\,(x - y) = x^2 + x\,y - x^2 + x\,y = 2\,x\,y\,.$

58) $(a + b) \cdot (a - b) = a^2 + a\,b - a\,b - b^2 = a^2 - b^2\,.$

Häufig vorkommende Rechnungen (Formeln).

$$(a + b)^2 = a^2 + 2\,a\,b + b^2 \quad \text{Umkehrung} \quad a^2 + 2\,a\,b + b^2 = (a + b)^2$$
$$(a - b)^2 = a^2 - 2\,a\,b + b^2 \qquad\quad,, \qquad\quad a^2 - 2\,a\,b + b^2 = (a - b)^2$$
$$(a + b) \cdot (a - b) = a^2 - b^2 \qquad\quad,, \qquad\quad a^2 - b^2 = (a + b) \cdot (a - b)$$
$$(a + b)^3 = a^3 + 3\,a^2 b + 3\,a\,b^2 + b^3 \qquad,, \qquad a^3 + 3\,a^2 b + 3\,a\,b^2 + b^3$$
$$= (a + b)^3$$
$$(a - b)^3 = a^3 - 3\,a^2 b + 3\,a\,b^2 - b^3 \qquad,, \qquad a^3 - 3\,a^2 b + 3\,a\,b^2 - b^3$$
$$= (a - b)^3\,.$$

$$a^3 + b^3 = (a + b) \cdot (a^2 - a\,b + b^2)$$
$$a^3 - b^3 = (a - b) \cdot (a^2 + a\,b + b^2)$$
$$a^4 - b^4 = (a^2 + b^2) \cdot (a^2 - b^2)\,.$$

Beispiele:

59) $49^2 = (50 - 1)^2 = 50^2 - 2 \cdot 1 \cdot 50 + 1^2 = 2500 - 100 + 1 = 2401\,.$

60) $98 \cdot 102 = (100 + 2) \cdot (100 - 2) = 100^2 - 2^2 = 10000 - 4 = 9996\,.$

61) $(3\,x - 7)^2 = 9\,x^2 - 2 \cdot 3\,x \cdot 7 + 49 = 9\,x^2 - 42\,x + 49\,.$

62) $(x + y)^2 - (x - y)^2 = [(x + y) + (x - y)] \cdot [(x + y) - (x - y)]$
$$= [x + y + x - y] \cdot [x + y - x + y] = 2\,x \cdot 2\,y = 4\,x \cdot y\,.$$

63) $(7\,a - 8\,b)^3 = (7\,a)^3 - 3\,(7\,a)^2 \cdot (8\,b) + 3 \cdot (7\,a) \cdot (8\,b)^2 - (8\,b)^3$
$$= 343\,a^2 - 3 \cdot 49 \cdot 8 \cdot a^2 b + 3 \cdot 7 \cdot 64\,a\,b^2 - 512\,b^3$$
$$= 343\,a^3 - 1176\,a^2 b + 1344\,a\,b^2 - 512\,b^3\,.$$

64) $(a + b + c)^2 = [(a + b) + c]^2 = (a + b)^2 + 2 \cdot (a + b) \cdot c + c^2$
$$= a^2 + 2\,a\,b + b^2 + 2\,a\,c + 2\,b\,c + c^2$$
$$= a^2 + b^2 + c^2 + 2\,a\,b + 2\,b\,c + 2\,a\,c\,.$$

Division algebraischer Zahlen.

1. Grundaufgabe:

$$\frac{+a}{+b} = (+a):(+b) = +\frac{a}{b}\ , \quad \text{weil}\ \left(+\frac{a}{b}\right)\cdot(+b) = +a\ \text{ist.}$$

Stellt man unter Berücksichtigung der Richtungen den Quotienten $\dfrac{+a}{+b}$ nach Fig. 6 dar, so wird $BC = +a$, $AB = +b$ (Fig. 24). In dem rechtwinkligen Dreieck ABC ist $\operatorname{tg}\alpha = \dfrac{+a}{+b}$; der Winkel α wird von der Wagerechten aus im entgegengesetzten Sinne des Uhrzeigers gemessen; der Quotient ist positiv.

2. Grundaufgabe:

$$\frac{-a}{-b} = (-a):(-b) = +\frac{a}{b}\ , \quad \text{weil}\ \left(+\frac{a}{b}\right)\cdot(-b) = -a\ \text{ist.}$$

In Fig. 24 ist $CD = -b$, $DA = -a$. Der Quotient $\dfrac{-a}{-b}$ ist gleich dem Tangens des Winkels $ACD = \alpha$, der von der Wagerechten aus ebenfalls im entgegengesetzten Sinne des Uhrzeigers gemessen wird.

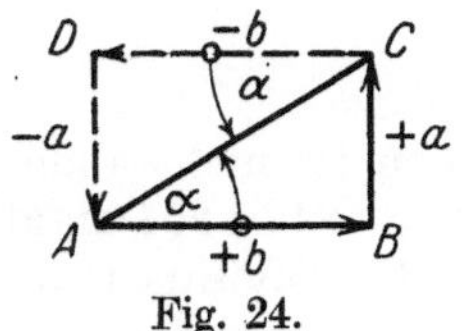

Fig. 24.

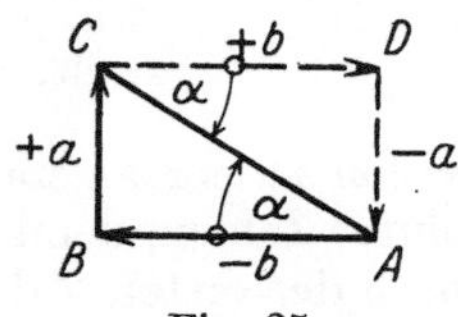

Fig. 25.

In beiden Fällen $\dfrac{+a}{+b}$ und $\dfrac{-a}{-b}$ ist $\operatorname{tg}\alpha$ gleich groß, und der Winkel α wird im gleichen Drehsinn gemessen; beide Ergebnisse erhalten gleiche Vorzeichen.

3. Grundaufgabe:

$$\frac{+a}{-b} = (+a):(-b) = -\frac{a}{b}\ , \quad \text{weil}\ \left(-\frac{a}{b}\right)\cdot(-b) = +a\ \text{ist.}$$

In Fig. 25 ist $CB = +a$, $AB = -b$. Der Quotient $\dfrac{+a}{-b}$ ist gleich dem Tangens des Winkels $CAB = \alpha$, der von der Wagerechten AB aus im Sinne des Uhrzeigers gemessen wird. War der Messungsinn im entgegengesetzten Sinne des Uhrzeigers positiv, so muß der Messungsinn im Sinne des Uhrzeigers negativ sein; das Ergebnis wird negativ.

4. Grundaufgabe:

$$\frac{-a}{+b} = (-a):(+b) = -\frac{a}{b}\ , \quad \text{weil}\ \left(-\frac{a}{b}\right):(+b) = -a\ \text{ist.}$$

Fig. 25 veranschaulicht auch diese Aufgabe, wenn man $CD = +b$ und $DA = -a$ macht. Der Winkel $ACD = \alpha$, dessen Tangens den

Quotienten $\dfrac{-a}{+b}$ ausdrückt, wird von der Wagerechten aus im Sinne des Uhrzeigers gemessen; das Ergebnis ist negativ.

Beispiele: 65) $\dfrac{21\,x}{3\,x} = 7$.   66) $(-15\,a):(-3) = 5a$.

67) $\dfrac{27\,a\,b^2\,c^4}{9\,a\,b\,c^3} = 3\,b\,c$.   68) $(24\,x - 16\,y):(+8) = 3\,x - 2\,y$.

69) $(28\,a^3 - 21\,a^2 + 7\,a):(-7\,a) = -4\,a^2 + 3\,a - 1$.

70) $(a^2 + 2\,a\,b + b^2):(a + b)$.

Man dividiert das erste Glied a^2 der gegebenen Summe $(a^2 + 2\,a\,b + b^2)$ durch das erste Glied a des Divisors $(a + b)$, nachdem man beide Summen geordnet hat, d. h. die Glieder der Summen werden nach steigenden oder fallenden Potenzen ein und derselben Zahl angeschrieben. $a^2:a = a$; mit der so gefundenen Zahl a multipliziert man den Divisor und erhält $a^2 + a\,b$; durch Subtraktion bildet man den Rest $a\,b + b^2$, der ebenso behandelt wird wie die ursprünglich gegebene Summe:

$$
\begin{aligned}
(a^2 + 2\,a\,b + b^2) : (a + b) &= a + b \\
\underline{a^2 + a\,b} \qquad\quad &\text{ist zu subtrahieren,} \\
0 + a\,b + b^2 &= \text{Rest, dessen erstes Glied wieder durch } a \text{ zu dividieren} \\
\underline{+ a\,b + b^2} \qquad\quad & \\
0 \qquad\quad &\text{ist.}
\end{aligned}
$$

Die Division zweier algebraischer Summen ist nicht anders als die zweier absoluter Zahlen, denn bei der Aufgabe $5842 : 254$ dividiert man zunächst die 5 der ersten Zahl durch die 2 des Divisors und erhält 2; mit dieser 2 multipliziert man den ganzen Divisor 254 und sucht den Rest. Der übriggebliebene Einer 2 wird zu dem Rest heruntergeholt, wie es in dem obigen Beispiel mit b^2 ebenfalls geschieht. Dann wiederholt sich die Division:

$$
\begin{aligned}
5842 : 254 &= 23 \\
\underline{508} \qquad\;\; &\text{wird subtrahiert,} \\
762 \qquad\;\; &\text{Rest, der jetzt durch 254 dividiert wird:} \\
\underline{762} \qquad\;\; & \\
0. \qquad\;\; &
\end{aligned}
$$

71) $(6\,x^3 + 51\,x^2 - 197\,x + 85):(3\,x^2 + 27\,x - 85) = 2\,x - 1$

$$
\begin{aligned}
\underline{6\,x^3 + 54\,x^2 - 170\,x} \qquad &\text{ist zu subtrahieren,} \\
-3\,x^2 - 27\,x + 85 & \\
\underline{-3\,x^2 - 27\,x + 85}\,. &
\end{aligned}
$$

72) $(a^3 - b^3):(a - b) = a^2 + a\,b + b^2$

$$
\begin{aligned}
\underline{a^3 - a^2\,b} \quad &\text{wird subtrahiert; d. h. } a^3 - b^3 - (a^3 - a^2\,b) = a^2\,b - b^3 \\
+ a^2\,b - b^3 & \\
\underline{+ a^2\,b - a\,b^2} \quad &\text{wird subtrahiert; d. h. } a^2\,b - b^3 - (a^2\,b - a\,b^2) \\
+ a\,b^2 - b^3 & \hspace{6.5em} = a\,b^2 - b^3 \\
\underline{+ a\,b^2 - b^3}\,. &
\end{aligned}
$$

73) Geht die gestellte Aufgabe nicht auf, so bildet man in gleicher Weise den Rest wie bei der Division bestimmter Zahlen; z. B.:

$$\begin{array}{l} 251 : 72 = 3 \\ \underline{216} \\ 35 \end{array} \qquad 251 : 72 = 3 + \frac{35}{72} = 3\frac{35}{72}$$

$$\begin{array}{l} \dfrac{y}{a+y} = y : (y+a) = 1 - \dfrac{a}{a+y}\,. \\[2pt] \underline{y+a} \\ -a \end{array}$$

74) $\quad \dfrac{1}{1+x} = 1 : (1+x) = 1 - x + x^2 - x^3 + x^4 - x^5 + \ldots\ldots$

$$\begin{array}{r} 1 + x \\ \hline -x \\ -x - x^2 \\ \hline + x^2 \\ + x^2 + x^3 \\ \hline - x^3 \\ - x^3 - x^4 \\ \hline + x^4 \\ + x^4 + x^5 \\ \hline - x^5 \,. \end{array}$$

Die Division läßt sich bis ins Unendliche fortsetzen; das Ergebnis heißt **Reihe**. Die Durchführung der Division stellt die Entwicklung des Quotienten $\dfrac{1}{1+x}$ in einer Reihe dar.

Das Rechnen mit gebrochenen Zahlen. In dem Bruch $\frac{3}{4}$ ist 3 der Zähler, 4 der Nenner. Sind mehrere Brüche Rechenoperationen unterworfen, so sind sie bei der Addition und Subtraktion auf ein und denselben Nenner zu bringen; sie müssen **gleichnamig** gemacht werden.

$$\frac{3}{4} + \frac{1}{3} - \frac{5}{6} \quad \text{werden in } 12^{\text{tel}} \text{ verwandelt; wir erhalten}$$

$$\frac{9}{12} + \frac{4}{12} - \frac{10}{12} = \frac{13}{12} - \frac{10}{12} = \frac{3}{12} = \frac{1}{4}\,.$$

Verwandelt man $\frac{3}{4}$ in 12^{tel}, so werden Zähler und Nenner mit 3 multipliziert $\frac{3}{4} \cdot \frac{3}{3}$; dadurch wird der Wert $\frac{3}{4}$ nicht geändert, da der hinzugetretene Faktor $\frac{3}{3} = 1$ ist. Das Verfahren heißt **Erweitern** des Bruches.

Dividiert man Zähler und Nenner durch ein und dieselbe Zahl, so hebt man den Bruch: $\dfrac{3}{12} = \dfrac{3:3}{12:3} = \dfrac{1}{4}\,.$

Soll ein Bruch $\frac{3}{4}$ auf den Nenner 12 gebracht werden, so findet man die Zahl, mit der der Bruch erweitert werden muß, indem man den vorgeschriebenen Nenner 12 durch den Nenner 4 des gegebenen Bruches $\frac{3}{4}$ dividiert. $12 : 4 = 3$; d. h. der gegebene Bruch muß mit 3 erweitert werden, damit er in 12^{tel} verwandelt wird.

In Buchstaben ist allgemein

$$\frac{a}{b} = \frac{n \cdot a}{n \cdot b}, \quad \text{d. h.} \quad \frac{a}{b} \text{ ist mit } n \text{ erweitert;}$$

$$\frac{a\,c}{b\,c} = \frac{a}{b}, \quad \text{d. h.} \quad \frac{a\,c}{b\,c} \text{ ist durch } c \text{ gehoben.}$$

$\dfrac{4\,a}{5\,b}$ soll auf den Nenner $10\,b\,x$ gebracht werden. Aus $10\,b\,x : 5\,b = 2\,x$

ergibt sich $2\,x$ als die Zahl, mit der $\dfrac{4\,a}{5\,b}$ erweitert werden muß. Man erhält:

$$\frac{4\,a}{5\,b} \cdot \frac{2\,x}{2\,x} = \frac{8\,a\,x}{10\,b\,x}.$$

Beispiele: 75) Bringe $\dfrac{a}{b}$ auf den Nenner $b^2 c^2$. Durch die Division

$b^2 c^2 : b = b\,c^2$ findet man $b\,c^2$ als die Zahl, mit der $\dfrac{a}{b}$ erweitert werden

muß. Man erhält $\dfrac{a}{b} \cdot \dfrac{b\,c^2}{b\,c^2} = \dfrac{a\,b\,c^2}{b^2\,c^2}$.

76) Bringe $\dfrac{1}{a-b}$ auf den Nenner $a^2 - b^2$. Durch die Division

$(a^2 - b^2) : (a - b) = a + b$ findet man $a + b$ als die Zahl, mit der

$\dfrac{1}{a-b}$ erweitert werden muß. Man erhält $\dfrac{1}{a-b} \cdot \dfrac{a+b}{a+b} = \dfrac{a+b}{a^2+b^2}$.

77) $\dfrac{a^2 - 2\,a\,b + b^2}{a^2 - b^2}$ soll gehoben werden. Wenn die Möglichkeit

vorliegt, den gegebenen Bruch zu heben, so muß es eine Zahl geben,
durch die sich Zähler und Nenner dividieren lassen. Diese Zahl kann
nur gefunden werden, indem man Zähler und Nenner in Faktoren zerlegt, d. h. die Summen in Produkte verwandelt. Nun ist $a^2 - 2\,a\,b + b^2$
$= (a - b)^2$ und $a^2 - b^2 = (a + b) \cdot (a - b)$. Eingesetzt ergibt sich:

$$\frac{a^2 - 2\,a\,b + b^2}{a^2 - b^2} = \frac{(a - b)^2}{(a + b) \cdot (a - b)}.$$

Jetzt lassen sich Zähler und Nenner durch $(a - b)$ dividieren; wir erhalten:

$$\frac{a^2 - 2\,a\,b + b^2}{a^2 - b^2} = \frac{(a - b)^2}{(a + b) \cdot (a - b)} = \frac{a - b}{a + b} \cdot \frac{a - b}{a - b} = \frac{a - b}{a + b}.$$

78) $\dfrac{a + x}{x} - \dfrac{b + y}{y} = \dfrac{y}{y} \cdot \dfrac{a + x}{x} - \dfrac{x}{x} \cdot \dfrac{b + y}{y}$

$$= \frac{y\,(a + x) - x\,(b + y)}{x\,y} = \frac{a\,y + y\,x - b\,x - x\,y}{x \cdot y} = \frac{a\,y - b\,x}{x \cdot y}.$$

79) $\dfrac{x^3 - y^3}{x^2 - y^2} = \dfrac{(x - y) \cdot (x^2 + x\,y + y^2)}{(x - y) \cdot (x + y)} = \dfrac{x^2 + x\,y + y^2}{x + y}.$

$$80)\quad \frac{1}{a} + \frac{1}{b} + \frac{1}{c} = \frac{bc}{bc} \cdot \frac{1}{a} + \frac{ac}{ac} \cdot \frac{1}{b} + \frac{ab}{ab} \cdot \frac{1}{c} = \frac{bc + ac + ab}{abc}$$

$$= \frac{ab + bc + ca}{abc} \,.$$

Multiplikation und Division der Brüche.

Es ist $\dfrac{a}{b} \cdot \dfrac{c}{d} = \dfrac{ac}{bd}$;

$$\frac{a}{b} : c = \frac{\left(\dfrac{a}{b}\right)}{c} = \frac{a}{bc} \,, \quad \text{weil} \quad \frac{a}{bc} \cdot c = \frac{a}{b} \quad \text{ist;}$$

$$a : \frac{b}{c} = \frac{a}{\left(\dfrac{b}{c}\right)} = \frac{ac}{b} \,, \quad \text{weil} \quad \frac{ac}{b} \cdot \frac{b}{c} = a \quad \text{ist;}$$

$$\frac{a}{b} : \frac{c}{d} = \frac{\left(\dfrac{a}{b}\right)}{\left(\dfrac{c}{d}\right)} = \frac{ad}{bc} \,, \quad \text{weil} \quad \frac{ad}{bc} \cdot \frac{c}{d} = \frac{a}{b} \quad \text{ist.}$$

Beispiele:

$$81)\quad \frac{4\,x^3 y^3}{15\,a^2} : \frac{2\,x^2 y^2}{5\,a} = \frac{4\,x^3 y^3}{15\,a^2} \cdot \frac{5\,a}{2\,x^2 y^2} = \frac{2 \cdot x \cdot y}{3\,a} \,.$$

$$82)\quad \left(a^2 - \frac{1}{a^2}\right) : \left(a - \frac{1}{a}\right) = \left(\frac{a^2}{a^2} \cdot a^2 - \frac{1}{a^2}\right) : \left(\frac{a}{a} \cdot a - \frac{1}{a}\right)$$

$$= \frac{a^4 - 1}{a^2} : \frac{a^2 - 1}{a} = \frac{a^4 - 1}{a^2} \cdot \frac{a}{a^2 - 1} = \frac{(a^2 + 1) \cdot (a^2 - 1)}{a^2} \cdot \frac{a}{a^2 - 1}$$

$$= \frac{a^2 + 1}{a} = a + \frac{1}{a}$$

oder

$$\left(a^2 - \frac{1}{a^2}\right) : \left(a - \frac{1}{a}\right) = \left[a^2 - \left(\frac{1}{a}\right)^2\right] : \left(a - \frac{1}{a}\right)$$

$$= \left(a + \frac{1}{a}\right) \cdot \left(a - \frac{1}{a}\right) : \left(a - \frac{1}{a}\right) = \frac{\left(a + \dfrac{1}{a}\right) \cdot \left(a - \dfrac{1}{a}\right)}{a - \dfrac{1}{a}} = a + \frac{1}{a} \,.$$

$$83)\quad \frac{a^3 - \dfrac{1}{b^3}}{a - \dfrac{1}{b}} = \frac{\dfrac{a^3 b^3 - 1}{b^3}}{\dfrac{ab - 1}{b}} = \frac{a^3 b^3 - 1}{b^3} \cdot \frac{b}{ab - 1}$$

$$= \frac{(ab - 1)(a^2 b^2 + ab + 1)}{b^2 (ab - 1)} = \frac{a^2 b^2 + ab + 1}{b^2} = a^2 + \frac{a}{b} + \frac{1}{b^2}$$

oder

$$\frac{a^3 - \dfrac{1}{b^3}}{a - \dfrac{1}{b}} = \frac{\left[a^3 - \left(\dfrac{1}{b}\right)^3\right]}{a - \dfrac{1}{b}} = \frac{\left(a - \dfrac{1}{b}\right)\cdot\left(a^2 + \dfrac{a}{b} + \dfrac{1}{b^2}\right)}{a - \dfrac{1}{b}}$$

$$= a^2 + \frac{a}{b} + \frac{1}{b^2}.$$

84)
$$\frac{\dfrac{1}{x} + \dfrac{1}{y}}{\dfrac{1}{x} - \dfrac{1}{y}} = \frac{\dfrac{y+x}{x\cdot y}}{\dfrac{y-x}{x\cdot y}} = \frac{y+x}{x\cdot y}\cdot\frac{x\cdot y}{y-x} = \frac{y+x}{y-x}.$$

85)
$$\frac{1-x^2}{8\,x} : \frac{1+x}{2} = \frac{(1+x)(1-x)}{8\,x}\cdot\frac{2}{1+x} = \frac{1-x}{4\,x}.$$

Gleichungen 1. Grades mit einer Unbekannten (Fortsetzung).

Beispiele: 86) $\dfrac{3}{x-1} = \dfrac{4}{x+1}$, der Hauptnenner ist $(x-1)(x+1)$.

$$\frac{x+1}{x+1}\cdot\frac{3}{x-1} = \frac{x-1}{x-1}\cdot\frac{4}{x+1}$$
$$3\cdot(x+1) = 4\cdot(x-1) \quad \text{oder} \quad 3\,x + 3 = 4\,x - 4$$
$$3 + 4 = 4\,x - 3\,x, \quad \text{daraus} \quad 7 = x.$$

87)
$$\frac{5}{x+3} + \frac{1}{x-2} = \frac{11}{x^2+x-6},$$
$$x^2 + x - 6 = x^2 + 3\,x - 2\,x - 6 = x\cdot(x+3) - 2\cdot(x+3)$$
$$= (x+3)\cdot(x-2),$$

folglich ist $(x+3)\cdot(x-2) = x^2 + x - 6$ der Hauptnenner.

$$\frac{x-2}{x-2}\cdot\frac{5}{x+3} + \frac{x+3}{x+3}\cdot\frac{1}{x-2} = \frac{11}{(x+3)\cdot(x-2)}$$
$$5(x-2) + (x+3) = 11 \quad \text{oder} \quad 5\,x - 10 + x + 3 = 11$$
$$6\,x = 18, \quad \text{daraus} \quad x = 3.$$

88)
$$\frac{a}{x} - \frac{b}{x} = a + b; \quad \frac{1}{x}\cdot(a-b) = a + b; \quad x = \frac{a-b}{a+b}.$$

89) Teilt man 36 durch eine bestimmte Zahl und vermindert den Quotienten um 5, so erhält man ebensoviel, wie wenn man 12 durch dieselbe Zahl teilt und dem Quotienten 3 hinzufügt. Wie heißt die Zahl?

Nennt man die Zahl x, so ist der erste Quotient $\dfrac{36}{x}$, der zweite $\dfrac{12}{x}$.

Nun soll $\dfrac{36}{x}$ um 5 vermindert werden; die Differenz lautet $\dfrac{36}{x} - 5$;

dagegen soll $\dfrac{12}{x}$ um 3 vermehrt werden; die Summe lautet $\dfrac{12}{x} + 3$.

Die Gleichsetzung beider Werte liefert die Bestimmungsgleichung:

$$\frac{36}{x} - 5 = \frac{12}{x} + 3 \quad \text{oder} \quad \frac{36}{x} - 5 \cdot \frac{x}{x} = \frac{12}{x} + 3 \cdot \frac{x}{x}$$
$$36 - 5x = 12 + 3x \quad \text{oder} \quad 36 - 12 = 3x + 5x$$
$$24 = 8x, \quad \text{daraus} \quad x = 3 .$$

90) Bei einer Teilung erhält jeder 6000 Mark. Wäre einer weniger, so würde jeder 2000 Mark mehr erhalten. Wieviel Personen waren an der Teilung beteiligt? Es seien n Personen beteiligt; dann beträgt die zur Verfügung stehende Summe $6000 \cdot n$ Mark. Nimmt einer weniger an der Teilung teil, so teilen $(n - 1)$ Personen $(6000 \cdot n)$ Mark, so daß auf jeden $\frac{6000 \cdot n}{n - 1}$ Mark entfielen. Nach der Aufgabe soll dieser Betrag um 2000 Mark höher sein, also gleich $6000 + 2000 = 8000$ Mk. Die Bestimmungsgleichung lautet

$$\frac{6000 \cdot n}{n - 1} = 8000 \quad \text{oder} \quad 6000 \cdot n = 8000\,(n - 1) = 8000\,n - 8000$$
$$8000 = 8000\,n - 6000\,n = 2000\,n, \quad \text{daraus} \quad n = 4 .$$

91) In einem rechtwinkligen Dreieck ist die eine Kathete 7 cm lang und die Hypotenuse 5 cm länger als die andere Kathete. Wie groß ist diese? Sie sei x cm lang, dann ist die Hypotenuse $(x + 5)$ cm lang. Die Beziehung zwischen den drei Seiten eines rechtwinkligen Dreiecks lautet nach dem Pythagoräischen Lehrsatz:

$$(x + 5)^2 = x^2 + 7^2 \quad \text{oder} \quad x^2 + 10x + 25 = x^2 + 49$$
$$10x = 24, \quad \text{daraus} \quad x = 2{,}4 \text{ cm} .$$

Proportionen. Der Quotient $\frac{a}{b}$ heißt das Verhältnis der Zahlen a und b. Sind zwei Verhältnisse gleich, so heißt die Gleichung Proportion. Ist $\frac{c}{d}$ das zweite Verhältnis, so lautet die Proportion $\frac{a}{b} = \frac{c}{d}$, oder anders geschrieben $a : b = c : d$.

Die Proportion ist ein Sonderfall der Gleichungen und wird wie diese behandelt. Der Hauptnenner ist $b \cdot d$; auf ihn wird die Gleichung gebracht, so daß sich ergibt:

$$\frac{d}{d} \cdot \frac{a}{b} = \frac{b}{b} \cdot \frac{c}{d} \quad \text{oder} \quad a\,d = b\,c \quad \text{oder} \quad b\,c = a\,d .$$

In der Form $a : b = c : d$ heißen a und d Außenglieder, b und c Innenglieder. $b \cdot c = a \cdot d$ besagt: Das Produkt der Innenglieder ist gleich dem Produkt der Außenglieder.

Addieren wir 1 auf jeder Seite der Gleichung $\frac{a}{b} = \frac{c}{d}$, so ergibt sich:

$$\frac{a}{b} + 1 = \frac{c}{d} + 1 , \quad \text{oder, auf die gleichen Nenner gebracht:} \quad \frac{a}{b} + \frac{b}{b}$$
$$= \frac{c}{d} + \frac{d}{d} \quad \text{oder} \quad \frac{a + b}{b} = \frac{c + d}{d} .$$

Entsprechend erhalten wir bei einer Subtraktion von 1:

$$\frac{a-b}{b} = \frac{c-d}{d}.$$

Aus $b\,c = a\,d$ folgt $\dfrac{b}{a} = \dfrac{d}{c}$, das durch Hinzufügen von 1 übergeht in

$\dfrac{b}{a} + 1 = \dfrac{d}{c} + 1$ oder $\dfrac{a+b}{a} = \dfrac{c+d}{c}$. Wird 1 subtrahiert, so ergibt

sich $\dfrac{a-b}{a} = \dfrac{c-d}{c}$.

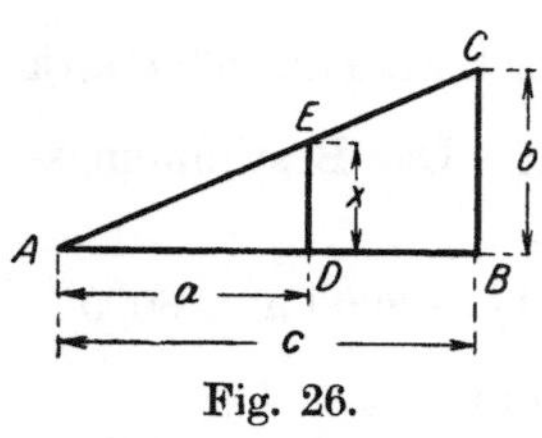

Fig. 26.

Dividiert man die beiden letzten Gleichungen durcheinander, indem man die linken und rechten Seiten durcheinander dividiert, so erhält man:

$$\frac{\dfrac{a+b}{a}}{\dfrac{a-b}{a}} = \frac{\dfrac{c+d}{c}}{\dfrac{c-d}{c}} \quad \text{oder} \quad \frac{a+b}{a-b} = \frac{c+d}{c-d}.$$

Sind drei Zahlen von den vier einer Proportion gegeben, so ist die vierte bestimmt. Nennt man diese vierte — unbekannte — Zahl x, so ist z. B.

$x : a = b : c$ oder $\dfrac{x}{a} = \dfrac{b}{c}$. Daraus folgt $x = a \cdot \dfrac{b}{c}$. Die Unbekannte

x heißt „vierte Proportionale". Sie läßt sich geometrisch finden, wenn man die Darstellung eines Quotienten (Fig. 24) beachtet. Aus der Ähnlichkeit der Dreiecke ABC und ADE folgt unmittelbar (Fig. 26)

$$\frac{x}{a} = \frac{b}{c}.$$

Zeichnerisch wird x folgendermaßen gefunden: Mache $AB = a$ unter Annahme eines Maßstabes; errichte in B die Senkrechte BC und mache sie gleich b. Verbinde A mit C und trage auf AB die Strecke $AD = a$ ab; die Senkrechte in D schneide AC in E, dann ist $DE = x$ gleich der gesuchten vierten Proportionalen.

Beispiele: 92) Wie verhalten sich die Gewichte zweier gleich großer Würfel, wenn der eine aus einem Baustoff vom spezifischen Gewicht s_1 (vgl. S. 119), der andere aus einem Baustoff vom spezifischen Gewicht s_2 besteht? Ist V der Rauminhalt beider Würfel, so ist das Gewicht des ersten Würfels $G_1 = V \cdot s_1$; das des zweiten $G_2 = V \cdot s_2$. Dividiert man beide Gleichungen durcheinander, so ergibt sich

$$\frac{G_1}{G_2} = \frac{V \cdot s_1}{V \cdot s_2} = \frac{s_1}{s_2}.$$

Die Gewichte verhalten sich wie die spezifischen Gewichte.

93) Ein Zug lege bei gleichförmiger Bewegung in 2 Std. 125 km zurück; ein anderer in 4 Std. 175 km. Wie verhalten sich die Geschwin-

digkeiten? Die Geschwindigkeit des ersten Zuges ist $V_1 = \dfrac{125}{2}$ km/Std.,

die des zweiten $V_2 = \dfrac{175}{4}$ km/Std. Durch Division beider Gleichungen erhält man

$$\frac{V_1}{V_2} = \frac{\dfrac{125}{2}}{\dfrac{175}{4}} = \frac{125 \cdot 4}{175 \cdot 2} = \frac{10}{7}.$$

Die Geschwindigkeiten verhalten sich wie $10 : 7$.

94) Aus einer Öffnung fließt t_1 Sek. lang Wasser mit der Geschwindigkeit v_1; aus einer ebenso großen Öffnung t_2 Sek. mit der Geschwindigkeit v_2. Wie verhalten sich die geförderten Wassermengen? Der Querschnitt sei F, dann ist die in t_1 Sek. geförderte Wassermenge

$$Q_1 = F \cdot v_1 \cdot t_1; \qquad \text{die in } t_2 \text{ Sek. geförderte Wassermenge}$$
$$Q_2 = F \cdot v_2 \cdot t_2$$
$$\frac{Q_1}{Q_2} = \frac{F \cdot v_1 \cdot t_1}{F \cdot v_2 \cdot t_2} = \frac{v_1 \cdot t_1}{v_2 \cdot t_2}.$$

95) Wie verhalten sich die Ausflußzeiten im Beispiel 94, wenn die Wassermengen gleich groß sind? Ist Q die Menge, die aus jeder der beiden Öffnungen ausfließt, so liefert die erste Öffnung $Q = F \cdot v_1 \cdot t_1$; die zweite $Q = F \cdot v_2 \cdot t_2$. Da die linken Seiten beider Gleichungen gleich sind, müssen es auch die rechten Seiten sein; folglich

$$F \cdot v_1 \cdot t_1 = F \cdot v_2 \cdot t_2 \quad \text{oder} \quad \frac{t_1}{t_2} = \frac{v_2}{v_1}.$$

Die Ausflußzeiten verhalten sich umgekehrt wie die Geschwindigkeiten.

96) In welchem Verhältnis stehen die in den Zeiten t zurückgelegten Wege beim freien Fall? (vgl. S. 137)

Ist t_1 die Zeit, in der die Höhe s_1 durchfallen wird, so besteht zwischen beiden die Beziehung $s_1 = \frac{1}{2} g \cdot t_1^2$. Ist t_2 die Zeit, in der die Höhe s_2 durchfallen wird, so ist $s_2 = \frac{1}{2} \cdot g \cdot t_2^2$. Durch Division beider Gleichungen erhält man

$$\frac{s_1}{s_2} = \frac{\frac{1}{2} \cdot g \cdot t_1^2}{\frac{1}{2} \cdot g \cdot t_2^2} = \frac{t_1^2}{t_2^2}.$$

Die zurückgelegten Wege verhalten sich wie die Quadrate der zugehörigen Zeiten.

97) Es ist y als 4. Proportionale zu den Größen x, $l - x$ und l zu konstruieren nach der Gleichung $y = \dfrac{x \cdot (l - x)}{l}$. Wir schreiben die Gleichung als Proportion $x : l = y : (l - x)$ und beachten die Darstellung in Fig. 24. Ist $AB = l$ und $AC = x$, dann ist $CB = l - x$ (Fig. 27). Errichtet man in A das Lot AD und macht es gleich x, dann schneidet die Verbindungslinie DB auf der Senkrechten durch C die Strecke

$$CE = y = \frac{x \cdot (l - x)}{l}$$ ab, weil die ähnlichen Dreiecke DAB und ECB die Proportion liefern

$$\frac{DA}{AB} = \frac{CE}{CB} \quad \text{oder} \quad \frac{x}{l} = \frac{y}{l - x}.$$

98)
$$\frac{x - 5}{x + 5} = \frac{3 + x}{x - 7}$$
$$(x - 5) \cdot (x - 7) = (3 + x) \cdot (x + 5)$$
$$x^2 - 5x - 7x + 35 = 3x + x^2 + 15 + 5x$$
$$35 - 15 = 3x + 5x + 5x + 7x$$
$$20 = 20x \quad \text{daraus} \quad x = 1.$$

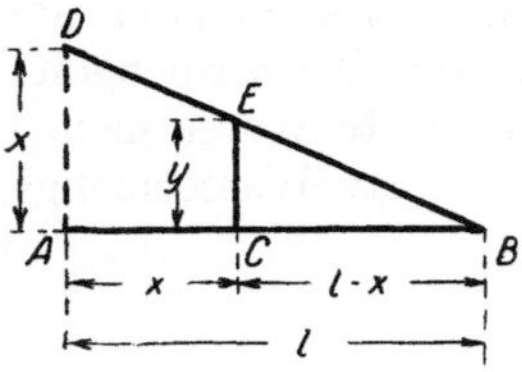

Fig. 27.

99)
$$\frac{\frac{3}{2} - \frac{1}{x}}{\frac{1}{3} - x} = \frac{\frac{2}{x} + 1}{x - \frac{2}{3}}$$

$$\left(\frac{3}{2} - \frac{1}{x}\right) \cdot \left(x - \frac{2}{3}\right) = \left(\frac{2}{x} + 1\right) \cdot \left(\frac{1}{3} - x\right)$$

$$\frac{3}{2}x - 1 - 1 + \frac{2}{3} \cdot \frac{1}{x} = \frac{2}{3} \cdot \frac{1}{x} + \frac{1}{3} - 2 - x$$

$$\frac{3}{2}x + x = \frac{1}{3}; \quad \frac{5}{2}x = \frac{1}{3}; \quad x = \frac{2}{15}.$$

100)
$$\frac{x^2 - 2x - 35}{x^2 - 9x + 14} = \frac{13}{6} \quad \text{oder}$$
$$6 \cdot (x^2 - 2x - 35) = 13 \cdot (x^2 - 9x + 14)$$
$$6x^2 - 12x - 6 \cdot 35 = 13x^2 - 117x + 13 \cdot 14$$
$$0 = 7x^2 - 105x + 13 \cdot 14 + 6 \cdot 35 \quad \text{oder} \quad 0 = x^2 - 15x + 56.$$

Das ist eine quadratische Gleichung für x, weil x in der 2. Potenz vorkommt. Durch Zerlegen der rechten Seite in ein Produkt erhält man

$$0 = x^2 - 7x - 8x + 56$$
$$0 = x \cdot (x - 7) - 8 \cdot (x - 7) = (x - 7) \cdot (x - 8).$$

Das Produkt ist gleich Null, wenn einer der Faktoren gleich Null ist; daraus ergeben sich die Bedingungsgleichungen

1) $x - 7 = 0$, d. h. $x = 7$ und 2) $x - 8 = 0$, d. h. $x = 8$.

Beide Werte genügen der gegebenen Aufgabe.

Der zweite Weg zur Lösung ist folgender: Versuche, den Zähler in ein Produkt zu zerlegen; das ist möglich, wenn man schreibt

$$x^2 - 2x - 35 = x^2 - 7x + 5x - 35$$

und je 2 Glieder zusammenfaßt, so daß

$$x^2 - 7x + 5x - 35 = x \cdot (x - 7) + 5 \cdot (x - 7)$$
und daraus $x \cdot (x - 7) + 5 \cdot (x - 7) = (x - 7) \cdot (x + 5).$

Ob der Nenner den Faktor $(x - 7)$ enthält, zeigt die Zerlegung oder die Division. Für die Zerlegung schreiben wir

$$x^2 - 9\,x + 14 = x^2 - 7\,x - 2\,x + 14 = x\,(x - 7) - 2 \cdot (x - 7)$$

und daraus $\qquad x^2 - 9\,x + 14 = (x - 7) \cdot (x - 2)\,.$

Die Division ergibt

$$(x^2 - 9\,x + 14) : (x - 7) = x - 2$$
$$\underline{x^2 - 7\,x}$$
$$- 2\,x + 14$$
$$- 2\,x + 14$$

Damit geht die Aufgabe über in:

$$\frac{(x + 5) \cdot (x - 7)}{(x - 2) \cdot (x - 7)} = \frac{13}{6}\,; \quad \text{durch } (x - 7) \text{ gehoben,} \quad \frac{x + 5}{x - 2} = \frac{13}{6}.$$

$$6 \cdot (x + 5) = 13 \cdot (x - 2) \quad \text{oder} \quad 6\,x + 30 = 13\,x - 26$$
$$30 + 26 = 13\,x - 6\,x \quad \text{oder} \quad 56 = 7\,x \quad \text{daraus} \quad x = 8\,.$$

Bem.: Dieser Weg liefert nur die eine Wurzel $x = 8$; durch das Heben durch $(x - 7)$ geht die zweite Wurzel $x = 7$ verloren.

Gleichungen ersten Grades mit mehreren Unbekannten.

Sind x und y die beiden Unbekannten, so lautet die allgemeine Gleichung zwischen x und y

$$a\,x + b\,y + c = 0,$$

wobei a und b irgendwelche Koeffizienten sind. Dieser Gleichung genügen unendlich viele Wertepaare $x\,y$; z. B.:

$$3\,x + 5\,y = 21 \qquad \text{für } x = 2 \text{ und } y = 3 \quad \text{wird}$$
$$3 \cdot 2 + 5 \cdot 3 = 21 \qquad \text{,, } x = 3 \quad \text{,, } y = \frac{12}{5} \quad \text{,,}$$
$$3 \cdot 3 + 5 \cdot \frac{12}{5} = 21 \qquad \text{,, } x = 4 \quad \text{,, } y = \frac{9}{5} \quad \text{,,}$$
$$3 \cdot 4 + 5 \cdot \frac{9}{5} = 21 \qquad \text{,, } x = 5 \quad \text{,, } y = \frac{6}{5} \quad \text{,,}$$
$$3 \cdot 5 + 5 \cdot \frac{6}{5} = 21 \qquad \text{usw.}$$

Soll nur ein einziges Wertepaar der gestellten Aufgabe genügen, so muß noch eine zweite Bedingung hinzutreten, die ebenfalls die Form einer Gleichung haben muß. Die eindeutige Berechnung zweier Unbekannten erfordert demnach zwei Bedingungsgleichungen.

Beispiel 101)

$$\text{I.} \quad 3\,x + 5\,y = 21 \quad \text{II.} \quad x + y = 5\,.$$

1. **Lösung.** Man errechnet aus (II) $y = 5 - x$ und setzt den so gefundenen Wert in (I) ein; dann ergibt sich

$$3\,x + 5\,(5 - x) = 21 \quad \text{oder} \quad 3\,x + 25 - 5\,x = 21$$
$$- 2\,x = - 4 \quad \text{und daraus} \quad x = 2\,.$$

Setzt man diesen Wert nunmehr in (II) ein, so erhält man

$$2 + y = 5 \quad \text{d. h.} \quad y = 3\,.$$

$x = 2$ und $y = 3$ sind die Wurzeln der gegebenen Gleichungen. Das Verfahren heißt **Einsetzungsverfahren**.

2. **Lösung.** Man macht durch Multiplikation die Koeffizienten der einen Unbekannten gleich, doch so, daß sie entgegengesetzte Vorzeichen haben. Addiert man dann beide Gleichungen, so fällt die eine Unbekannte heraus (Additions- oder Multiplikationsverfahren). Ist die eine Unbekannte errechnet, so liefert ihr Einsetzen in eine der gegebenen Gleichungen die zweite Unbekannte. Will man das Einsetzen einer errechneten Zahl vermeiden, so wiederholt man das Multiplikationsverfahren für die zweite Unbekannte. Die Zahl, mit der multipliziert wird, schreibt man rechts von den Gleichungen und trennt beides durch einen senkrechten Strich.

In unserer Aufgabe hat x die Koeffizienten $+ 3$ und $+ 1$; damit sie beide entgegengesetzt gleich werden, müssen wir $(+ 1)$ mit $(- 3)$ multiplizieren und erhalten

a)
$$\begin{array}{ll} \text{I.} & 3\,x + 5\,y = 21 \\ \text{II.} & \underline{x + y = 5} \end{array} \Bigg| - 3$$

$$\begin{array}{l} 3\,x + 5\,y = 21 \\ \underline{- 3\,x - 3\,y = - 15} \\ 2\,y = 6 \\ y = 3 \end{array}$$

$y = 3$ eingesetzt in (II) ergibt
$$x + 3 = 5$$
$$x = 2\,.$$

b)
$$\begin{array}{ll} \text{I.} & 3\,x + 5\,y = 21 \\ \text{II.} & \underline{x + y = 5} \end{array} \Bigg| - 3 \ \Big| - 5$$

$$\begin{array}{l} 3\,x + 5\,y = 21 \\ \underline{- 3\,x - 3\,y = - 15} \\ 2\,y = 6 \\ y = 3 \end{array} \qquad \begin{array}{l} 3\,x + 5\,y = 21 \\ \underline{- 5\,x - 5\,y = - 25} \\ - 2\,x = - 4 \\ x = 2\,. \end{array}$$

Sind x, y und z drei Unbekannte, so lautet ihre allgemeine Beziehung $a\,x + b\,y + c\,z + d = 0$. Da auch hier unendlich viele Werte x, y und z dieser Gleichung genügen, so sind zwei weitere Bestimmungsgleichungen erforderlich, wenn x, y und z eindeutig bestimmt sein sollen.

Die Lösung erfolgt in der Weise, daß man mit Hilfe eines der Verfahren des Beispiels 125 die eine Unbekannte zum Verschwinden bringt und dadurch zwei Gleichungen mit 2 Unbekannten erhält, die wie in (101) weiter behandelt werden. Wenn nicht besondere Umstände — z. B. die eine Gleichung enthält nur eine Unbekannte — dagegen sprechen, ist das Multiplikationsverfahren am zweckmäßigsten.

men, muß noch eine Bestimmungsgleichung aufgestellt werden, die sich aus der 3. Gleichgewichtsbedingung $\Sigma M = 0$ ergibt. Für (A) als Drehpunkt wird II. $P \cdot a - B \cdot l = 0$. Aus (II) folgt $B = P \cdot \dfrac{a}{l}$; eingesetzt in (I) ergibt $A - P + P \cdot \dfrac{a}{l} = 0$ daraus

$$A = P - P \cdot \frac{a}{l} = P\left(1 - \frac{a}{l}\right) = P \cdot \frac{l-a}{l} = P \cdot \frac{b}{a}\,.$$

b) Aus $\Sigma M = 0$ für A als Drehpunkt folgt

     I. $P \cdot a - B \cdot l = 0$ und daraus $B = P \cdot \dfrac{a}{l}$.

Aus $\Sigma M = 0$ für B als Drehpunkt folgt

     II. $A \cdot l - P \cdot b = 0$

und daraus $A = P \cdot \dfrac{b}{l}$.

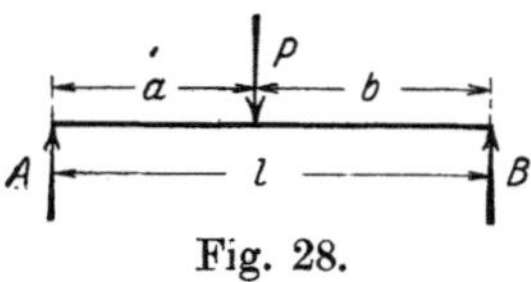

Fig. 28.

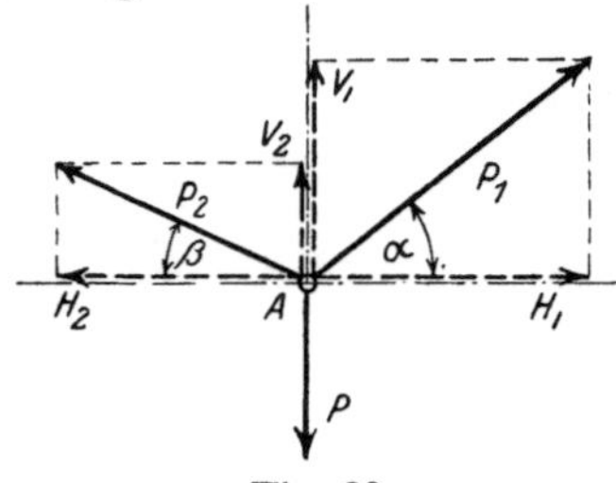

Fig. 29.

105) Die Summe zweier Zahlen sei a; ihre Differenz b . Welches sind die Zahlen? Nennt man sie x und y, so erfordert die Aufgabe

I. $x + y = a$	I. $x + y = a$
II. $x - y = b$	II. $x - y = b$
addiert: $2x = a + b$	subtrahiert: $2y = a - b$
$x = \dfrac{a+b}{2}$	$y = \dfrac{a-b}{2}\,.$

106) Die 3 Seiten eines Dreiecks verhalten sich wie $3:4:5$; ihr Umfang ist 8 cm. Wie groß sind die Seiten? Sind a, b und c die Seiten, so erfordert die Aufgabe I. $a + b + c = 8$. Wenn sie sich außerdem wie $3:4:5$ verhalten sollen, dann ist $a:b:c = 3:4:5$. Diese Gleichung besagt II. $a:b = 3:4$; III. $a:c = 3:5$; und daraus $b = \frac{4}{3}\,a$; $c = \frac{5}{3}\,a$, so daß (I) übergeht in

$$a + \tfrac{4}{3}\,a + \tfrac{5}{3}\,a = 8 \quad \text{oder} \quad 4a = 8; \quad \text{d.h. } a = 2\,.$$

Eingesetzt in (II) ergibt $b = \frac{4}{3} \cdot 2 = \frac{8}{3}$; eingesetzt in (III) ergibt $c = \frac{5}{3} \cdot a = \frac{10}{3}$.

107) An dem Punkte A greifen die 3 Kräfte P_1, P_2 und P an (Fig. 29), von denen P gegeben sei. Wie groß müssen P_1 und P_2 sein, damit Gleichgewicht herrscht? Nach der 1. Gleichgewichtsbedingung muß $\Sigma H = 0$ sein; daraus folgt: .

$$\text{I.} \quad H_1 - H_2 = 0\,.$$

Aus der 2. Gleichgewichtsbedingung $\Sigma V = 0$ folgt

$$\text{II.} \quad V_1 + V_2 - P = 0\,,$$

wenn wir beachten, daß die entgegengesetzte Richtung durch entgegengesetzte Vorzeichen zum Ausdruck gebracht wird. Mit $H_1 = P_1 \cdot \cos\alpha$; $V_1 = P_1 \cdot \sin\alpha$; $H_2 = P_2 \cdot \cos\beta$ und $V_2 = P_2 \cdot \sin\beta$ (vgl. S. 95) gehen die Gleichungen I und II über in:

$$
\begin{array}{ll}
\text{I}' & P_1 \cdot \cos\alpha - P_2 \cdot \cos\beta = 0 \quad | \quad \sin\beta \\
\text{II}' & P_1 \cdot \sin\alpha + P_2 \cdot \sin\beta = P \quad | \quad \cos\beta \\
\hline
& P_1 \cdot \cos\alpha \cdot \sin\beta - P_2 \cdot \cos\beta \cdot \sin\beta = 0 \\
& P_1 \cdot \sin\alpha \cdot \cos\beta + P_2 \cdot \sin\beta \cdot \cos\beta = P \cdot \cos\beta \\
\hline
\end{array}
$$

Addiert

$$P_1 \cdot \cos\alpha \cdot \sin\beta + P_1 \cdot \sin\alpha \cdot \cos\beta = P \cdot \cos\beta$$

oder

$$P_1 \cdot (\sin\alpha \cdot \cos\beta + \cos\alpha \cdot \sin\beta) = P \cdot \cos\beta\,.$$

Mit $\quad \sin\alpha \cdot \cos\beta + \cos\alpha \cdot \sin\beta = \sin(\alpha + \beta) \quad$ wird

$$P_1 \cdot \sin(\alpha + \beta) = P \cdot \cos\beta \quad \text{und daraus} \quad P_1 = P \cdot \frac{\cos\beta}{\sin(\alpha + \beta)}\,.$$

Eingesetzt in I' ergibt

$$P \cdot \frac{\cos\beta \cdot \cos\alpha}{\sin(\alpha + \beta)} = P_2 \cdot \cos\beta \quad \text{oder} \quad P_2 = P \cdot \frac{\cos\alpha}{\sin(\alpha + \beta)}\,.$$

Potenzen und Wurzeln.

In dem Abschnitt „Das Potenzieren" wurden die Potenzen der absoluten Zahlen behandelt und (1) und (2) der folgenden Fälle unterschieden:

1. Potenzen mit gleichen Grundzahlen

$$a^p \cdot a^q = a^{p+q} \qquad \text{umgekehrt} \qquad a^{p+q} = a^p \cdot a^q$$

$$\frac{a^p}{a^q} = a^{p-q} \qquad ,, \qquad a^{p-q} = \frac{a^p}{a^q} \quad \text{für} \quad p > q$$

$$\frac{a^p}{a^q} = \frac{1}{a^{q-p}} \qquad ,, \qquad \frac{1}{a^{q-p}} = \frac{a^p}{a^q} \quad \text{für} \quad p < q$$

$$a^0 = 1\,.$$

2. Potenzen mit gleichen Exponenten

$$a^n \cdot b^n = (a\,b)^n \qquad \text{umgekehrt} \qquad (a\,b)^n = a^n \cdot b^n$$

$$\frac{a^n}{b^n} = \left(\frac{a}{b}\right)^n \qquad ,, \qquad \left(\frac{a}{b}\right)^n = \frac{a^n}{b^n}\,.$$

3. Soll eine Potenz potenziert werden, so schreibt man $(a^p)^q$ und liest a hoch p hoch q; es ist dann (a^p) in die q^{te} Potenz zu erheben. Nach der Erklärung ist $(a^p)^q = a^p \cdot a^p \cdot a^p \cdot a^p \ldots q\,\text{mal}$. Da $a^p = a \cdot a \cdot a \ldots p\,\text{mal}$ ist, kommt a insgesamt $(p \cdot q)$ mal als Faktor vor, so daß $(a^p)^q = a^{p \cdot q}$ ist.

Die Regeln über Potenzen sollen nunmehr auf algebraische Zahlen ausgedehnt werden.

Die Grundzahl sei positiv; dann ist die Potenz ebenfalls positiv. $(+\,a)^n = +\,a^n\,.$

Die Grundzahl sei negativ.

$$(-a)^1 = -a; \quad (-a)^2 = (-a) \cdot (-a) = +a^2;$$
$$(-a)^3 = (-a) \cdot (-a) \cdot (-a) = (+a^2) \cdot (-a) = -a^3;$$
$$(-a)^4 = (-a) \cdot (-a) \cdot (-a) \cdot (-a) = +a^4 \quad \text{usw.}$$

Es ist demnach zu unterscheiden, ob der Exponent eine gerade oder ungerade Zahl ist. Ist der Exponent eine gerade Zahl, so ist die Potenz positiv; ist er eine ungerade Zahl, so ist die Potenz negativ.

Beispiele:

108) $\qquad (-9)^4 = +6561$ $\qquad$ 109) $\qquad (-b)^3 \cdot b^6 = -b^9$

110) $\qquad \dfrac{a^3 b^5}{-a^2 b^4} = -a b$ $\qquad$ 111) $\qquad (x^2 \cdot y^3)^3 = x^6 \cdot y^9$

Der Exponent sei positiv; dann ist die Potenz gleich der Potenz mit einem absoluten Exponenten: $a^{+n} = a^n$.

Der Exponent sei negativ. Die Erklärung reicht insofern nicht aus, als man nicht sagen kann, eine Zahl soll $(-n)$mal als Faktor gesetzt werden. Wir können jedoch zu einer brauchbaren Erklärung der Potenz a^{-n} gelangen, wenn wir $-n$ als Differenz $(0-n)$ auffassen und nach der Grundregel $a^{p-q} = \dfrac{a^p}{a^q}$ behandeln. Dann wird

$$a^{0-n} = \frac{a^0}{a^n} \quad \text{und mit} \quad a^0 = 1 \quad a^{-n} = \frac{1}{a^n} \quad \text{und umgekehrt} \quad \frac{1}{a^n} = a^{-n}.$$

Demnach ist eine Potenz mit negativem Exponenten aufzufassen als der umgekehrte (reziproke) Wert der Potenz mit positivem Exponenten. Bei dieser Auffassung behalten die Rechenregeln, die für positive Exponenten entwickelt wurden, auch für negative Exponenten Gültigkeit.

Beispiele:

112) $\qquad a^2 (a^{-5} + a^6) = a^{2-5} + a^{2+6} = a^{-3} + a^8 = \dfrac{1}{a^3} + a^8.$

113) $\quad (a^3 + a^{-2}) \cdot (a^3 - a^{-2}) = (a^3)^2 - (a^{-2})^2 = a^6 - a^{-4} = a^6 - \dfrac{1}{a^4},$

oder $\quad (a^3 + a^{-2}) \cdot (a^3 - a^{-2}) = \left(a^3 + \dfrac{1}{a^2}\right) \cdot \left(a^3 - \dfrac{1}{a^2}\right) = (a^3)^2 - \left(\dfrac{1}{a^2}\right)^2$

$$= a^6 - \frac{1}{a^4}.$$

114) $\quad \dfrac{x^7}{x^{-2}} = x^{7-(-2)} = x^{7+2} = x^9.$ $\quad$ 115) $\quad \dfrac{1}{a^{-3}} = \dfrac{a^0}{a^{-3}} = a^{0-(-3)} = a^3.$

116) $\quad (x^{-n})^3 = x^{-3n} = \dfrac{1}{x^{3n}}.$ $\quad$ 117) $\quad (x^{-n})^{-3} = x^{(-n) \cdot (-3)} = x^{3n}.$

Die Wurzel und das Wurzelziehen oder Radizieren.

Die 2. Potenz einer Zahl a suchen hieß, die Zahl a mit sich selbst multiplizieren; es war $a^2 = a \cdot a$. Die n^{te} Potenz einer Zahl suchen hieß, die Zahl a n mal mit sich selbst multiplizieren oder sie n mal als Faktor setzen; es war $a^n = a \cdot a \cdot a \cdot a \ldots n$ mal. Umgekehrt können wir sagen: Es soll die Zahl gesucht werden, die mit sich selbst multipliziert den Wert a ergibt. Nennen wir diese vorläufig unbekannte Zahl x, so muß $x \cdot x = x^2 = a$ sein. Allgemein wird die Aufgabe lauten: Es soll die Zahl gesucht werden, die n mal mit sich selbst multipliziert den Wert a ergibt. Ist x diese Zahl, dann muß sie der Bedingung $x^n = a$ genügen. Damit ist ein neues Rechnungsverfahren gewonnen, das auch ein neues Rechnungszeichen erfordert. Die Zahl x, die der Gleichung $x^n = a$ genügt, heißt die n^{te} Wurzel aus a und wird geschrieben $x = \sqrt[n]{a}$. Die Zahl x bestimmen heißt „die n^{te} Wurzel aus a ziehen“. Dieses Wurzelziehen oder Wurzelausziehen ist also eine Umkehrung des Potenzierens und heißt Radizieren. Die gegebene Zahl a, die unter der Wurzel steht, heißt Radikand; n der Wurzelexponent. Im besonderen sagt man statt der 2. Wurzel „Quadratwurzel“ oder kurz „Wurzel“ und läßt den Wurzelexponenten $n = 2$ weg. Also $\sqrt{a}$ für $\sqrt[2]{a}$; gelesen: „Wurzel a“.

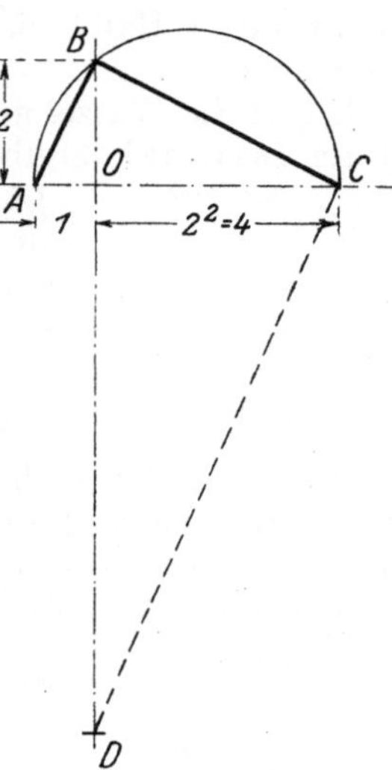

Fig. 30.

Ist $x = \sqrt[n]{a}$, so wird $x^n = \left(\sqrt[n]{a}\right)^n$. Aus $x^n = a$ folgt $\left(\sqrt[n]{a}\right)^n = a$. Man prüft, ob die Wurzel richtig gezogen ist; durch Potenzieren.

Es ist:
$$\sqrt{25} \;= \;5, \quad \text{weil} \quad 5^2 = 25 \;\text{ist};$$
$$\sqrt[3]{27} \;= \;3, \quad \text{weil} \quad 3^3 = 3 \cdot 3 \cdot 3 \;= 27 \;\text{ist};$$
$$\sqrt[4]{16} \;= \;2, \quad \text{weil} \quad 2^4 = 2 \cdot 2 \cdot 2 \cdot 2 = 16 \;\text{ist};$$
$$\sqrt{100} \;= \;10, \quad \text{weil} \quad 10^2 = 10 \cdot 10 \;= 100 \;\text{ist};$$
$$\sqrt{10\,000} = 100, \quad \text{weil} \quad 100^2 = 100 \cdot 100 = 10\,000 \;\text{ist};$$
$$\sqrt{\frac{1}{100}} = \frac{1}{10}, \quad \text{weil} \quad \left(\frac{1}{10}\right)^2 = \frac{1}{10} \cdot \frac{1}{10} \;= \frac{1}{100} \;\text{ist}.$$

Zeichnerische Darstellung der Quadratwurzel. Trägt man auf der wagerechten Achse des Achsenkreuzes der Fig. 30 $OA = 1$; auf der senkrechten $OB = 2$ ab, so schneidet die auf AB in B senkrechte Gerade die Strecke $OC = 2^2 = 4$ ab. Aus der Ähnlichkeit der rechtwinkligen Dreiecke AOB und BOC folgt

$$OA : OB = OB : OC \quad \text{oder} \quad 1 : 2 = 2 : OC \quad \text{d. h.} \quad OC = 2^2.$$

Ist umgekehrt $OC = 4$ gegeben, so folgt aus

$$OA : OB = OB : OC$$
$$\overline{OB}^2 = OA \cdot OC = 1 \cdot 4, \quad \text{d. h.} \quad OB = \sqrt{1 \cdot 4} = \sqrt{4}.$$

Mit der Strecke OB ist die Wurzel der Zahl 4 dargestellt. Ist maßstäblich gezeichnet, macht man z. B. $OA = 1 = 1\,\text{cm}$ und $OC = 4 = 4\,\text{cm}$, so wird $OB = 2$ cm $= 2$. Die zeichnerische Bestimmung von $\sqrt{4}$ gestaltet sich demnach folgendermaßen: Trage auf einer Geraden die Strecke $OC = 4$ nach rechts, $OA = 1$ nach links ab, errichte über AC als Durchmesser einen Halbkreis, der auf der Senkrechten OB den Wert $\sqrt{4}$ herausschneidet.

Ergibt die Wurzel aus einer ganzen Zahl wieder eine ganze Zahl, so ist sie rational, ergibt sie keine ganze Zahl, so ist sie irrational.

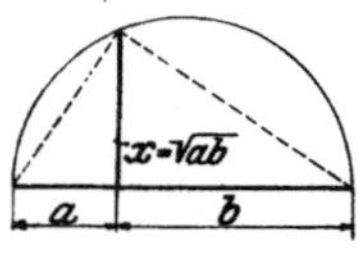

Fig. 31.

Läßt sich die Zahl z, aus der die Wurzel gezogen werden soll, in ein Produkt $a \cdot b$ zerlegen, so findet man die Wurzel auf folgende Weise: Errichte über $AB = a + b$ einen Halbkreis (Fig. 31), ziehe OC senkrecht AB, dann ist $OC = \sqrt{a \cdot b} = \sqrt{z}$. Z. B. $z = 30$; $\sqrt{z} = \sqrt{30} = \,?$.

Wähle als Maßstab 5 mm $= 1$ und zerlege 30 in $5 \cdot 6$. Soll die Strecke OA die Zahl 5 darstellen, so muß sie 25 mm lang werden; entsprechend muß $OB = 30$ mm werden, wenn die Strecke OB die Zahl 6 darstellen soll (Fig. 32). Errichte über AB einen Halkbreis und ziehe

$OC \perp AB$. Wir messen $OC = 27{,}5$ mm, so daß $\sqrt{30} = 27{,}5$ mm $\cdot \dfrac{1}{5\,\text{mm}}$

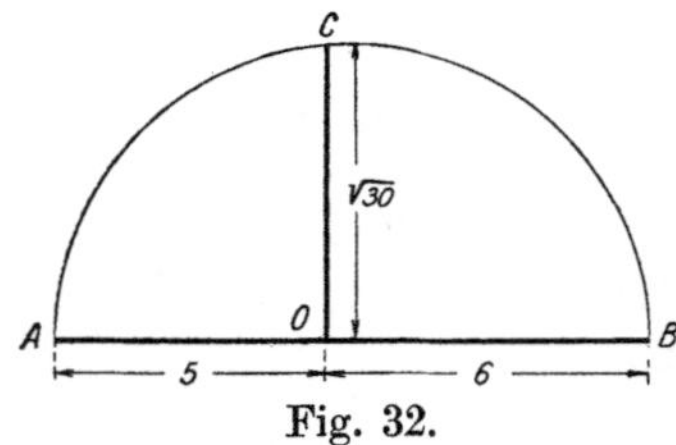

Fig. 32.

$= 5{,}5$ wird. Das zeichnerische Verfahren liefert nur angenäherte Werte, die um so genauer werden, je größer der Maßstab gewählt wird. Läßt sich der Radikand nicht unmittelbar in ein Produkt zerlegen, so erweitert man mit 100. Z. B.

$$\sqrt{57} = \sqrt{57 \cdot \frac{100}{100}} = \frac{1}{10}\sqrt{100 \cdot 57}.\ \text{Macht}$$

man nunmehr $OB = 57$ mm; $OA = 100$ mm und verfährt nach Fig. 32, so ergibt sich $OC = 75{,}5$ mm. Mit dem gewählten Maßstab 1 mm $= 1$

stellt OC die Zahl $75{,}5$ mm $\cdot \dfrac{1}{1\,\text{mm}} = 75{,}5$ dar; folglich ist

$$\sqrt{57} = \frac{1}{10} \cdot \sqrt{100 \cdot 57} = \frac{1}{10} \cdot OC = 7{,}55\,.$$

Rechnerische Ermittlung der Quadratwurzel. Bei der Stellenzahl einer Quadratwurzel ist zu beachten, daß $\sqrt{1|00} = 1|0$; $\sqrt{1|00|00} = 1|0|0$; $\sqrt{1|00|00|00} = 1|0|0|0$ ist. Man wird also im Radikanden je 2 Ziffern zusammenfassen müssen, die erst 1 Stelle im Resultat ergeben. Die Berechnung erfolgt in Anlehnung an die Formel $(a + b)^2 = a^2 + 2ab + b^2$ bei zweiziffrigen Zahlen und $(a + b + c)^2 = a^2 + 2ab + b^2 + 2ac + 2bc + c^2 = a^2 + 2ab + b^2 + 2(a + b) \cdot c + c^2$ bei dreiziffrigen Zahlen usw. Es ist z. B.

$$23^2 = (20 + 3)^2 = 20^2 + 2 \cdot 20 \cdot 3 + 3^2 = 400 + 120 + 9 = 529;$$

und umgekehrt $\sqrt{529} = 23$. Als Schema ergibt sich:

$$\sqrt{529} = \overset{a}{20}$$
$$400 = a^2$$

Rest $\quad \overline{129 = 2ab + b^2}$, der durch $2a = 40$ dividiert $b = 3$ ergibt.
$$120 = 2ab \rbrace$$
$$9 = b^2 \rbrace$$

Rest $\;0\,.$

Die Schreibweise läßt sich vereinfachen; es ist üblich zu schreiben:

$$\sqrt{5|29} = 23$$
$$4$$
$$\overline{129} : 43$$
$$129$$

Man trennt dabei, von hinten angefangen, je 2 Ziffern durch senkrechte Striche und zieht aus der ersten (bzw. den beiden ersten) die Wurzel. $\sqrt{5} = 2$ und schreibt $2^2 = 4$ unter die 5; subtrahiert bleibt 1 als Rest; herunter die nächste Gruppe, d. h. 29. Die Division der beiden ersten Ziffern, also der 12, durch das doppelte Produkt aus $\sqrt{5} = 2$, also durch $2 \cdot 2 = 4$, liefert 3; diese 3 wird neben die 2 des Resultates geschrieben, das jetzt 23 lautet, und ebenfalls neben die 4, die in 43 übergeht. Multipliziert man jetzt die 3 des Resultates mit der 43, so ergibt sich 129; in dieser Multiplikation steckt $b^2 = 3^2$ wegen $3 \cdot 3$. Geht die Wurzel nicht auf, ist sie also irrational, so schreibt man Nullen hinter ein Komma und verfährt wie zuvor

z. B.
$$\sqrt{57,|00|00|00} = 7,5498$$
$$49$$
$$\overline{800} : 145 \quad (14 = 2 \cdot 7)$$
$$725$$
$$\overline{7500} : 1504 \quad (150 = 2 \cdot 75)$$
$$6016$$
$$\overline{148400} : 15089 \quad (1508 = 2 \cdot 754)$$
$$135801$$
$$\overline{1259900} : 150988 \quad (15098 = 2 \cdot 7549)$$
$$1207904$$
$$\overline{51966} \quad \text{usw.}$$

Bemerkung: Die Zeichnung ergab $\sqrt{57} = 7,55$ mit hinreichender Genauigkeit.

Sind statt der Nullen Ziffern, so bleibt das Verfahren unverändert; zu beachten ist, daß das Komma im Resultat dann zu setzen ist, wenn es bei der Division erscheint.

Beispiele: 118) Ein Kreis habe den Flächeninhalt F cm²; wie groß ist der Durchmesser? Aus $F = \dfrac{\pi \cdot d^2}{4}$ folgt $d^2 = \dfrac{4 \cdot F}{\pi}$ und daraus

$$d = \sqrt{\dfrac{4 \cdot F}{\pi}}\,.$$

119) Die Katheten eines rechtwinkligen Dreiecks seien a und b; wie groß ist die Hypotenuse c?

Aus $$c^2 = a^2 + b^2 \quad \text{folgt} \quad c = \sqrt{a^2 + b^2}\,.$$

120) Ein gerader Zylinder aus einem Baustoff mit dem spezifischen Gewicht s wiege G kg; wie groß ist sein Durchmesser, wenn die Höhe gleich dem Durchmesser ist?

Aus Gewicht = Rauminhalt $\times$ dem spezifischen Gewicht folgt:

$$G = V \cdot s\,, \quad \text{und mit} \quad V = \frac{\pi d^2}{4} \cdot d$$

$$G = \frac{\pi}{4} \cdot d^3 \cdot s\,, \quad \text{und daraus} \quad d = \sqrt[3]{\frac{4 \cdot G}{\pi \cdot s}}\,.$$

Bemerkung: Die dritten Wurzeln sind Tabellen zu entnehmen.

Die Rechenoperationen mit Wurzeln.

1. Multiplikation von Wurzeln mit gleichen Exponenten:

$$\sqrt[n]{a} \cdot \sqrt[n]{b} = \sqrt[n]{a \cdot b}\,;$$

erhebt man beide Seiten in die $n$te Potenz, so erhält man:

$$\left(\sqrt[n]{a} \cdot \sqrt[n]{b}\right)^n = \left(\sqrt[n]{a\,b}\right)^n \quad \text{oder}$$

$$\left(\sqrt[n]{a}\right)^n \cdot \left(\sqrt[n]{b}\right)^n = \left(\sqrt[n]{a\,b}\right)^n\,; \quad \text{das ergibt aber}$$

$$a \cdot b = a\,b\,,$$

z. B. $\sqrt[3]{4} \cdot \sqrt[3]{16} = \sqrt[3]{4 \cdot 16} = \sqrt[3]{64} = 4$, weil $4^3 = 4 \cdot 4 \cdot 4 = 64$ ist.

Umgekehrt ist $\sqrt[n]{a \cdot b} = \sqrt[n]{a} \cdot \sqrt[n]{b}$.

2. Division von Wurzeln mit gleichen Exponenten:

$$\frac{\sqrt[n]{a}}{\sqrt[n]{b}} = \sqrt[n]{\frac{a}{b}}\,,$$

denn in die n^{te} Potenz erhoben wird daraus:

$$\left(\frac{\sqrt[n]{a}}{\sqrt[n]{b}}\right)^n = \left(\sqrt[n]{\frac{a}{b}}\right)^n \quad \text{oder} \quad \frac{\left(\sqrt[n]{a}\right)^n}{\left(\sqrt[n]{b}\right)^n} = \left(\sqrt[n]{\frac{a}{b}}\right)^n\,,$$

und das geht über in

$$\frac{a}{b} = \frac{a}{b}\,,$$

z. B. $$\frac{\sqrt[3]{81}}{\sqrt[3]{3}} = \sqrt[3]{\frac{81}{3}} = \sqrt[3]{27} = 3\,,$$

weil $3^3 = 3 \cdot 3 \cdot 3 = 27$ ist. Umgekehrt ist

$$\sqrt[n]{\frac{a}{b}} = \frac{\sqrt[n]{a}}{\sqrt[n]{b}}\,.$$

3. Die Potenz einer Wurzel:

$$\left(\sqrt[p]{a}\right)^q = \sqrt[p]{a^q}\,.$$

Statt $\left(\sqrt[p]{a}\right)^q$ können wir schreiben: $\sqrt[p]{a} \cdot \sqrt[p]{a} \cdot \sqrt[p]{a} \ldots = q$ mal .

Nun war aber $\qquad \sqrt[p]{a} \cdot \sqrt[p]{a} = \sqrt[p]{a \cdot a} = \sqrt[p]{a^2} ,$

folglich $\qquad \sqrt[p]{a} \cdot \sqrt[p]{a} \cdot \sqrt[p]{a} = \sqrt[p]{a^2} \cdot \sqrt[p]{a} = \sqrt[p]{a^2 \cdot a} = \sqrt[p]{a^3} .$

Die weitere Zusammenfassung liefert die p^{te} Wurzel aus a^q, da q Faktoren vorhanden sind;

z. B. $\qquad\qquad\qquad \left(\sqrt[3]{a}\right)^2 = \sqrt[3]{a^2} .$

Umgekehrt ist $\qquad\qquad \sqrt[p]{a^q} = \left(\sqrt[p]{a}\right)^q .$

4. Die Wurzel aus einer Wurzel:

$$\sqrt[p]{\sqrt[q]{a}} = \sqrt[p \cdot q]{a} ;$$

erhebt man die Gleichung zunächst in die p^{te} Potenz, so erhält man:

$$\left(\sqrt[p]{\sqrt[q]{a}}\right)^p = \left(\sqrt[p \cdot q]{a}\right)^p , \qquad \sqrt[q]{a} = \sqrt[p \cdot q]{a^p} ;$$

erhebt man jetzt die Gleichung in die q^{te} Potenz, so erhält man:

$$\left(\sqrt[q]{a}\right)^q = \left(\sqrt[p \cdot q]{a^p}\right)^q , \qquad a = \sqrt[p \cdot q]{a^{p \cdot q}} , \qquad a = a .$$

Umgekehrt ist $\qquad\qquad \sqrt[p \cdot q]{a} = \sqrt[p]{\sqrt[q]{a}} .$

Wurzeln aus algebraischen Zahlen.

Wurzeln aus positiven Zahlen.

Es war $\sqrt{a} = x$, wenn $x^2 = a$ ist. Da aber auch $(-x)^2 = x^2$ und somit $= a$ wird, so genügt auch $(-x)$ der Gleichung $x^2 = a$. Demnach erhalten wir 2 Werte für $\sqrt{a}$, nämlich $+x$ und $-x$, denn beide ergeben quadriert den Radikanden a. Es ist also nicht nur $\sqrt{4} = 2$, weil $2^2 = 4$ ist, sondern auch $\sqrt{4} = -2$, denn auch $(-2)^2$ ergibt 4. Jede Quadratwurzel hat also zwei gleichgroße, entgegengesetzte Werte, einen positiven und einen gleichgroßen negativen. Man schreibt deshalb $\sqrt{a} = \pm x$, wobei $x^2 = a$ ist.

Für die 4. Wurzel erhalten wir ebenfalls 2 Werte, da die 4. Potenz einer negativen Zahl wieder positiv ist.

z. B. $\sqrt[4]{16} = +2$, weil $2^4 = 2 \cdot 2 \cdot 2 \cdot 2 = 16$ ist ,

$\qquad \sqrt[4]{16} = -2$, weil $(-2)^4 = (-2) \cdot (-2) \cdot (-2) \cdot (-2) = 16$ ist.

Allgemein läßt sich über Wurzeln mit geraden Wurzelexponenten aussagen, daß sie sowohl positiv als auch negativ sein können.

Wurzeln aus negativen Zahlen.

Es ist $\quad \sqrt[3]{-8} = -2$, weil $(-2)^3 = (-2) \cdot (-2) \cdot (-2) = -8$ ist ,

$\qquad \sqrt[5]{-32} = -2$, weil $(-2)^5 = (-2) \cdot (-2) \cdot (-2) \cdot (-2) \cdot (-2)$

$\qquad\qquad\qquad = -32$ ist .

Allgemein gilt: Wurzeln mit ungeraden Wurzelexponenten aus negativen Zahlen sind negativ.

Sind die Wurzelexponenten gerade Zahlen, so ist die Wurzel weder positiv, noch negativ. $\sqrt{-4}$ ist weder $(+2)$ noch (-2), weil weder $(+2)^2 = -4$, noch $(-2)^2 = -4$ ist. Wurzeln mit geraden Wurzelexponenten aus negativen Zahlen nennt man **imaginär**. Alle bisher betrachteten Zahlen heißen **reelle Zahlen** im Gegensatz zu den **imaginären Zahlen**.

Die Quadratwurzel aus (-1) wird mit i bezeichnet. Man setzt also $\sqrt{-1} = i$. Da man jede negative Zahl als Produkt aus einer reellen Zahl und (-1) auffassen kann, so ist:

$$\sqrt{-a} = \sqrt{(-1) \cdot a} = \sqrt{-1} \cdot \sqrt{a} = i\sqrt{a}\,;$$

z. B. $\qquad \sqrt{-64} = \sqrt{(-1) \cdot 64} = \sqrt{-1} \cdot \sqrt{64} = 8i\,.$

$$
\begin{aligned}
i^2 &= \left(\sqrt{-1}\right)^2 = -1 &&\text{ist reell, aber negativ,}\\
i^3 &= i^2 \cdot i = (-1) \cdot i = -i &&\text{ist imaginär,}\\
i^4 &= i^2 \cdot i^2 = (-1) \cdot (-1) = +1 &&\text{ist reell, aber positiv.}
\end{aligned}
$$

Beispiele: 121) $\qquad 3\sqrt{a} + 7\sqrt{a} = 10\sqrt{a}\,.$

122) $\qquad 2 \cdot \sqrt{x} - 5\sqrt[3]{y} - 7\sqrt{x} + 9\sqrt[3]{y} = 4\sqrt[3]{y} - 5\sqrt{x}\,.$

123) $\qquad (2\sqrt{a} + 3\sqrt{b})^2 = 4a + 12\sqrt{ab} + 9b\,.$

124) $\qquad (\sqrt{x} + 5\sqrt{y}) \cdot (\sqrt{x} - 5\sqrt{y}) = x - 25y\,.$

125) $\quad \sqrt{a^7} = \sqrt{a^6 \cdot a} = a^3 \cdot \sqrt{a}\,.$ $\qquad$ 126) $\quad \sqrt[n]{x^{n+1}} = \sqrt[n]{x^n \cdot x} = x\sqrt[n]{x}\,.$

127) $\quad \sqrt[3]{a^4} \cdot \sqrt[3]{a^2} = \sqrt[3]{a^6} = a^2\,.$ $\qquad$ 128) $\quad \dfrac{\sqrt{27}}{\sqrt{3}} = \sqrt{\dfrac{27}{3}} = \sqrt{9} = 3\,.$

129) $\qquad \dfrac{a - b}{\sqrt{a} + \sqrt{b}} = \dfrac{(\sqrt{a} + \sqrt{b}) \cdot (\sqrt{a} - \sqrt{b})}{\sqrt{a} + \sqrt{b}} = \sqrt{a} - \sqrt{b}\,.$

130) $\qquad \sqrt{\sqrt{x^6 \cdot y^4}} = \sqrt{x^3 \cdot y^2} = xy\sqrt{x}\,.$

131) $\dfrac{1}{\sqrt{2}} = \dfrac{1}{\sqrt{2}} \cdot \dfrac{\sqrt{2}}{\sqrt{2}} = \dfrac{1}{2}\sqrt{2}\,.$ $\quad$ 132) $\dfrac{1}{\sqrt{x}} = \dfrac{1}{\sqrt{x}} \cdot \dfrac{\sqrt{x}}{\sqrt{x}} = \dfrac{1}{x}\sqrt{x}\,.$

133) $\qquad \dfrac{1}{\sqrt{a} + \sqrt{b}} = \dfrac{1}{\sqrt{a} + \sqrt{b}} \cdot \dfrac{\sqrt{a} - \sqrt{b}}{\sqrt{a} - \sqrt{b}} = \dfrac{\sqrt{a} - \sqrt{b}}{a - b}\,.$

134) $\qquad \dfrac{\sqrt{x} + 2}{\sqrt{x} - 2} = \dfrac{\sqrt{x} + 2}{\sqrt{x} - 2} \cdot \dfrac{\sqrt{x} + 2}{\sqrt{x} + 2} = \dfrac{(\sqrt{x} + 2)^2}{(\sqrt{x} - 2) \cdot (\sqrt{x} + 2)}$

$$= \dfrac{x + 4 + 4\sqrt{x}}{x - 4}\,.$$

Gleichungen ersten Grades mit einer Unbekannten (Fortsetzung).

135)
$$\sqrt{x+5}=4$$
wird ins Quadrat erhoben, damit die Wurzel verschwindet.
$$x+5=4^2 \quad \text{oder} \quad x=16-5=11\;.$$

136)
$$\frac{\sqrt{x+3}}{\sqrt{x-4}}=\frac{4}{3}$$
$$3\sqrt{x+3}=4\sqrt{x-4} \quad \text{oder} \quad 9\cdot(x+3)=16\cdot(x-4)$$
$$9\,x+27=16\,x-64 \quad \text{oder} \quad 91=7\,x \quad \text{daraus} \quad x=13\;.$$

137)
$$\sqrt{x-1}+\sqrt{x+6}=\sqrt{4\,x+9}$$
$$(\sqrt{x-1}+\sqrt{x+6})^2=(\sqrt{4\,x+9})^2$$
$$(x-1)+2\sqrt{x-1}\cdot\sqrt{x+6}+(x+6)=4\,x+9$$
$$x-1+2\sqrt{(x-1)\cdot(x+6)}+x+6=4\,x+9$$
$$2\sqrt{(x-1)\cdot(x+6)}=2\,x+4 \quad \text{oder} \quad \sqrt{(x-1)\cdot(x+6)}=x+2$$
$$[\sqrt{(x-1)\cdot(x+6)}]^2=(x+2)^2 \quad \text{oder} \quad (x-1)\cdot(x+6)=x^2+4\,x+4$$
$$x^2-x+6\,x-6=x^2+4\,x+4 \quad \text{daraus} \quad x=10\;.$$

Potenzen mit gebrochenem Exponenten.

In den Abschnitten über Potenzen (S. 15 und 37) war der Exponent eine ganze Zahl. Ist der Exponent eine gebrochene Zahl, z. B. $a^{1/n}$, so hat die Erklärung, die Basis a jetzt $^1/_n$ mal als Faktor zu setzen, keinen Sinn mehr. Es geht nicht an, für $5^{1/3}$ zu sagen: Setze die 5 $^1/_3$ mal als Faktor. Erhebt man aber $a^{\frac{1}{n}}$ in die n^{te} Potenz, so wird $\left(a^{\frac{1}{n}}\right)^n=a^{\frac{n}{n}}=a^1=a$. Da auch $\sqrt[n]{a}$ in die n^{te} Potenz erhoben $\left(\sqrt[n]{a}\right)^n=a$ ergibt, so läßt sich für $a^{1/n}$ schreiben $\sqrt[n]{a}$. Die Potenz mit gebrochenem Exponenten stellt sich demnach als eine Wurzel dar; es ist

$$a^{\frac{1}{n}}=\sqrt[n]{a} \quad \text{und umgekehrt} \quad \sqrt[n]{a}=a^{\frac{1}{n}}\;.$$

Damit sind die Wurzeln auf Potenzen zurückgeführt, und die für Potenzen angegebenen Rechenregeln lassen sich nunmehr auch auf Wurzeln anwenden, wenn wir beachten, daß

$$\sqrt[p]{a^q}=\left(\sqrt[p]{a}\right)^q=\left(a^{\frac{1}{p}}\right)^q=a^{\frac{q}{p}} \quad \text{ist.}$$

Beispiele.

138)
$$\sqrt{a^7}=a^{\frac{7}{2}}=a^{\frac{6}{2}+\frac{1}{2}}=a^{\frac{6}{2}}\cdot a^{\frac{1}{2}}=a^3\cdot a^{\frac{1}{2}}=a^3\cdot\sqrt{a}$$

139)
$$\sqrt[n]{x^{n+1}}=x^{\frac{n+1}{n}}=x^{1+\frac{1}{n}}=x\cdot x^{\frac{1}{n}}=x\cdot\sqrt[n]{x}\;.$$

140)
$$\sqrt[3]{a^4}\cdot\sqrt[3]{a^2}=a^{\frac{4}{3}}\cdot a^{\frac{2}{3}}=a^{\frac{6}{3}}=a^2\;.$$

141)
$$\sqrt{\sqrt{x^6\cdot y^4}}=\sqrt{x^6\cdot y^4}=(x^6\cdot y^4)^{\frac{1}{4}}=(x^6)^{\frac{1}{4}}\cdot(y^4)^{\frac{1}{4}}=x^{\frac{3}{2}}\cdot y$$
$$=x^{\frac{2}{2}+\frac{1}{2}}\cdot y=x\cdot x^{1/2}\cdot y=x\cdot y\cdot\sqrt{x}\;.$$

142) $a^{-\frac{1}{2}} = \dfrac{1}{a^{\frac{1}{2}}} = \dfrac{1}{\sqrt{a}}$ und umgekehrt $\dfrac{1}{\sqrt{a}} = a^{-\frac{1}{2}}$.

143) $x^{-\frac{a}{b}} = \dfrac{1}{x^{\frac{a}{b}}} = \dfrac{1}{\sqrt[b]{x^a}}$,,   ,, $\dfrac{1}{\sqrt[b]{x^a}} = x^{-\frac{a}{b}}$.

144) $\dfrac{a^{\frac{1}{2}}}{b^{\frac{1}{3}}} = \dfrac{a^{\frac{1}{2} \cdot \frac{3}{3}}}{b^{\frac{1}{3} \cdot \frac{2}{2}}} = \dfrac{a^{\frac{3}{6}}}{b^{\frac{2}{6}}} = \sqrt[6]{\dfrac{a^3}{b^2}}$.

Quadratische Gleichungen mit einer Unbekannten.

Kommt die Unbekannte in der 2. Potenz vor, so ist die sie enthaltende Bestimmungsgleichung vom 2. Grade; man nennt diese Gleichungen quadratische Gleichungen oder Gleichungen 2. Grades. In ihrer allgemeinen Form enthält die quadratische Gleichung ein Glied mit x^2, das einen beliebigen Faktor p haben kann, ein Glied mit x, das einen beliebigen Faktor q haben kann, und ein Glied r, in dem x nicht vorkommt. Angeschrieben lautet die Gleichung

$$p\,x^2 + q\,x + r = 0 .$$

Durch Division mit dem Faktor p des Gliedes mit x^2 erhält man

$$x^2 + \frac{q}{p} \cdot x + \frac{r}{p} = 0$$

und schreibt dafür

$$x^2 + a\,x + b = 0 .$$

Diese Form heißt „Normalform der quadratischen Gleichung", auf die jede gegebene Gleichung zunächst zu bringen ist.

Für den Sonderfall $a = 0$ geht die Normalform über in

$$x^2 + b = 0 ,$$

und heißt dann „rein-quadratische Gleichung". Die Trennung der Unbekannten liefert die Gleichung

$$x^2 = - b ,$$

aus der sich x durch das Wurzelziehen ergibt zu

$$x = \pm \sqrt{- b} .$$

Wir erhalten zwei Werte x, die der Gleichung $x^2 = - b$ genügen; sie heißen Wurzeln der Gleichung und sind

$$x_1 = + \sqrt{- b} \quad \text{und} \quad x_2 = - \sqrt{- b} .$$

Ist b negativ, so wird $- b$ positiv, z. B. $b = - 9$; $- b = - (- 9) = + 9$; in diesem Falle lautet die Gleichung $x^2 - 9 = 0$ oder $x^2 = 9$; ihre Wurzeln sind $x_1 = + 3$ und $x_2 = - 3$, da für beide Werte x die Gleichung $x^2 - 9 = 0$ erfüllt ist, denn

$$(+ 3)^2 - 9 = 0 \quad \text{oder} \quad 9 - 9 = 0 \quad \text{und}$$
$$(- 3)^2 - 9 = 0 \quad \text{,,} \quad 9 - 9 = 0 .$$

Ist b positiv, so ist $- b$ negativ; z. B. $b = + 9$; $- b = - 9$. In diesem Falle lautet die Gleichung $x^2 + 9 = 0$ oder $x^2 = - 9$; ihre Wurzeln $x_1 = +\sqrt{-9}$ und $x_2 = -\sqrt{-9}$ werden imaginär; wir schreiben $x_1 = 3i$ und $x_2 = -3i$. In technischen Aufgaben haben imaginäre Werte keine Bedeutung; ergibt sich aus einer Bestimmungsgleichung ein imaginärer Wert für die gesuchte Unbekannte, so ist der Wert praktisch nicht verwendbar.

Beispiele: 145) Die Abschnitte der Hypotenuse in einem rechtwinkligen Dreieck seien $a = 4$ cm; $b = 9$ cm. Wie groß ist die Höhe h? Aus $a : h = h : b$ folgt $h^2 = a \cdot b$, so daß $h = \pm\sqrt{ab} = \pm\sqrt{4 \cdot 9} = \pm 6$ cm. Das negative Vorzeichen liefert keinen brauchbaren Wert, da die Höhe positiv ist.

146) In wieviel Sekunden durchfällt ein freifallender Körper die Höhe $h = 500$ m, wenn die Anfangsgeschwindigkeit 0 ist?

$$\text{Aus } \ s = \tfrac{1}{2} g \cdot t^2 \ \text{ folgt } \ t^2 = \frac{2s}{g}; \text{ folglich } t = \pm\sqrt{\frac{2s}{g}} = \pm\sqrt{\frac{2 \cdot 500}{10}}$$

$= \pm 10$ Sek. Auch hier liefert das negative Vorzeichen keinen brauchbaren Wert, da eine negative Zeit nicht vorstellbar ist.

147) Wie groß ist die Ausflußgeschwindigkeit aus einem Rohr, das $h = 20$ m unter dem gleichbleibenden Wasserspiegel eines Hochbehälters liegt, wenn von Verlusten durch Reibung, Krümmung usw. abgesehen wird?

Der Wassertropfen erreicht die Geschwindigkeit, die er beim freien Durchfallen der Höhe h haben würde. Ist g die Beschleunigung durch die Erde, so wird $v = g \cdot t$ die Geschwindigkeit nach t Sek. Der in dieser Zeit t zurückgelegte Weg ist $h = \frac{1}{2} g t^2$. Bringt man t zum Verschwinden, so wird $v^2 = 2gh$ und daraus $v = \pm\sqrt{2gh} = \pm\sqrt{2 \cdot 10 \cdot 20}$ $= \sim \pm 20$ m/sek. Auch hier liefert das negative Vorzeichen keinen brauchbaren Wert.

Die Normalform der quadratischen Gleichung lautete
$$x^2 + ax + b = 0.$$
Bringt man das Glied ohne x auf die rechte Seite, so ergibt sich
$$x^2 + ax = -b.$$
Damit die linke Seite zu einem reinen oder vollen Quadrat wird, fügen wir $\left(\dfrac{a}{2}\right)^2$ auf beiden Seiten hinzu und erhalten

$$x^2 + ax + \left(\frac{a}{2}\right)^2 = \left(\frac{a}{2}\right)^2 - b.$$

Durch Vergleich mit der Formel $(a + b)^2 = a^2 + 2ab + b^2$ findet man

$$x^2 + ax + \left(\frac{a}{2}\right)^2 = \left(x + \frac{a}{2}\right)^2,$$

so daß die Gleichung übergeht in

$$\left(x + \frac{a}{2}\right)^2 = \left(\frac{a}{2}\right)^2 - b.$$

Jetzt läßt sich die Wurzel ziehen, und wir erhalten

$$x + \frac{a}{2} = \pm \sqrt{\left(\frac{a}{2}\right)^2 - b}$$

und daraus

$$x = - \frac{a}{2} \pm \sqrt{\left(\frac{a}{2}\right)^2 - b}\,.$$

Die Gleichung hat demnach 2 Wurzeln; sie sind

$$x_1 = - \frac{a}{2} + \sqrt{\left(\frac{a}{2}\right)^2 - b} \quad \text{und} \quad x_2 = - \frac{a}{2} - \sqrt{\left(\frac{a}{2}\right)^2 - b}\,.$$

Das hinzugefügte Glied $\left(\frac{a}{2}\right)^2$ heißt „quadratische Ergänzung", weil es den Ausdruck $x^2 + a\,x$ zu einem vollen Quadrat macht; man findet sie als das Quadrat des halben Koeffizienten von x.

Ist eine quadratische Gleichung auf die Normalform gebracht, so werden die beiden Wurzeln der Gleichung unmittelbar — ohne die Entwicklung — angeschrieben.

Z. B.: $3\,x^2 = 5\,x + 12 \quad | \quad 3\,x^2 - 5\,x - 12 = 0 \quad | \quad x^2 - \frac{5}{3}\,x - 4 = 0$

$$x = \frac{5}{6} \pm \sqrt{\left(\frac{5}{6}\right)^2 + 4} = \frac{5}{6} \pm \sqrt{\frac{25}{36} + 4 \cdot \frac{36}{36}}$$

$$= \frac{5}{6} \pm \frac{1}{6}\sqrt{25 + 144} \qquad = \frac{5}{6} \pm \frac{13}{6}$$

$$x_1 = \frac{5}{6} + \frac{13}{6} = \frac{18}{6} = 3\,; \quad x_2 = \frac{5}{6} - \frac{13}{6} = - \frac{8}{6} = - \frac{4}{3}\,.$$

Bemerkung: Ist $b > \left(\frac{a}{b}\right)^2$, dann wird der Ausdruck unter der Wurzel negativ und die Wurzel selbst imaginär.

Z. B.:
$$x^2 - 2\,x + 5 = 0$$
$$x = 1 \pm \sqrt{1 - 5} = 1 \pm \sqrt{- 4} = 1 \pm 2\,i$$
$$x_1 = 1 + 2\,i\,; \quad x_2 = 1 - 2\,i\,.$$

$x_1 = 1 + 2\,i$ oder allgemein $a + b\,i$ heißt komplexe Zahl. Unterscheiden sich zwei komplexe Zahlen nur durch das Vorzeichen wie in unserm Beispiel x_1 und x_2, lauten sie also $(a + b\,i)$ und $(a - b\,i)$, so nennt man sie konjugiert komplex.

Beispiele:

148) $2\,x^2 = 18 + 5\,x \quad | \quad 2\,x^2 - 5\,x - 18 = 0 \quad | \quad x^2 - \frac{5}{2}\,x - 9 = 0$

$$x = \frac{5}{4} \pm \sqrt{\left(\frac{5}{4}\right)^2 + 9} = \frac{5}{4} \pm \sqrt{\frac{25}{16} + 9 \cdot \frac{16}{16}} = \frac{5}{4} \pm \frac{13}{4}$$
$$x_1 = + \tfrac{9}{2}\,; \quad x_2 = -2\,.$$

149) $\quad x + 20 = 12\,x^2 \mid 12\,x^2 - x - 20 = 0 \mid x^2 - \dfrac{1}{12}\,x - \dfrac{20}{12} = 0$

$$x = \frac{1}{24} \pm \sqrt{\frac{1}{24^2} + \frac{20}{12} \cdot \frac{48}{2 \cdot 24}} = \frac{1}{24} \pm \frac{1}{24}\sqrt{1 + 960} = \frac{1}{24} \pm \frac{31}{24}.$$

$$x_1 = \frac{32}{24} = \frac{4}{3}; \quad x_2 = -\frac{30}{24} = -\frac{5}{4}.$$

150) $\quad (x + 5)\,(x - 7) = 5 - 2\,x^2 \mid x^2 + 5\,x - 7\,x - 35 = 5 - 2\,x^2$

$$3\,x^2 - 2\,x - 40 = 0 \mid x^2 - \frac{2}{3}\,x - \frac{40}{3} = 0$$

$$x = \frac{1}{3} \pm \sqrt{\left(\frac{1}{3}\right)^2 + \frac{40}{3}} = \frac{1}{3} \pm \sqrt{\frac{1}{9} + \frac{40}{3} \cdot \frac{3}{3}} = \frac{1}{3} \pm \frac{1}{3}\sqrt{1 + 120}$$

$$x = \frac{1}{3} \pm \frac{11}{3}; \quad x_1 = +4; \quad x_2 = -\frac{10}{3}.$$

151) $$\frac{8 - 7\,x}{x - 2} = 1 - 2\,x$$

$$8 - 7\,x = (1 - 2\,x) \cdot (x - 2) = x - 2\,x^2 - 2 + 4\,x$$
$$2\,x^2 - 12\,x + 10 = 0 \quad \text{oder} \quad x^2 - 6\,x + 5 = 0$$
$$x = 3 \pm \sqrt{9 - 5} = 3 \pm 2; \quad x_1 = +5; \quad x_2 = 1.$$

152) $$\frac{x}{x - 5} - \frac{2\,x}{x + 5} = \frac{7}{3}$$

$$x\,(x + 5) - 2\,x\,(x - 5) = \frac{7}{3}\,(x - 5) \cdot (x + 5)$$

$$3\,x\,(x + 5) - 6\,x\,(x - 5) = 7\,(x - 5) \cdot (x + 5) = 7\,(x^2 - 25)$$
$$3\,x^2 + 15\,x - 6\,x^2 + 30\,x = 7\,x^2 - 175$$
$$10\,x^2 - 45\,x - 175 = 0 \quad \text{oder} \quad x^2 - 4{,}5\,x - 17{,}5 = 0$$

$$x = 2{,}25 \pm \sqrt{2{,}25^2 + 17{,}5} = 2{,}25 \pm \sqrt{5{,}0625 + 17{,}5} = 2{,}25 \pm 4{,}75$$
$$x_1 = 2{,}25 + 4{,}75 = +7; \quad x_2 = 2{,}25 - 4{,}75 = -2{,}5.$$

153) $$3\,x - 8\,\sqrt{x} - 35 = 0.$$

Da $\;x = \left(\sqrt{x}\right)^2$, so ist die Gleichung quadratisch für $\sqrt{x}$; sie läßt sich demnach schreiben:

$$3\left(\sqrt{x}\right)^2 - 8\,\sqrt{x} - 35 = 0 \quad \text{und hat } \sqrt{x} \text{ als Unbekannte}$$

$$\left(\sqrt{x}\right)^2 - \frac{8}{3}\,\sqrt{x} - \frac{35}{3} = 0$$

$$\sqrt{x} = \frac{4}{3} \pm \sqrt{\frac{16}{9} + \frac{35 \cdot 3}{3 \cdot 3}} = \frac{4}{3} \pm \frac{1}{3}\sqrt{16 + 105} = \frac{4}{3} \pm \frac{11}{3}.$$

1. $\sqrt{x} = \dfrac{4}{3} + \dfrac{11}{3} = \dfrac{15}{3} = 5$ und daraus durch Quadrieren

$$x_1 = 25.$$

2. $\sqrt{x} = \dfrac{4}{3} - \dfrac{11}{3} = -\dfrac{7}{3}$ und daraus durch Quadrieren

$$x_2 = \frac{49}{9}\,.$$

154) $$3x - 8\sqrt{x} - 35 = 0\,.$$

Setze $\sqrt{x} = y$; also $x = y^2$; dann geht die Gleichung über in die Form

$$3y^2 - 8y - 35 = 0 \quad \text{oder} \quad y^2 - \frac{8}{3}y - \frac{35}{3} = 0$$

$$y = \frac{4}{3} \pm \sqrt{\frac{16}{9} + \frac{35}{3}} = \frac{4}{3} \pm \frac{11}{3}$$

und daraus 1. $y_1 = \dfrac{4}{3} + \dfrac{11}{3} = 5$; folglich durch Zurücksetzen von

$$y = \sqrt{x_1}\,; \quad \sqrt{x_1} = 5, \quad \text{d. h.} \quad x_1 = 25\,.$$

2. $y_2 = \dfrac{4}{3} - \dfrac{11}{3} = -\dfrac{7}{3}$; $\sqrt{x_2} = -\dfrac{7}{3}$,   d. h. $x_2 = \dfrac{49}{9}$.

155) $$2x^4 - 5x^2 - 117 = 0\,.$$

Da $x^4 = (x^2)^2$ ist, so ist die Gleichung quadratisch für (x^2); sie läßt sich demnach schreiben

$$2(x^2)^2 - 5 \cdot x^2 - 117 = 0 \quad \text{oder} \quad (x^2)^2 - \frac{5}{2}x^2 - \frac{117}{2} = 0$$

$$x^2 = \frac{5}{4} \pm \sqrt{\frac{25}{16} + \frac{117}{2} \cdot \frac{8}{8}} = \frac{5}{4} \pm \frac{1}{4}\sqrt{25 + 936} = \frac{5}{4} \pm \frac{31}{4}\,.$$

1. $x^2 = \dfrac{5}{4} + \dfrac{31}{4} = \dfrac{36}{4} = 9$ und daraus $x_1 = +3$; $x_2 = -3$.

2. $x^2 = \dfrac{5}{4} - \dfrac{31}{4} = -\dfrac{26}{4}$; die beiden andern Werte von x sind

imaginär; $x_3 = \dfrac{i}{2}\sqrt{26}$; $x_4 = -\dfrac{i}{2}\sqrt{26}$.

156) $$2x^4 - 5x^2 - 117 = 0;$$

setzt man $x^2 = y$, also $x^4 = y^2$, so geht die gegebene Gleichung über in

$$2y^2 - 5y - 117 = 0 \quad \text{oder} \quad y^2 - \frac{5}{2}y - \frac{117}{2} = 0$$

$$y = \frac{5}{4} \pm \sqrt{\frac{25}{16} + \frac{117}{2} \cdot \frac{8}{8}} = \frac{5}{4} \pm \frac{31}{4}\,.$$

1. $$y_1 = \frac{5}{4} + \frac{31}{4} = \frac{36}{4} = 9; \quad \text{folglich mit} \quad y_1 = x^2$$

$$x^2 = 9; \quad \text{d. h.} \quad x_1 = +3; \quad x_2 = -3\,.$$

2. $\qquad y_2 = \dfrac{5}{4} - \dfrac{31}{4} = -\dfrac{26}{4}$; $\qquad$ folglich mit $\qquad y_2 = x^2$

$$x^2 = -\frac{26}{4} ; \quad \text{d. h.} \quad x_3 = + \sqrt{-\frac{26}{4}} = \frac{i}{2}\sqrt{26} ;$$

$$x_4 = -\sqrt{-\frac{26}{4}} = -\frac{i}{2}\sqrt{26}.$$

157)

$$\text{I.} \quad x^2 + y^2 = 16 \qquad\qquad\qquad \text{I.} \quad x^2 + y^2 = 16$$
$$\text{II.} \quad x^2 - y^2 = 4 \qquad\qquad\qquad \text{II.} \quad x^2 - y^2 = 4$$
$$\overline{\qquad 2x^2 \qquad = 20} \qquad\qquad\qquad \overline{\qquad 2y^2 = 12}$$
$$x^2 = 10 \qquad\qquad\qquad\qquad y^2 = 6$$
$$x_1 = +\sqrt{10} = +3,16 \qquad\qquad y_1 = +\sqrt{6} = +2,45$$
$$x_2 = -\sqrt{10} = -3,16 \qquad\qquad y_2 = -\sqrt{6} = -2,45.$$

158) $\qquad\qquad$ I. $x^2 + y^2 = 25 \qquad$ Aus II ergibt sich $x = 2 + y$;

$\qquad\qquad\qquad$ II. $x - y = 2 \qquad$ eingesetzt in I liefert

$$\overline{(2+y)^2 + y^2 = 25}$$
$$4 + 4y + y^2 + y^2 = 25$$
$$2y^2 + 4y - 21 = 0$$
$$y^2 + 2y - \frac{21}{2} = 0$$

$$y = -1 \pm \sqrt{1 + \frac{21}{2}} = -1 \pm \sqrt{\frac{23}{2} \cdot \frac{2}{2}} = -\frac{2}{2} \pm \frac{6,78}{2}$$

$$y_1 = -\frac{2}{2} + \frac{6,78}{2} = +2,39 ; \qquad y_2 = -\frac{2}{2} - \frac{6,78}{2} = -4,39,$$

eingesetzt in II ergibt

$x_1 = 2 + y_1 = 2 + 2,39 = 4,39$ und $x_2 = 2 + y_2 = 2 - 4,39 = -2,39$.

159) $\qquad\qquad$ I. $x + xy = 9$

$\qquad\qquad\qquad$ II. $y + xy = 8$

$$\text{I} - \text{II.} \quad \overline{x - y = 1}$$

$\qquad\qquad\qquad$ $y = x - 1 \qquad$ eingesetzt in I $\qquad x + x(x-1) = 9$

$$x + x^2 - x = 9$$
$$x^2 = 9$$

$$x_1 = +3; \qquad\qquad x_2 = -3$$
$$y_1 = +3 - 1 = 2; \qquad y_2 = -3 - 1 = -4.$$

160) $\qquad$ I. $\quad 3x + 2xy = 21 \quad\big|\quad +1$

$\qquad\qquad$ II. $\quad y + xy = 8 \quad\big|\quad -2$

$$\text{III.} \quad 3x + 2xy = 21$$
$$\text{IV.} \quad -2y - 2xy = -16$$

$$\text{III.} + \text{IV.} \quad \overline{3x - 2y = 5}$$

$$\text{V.} \qquad\qquad y = \frac{3x - 5}{2} \qquad \text{eingesetzt in I.}$$

$$3x + 2x \cdot \frac{3x - 5}{2} = 21 \qquad \text{oder} \qquad 3x + 3x^2 - 5x - 21 = 0$$

daraus $\quad 3x^2 - 2x - 21 = 0 \quad$ oder $\quad x^2 - \dfrac{2}{3} \cdot x - 7 = 0$

$$x = \frac{1}{3} \pm \sqrt{\frac{1}{9} + 7 \cdot \frac{9}{9}} = \frac{1}{3} \pm \frac{1}{3}\sqrt{1 + 63} = \frac{1}{3} \pm \frac{8}{3}$$

$$x_1 = \frac{1}{3} + \frac{8}{3} = \frac{9}{3} = +3; \qquad x_2 = \frac{1}{3} - \frac{8}{3} = -\frac{7}{3},$$

eingesetzt in V:

$$y_1 = \frac{3 \cdot 3 - 5}{2} = \frac{4}{2} = +2; \qquad y_2 = \frac{3 \cdot \left(-\dfrac{7}{3}\right) - 5}{2} = -6.$$

161) $\qquad$ I. $\quad x - y = 5$ $\qquad$ Aus II ergibt sich III. $\quad y = \dfrac{36}{x}$;

$\qquad\qquad\qquad$ II. $\quad x \cdot y = 36$ $\qquad\qquad$ eingesetzt in I ergibt

$$x - \frac{36}{x} = 5$$

$$x^2 - 36 = 5x \quad \text{oder} \quad x^2 - 5x - 36 = 0$$

$$x = \frac{5}{2} \pm \sqrt{\frac{25}{4} + 36 \cdot \frac{4}{4}} = \frac{5}{2} \pm \frac{1}{2}\sqrt{169}$$

$$x_1 = \frac{5}{2} + \frac{13}{2} = \frac{18}{2} = 9; \qquad x_2 = \frac{5}{2} - \frac{13}{2} = -\frac{8}{2} = -4$$

eingesetzt in III $\quad y_1 = \dfrac{36}{x_1} = \dfrac{36}{9} = +4$; $\quad y_2 = \dfrac{36}{x_2} = \dfrac{36}{-4} = -9$.

162) $\qquad\qquad$ I. $\dfrac{2}{x} + \dfrac{3}{y} = 1$ $\qquad$ Aus II ist III $\;y = 2x - 2$;

$\qquad\qquad\qquad\qquad$ II. $2x - y = 2$. $\qquad$ eingesetzt in I ergibt

$$\frac{2}{x} + \frac{3}{2x - 2} = 1$$

$$2(2x - 2) + 3x = x(2x - 2) \quad \text{oder} \quad 4x - 4 + 3x = 2x^2 - 2x$$

$$0 = 2x^2 - 9x + 4 \quad \text{oder} \quad x^2 - \frac{9}{2}x + 2 = 0$$

$$x = \frac{9}{4} \pm \sqrt{\frac{81}{16} - 2 \cdot \frac{16}{16}} = \frac{9}{4} - \frac{1}{4}\sqrt{81 - 32} = \frac{9}{4} \pm \frac{7}{4}$$

$$x_1 = \frac{9}{4} + \frac{7}{4} = \frac{16}{4} = +4; \qquad x_2 = \frac{9}{4} - \frac{7}{4} = \frac{2}{4} = +\frac{1}{2},$$

eingesetzt in III ergibt $\quad y_1 = 2x_1 - 2 = 2 \cdot 4 - 2 = +6$

$$y_2 = 2x_2 - 2 = 2 \cdot \frac{1}{2} - 2 = -1.$$

Die Geometrie.

Die Geometrie lehrt die Eigenschaften räumlicher Gebilde und gliedert sich in:

1. Die Planimetrie oder Lehre von den ebenen Figuren,
2. die Trigonometrie oder Lehre von der Dreiecksberechnung,
3. die Stereometrie oder Lehre von den Körpern.

1. Die Planimetrie.

Der uns umgebende Raum ist von Körpern angefüllt, die wir mit unsern Sinnen wahrnehmen. Jeder Körper füllt einen Teil des Raumes aus und besteht aus Stoff oder Materie. Die Geometrie beschäftigt sich nur mit dem von einem Körper ausgefüllten Raum; für sie sind die Körper stofflos. Gegen den ihn umgebenden Raum ist der Körper durch seine Oberfläche allseitig abgegrenzt.

Ein Punkt im Raume ist vorstellbar als Eckpunkt eines Körpers, z. B. als Bleistiftspitze, oder als ein so kleiner Körper, daß man ihn nicht mehr zerlegen kann, z. B. als Staubteilchen. Man spricht in diesem Falle von einem „verschwindend kleinen“ oder „unendlich kleinen“ Körper.

Bewegt sich ein Punkt, so beschreibt er eine Linie oder Kurve. Die Linie hat nur eine Ausdehnung.

Bewegt er sich in unveränderlicher Richtung, so beschreibt er eine gerade Linie oder Gerade. Sieht man in dieser Richtung so, daß die Endpunkte scheinbar zusammenfallen, so fallen auch sämtliche dazwischenliegenden Punkte scheinbar zusammen. Das Stück einer Geraden, das durch zwei Punkte begrenzt wird, heißt Strecke.

Bewegt sich eine Linie in einer andern als ihrer eigenen Richtung, so beschreibt sie eine Fläche. Bewegt sich eine Gerade in unveränderlicher Richtung, so beschreibt sie eine Ebene. Eine Gerade liegt demnach mit allen ihren Punkten in einer Ebene. Die Fläche hat zwei Ausdehnungen. Bewegt sich eine Fläche, so entsteht ein Körper, wenn die Fläche sich nicht in sich selbst verschiebt. Der Körper hat drei Ausdehnungen.

Es werden begrenzt: Der Körper durch Flächen, die Fläche durch Linien, die Linie durch zwei Punkte.

Die gerade Linie. Man vergleicht die Längen zweier Strecken, indem man die eine so auf die andere legt, daß zwei Endpunkte aufeinanderfallen. Fallen die beiden anderen Endpunkte dann ebenfalls aufeinander, so sind die beiden Strecken gleich. In Fig. 33 ist $AB = A'B' = a$. $CD = b$ ist kleiner als $AB = a$; man schreibt

$$CD < AB \quad \text{oder} \quad b < a.$$

Umgekehrt ist AB größer als CD; man schreibt

$$AB > CD \quad \text{oder} \quad a > b.$$

Eine Strecke messen heißt nachsehen, wie oft die Längeneinheit in ihr enthalten ist. Die Längeneinheit ist das Meter (m) bzw. das Zentimeter (cm) oder das Millimeter (mm); und zwar ist

$$1\,\text{m} = 100\,\text{cm} = 1000\,\text{mm}; \; 1\,\text{cm} = 10\,\text{mm}.$$

Der Maschinenbauer mißt die Längen im allgemeinen in Millimetern. Soll eine bestimmte Strecke dargestellt werden, z. B. die Kantenlänge des Klassenraumes, so läßt sich diese Darstellung nur verkleinert wiedergeben. Dazu bedarf es der Angabe des Maßes der Ver-

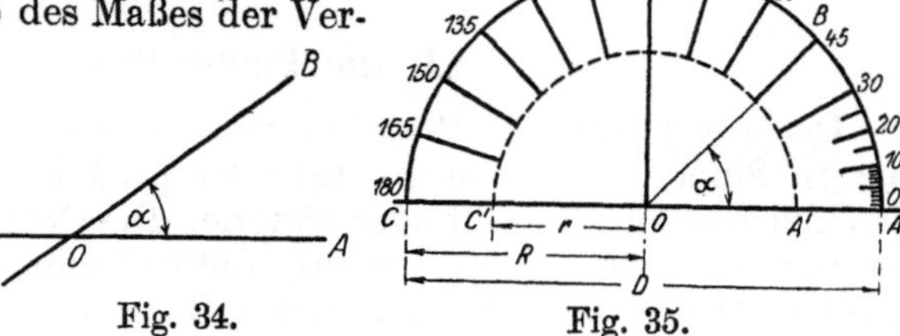

Fig. 33.　　　　　Fig. 34.　　　　　Fig. 35.

kleinerung, des sog. Maßstabes; er lautet 1 mm = 1 cm oder 1 mm = 2,5 mm oder 1 mm = 20 mm usw. Kommen auf einer Zeichnung nur Längen zur Darstellung, so schreibt man statt 1 mm = 1 cm kurz 1:10; statt 1 mm = 2,5 mm kurz 1:2,5; statt 1 mm = 20 mm kurz 1:20 usw.

Im allgemeinen, d. h. ohne Beziehung auf einen bestimmten Fall, bezeichnet man die Länge von Strecken mit den kleinen lateinischen Buchstaben (Fig. 33), die also nichts anderes sind als die Maßzahlen der technischen Zeichnungen.

Haben zwei Gerade verschiedene Richtung, so ist der Richtungsunterschied „der Winkel, den sie miteinander bilden" (Fig. 34). Man schreibt $\sphericalangle BOA$ oder $\sphericalangle \alpha$ oder kurz α und nennt bei der Angabe durch drei Buchstaben den Scheitel O in der Mitte.

Für die Messung eines Winkels denkt man sich um den Scheitel O einen Kreis geschlagen und versteht unter der Kreislinie oder Peripherie die Bahn eines Punktes, der stets die gleiche Entfernung von einem festen Punkte, dem Mittelpunkte, hat. Diese Entfernung heißt Halbmesser oder Radius. Die Kreislinie wird in 360 gleiche Teile geteilt; jeder Teil heißt 1 Grad = 1°. Ebenso wie die Schenkellänge keinen Einfluß auf die Größe des Winkels hat, ist die Länge des Radius auf die Größe eines Grades ohne Einfluß. Der 60. Teil eines Grades heißt Minute; der 60. Teil einer Minute heißt Sekunde. Z. B. $\alpha = 17° 25' 36''$.

In Fig. 35 ist die Kreislinie ADC in Grade geteilt; der Winkel AOB ist gleich 45°. Die Bogenlänge AB ist abhängig von der Größe des

Radius. Wir messen den Winkel $AOB = \alpha = 45°$ auch durch den Bogen AB, aber nur dann, wenn wir die Länge des Radius mit angeben. Als Maßeinheit für die Messung als Bogen gilt der Kreis mit dem Radius $r = 1$; legt man diesen Kreis der Messung zugrunde, so ist die besondere Angabe des Radius überflüssig.

In dem Umfang eines Kreises mit dem Durchmesser $d = 2\,r$ ist der Durchmesser π mal enthalten; ist u der Umfang, d. h. die Länge der Kreislinie, so wird

$$u = \pi \cdot d = 2\pi \cdot r \,.$$

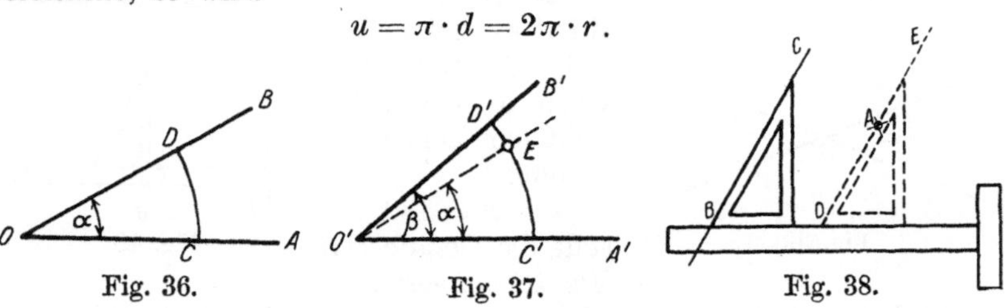

Fig. 36.   Fig. 37.   Fig. 38.

π heißt Ludolphsche Kreiszahl und ist 3,14. In dem besonderen Falle des Kreises mit dem Radius $r = 1$ wird

$$u = 2\pi \,.$$

Die Halbkreislinie ist π; die Viertelkreislinie $\dfrac{\pi}{2}$. Für den Vergleich von Bogenmaß und Gradmaß gilt $2\pi = 360°$, so daß $\alpha = 45° = \dfrac{2\pi}{360} \cdot 45 = \dfrac{\pi}{4}$ wird. Allgemein ist $\alpha° = \dfrac{180}{\pi} \cdot \overset{\frown}{\alpha}$ oder $\overset{\frown}{\alpha} = \dfrac{\pi}{180} \cdot \alpha°$.

Sollen nur zwei Winkel miteinander verglichen werden, so genügt ein Kreis mit beliebigem Radius. In Fig. 37 schlägt man um O und O' Kreise mit gleichem Radius, die die Schenkel des ersten Winkels in CD, des zweiten in $C'D'$ schneiden mögen. Ist die Bogenlänge $C'D'$ größer als die Bogenlänge CD, so ist auch $\beta > \alpha$. Sind die beiden Bogenlängen gleich, so sind auch die Winkel gleich. Damit haben wir die Möglichkeit, zwei gleichgroße Winkel zu zeichnen. Trägt man nämlich auf dem Bogen $C'D'$ den Bogen CD ab und verbindet den so gefundenen Punkt E mit O', so ist $\measuredangle$ $EO'C' = DOC = \alpha$ (Fig. 36 u. 37). Den Bogen CD abtragen heißt die Entfernung CD in den Zirkel nehmen und mit dieser Entfernung als Radius um C' einen Kreis schlagen, der den Bogen $C'D'$ in E schneidet.

Die beiden Schenkel OA und $O'A'$ liegen auf einer Geraden; gegen diese gemeinsame Gerade haben die Geraden OB und $O'E$ gleichen Richtungsunterschied, folglich müssen sie unter sich gleichgerichtet sein. Gleichgerichtete Geraden heißen parallel; wir schreiben $OB \parallel O'E$.

Soll auf dem Reißbrett durch einen Punkt A (Fig. 38) zu einer gegebenen Geraden BC eine Parallele gezogen werden, so wählt man die Reißschiene als gemeinsame Gerade und legt ein Dreieck so an, daß die eine Seite, z. B. die Hypotenuse, mit BC zusammenfällt. Verschiebt man jetzt das Dreieck an der Reißschiene, so bleibt die Hypotenuse der Geraden BC parallel; es wird also auch $DE \parallel BC$.

Schneiden sich zwei Geraden AA' und BB' (Fig. 39), so nennt man die Winkel AOB und $A'OB'$ Scheitelwinkel; sie sind gleich, da sie beide den Richtungsunterschied der beiden Geraden messen. Ebenso sind die Winkel $A'OB$ und AOB' als Scheitelwinkel gleich.

Die beiden Winkel α und β haben die Eigenschaft, daß ihre Schenkel OA und OA' in eine Gerade fallen; man nennt solche Winkel Neben-

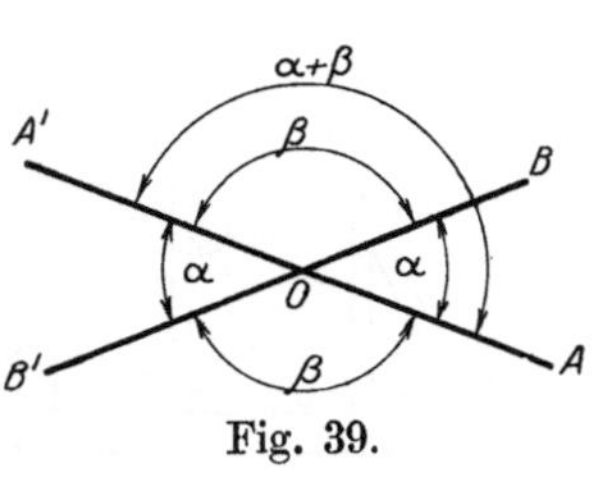

Fig. 39.

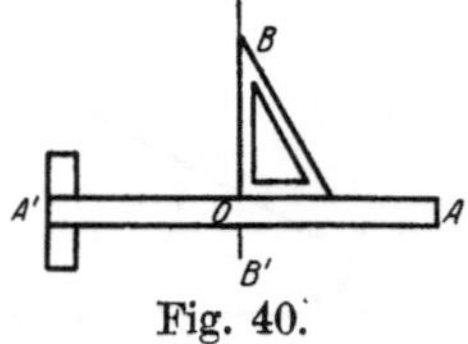

Fig. 40.

winkel oder Supplementwinkel, den Winkel $AOA' = \alpha + \beta$ einen gestreckten Winkel; seine Größe beträgt 180°. Zwischen α und β besteht demnach die Beziehung

$$\alpha + \beta = 180°.$$

Teilt die Gerade OB (Fig. 40) den gestreckten Winkel AOA' in zwei gleichgroße Winkel AOB und $A'OB$, so mißt jeder von ihnen 90°. Man sagt: Die Gerade OB steht senkrecht auf der Geraden AA', und schreibt

$$OB \perp AA' \quad \text{oder} \quad OB \perp OA.$$

BO heißt auch Lot auf AA'; die Gerade BO ziehen heißt „das Lot BO auf die Gerade AA' fällen" oder „die Senkrechte in O errichten". Die Winkel AOB und $A'OB$ heißen rechte Winkel; geschrieben:

$$\sphericalangle AOB = \sphericalangle A'OB = R.$$

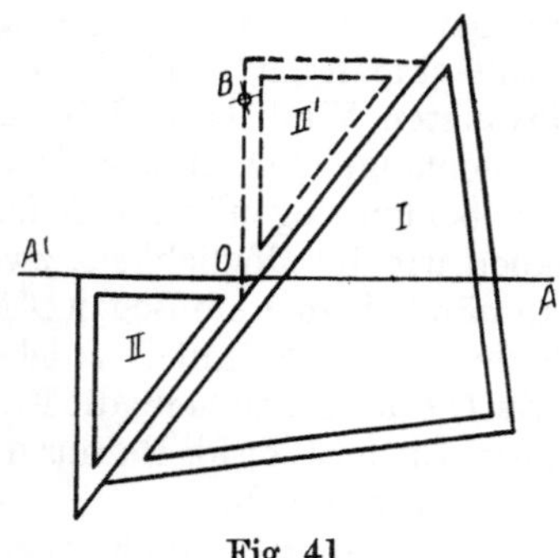
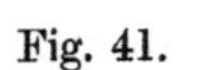

Fig. 41.

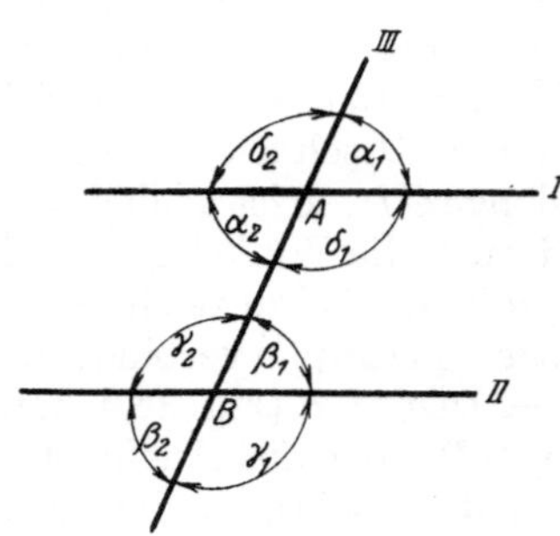

Fig. 42.

Unter der Entfernung des Punktes B von der Geraden AA' versteht man die Länge des Lotes BO.

Soll vom Punkte B (Fig. 41) ein Lot auf die Gerade AA' gefällt werden, so legt man die beiden Dreiecke I und II so aneinander, daß die Kante II mit der Geraden zusammenfällt, und verschiebt das Dreieck II, bis es in die Lage II' kommt; dann steht BO senkrecht auf AA'.

Ergänzen sich zwei Winkel zu 90°, so heißen sie Komplementwinkel. Winkel zwischen 0° und 90° heißen spitze Winkel;

Winkel zwischen 90° und 180° heißen stumpfe Winkel;

Winkel, die größer als 180° sind, heißen überstumpfe oder auch erhabene Winkel.

Werden zwei Parallelen I und II (Fig. 42) von einer Geraden III geschnitten, so bestehen zwischen den so entstehenden Winkeln folgende Beziehungen:

$\alpha_1 = \beta_1$; $\alpha_2 = \beta_2$; weil sie durch Parallelverschiebung zur Deckung kommen; sie heißen Gegenwinkel an Parallelen.

$\beta_1 = \alpha_2$; $\alpha_1 = \beta_2$, weil sie bei Parallelverschiebung zu Scheitelwinkeln werden; sie heißen Wechselwinkel an Parallelen.

$\alpha_1 + \gamma_1 = 180°$; $\alpha_2 + \gamma_2 = 180°$; sie heißen entgegengesetzte Winkel an Parallelen.

Ebenso sind $\gamma_2 = \delta_2$; $\gamma_1 = \delta_1$ als Gegenwinkel,

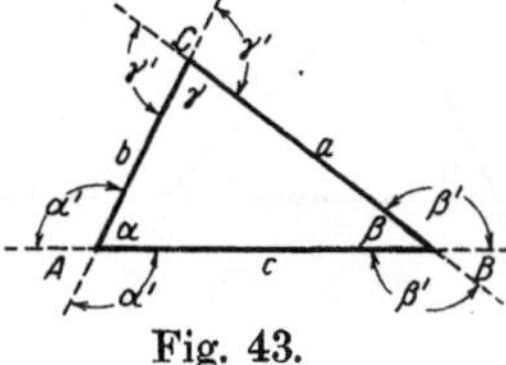
Fig. 43.

$\gamma_1 = \delta_2$; $\gamma_2 = \delta_1$ als Wechselwinkel.

Umgekehrt werden wir sagen: Werden zwei Geraden von einer dritten geschnitten, und sind ein Paar Gegen- oder Wechselwinkel gleich, so sind sie beiden Geraden parallel.

Das Dreieck. Liegen in einer Ebene drei gerade Linien, die verschiedene Richtung haben, so umschließen sie ein Dreieck (Fig. 43). Die drei das Dreieck begrenzenden Strecken AB, BC und CA heißen Seiten, ihre Länge wird entsprechend durch c, a und b ausgedrückt. Der Linienzug $ABCA$ heißt Umfang; die durch ihn gebildeten Winkel werden nach Fig. 43 bezeichnet, und zwar ist α für b und c der anliegende, für a der gegenüberliegende Winkel.

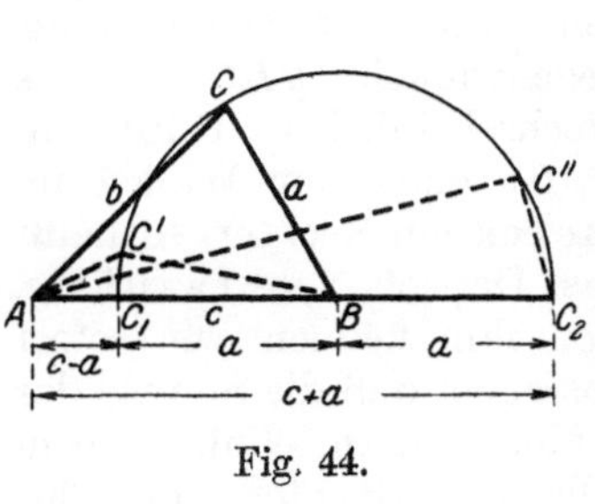
Fig. 44.

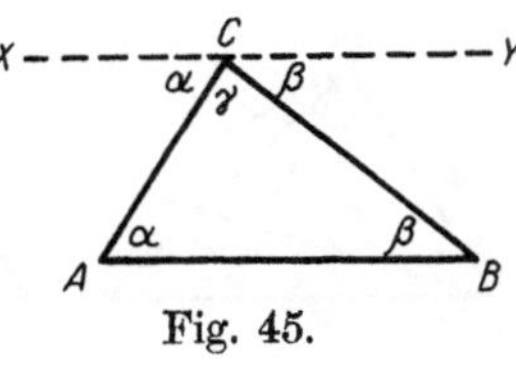
Fig. 45.

Die Neben- oder Supplementwinkel zu den Dreieckwinkeln heißen Außenwinkel: α'; β'; γ' sind Außenwinkel.

Man nennt Dreiecke
gleichseitig, wenn alle drei Seiten gleich sind;
gleichschenklig, wenn zwei Seiten gleich sind; die gleichen Seiten heißen Schenkel, die dritte Grundlinie oder Basis; die ihr gegenüberliegende Ecke heißt Spitze;
ungleichseitig, wenn alle drei Seiten verschieden sind.

Die Seiten im Dreieck. Sind die Längen der Seiten a und c eines Dreiecks festgelegt oder, wie man sagt, sind a und c gegeben (Fig. 44), so kann die dritte Seite b nicht auch beliebig angenommen werden. Damit ein Dreieck zustande kommt, muß b größer sein als AC_1, d. h.

$b > c - a$. Es darf aber auch nicht größer sein als AC_2, d. h. $b < c + a$. Sagen wir diese Tatsache aus, so nennt man den Satz einen Lehrsatz; er würde lauten: In jedem Dreieck ist die Summe zweier Seiten größer, ihre Differenz kleiner als die dritte Seite.

Die Winkel im Dreieck. Lehrsatz: Die Summe der drei Winkel im Dreieck beträgt 180° oder zwei Rechte. In Fig. 45 ist xy durch C

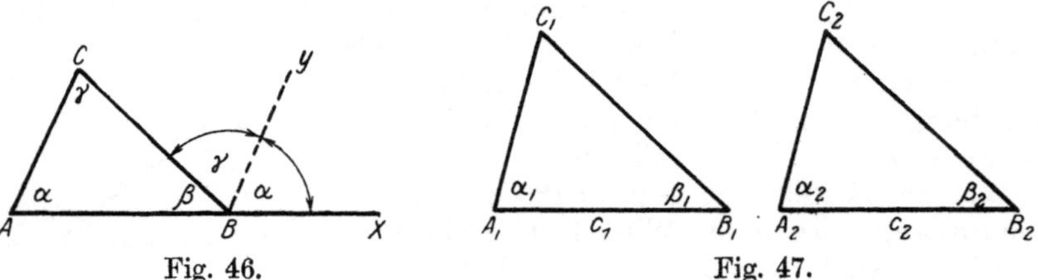

Fig. 46.   Fig. 47.

parallel AB gezogen, dann ist $\sphericalangle ACx = \alpha$, $'BCy = \beta$ als Wechselwinkel an Parallelen, so daß $\sphericalangle xCy = \alpha + \gamma + \beta = 180°$.

Lehrsatz: Jeder Außenwinkel eines Dreiecks ist gleich der Summe der beiden ihm gegenüberliegenden inneren Winkel. Mit Beziehung auf Fig. 46 lautet dieser Satz in Form einer Gleichung:

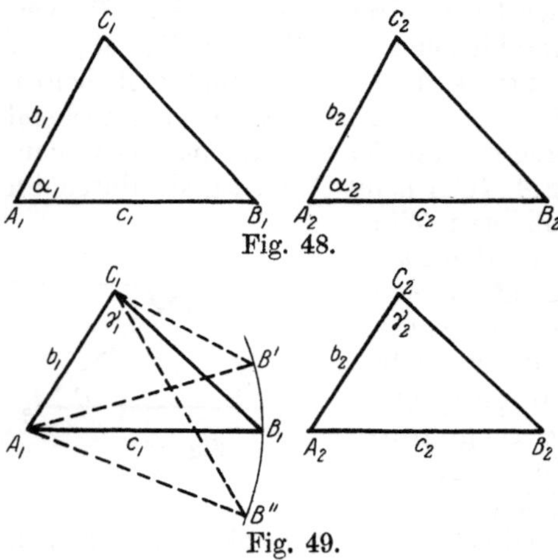

Fig. 48.

Fig. 49.

$$\sphericalangle CBx = \alpha + \gamma .$$
Daß diese Behauptung zutrifft, sehen wir, wenn wir die Hilfsgerade $By \parallel AC$ ziehen. Dann ist $xBy = \alpha$ als Gegenwinkel, $yBC = \gamma$ als Wechselwinkel an Parallelen.

Ist einer der Winkel im Dreieck ein Rechter, so heißt das Dreieck rechtwinklig. Von ihm können wir sofort aussagen, daß die Summe der beiden andern Winkel ebenfalls ein Rechter oder 90° sein muß, da alle drei zusammen 180° oder zwei Rechte betragen. Man nennt die dem rechten Winkel gegenüberliegende Seite Hypotenuse, die beiden andern Katheten.

Die Kongruenzsätze. Figuren heißen kongruent oder deckungsgleich, wenn sie sich beim Aufeinanderlegen decken, d. h. in allen ihren Grenzlinien übereinstimmen.

1. Kongruenzsatz: Dreiecke sind kongruent, wenn sie in einer Seite und zwei Winkeln übereinstimmen. Wir legen $\triangle A_2 B_2 C_2$ (Fig. 47) so auf $A_1 B_1 C_1$, daß A_2 mit A_1 und B_2 mit B_1 zusammenfallen. Aus $\alpha_2 = \alpha_1$ und $\beta_2 = \beta_1$ folgt, daß dann auch die beiden andern Seiten zusammenfallen müssen.

Bemerkung: Durch zwei Winkel ist auch der dritte Dreieckwinkel bestimmt; folglich bleibt der Satz auch richtig, wenn statt α und β die Winkel α und γ gegeben sind. Das Zeichen für kongruent ist $\cong$.

2. Kongruenzsatz: Dreiecke sind kongruent, wenn sie in zwei Seiten und dem eingeschlossenen Winkel übereinstimmen. Wir legen $\triangle A_2 B_2 C_2$ (Fig. 48) so auf $A_1 B_1 C_1$, daß die Schenkel von α_2 mit α_1 zusammenfallen. Aus $c_2 = c_1$ und $b_2 = b_1$ folgt, daß B_2 auf B_1 und C_2 auf C_1 fallen müssen.

3. Kongruenzsatz: Dreiecke sind kongruent, wenn sie in zwei Seiten und dem der größeren gegenüberliegenden Winkel übereinstimmen.

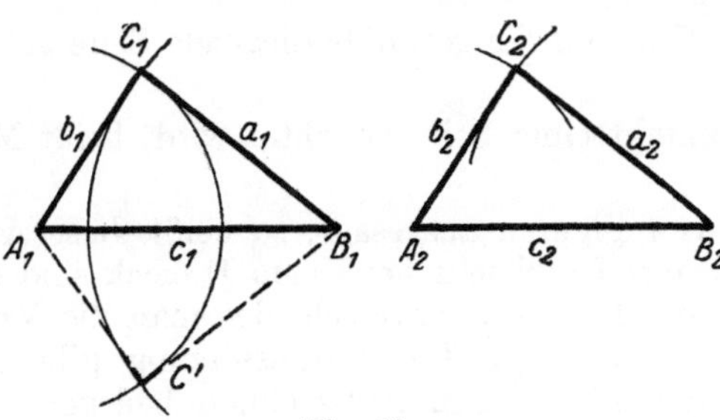

Fig. 50.

Legt man $A_2 C_2$ auf $A_1 C_1$ (Fig. 49), so ist nur ein Dreieck möglich, das die Bedingungen $c_2 = c_1$ und

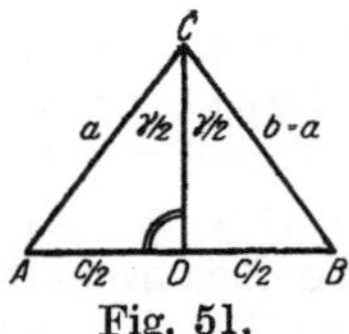

Fig. 51.

$\gamma_2 = \gamma_1$ gleichzeitig erfüllt. Der Kreis mit dem Radius c_2 um A_1 als Mittelpunkt ergibt viele Dreieckpunkte B (z. B. B' und B''), aber nur einen Punkt B_1, für den die Richtung $B_1 C_1$ mit der Richtung $B_2 C_2$ zusammenfällt.

4. Kongruenzsatz. Dreiecke sind kongruent, wenn sie in den drei Seiten übereinstimmen. Macht man in Fig. 50 $A_2 B_2 = A_1 B_1$, schlägt um A_1 und A_2 zwei Kreise mit $b_2 = b_1$ als Radius und um B_1 und B_2 zwei Kreise mit $a_2 = a_1$ als Radius, so haben diese beiden Kreispaare nur zwei Schnittpunkte C_1 und C_2. Bringt man demnach $A_2 B_2$ zur Deckung mit $A_1 B_1$, so muß auch C_2 auf C_1 fallen.

Bemerkung: Streng genommen schneiden sich die Kreise noch in einem zweiten Punkte C'. Knifft man das Blatt in $A_1 B_1$ und legt die Teile aufeinander, so fallen die Kreise zusammen, d. h. auch C' würde mit C_1 zusammenfallen.

Erfüllen Dreiecke die in den vier Kongruenzsätzen ausgesagten Bedingungen, dann sind sie kongruent. Alle vier Sätze fordern nur die Übereinstimmung in drei Stücken; daraus folgt, daß auch die übrigen gleichliegenden Stücke gleich sein müssen, wenn Dreiecke in drei Stücken übereinstimmen.

Die Bedingung, daß die drei Winkel gleich sein sollen, reicht nicht zur Kongruenz, da es sich nur scheinbar um drei gleiche Stücke handelt, denn schon durch die Angabe zweier Winkel ist der dritte aus $\alpha + \beta + \gamma = 180°$ bestimmt.

Anwendungen der Kongruenzsätze. Im gleichschenkligen Dreieck (Fig. 51) halbiert das Lot CD die Basis und den Winkel an der Spitze, denn die beiden rechtwinkligen Dreiecke CDA und CDB sind kongruent, weil sie in zwei Seiten ($CA = CB$, $CD = CD$) und dem der größeren Seite gegenüberliegenden Winkel ($\angle CDA = \angle CDB = 90°$) übereinstimmen.

Aus der Kongruenz folgt ferner, daß die Basiswinkel CAD und CBD gleich sind.

Die Gerade, die eine Ecke eines Dreiecks mit dem Mittelpunkt der gegenüberliegenden Seite verbindet, heißt Mitteltransversale.

Die Gerade, die einen Winkel eines Dreiecks halbiert, heißt Winkelhalbierende.

Das Lot, das von einer Ecke auf die gegenüberliegende Seite gefällt wird, heißt Höhe.

Das Lot, das im Mittelpunkt einer Seite errichtet wird, heißt Mittellot.

Wird eine Eigenschaft von Figuren ausgesagt, so heißt diese Aussage Lehrsatz; z. B. Lehrsatz: Im gleichschenkligen Dreieck sind die Basiswinkel gleich. Bei jedem Lehrsatze unterscheidet man die Voraussetzung und die Behauptung. Die Voraussetzung gibt an, welche Eigenschaften wir der Figur beim Aufzeichnen beilegen. In unserm Beispiel heißt sie: Das gezeichnete Dreieck sei gleichschenklig; in Form einer Gleichung lautet diese Voraussetzung mit Beziehung auf Fig. 51;

$$\text{Voraussetzung:} \qquad CA = CB.$$

Die Behauptung gibt an, welche weiteren Eigenschaften sich aus der Voraussetzung ergeben; sie hat ebenfalls die Form einer Gleichung und lautet in unserm Beispiel

$$\text{Behauptung:} \qquad \angle CAB = \angle CBA.$$

Der Beweis muß dann zeigen, wie sich diese Behauptung mit Hilfe früherer Lehrsätze folgern läßt. Auch hierbei ist die Gleichung die übliche Ausdrucksform. Für unser Beispiel lautet der

Beweis: Fälle das Lot CD (als Hilfskonstruktion), dann ist
$$CD = CD \quad \text{(jede Strecke ist sich selbst gleich)}$$
$$CA = CB \quad \text{(nach Voraussetzung)}$$
$$\underline{\angle CDA = \angle CDB = 90° \quad \text{(weil } CD \text{ Lot ist)}}$$
$$\triangle CDA \cong \triangle CDB \quad \text{nach dem 3. Kongruenzsatze.}$$

Der Strich unter der 3. Zeile heißt „folglich“.

Aus der Deckungsgleichheit der beiden Dreiecke folgt

$$\angle CAD = \angle CBD,$$

und damit ist die Behauptung bewiesen.

Lehrsatz: In jedem Dreieck liegt der größeren von zwei Seiten auch der größere Winkel gegenüber (Umkehrung) (Fig. 52).

$$\text{Voraussetzung:} \qquad CA > CB.$$
$$\text{Behauptung:} \qquad \angle ABC > \angle BAC.$$

Beweis: Zum Beweise errichtet man auf der dritten Seite AB das Mittellot DE, dann muß die Ecke C seitlich von E liegen, weil andernfalls das Dreieck gleichschenklig wäre.

$EA = EB$ folgt aus der Umkehrung des Satzes: Das Lot im gleichschenkligen Dreieck halbiert die Basis, ist also Mittellot. Aus $EA = EB$ folgt

$$\sphericalangle EAB = \sphericalangle EBA$$
$$\overline{\sphericalangle CBA > \sphericalangle EBA}$$

oder
$$\sphericalangle CBA > \sphericalangle EAB.$$

Die Umkehrung, dem größeren Winkel liegt auch die größere Seite gegenüber, folgt aus

$$CA = CE + EA$$
$$EA = EB$$
$$\overline{CA = CE + EB}$$
$$CE + EB > CB$$
$$\overline{CA > CB.}$$

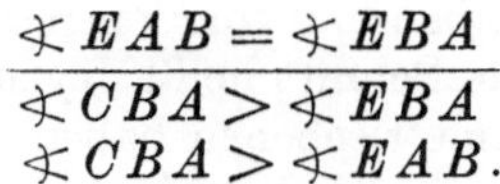

Fig. 52.

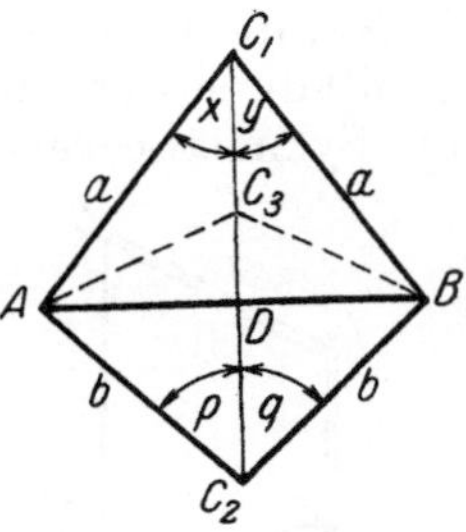

Fig. 53.

Aus diesem Lehrsatze ergeben sich unmittelbar die Sätze:

Im rechtwinkligen Dreieck ist die Hypotenuse größer als jede Kathete. Im stumpfwinkligen Dreieck ist die Seite, die dem stumpfen Winkel gegenüberliegt, die größte.

Das Lot von einem Punkte auf eine Gerade ist die kürzeste Strecke von dem Punkte nach der Geraden.

Stehen zwei gleichschenklige Dreiecke über derselben Basis (Fig. 53), so halbiert die Verbindungslinie $C_1 C_2$ der Spitzen die Grundlinie AB, die Winkel AC_1B, AC_2B, AC_3B an den Spitzen und steht senkrecht auf der Basis. Die Dreiecke C_1C_2A und C_1C_2B sind kongruent, weil ihre Seiten gleich sind. Daraus folgt $\sphericalangle x = \sphericalangle y$ und $\sphericalangle p = \sphericalangle q$. Infolge

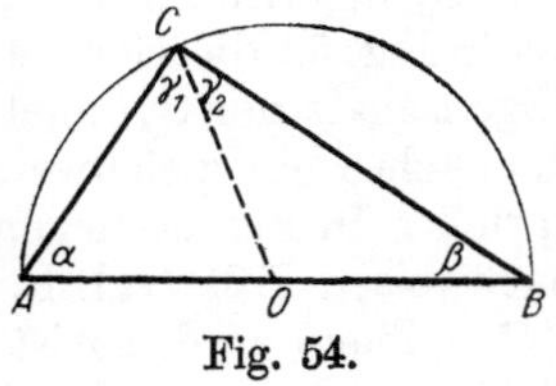

Fig. 54.

$C_1A = C_1B$, $C_1D = C_1D$ und $\sphericalangle x = \sphericalangle y$ sind auch die Dreiecke C_1AD und C_1BD kongruent, so daß $AD = BD$ und $\sphericalangle ADC_1 = \sphericalangle BDC_1$ werden. Ist $\sphericalangle ADB$ als gestreckter Winkel gleich $180°$, so wird der halbe Winkel gleich $90°$.

Errichtet man über einer Strecke AB (Fig. 54) einen Halbkreis und verbindet einen beliebigen Punkt C mit A und B, so stehen CA und CB senkrecht aufeinander; oder: der Winkel über dem Halbkreis ist ein Rechter. Durch die Hilfsgerade CO wird das Dreieck ABC in zwei gleichschenklige Dreiecke zerlegt, so daß $\alpha = \gamma_1$ und $\beta = \gamma_2$ werden. Aus

$$\alpha + \beta + \gamma_1 + \gamma_2 = 180° \quad \text{und} \quad \gamma_1 = \alpha \quad \text{bzw.} \quad \gamma_2 = \beta$$

folgt
$$\alpha + \beta + \alpha + \beta = 2(\alpha + \beta) = 180°$$

oder
$$\alpha + \beta = 90°,$$

folglich muß auch $\sphericalangle ACB = 90°$ sein.

Über die Konstruktionsaufgaben, die sich aus den Kongruenzsätzen und ihren Folgerungen ergeben, vergleiche den Abschnitt „Geometrisches Zeichnen".

Die Symmetrie. Gegenstände heißen symmetrisch, wenn man sie durch einen ebenen Schnitt in zwei Teile zerlegen kann, die vollkommen gleiche Gestalt haben und von denen der eine das Spiegelbild des andern ist. Der ebene Schnitt heißt Symmetrieebene. Es gibt Körper, die mehrere Symmetrieebenen haben. So ist z. B. jeder ebene Schnitt durch den Mittelpunkt der Kugel eine Symmetrieebene.

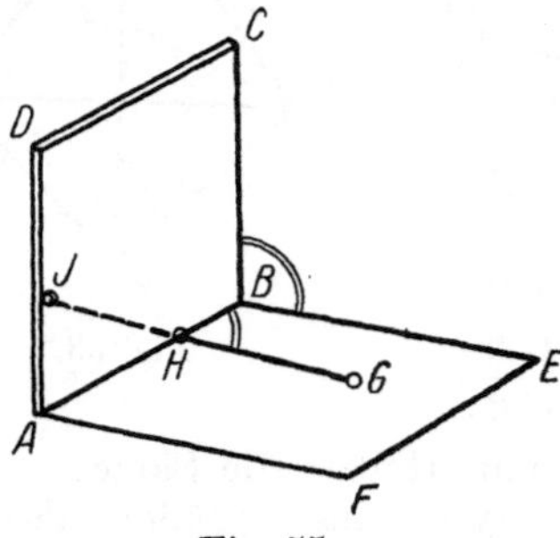

Fig. 55.

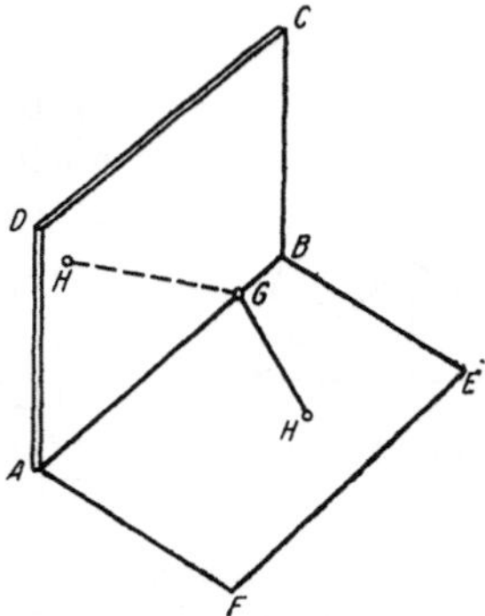

Fig. 56.

Auch ebene Figuren können symmetrisch sein; in diesem Falle wird die Symmetrieebene zur Symmetrieachse. In Fig. 51 ist das Lot CD Symmetrieachse für das gleichschenklige Dreieck ABC. Ebenso ist in Fig. 53 die Gerade $C_1 C_2$ Symmetrieachse. Voraussetzung für die Eigenschaft der Symmetrie ist, daß einem Punkte der Figur links von der Achse ein gleichweit entfernter Punkt rechts von der Achse entspricht. In Fig. 54 liegen z. B. A und B symmetrisch zu O, und da sich nachweisen läßt (vgl. S. 65), daß jede zu AB parallele Gerade durch CO halbiert wird, so ist CO Symmetrieachse. Man spricht in solchen Fällen von einer schiefen Symmetrie.

Denkt man sich (Fig. 55) senkrecht zur Zeichenebene $ABEF$ einen Spiegel $ABCD$ aufgestellt, so erscheint die Gerade GH als Gerade HJ im Spiegel. Sie liegt in der Verlängerung von GH, wenn GH senkrecht auf den Spiegel stößt, d. h. $\sphericalangle AHG = BHG = 90°$ ist. Stößt die Gerade HG unter einem beliebigen Winkel gegen den Spiegel (Fig. 56), so ist HGH ein gebrochener Linienzug, dessen Winkel HGH durch die Gerade AB, die Spiegelkante, halbiert wird. In Fig. 57 ist das Spiegelbild des Dreiecks ABC perspektivisch dargestellt, aus dem zu ersehen ist, daß der Linksumlauf $A \to B \to C \to A$ zum Rechtsumlauf $A' \to B' \to C' \to A'$ im Spiegel wird. Fig. 58 stellt den Grundriß (von oben gesehen) der Fig. 57 dar; der Spiegel wird zur Symmetrieachse D.

Lehrsätze:

Die Symmetrieachse einer Strecke ist das Mittellot; jeder Punkt des Mittellotes ist von den Endpunkten der Strecke gleichweit entfernt.

Die Symmetrieachse eines Winkels ist die Winkelhalbierende; jeder
Punkt der Winkelhalbierenden hat gleichen Abstand von den
Schenkeln des Winkels.
Im Kreise ist jeder Durchmesser Symmetrieachse.

Der geometrische Ort. Die Eigenschaft des Mittellotes, daß jeder
seiner Punkte gleichen Abstand von den Endpunkten der Strecke hat,
auf der das Mittellot errichtet ist, drückt man auch anders aus; man
sagt: Der geometrische Ort für alle Punkte, die von zwei festen
Punkten gleichen Abstand haben, ist das Mittellot auf der Strecke
zwischen den beiden festen Punkten. Oder:
Das Mittellot ist der geometrische Ort für alle
Punkte, die von den Endpunkten einer Strecke
gleichen Abstand haben.

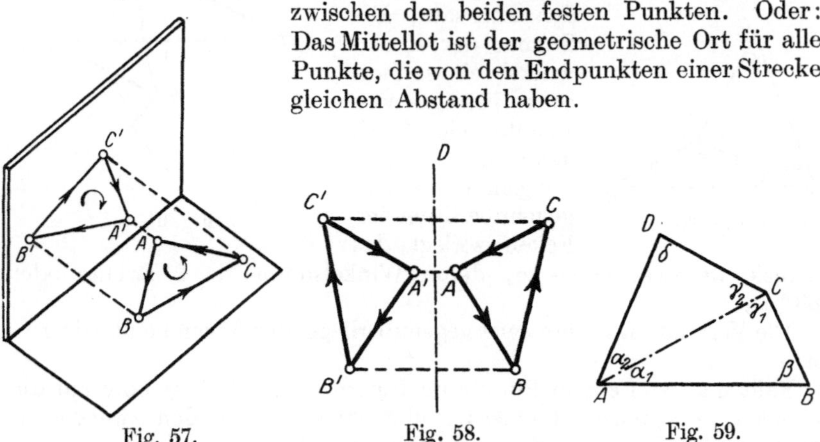

Fig. 57.   Fig. 58.   Fig. 59.

Der geometrische Ort für alle Punkte, die von einem festen Punkte
gleichen Abstand haben, ist der Kreis. Oder: Der Kreis ist der geometrische Ort für alle Punkte, die von einem festen Punkte gleichen Abstand haben.

Man versteht also unter einem geometrischen Ort eine Linie oder
Kurve, von der ganz bestimmte Eigenschaften gefordert werden. So
könnten wir z. B. von den Punkten einer Kurve fordern, daß sie von
einem festen Punkte und einer festen Geraden gleichen Abstand haben;
dann wäre diese Kurve der geometrische Ort für alle Punkte, die die eben
ausgesagte Eigenschaft haben. Die Forderung bestimmter Eigenschaften heißt das Gesetz der Kurve; wir sprechen vom Bildungsgesetz
des Kreises und verstehen darunter die Forderung, daß alle Punkte
des Kreises gleichen Abstand von einem festen Punkte haben. Da wir
auf S. 53 die Kurve durch Bewegung eines Punktes entstanden gedacht haben, so können wir jetzt dem Bildungsgesetz des Kreises die
Fassung geben; ein Punkt bewege sich so, daß sein Abstand von einem
festen Punkte unveränderlich ist.

Das Viereck. Ist eine ebene Figur durch vier gerade Linien begrenzt,
so heißt sie Viereck, und zwar sind bei beliebiger Länge der Seiten die
Formen der Fig. 59, 60 und 61 möglich. Voraussetzung für die Länge der

Geraden ist, daß eine nicht größer ist als die Summe der drei andern.
Wir können uns die verschiedenen Formen des Vierecks dadurch entstanden denken, daß wir die Seiten als gelenkartig verbundene Stäbe
auffassen, die Punkte A und B (Fig. 61) als fest ansehen und C und D
auf Kreisbögen um B bzw. A wandern lassen. (Solche Stangenverbindung
heißt in der Getriebelehre „kinematische
Kette"; unser Beispiel von vier Stäben
mit vier Gelenken heißt „Viergelenkkette"
oder „Vierzylinderkette".)

Die Fig. 59 und 60 zeigen unmittelbar
den Lehrsatz: Die
Summe der Innen-
winkel eines Vier-
ecks beträgt vier
Rechte oder 360°,
denn die Verbin-
dungslinie zweier
gegenüberliegender
Ecken zerlegt das

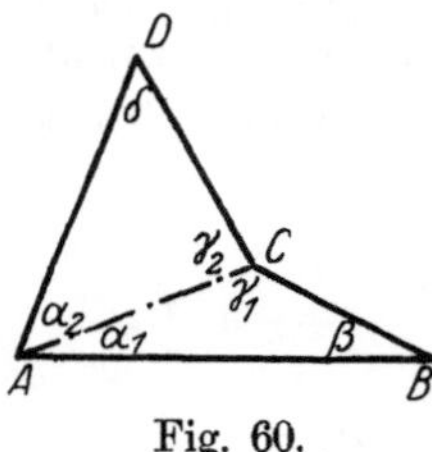

Fig. 60.

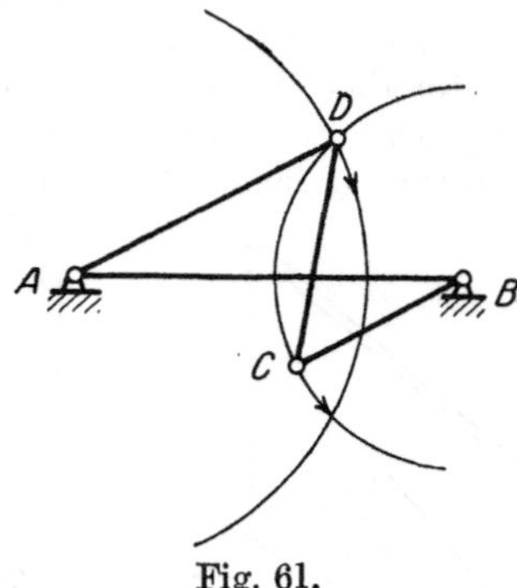

Fig. 61.

Viereck in zwei Dreiecke, deren Winkelsumme je 2 Rechte oder
180° ist.

Die Verbindungslinie zweier gegenüberliegender Ecken heißt Diagonale.

Fällt man von einem Punkte im Innern eines Winkels Lote auf die
Schenkel, so begrenzen die vier Geraden ein Viereck, in dem zwei gegenüberliegende Winkel je 90° sind (Fig. 62). Aus

$$\alpha + \beta + \gamma + \delta = 4R \quad \text{und} \quad \beta + \delta = 2R$$

folgt $\qquad \alpha + \gamma = 2R$, d. h. $\alpha = 2R - \gamma$;

außerdem ist $\qquad x + \gamma = 2R$; d. h. $x = 2R - \gamma$.

Daraus folgt $\qquad\qquad x = \alpha$;

in Worten: Winkel,
deren Schenkel senk-
recht aufeinanderste-
hen, sind gleich oder
ergänzen sich zu 180°.

Fig. 63 zeigt den
Satz für den Fall, daß
von einem Punkte C
außerhalb eines Win-

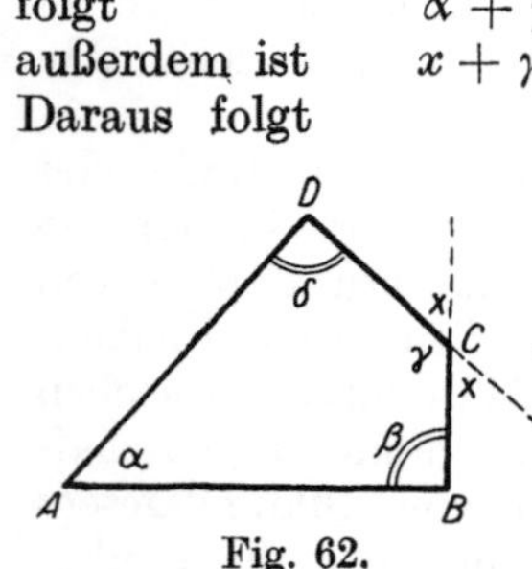

Fig. 62.

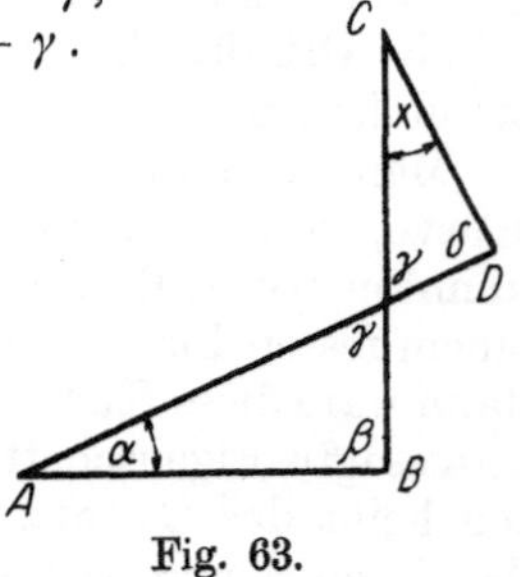

Fig. 63.

kels Lote gefällt werden.

Sonderfälle. Das Trapez. Sind zwei Seiten eines Vierecks parallel, so heißt das Viereck „Trapez" (Fig. 64). Die Entfernung der beiden
parallelen Seiten ist die Höhe des Trapezes.

Halbiert man die nichtparallelen Seiten des Trapezes, so ist die Ver-
bindungslinie der Mittelpunkte ebenfalls zu den andern Seiten parallel.
Aus der Kongruenz der rechtwinkligen Dreiecke EAK und EDJ folgt
$EK = EJ$. Ebenso wird der senkrechte Abstand des Halbierungs-

punktes F von den parallelen Seiten des Trapezes gleichgroß. Haben aber die Endpunkte E und F gleichen Abstand von den parallelen Seiten, so ist $EF \parallel AB \parallel DC$.

Zieht man durch F eine Parallele zu AD, so sind die gestrichelten Dreiecke kongruent, da $CF = FB$; $\sphericalangle CFG = \sphericalangle BFH$; $\sphericalangle FCG = \sphericalangle FBH$ sind; folglich $CG = HB = d$. Außerdem ist $DG = EF = AH$, die als Parallelen zwischen Parallelen liegen; daraus ergibt sich

$$\begin{aligned} EF = HA &= a - d \\ EF = DG &= b + d \\ \hline 2EF \quad &= a + b \end{aligned} \; ; \qquad EF = \frac{a+b}{2} .$$

Die Gleichung lautet in Worten: Die Mittelparallele eines Trapezes ist gleich der halben Summe der beiden parallelen Seiten; die halbe Summe zweier Größen heißt „das arithmetische Mittel" (vgl. Abschnitt Algebra, S. 36 (105).

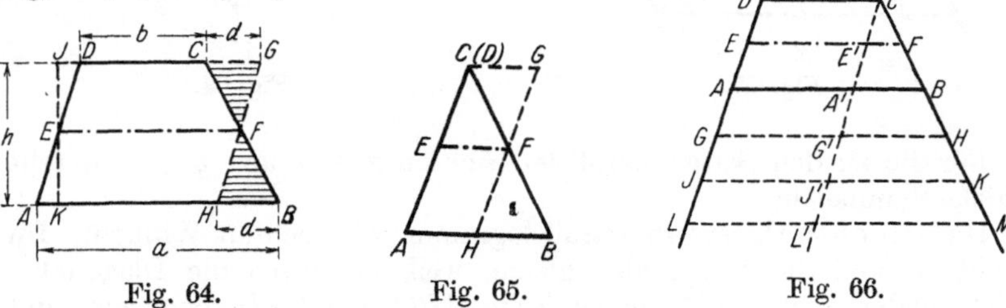

<table>
<tr><td>Fig. 64.</td><td>Fig. 65.</td><td>Fig. 66.</td></tr>
</table>

Fällt C mit D zusammen, so wird aus dem Trapez ein Dreieck (Fig. 65), in dem die Verbindungsgerade der Mittelpunkte E und F der Grundlinie AB parallel ist. Für $CD = b = 0$ geht die Gleichung $EF = \dfrac{a+b}{2}$ über in

$EF = \dfrac{a}{2}$; in Worten: Zieht man durch den Mittelpunkt einer Dreieckseite eine Parallele zu einer anderen Seite, so halbiert sie die dritte Seite und ist gleich der Hälfte der ihr parallelen Seite.

Verlängert man die nichtparallelen Seiten des Trapezes (Fig. 66) und macht $DE = EA = AG = GJ = JL$ und $CF = FB = BH = HK = KM$, so sind die Geraden DC, EF, AB, GH, HJ, JK usw. parallel. Umgekehrt sagen wir aus: Die Parallelen DC, EF, AB, GH usw., die die Gerade CL in gleiche Teile teilen, teilen auch eine andere Gerade CM in die gleiche Anzahl gleicher Teile. Fallen auch hierbei C und D zusammen, so tritt CL' an die Stelle von DL.

Das Parallelogramm ist ein Viereck, in dem je zwei einander gegenüberliegende Seiten parallel sind.

In einem Parallelogramm sind die gegenüberliegenden Winkel und Seiten gleich; die benachbarten Winkel ergänzen sich zu 180°. Mit den Bezeichnungen der Fig. 67 ist

$$\begin{aligned} \alpha_1 &= \gamma_2 \quad \text{als Wechselwinkel an Parallelen} \\ \alpha_2 &= \gamma_1 \quad\text{,,} \qquad\qquad \text{,,} \qquad\qquad \text{,,} \qquad \text{,,} \\ \hline \alpha_1 + \alpha_2 &= \gamma_1 + \gamma_2 . \end{aligned}$$

Die Diagonale BD liefert das gleiche Ergebnis für β und δ. Die Dreiecke ABC und ADC sind kongruent, weil $AC = AC$, $\alpha_1 = \gamma_2$ und $\alpha_2 = \gamma_1$ sind. Aus der Kongruenz folgt, daß die gegenüberliegenden Seiten gleich sind.

Die Diagonalen halbieren sich; da die Dreiecke AED und BEC kongruent sind ($AD = BC$; $\alpha_2 = \gamma_1$; $\sphericalangle DEA = \sphericalangle CEB$), sind $ED = EB$ und $EA = EC$.

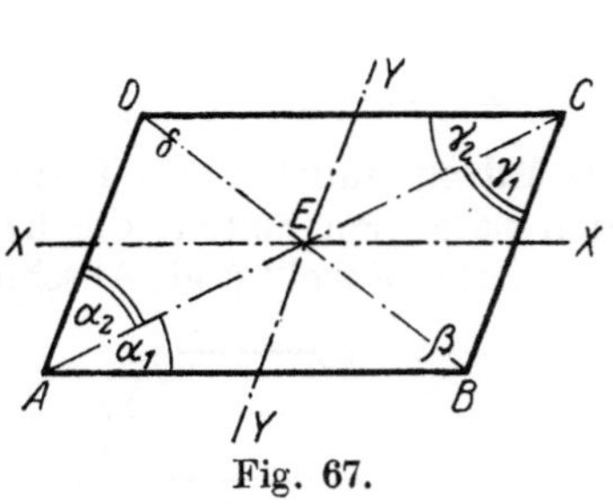

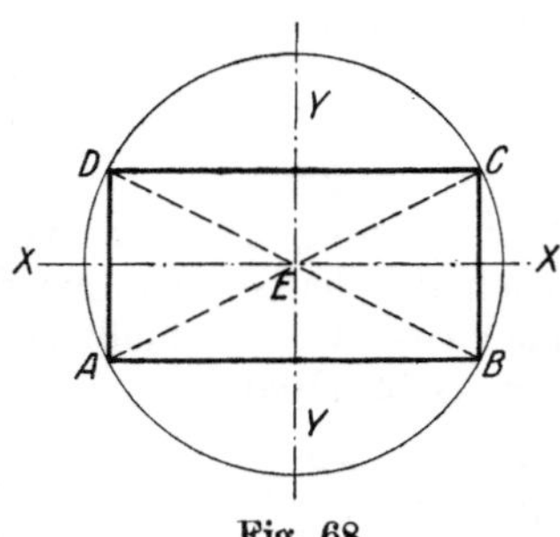

Fig. 67.　　　　　　　　　　　　Fig. 68.

Für die zu den Seiten parallelen Achsen $x \div x$ und $y \div y$ besteht schiefe Symmetrie.

Das Rechteck ist ein Parallelogramm mit rechten Winkeln. Im Rechteck sind die Diagonalen gleich, weil die durch die Diagonalen entstehenden rechtwinkligen Dreiecke ABC und BAD kongruent sind (Fig. 68).

Der Schnittpunkt der Diagonalen ist von den Ecken gleich weit entfernt; um jedes Rechteck läßt sich demnach ein Kreis beschreiben, dessen Mittelpunkt der Schnittpunkt der Diagonalen ist.

Für die zu den Seiten parallelen Achsen $x \div x$ und $y \div y$ besteht gerade Symmetrie.

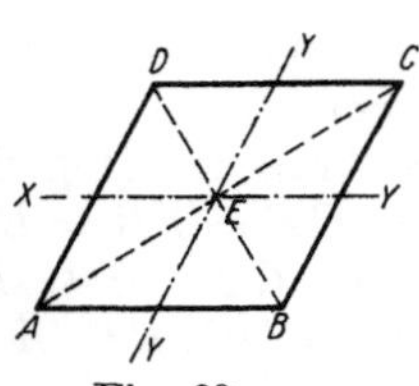

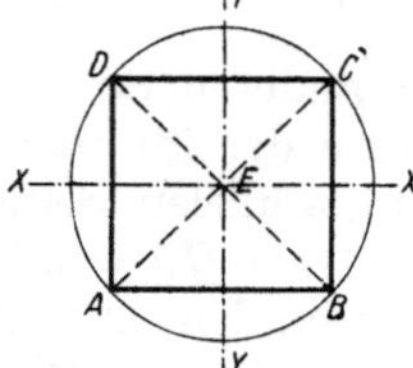

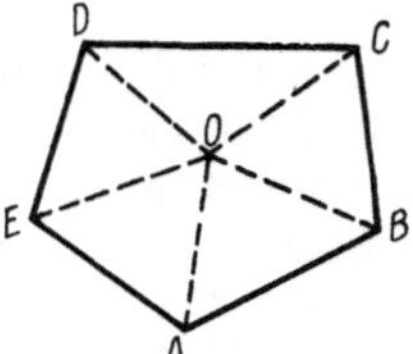

Fig. 69.　　　　　　　Fig. 70.　　　　　　　Fig. 71.

Der Rhombus ist ein Parallelogramm mit gleichen Seiten. Die über das Parallelogramm ausgesagten Eigenschaften gelten auch für den Rhombus. Hinzu kommt:

Die Diagonalen stehen senkrecht aufeinander, da die über ihnen stehenden Dreiecke gleichschenklig sind (Fig. 69) und E der Halbierungspunkt der Diagonalen ist (vgl. Fig. 53).

Die Diagonalen halbieren ihre zugehörigen Winkel.

Das Quadrat ist ein Rhombus mit rechten Winkeln und vereinigt die Eigenschaften des Rechtecks und des Rhombus (Fig. 70).

Über Konstruktionsaufgaben aus diesen Sätzen siehe Abschnitt „Geometrisches Zeichnen".

Die Vielecke. Hat ein Vieleck n Ecken, so heißt es n-Eck (z. B. Fünf-, Sechs-, Achteck).

In einem n-Eck beträgt die Summe der Innenwinkel $(2n-4)\,R$. Verbindet man einen Punkt O im Innern des Vielecks (Fig. 71) mit den Ecken, so erhält man n Dreiecke, deren Winkelsumme $2n$ Rechte ist. Vermindert man diese $2n\,R$ um die Summe $4\,R$ der Winkel um O, so erhält man als Summe der Innenwinkel des Vielecks

$$2\,n\,R - 4\,R = (2\,n-4)\,R\,.$$

Sind in einem Vieleck alle Seiten und Winkel gleich, so heißt das Vieleck regelmäßig (Fig. 72). Durch jede Ecke eines regelmäßigen

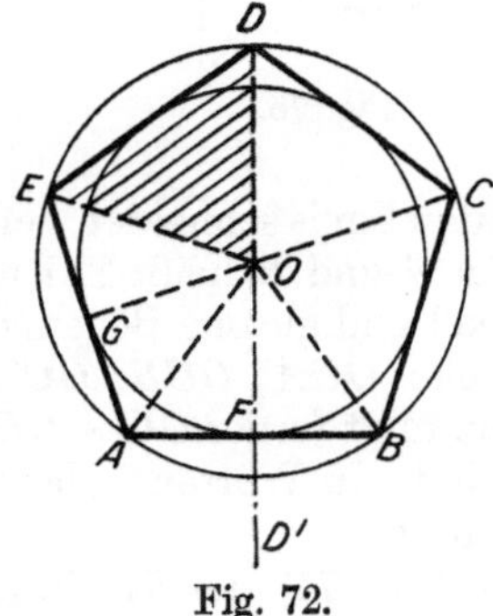

Fig. 72.

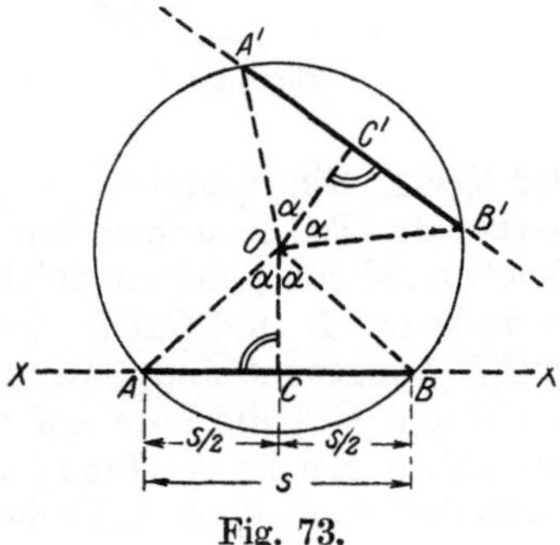

Fig. 73.

Vielecks läßt sich eine Symmetrieachse legen, die den Winkel des Vielecks halbiert. In Fig. 72 ist z. B. DD' Symmetrieachse. Alle Symmetrieachsen schneiden sich in einem Punkte O, dem Mittelpunkte des Vielecks; der demnach gleichzeitig Mittelpunkt eines Kreises ist, der durch die Ecken geht. Dieser Kreis heißt der umbeschriebene Kreis.

Die Lote von O auf die Seiten sind gleich, weil die Dreiecke OFA und OGA kongruent sind ($OA = OA$; $\angle OAF = \angle OAF$; $\angle OFA = \angle OGA = 90°$), folglich ist ein Kreis um O möglich, der die Seiten berührt; er heißt der einbeschriebene Kreis.

Das gestrichelte gleichschenklige Dreieck heißt Bestimmungsdreieck des regelmäßigen Vielecks; der Winkel an der Spitze dieses Dreiecks heißt Zentriwinkel und ist

$$EOD = AOB = \text{usw.} = \frac{4\,R}{n}\,.$$

Sonderfälle. Das gleichseitige Dreieck. Der Dreieckwinkel ist 60°; der Zentriwinkel 120°.

Das Quadrat. Eckwinkel und Zentriwinkel sind jeder 90°; das Bestimmungsdreieck ist rechtwinklig-gleichschenklig (Fig. 70).

Das Sechseck. Der Sechseckwinkel ist 120°; der Zentriwinkel 60°; das Bestimmungsdreieck ist gleichseitig. Die Seite des Sechsecks ist gleich dem Radius des umbeschriebenen Kreises.

Achteck, Sechzehneck usw. erhält man durch Halbieren der Zentriwinkel des Quadrats;

Zwölfeck, Vierundzwanzigeck usw. durch Halbieren der Zentriwinkel des Sechsecks.

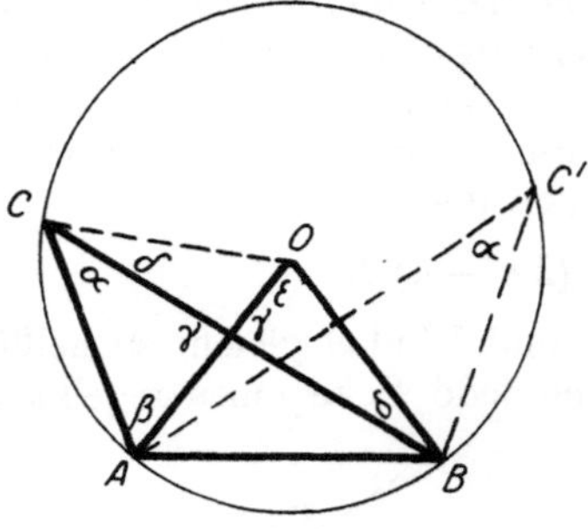

Fig. 74.

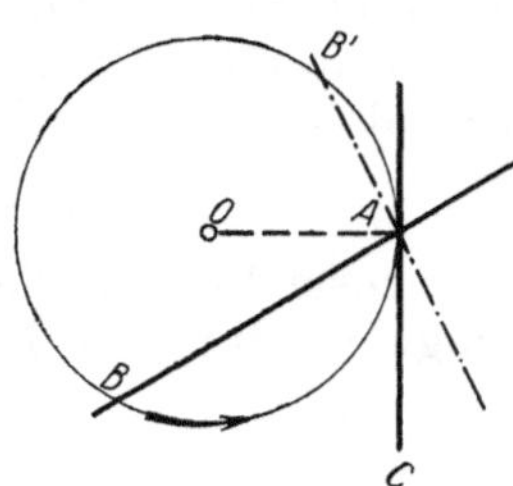

Fig. 75.

Der Kreis. Eine Gerade $x \div x$ (Fig. 73), die den Kreis schneidet, heißt Sekante; der Teil zwischen den Kreispunkten A und B heißt Sehne. Zu gleichen Sehnen gehören gleiche Zentriwinkel und gleiche Bögen, da die Dreiecke OAB und $OA'B'$, bzw. die Dreiecke OCA, OCB, $OC'A'$ und $OC'B'$ kongruent sind. Aus der Kongruenz folgt ferner $OC = OC'$, wenn OC und OC' die Lote auf die Sehnen sind. In Worten: Gleiche Sehnen haben gleiche Abstände vom Mittelpunkt.

Verbindet man einen beliebigen Punkt C (Fig. 74) der Kreislinie oder Peripherie mit den Endpunkten A und B einer Sehne, so heißt der Winkel ACB „Peripheriewinkel über dem Bogen AB". Von diesem Peripheriewinkel sagen wir aus: Er ist halb so groß wie der zu demselben Bogen gehörige Zentriwinkel AOB. Mit den Bezeichnungen der Fig. 74 wird wegen $\gamma = \gamma$ als Scheitelwinkel

$$\alpha + \beta = \varepsilon + \delta,$$

oder

aus dem gleichschenkligen Dreieck OCB folgt $\delta = \delta$ als Basiswinkel, aus dem gleichschenkligen Dreieck OCA folgt $\beta = \alpha + \delta$,
so daß $\alpha + \alpha + \delta = \varepsilon + \delta$ oder $2\alpha = \varepsilon$, d. h. $\alpha = \frac{1}{2}\varepsilon$.

Das von dem beliebigen Punkte C Ausgesagte gilt für jeden Punkt der Peripherie; daraus folgt, daß sämtliche Peripheriewinkel über demselben Bogen gleich sind.

Sonderfall: Der Peripheriewinkel über dem Halbkreis ist ein rechter, weil sein zugehöriger Zentriwinkel 180° ist.

Die Tangente. Dreht man die Sekante AB (Fig. 75) um den Punkt A in Richtung des Pfeiles, so nähert sich B als Schnittpunkt der Sekante mit dem Kreise immer mehr dem Punkte A, bis er bei genügend großer Drehung mit A zusammenfällt. Dreht man über diese Lage AC hinaus, so erhält man wieder einen Schnittpunkt B'. Die Lage AC ist die Grenzlage der Sekante, bei der zwei Punkte (A und B) zusammenfallen; AC berührt den Kreis in A. Die Gerade AC heißt Tangente oder Berührende; sie hat mit dem Kreise zwei zusammenfallende Punkte gemeinsam. Von allen Punkten der Tangente hat A die kleinste Entfernung vom Mittelpunkte; es ist also der Radius OA Lot auf die Tangente im Berührungspunkte A.

Von einem Punkte A (Fig. 76) außerhalb eines Kreises sind zwei Tangenten an einen Kreis möglich. Aus der Kongruenz der Dreiecke PMC und PMC' ($PM = PM$; $\sphericalangle PCM = \sphericalangle PC'M = 90°$; $MC = MC'$)

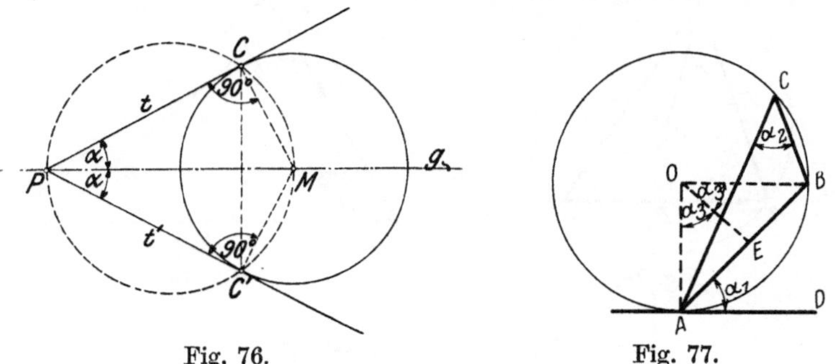

Fig. 76. Fig. 77.

folgt $PC = PC'$ und $\sphericalangle CPM = \sphericalangle C'PM$; d. h. die Gerade PM halbiert den Tangentenwinkel CPC'; sie ist also Symmetrieachse. Wir zeichnen die Tangenten mit Hilfe des Kreises über PM als Durchmesser.

Die Verbindungsgerade g der Mittelpunkte der beiden sich schneidenden Kreise heißt Zentrale; die Schnittpunkte C und C' liegen symmetrisch zur Zentralen. Die gemeinsame Sehne CC' steht senkrecht auf der Zentralen.

Rückt P nach rechts, so nähern sich C und C'; sie fallen zusammen, wenn sich die Kreise berühren. Der Berührungspunkt liegt auf der Zentralen.

Der von einer Sehne und der zugehörigen Tangente gebildete Winkel heißt Sehnen-Tangentenwinkel; er ist gleich dem Peripheriewinkel über der Sehne. Mit den Bezeichnungen der Fig. 77 ist

$$\alpha_2 = \alpha_3 \quad \text{und} \quad \alpha_3 = \alpha_1, \quad \text{wenn } OE \text{ Lot auf } AB \text{ ist;}$$

daraus folgt $\alpha_2 = \alpha_1$.

Der umbeschriebene und der einbeschriebene Kreis. In dem einem Dreieck umbeschriebenen Kreise sind die Dreieckseiten Sehnen, die Lote vom Mittelpunkt O (Fig. 78) auf die Seiten sind Mittellote. In dem einem Dreieck einbeschriebenen Kreise sind die Dreieckseiten Tangenten (Fig. 79). Der Mittelpunkt ist der Schnittpunkt der Winkelhalbierenden.

Liegen die Ecken eines Vierecks auf einer Kreislinie, so heißt das Viereck Sehnenviereck (Fig. 80). Im Sehnenviereck betragen die gegenüberliegenden Winkel zusammen zwei Rechte als Hälften der zugehörigen

Zentriwinkel, die zusammen vier Rechte ergeben. Sind die Seiten des
Vierecks Tangenten an einen — einbeschriebenen — Kreis, so heißt
das Viereck Tangentenviereck. Im Tangentenviereck sind die Summen der gegenüberliegenden Seiten gleich (Fig. 81). Als Tangenten an
den Kreis sind

$$x = x;\ y = y;\ z = z;\ w = w;\ \text{folglich}$$
$$x + y + z + w = a + c;\ x + w + y + z = d + b.$$

Über Konstruktionsaufgaben siehe Abschnitt Geometrisches Zeichnen.

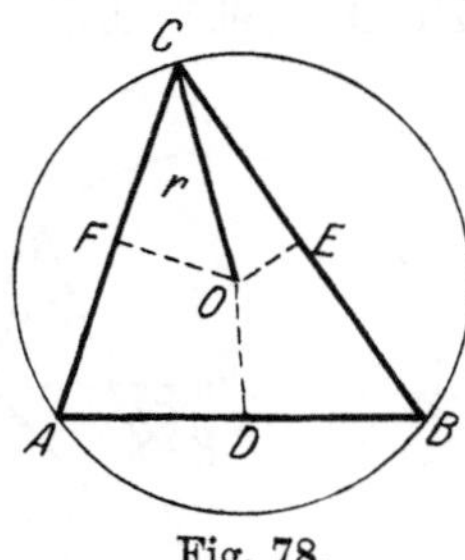

Fig. 78.

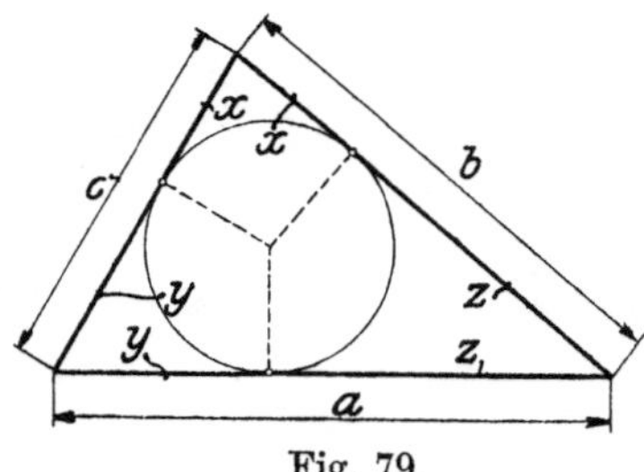

Fig. 79.

Die Flächenmessung.

Die Maßzahl des Flächeninhalts gibt an, wie oft die Flächeneinheit
in einer Fläche enthalten ist. Die Flächeneinheit ist das Quadrat aus
der Längeneinheit. Ist z. B. 1 m die Längeneinheit, so ist 1 m² die Flächeneinheit (Unterteilungen siehe Abschnitt Physik, S. 117).

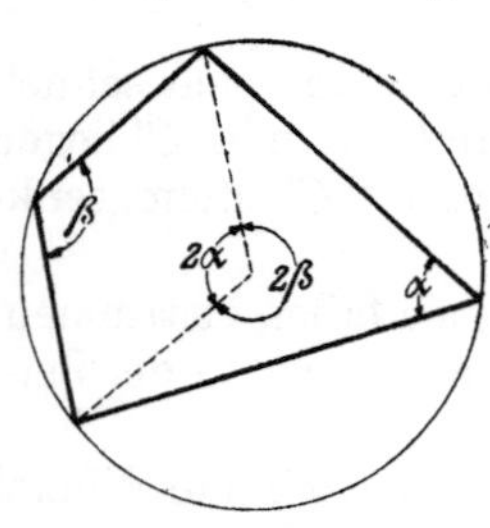

Fig. 80.

Ist in einem Recht-
eck die Längeneinheit
a mal in der einen, b mal
in der andern Seite ent-
halten, so ist der Flächeninhalt des Rechtecks

$$F = a\,\text{cm} \cdot b\,\text{cm}$$
$$= (ab)\,\text{cm}^2,$$

wenn 1 cm als Längen-
einheit angenommen
wird.

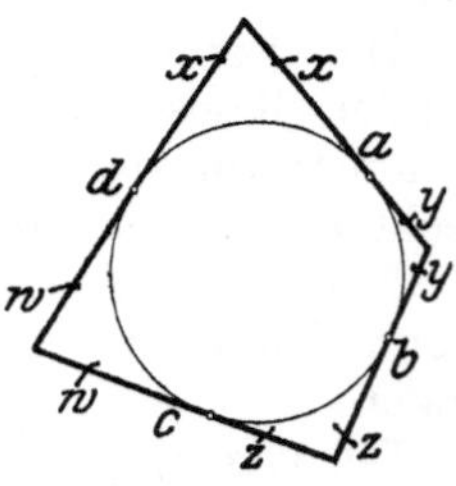

Fig. 81.

In den Formeln für die Flächeninhalte sind die Maßeinheiten weggelassen, so daß für den Flächeninhalt des Rechtecks kürzer geschrieben wird $F = a \cdot b =$ dem Produkt aus den beiden Seiten.

Die Umkehrung der Formel $a \cdot b = F$ liefert die Möglichkeit, ein
Produkt zeichnerisch als Rechteck darzustellen (vgl. Algebra S. 6).

Kongruente Figuren sind inhaltgleich.

Das Parallelogramm (Fig. 82).

Das Parallelogramm

$$B + C \text{ ist gleich Trapez } A + B + C - \text{Dreieck } A,$$

das Rechteck

$$A + B \text{ ist gleich Trapez } A + B + C - \text{Dreieck } C.$$

Da die beiden Dreiecke A und C kongruent sind, ist der Flächeninhalt des Parallelogramms gleich dem des Rechtecks mit der gleichen Grundlinie und Höhe; d. h. $F = g \cdot h$.

Durch die Diagonale wird jedes Parallelogramm in zwei kongruente, also auch inhaltgleiche Dreiecke zerlegt; folglich ist der Inhalt eines Dreiecks $F = \frac{1}{2} g \cdot h = $ dem halben Produkt aus Grundlinie und Höhe.

Das Trapez (Fig. 83). Die Abbildung zeigt

$$ABCD = ABC + ADC = \frac{1}{2} a \cdot h + \frac{1}{2} b \cdot h = \frac{h}{2}(a + b).$$

Beliebige geradlinig begrenzte Figuren zerlegt man in Rechtecke und Dreiecke, dann ist der Flächeninhalt der ganzen Fläche gleich der Summe der Flächeninhalte der Teile.

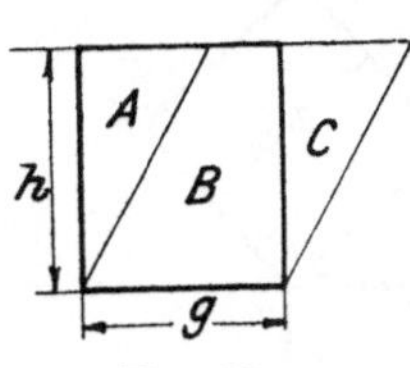

Fig. 82.

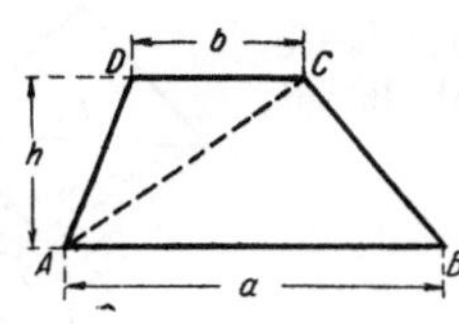

Fig. 83.

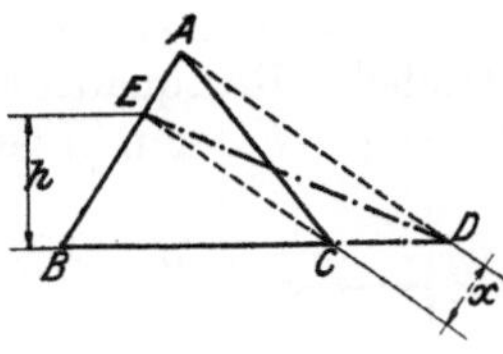

Fig. 84.

Aus Fig. 82 folgt: Parallelogramme und Dreiecke von gleicher Grundlinie und gleicher Höhe sind inhaltgleich. Daraus ergibt sich die Lösung der Aufgabe: Ein Dreieck ABC (Fig. 84) in ein anderes flächengleiches von gegebener Grundlinie $AD = c'$ zu verwandeln.

Die Parallele EC durch C zu AD schneidet AB in E, dem gesuchten Punkte des Dreiecks BDE, da die Dreiecke ECA und ECD flächengleich sind.

In Fig. 85 sind die nicht gestrichelten Parallelogramme flächengleich, weil die gestrichelten Dreiecke AHJ und AEJ, bzw. JFC und JGC kongruent, also auch flächengleich sind. Es ist

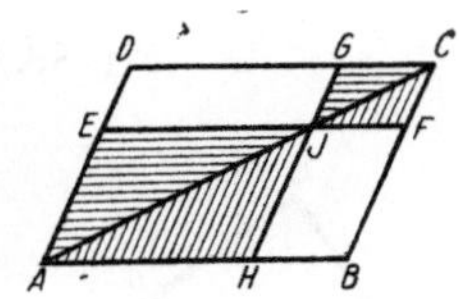

Fig. 85.

$$EJGD = ACD - AEJ - JGC,$$
$$HBFJ = ACB - AHJ - JFC,$$

d. h. $$EJGD = HBFJ;$$

in Worten: Zieht man durch einen Punkt J der Diagonalen AC eines Parallelogrammes Parallelen zu den Seiten, so sind die von der Diagonalen nicht geschnittenen Parallelogramme flächengleich.

Außerdem ist $AHGD = ABFE$.

In Fig. 86 sind die Rechtecke $OA_1P_1B_1$; $OA_2P_2B_2$; $OA_3P_3B_3$ flächengleich. Die Punkte P_3, P_1, P_2 liegen auf einer gleichseitigen Hyperbel (vgl. den Abschnitt Geometrisches Zeichnen).

Der pythagoräische Lehrsatz. Im rechtwinkligen Dreieck ist das Hypotenusenquadrat gleich der Summe der Kathetenquadrate.

a) Mit den Bezeichnungen der Fig. 87 lautet der Satz in Form einer Gleichung

$$c^2 = a^2 + b^2 \quad \text{oder} \quad a^2 + b^2 = c^2.$$

Die gestrichelten Dreiecke sind kongruent infolge $AB = AF$; $AL = AC$ und $\sphericalangle LAB = 90° + \alpha = \sphericalangle CAF$; folglich sind sie auch inhaltgleich.

$$\triangle ABL = \triangle ACL = \tfrac{1}{2}\, ACKL = \tfrac{1}{2}\, b^2$$
$$\triangle ACF = \triangle ADF = \tfrac{1}{2}\, ADEF = \tfrac{1}{2}\, p \cdot c,$$

folglich $\qquad b^2 = p \cdot c;$ in gleicher Weise wird $a^2 = q \cdot c;$

folglich $\qquad a^2 + b^2 = c \cdot (q + p) = c \cdot c = c^2.$

b) Ein anderer Beweis folgt aus Fig. 88. Zieht man durch die Ecken des Quadrates über $AB = c$ Parallelen zu den Dreieckseiten a und b, so erhält man die vier kongruenten Dreiecke ABC_1; BDC_2; DEC_3 und EAC_4, deren gesamter Flächeninhalt $f_1 = 4 \cdot \tfrac{1}{2} \cdot a \cdot b = 2ab$ ist. Das gestrichelte Restquadrat hat die Seite $C_1C_2 = a - b$; sein Flächeninhalt ist

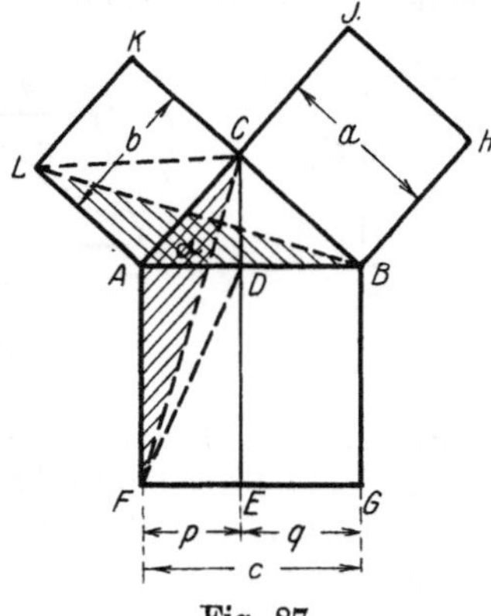

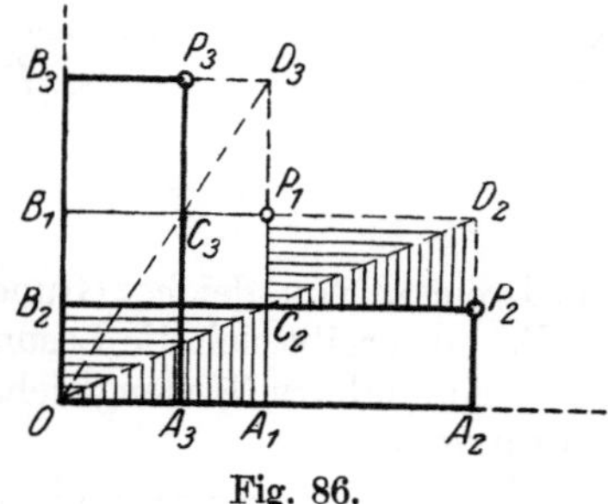

Fig. 86.

Fig. 87.

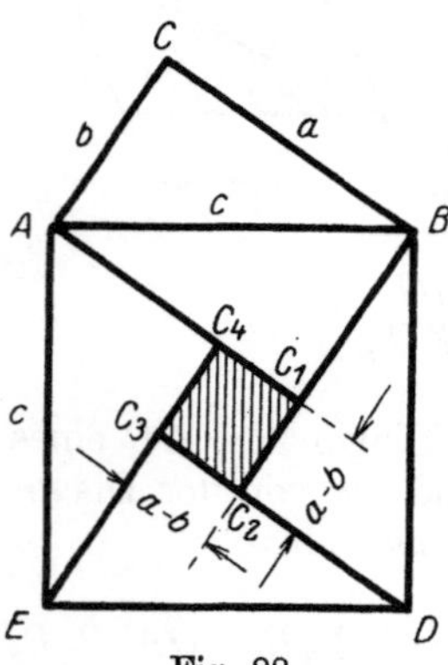

Fig. 88.

$f_2 = (a - b)^2 = a^2 - 2ab + b^2.$ Der Flächeninhalt des gesamten Quadrates über c ist gleich $f_1 + f_2$, so daß wir erhalten

$$c^2 = f_1 + f_2 = 2ab + a^2 - 2ab + b^2 = a^2 + b^2.$$

In Fig. 87 ist CD die Höhe des rechtwinkligen Dreiecks, DA und DB die Hypotenusenabschnitte oder die Projektionen der Katheten auf die Hypotenuse. Die Gleichungen $a^2 = q \cdot c$ und $b^2 = p \cdot c$ lauten in Worten: Das Quadrat über der Kathete ist gleich dem Produkt aus der Hypotenuse und dem zugehörigen Hypotenusenabschnitt.

Ist h (Fig. 89) Höhe in dem schiefwinkligen Dreieck, so bestehen die Beziehungen

$$a^2 = h^2 + p^2 \quad \text{und} \quad h^2 = b^2 - q^2,$$

so daß $\qquad a^2 = b^2 - q^2 + p^2.$

Aus $q = c - p$ und $q^2 = (c - p)^2 = c^2 - 2cp + p^2$ folgt

$$a^2 = b^2 - p^2 - c^2 + 2cp + p^2$$

oder $\qquad b^2 = a^2 + c^2 - 2cp.$

Dieser Satz heißt der „allgemeine pythagoräische Lehrsatz" und gilt für die übrigen Seiten entsprechend.

Das regelmäßige n-Eck. In Fig. 90 sei OAB das Bestimmungsdreieck eines regelmäßigen n-Ecks, r der Radius des umbeschriebenen, ϱ der Radius des einbeschriebenen Kreises, s die Seite des n-Ecks, dann besteht die Beziehung $r^2 = \varrho^2 + \left(\dfrac{s}{2}\right)^2$, daraus $\varrho = \sqrt{r^2 - \left(\dfrac{s}{2}\right)^2}$

oder $2\varrho = 2\sqrt{r^2 - \dfrac{s^2}{4}} = \sqrt{4r^2 - s^2} = \sqrt{r^2\left(4 - \dfrac{s^2}{r^2}\right)} = r \cdot \sqrt{4 - \left(\dfrac{s}{r}\right)^2}$.

Verbindet man A mit C, so ist $AC = s'$ die Seite des 2-n-Ecks. Aus dem rechtwinkligen Dreieck ADC folgt

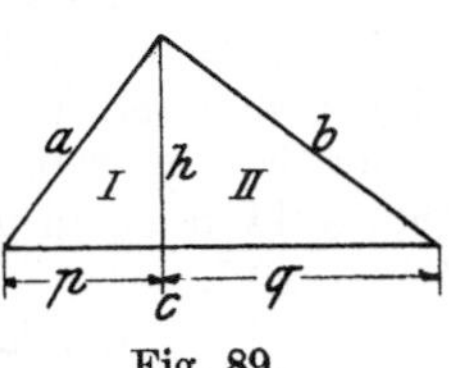

Fig. 89.

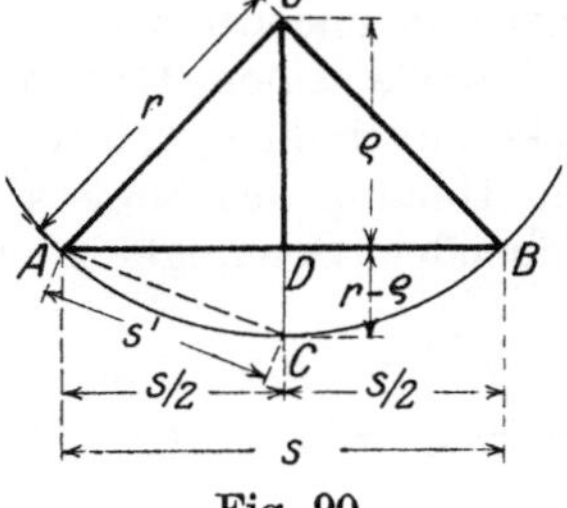

Fig. 90.

$$s'^2 = \left(\frac{s}{2}\right)^2 + (r - \varrho)^2 = \left(\frac{s}{2}\right)^2 + r^2 - 2r\varrho + \varrho^2$$

$$= \left(\frac{s}{2}\right)^2 + r^2 - 2r\varrho + r^2 - \left(\frac{s}{2}\right)^2 = 2r^2 - 2r\varrho.$$

Setzt man den für 2ϱ gefundenen Wert ein, so wird

$$s'^2 = 2r^2 - r^2\sqrt{4 - \left(\frac{s}{r}\right)^2} = r^2\left(2 - \sqrt{4 - \left(\frac{s}{r}\right)^2}\right)$$

und daraus

$$s' = r \cdot \sqrt{2 - \sqrt{4 - \left(\frac{s}{r}\right)^2}}.$$

Damit ist die Möglichkeit gewonnen, aus dem n-Eck die Seite des Vielecks mit doppelter Eckenzahl zu berechnen, wenn der Radius des umbeschriebenen Kreises gegeben ist.

Für das regelmäßige Sechseck ist z. B. $s_6 = r$, folglich wird die Seite des regelmäßigen Zwölfecks $s_{12} = r\sqrt{2 - \sqrt{4 - 1}} = r \cdot \sqrt{2 - \sqrt{3}}$; für die Seite des regelmäßigen 24-Ecks erhält man

$$s_{24} = r \cdot \sqrt{2 - \sqrt{4 - \left(\frac{s_{12}}{r}\right)^2}} = r \cdot \sqrt{2 - \sqrt{4 - \left(\frac{r\sqrt{2 - \sqrt{3}}}{r}\right)^2}}$$

$$= r \cdot \sqrt{2 - \sqrt{2 + \sqrt{3}}}.$$

Der Umfang des n-Ecks ist $u = n \cdot s = \dfrac{n}{2} \cdot 2s$.

In der nachstehenden Tabelle sind die Wurzeln ausgerechnet und $2r = d$ gesetzt:

$n =$	6	12	24	48	96	192
Umfang $=$	$3 \cdot 2r$	$3{,}1058 \cdot 2r$	$3{,}1326 \cdot 2r$	$3{,}1394 \cdot 2r$	$3{,}1410 \cdot 2r$	$3{,}1415 \cdot 2r$
Umfang $=$	$3 \cdot d$	$3{,}1058 \cdot d$	$3{,}1326 \cdot d$	$3{,}1394 \cdot d$	$3{,}1410 \cdot d$	$3{,}1415 \cdot d$

Wächst die Zahl der Ecken, so nähert sich der Umfang des n-Ecks mehr und mehr dem Kreisumfang, mit dem er streng genommen zusammenfällt, wenn die Zahl der Ecken „unendlich groß" wird. Man sagt: Die Kreislinie ist der **Grenzfall** des Umfanges eines regelmäßigen Vielecks mit unendlich vielen Ecken. Es nähert sich der Faktor von d in der Tabelle seinem **Grenzwert**, in den er übergeht, wenn die Zahl der Ecken unendlich groß wird; man bezeichnet ihn mit π und schreibt für den Umfang des Kreises $u = \pi \cdot d = 3{,}14 \cdot d$, wobei $\pi = 3{,}14$ mit ausreichender Genauigkeit eingesetzt ist. (Ein genauerer Wert ist

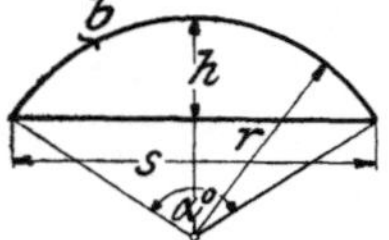
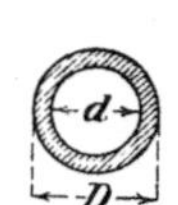

Fig. 91.   Fig. 92.

$\pi = 3{,}1415927$; der häufig gebrauchte Wert π^2 ist $9{,}8696044$ oder in grober Annäherung $\pi^2 = \sim 10$.)

Der Inhalt des Kreises ist der Grenzwert, dem sich der Inhalt des einbeschriebenen regelmäßigen Vielecks nähert, wenn die Zahl der Ecken unendlich groß wird. Der Inhalt des Vieleckes ist aber gleich der Summe der Flächeninhalte der Bestimmungsdreiecke, also $F = n \cdot \frac{1}{2} \cdot s \cdot \varrho$. Wird n unendlich groß, dann geht $n \cdot s$ in die Kreislinie über und ϱ fällt mit $r = \dfrac{d}{2}$ zusammen, so daß wir erhalten

$$F = \frac{1}{2} \cdot \pi \cdot d \cdot \frac{d}{2} = \frac{\pi d^2}{4} \qquad \text{oder} \qquad F = r^2 \cdot \pi.$$

Der **Kreisausschnitt** oder **Kreissektor** (Fig. 91) hat den Inhalt $F = \frac{1}{2} \cdot b \cdot r$. Der **Kreisabschnitt** oder das **Kreissegment** ist das zu h gehörige Stück der Kreisfläche; sein Inhalt ist gleich dem Sektor vermindert um das Dreieck, so daß $F = \frac{1}{2} \cdot [r\,(b - s) + s \cdot h]$.

Der **Kreisring** (Fig. 92) ist die Differenz aus den Flächeninhalten beider Kreise. Ist D der Durchmesser des äußeren, d der Durchmesser des inneren Kreises, so ist $F = \dfrac{\pi D^2}{4} - \dfrac{\pi d^2}{4}$.

Das Verhältnis und die Proportion.

Eine Strecke a sei 120 mm, eine zweite $b = 150$ mm lang; soll das **Verhältnis** ihrer Längen angegeben werden, so heißt das: Feststellen, wievielmal die eine in der andern enthalten ist. Demnach ist das Verhältnis, mathematisch ausgedrückt, der Quotient aus den Maßzahlen der Längen, wobei die Längen in denselben Maßeinheiten zu

messen sind; es ist also eine unbenannte Zahl. Nennen wir sie φ, so ist
das Verhältnis der Strecken a und b

$$\varphi = \frac{a}{b} = \frac{120\,\text{mm}}{150\,\text{mm}} = \frac{120}{150} = \frac{4}{5}\,.$$

Man sagt, die Strecken verhalten sich wie 4 zu 5, und schreibt auch

$$a : b = 4 : 5 \quad \text{oder} \quad \frac{a}{b} = \frac{4}{5}\,.$$

Diese Gleichung heißt Proportion; über Proportionen als Gleichungen
vgl. Abschnitt Algebra, S. 29.

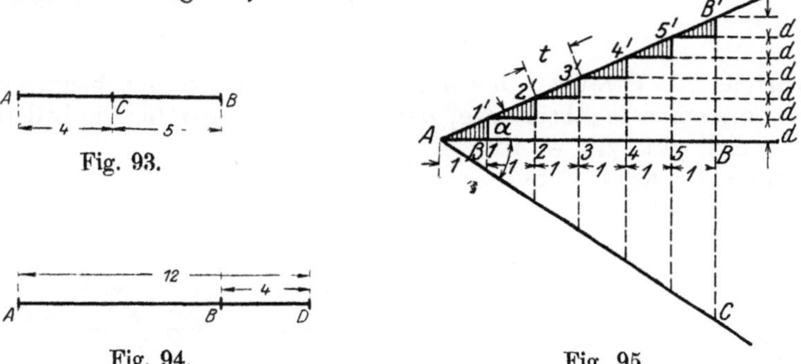

Fig. 93.

Fig. 94.

Fig. 95.

Will man zum Ausdruck bringen, daß die Größen a, b, c usw. den
Größen a', b', c' usw. **proportional** sind, so schreibt man

$$a : b : c : \ldots = a' : b' : c' : \ldots$$

Die Gleichung besagt, daß

$$a : a' = b : b' = c : c' = \ldots \quad \text{ist, oder} \quad \varphi = \frac{a}{a'} = \frac{b}{b'} = \frac{c}{c'} = \ldots$$

In dieser Gleichung ist φ unveränderlich oder konstant. Der Punkt C
(Fig. 93) teile die Strecke AB so, daß $CA = 4$ cm, $CB = 5$ cm wird,
dann verhält sich $CA : CB = 4 : 5$. Man sagt: C teilt AB **innerlich**
in dem Verhältnis 4 : 5, weil C zwischen A und B liegt. In Fig. 94 teilt
D die Strecke AB **äußerlich** in dem Verhältnis $DA : DB = 12 : 4$,
weil D auf der Verlängerung AB liegt.

Gemessen wird eine Strecke AB, indem man die Zahl der Maßeinheiten zählt, die in ihr enthalten sind. In Fig. 95 sind z. B. 6 Maßeinheiten in AB enthalten, wobei die Größe der Einheit ohne Bedeutung
ist (also Meter, Zentimeter, Millimeter, Zehntelmillimeter usw.). Eine
Gerade AB' wird in den Punkten $1'$, $2'$, $3'$ usw. von Parallelen zu BB'
durch 1, 2, 3 usw. geschnitten; zieht man außerdem Parallelen durch
$1'$, $2'$, $3'$ usw. zu AB, so sind die gestrichelten Dreiecke kongruent, da
sie in einer Seite und den Winkeln übereinstimmen. Daraus folgt, daß die
Abschnitte zwischen den Parallelen gleich sind. Es werden somit
$11' = d$; $22' = 2d$; $33' = 3d$ usw. oder

$$11' : 22' : 33' \ldots = d : 2d : 3d \ldots = 1 : 2 : 3 \ldots$$

Das heißt: Die Strecken $11'$, $22'$, $33'$ usw. verhalten sich ebenso wie die Strecken $A\,1$, $A\,2$, $A\,3$, ...; es besteht die fortlaufende Proportion

$$\frac{11'}{A\,1} = \frac{22'}{A\,2} = \frac{33'}{A\,3} = \cdots$$

In gleicher Weise wird infolge $A\,1' = 1'2' = 2'3' \ldots = t$

$$\frac{A\,1'}{A\,1} = \frac{A\,2'}{A\,2} = \frac{A\,3'}{A\,3} = \cdots$$

oder auch infolge $\quad 2'4' = 2 \cdot t \quad$ und $\quad 4'5' = 1 \cdot t$

und $\qquad\qquad\quad 24 = 2 \cdot 1 \quad\;,, \qquad 45 = 1 \cdot 1\,;$

$$\frac{2'4'}{24} = \frac{4'5'}{45}$$

in Worten: Die Parallelen bestimmen auf den durch A gehenden Geraden proportionale Abschnitte; denn da dieser Satz für die beliebige Gerade AB' gilt, gilt er für jede durch A gehende Gerade.

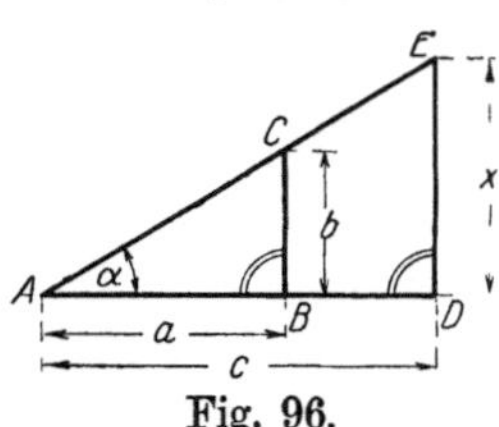

Fig. 96.

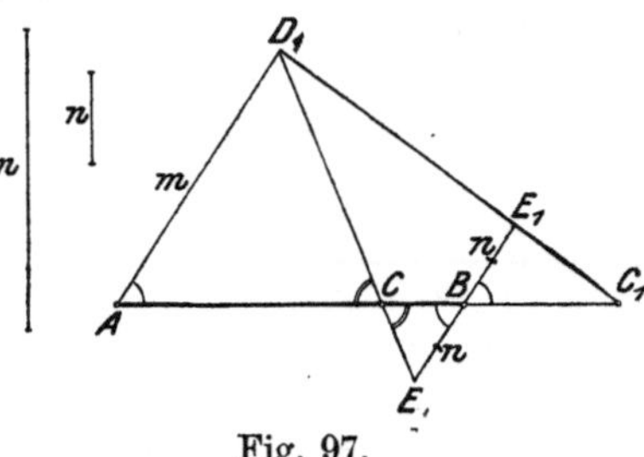

Fig. 97.

Alle durch A gehenden Geraden bilden ein Strahlenbündel oder Strahlenbüschel; deshalb heißt der Satz auch gelegentlich Strahlensatz.

Umgekehrt werden wir sagen: Besteht zwischen den Strecken $11'$, $22'$, $33'$ ... und $A\,1$, $A\,2$, $A\,3$ ... die Proportion

$$\frac{11'}{A\,1} = \frac{22'}{A\,2} = \frac{3{,}3}{A\,3} = \cdots,$$

so liegen die Punkte $1'$, $2'$, $3'$ ... auf einer Geraden.

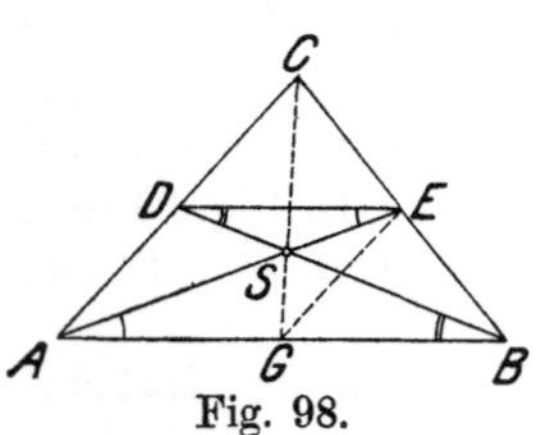

Fig. 98.

Die algebraische Aufgabe, aus der Gleichung $\dfrac{a}{b} = \dfrac{c}{x}$ die Unbekannte errechnen, läßt sich geometrisch in der Form aussprechen: Zu drei gegebenen Strecken a, b, c eine vierte x so zu konstruieren, daß die vier Strecken proportional sind; x heißt die vierte Proportionale zu a, b und c. Fig. 96 zeigt die Lösung, bei der $\sphericalangle\,CBA = \sphericalangle\,EDE = 90°$ gewählt wurde.

Der Strahlensatz löst unmittelbar die Aufgabe: Eine Strecke AB innerlich und äußerlich in einem gegebenen Verhältnis $m:n$ zu teilen (Fig. 97). Macht man auf den beliebigen Parallelen AD_1 und BE die Strecken $AD_1 = m$ und $BE_1 = BE_1 = n$, so teilt der Schnittpunkt C die gegebene Gerade AB innerlich und der Schnittpunkt C_1 äußerlich ın dem Verhältnis $m : n$; man sagt: Die Strecke AB ist in den Punkten C und C_1 harmonisch geteilt.

Lehrsatz: Die Mitteltransversalen eines Dreiecks schneiden sich in einem Punkte, der sie im Verhältnis $2 : 1$ teilt. Da E_1 und D_1 die Mittelpunkte von CB und CA sind (Fig. 98), ist $DE \parallel AB$; außerdem ist $DE = \frac{1}{2} AB$ und damit

$$AB : DE = SB : SD_1 \quad \text{oder} \quad 2 : 1 = SB : SD_1.$$

Ebenso wird $\qquad SA : SE_1 = 2 : 1,$

d. h. der Punkt S drittelt die Mitteltransversalen, da sich für die dritte Mitteltransversale ebenfalls $SC : SG_1 = 2 : 1$ ergibt. Drittelt S die Mitteltransversale CG_1, dann drittelt die Parallele durch S zu AB auch die Höhe des Dreiecks.

Die Ähnlichkeit.

Vielecke, die entsprechend gleiche Winkel und entsprechend proportionale Seiten haben, heißen ähnlich; das Zeichen für ähnlich ist $\sim$.

In Fig. 96 sind die Dreiecke ABC und ADE ähnlich; in Fig. 97 ist $\triangle\,ACD \sim \triangle\,BCE_2$; $\triangle\,E_1BC_1 \sim \triangle\,DAC_1$; in Fig. 98 ist $\triangle\,SAB \sim \triangle\,SDE$.

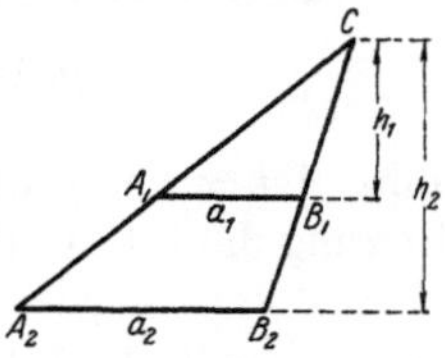

Umgekehrt werden wir sagen: Sind Vielecke ähnlich, so sind die entsprechenden Seiten proportional.

Für das Dreieck ergeben die Sätze über Proportionen die sog. Ähnlichkeitsätze, die den vier Kongruenzsätzen entsprechen; sie lauten:

Fig. 99.

1. Dreiecke sind ähnlich, wenn sie in den Winkeln übereinstimmen;

2. Dreiecke sind ähnlich, wenn sie im Verhältnis zweier Seiten und dem von diesen eingeschlossenen Winkel übereinstimmen.

3. Dreiecke sind ähnlich, wenn sie im Verhältnis zweier Seiten und dem der größeren dieser Seiten gegenüberliegenden Winkel übereinstimmen.

4. Dreiecke sind ähnlich, wenn sie im Verhältnis der drei Seiten übereinstimmen.

Anwendungen: In ähnlichen Dreiecken verhalten sich die Grundlinien wie die Höhen (Fig. 99); es ist $a_1 : h_1 = a_2 : h_2$.

Im rechtwinkligen Dreieck ist jede Kathete mittlere Proportionale zwischen ihrer Projektion auf die Hypotenuse und der Hypotenuse (Fig. 100). Aus der Ähnlichkeit der Dreiecke CDA und ABC folgt

$$p : b = b : c \quad \text{oder} \quad b^2 = p \cdot c.$$

Aus der Ähnlichkeit der Dreiecke CDB und ABC folgt

$$q : a = a : c \quad \text{oder} \quad a^2 = q \cdot c.$$

Durch Addition erhält man $a^2 + b^2 = c\,(p + q) = c^2$, d. h. den pythagoräischen Lehrsatz.

Im rechtwinkligen Dreieck ist die Höhe mittlere Proportionale zwischen den Abschnitten der Hypotenuse (Fig. 100), denn aus der Ähnlichkeit der Dreiecke ADC und BDC folgt $p : h = h : q$ oder $h^2 = p \cdot q$.

Eine Proportion, deren Innenglieder gleich sind, heißt **stetig**; das Innenglied heißt die **mittlere Proportionale** oder **geometrisches Mittel** (vgl. Abschnitt Algebra S. 40).

Ist eine Strecke a in zwei Teile so geteilt, daß der größere Teil mittlere Proportionale zwischen der ganzen Strecke und dem kleineren Teile ist, so sagt man: Die Strecke a ist nach dem **goldenen Schnitt** ge-

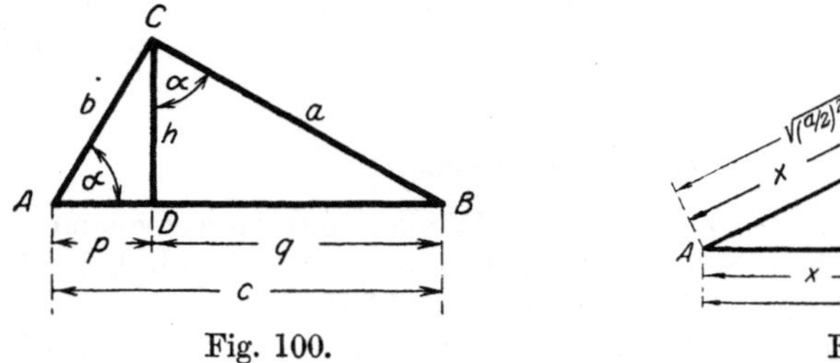

Fig. 100.   Fig. 101.

teilt. Ist x der größere Abschnitt, so ist $a - x$ der kleinere; die Bedingung lautet in Form einer Gleichung

$$a : x = x : (a - x).$$

Daraus ergibt sich $\qquad x^2 = a(a - x) = a^2 - ax$

oder $\qquad\qquad\qquad x^2 + ax - a^2 = 0.$

Diese quadratische Gleichung für x hat die positive Wurzel

$$x = -\frac{a}{2} + \sqrt{\left(\frac{a}{2}\right)^2 + a^2}.$$

Nach dem pythagoräischen Lehrsatze ist $\sqrt{\left(\frac{a}{2}\right)^2 + a^2}$ Hypotenuse in einem rechtwinkligen Dreieck mit den Katheten a und $\dfrac{a}{2}$. In Fig. 101 ist ABC dieses rechtwinklige Dreieck. Schlägt man mit $CB = \dfrac{a}{2}$ um C einen Kreis, so wird $CD = \dfrac{a}{2}$, also

$$AD = AC - CD = \sqrt{\left(\frac{a}{2}\right)^2 + a^2} - \frac{a}{2}.$$

Der Kreis mit AD um A schneidet AB in dem gesuchten Punkte E, der die Strecke $AB = a$ nach dem goldenen Schnitt teilt.

Bemerkung: Erweitert man das a^2 unter der Wurzel mit 4, so erhält man

$$x = -\frac{a}{2} + \sqrt{\left(\frac{a}{2}\right)^2 + 4 \cdot \frac{a^2}{4}} = -\frac{a}{2} + \sqrt{\left(\frac{a}{2}\right)^2 (1 + 4)} = -\frac{a}{2} + \frac{a}{2}\sqrt{5},$$

so daß
$$x = \frac{a}{2}(-1 + \sqrt{5}) = \frac{a}{2}(\sqrt{5} - 1)$$
wird.

x ist gleich der Seite des regelmäßigen Zehnecks, wenn a der Radius des umbeschriebenen Kreises ist.

2. Die Dreiecksberechnung oder Trigonometrie.

Die Winkelfunktionen.

Die bisherigen Sätze gestatteten nur in sehr wenig Fällen die Größenbestimmung der Winkel eines Dreiecks (für das gleichseitige Dreieck war z. B. der Winkel $60°$; im rechtwinklig-gleichschenkligen Dreieck waren die Basiswinkel $45°$). Die Berechnung der Winkel zu zeigen, bzw. die Berechnung der Seiten mit Hilfe der Winkel durchzuführen, ist die Aufgabe der Trigonometrie.

In Fig. 95 besteht zwischen den senkrechten Katheten und den Hypotenusen die Beziehung $\dfrac{11'}{A1'} = \dfrac{22'}{A2'} = \dfrac{33'}{A3'} = \cdots = \dfrac{BB'}{AB'}$.

So verschieden auch die Strecken unter sich sein mögen, unveränderlich ist ihr Verhältnis; aber ebenso bleibt die Größe des Winkels α unabhängig von den Längen der einzelnen Strecken; er ist lediglich durch das Verhältnis der Katheten zu den Hypotenusen bestimmt. Diese Eigenschaft eines Winkels im rechtwinkligen Dreieck legt man seiner Größenbestimmung zugrunde und sagt: Den Quotienten aus der gegenüberliegenden Kathete und der Hypotenuse nennen wir Sinus des Winkels α und schreiben

$$\sin \alpha = \frac{BB'}{AB'} \, . \tag{1}$$

Ebenso bleibt das Verhältnis der wagerechten Katheten zu den Hypotenusen (Fig. 95) unverändert; es ist $\dfrac{A1}{A1'} = \dfrac{A2}{A2'} = \dfrac{A3}{A3'} = \cdots = \dfrac{AB}{AB'}$.

Es ist dies das Verhältnis der anliegenden Kathete zur Hypotenuse und heißt Cosinus des Winkels α; geschrieben

$$\cos \alpha = \frac{AB}{AB'} \, . \tag{2}$$

Aus der Beziehung $\dfrac{11'}{A1} = \dfrac{22'}{A2} = \dfrac{33'}{A3} = \cdots \dfrac{BB'}{BA}$

folgt die Unveränderlichkeit des Verhältnisses von gegenüberliegender zur anliegenden Kathete; es heißt Tangens des Winkels α; geschrieben

$$\operatorname{tg} \alpha = \frac{BB'}{AB} \, . \tag{3}$$

Ebenso bleibt unverändert das Verhältnis von anliegender zur gegenüberliegenden Kathete; es heißt Cotangens des Winkels α; geschrieben

$$\operatorname{ctg} \alpha = \frac{AB}{BB'} \, . \tag{4}$$

Nur wenn man den Winkel ändert, ändern sich die Verhältnisse; es ist z. B. (Fig. 95)

$$\sin\beta = \frac{BC}{AC}\,; \quad \cos\beta = \frac{AB}{AC}\,; \quad \mathrm{tg}\,\beta = \frac{BC}{AB}\,; \quad \mathrm{ctg}\,\beta = \frac{AB}{BC}\,.$$

Die Abhängigkeit zweier Größen voneinander nennt man Funktion. Da es sich in unserm Falle um die Abhängigkeit des Verhältnisses von der Größe des Winkels handelt, heißen die Verhältnisse $\sin\alpha$, $\cos\alpha$, $\mathrm{tg}\,\alpha$ und $\mathrm{ctg}\,\alpha$ Winkelfunktionen. Sie lassen sich unmittelbar messen, wenn man als Hypotenuse die Längeneinheit wählt.

In Fig. 102 ist $O\,1 = 10$ cm $= 1$ dm als Längeneinheit gewählt und der Kreisbogen in neun gleiche Teile geteilt, so daß sich die Sinus und Cosinus ablesen lassen. Es ist z. B.

$$\sin 10° = \frac{17\,\mathrm{mm}}{100\,\mathrm{mm}} = 0{,}17 \qquad \sin 50° = \frac{76{,}6\,\mathrm{mm}}{100\,\mathrm{mm}} = 0{,}766;$$

$$\cos 10° = \frac{98{,}5\,\mathrm{mm}}{100\,\mathrm{mm}} = 0{,}985 \qquad \cos 50° = \frac{64{,}3\,\mathrm{mm}}{100\,\mathrm{mm}} = 0{,}643;$$

Nimmt man noch Zwischenteilungen vor, so lassen sich die Sinus und Cosinus von Grad zu Grad ablesen. Sind umgekehrt die Funktionswerte bekannt, so liest man aus ihnen den Winkel ab.

Zu $\sin x = 0{,}766$ gehört $x = 50°$; zu $\cos y = 0{,}985$ gehört $y = 10°$.

Selbstverständlich hat die Wissenschaft noch andere Wege gefunden, die Winkelfunktionen zu berechnen. Die Ergebnisse dieser Berechnungen sind in Tabellen niedergelegt, die in jedem Taschenbuch, Kalender u. dgl. enthalten sind; sie heißen Tafel der Kreisfunktionen.

Aus $\dfrac{BB'}{AB'} = \sin\alpha$ und $\dfrac{AB}{AB'} = \cos\alpha$ folgt durch Division (Fig. 95)

$$\frac{\dfrac{BB'}{AB'}}{\dfrac{AB}{AB'}} = \frac{\sin\alpha}{\cos\alpha} \qquad \text{oder} \qquad \frac{BB'}{AB} = \frac{\sin\alpha}{\cos\alpha}\,.$$

Nun war aber $\dfrac{BB'}{AB} = \mathrm{tg}\,\alpha$, so daß sich ergibt $\mathrm{tg}\,\alpha = \dfrac{\sin\alpha}{\cos\alpha}$. (5)

Aus $\dfrac{AB}{AB'} = \cos\alpha$ und $\dfrac{BB'}{AB'} = \sin\alpha$ folgt durch Division

$$\frac{\dfrac{AB}{AB'}}{\dfrac{BB'}{AB'}} = \frac{\cos\alpha}{\sin\alpha} \qquad \text{oder} \qquad \frac{AB}{BB'} = \frac{\cos\alpha}{\sin\alpha}\,.$$

Nun war aber $\dfrac{AB}{BB'} = \mathrm{ctg}\,\alpha$, so daß sich ergibt $\mathrm{ctg}\,\alpha = \dfrac{\cos\alpha}{\sin\alpha}$. (6)

Sind demnach die Sinus- und Cosinusfunktionen bekannt, z. B. aus Fig. 102 abgelesen, so lassen sich die Tangens und Cotangens berechnen. Auch diese Werte finden sich in der Tabelle der Kreisfunktionen.

In der Tangensfunktion haben wir ein bequemes Hilfsmittel, einen gewünschten Winkel „genau" zu zeichnen. Soll z. B. ein Winkel von $35°\,40'$ gezeichnet werden, so entnimmt man der Tabelle $\mathrm{tg}\,35°\,40' = 0{,}718$

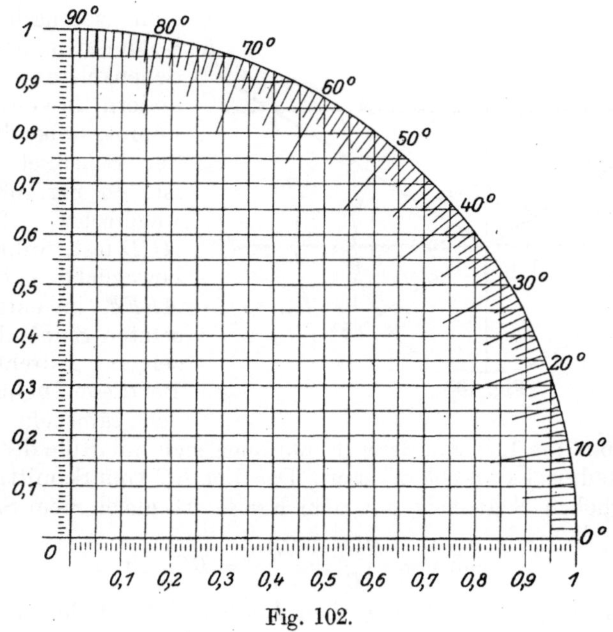

Fig. 102.

und zeichnet ein rechtwinkliges Dreieck, in dem die eine Kathete 100 mm und die andere 71,8 mm lang ist. Der Kathete 71,8 mm liegt der Winkel $35°\,40'$ gegenüber, denn aus $\mathrm{tg}\,35°\,40' = \dfrac{71{,}8\ \mathrm{mm}}{100\ \mathrm{mm}}$ folgt $\mathrm{tg}\,35°\,40' = 0{,}718$.

Durch Multiplikation der Gleichungen $\mathrm{tg}\,\alpha = \dfrac{\sin\alpha}{\cos\alpha}$ und $\mathrm{ctg}\,\alpha = \dfrac{\cos\alpha}{\sin\alpha}$ erhalten wir

$$(7)\qquad \mathrm{tg}\,\alpha \cdot \mathrm{ctg}\,\alpha = \frac{\cos\alpha}{\sin\alpha} \cdot \frac{\cos\alpha}{\sin\alpha} = 1$$

u. daraus

$$(8)\qquad \mathrm{tg}\,\alpha = \frac{1}{\mathrm{ctg}\,\alpha} \qquad \text{oder} \qquad (9)\ \ \mathrm{ctg}\,\alpha = \frac{1}{\mathrm{tg}\,\alpha}.$$

Die Klarlegung der Beziehungen zwischen den Winkelfunktionen ist die Aufgabe der Goniometrie oder Winkelmessung.

Aus Fig. 103 entnehmen wir nach dem pythagoräischen Lehrsatze

$$\overline{CD}^2 + \overline{OD}^2 = \overline{OC}^2 \qquad \text{oder} \qquad \sin^2\alpha + \cos^2\alpha = 1 \tag{10}$$

gelesen: Sinusquadrat α plus Cosinusquadrat α gleich Eins und erhalten daraus (11) $\sin^2\alpha = \sqrt{1 - \cos^2\alpha}$ und (12) $\cos\alpha = \sqrt{1 - \sin^2\alpha}$.

Der Kreis mit dem Radius 1 gestattet neben der Darstellung der Sinus- und Cosinusfunktionen auch die Darstellung der Tangenten und Cotangenten. Um die Abhängigkeit einer Funktion von der Größe des Winkels zu zeigen, betrachten wir die Änderung der Funktion bei wachsendem Winkel. Das Wachsen eines Winkels läßt sich am bequemsten veranschaulichen, wenn man den einen Schenkel fest und den andern beweglich annimmt, wobei die Länge der Schenkel beliebig ist. In Fig. 103 ist der wagerechte Schenkel ACD fest, während der bewegliche Schenkel $ABEF$ im entgegengesetzten Sinne des Uhrzeigers gedreht wird. Bei dieser Drehung werden sämtliche Winkel

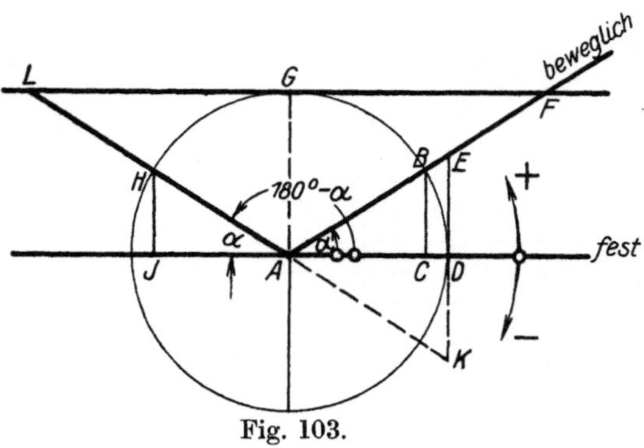

Fig. 103.

von 0 ÷ 360° beschrieben, deren Funktionen sich mit Hilfe des Kreises mit dem Radius 1 darstellen lassen. Das Lot BC vom Schnittpunkt B des beweglichen Schenkels mit dem Kreise ist gleich dem Sinus des Winkels α, da

$$\sin\alpha = \frac{BC}{AB} = \frac{BC}{1} = BC \text{ ist.}$$

Die Projektion AC des beweglichen Radius AB auf den festen ist gleich dem Cosinus des Winkels α, da $\cos\alpha = \dfrac{AC}{AB} = \dfrac{AC}{1} = AC$ ist.

Zieht man in D die senkrechte Tangente an den Kreis, so schneidet der bewegliche Schenkel auf ihr den Tangens des Winkels α ab, da

$\operatorname{tg}\alpha = \dfrac{ED}{AD} = \dfrac{ED}{1} = ED$ ist. Zieht man in G die wagerechte Tangente an den Kreis, so schneidet der bewegliche Schenkel auf ihr den Cotangens des Winkels α ab, da $\operatorname{ctg}\alpha = \dfrac{FG}{AG} = \dfrac{FG}{1} = FG$ ist.

$$(\measuredangle AFG = \measuredangle FAD = \alpha.)$$

Aus dem Dreieck ABC ergeben sich unmittelbar

$$\operatorname{tg}\alpha = \frac{BC}{AC} = \frac{\sin\alpha}{\cos\alpha} \quad \text{und} \quad \operatorname{ctg}\alpha = \frac{AC}{BC} = \frac{\cos\alpha}{\sin\alpha}.$$

Die Ähnlichkeit der Dreiecke ADE und AGF liefert

$ED : AB = AG : FG$ oder $\operatorname{tg}\alpha : 1 = 1 : \operatorname{ctg}\alpha$, so daß

$$\operatorname{tg}\alpha \cdot \operatorname{ctg}\alpha = 1 \quad \text{wird.}$$

$$\text{Aus } \operatorname{tg}\alpha = \frac{\sin\alpha}{\cos\alpha} \text{ folgt mit } \cos\alpha = \sqrt{1-\sin^2\alpha} \ldots \operatorname{tg}\alpha = \frac{\sin\alpha}{\sqrt{1-\sin^2\alpha}} \, . \qquad (13)$$

$$.. \ \operatorname{tg}\alpha = \frac{\sin\alpha}{\cos\alpha} \quad ,, \quad ,, \quad \sin\alpha = \sqrt{1-\cos^2\alpha} \ldots \operatorname{tg}\alpha = \frac{\sqrt{1-\cos^2\alpha}}{\cos\alpha} \, . \qquad (14)$$

$$.. \ \operatorname{ctg}\alpha = \frac{\cos\alpha}{\sin\alpha} \quad ,, \quad ,, \quad \cos\alpha = \sqrt{1-\sin^2\alpha} \ldots \operatorname{ctg}\alpha = \frac{\sqrt{1-\sin^2\alpha}}{\sin\alpha} \, . \qquad (15)$$

$$., \ \operatorname{ctg}\alpha = \frac{\cos\alpha}{\sin\alpha} \quad ,, \quad ,, \quad \sin\alpha = \sqrt{1-\cos^2\alpha} \ldots \operatorname{ctg}\alpha = \frac{\cos\alpha}{\sqrt{1-\cos^2\alpha}} \, . \qquad (16)$$

In $\triangle ADE$ ist

$$AE = \sqrt{AD^2 + ED^2} = \sqrt{1 + \operatorname{tg}^2\alpha} \, , \quad \text{so daß} \quad \sin\alpha = \frac{DE}{AE}$$

übergeht in

$$(17) \quad \sin\alpha = \frac{\operatorname{tg}\alpha}{\sqrt{1 + \operatorname{tg}^2\alpha}} \quad \text{und} \quad (18) \quad \cos\alpha = \frac{AD}{AE} = \frac{1}{\sqrt{1 + \operatorname{tg}^2\alpha}}$$

wird. In $\triangle AFG$ ist

$$AF = \sqrt{AG^2 + FG^2} = \sqrt{1 + \operatorname{ctg}^2\alpha} \, , \quad \text{so daß} \quad \sin\alpha = \frac{AG}{AF}$$

übergeht in

$$(19) \quad \sin\alpha = \frac{1}{\sqrt{1 + \operatorname{ctg}^2\alpha}}, \quad \text{und} \quad (20) \quad \cos\alpha = \frac{FG}{AF} = \frac{\operatorname{ctg}\alpha}{\sqrt{1 + \operatorname{ctg}^2\alpha}}$$

wird.

Mit diesen Formeln ist die Möglichkeit gegeben, aus einer gegebenen Funktion alle übrigen durch Rechnung zu bestimmen.

Der größte Wert, den $\sin\alpha$ erreichen kann, ist $\sin 90° = AG = 1$.

,, ,, ,, ,, $\cos\alpha$,, ,, ist $\cos 0° = AD = 1$. Wächst α von $0°$ bis $90°$, so wächst $\sin\alpha$ von 0 bis 1.

,, α ,, $0°$,, $90°$, so nimmt $\cos\alpha$ von 1 bis 0 ab.

Wesentlich anders verhalten sich tg und ctg. Ist $\alpha = 0°$, d. h. fällt der bewegliche Schenkel mit dem festen zusammen, so ist der auf der Tangenslinie abgeschnittene Abschnitt $\operatorname{tg} 0° = 0$, während der bewegliche Schenkel wegen $AD \parallel$ Cotangenslinie die Cotangenslinie erst im Unendlichen (∞) trifft, so daß $\operatorname{ctg} 0° = \infty$ ist.

Dreht man nunmehr den beweglichen Schenkel in der Pfeilrichtung, so wird der Abschnitt auf der Tangenslinie immer größer, der auf der Cotangenslinie immer kleiner, bis für $\alpha = 90°$ der bewegliche Schenkel die Tangenslinie im Unendlichen, die Cotangenslinie in G schneidet; daraus ergibt sich $\operatorname{tg} 90° = \infty$; $\operatorname{ctg} 90° = 0$.

Für den Sonderfall $\alpha = 45°$ wird $\sin\alpha = \cos\alpha$ und $\operatorname{tg}\alpha = \operatorname{ctg}\alpha$; aus $\sin^2 45° + \cos^2 45° = \sin^2 45° + \sin^2 45° = 1$ folgt $2 \cdot \sin^2 45° = 1$ oder $\sin^2 45° = \frac{1}{2}$, so daß $\sin 45° = \cos 45° = \sqrt{\tfrac{1}{2}} = \tfrac{1}{2}\sqrt{2} = 0{,}707$ wird.

$$\text{Aus} \quad \text{tg}\,45^\circ = \frac{\sin 45^\circ}{\cos 45^\circ} = \frac{\tfrac{1}{2}\sqrt{2}}{\tfrac{1}{2}\sqrt{2}} \quad \text{folgt} \quad \text{tg}\,45^\circ = \text{ctg}\,45^\circ = 1.$$

Fig. 103 zeigt auch unmittelbar die Funktionen des Komplement-winkels zu α. In dem rechtwinkligen Dreieck ABC ist $\not< ABC = 90^\circ - \alpha$:

$$\sin ABC = \frac{AC}{AB} \qquad \text{d. h.} \qquad \sin(90^\circ - \alpha) = \cos\alpha. \tag{21}$$

$$\cos ABC = \frac{BC}{AB} \qquad \text{d. h.} \qquad \cos(90^\circ - \alpha) = \sin\alpha. \tag{22}$$

In dem rechtwinkligen Dreieck AED ist $\not< AED = 90^\circ - \alpha$:

$$\text{ctg}\,AED = \frac{ED}{AD} \qquad \text{d. h.} \qquad \text{ctg}(90^\circ - \alpha) = \text{tg}\,\alpha. \tag{23}$$

In dem rechtwinkligen Dreieck AFG ist $\not< FAG = 90^\circ - \alpha$:

$$\text{tg}\,FAG = \frac{FG}{AG} \qquad \text{d. h.} \qquad \text{tg}(90^\circ - \alpha) = \text{ctg}\,\alpha. \tag{24}$$

Man pflegt diese Beziehungen zwischen den Funktionen eines Winkels und denen seines Komplementwinkels durch den Satz auszudrücken: Die Funktionen eines Winkels sind gleich den Cofunktionen seines Komplementwinkels.

Durch diese Beziehungen ist es möglich, die Tabellen für $\sin\alpha$ und $\cos\alpha$ in eine zusammenzufassen; denn $\sin 60^\circ$ ist zugleich $\cos 30^\circ$: $\text{tg}\,15^\circ = \text{ctg}\,75^\circ$.

Dreht man den beweglichen Schenkel über die Lage AG ($\alpha = 90^\circ$) hinaus, so erhält man Winkel, die größer als 90° sind; man sagt: Die Winkel liegen im zweiten Quadranten. Die Erklärungen der Winkelfunktionen erfahren nunmehr eine Erweiterung. Unter dem Sinus versteht man das Lot vom Endpunkt des beweglichen Radius auf den festen; $\sin DAL = HJ$. Unter dem Cosinus versteht man die Projektion des beweglichen Radius auf den festen; $\cos DAL = AJ$. Dabei ist zu beachten, daß $A \rightarrow J$ entgegengesetzt gemessen wird wie $A \rightarrow C$: der Unterschied der Richtung wird durch das Vorzeichen gekennzeichnet. Für Winkel zwischen 90° und 180° ist der Cosinus negativ. Unter der Tangente versteht man den Abschnitt auf der senkrechten Tangente in D. der von dem beweglichen Schenkel abgeschnitten wird; $\text{tg}\,DAL = DK$. Nennt man $\text{tg}\,\alpha = D \rightarrow E$ positiv, so muß $\text{tg}\,DAL = D \rightarrow K$ negativ genannt werden. Demnach ist die Tangente der Winkel zwischen 90° und 180° negativ. Unter der Cotangente versteht man den Abschnitt auf der wagerechten Tangente in G, der von dem beweglichen Schenkel abgeschnitten wird; $\text{ctg}\,DAL = GL$. Wegen $G \rightarrow L$ entgegengesetzt $G \rightarrow F$, muß die Cotangente für Winkel zwischen 90° und 180° negativ genannt werden.

Fig. 103 liefert unmittelbar

$$\sin(180^\circ - \alpha) = HJ = BC = \sin\alpha \tag{25}$$

$$\cos(180^\circ - \alpha) = AJ = -AC = -\cos\alpha \tag{26}$$

$$\text{tg}(180^\circ - \alpha) = DK = -DE = -\text{tg}\,\alpha \tag{27}$$

$$\text{ctg}(180^\circ - \alpha) = GL = -GF = -\text{ctg}\,\alpha \tag{28}$$

Tafeln der Kreisfunktionen.

Grad	Sinus							Grad
	0′	10′	20′	30′	40′	50′	60′	
0	0,00000	0,00291	0,00582	0,00873	0,01164	0,01454	0,01745	89
1	0,01745	0,02036	0,02327	0,02618	0,02908	0,03199	0,03490	88
2	0,03490	0,03781	0,04071	0,04362	0,04653	0,04943	0,05234	87
3	0,05234	0,05524	0,05814	0,06105	0,06395	0,06685	0,06976	86
4	0,06976	0,07266	0,07556	0,07846	0,08136	0,08426	0,08716	85
5	0,08716	0,09005	0,09295	0,09585	0,09874	0,10164	0,10453	84
6	0,10453	0,10742	0,11031	0,11320	0,11609	0,11898	0,12187	83
7	0,12187	0,12476	0,12764	0,13053	0,13341	0,13629	0,13917	82
8	0,13917	0,14205	0,14493	0,14781	0,15069	0,15356	0,15643	81
9	0,15643	0,15931	0,16218	0,16505	0,16792	0,17078	0,17365	80
10	0,17365	0,17651	0,17937	0,18224	0,18509	0,18795	0,19081	79
11	0,19081	0,19366	0,19652	0,19937	0,20222	0,20507	0,20791	78
12	0,20791	0,21076	0,21360	0,21644	0,21928	0,22212	0,22495	77
13	0,22495	0,22778	0,23062	0,23345	0,23627	0,23910	0,24192	76
14	0,24192	0,24474	0,24756	0,25038	0,25320	0,25601	0,25882	75
15	0,25882	0,26163	0,26443	0,26724	0,27004	0,27284	0,27564	74
16	0,27564	0,27843	0,28123	0,28402	0,28680	0,28959	0,29237	73
17	0,29237	0,29515	0,29793	0,30071	0,30348	0,30625	0,30902	72
18	0,30902	0,31178	0,31454	0,31730	0,32006	0,32282	0,32557	71
19	0,32557	0,32832	0,33106	0,33381	0,33655	0,33929	0,34202	70
20	0,34202	0,34475	0,34748	0,35021	0,35293	0,35565	0,35837	69
21	0,35837	0,36108	0,36379	0,36650	0,36921	0,37191	0,37461	68
22	0,37461	0,37730	0,37999	0,38268	0,38537	0,38805	0,39073	67
23	0,39073	0,39341	0,39608	0,39875	0,40141	0,40408	0,40674	66
24	0,40674	0,40939	0,41204	0,41469	0,41734	0,41998	0,42262	65
25	0,42262	0,42525	0,42788	0,43051	0,43313	0,43575	0,43837	64
26	0,43837	0,44098	0,44359	0,44620	0,44880	0,45140	0,45399	63
27	0,45399	0,45658	0,45917	0,46175	0,46433	0,46690	0,46947	62
28	0,46947	0,47204	0,47460	0,47716	0,47971	0,48226	0,48481	61
29	0,48481	0,48735	0,48989	0,49242	0,49495	0,49748	0,50000	60
30	0,50000	0,50252	0,50503	0,50754	0,51004	0,51254	0,51504	59
31	0,51504	0,51753	0,52002	0,52250	0,52498	0,52745	0,52992	58
32	0,52992	0,53238	0,53484	0,53730	0,53975	0,54220	0,54464	57
33	0,54464	0,54708	0,54951	0,55194	0,55436	0,55678	0,55919	56
34	0,55919	0,56160	0,56401	0,56641	0,56880	0,57119	0,57358	55
35	0,57358	0,57596	0,57833	0,58070	0,58307	0,58543	0,58779	54
36	0,58779	0,59014	0,59248	0,59482	0,59716	0,59949	0,60182	53
37	0,60182	0,60414	0,60645	0,60876	0,61107	0,61337	0,61566	52
38	0,61566	0,61795	0,62024	0,62251	0,62479	0,62706	0,62932	51
39	0,62932	0,63158	0,63383	0,63608	0,63832	0,64056	0,64279	50
40	0,64279	0,64501	0,64723	0,64945	0,65166	0,65386	0,65606	49
41	0,65606	0,65825	0,66044	0,66262	0,66480	0,66697	0,66913	48
42	0,66913	0,67129	0,67344	0,67559	0,67773	0,67987	0,68200	47
43	0,68200	0,68412	0,68624	0,68835	0,69046	0,69256	0,69466	46
44	0,69466	0,69675	0,69883	0,70091	0,70298	0,70505	0,70711	45
	60′	50′	40′	30′	20′	10′	0′	Grad

Cosinus

Grad				Cosinus				Grad
	0'	10'	20'	30'	40'	50'	60'	
0	1,00000	1,00000	0,99998	0,99996	0,99993	0,99989	0,99985	89
1	0,99985	0,99979	0,99973	0,99966	0,99958	0,99949	0,99939	88
2	0,99939	0,99929	0,99917	0,99905	0,99892	0,99878	0,99863	87
3	0,99863	0,99847	0,99831	0,99813	0,99795	0,99776	0,99756	86
4	0,99756	0,99736	0,99714	0,99692	0,99668	0,99644	0,99619	85
5	0,99619	0,99594	0,99567	0,99540	0,99511	0,99482	0,99452	84
6	0,99452	0,99421	0,99390	0,99357	0,99324	0,99290	0,99255	83
7	0,99255	0,99219	0,99182	0,99144	0,99106	0,99067	0,99027	82
8	0,99027	0,98986	0,98944	0,98902	0,98858	0,98814	0,98769	81
9	0,98769	0,98723	0,98676	0,98629	0,98580	0,98531	0,98481	80
10	0,98481	0,98430	0,98378	0,98325	0,98272	0,98218	0,98163	79
11	0,98163	0,98107	0,98050	0,97992	0,97934	0,97875	0,97815	78
12	0,97815	0,97754	0,97692	0,97630	0,97566	0,97502	0,97437	77
13	0,97437	0,97371	0,97304	0,97237	0,97169	0,97100	0,97030	76
14	0,97030	0,96959	0,96887	0,96815	0,96742	0,96667	0,96593	75
15	0,96593	0,96517	0,96440	0,96363	0,96285	0,96206	0,96126	74
16	0,96126	0,96046	0,95964	0,95882	0,95799	0,95715	0,95630	73
17	0,95630	0,95545	0,95459	0,95372	0,95284	0,95195	0,95106	72
18	0,95106	0,95015	0,94924	0,94832	0,94740	0,94646	0,94552	71
19	0,94552	0,94457	0,94361	0,94264	0,94167	0,94068	0,93969	70
20	0,93969	0,93869	0,93769	0,93667	0,93565	0,93462	0,93358	69
21	0,93358	0,93253	0,93148	0,93042	0,92935	0,92827	0,92718	68
22	0,92718	0,92609	0,92499	0,92388	0,92276	0,92164	0,92050	67
23	0,92050	0,91936	0,91822	0,91706	0,91590	0,91472	0,91355	66
24	0,91355	0,91236	0,91116	0,90996	0,90875	0,90753	0,90631	65
25	0,90631	0,90507	0,90383	0,90259	0,90133	0,90007	0,89879	64
26	0,89879	0,89752	0,89623	0,89493	0,89363	0,89232	0,89101	63
27	0,89101	0,88968	0,88835	0,88701	0,88566	0,88431	0,88295	62
28	0,88295	0,88158	0,88020	0,87882	0,87743	0,87603	0,87462	61
29	0,87462	0,87321	0,87178	0,87036	0,86892	0,86748	0,86603	60
30	0,86603	0,86457	0,86310	0,86163	0,86015	0,85866	0,85717	59
31	0,85717	0,85567	0,85416	0,85264	0,85112	0,84959	0,84805	58
32	0,84805	0,84650	0,84495	0,84339	0,84182	0,84025	0,83867	57
33	0,83867	0,83708	0,83549	0,83389	0,83228	0,83066	0,82904	56
34	0,82904	0,82741	0,82577	0,82413	0,82248	0,82082	0,81915	55
35	0,81915	0,81748	0,81580	0,81412	0,81242	0,81072	0,80902	54
36	0,80902	0,80730	0,80558	0,80386	0,80212	0,80038	0,79864	53
37	0,79864	0,79688	0,79512	0,79335	0,79158	0,78980	0,78801	52
38	0,78801	0,78622	0,78442	0,78261	0,78079	0,77897	0,77715	51
39	0,77715	0,77531	0,77347	0,77162	0,76977	0,76791	0,76604	50
40	0,76604	0,76417	0,76229	0,76041	0,75851	0,75661	0,75471	49
41	0,75471	0,75280	0,75088	0,74896	0,74703	0,74509	0,74314	48
42	0,74314	0,74120	0,73924	0,73728	0,73531	0,73333	0,73135	47
43	0,73135	0,72937	0,72737	0,72537	0,72337	0,72136	0,71934	46
44	0,71934	0,71732	0,71529	0,71325	0,71121	0,70916	0,70711	45
	60'	50'	40'	30'	20'	10'	0'	Grad
				Sinus				

Grad	Tangens							Grad
	0′	10′	20′	30′	40′	50′	60′	
0	0,00000	0,00291	0,00582	0,00873	0,01164	0,01455	0,01746	89
1	0,01746	0,02036	0,02328	0,02619	0,02910	0,03201	0,03492	88
2	0,03492	0,03783	0,04075	0,04366	0,04658	0,04949	0,05241	87
3	0,05241	0,05533	0,05824	0,06116	0,06408	0,06700	0,06993	86
4	0,06993	0,07285	0,07578	0,07870	0,08163	0,08456	0,08749	85
5	0,08749	0,09042	0,09335	0,09629	0,09923	0,10216	0,10510	84
6	0,10510	0,10805	0,11099	0,11394	0,11688	0,11983	0,12278	83
7	0,12278	0,12574	0,12869	0,13165	0,13461	0,13758	0,14054	82
8	0,14054	0,14351	0,14648	0,14945	0,15243	0,15540	0,15838	81
9	0,15838	0,16137	0,16435	0,16734	0,17033	0,17333	0,17633	80
10	0,17633	0,17933	0,18233	0,18534	0,18835	0,19136	0,19438	79
11	0,19438	0,19740	0,20042	0,20345	0,20648	0,20952	0,21256	78
12	0,21256	0,21560	0,21864	0,22169	0,22475	0,22781	0,23087	77
13	0,23087	0,23393	0,23700	0,24008	0,24316	0,24624	0,24933	76
14	0,24933	0,25242	0,25552	0,25862	0,26172	0,26483	0,26795	75
15	0,26795	0,27107	0,27419	0,27732	0,28046	0,28360	0,28675	74
16	0,28675	0,28990	0,29305	0,29621	0,29938	0,30255	0,30573	73
17	0,30573	0,30891	0,31210	0,31530	0,31850	0,32171	0,32492	72
18	0,32492	0,32814	0,33136	0,33460	0,33783	0,34108	0,34433	71
19	0,34433	0,34758	0,35085	0,35412	0,35740	0,36068	0,36397	70
20	0,36397	0,36727	0,37057	0,37388	0,37720	0,38053	0,38386	69
21	0,38386	0,38721	0,39055	0,39391	0,39727	0,40065	0,40403	68
22	0,40403	0,40741	0,41081	0,41421	0,41763	0,42105	0,42447	67
23	0,42447	0,42791	0,43136	0,43481	0,43828	0,44175	0,44523	66
24	0,44523	0,44872	0,45222	0,45573	0,45924	0,46277	0,46631	65
25	0,46631	0,46985	0,47341	0,47698	0,48055	0,48414	0,48773	64
26	0,48773	0,49134	0,49495	0,49858	0,50222	0,50587	0,50953	63
27	0,50953	0,51319	0,51688	0,52057	0,52427	0,52798	0,53171	62
28	0,53171	0,53545	0,53920	0,54296	0,54637	0,55051	0,55431	61
29	0,55431	0,55812	0,56194	0,56577	0,56962	0,57348	0,57735	60
30	0,57735	0,58124	0,58513	0,58905	0,59297	0,59691	0,60086	59
31	0,60086	0,60483	0,60881	0,61280	0,61681	0,62083	0,62487	58
32	0,62487	0,62892	0,63299	0,63707	0,64117	0,64528	0,64941	57
33	0,64941	0,65355	0,65771	0,66189	0,66608	0,67028	0,67451	56
34	0,67451	0,67875	0,68301	0,68728	0,69157	0,69588	0,70021	55
35	0,70021	0,70455	0,70891	0,71329	0,71769	0,72211	0,72654	54
36	0,72654	0,73100	0,73547	0,73996	0,74447	0,74900	0,75355	53
37	0,75355	0,75812	0,76272	0,76733	0,77196	0,77661	0,78129	52
38	0,78129	0,78598	0,79070	0,79544	0,80020	0,80498	0,80978	51
39	0,80978	0,81461	0,81946	0,82434	0,82923	0,83415	0,83910	50
40	0,83910	0,84407	0,84906	0,85408	0,85912	0,86419	0,86929	49
41	0,86929	0,87441	0,87955	0,88473	0,88992	0,89515	0,90040	48
42	0,90040	0,90569	0,91099	0,91633	0,92170	0,92709	0,93252	47
43	0,93252	0,93797	0,94345	0,94896	0,95451	0,96008	0,96569	46
44	0,96569	0,97133	0,97700	0,98270	0,98843	0,99420	1,00000	45
	60′	50′	40′	30′	20′	10′	0′	Grad
	Cotangens							

Grad	0′	10′	20′	30′	40′	50′	60′	
				Cotangens				
0	∞	343,77371	171,88540	114,58865	85,93979	68,75009	57,28996	89
1	57,28996	49,10388	42,96408	38,18846	34,36777	31,24158	28,63625	88
2	28,63625	26,43160	24,54176	22,90377	21,47040	20,20555	19,08114	87
3	19,08114	18,07498	17,16934	16,34986	15,60478	14,92442	14,30067	86
4	14,30067	13,72674	13,19688	12,70621	12,25051	11,82617	11,43005	85
5	11,43005	11,05943	10,71191	10,38540	10,07803	9,78817	9,51436	84
6	9,51436	9,25530	9,00983	8,77689	8,55555	8,34496	8,14435	83
7	8,14435	7,95302	7,77035	7,59575	7,42871	7,26873	7,11537	82
8	7,11537	6,96823	6,82694	6,69116	6,56055	6,43484	6,31375	81
9	6,31375	6,19703	6,08444	5,97576	5,87080	5,76937	5,67128	80
10	5,67128	5,57638	5,48451	5,39552	5,30928	5,22566	5,14455	79
11	5,14455	5,06584	4,98940	4,91516	4,84300	4,77286	4,70463	78
12	4,70463	4,63825	4,57363	4,51071	4,44942	4,38969	4,33148	77
13	4,33148	4,27471	4,21933	4,16530	4,11256	4,06107	4,01078	76
14	4,01078	3,96165	3,91364	3,86671	3,82083	3,77595	3,73205	75
15	3,73205	3,68909	3,64705	3,60588	3,56557	3,52609	3,48741	74
16	3,48741	3,44951	3,41236	3,37594	3,34023	3,30521	3,27085	73
17	3,27085	3,23714	3,20406	3,17159	3,13972	3,10842	3,07768	72
18	3,07768	3,04749	3,01782	2,98869	2,96004	2,93189	2,90421	71
19	2,90421	2,87700	2,85023	2,82391	2,79802	2,77254	2,74748	70
20	2,74748	2,72281	2,69853	2,67462	2,65109	2,62791	2,60509	69
21	2,60509	2,58261	2,56046	2,53865	2,51715	2,49597	2,47509	68
22	2,47509	2,45451	2,43422	2,41421	2,39449	2,37504	2,35585	67
23	2,35585	2,33693	2,31826	2,29984	2,28167	2,26374	2,24604	66
24	2,24604	2,22857	2,11132	2,19430	2,17749	2,16090	2,14451	65
25	2,14451	2,12832	2,11233	2,09654	2,08094	2,06553	2,05030	64
26	2,05030	2,03526	2,02039	2,00569	1,99116	1,97680	1,96261	63
27	1,96261	1,94858	1,93470	1,92098	1,90741	1,89400	1,88073	62
28	1,88073	1,86760	1,85462	1,84177	1,82906	1,81649	1,80405	61
29	1,80405	1,79174	1,77955	1,76749	1,75556	1,74375	1,73205	60
30	1,73205	1,72047	1,70901	1,69766	1,68643	1,67530	1,66428	59
31	1,66428	1,65337	1,64256	1,63185	1,62125	1,61074	1,60033	58
32	1,60033	1,59002	1,57981	1,56969	1,55966	1,54972	1,53987	57
33	1,53987	1,53010	1,52043	1,51084	1,50133	1,49190	1,48256	56
34	1,48256	1,47330	1,46411	1,45501	1,44598	1,43703	1,42815	55
35	1,42815	1,41934	1,41061	1,40195	1,39336	1,38484	1,37638	54
36	1,37638	1,36800	1,35968	1,35142	1,34323	1,33511	1,32704	53
37	1,32704	1,31904	1,31110	1,30323	1,29541	1,28764	1,27994	52
38	1,27994	1,27230	1,26471	1,25717	1,24969	1,24227	1,23490	51
39	1,23490	1,22758	1,22031	1,21310	1,20593	1,19882	1,19175	50
40	1,19175	1,18474	1,17777	1,17085	1,16398	1,15715	1,15037	49
41	1,15037	1,14363	1,13694	1,13029	1,12369	1,11713	1,11061	48
42	1,11061	1,10414	1,09770	1,09131	1,08496	1,07864	1,07237	47
43	1,07237	1,06613	1,05994	1,05378	1,04766	1,04158	1,03553	46
44	1,03553	1,02952	1,02355	1,01761	1,01170	1,00583	1,00000	45
	60′	50′	40′	30′	20′	10′	0′	Grad
				Tangens				

Zeichnen wir in Fig. 103, um das Wachsen der Winkelfunktionen zu
verfolgen, vier verschiedene Winkel α in den ersten Quadranten, so würde
durch das Einzeichnen der Funktionen die Anschaulichkeit der Dar-

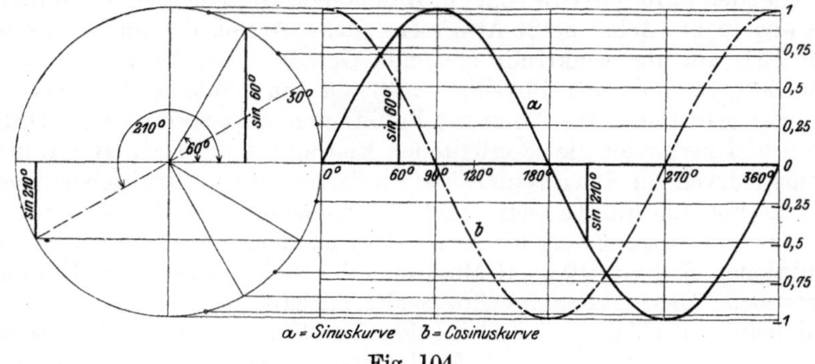

Fig. 104.

stellung leiden. Übersichtlicher wird folgende Art: Wir denken uns den
Kreis in D aufgeschnitten und zu einer Geraden gestreckt (Fig. 104).
Dann liegen die vier Punkte auf dieser Geraden und bestimmen

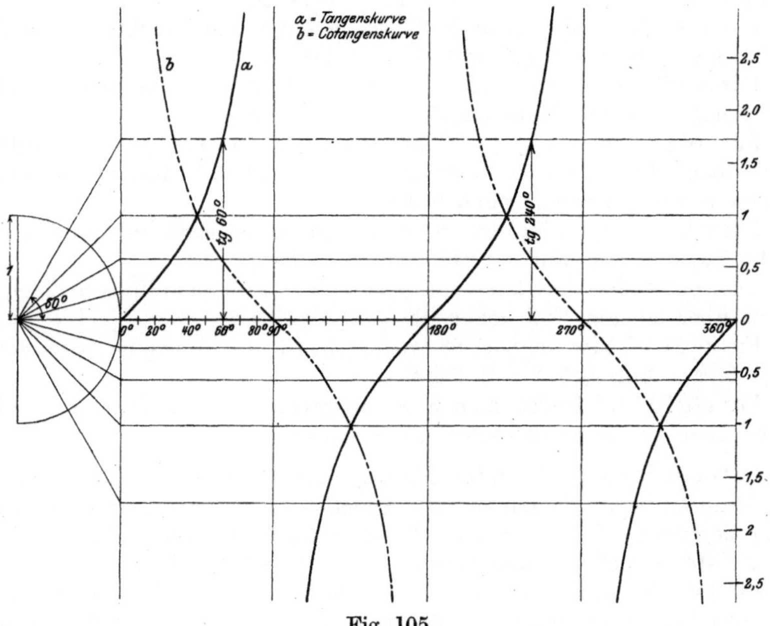

Fig. 105.

die Winkel α im Bogenmaß, wenn wir beachten, daß der Umfang eines
Kreises vom Radius 1 gleich 2π ist. Statt des Bogenmaßes kann natür-
lich das Gradmaß beibehalten werden, wie es Fig. 104 zeigt. Um den
Verlauf der Funktionen, d. h. ihr Wachsen und Fallen, mit wachsendem

Winkel darzustellen, kommt es nicht darauf an, daß die Länge der abgewickelten Kreislinie im Maßstabe 1 : 1 gezeichnet wird; es genügt, wenn gleiche Teilung vorgesehen wird und die Teilpunkte mit den entsprechenden Ziffern in Grad oder in Bruchteilen von π bezeichnet werden. Die wagerechte Achse heißt Abszissen- oder x-Achse, die im Punkte $0°$ (Fig. 104) auf ihr senkrecht stehende Gerade heißt Ordinaten- oder y-Achse (vgl. Abschnitt Physik, S. 128), zu den Winkeln als Abszissen zeichnet man Punkt für Punkt die Funktionen $\sin \alpha$ und $\cos \alpha$ als Ordinaten und verbindet die so erhaltenen Endpunkte der Ordinaten durch stetige Kurven, die Sinus- und Cosinuslinie heißen. In gleicher Weise sind in Fig. 105 die Tangens- und Cotangenslinie gezeichnet.

1. **Steigende Funktionen.** Benutzung der Tabellen: Die Funktionen sind von 10 zu 10 Minuten auf 5 Stellen hinter dem Komma angegeben. Die erste senkrechte Spalte enthält die vollen Grade; sie wird beim Aufschlagen einer Funktion für Winkel von $0 \div 45°$ zuerst benutzt; z. B. $\sin 17° 40' = ?$ In der ersten Spalte, S. 85, sucht man die 17 und geht wagerecht nach rechts, bis man die Spalte hat, die am Kopf 40' zeigt. Wagerecht 17 nach rechts und senkrecht unter 40' am Kopf ergibt $\sin 17° 40' = 0{,}30348$.

Für $\cos 42° 10'$ findet man S. 86 wagerecht 42 nach rechts und senkrecht unter 10' am Kopf $\cos 42° 10' = 0{,}74120$.

Für $\operatorname{tg} 6° 50'$ findet man S. 87 wagerecht 6 nach rechts und senkrecht unter 50' am Kopf $\operatorname{tg} 6° 50' = 0{,}11983$.

Für $\operatorname{ctg} 25° 30'$ findet man S. 88 wagerecht 25 nach rechts und senkrecht unter 30' am Kopf $\operatorname{ctg} 25° 30' = 2{,}09654$.

Für Winkel von $45° \div 90°$ benutzen wir die Tabellen von unten nach oben! Die rechte letzte Spalte gibt die vollen Grade, die Minuten zählen unten wagerecht nach links.

Für $\sin 84° 50'$ findet man S. 86 wagerecht 84 nach links und senkrecht über 50' am Fuß $\sin 84° 50' = 0{,}99594$.

Für $\cos 63° 20'$ findet man S. 85 wagerecht 63 nach links und senkrecht über 20' am Fuß $\cos 63° 20' = 0{,}44880$.

Für $\operatorname{tg} 51°$ findet man S. 88 wagerecht 51 nach links und senkrecht über 0' am Fuß $\operatorname{tg} 51° = 1{,}23490$.

Für $\operatorname{ctg} 70° 40'$ findet man S. 87 wagerecht 70 nach links und senkrecht über 40' am Fuß $\operatorname{ctg} 70° 40' = 0{,}35085$.

Interpolation. Auch für Winkel, die zwischen den vollen Zehnern der Minuten liegen, lassen sich die Tabellen mit ausreichender Annäherung benutzen. Es sei $\sin 28° 43'$ zu bestimmen. Die Tabelle liefert $\sin 28° 40' = 0{,}47971$ und $\sin 28° 50' = 0{,}48226$; dazwischen liegt $\sin 28° 43'$. Nimmt man an, daß der Sinus in jeder Minute um den gleichen Betrag zunimmt, so wächst er pro Minute um den 10. Teil der Differenz zwischen $\sin 28° 40'$ und $\sin 28° 50'$, das ist um

$$0{,}1 \cdot (0{,}48226 - 0{,}47971) = 0{,}1 \cdot 0{,}00255 = 0{,}000255;$$

dann wächst der Sinus in 3' um

$$3 \cdot 0{,}000255 = 0{,}000765 = 0{,}00077.$$

Es muß auf 5 Stellen abgerundet werden, da die Tabellenwerte fünf-
stellig sind. Insgesamt erhält man demnach für

$$\sin 28° 43' = \sin 28° 40' + \text{Zuwachs infolge } 3'$$
$$= 0,47971 + 0,00077 = 0,48048.$$

Man nennt diese Art der Ermittlung von Zwischenwerten Interpolation; die Tätigkeit heißt interpolieren. Setzt man, wie wir getan
haben, gleichmäßige Zunahme der Funktion voraus, so heißt die Interpolation geradlinig (vgl. Fig. 62). Die Differenz der Tafelwerte heißt
Tafeldifferenz. Um Schreibarbeit zu sparen, läßt man Komma und
Nullen hinter dem Komma weg, denkt sich also gewissermaßen die Ziffern hinter dem Komma als ganze Zahl, so daß als Tafeldifferenz nicht
0,00255, sondern 255 erscheint; der Zuwachs pro Minute wäre dann
$0,1 \cdot 255 = 25,5$; auf $3'$ kämen $3 \cdot 25,5 = 77$. Dieser Zuwachs muß
dann auf ganze Zahlen abgerundet werden; er wird zu dem kleineren
Tafelwert folgendermaßen addiert:

$$\sin 28° 40' = 0,47971$$
$$\text{Zuwachs für } 3' = 3 \cdot \frac{255}{10} = \quad 77 \text{ (wobei 255 gleich der Tafeldifferenz ist)}$$
$$\overline{\sin 28° 43' = 0,48048}$$

Soll zu einer gegebenen Funktion der Winkel gesucht werden, so
geht der Weg der Lösung in umgekehrter Richtung. Es sei $\operatorname{tg} \alpha = 0,76454$;
α ist in Graden und Minuten zu bestimmen. Da $\operatorname{tg} \alpha < 1$ ist, suchen wir
in der Tabelle S. 87 von oben nach unten die nächst kleinere Zahl
und finden 0,76272; der dazugehörige Winkel ist $37° 20'$. Da $\operatorname{tg} 37° 30'$
$= 0,76733$ ist, muß der gesuchte Winkel α zwischen $37° 20'$ und $37°$
$30'$ liegen. Den genauen Wert finden wir wieder durch geradlinige Interpolation. Wächst der tg von 0,76272 auf 0,76733, d. h. um

$$0,76733 - 0,76272 = 0,00461,$$

so wächst der Winkel um $10'$. Die Frage ist jetzt: Um wieviel Minuten
wächst der Winkel, wenn der Tangens von 0,76272 auf den gegebenen
Wert 0,76454 wächst?

Die Tafeldifferenz $733 - 272 = 461$ erhöht den Winkel um $10'$;

die Differenz $\quad 454 - 272 = 182 \quad$,, ,, ,, ,, $\dfrac{10 \cdot 182}{461} = 4'$.

Damit ergibt sich $\alpha = 37° 20' + 4' = 37° 24'$.

2. Fallende Funktionen. Die Kosinus- und Kotangensfunktion
fallen mit wachsendem Winkel; darauf ist bei der Benutzung der Tabellen zu achten. Es sei $\operatorname{ctg} 11° 17'$ zu bestimmen. Die Tabelle S. 88
liefert $\operatorname{ctg} 11° 10' = 5,06584$ und $\operatorname{ctg} 11° 20' = 4,98940$.
Wächst der Winkel um $10'$, so fällt die ctg um $5,06584 - 4,98940$; wächst
der Winkel um $7'$, so fällt die ctg um $\dfrac{5,06584 - 4,98940}{10} \cdot 7$. Schreibt

man auch hier ohne Komma, so wird

$$\operatorname{ctg} 11^\circ 10' = 5{,}06584$$

$$\text{Abnahme für } 7' = 7 \cdot \frac{7644}{10} = 5351$$

$$\operatorname{ctg} 11^\circ 17' = 5{,}01233 .$$

Es sei $\cos\alpha = 0{,}55300$; α ist gesucht. Als nächst größeren Wert findet man in der Tabelle S. 85 0,55436, zu dem der Winkel 56° 20′ gehört; $\cos 56^\circ 30'$ ist gleich 0,55194, die Tafeldifferenz also [55] 436 — [55] 194 = 242 . Jetzt lautet die Frage: Um wieviel Minuten wächst der Winkel, wenn der Cosinus von 0,55436 auf den gegebenen Wert 0,55300, d. h. um [55] 436 — [55] 300 = 136 fällt?

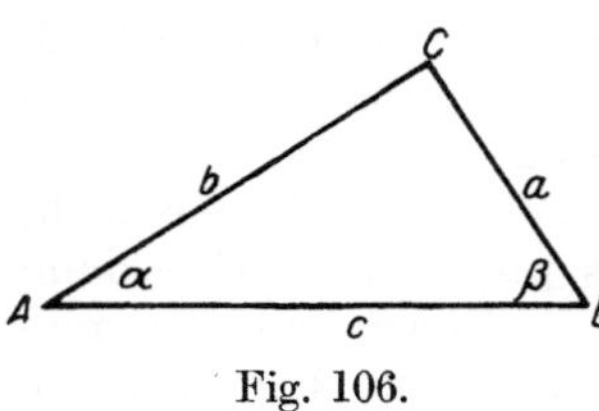
Fig. 106.

Die Tafeldifferenz 436 — 194 = 242 erhöht den Winkel um 10′;

die Differenz   436 — 300 = 136   erhöht den Winkel um $10' \cdot \dfrac{136}{242} = 6'$.

Damit ergibt sich $\alpha = 56^\circ 20' + 6' = 56^\circ 26'$.

Das rechtwinklige Dreieck.

Das rechtwinklige Dreieck ist bestimmt, wenn zwei Seiten oder eine Seite und ein spitzer Winkel gegeben sind. Daraus ergeben sich vier Grundaufgaben.

1. Gegeben die Hypotenuse c (Fig. 106) und ein spitzer Winkel, z. B. α .

Aus $\sin\alpha = \dfrac{a}{c}$ folgt $a = c \cdot \sin\alpha$; aus $\cos\alpha = \dfrac{b}{c}$ folgt $b = c \cdot \cos\alpha$

Aus $\alpha + \beta = 90^\circ$ folgt $\beta = 90^\circ - \alpha$.

2. Gegeben die beiden Katheten a und b .

Aus $\operatorname{tg}\alpha = \dfrac{a}{b}$ folgt α mit Hilfe der Tabellen,

,, $\alpha + \beta = 90^\circ$,, $\beta = 90^\circ - \alpha$

,, $a^2 + b^2 = c^2$,, $c = \sqrt{a^2 + b^2}$.

3. Gegeben die Hypotenuse c und eine Kathete a .

Aus $a^2 + b^2 = c^2$ folgt $b = \sqrt{c^2 - a^2}$

,, $\sin\alpha = \dfrac{a}{c}$,, α mit Hilfe der Tabellen,

,, $\alpha + \beta = 90^\circ$,, $\beta = 90^\circ - \alpha$.

4. Gegeben eine Kathete a und ein spitzer Winkel α .

Aus $\alpha + \beta = 90^\circ$ folgt $\beta = 90^\circ - \alpha$

,, $\sin\alpha = \dfrac{a}{c}$,, $c = \dfrac{a}{\sin\alpha}$

,, $\operatorname{tg}\alpha = \dfrac{a}{b}$,, $b = \dfrac{a}{\operatorname{tg}\alpha}$ oder $b = a \cdot \operatorname{ctg}\alpha$.

Beispiele. 1. Es sind die Längen der Stäbe a, c, d (Fig. 107) zu bestimmen. In dem rechtwinkligen Dreieck BEC ist

$$CE = 1{,}8 - 0{,}5 = 1{,}3 \text{ m};$$
$$BE = 0{,}6 \text{ m}, \quad \text{also} \quad a = \sqrt{1{,}3^2 + 0{,}6^2} = 1{,}432 \text{ m}.$$

In dem rechtwinkligen Dreieck AEB ist $c = \sqrt{0{,}5^2 + 0{,}6^2} = 0{,}781$ m.
In dem rechtwinkligen Dreieck FBD ist $d = \sqrt{1{,}9^2 + 0{,}5^2} = 1{,}965$ m.

2. Es ist die Länge CG des Lotes von C auf AB zu bestimmen. Mit $\sphericalangle\, CAG = \alpha$ wird in dem rechtwinkligen Dreieck CGA $CG = b \cdot \sin\alpha$.

Der Winkel α folgt aus $tg\,\alpha = \dfrac{BE}{AE} = \dfrac{0{,}6}{0{,}5} = 1{,}2$.

Die Tabelle S. 88 liefert $\alpha = 50° 11'$; somit $\sin\alpha = \sin 50° 11' = 0{,}768$, $CG = 1{,}8 \cdot 0{,}768 = 1{,}382$ m.

Will man $\sin\alpha$ ohne Tabelle aus $tg\,\alpha = 1{,}2$ errechnen, so verhilft Gleichung (17) dazu.

Aus $\sin\alpha = \dfrac{tg\,\alpha}{\sqrt{1 + tg^2\alpha}}$

folgt $\sin\alpha = \dfrac{1{,}2}{\sqrt{1 + 1{,}2^2}} = 0{,}768$.

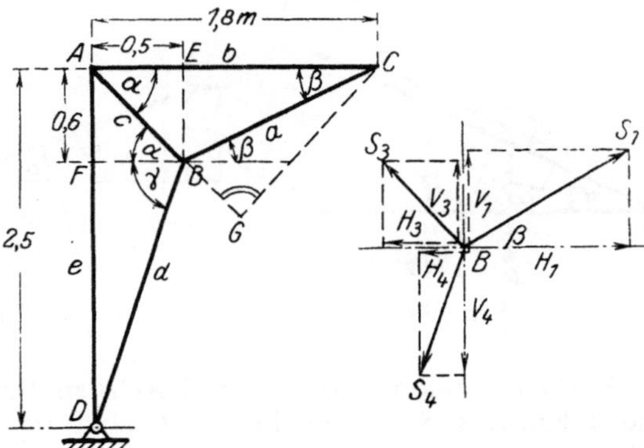

Fig. 107.

3. Es sollen die Gleichgewichtsbedingungen $\Sigma H = 0$ und $\Sigma V = 0$ für die Stabspannkräfte S_1, S_3 und S_4 aufgestellt werden, die im Punkte B des Kranes angreifen. Mit den Bezeichnungen der Fig. 107 folgt aus $\Sigma H = 0$: $H_1 - H_3 - H_4 = 0$ und infolge $H_1 = S_1 \cdot \cos\beta$;

$$H_3 = S_3 \cdot \cos\alpha; \quad H_4 = S_4 \cdot \cos\gamma \quad \text{wird}$$
$$S_1 \cdot \cos\beta - S_3 \cdot \cos\alpha - S_4 \cos\gamma = 0.$$

α bestimmt sich aus dem rechtwinkligen Dreieck ABE:

$$tg\,\alpha = \frac{0{,}6}{0{,}5} = 1{,}2, \text{ also } \alpha = 50° 11'; \cos\alpha = 0{,}641; \sin\alpha = 0{,}768.$$

β bestimmt sich aus dem rechtwinkligen Dreieck BEC:

$$tg\,\beta = \frac{0{,}6}{1{,}3} = 0{,}462; \beta = 24° 48'; \cos\beta = 0{,}908; \sin\beta = 0{,}419.$$

γ bestimmt sich aus dem rechtwinkligen Dreieck DFB:

$$tg\,\gamma = \frac{2{,}1}{0{,}5} = 4{,}2; \gamma = 76° 36'; \cos\gamma = 0{,}232; \sin\gamma = 0{,}973.$$

Demnach liefert $\Sigma H = 0$ die Bestimmungsgleichung:

$$0{,}908 \cdot S_1 - 0{,}641 \cdot S_3 - 0{,}232 \cdot S_4 = 0.$$

$\Sigma V = 0$ ergibt $V_1 + V_3 - V_4 = 0.$

Infolge
$$V_1 = S_1 \cdot \sin\beta; \quad V_3 = S_3 \cdot \sin\alpha; \quad V_4 = S_4 \cdot \sin\gamma$$

geht $\qquad\qquad S_1 \cdot \sin\beta + S_3 \cdot \sin\alpha - S_4 \cdot \sin\gamma = 0$

über in $\qquad\qquad 0{,}419 \cdot S_1 + 0{,}768 \cdot S_3 - 0{,}973 \cdot S_4 = 0\,.$

Ist S_1 bekannt, lassen sich S_3 und S_4 mit Hilfe dieser beiden Gleichungen errechnen (vgl. Abschnitt Mechanik, S. 160).

4. Es ist die Kraft P zu bestimmen, die ohne Rücksicht auf Reibung die Last Q (Fig. 108) hinaufzieht. Ersetzt man die schiefe Ebene durch ihren Normaldruck N und zerlegt die 3 Kräfte P, N, Q in ihre Seitenkräfte in Richtung der schiefen Ebene und senkrecht dazu, so erfordert $\Sigma X = 0 : P - Q \cdot \sin\alpha = 0; \; \Sigma Y = 0$ liefert $N - Q \cdot \cos\alpha = 0$. Daraus $P = Q \cdot \sin\alpha$ und $N = Q \cdot \cos\alpha$.

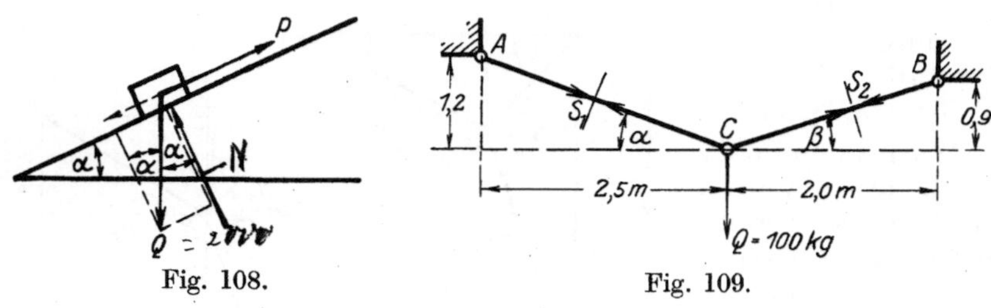

Fig. 108.   Fig. 109.

5. Die Spannkräfte in dem Seil ACB sind zu bestimmen (Fig. 109). Die 3 Kräfte $Q\,S_1\,S_2$ am Punkte C sind im Gleichgewicht; folglich müssen die Gleichgewichtsbedingungen erfüllt sein. $\Sigma H = 0$ liefert (Dreieck DFG und Dreieck EFH in Fig. 114):

$$DG - EH = 0$$

oder

$$S_1 \cdot \cos\alpha - S_2 \cdot \cos\beta = 0\,. \tag{1}$$

$\Sigma V = 0 \qquad$ liefert

$$DE - HF - FG = 0$$

oder $\qquad\qquad Q - S_2 \cdot \sin\beta - S_1 \cdot \sin\alpha = 0\,. \tag{2}$

Aus (1) folgt $\quad S_2 = S_1 \cdot \dfrac{\cos\alpha}{\cos\beta}$; eingesetzt in (2) ergibt

$$Q - S_1 \cdot \frac{\cos\alpha}{\cos\beta} \cdot \sin\beta - S_1 \cdot \sin\alpha = 0$$

$$Q - S_1 \cdot \left(\frac{\cos\alpha}{\cos\beta} \cdot \sin\beta + \sin\alpha \right) = 0$$

$$Q - S_1 \cdot \left(\frac{\cos\alpha}{\cos\beta} \cdot \sin\beta + \sin\alpha \cdot \frac{\cos\beta}{\cos\beta} \right) = 0$$

$$Q - S_1 \cdot \frac{\cos\alpha \cdot \sin\beta + \sin\alpha \cdot \cos\beta}{\cos\beta} = 0$$

$$S_1 = Q \cdot \frac{\cos\beta}{\sin\alpha \cdot \cos\beta + \cos\alpha \cdot \sin\beta}\,.$$

Der Nenner ist, wie später gezeigt wird (vgl. Beispiel 10; S. 97), gleich $\sin(\alpha + \beta)$; damit wird

$$S_1 = Q \cdot \frac{\cos\beta}{\sin(\alpha + \beta)}$$

$$S_2 = S_1 \cdot \frac{\cos\alpha}{\cos\beta} = Q \cdot \frac{\cos\beta}{\sin(\alpha + \beta)} \cdot \frac{\cos\alpha}{\cos\beta} = Q \cdot \frac{\cos\alpha}{\sin(\alpha + \beta)} \cdot$$

Aus $\quad \operatorname{tg}\alpha = \dfrac{1,2}{2,5} = 0,48 \quad$ folgt $\quad \alpha = 25°\,48'$ und $\cos\alpha = 0,900$.

Aus $\quad \operatorname{tg}\beta = \dfrac{0,9}{2,0} = 0,45 \quad$ folgt $\quad\begin{aligned}\beta &= 24°\,13'\\ \alpha + \beta &= 50°\,1'\end{aligned}$

und $\qquad \cos\beta = 0,911, \quad \sin(\alpha + \beta) = 0,766$

$$S_1 = 100 \cdot \frac{0,911}{0,766} = 119 \text{ kg}; \quad S_2 = 100 \cdot \frac{0,9}{0,766} = 117 \text{ kg}.$$

6. Es sind die Projektionen der Strecke AB (Fig. 110) auf die Wagerechte x und Senkrechte y zu bestimmen. Lotet man die Endpunkte A und B auf x und y, so erhält man $A_1 B_1$ bzw. $A_2 B_2$. Aus $A_1 B_1 = AC$ folgt in dem rechtwinkligen Dreieck ACB

$$A_1 B_1 = AC = AB \cdot \cos\alpha.$$

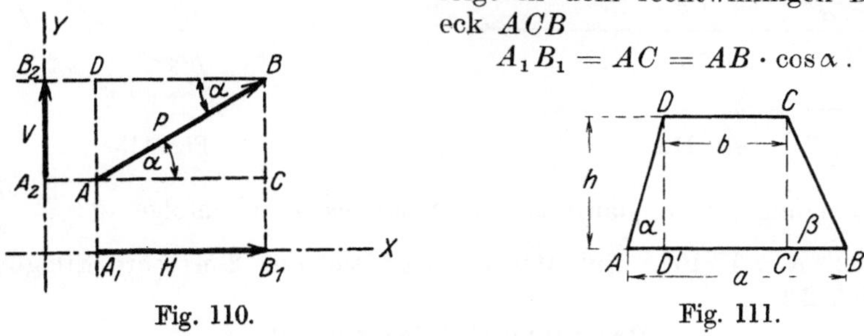

Fig. 110.   Fig. 111.

Aus $A_2 B_2 = AD$ folgt aus dem rechtwinkligen Dreieck ADB

$$A_2 B_2 = AD = AB \cdot \sin\alpha.$$

Bemerkung: Stellt AB eine Kraft P dar, dann ist $A_1 B_1 = H = P \cdot \cos\alpha$ die wagerechte, $A_2 B_2 = P \cdot \sin\alpha$ die senkrechte Seitenkraft.

8. Aus a, α, β und h sind die übrigen Seiten des Trapezes (Fig. 111) zu berechnen.

Das rechtwinklige Dreieck ADD' liefert infolge

$$\sin\alpha = \frac{DD'}{AD} \quad AD = \frac{h}{\sin\alpha}, \quad \text{infolge} \quad \operatorname{tg}\alpha = \frac{DD'}{AD'} \quad AD' = \frac{h}{\operatorname{tg}\alpha}.$$

Das rechtwinklige Dreieck BCC' liefert infolge

$$\sin\beta = \frac{CC'}{BC} \quad BC = \frac{h}{\sin\beta}, \quad \text{infolge} \quad \operatorname{tg}\beta = \frac{CC'}{BC'} \quad BC' = \frac{h}{\operatorname{tg}\beta}.$$

Aus $CD = C'D' = AB - AD' - BC'$ folgt

$$b = a - \frac{h}{\operatorname{tg}\alpha} - \frac{h}{\operatorname{tg}\beta} \quad \text{oder} \quad b = a - h\left(\frac{1}{\operatorname{tg}\alpha} + \frac{1}{\operatorname{tg}\beta}\right)$$

$$b = a - h\,(\operatorname{ctg}\alpha + \operatorname{ctg}\beta),$$

z. B. $a = 52 \text{ mm}; \quad \alpha = 70° 20'; \quad \beta = 57° 15'; \quad h = 30 \text{ mm}.$

$$AD = \frac{30}{\sin 70° 20'} = \frac{30}{0,942} = 31,9 \text{ mm},$$

$$BC = \frac{30}{\sin 57° 15'} = \frac{30}{0,839} = 36,2 \text{ mm},$$

$b = 52 - 30\,(\operatorname{ctg} 70° 20' + \operatorname{ctg} 57° 15') = 52 - 30 \cdot (0,357 + 0,647)$
$= 21,9 \text{ mm}.$

7. Unter der Steigung einer Geraden versteht man die trigonometrische Tangente ihres Neigungswinkels gegen die Wagerechte und gibt diesen Wert in der Form $1 : n$ oder in Prozenten an. In Fig. 112 ist

$\operatorname{tg}\alpha = \dfrac{1}{n} = \dfrac{p}{100}$; z. B. eine Straße habe

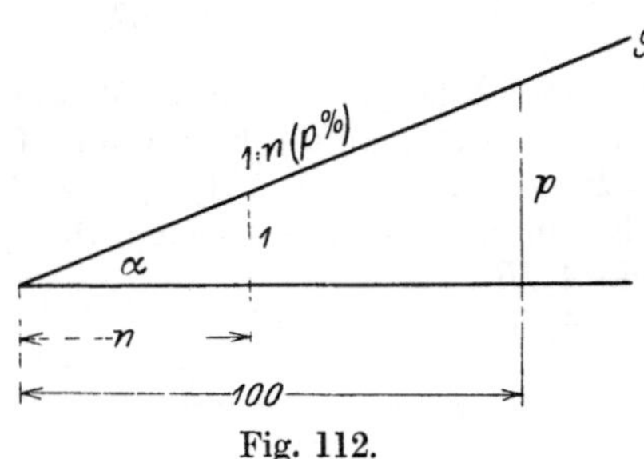

Fig. 112.

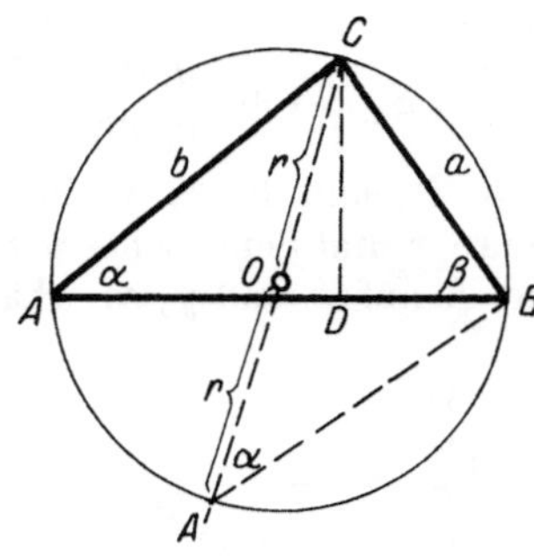

Fig. 113.

die Steigung $1 : 50$, dann ist ihr Neigungswinkel infolge $\operatorname{tg}\alpha = \dfrac{1}{50}$
$= 0,02: \alpha = 1° 10'.$ Auf 100 m steigt sie um 2 m; ihre Steigung beträgt $2°/_0$.

Das schiefwinklige Dreieck.

Die Aufgabe heißt: Es sind Beziehungen zwischen den Seiten und Winkeln des Dreiecks aufzustellen.

1. Der Sinussatz. In Fig. 113 sind a und b zwei Seiten, α und β die entsprechenden gegenüberliegenden Winkel. Zieht man die Höhe CD. so folgt aus dem rechtwinkligen Dreieck ACD

$$\sin\alpha = \frac{CD}{b} \quad \text{und daraus} \quad CD = b \cdot \sin\alpha.$$

Aus dem rechtwinkligen Dreieck BCD folgt

$$\sin\beta = \frac{CD}{a} \quad \text{und daraus} \quad CD = a \cdot \sin\beta.$$

Wir erhalten, da die linken Seiten beider Gleichungen gleich sind.

$$b \cdot \sin\alpha = a \cdot \sin\beta \quad \text{oder} \quad \frac{a}{b} = \frac{\sin\alpha}{\sin\beta}.$$

Fällt man das Lot von A auf BC, so erhält man

$$c \cdot \sin\beta = b \cdot \sin\gamma \quad \text{oder} \quad \frac{b}{c} = \frac{\sin\beta}{\sin\gamma}.$$

Fällt man das Lot von B auf AC, so erhält man

$$c \cdot \sin\alpha = a \cdot \sin\gamma \quad \text{oder} \quad \frac{a}{c} = \frac{\sin\alpha}{\sin\gamma}.$$

Die drei Gleichungen ergeben die fortlaufende Proportion

$$a : b : c = \sin\alpha : \sin\beta : \sin\gamma \quad \text{oder} \quad \frac{a}{\sin\alpha} = \frac{b}{\sin\beta} = \frac{c}{\sin\gamma}.$$

Ist O der Mittelpunkt des umbeschriebenen Kreises, so ist CBA' ein rechtwinkliges Dreieck, in dem $\sphericalangle CA'B = CAB = \alpha$ ist, und aus dem

$$\sin\alpha = \frac{a}{2r}, \quad \text{d. h.} \quad \frac{a}{\sin\alpha} = 2r \text{ folgt. Da-}$$

mit geht unsere Gleichung über in

$$\frac{a}{\sin\alpha} = \frac{b}{\sin\beta} = \frac{c}{\sin\gamma} = 2r.$$

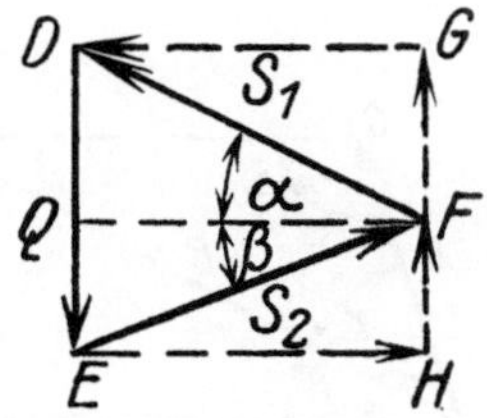

2. **Der Kosinussatz.** Aus dem rechtwinkligen Dreieck BCD folgt

$$a^2 = \overline{CD}^2 + \overline{BD}^2 = \overline{CD}^2 + (c - AD)^2.$$

Mit $CD = b \cdot \sin\alpha$ (aus dem rechtwinkligen Dreieck ADC) und $AD = b \cdot \cos\alpha$ wird

$$a^2 = (b\sin\alpha)^2 + (c - b\cdot\cos\alpha)^2 = b^2 \cdot \sin^2\alpha + c^2 - 2bc\cdot\cos\alpha + b^2\cos^2\alpha$$
$$= b^2(\sin^2\alpha + \cos^2\alpha) + c^2 - 2bc\cdot\cos a$$

oder, da nach Gleichung (10) $\sin^2\alpha + \cos^2\alpha = 1$ ist,

$$a^2 = b^2 + c^2 - 2bc\cdot\cos\alpha.$$

In gleicher Weise erhält man

$$b^2 = a^2 + c^2 - 2ac\cdot\cos\beta \quad \text{und} \quad c^2 = a^2 + b^2 - 2ab\cdot\cos\gamma.$$

Beispiele. 10. Löst man in Beispiel 6 die Aufgabe zeichnerisch, so erhält man das Dreieck DEF. Mit den Bezeichnungen der Fig. 114 wird nach dem Sinussatz

$$Q : S_1 = \sin(\alpha + \beta) : \sin DEF \quad \text{und daraus} \quad S_1 = \frac{Q \cdot \sin DEF}{\sin(\alpha + \beta)}.$$

Mit $\sin DEF = \sin(90° - \beta) = \cos\beta$ geht die Gleichung über in

$$S_1 = Q \cdot \frac{\cos\beta}{\sin(\alpha + \beta)}.$$

Ferner ist nach dem Sinussatz

$$Q : S_2 = \sin(\alpha + \beta) : \sin EDF, \quad \text{d. h.} \quad S_2 = \frac{Q \cdot \sin EDF}{\sin(\alpha + \beta)}.$$

Mit $\sin EDF = \sin(90° - \alpha) = \cos\alpha$ erhält man

$$S_2 = Q \cdot \frac{\cos\alpha}{\sin(\alpha + \beta)}.$$

11. Von einem Dreieck seien die Seite a und die Winkel α und β gegeben.

$$a = 50 \text{ mm}; \quad \alpha = 110° \, 45'; \quad \beta = 35° \, 30'.$$

Aus $\quad a : b = \sin\alpha : \sin\beta \quad$ folgt $\quad b = a \cdot \dfrac{\sin\beta}{\sin\alpha}.$

Fig. 114.

Ferner ist $\qquad \gamma = 180° - (\alpha + \beta)$.

Aus $\qquad a : c = \sin\alpha : \sin\gamma \qquad$ folgt $\qquad c = a \cdot \dfrac{\sin\gamma}{\sin\alpha}$,

oder (Fig. 113) $\quad AB = c = b \cdot \cos\alpha + a \cdot \cos\beta$.

Der Flächeninhalt des Dreiecks ist $F = \frac{1}{2} \cdot c \cdot CD$ (Fig. 79).

Mit $CD = a \cdot \sin\beta$ wird $F = \frac{1}{2} \cdot c \cdot a \cdot \sin\beta = \frac{1}{2} a^2 \cdot \dfrac{\sin\beta \cdot \sin\gamma}{\sin\alpha}$.

Zahlenbeispiel: $b = 50 \cdot \dfrac{\sin 35° \, 30'}{\sin 110° \, 45'} = 50 \cdot \dfrac{\sin 35° \, 30'}{\sin 69° \, 15'} = 50 \cdot \dfrac{0,581}{0,935}$

$$b = 31,1 \text{ mm}$$

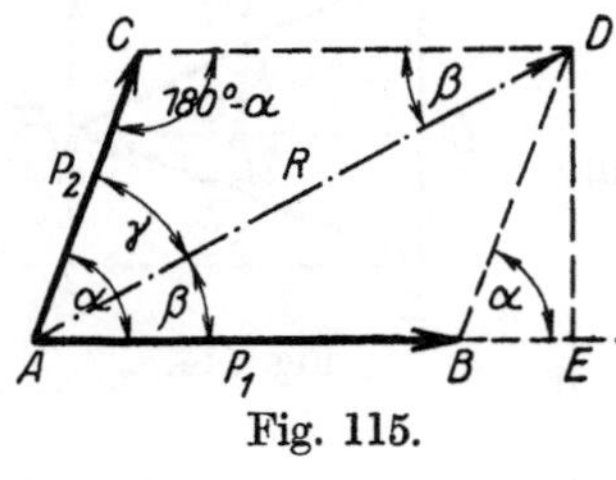

Fig. 115.

$$
\begin{aligned}
\alpha &= 110° \, 45' \\
\beta &= 35° \, 30' \\
\hline
\alpha + \beta &= 146° \, 15' \\
180° &= 179° \, 60' \\
\hline
\gamma &= 33° \, 45'
\end{aligned}
$$

$c = 50 \cdot \dfrac{\sin 33° \, 45'}{\sin 110° \, 45'}$

$c = 50 \cdot \dfrac{0,556}{0,935}$

$c = 29,7$ mm

$F = \frac{1}{2} \cdot 50^2 \cdot \dfrac{\sin 35° \, 30' \cdot \sin 33° \, 45'}{\sin 110° \, 45'}$

$= \frac{1}{2} \cdot 2500 \cdot \dfrac{0,581 \cdot 0,556}{0,935}$; $\quad F = 433$ mm².

12. Es ist die Resultante R (Fig. 115) aus den Seitenkräften P_1 und P_2 und dem von ihnen eingeschlossenen Winkel zu berechnen. In dem Dreieck ACD ist $\sphericalangle ACD = 180° - \alpha$, $CD = P_1$, folglich nach dem Kosinussatze

$$R^2 = P_1^2 + P_2^2 - 2\,P_1\,P_2 \cdot \cos(180° - \alpha).$$

Mit $\cos(180° - \alpha) = -\cos\alpha$, vgl. Gleichung (26), wird

$$R = \sqrt{P_1^2 + P_2^2 + 2\,P_1 P_2 \cdot \cos\alpha}\,.$$

Die Neigung β der Resultante gegen P_1 ergibt sich aus dem rechtwinkligen Dreieck ADE zu

$$\operatorname{tg}\beta = \frac{DE}{AB + BE} = \frac{P_2 \cdot \sin\alpha}{P_1 + P_2 \cdot \cos\alpha}\,.$$

Zahlenbeispiel: $\quad P_1 = 4,5\,t; \qquad P_2 = 3\,t; \qquad \alpha = 80°; \quad \cos\alpha = 0,174;$

$$\sin\alpha = 0,985$$

$$R = \sqrt{4,5^2 + 3^2 + 2 \cdot 4,5 \cdot 3 \cdot 0,174} = \sim 5,83\,t$$

$$\operatorname{tg}\beta = \frac{3 \cdot 0,985}{4,5 + 3 \cdot 0,174} = \frac{2,955}{5,022} = 0,589; \quad \beta = 30° \, 30'\,.$$

Die Funktionen von Winkelsummen.

In dem Beispiel 5 S. 94 ergab sich $S_1 = Q \cdot \dfrac{\cos\beta}{\sin\alpha \cdot \cos\beta + \cos\alpha \cdot \sin\beta}$.

Beispiel 10 S. 97 ergab für dieselbe Aufgabe $\quad S_1 = Q \cdot \dfrac{\cos\beta}{\sin(\alpha + \beta)}$.

Aus $S_1 = S_1$ folgt
$$\sin(\alpha + \beta) = \sin\alpha \cdot \cos\beta + \cos\alpha \cdot \sin\beta \ldots\ldots\ldots (29)$$

Zu demselben Ergebnis gelangt man mit Hilfe der Fig. 116, der der Kreis mit dem Radius 1 zugrunde gelegt ist. Hält man an der Erklärung fest, daß der Sinus gleich dem Lot vom Endpunkt des beweglichen Radius auf den festen ist, so wird
$$\sin(\alpha + \beta) = EA = ED + DA.$$

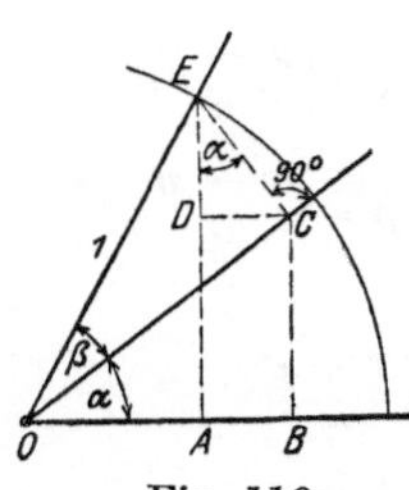

Fig. 116.

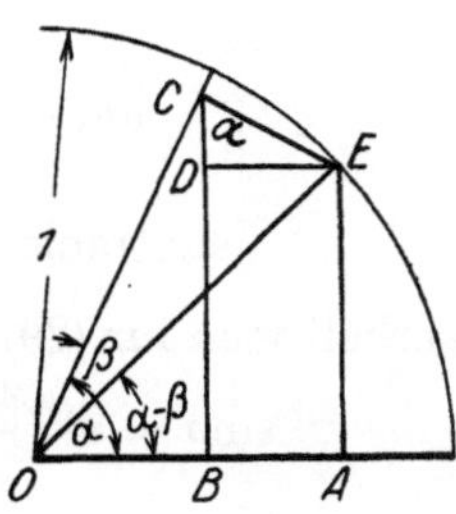

Fig. 117.

Aus dem rechtwinkligen Dreieck EDC folgt
$$ED = EC \cdot \cos\alpha.$$
Aus dem rechtwinkligen Dreieck ECO folgt
$$EC = \sin\beta.$$
Wegen $CD = AB$ wird
$$DA = CB.$$
Aus dem rechtwinkligen Dreieck OBC folgt
$$CB = OC \cdot \sin\alpha.$$

Aus dem rechtwinkligen Dreieck OCE folgt $OC = \cos\beta$.

Setzt man die gefundenen Werte in die Gleichung für $\sin(\alpha + \beta)$ ein, so erhält man $\sin(\alpha + \beta) = \sin\alpha \cdot \cos\beta + \cos\alpha \cdot \sin\beta$.

In gleicher Weise liefert die Fig. 116
$$\cos(\alpha + \beta) = OA = OB - AB$$
$$OB = OC \cdot \cos\alpha = \cos\beta \cdot \cos\alpha$$
$$AB = CD = EC \cdot \sin\alpha = \sin\beta \cdot \sin\alpha,$$
folglich
$$\cos(\alpha + \beta) = \cos\alpha \cdot \cos\beta - \sin\alpha \cdot \sin\beta \ldots\ldots\ldots (30)$$
Die Formeln 29 und 30 gelten auch für $\alpha + \beta > 90°$.

Mit den Bezeichnungen der Fig. 117 erhält man in ähnlicher Weise
$$\sin(\alpha - \beta) = EA = CB - CD$$
$$CB = OC \cdot \sin\alpha = \cos\beta \cdot \sin\alpha$$
$$CD = EC \cdot \cos\alpha = \sin\beta \cdot \cos\alpha$$
$$\sin(\alpha - \beta) = \sin\alpha \cdot \cos\beta - \cos\alpha \cdot \sin\beta \ldots\ldots\ldots (31)$$
$$\cos(\alpha - \beta) = OA = OB + BA$$
$$OB = OC \cdot \cos\alpha = \cos\beta \cdot \cos\alpha$$
$$BA = DE = EC \cdot \sin\alpha = \sin\beta \cdot \sin\alpha$$
$$\cos(\alpha - \beta) = \cos\alpha \cdot \cos\beta + \sin\alpha \cdot \sin\beta \ldots\ldots\ldots (32)$$

Setzt man in die Gleichung $\tg(\alpha + \beta) = \dfrac{\sin(\alpha + \beta)}{\cos(\alpha + \beta)}$ die eben gefundenen Werte (29; 30) ein, so ergibt sich
$$\tg(\alpha + \beta) = \frac{\tg\alpha + \tg\beta}{1 - \tg\alpha \cdot \tg\beta} \ldots\ldots\ldots\ldots\ldots (33)$$
In gleicher Weise erhält man
$$\tg(\alpha - \beta) = \frac{\tg\alpha - \tg\beta}{1 + \tg\alpha \cdot \tg\beta} \ldots\ldots\ldots\ldots\ldots (34)$$

Setzt man in (29) $\quad \beta = \alpha$, so geht (29) über in

$$\sin(\alpha + \alpha) = \sin\alpha \cdot \cos\alpha + \cos\alpha \cdot \sin\alpha$$

$$\sin 2\alpha = 2 \cdot \sin\alpha \cdot \cos\alpha \dots\dots\dots\dots\dots\dots (35)$$

Aus Gleichung (30) folgt

$$\cos(\alpha + \alpha) = \cos\alpha \cdot \cos\alpha - \sin\alpha \cdot \sin\alpha$$

$$\cos 2\alpha = \cos^2\alpha - \sin^2\alpha \dots\dots\dots\dots\dots (36)$$

Setzt man ferner in (29) $\quad \alpha + \beta = x$

$$\alpha - \beta = y$$

addiert: $\quad 2\alpha = x + y \qquad$ oder $\quad \alpha = \dfrac{x+y}{2}$

subtrahiert: $\quad 2\beta = x - y \qquad$ oder $\quad \beta = \dfrac{x-y}{2}$,

so erhält man für (29) und (31)

$$\sin x = \sin\frac{x+y}{2} \cdot \cos\frac{x-y}{2} + \sin\frac{x-y}{2} \cdot \cos\frac{x+y}{2}.$$

$$\sin y = \sin\frac{x+y}{2} \cdot \cos\frac{x-y}{2} - \sin\frac{x-y}{2} \cdot \cos\frac{x-y}{2}.$$

Durch Addition beider Gleichungen ergibt sich

$$\sin x + \sin y = 2 \cdot \sin\frac{x+y}{2} \cdot \cos\frac{x-y}{2} \dots\dots\dots (37)$$

Durch Subträktion beider Gleichungen ergibt sich

$$\sin x - \sin y = 2 \cdot \cos\frac{x+y}{2} \cdot \sin\frac{x-y}{2} \dots\dots\dots (38)$$

Durch Division von (37) und (38) erhält man

$$\frac{\sin x + \sin y}{\sin x - \sin y} = \operatorname{tg}\frac{x+y}{2} \cdot \operatorname{ctg}\frac{x-y}{2} = \frac{\operatorname{tg}\dfrac{x+y}{2}}{\operatorname{tg}\dfrac{x-y}{2}} \dots\dots (39)$$

Nach dem Sinussatz war $\dfrac{a}{b} = \dfrac{\sin\alpha}{\sin\beta}$; daraus $\dfrac{a+b}{a-b} = \dfrac{\sin\alpha + \sin\beta}{\sin\alpha - \sin\beta}$.

Unter Benutzung der Gleichung (39) erhält man

$$\frac{a+b}{a-b} = \frac{\operatorname{tg}\dfrac{\alpha+\beta}{2}}{\operatorname{tg}\dfrac{\alpha-\beta}{2}} \dots\dots\dots\dots\dots (40)$$

Gleichung (40) ist unter dem Namen „Tangenssatz" bekannt.

Beispiele. 13) In Fig. 118 ist die wagerechte Kraft P zu bestimmen, die die Last Q bergan zieht, wenn die Reibungziffer $\mu = \operatorname{tg}\varrho$ ist.

Das Gleichgewicht erfordert, daß die algebraische Summe sämtlicher Seitenkräfte in Richtung der schiefen Ebene und senkrecht dazu gleich Null ist. In Richtung der schiefen Ebene wird

$$P \cdot \cos\alpha - Q \cdot \sin\alpha - R = 0.$$

Senkrecht zur schiefen Ebene wird
$$P \cdot \sin\alpha + Q \cdot \cos\alpha - N = 0.$$
Außerdem ist
$$R = \mu \cdot N.$$

$$
\begin{array}{l|l}
P \cdot \cos\alpha - Q \cdot \sin\alpha - \mu \cdot N = 0 & +1 \\
P \cdot \sin\alpha + Q \cdot \cos\alpha - N = 0 & -\mu \\
\hline
\end{array}
$$
$$P \cdot \cos\alpha - \mu \cdot P \cdot \sin\alpha - Q \cdot \sin\alpha - \mu \cdot Q \cdot \cos\alpha = 0$$
$$P(\cos\alpha - \mu \cdot \sin\alpha) - Q(\sin\alpha + \mu \cdot \cos\alpha) = 0$$
$$\mu = \operatorname{tg}\varrho = \frac{\sin\varrho}{\cos\varrho}.$$
$$P\left(\cos\alpha - \frac{\sin\varrho}{\cos\varrho} \cdot \sin\alpha\right) = Q\left(\sin\alpha + \frac{\sin\varrho}{\cos\varrho} \cdot \cos\alpha\right).$$

Multipliziert man diese Gleichung mit $\cos\varrho$, so erhält man
$$P(\cos\alpha \cdot \cos\varrho - \sin\alpha \cdot \sin\varrho) = Q(\sin\alpha \cdot \cos\varrho + \cos\alpha \cdot \sin\varrho)$$
$$P \cdot \cos(\alpha + \varrho) = Q \cdot \sin(\alpha + \varrho)$$
$$P = Q \cdot \frac{\sin(\alpha + \varrho)}{\cos(\alpha + \varrho)} = Q \cdot \operatorname{tg}(\alpha + \varrho).$$

14) Mit Hilfe des Tangenssatzes läßt sich Beispiel 12 folgendermaßen lösen:
$$\frac{P_1 + P_2}{P_1 - P_2} = \frac{\operatorname{tg}\dfrac{\gamma + \beta}{2}}{\operatorname{tg}\dfrac{\gamma - \beta}{2}}.$$

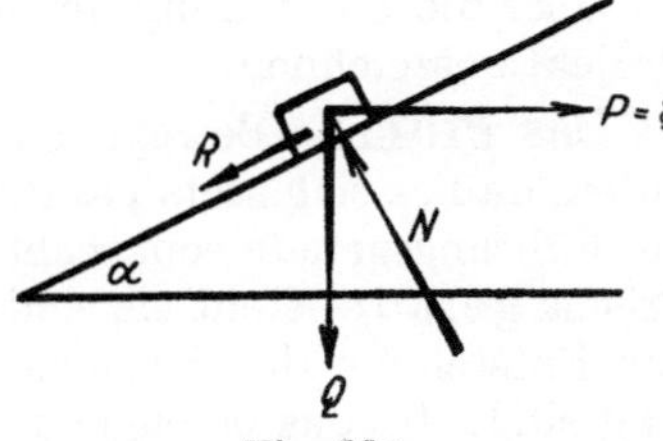

Fig. 118.

Aus $\gamma + \beta = \alpha$ folgt $\dfrac{\gamma + \beta}{2} = \dfrac{\alpha}{2}$,
folglich
$$\operatorname{tg}\frac{\gamma - \beta}{2} = \frac{P_1 - P_2}{P_1 + P_2} \cdot \operatorname{tg}\frac{\alpha}{2} = \frac{4{,}5 - 3}{4{,}5 + 3} \cdot \operatorname{tg}40° = \frac{1}{5} \cdot 0{,}83910$$
$$\operatorname{tg}\frac{\gamma - \beta}{2} = 0{,}168; \qquad \frac{\gamma - \beta}{2} = 9°\,33'$$
$$\frac{\gamma + \beta}{2} = 40°$$
$$\rule{4cm}{0.4pt}$$
$$\gamma = 49°\,33'$$
$$\beta = 30°\,27'.$$

Aus dem Sinussatze folgt
$$R : P_2 = \sin(180° - \alpha) : \sin\beta \quad \text{oder} \quad R = P_2 \cdot \frac{\sin\alpha}{\sin\beta} = 3 \cdot \frac{0{,}985}{0{,}507}$$
$$= 5{,}83\ t.$$

3. Körperlehre oder Stereometrie.

Auf S. 53 war der Körper im Sinne der Geometrie erklärt als ein Teil des Raumes, der allseitig von Flächen begrenzt ist. Sind die Flächen eben, so nennt man sie Seiten; die Geraden, in denen sich zwei ebene

Seitenflächen schneiden, heißen Kanten; die Schnittpunkte der Kanten sind die Ecken des Körpers.

Legt man die ebene Seitenfläche eines Körpers auf zwei Spitzen, so liegt der Körper noch nicht fest. Er kommt erst zur Ruhe, wenn wir diese Seitenfläche durch einen dritten Punkt stützen, der nicht auf der Verbindungslinie der beiden andern liegt. Ziehen wir durch den dritten Punkt beliebige Geraden nach den Punkten der Verbindungslinie der beiden andern, so fallen alle diese Geraden in die ebene Seitenfläche. Auch jede Gerade, die der Verbindungslinie der beiden ersten Stützpunkte parallel ist und durch einen dritten Punkt in der Ebene geht, fällt in allen ihren Teilen in die Ebene. Durch diese Beobachtungen sind wir in den Stand gesetzt, anzugeben, wodurch die Lage einer Ebene im Raum bestimmt ist:

1. durch drei Punkte, sofern sie nicht auf einer Geraden liegen;
2. durch einen Punkt und eine Gerade, sofern der Punkt nicht auf der Geraden liegt;
3. durch zwei sich schneidende Geraden,
4. durch zwei parallele Geraden.

Über die Darstellung des Körpers in der Ebene vergleiche Abschnitt Projektionszeichnen.

Das Prisma. Bewegt man ein ebenes Vieleck so längs einer Geraden, daß es sich stets parallel bleibt, so erhält man ein Prisma. Steht die Führungsgerade senkrecht auf der Ebene des Vielecks, so heißt das Prisma gerade; steht sie schief, so heißt auch das Prisma schief. Aus der Entstehung des Prismas folgt, daß sämtliche Seitenkanten gleich lang sind. Ist das erzeugende Vieleck ein Rechteck, so nennt man das Prisma Quader. Der Quader wird zu einem Würfel, wenn man ein Quadrat längs einer senkrechten Führungsgeraden verschiebt, die gleich der Länge der Quadratseite ist.

Die Raumeinheit ist das Kubikmeter (m^2) als Rauminhalt eines Würfels von der Kantenlänge 1 m (vgl. Abschnitt Physik, S. 117).

Um den Rauminhalt eines Quaders zu ermitteln, denken wir uns eine Schicht über der Grundfläche von 1 cm Höhe. Ist die Grundfläche a cm lang und b cm breit, so enthält sie $a \times b$ Quadrate mit der Seitenlänge 1 cm. Für $a = 5$ cm und $b = 6$ cm erhalten wir beispielsweise $5 \times 6 = 30$ Quadrate von je 1 cm Seitenlänge. Da nun auf dieser Grundfläche eine Schicht von 1 cm Höhe liegen soll, so können wir diese Schicht aus $a \cdot b$ (im Beispiel $5 \cdot 6 = 30$) Würfeln bestehend auffassen, die eine Kantenlänge von je 1 cm haben. Der Inhalt aller Würfel, und das ist der Rauminhalt der Schicht, beträgt dann $a \cdot b \cdot 1$ cm³. Jetzt nehmen wir eine Höhe des Quaders von c cm an, dann können wir c solcher Schichten geschnitten denken. Da jede Schicht $a \cdot b$ cm³ Inhalt hat, haben c Schichten, und das ist der Rauminhalt des ganzen Quaders, ein Volumen von

$$V = a \cdot b \cdot c \text{ cm}^3.$$

In unserm Beispiel sei $c = 4$ cm; dann wird $V = 5 \cdot 6 \cdot 4 = 120$ cm³.

Sind die Kantenlängen keine vollen Zentimeter, so messen wir in Millimetern. Es wird z. B.:

bei $a = 5,4$ cm; $b = 6,1$ cm; $c = 4,3$ cm; $a = 54$ mm; $b = 61$ mm; $c = 43$ mm,

$$V = 54 \cdot 61 \cdot 43 = 141642 \text{ mm}^3,$$

oder da 1 cm^3 $= 10 \cdot 10 \cdot 10 = 1000$ mm^3 ist $V = 141,642$ cm^3.

Allgemein werden wir sagen: Man erhält die Maßzahl für den Rauminhalt eines Quaders, wenn man die Maßzahlen der drei aneinanderstoßenden Kanten miteinander multipliziert.

Für ein Prisma mit einem beliebigen n-Eck als Grundfläche wird der Rauminhalt

$$V = F \cdot h,$$

wenn F der Flächeninhalt der Grundfläche und h die Höhe des Prismas ist. Aus den Maßeinheiten der Längen ergibt sich die Maßeinheit der Grundfläche und damit die Maßeinheit für den Rauminhalt. Ist z. B. h in cm gemessen, so ist F in cm^2 auszudrücken; für V ergibt sich dann cm^3 als Maßeinheit.

Beispiel: Ein sechsseitiges Prisma mit regelmäßiger Grundfläche sei h cm hoch; die Seitenkante des regelmäßigen Sechsecks sei a cm. Der Rauminhalt ist zu berechnen. Aus $V = F \cdot h$ folgt mit $F = \frac{3}{2} \cdot a^2 \cdot \sqrt{3}$

$$V = \frac{3}{2} \cdot \sqrt{3} \cdot a^2 \cdot h.$$

Mit $a = 5$ cm und $h = 8$ cm ergibt sich

$$V = \frac{3}{2} \cdot \sqrt{3} \cdot 5^2 \cdot 8 = 300 \cdot \sqrt{3} = 519,62 \text{ cm}^3.$$

Die Mantelfläche eines geraden Prismas, dessen Grundfläche ein n-Eck ist, wird aus n Rechtecken gebildet, die alle gleiche Höhe haben; ihre Grundlinien sind die Seiten des n-Ecks, die Höhe ist gleich der Höhe des Prismas. Sind a_1; a_2; a_3 usw. die Seiten des Grundflächen-n-Ecks, und ist h die Höhe des Prismas, so ist die Mantelfläche

$$M = h \cdot (a_1 + a_2 + a_3 + \dots)$$

oder, da $a_1 + a_2 + a_3 + \dots = u$, dem Umfang des n-Ecks, ist,

$$M = h \cdot u.$$

Um die Oberfläche des Prismas zu erhalten, hat man der Mantelfläche den Inhalt der Grund- und Deckfläche hinzuzufügen, so daß

$$O = M + 2F$$

wird, wenn man mit F den Inhalt der Grundfläche bezeichnet.

Die Pyramide. Verbindet man die Punkte eines Vielecks mit einem Punkte außerhalb der Ebene des Vielecks, so begrenzen die Verbindungslinien und das Vieleck eine Pyramide. Der außerhalb der Ebene des Vielecks gelegene Punkt heißt Spitze, das Vieleck Grundfläche der Pyramide. Das von der Spitze auf die Grundfläche gefällte Lot ist die Höhe der Pyramide. Die Oberfläche der Pyramide umfaßt die Grund- und die Mantelfläche, die aus Dreiecken besteht, deren Grundlinien die Seiten des Vielecks sind.

Ist die Grundfläche ein regelmäßiges Vieleck, und liegt die Spitze senkrecht über dem Mittelpunkt der Grundfläche, so heißt die Pyramide gerade. In diesem Falle sind die Seitenkanten gleich lang, die Seitenflächen gleichschenklige Dreiecke.

Schneidet man parallel zur Grundfläche durch eine Pyramide, so erhält man Figuren, die der Grundfläche ähnlich sind. Die Inhalte der Schnittflächen verhalten sich wie die Quadrate ihrer Abstände von der Spitze (Fig. 119).

Da die Schnittflächen parallel sind, ist $A_1B_1 \parallel AB$; $A_1F_1 \parallel AF$ und $B_1F_1 \parallel BF$. Dreiecke mit parallelen Seiten sind wegen der Gleichheit der Winkel (vgl. S. 77) ähnlich, d. h. $\triangle A_1F_1B_1 \sim \triangle AFB$. In gleicher Weise läßt sich die Ähnlichkeit der übrigen Teilflächen nachweisen, so daß die Schnittflächen als Summen der Teilflächen ebenfalls ähnlich sind.

Aus der Ähnlichkeit der Dreiecke $A_1F_1B_1$ und AFB folgt
$$A_1B_1 : AB = A_1F_1 : AF.$$
Die Parallelen A_1F_1 und AF liegen aber in einer Ebene durch die Achse SF der Pyramide und sind in diesen Katheten in den rechtwinkligen Dreiecken A_1F_1S und AFS. Aus der Ähnlichkeit dieser rechtwinkligen Dreiecke folgt
$$A_1F_1 : AF = SF_1 : SF.$$
Fällt man von F das Lot $FG = \varrho$ auf AB und von F_1 das Lot $F_1G_1 = \varrho_1$ auf A_1B_1, so sind die Flächeninhalte

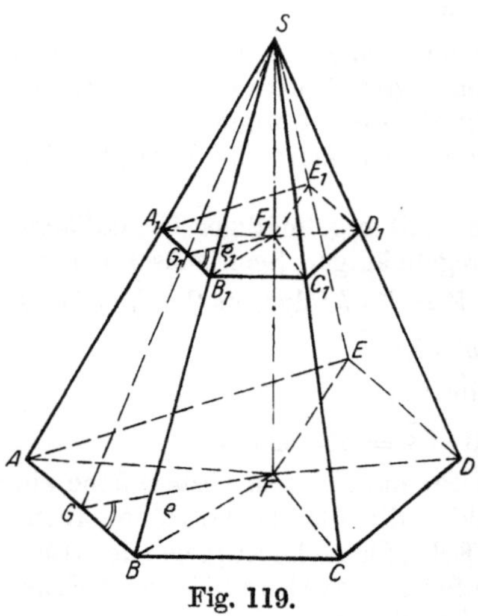

Fig. 119.

$$A_1F_1B_1 = \tfrac{1}{2}A_1B_1 \cdot \varrho_1 \quad \text{und} \quad AFB = \tfrac{1}{2}AB \cdot \varrho.$$
Aus der Ähnlichkeit der rechtwinkligen Dreiecke $A_1G_1F_1$ und AGF folgt $\varrho_1 : \varrho = A_1G_1 : AG = \tfrac{1}{2}A_1B_1 : \tfrac{1}{2}AB$; dividiert man die beiden Flächeninhalte durcheinander, so ergibt sich
$$\frac{A_1F_1B_1}{AFB} = \frac{\tfrac{1}{2}A_1B_1 \cdot \varrho_1}{\tfrac{1}{2}AB \cdot \varrho} \quad \text{oder mit} \quad \frac{\varrho_1}{\varrho} = \frac{\tfrac{1}{2}A_1B_1}{\tfrac{1}{2}AB}$$
$$\frac{A_1F_1B_1}{AFB} = \frac{\overline{A_1B_1^2}}{\overline{AB^2}} = \frac{\overline{SF_1^2}}{\overline{SF^2}}.$$

Da sich sämtliche Teildreiecke der Schnittfiguren wie $\overline{SF_1^2} : \overline{SF^2}$ verhalten, so verhalten sich auch die Schnittfiguren selbst wie $\overline{SF_1^2} : \overline{SF^2}$, d. h. wie die Quadrate der Abstände von der Spitze.

Der Rauminhalt der Pyramide. Wir denken uns zunächst ein gerades dreiseitiges Prisma $ABCDEF$ (Fig. 120a) und legen durch EDC einen Schnitt. Dadurch wird von dem Prisma die dreiseitige Pyramide Fig. b abgetrennt und übrig bleibt die vierseitige Pyramide

(Fig. c). Diese zerlegen wir durch den Schnitt EDB in die beiden drei-seitigen Pyramiden Fig. d u. e, so daß das Prisma in die 3 Pyra-miden I, II und III zerlegt ist, von denen I und III gleiche Grundfläche und Höhe haben. Die beiden Grundflächen sind DCF in I und ABE in III. Die Höhen sind gleich, weil E von der Grundfläche DCF ebenso weit entfernt ist wie D von der Grundfläche ABE; sie sind gleich der Höhe des Prismas. Die Pyra-miden II und III haben ebenfalls gleiche Grundfläche und Höhe, wenn man E als Spitze und BCD in II und ABD in III als Grundflächen ansieht. Da die Teilkörper I, II und III gleiche Grundflächen und Höhen haben, sind ihre Rauminhalte gleich. Folglich zerfällt das dreiseitige Prisma in drei inhaltgleiche Pyra-miden, so daß der Rauminhalt der dreiseitigen Pyramide gleich einem Drittel des zu ergänzenden Pris-mas ist.

Nun läßt sich aber jedes beliebige gerade Prisma in dreiseitige Pris-men zerlegen (Fig. 121), so daß allge-mein der Rauminhalt einer Pyramide

$$V = \tfrac{1}{3} \cdot F \cdot h$$

wird, wenn man mit F den Inhalt der Grundfläche und mit h die Höhe der Pyramide bezeichnet.

Allgemeine Formeln für den In-halt der Mantel- und Oberfläche lassen sich nur für die gerade Pyra-mide aufstellen.

Die Mantelfläche einer gera-den n-seitigen Pyramide besteht aus n kongruenten gleichschenkligen Dreiecken mit der Seite AB der

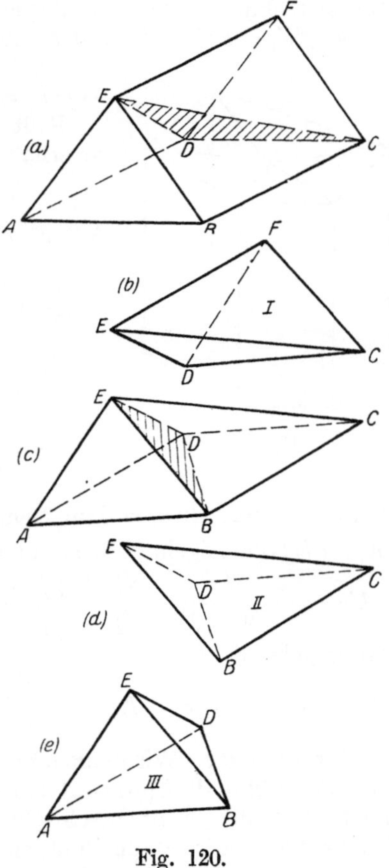

Fig. 120.

Grundfläche als Grundlinie (Fig. 119) und der Höhe SG der Seiten-fläche als Höhe. Mit $AB = a$ und $SG = h_1$ wird

$$M = \tfrac{1}{2} \cdot n \cdot a \cdot h_1 .$$

Sind Grundfläche und Höhe der Pyramide bekannt, so ist h_1 als Hypote-nuse im rechtwinkligen Dreieck SGF

$$h_1 = \sqrt{h^2 + \varrho^2} .$$

Der durch die Grundfläche $ABCDE$ (Fig. 119) und die Schnittfläche $A_1 B_1 C_1 D_1 E_1$ begrenzte Körper heißt Pyramidenstumpf oder **ab-**

gestumpfte Pyramide. Ihr Rauminhalt ergibt sich als Differenz zweier Pyramiden zu .

$$V = \tfrac{1}{3} F \cdot H - \tfrac{1}{3} f \cdot h',$$

wenn man mit F und f die Inhalte der Grundflächen, mit $H = SF$ und $h' = SF_1$ die Höhen bezeichnet; doch ist die Berechnung etwas umständlich. Sie sei aber durchgeführt, weil der Pyramiden- und Kegelstumpf technisch wichtige Körper sind.

Ist $FF_1 = h$ die Höhe des Stumpfes, so ist

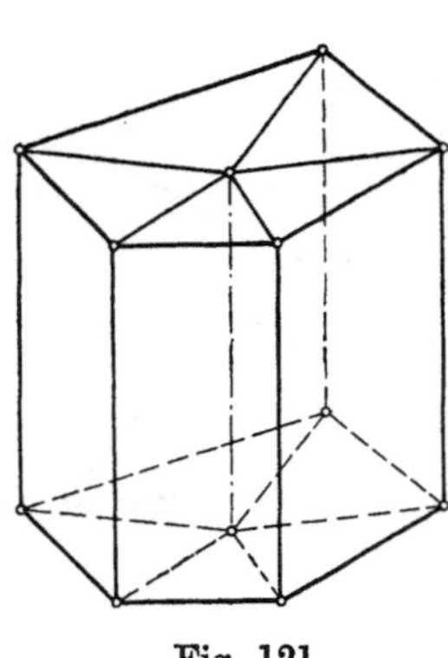

Fig. 121.

$$H = h + h' \quad \text{und damit} \quad V = \tfrac{1}{3} F (h + h') - \tfrac{1}{3} \cdot f \cdot h' = \tfrac{1}{3} F \cdot h + \tfrac{1}{3} F \cdot h' - \tfrac{1}{3} f \cdot h'.$$

Faßt man die Glieder mit h' zusammen, so erhält man

$$V = \tfrac{1}{3} \cdot [F \cdot h + h' (F - f)]$$

Aus $F : f = (h + h')^2 : h'^2$ folgt $\dfrac{\sqrt{F}}{\sqrt{f}} = \dfrac{h + h'}{h'}$

$$= \dfrac{h}{h'} + 1, \quad \text{und daraus} \quad \dfrac{h}{h'} = \dfrac{\sqrt{F}}{\sqrt{f}} - 1$$

$$= \dfrac{\sqrt{F} - \sqrt{f}}{\sqrt{f}} \quad \text{folglich}$$

$$h' = h \cdot \dfrac{\sqrt{f}}{\sqrt{F} - \sqrt{f}}.$$

Damit die Wurzeln aus dem Nenner verschwinden, erweitern wir mit $\sqrt{F} + \sqrt{f}$ (vgl. Algebra, S. 44) und erhalten

$$h' = h \cdot \dfrac{\sqrt{f}}{\sqrt{F} - \sqrt{f}} \cdot \dfrac{\sqrt{F} + \sqrt{f}}{\sqrt{F} + \sqrt{f}} = h \dfrac{\sqrt{f}(\sqrt{F} + \sqrt{f})}{F - f} = h \cdot \dfrac{\sqrt{F \cdot f} + f}{F - f}.$$

Damit geht V über in

$$V = \tfrac{1}{3} \left[F \cdot h + (F - f) \cdot h \cdot \dfrac{\sqrt{F \cdot f} + f}{F - f} \right] = \tfrac{1}{3} \cdot h \cdot (F + \sqrt{F \cdot f} + f).$$

Der Zylinder. Wir denken uns ein dünnes Brett mit scharfer Kante nach Fig. 122 in die Spitzen A und B einer Drehbank gespannt und lassen die Bank laufen, dann beschreibt die scharfe Kante CD eine krumme Fläche, die in allen ihren Punkten gleichen Abstand von der Achse AB hat. Verfolgt man einen Kantenpunkt E, so läßt sich ohne weiteres erkennen, daß er einen Kreis beschreibt, dessen Mittelpunkt F ist. Der gesamte von den Kanten CD, AC und BD beim Umlaufen beschriebene Raum ist ein Zylinder oder eine Walze. Wir haben ihn uns entstanden gedacht aus der Umdrehung des Rechtecks $ABCD$ um eine Seite des Rechtecks als Umdrehungsachse und beachten, daß Zylinder tatsächlich auf der Drehbank hergestellt werden. Statt eines Rechtecks können wir auch jede beliebige andere ebene Figur umlaufen lassen, z. B. das Dreieck ABC oder den Halbkreis über AB, und erhalten so eine Gruppe von Körpern, die wir Umdrehungs-oder Rotationskörper nennen. Von diesen Umdrehungskörpern läßt sich aussagen:

1. sie haben eine Achse (AB);

2. jeder Schnitt senkrecht zur Achse ist ein Kreis.

Rauminhalt des Zylinders. Da ein Zylinder geometrisch betrachtet nichts anderes als ein Prisma ist, wird

$$V = F \cdot h = \frac{\pi d^2}{4} \cdot h = r^2 \cdot \pi \cdot h \,,$$

wenn r der Halbmesser, d der Durchmesser und h die Höhe bedeuten.

Die Mantelfläche erhalten wir, wenn wir den Zylinder längs einer Ge-

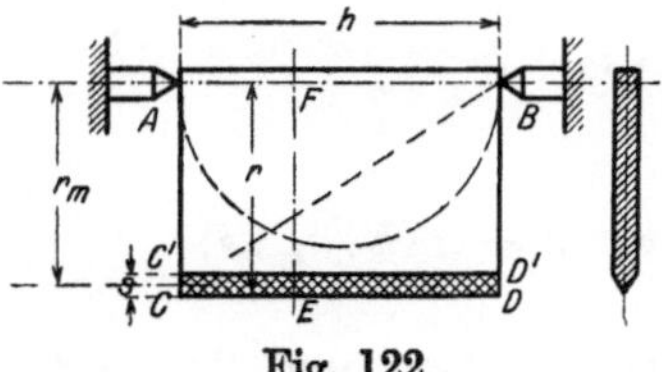

Fig. 122.

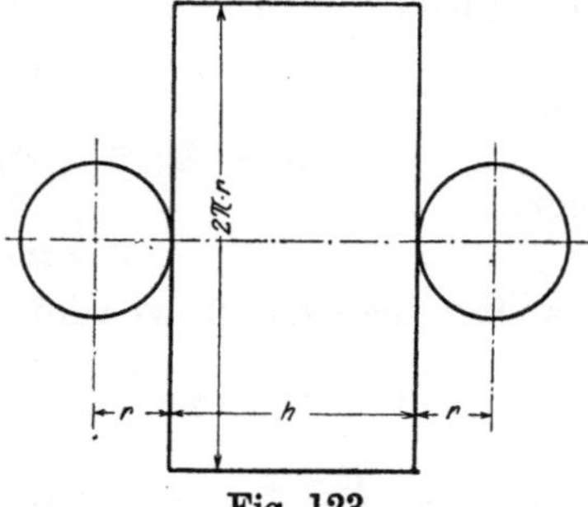

Fig. 123.

raden parallel zur Achse aufgeschnitten denken und die Kreislinie der Grundfläche strecken (Fig. 123). Sie stellt sich als ein Rechteck dar, dessen eine Seite gleich der Höhe h des Zylinders, während die andere gleich dem Umfange des Kreises ist. Daraus ergibt sich

$$M = 2\,\pi r \cdot h = \pi \cdot d \cdot h \,,$$

wenn wir mit $d = 2\,r$ den Durchmesser bezeichnen.

Die Oberfläche besteht aus Mantelfläche, Grund- und Deckfläche; ihr Inhalt ist

$$F = 2\pi r \cdot h + 2 \cdot \pi r^2 = \pi \cdot d \cdot h + 2 \cdot \frac{\pi d^2}{4} \,.$$

Bemerkung: Die 2 in dem Ausdruck $2 \cdot \dfrac{\pi \cdot d^2}{4}$ wird nicht gehoben, weil $\dfrac{\pi d^2}{4}$ den Tabellen entnommen wird.

Geometrisch ausgedrückt können wir sagen: Ein Kreiszylinder entsteht, wenn wir eine ebene Kreisfläche parallel mit sich selbst längs einer Geraden verschieben. Steht die Gerade senkrecht zur Ebene des erzeugenden Kreises, so heißt der Zylinder „gerader Kreiszylinder"; steht sie schief, so heißt er „schiefer Kreiszylinder". Schnitte parallel zu den Grundflächen ergeben Kreise. Der Rauminhalt des schiefen Kreiszylinders ist gleich dem des geraden von gleicher Grundfläche und Höhe.

Der Hohlzylinder. Läßt man in Fig. 122 das doppelt gestrichelte Rechteck $CC'D'D$ um die Achse AB umlaufen, so entsteht ein Hohlzylinder mit gerader Achse. Er kann aufgefaßt werden als die Differenz zweier Zylinder: eines Zylinders mit dem erzeugenden Rechteck $ABCD$ und eines Zylinders mit dem erzeugenden Rechteck $ABC'D'$.

Bezeichnet man mit R den äußeren Halbmesser AC und mit r den inneren Halbmesser AC', so ist der Rauminhalt

$$V = R^2 \cdot \pi \cdot h - r^2 \cdot \pi \cdot n = \pi \cdot h \cdot (R^2 - r^2),$$

oder mit den entsprechenden Durchmessern

$$V = \frac{\pi D^2}{4} \cdot h - \frac{\pi d^2}{4} = h \left(\frac{\pi D^2}{4} - \frac{\pi d^2}{4} \right).$$

Die Differenz der Halbmesser R und r heißt Wandstärke; sie ist

$$s = R - r.$$

Aus

$$V = \pi \cdot h\,(R^2 - r^2) = \pi \cdot h \cdot (R + r)\,(R - r)$$

folgt

$$V = \pi \cdot h \cdot (R + r) \cdot s.$$

Erweitert man mit 2, so wird

$$V = 2 \cdot \pi \cdot h \cdot \frac{R + r}{2} \cdot s = 2\,\pi\,h \cdot r_m \cdot s = \pi \cdot h \cdot d_m \cdot s,$$

wenn man $\dfrac{R + r}{2} = r_m$, dem mittleren Halbmesser, und $2\,r_m = d_m$, dem mittleren Durchmesser, setzt.

Der Kegel. Durch Umlaufen des Dreiecks ABC (Fig. 122) um die Achse AB entsteht ein gerader Kreiskegel. B heißt Spitze des Kegels. Das Lot von der Spitze auf die Grundfläche ist die Höhe des Kegels.

Der Kegel kann aufgefaßt werden als gerade Pyramide, deren Grundfläche in einen Kreis übergegangen ist. Damit erhalten die Sätze über die Pyramide auch für den Kegel Gültigkeit.

Rauminhalt.

$$V = \tfrac{1}{3} F \cdot h = \tfrac{1}{3} \cdot \pi \cdot r^2 \cdot h,$$

wenn wir mit r den Halbmesser des Grundkreises bezeichnen.

Mantelfläche:

$$M = \pi \cdot r \cdot s,$$

wenn wir mit s die Seite des Kegels bezeichnen.

Oberfläche:

$$O = \pi \cdot r \cdot s + r^2 \cdot \pi = \pi \cdot r\,(s + r).$$

Kegelstumpf. Ist r der Halbmesser der oberen, R der Halbmesser der unteren Grundfläche, h die Höhe des abgestumpften geraden Kreiskegels (der in der Werkstatt Konus genannt wird), so wird der Rauminhalt

$$V = \tfrac{1}{3} \pi \cdot h\,(R^2 + R\,r + r^2).$$

Mantelfläche:

$$M = \pi \cdot R \cdot S - \pi \cdot r \cdot s',$$

wenn s' die Seite des Ergänzungskegels und S die Seite des vollen Kegels bedeuten. Aus $\quad S - s' = s \quad$ folgt

$$S = s + s',$$

so daß
$$M = \pi \cdot R \, (s + s') - \pi \cdot r \cdot s'$$
$$= \pi \cdot R \cdot s + \pi \cdot R \; s' - \pi \cdot r \cdot s'$$
$$= \pi \cdot R \cdot s + \pi \cdot s' \cdot (R - r).$$

Mit den Bezeichnungen der Fig. 124 folgt aus der Ähnlichkeit der ge-strichelten Dreiecke

$$(R - r) : r = s : s'$$

und daraus

$$s' = \frac{r \cdot s}{R - r}$$

folglich wird

$$M = \pi \cdot R \cdot s +$$
$$\pi \cdot \frac{r \cdot s}{R - r} \cdot (R - r)$$
$$= \pi \cdot R \cdot s + \pi \cdot r \cdot s$$
$$M = \pi \cdot s \, (R + r).$$

Die Kugel ent-steht, wenn wir den Halbkreis der Fig. 122 um den Durchmesser AB umlaufen lassen. Zur Ermittlung des Rauminhaltes denkt man sich die Kugel angenähert ersetzt aus dünnen Brett-chen, die geometrisch

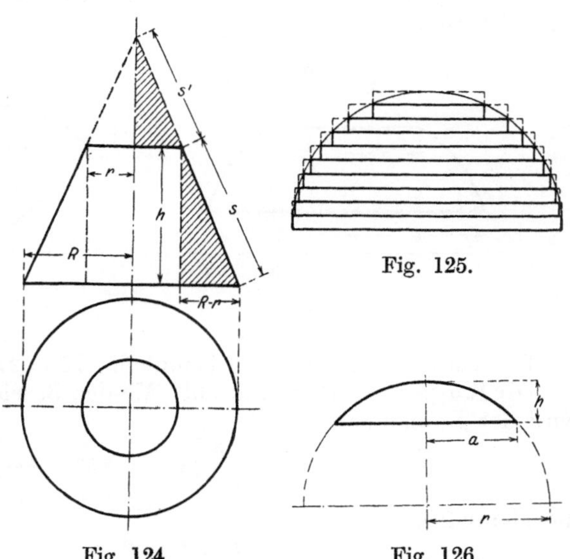

Fig. 125.

Fig. 124.

Fig. 126.

betrachtet Zylinder mit sehr kleiner Höhe sind (Fig. 125). Diese kreisförmigen Brettchen können so gewählt werden, daß ihre obere Kante in die Oberfläche der Kugel fällt; dann wird der Gesamtinhalt der Brettchen kleiner sein als der Inhalt der Kugel (in Fig. 125 ausgezogen gezeichnet). Wählt man die Brettchen so, daß ihre untere Kante in die Oberfläche der Kugel fällt, dann wird der Gesamtinhalt aller Brettchen größer als der Kugelinhalt sein (in Fig. 125 gestrichelt gezeichnet). Je dünner die Scheiben sind, um so genauer wird das Ergebnis der Sum-mierung, aber um so größer wird auch die Zahl der Scheiben. Zur Kugel werden die Schichten, wenn man sie verschwindend dünn — oder wie der Mathematiker sagt — unendlich dünn macht. Dann wächst aber ihre Zahl ins Unendliche. Die Aufgabe lösen heißt: Die Summe unendlich vieler und unendlich kleiner Größen zu finden, die mit den Hilfsmitteln der bisher gebrachten Mathematik nicht berechnet wer-den kann. In ähnlichen Fällen — Umfang des Kreises (S. 74), Inhalt der Pyramide (S. 104), Trägheitsmoment (S. 333) konnte entweder durch die Anschauung oder durch Annäherung der „Grenzwert" gefunden werden. In unserm Falle bleiben diese Verfahren undurchsichtig und ziemlich verwickelt, so daß es sich empfiehlt, die Ergebnisse der sogenannten „höheren Mathematik" ohne Prüfung zu übernehmen. Es ist der Rauminhalt

$$V = \tfrac{4}{3} \cdot \pi \cdot r^3$$

und die Oberfläche

$$O = 4 \cdot \pi \cdot r^2,$$

d. h. gleich dem vierfachen Inhalt eines Äquatorschnittes.

Der Kugelabschnitt (Kalotte). Mit den Bezeichnungen der Fig. 126 wird der Rauminhalt

$$V = \frac{\pi \cdot h}{6} \, (3a^2 + h^2).$$

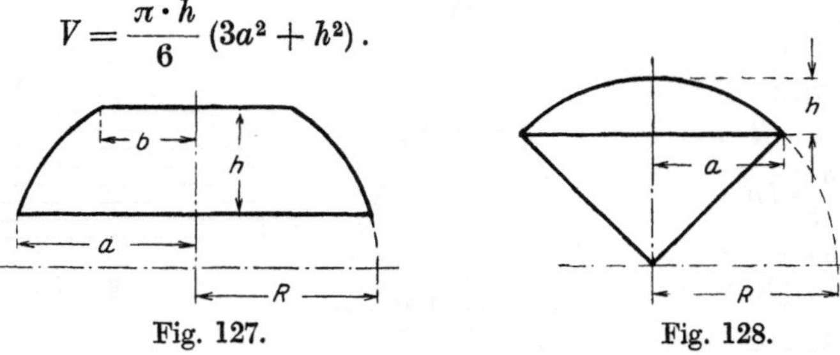

Fig. 127.   Fig. 128.

Die Kappe hat den Flächeninhalt $M = 2\pi \cdot r \cdot h = \pi\,(a^2 + h^2)$.

Die Kugelzone (Kugelschicht). Mit den Bezeichnungen der Fig. 127 wird der Rauminhalt

$$V = \frac{\pi \cdot h}{6} \, (3\,a^2 + 3\,b^2 + h^2),$$

die Mantelfläche

$$M = 2\,\pi \cdot R \cdot h.$$

Der Kugelausschnitt (Fig. 128)

$$V = \tfrac{2}{3} \cdot \pi \cdot R^2 \cdot h \, ; \qquad O = \pi R(2\,h + a).$$

Physik.

Bearbeitet von Dipl.-Ing. H. Winkel.

Die Physik beschreibt die Naturerscheinungen und ist demnach ein Teil der Naturwissenschaften. Fällt ein Stein frei zur Erde, so ist dieser Fall ebenso eine Naturerscheinung wie der Blitz. Will der Physiker beide Naturerscheinungen beschreiben, so muß er sie beobachten. Das fällt ihm beim fallenden Stein sehr viel leichter als beim Blitz, weil er den Vorgang beliebig oft wiederholen kann; man sagt dann: er stellt einen Versuch an, er experimentiert, oder er macht ein Experiment. Die Physik ist Experimentalphysik; sie gewinnt Einsicht in die Art der Naturerscheinungen auf Grund von Versuchen — sie ist eine Erfahrungswissenschaft.

Beim Beobachten beschränkt sich der Physiker aber nicht nur auf die Feststellung, daß der Stein fällt; er will vielmehr tiefer in die Art der Bewegung eindringen. Zu dem Zwecke beobachtet er den Vorgang mit der Uhr und dem Metermaß in der Hand: er mißt. Versuche anstellen setzt also die Verwendung von Meßinstrumenten voraus, und die Messungen werden um so genauer, je feiner die benutzten Instrumente sind. Beim frei fallenden Stein mißt der Beobachter den Weg, den der Stein in 1, 2, 3 usw. Sekunden zurücklegt, und schreibt seine Ablesungen in Form einer Tabelle nieder. Aus den so erhaltenen Zahlenreihen versucht er weiter eine Beziehung zwischen dem Wege des freifallenden Körpers und der dazu erforderlichen Zeit aufzustellen. Es möge beispielsweise folgende Tabelle durch Beobachtung gefunden sein:

Zeit t in Sekunden	1	2	3	4
Weg s in Metern	5	20	45	80

Dann läßt sich aussagen: Der Weg s_1 nach 1 Sekunde verhält sich zum Wege s_2 nach 2 Sekunden wie $5:20$ oder — durch 5 gehoben — wie $1:4$; zum Wege s_3 nach 3 Sekunden verhält er sich wie $5:45$ oder — ebenfalls durch 5 gehoben — wie $1:9$; zum Wege s_4 nach 4 Sekunden verhält er sich wie $5:80$ oder $1:16$ usw. Das sind aber mathematische Ausdrücke, Proportionen, die sich in Form von Gleichungen schreiben lassen. Bezeichnet man die zum Wege s_1 gebrauchte Zeit mit t_1 (in unserer Tabelle ist t_1 gleich 1 Sekunde), die zum Wege s_2 gebrauchte Zeit mit t_2 usw., so wird die Art der Bewegung des frei fallenden Steines durch die fortlaufenden Proportionen

$$t_1 : t_2 : t_3 : t_4 \ldots = 1 : 2 : 3 : 4 \ldots$$
$$s_1 : s_2 : s_3 : s_4 \ldots = 1 : 4 : 9 : 16 \ldots$$

gekennzeichnet, d. h. beschrieben. Nun sind aber 1, 4, 9, 16 .... die Quadratzahlen zu 1, 2, 3, 4 ...., so daß die Beziehung zwischen Weg und Zeit durch die Gleichung

$$s_1 : s_2 : s_3 : s_4 \dots = 1^2 : 2^2 : 3^2 : 4^2 \dots$$

oder
$$s_1 : s_2 : s_3 : s_4 \dots = t_1^2 : t_2^2 : t_3^2 : t_4^2 \dots$$

ausgedrückt ist. In Worten würde das Ergebnis unserer Messung lauten: Die zurückgelegten Wege verhalten sich wie die Quadrate der zugehörigen Zeiten. Diese Gleichung gibt uns also Auskunft über die Art der Bewegung des frei fallenden Steines; sie ist das Gesetz des freien Falles und stellt die einfachste Form dar, auf die dieses Gesetz gebracht werden kann.

Streng genommen gilt das gefundene Gesetz nur für die durch die Messung festgelegten Zeiten und Wege, für dazwischenliegende oder darüber hinausgehende Werte jedoch nicht ohne weiteres. Da sich aber dieselben Beziehungen zwischen Zeit und Weg ergeben, ganz gleichgültig, wer den Versuch anstellt, oder wo er angestellt wird, so schreibt der Physiker diesem Gesetz allgemeine Gültigkeit zu und erhebt es damit zu einem Naturgesetz. Nun ändert er auch entsprechend dieser allgemeinen Gültigkeit die Schreibweise; er faßt nicht mehr die einzelnen Sekunden 1, 2, 3, 4 usw. ins Auge, sondern sagt: Ich fasse die Zeiten und die Wege als veränderliche Größen auf — mit wachsender Zeit wird auch der zurückgelegte Weg größer — und bezeichne sie mit t und s, dann wird der Satz „die zurückgelegten Wege verhalten sich wie die Quadrate der zugehörigen Zeiten" durch die Gleichung

$$s = a \cdot t^2$$

ausgedrückt, worin a zunächst Proportionalitätsfaktor ist (vgl. Abschnitt Mathematik, S. 74). Diese Gleichung unterscheidet sich grundsätzlich und dem Wesen nach von den Bedingungsgleichungen der Algebra, denn sie stellt eine Beziehung zwischen veränderlichen Größen dar — in unserm Falle sind t und s die Veränderlichen. Man nennt solche Gleichung eine Funktion und bezeichnet t als die unabhängige (willkürlich zu wählende), s als die abhängige (durch die Wahl von t bestimmte) Veränderliche. Die Mathematik schreibt $s = f(t)$ — gelesen s gleich Funktion t — und will damit lediglich zum Ausdruck bringen, daß es sich um eine Abhängigkeit zweier veränderlicher Größen voneinander handelt. Diese Schreibweise bietet neben der Kürze den Vorteil, daß ich jetzt für jeden beliebigen Wert von t den in dieser Zeit zurückgelegten Weg im voraus berechnen kann; so wäre z. B. für $t = 6$ Sekunden der Weg $s = a \cdot 6^2$. Voraussetzung ist, daß der Faktor a bekannt ist. Auch er ist durch unsere Versuchstabelle bestimmt; nur müssen wir daran denken, daß die Wege nicht unmittelbar 1, 4, 9, 16.... waren, sondern 5, 20, 45, 80 ...; wir hatten durch 5 gekürzt. Wollen wir die wirklichen Wege haben statt der verhältnismäßigen, müssen wir mit der gekürzten 5 wieder multiplizieren. Der Weg, der in t Sekunden zurückgelegt wird, ist nicht $s = t^2$, sondern $s = 5\,t^2$; d. h. der Proportionalitätsfaktor a ist in unserm Falle gleich 5. Danach wird der in 6 Sekunden zurückgelegte Weg $s = 5 \cdot 6^2 = 180$; der in 10 Sekunden zurückgelegte Weg würde sich zu $s = 5 \cdot 10^2 = 500$ ergeben. Im Gegensatz zu den Veränderlichen s und t ist $a = 5$ eine unveränderliche oder konstante Größe; sie heißt Unveränderliche oder Konstante. Ihre Bestimmung ist nur aus dem Versuch möglich.

Zusammenfassend können wir sagen: Jedes physikalische Gesetz wird in Form einer Gleichung ausgedrückt, die den zahlenmäßigen Zusammenhang zwischen den einzelnen voneinander abhängenden physikalischen Größen angibt. Zweck der Aufstellung von Naturgesetzen ist die Vorausberechnung von zu erwartenden Naturerscheinungen.

Habe ich z. B. durch den Versuch die Festigkeit von Flußeisen bestimmt, und kenne ich den Einfluß der Form des Querschnittes auf die Tragfähigkeit eines Stabes, so kann ich im voraus die Kraft berechnen, unter der ein Träger bricht. Will ich, daß er nicht bricht, muß ich unter dieser errechneten Höchstbelastung bleiben. So ermöglicht die Kenntnis der Zusammenhänge, das sind die physikalischen Gesetze, überhaupt erst den Entwurf von Maschinen und Bauwerken; die Mathematik und der Versuch sind ihre Unterlagen.

Auch mit der Aufstellung eines Naturgesetzes gibt sich der Physiker nicht zufrieden. Wir können uns sehr wohl vorstellen, daß durch Versuche aller Naturwissenschafter eine ungeheure Anzahl von Einzelergebnissen gefunden wird, die zunächst ohne jeden Zusammenhang untereinander sind. Diese Fülle von Beobachtungen muß jetzt nach einheitlichen Gesichtspunkten gesichtet und geordnet werden, denn für sich betrachtet ist jeder Versuch nicht mehr als ein Baustein, und eine noch so große Menge Steine gibt noch keinen Bau, den nur die ordnende Hand des Baumeisters formen kann. Vergleicht man die Bewegung eines mit gleichbleibender Geschwindigkeit dahinbrausenden Schnellzuges mit der des fallenden Steines, so fällt auch dem wissenschaftlich nicht geschulten Kopf ein Unterschied auf. Der nachdenkliche Physiker begnügt sich nicht mit dieser Feststellung; für ihn ist eine Naturerscheinung erst dann restlos beschrieben, wenn er angeben kann, woher der Unterschied in der Bewegung kommt. Er sieht in dem Vorgang selbst eine Wirkung, deren Ursache zunächst der Beobachtung verborgen bleibt, die er aber zu ergründen strebt. Hier ist nun der Punkt, wo ihn seine bisherigen Hilfsmittel — Uhr, Metermaß, Auge — vollständig im Stiche lassen; kein noch so scharfer Sinn, kein noch so genaues Instrument beantwortet die Frage, woher es kommt, daß der Stein immer schneller fällt, der Zug stetig fährt. Es ist der Punkt, wo der zündende Funke der Erkenntnis blitzartig in dem Kopfe der ganz Großen aufleuchtet; man ist versucht zu sagen, eine göttliche Offenbarung überkommt den Menschengeist — der schöpferische Gedanke entspringt dem Kopfe des Forschers! Es war Isaac Newton (1687), ein englischer Gelehrter, der klar erkannte und aussprach: Eine Kraft ist die Ursache der besonderen Bewegung des Steines. Er konnte diese Kraft nicht nachweisen, und keiner nach ihm vermochte es; es war eine Annahme oder, wie die Wissenschaft sagt, eine Hypothese. Nie dürfen wir sagen „es ist so"; die „Kraft" ist keine Tatsache, immer nur „Annahme". So geläufig ist dem Menschen das Gefühl für „die Kraft" — er fühlt, wie sich seine Muskeln spannen, wenn er eine Last hebt, eine Waffe schleudert —, daß man beinahe von einem besonderen Sinn, dem Kraftsinn, zu sprechen geneigt ist, und doch: Die Kraft als Ursache der so ganz anders gearteten Bewegung des Steines ist ein Begriff, den der Menschengeist sich formte, um die Art der Bewegung überhaupt erklären zu können. Wir sehen nicht wie sie am Stein angreift, wie sie auf ihn übertragen wird, keine unmittelbare Verbindung ist bemerkbar wie zwischen der Last und der Faust, die sie bewältigt. Newton sagte uns: Es ist die Anziehungskraft der Erde, die auf den fallenden Stein wirkt; die Masse der Erde übt Kräfte aus, die nicht auf ihre Oberfläche beschränkt sind — auch der Mond wird von der Erde angezogen. Und Kräfte, sagte er weiter, treten überall da auf, wo Bewegungen sind, die der des frei fallenden Steines entsprechen.

Mit der Schaffung des Kraftbegriffes kam Ordnung in die Fülle der Bewegungserscheinungen; alle bekannten Bewegungen ließen sich jetzt zwanglos erklären, sie ließen sich einordnen. Und diese Erklärung aller Bewegungsvorgänge auf Grund der Annahme einer Kraft wurde ausgebaut — sie wurde Theorie; die Physik war eine Wissenschaft geworden.

Eine Theorie erfüllt nur dann ihren Zweck vollkommen, wenn sie alle Erscheinungen zu erklären vermag. So mußte die Theorie der Kräfte alle Bewegungen erklären, und sie tat es auch. Nun ist aber der Fall möglich, daß die Verfeinerung der Meßinstrumente, die Entdeckung neuer Stoffe den Forscher vor Naturerscheinungen stellen, die er mit der bisher unangezweifelten Theorie nicht erklären kann. So stimmten beispielsweise neuere Beobachtungen von Sternen nicht zu der Newtonschen Lehre von der Bewegung; die Entdeckung des Radiums warf neue Fragen auf, die sich nicht beantworten ließen. Doch der rastlose Menschengeist ruht nicht, bis er auch diese Tatsachen einer noch umfassenderen Theorie eingeordnet hat, bis er auch sie zu erklären imstande ist. Vollendet ist die Aufgabe der Physik, wenn sie alle, aber auch alle Naturerscheinungen beschrieben und damit erklärt hat. Keiner weiß, ob je das Ziel erreicht werden wird — ebensogut ist es möglich, daß der Mensch die Unmöglichkeit der Lösung dieser Aufgabe erkennt und sich bescheidet.

Das Gebiet der Naturerscheinungen ist so ungeheuer groß, daß sehr bald das Bedürfnis rege wurde, es nicht durch die eine Wissenschaft der Physik allein zu umfassen. So trennte sich die Sternkunde oder Astronomie sehr frühzeitig von ihr und wurde selbständige Wissenschaft; in der neueren Zeit splitterte die Chemie ab, wie es die Gesteinkunde oder Mineralogie schon vor ihr getan hatte. Heute ist es üblich, die Physik auf die leblosen Körper zu beschränken, deren stoffliche Zusammensetzung bei allen Zustandsänderungen unverändert bleibt. Das Wasser beschäftigt den Physiker nur als Wasser, wobei es ihm gleichgültig ist, ob es sich im festen, flüssigen oder gasförmigen Zustande befindet; der Chemiker dagegen zerlegt es in seine Bestandteile Wasserstoff und Sauerstoff. Doch zeigt die jüngste Entwicklung beider Wissenschaften, daß es nicht möglich ist, hier eine scharfe Grenze zu ziehen.

Die Physik gliedert sich in die Lehre von den Kräften oder die Mechanik, die Wärmelehre, die Lehre von der Elektrizität und dem Magnetismus, die Lehre vom Schall (Akustik) und die Lehre vom Licht (Optik). Die Mechanik unterscheidet im besonderen nach dem Zustande, den die Körper haben, eine Mechanik fester Körper, auch Geomechanik genannt, eine Mechanik flüssiger Körper, die Hydromechanik, und eine Mechanik der gasförmigen Körper, die Aeromechanik. Diese Einteilung geht auf die alten Griechen zurück und läßt sich heute kaum noch rechtfertigen. Je nach dem, ob sich ein Körper unter dem Einflusse von Kräften in Ruhe oder in Bewegung befindet, unterscheidet man eine Lehre vom Gleichgewicht (Statik) und eine Bewegungslehre (Dynamik) und hält diesen Gesichtspunkt aufrecht

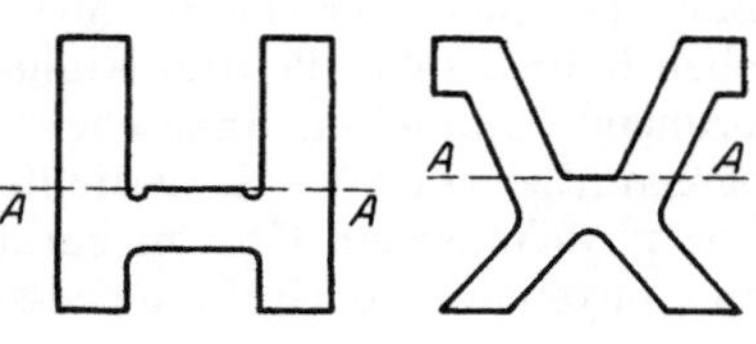

Fig. 1.

beim festen, flüssigen und gasförmigen Körper, so daß sich die Mechanik gliedert in die Lehre vom ruhenden und bewegten festen Körper, die Statik und Dynamik schlechthin; die Lehre von der ruhenden und bewegten Flüssigkeit, die Hydrostatik und die Hydrodynamik; die Lehre von den ruhenden und bewegten Gasen, die Aerostatik und die Aerodynamik. In besonderen Abschnitten behandelt der Techniker die Lehre vom Schwerpunkt und die Reibung als für ihn besonders wichtig, und trennt ganz von der Mechanik die Festigkeitslehre, die wohl ausschließlich als Schöpfung des Technikers und nicht des Physikers im üblichen Sinne angesehen werden darf.

Bei unserm frei fallenden Stein sagten wir: Der Beobachter mißt den Weg und die Zeit. Messen heißt vergleichen. Will man z. B. die Länge eines Weges messen, so vergleicht man sie mit einer bekannten oder besser festgelegten Länge, der Längeneinheit, die die Form eines Maßstabes hat. Als Längeneinheit gilt in fast allen Kulturstaaten das Meter; nur England und Amerika haben abweichende Einheiten, ebenso Rußland. Ein Meter (m) ist die Länge eines Platin-Iridiumstabes von x-förmigem Querschnitt, der in Sèvres bei Paris aufbewahrt wird (Urmeter; Fig. 1). Sie war gedacht als der 40 000 000 Teil des Meridians, d. h. der Linie, die vom Nordpol über den Südpol zum Nordpol der Erde geht. Doch haben neuere Messungen eine, wenn auch geringe, Abweichung von dieser Länge ergeben.

Für die Messung der Zeit gilt als Einheit die Sekunde (sek). Der Tag ist die Zeit, welche die Erde zu einer einmaligen Umdrehung um ihre Achse braucht. Da der Tag in 24 Stunden, die Stunde in 60 Minuten, die Minute in 60 Sekunden eingeteilt wird, wäre 1 sek der $24 \cdot 60 \cdot 60 = 86\,400$. Teil eines Tages. Infolge der nichtkreisförmigen Bahn der Erde um die Sonne schwankt die Länge eines solchen Sonnentages um eine halbe Minute nach oben und nach unten, so daß wir mit einem Sonnentage rechnen, der 86 400 Sekunden beträgt. Für technische Messungen reicht die Genauigkeit der Taschenuhr vollständig aus, besonders dann, wenn sie als sogenannte Stoppuhr gebaut ist.

Kräfte werden durch den Vergleich mit der Gewichtseinheit gemessen. Die Einheit des Gewichtes ist das Kilogramm (kg). Sie ist gleich dem eines Platin-Iridiumkörpers, der ebenfalls in Sèvres aufbewahrt wird, und war gedacht als das Gewicht von einem Liter destillierten Wassers bei einer Temperatur von 4° C, einem Barometerstand von 760 mm Quecksilbersäule unter dem 45. Breitengrade in Meereshöhe. Da auch hier spätere Messungen eine geringere Abweichung ergeben haben, sind alle drei Einheiten als festgelegte, auf Vereinbarung beruhende Einheiten anzusehen; sie sind die Grundeinheiten des sogenannten technischen Maßsystems, auf die sich die Messungen aller physikalischen Größen zurückführen lassen. Die Einheit, in der eine physikalische Größe gemessen wird, heißt Dimension.

A. Allgemeine Eigenschaften der Körper.

Ausdehnung. Jeder Körper füllt einen Raum aus, dessen Größe Rauminhalt oder Volumen heißt. Wo ein Körper ist, kann gleichzeitig kein zweiter sein; man sagt: Die Körper sind undurchdringlich. Das, was den Raum ausfüllt, ist Stoff oder Materie. Begrenzt wird der Körper von Flächen, die Fläche von Linien, die Linie von Punkten, Die Ausdehnung eines Körpers pflegt man durch die Angabe der Länge, Breite und Höhe zu bestimmen. Dabei mißt man die Breite senkrecht zur Länge, die Höhe, auch Tiefe oder Dicke genannt, senkrecht zu der durch Länge und Breite bestimmten Ebene. Dadurch werden Raum- und Flächenmessungen auf die Messung von Längen zurückgeführt, als deren Einheitsmaß das Meter (m) angegeben wurde.

Die Unterteile des Meters sind:

$$1 \text{ Dezimeter (dm)} = \tfrac{1}{10} \text{ m} = 0,1 \text{ m}; \qquad 1 \text{ m} = 10 \text{ dm},$$
$$1 \text{ Zentimeter (cm)} = \tfrac{1}{100} \text{ m} = 0,01 \text{ m}; \qquad 1 \text{ m} = 100 \text{ cm},$$
$$1 \text{ Millimeter (mm)} = \tfrac{1}{1000} \text{ m} = 0,001 \text{ m}; \qquad 1 \text{ m} = 1000 \text{ mm}.$$

Als Mehrfaches eines Meters ist ein Kilometer (km) = 1000 m üblich. In England mißt man nach Zoll:

$$1 \text{ Zoll} = 1'' = 25,4 \text{ mm},$$
$$1 \text{ Fuß} = 1' = 12 \text{ Zoll } (12'') = 0,305 \text{ m},$$
$$1 \text{ Yard} = 3 \text{ Fuß } (3') = 0,914 \text{ m}$$

(auch bei uns zur Angabe von Fadenlängen in der Textilindustrie üblich),

$$1 \text{ Meile} = 1760 \text{ Yards} = 1,609 \text{ km}.$$

Meßinstrumente. Größere Längen werden mit einem Stahlband (Bandmaß), einer Meßlatte oder mit dem Zollstock gemessen; Bruchteile von Millimetern mit der Schublehre auf 0,1 mm genau. Zu Messungen auf 0,01 mm Genauigkeit bedient man sich der Schraubenlehre oder Mikrometerschraube, deren peinlich sauber geschnittenes Gewinde 1 oder $^1/_2$ mm Steigung hat. Wird eine noch höhere Genauigkeit gefordert (0,001 mm), wie es beim Prüfen von Lehren vorkommt, so müssen optische Instrumente verwendet werden, da selbst die bestgeschnittene Schraube Fehler hat, die über 0,001 mm hinausgehen. In der Werkstatt sind meist Toleranzlehren in Gebrauch, die feste Maße — Endmaße — darstellen und auf $\pm$ 0,02 bis $\pm$ 0,01 mm genau messen. Zur Bolzenmessung dient die Lehre (Fig. 2); für Bohrungen (Fig. 3), und zwar darf ein Bolzen in eine Lehre, die 0,02 mm zu klein ist, nicht hineingehen, muß aber in eine mit 0,02 mm größerem Durchmesser passen.

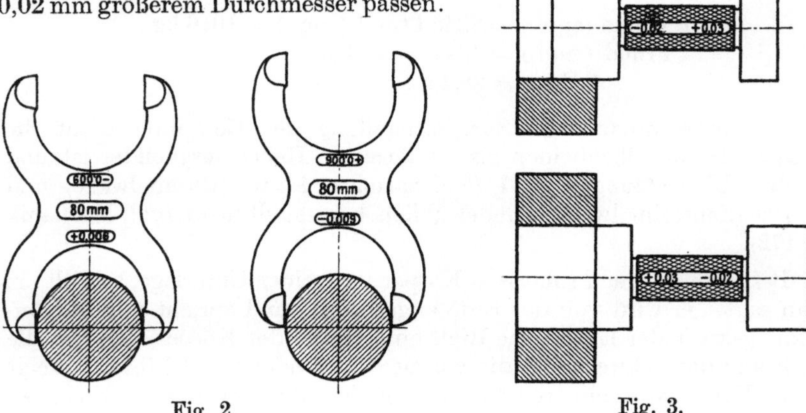

Fig. 2.   Fig. 3.

Die Einheit des Flächenmaßes ist das Quadratmeter (m² oder qm):

$$1\ \text{m}^2 = 100 \cdot 100 = 10\,000\ \text{cm}^2 = 1000 \cdot 1000 = 1\,000\,000\ \text{mm}^2,$$
$$1\ \text{Quadratkilometer} = 1000 \cdot 1000 = 1\,000\,000\ \text{m}^2,$$
$$1\ \text{Hektar (ha)} = 100 \cdot 100 = 10\,000\ \text{m}^2,$$
$$1\ \text{Ar (a)} = 10 \cdot 10 = 100\ \text{m}^2.$$
$$\text{Ältere Maße: } 1\ \text{Quadratrute} = \sim 14\ \text{m}^2,$$
$$1\ \text{Morgen} = \sim 2500\ \text{m}^2.$$

Die Einheit des Raummaßes ist das Kubikmeter (m³ oder cbm).

$$1\ \text{m}^3 = 100 \cdot 100 \cdot 100 = 1\,000\,000\ \text{cm}^3,$$
$$= 1000 \cdot 1000 \cdot 1000 = 1\,000\,000\,000\ \text{mm}^3.$$

Über Flächenmessung siehe Abschnitt Planimetrie S. 70.
Über Raummessung siehe Abschnitt Stereometrie S. 101.

Gewicht. Versucht man, einen Körper vom Boden aufzuheben, so bedarf es dazu eines Kraftaufwandes; der Körper setzt dem Aufheben einen Widerstand entgegen, den die Faust überwinden muß. Wir sagen: Der Körper ist schwer. Die Größe der Kraft, die wir beim Heben aufwenden müssen, ist gleich dem Gewicht des Körpers. Die Maßeinheit des Gewichtes ist das Kilogramm (kg).

Die Unterteilungen des kg sind

$$1 \text{ kg} = 1000 \text{ Gramm (g)},$$
$$1 \text{ g} = 1000 \text{ Milligramm (mg)}.$$

Größere Gewichte werden in Tonnen (t) ausgedrückt; 1 t = 1000 kg. Im täglichen Leben sind noch üblich

$$1 \text{ Pfund } (\mathcal{U}) = 500 \text{ g},$$
$$1 \text{ Zentner (Ztr.)} = 50 \text{ kg},$$
$$1 \text{ Doppelzentner (dz)} = 100 \text{ kg}.$$

In England und Amerika mißt man das Gewicht nach Tonnen und Pfunden:

$$1 \text{ Tonne (engl.)} = 2240 \text{ Pfund (engl.)} = 1016 \text{ kg},$$
$$1 \text{ Pfund (engl.)} = 454 \text{ g} = 16 \text{ Unzen},$$
$$1 \text{ Unze} = 28{,}4 \text{ g}.$$

Gewichtsmessung. Zur Feststellung des Gewichtes dient die Wage, die im allgemeinen als zweiarmiger Hebel ausgebildet ist und in den Übersetzungen 1 : 1 (gleicharmig), 1 : 10 (Dezimalwage) und 1 : 100 (Zentesimalwage) handelsüblich hergestellt wird (vgl. Mechanik S. 172).

Befreit man einen ruhenden Körper von seiner Unterlage, so fällt er; man sagt, „er wird von der Erde angezogen", und spricht von der Anziehungskraft der Erde. Die Richtung, in der der Körper fällt, ist die Richtung der Schwerkraft, die von dem Lot oder Senkblei angezeigt wird. Das Lot ist ein freihängender Faden, der am unteren Ende beschwert ist; seine Richtung heißt lotrecht, senkrecht oder vertikal, die zu ihr senkrechte Richtung heißt wagerecht oder horizontal. Alle Lote führen zum Mittelpunkt der Erde, bilden also im strengen Sinne Winkel miteinander, doch sind die Abweichungen nur bei größeren Entfernungen von Belang. Auf der Erdoberfläche ist eine Bogenminute $(1') = 1852$ m, eine Bogensekunde $(1'') = 31$ m. Zur Prüfung senkrechter Linien dient das Lot oder Senkblei, zu der wagerechter Linien die Wasserwage oder Libelle; sie ist ein schwach nach oben gekrümmtes, mit Wasser oder Äther gefülltes Glasrohr, in dem eine Luftblase schwimmt, die sich auf den höchsten Punkt des Rohres einstellt, wenn die Unterlage wagerecht ist.

Das Gewicht eines Körpers ist veränderlich, es ist von seiner Lage auf der Erdoberfläche, d. h. von seiner Entfernung vom Erdmittelpunkt, abhängig, und zwar ist das Gewicht eines Liters Wasser an den Polen größer als am Äquator, da infolge der Abplattung der Erde an den Polen die Entfernung der Pole vom Mittelpunkt geringer ist als der Halbmesser des Äquators. Diese Veränderlichkeit des Gewichtes läßt sich nicht mit einer Hebelwage feststellen; dazu bedarf es einer Federwage oder eines Dynamometers, bei dem die Verlängerung einer zylindrischen Schraubenfeder ein Maß für die Größe des Gewichtes eines angehängten Körpers ist. Entfernt man sich von der Erdoberfläche, so nimmt das Gewicht um 3 g für je 10 kg und 1000 m Erhebung ab. Ein 75 kg schwerer Mann, der 5000 m hoch im Luftschiff oder Flugzeug steigt, verliert

$$75 \text{ kg} \cdot \frac{3 \text{ g}}{10 \text{ kg} \cdot 1000 \text{ m}} \cdot 5000 \text{ m} = 112{,}5 \text{ g}$$

an Gewicht. Unverändert bleibt die Stoffmenge des Körpers.

Das spezifische Gewicht und das spezifische Volumen. Nach der Erklärung der Gewichtseinheit wiegt 1 cm³ Wasser rund 1 g. Durch Wägung stellen wir fest, daß 1 cm³ Eisen 7,2 g wiegt; es ist also das gleiche Volumen Eisen 7,2 mal so schwer wie 1 cm³ Wasser. Die Zahl, die angibt, wieviel mal so schwer das Eisen ist wie das gleiche Volumen Wasser heißt das **spezifische Gewicht des Eisens**. Da 1 g Wasser 1 cm³ Rauminhalt hat, kann man auch sagen, das spezifische Gewicht ist das Gewicht in g von 1 cm³ eines Stoffes; in diesem Falle ist das spezifische Gewicht als Gewicht der Raumeinheit (1 cm³) eine **benannte Zahl**; sie wird mit s bezeichnet; ihre Dimension (vgl. S. 116) ist g/cm³, kg/dm³, t/m³.

Um einer Verwechslung der benannten mit der unbenannten Zahl s vorzubeugen, hat man neuerdings die unbenannte Zahl das **relative Gewicht** genannt im Gegensatz zu der benannten, die spezifisches oder auch **Einheitsgewicht** heißt.

Unter der **Dichtigkeit** oder **Dichte** versteht man das Verhältnis der Masse eines Körpers zu der Masse eines gleichen Volumens Wasser von 4° C. Die beiden Begriffe Dichtigkeit oder spezifische Masse und spezifisches Gewicht sind grundsätzlich zu unterscheiden. Zahlenmäßig sind sie gleich. Über **Masse** siehe S. 138.

Hat ein Körper das spezifische Gewicht s g/cm³ und ist das Volumen V cm³, so ist sein wirkliches Gewicht

$$G = V \cdot s \text{ in g}.$$

Die zugehörigen Dimensionsgleichungen müssen erfüllt sein.

$$g = \text{cm}^3 \cdot \frac{g}{\text{cm}^3}; \quad kg = \text{dm}^3 \cdot \frac{kg}{\text{dm}^3}; \quad t = \text{m}^3 \cdot \frac{t}{\text{m}^3},$$

wenn s in g/cm³, kg/dm³ oder t/m³ und V entsprechend in cm³, dm³ und m³ gegeben ist.

Spezifische Gewichte.*)

In kg für 1 dm³.

Metalle und Legierungen.

Aluminium	2,6	Eisen:	
Antimon	6,6	Roheisen, grau	6,6 ÷ 7,6
Blei	11,4	Roheisen, weiß	7,0 ÷ 7,9
Bronzen (Rotguß)	7,4 ÷ 8,9	Gußeisen	7,0 ÷ 7,2
Chrom	6,8	Stahlformguß	7,8

---

*) Entnommen aus Dubbel, Taschenbuch für den Maschinenbau, 3. Aufl. Julius Springer, Berlin 1921.

Flußeisen	7,8	Messing:	
Flußstahl	7,9	Gelbguß	8,2 ÷ 8,7
Schweißeisen	7,8	Draht	8,7
Schweißstahl	7,9	Nickel	8,7
Tiegelstahl	7,9	Platin	21,5
Schnellschneidstahl	8,5 ÷ 9,2	Quecksilber	13,6
Eisendraht	7,7	Weißmetall (Lagermetall)	7,0 ÷ 7,5
Stahldraht	7,9	Wismut	9,8
Kupfer:		Wolfram	19,1
gegossen	8,8	Zink:	
gewalzt	8,9	gegossen	6,9
Draht	9,0	gewalzt	7,2
Magnesium	1,7	Zinn	7,4
Mangan	7,6		

Hölzer — lufttrocken.

Birke	0,6	Pockholz	0,9
Eiche	0,9	Rotbuche	0,7
Erle	0,5	Rottanne	0,6
Esche	0,7	Rüster	0,6
Kiefer (Föhre)	0,5	Weißbuche	0,7
Lärche	0,5	Weißtanne	0,5
Pappel	0,4		

Frisch geschlagene Hölzer wiegen etwa 1,8 mal soviel.

Mauerwerk und seine Baustoffe.

Beton	1,8 ÷ 2,5	Sandstein	2,2 ÷ 2,5
Gipsguß (trocken)	1,0	Schamottesteine	1,8 ÷ 2,0
Granit	2,5 ÷ 3,0	Ziegelsteine, gebrannt:	
Kalkbrei	1,4	gewöhnliche	1,4 ÷ 1,6
Kalkmörtel	1,5 ÷ 1,8	Klinker	1,7 ÷ 2,0
Korksteine	0,25	ungebrannt:	
Mauerwerk aus:		Kalksand-	1,9
gebrannten Ziegeln	1,6	Zementmörtel	2,1
Klinkern	1,8 ÷ 2,0		
Kalksandziegeln	1,9		
Bruchstein	2,5		

Verschiedene Hilfsstoffe.

Asbest — verarbeitet	1,2	Gummi — verarbeitet	1,4
Asphalt	1,1 ÷ 1,5	Kork	0,24
Fette	0,9	Korundschmirgel	4,0
Glas	2,5	Leder	0,9 ÷ 1,1
Graphit	2,1	Porzellan	2,3

Flüssigkeiten bei 15° C.

Äther (Schwefeläther)	0,73	Petroleum (Leuchtöl)	0,79 ÷ 0,28
Alkohol	0,79	Salpetersäure — rohe mit	
Benzin	0,68 ÷ 0,72	etwa 70% HNO_3	1,42
Benzol	0,89	Salzsäure mit etwa 20%	
Glyzerin	1,26	HCl	1,1
Leinöl	0,93	Schwefelsäure — rohe mit	
Mineralöle:		etwa 66% H_2SO_4	1,6
Spindelöle	0,89 ÷ 0,90	Spiritus — 90 Raum%	0,83
Maschinenöle	0,90 ÷ 0,91	Steinkohlenteer	1,2
Eisenbahnachsenöle	0,90 ÷ 0,92	Teeröl	1,0 ÷ 1,1
Zylinderöle	0,92 ÷ 0,94	Terpentinöl	0,86

Gase bei 0° und 760 mm Barometer stand.
Gewicht von 1 dm³ in g.

Azetylen	1,177	Luft:	
Grubengas	0,7	trocken	1,293
Kohlenoxyd	1,25	mittelfeucht	1,3
Kohlensäure	1,964	Sauerstoff	1,429
Leuchtgas	0,53 ÷ 0,56	Stickstoff	1,254
		Wasserstoff	0,0895

Mittlere Lagergewichte
für 1 m³ in kg.

Brennstoffe:		Mais	750
Holzkohle	200	Heu und Stoh	150
Koks	400	Hülsenfrüchte	800
Holz	400	Kalk (gebrannt)	1100
Torf	500	Kartoffeln	700
Braunkohlen	700	Malz	550
Steinkohlen	800	Mehl	700
Preßkohlen	950	Müll	650
Eis	900	Obst	350
Erde, Lehm, Ton, Kies	1800	Rüben	600
Formsand	1200	Salz:	
Getreide:		grobkörnig	750
Weizen, Roggen, Gerste, Buchweizen	680	feingemahlen	1000
		Zement	1400
Hafer	450	Zucker	750

Beispiel 1. Ein Kupferbarren ist 0,8 m lang, 20 cm breit und 150 mm dick; wie groß ist sein Gewicht?

$$G = V \cdot s = 80\,\text{cm} \cdot 20\,\text{cm} \cdot 15\,\text{cm} \cdot 8{,}9\,\text{g/cm}^3 = 214\,000\,\text{g},$$

wenn alle Maße in cm eingesetzt werden;

$$G = V \cdot s = 8\,\text{dm} \cdot 2\,\text{dm} \cdot 1{,}5\,\text{dm} \cdot 8{,}9\,\text{kg/dm} = 214\,\text{kg},$$

wenn alle Maße in dm eingesetzt werden; oder

$$G = V \cdot s = 0{,}8\,\text{m} \cdot 0{,}2\,\text{m} \cdot 0{,}15\,\text{m} \cdot 8{,}8\,\text{t/m}^3 = 0{,}214\,\text{t},$$

wenn alle Maße in m eingesetzt werden. Niemals dürfen in ein und derselben Gleichung die Maßeinheiten (Dimensionen) durcheinander stehen; also alle Längenmaße müssen entweder in m, cm oder mm, alle Gewichte entweder in t, kg oder g eingesetzt werden. Alle technischen Berechnungen sind stets sehr sorgfältig daraufhin zu prüfen.

Der umgekehrte Wert des spezifischen Gewichtes ist die Zahl, die angibt, welche Raumeinheit zur Gewichtseinheit gehört; so nehmen bei 760 mm Barometerstand 1,293 kg Luft einen Raum von 1 m³ ein, folglich braucht 1 kg Luft einen Raum von $\dfrac{1}{1{,}293} = 0{,}773$ m³; diese Zahl heißt das **spezifische Volumen** der Luft und ist demnach 0,773 m³/kg (Kubikmeter pro Kilogramm).

Aus der Benennung oder Dimension läßt sich schon im allgemeinen der Begriff richtig deuten. Was heißt denn s g/cm³? s g pro Kubikzentimeter, und bedeutet: s g Gewicht gehen auf 1 cm³ des Stoffes. Oder: was sind 0,773 m³/kg? 0,773 m³ gehören zu einem Ge-

wicht von 1 kg. Es ist sehr empfehlenswert, alle vorkommenden
Gleichungen auf die Richtigkeit der eingesetzten Benennungen (Maßeinheiten oder Dimensionen) zu prüfen; die Übereinstimmung beider
Seiten der Gleichung bietet eine Gewähr für die Richtigkeit der ange-
wandten Formel, denn dimensionslose Größen sind in technischen
Gleichungen selten. Dabei rechnet man mit den Benennungen wie
mit algebraischen Größen, $\dfrac{\mathrm{m}^3}{\mathrm{m}}$ gibt m².

Die Grundgleichung für das wirkliche Gewicht

$$G = V \cdot s$$

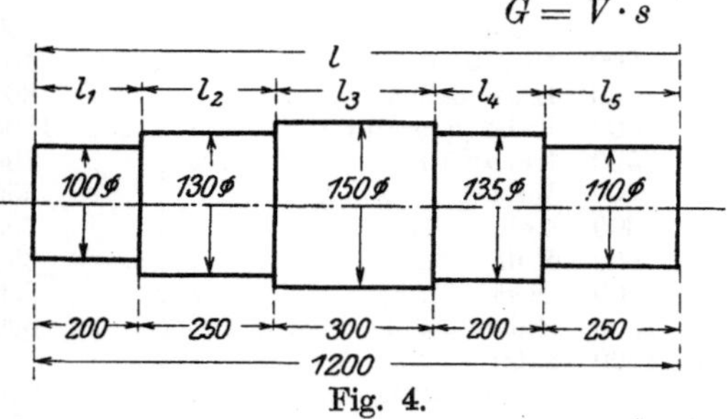

Fig. 4.

dient zur Gewichtser-
mittlung von Bauteilen,
Maschinenteilen im Ent-
wurf, d. h. auf dem Reiß-
brett, und fertigen Kon-
struktionen, da sich aus
den Abmessungen der
Zeichnung der Raumin-
halt durch Rechnung
bestimmen läßt.

Beispiel 2. Was wiegt eine flußeiserne Welle (nach Fig. 4)?
Wir denken uns die Welle in fünf zylindrische Teile zerlegt, dann ist:

$$G_1 = V_1 \cdot s = \frac{\pi \cdot d_1^2}{4} \cdot l_1 \cdot s = \frac{\pi \cdot 10^2}{4} \cdot 20 \cdot 7{,}8 = 78{,}54 \cdot 20 \cdot 7{,}8 = 12\,260\,\mathrm{g}$$

$$G_2 = V_2 \cdot s = \frac{\pi \cdot d_2^2}{4} \cdot l_2 \cdot s = \frac{\pi \cdot 13^2}{4} \cdot 25 \cdot 7{,}8 = 132{,}73 \cdot 25 \cdot 7{,}8 = 25\,900\,\mathrm{g}$$

$$G_3 = V_3 \cdot s = \frac{\pi \cdot d_3^2}{4} \cdot l_3 \cdot s = \frac{\pi \cdot 15^2}{4} \cdot 30 \cdot 7{,}8 = 176{,}72 \cdot 30 \cdot 7{,}8 = 41\,400\,\mathrm{g}$$

$$G_4 = V_4 \cdot s = \frac{\pi \cdot d^2}{4} \cdot l_1 \cdot s = \frac{\pi \cdot 13{,}5^2}{4} \cdot 20 \cdot 7{,}8 = 143{,}14 \cdot 20 \cdot 7{,}8 = 22\,350\,\mathrm{g}$$

$$G_5 = V_5 \cdot s = \frac{\pi \cdot d_5^2}{4} \cdot l_5 \cdot s = \frac{\pi \cdot 11^2}{4} \cdot 25 \cdot 7{,}8 = 95{,}03 \cdot 25 \cdot 7{,}8 = 18\,520\,\mathrm{g}$$

$$G = 120\,430\,\mathrm{g}$$
$$G = \sim 120{,}5\,\mathrm{kg}$$

Aggregatzustand. Die Körper kommen im festen, flüssigen oder
gasförmigen Zustande vor, den wir Aggregatzustand nennen. Das Kennzeichen des festen Körpers ist seine Raumbeständigkeit; auch hat er
eine selbständige Gestalt. Der flüssige Körper ist zwar raumbeständig,
doch ist seine Gestalt von der des Gefäßes abhängig; in kleinen
Mengen — Tropfen — zeigt auch er Ansätze einer selbständigen
Form. Der gasförmige Körper hat weder Raumbeständigkeit noch
selbständige Gestalt. Ein Gas sucht jeden Raum auszufüllen, der
ihm dargeboten wird; man sagt: es expandiert. Ändert man
Temperatur und Druck eines Körpers, so lassen sich die meisten
Körper von einem in den anderen Aggregatzustand überführen.

Wärmezufuhr wirkt in der Richtung fest, flüssig, gasförmig. Wärmeentziehung mit gleichzeitiger Druckerhöhung in der Richtung gasförmig, flüssig, fest. Dabei ist es aber nicht nötig, daß alle drei Zustände der Reihe nach durchlaufen werden. Erwärmt man z. B. Holz in einem Probierglas, so geht es sofort in den gasförmigen Zustand über; ebenso kann man Gold durch sehr weit getriebene Erhitzung verdampfen, ohne daß es flüssig geworden ist.

Durchlässigkeit oder Porosität. Die Erfahrung lehrt, daß fast alle festen Körper mehr oder minder große Lücken oder Poren haben, die durch fremde Stoffe (im allgemeinen Luft) ausgefüllt werden. Augenfällig porig oder porös sind der Schwamm, die Kreide, der Kork, der Ziegelstein, das Holz usw. Luft und Leuchtgas dringen durch Mauerwerk, Kohlenoxyd durch glühendes Eisen. Diese Eigenschaft des Körpers nutzen wir beim Filtern aus; so wird z. B. unser Trinkwasser durch Sandfilter gereinigt. Auch Flüssigkeiten kann man porig oder porös nennen, da sie Gase aufnehmen (schlucken oder absorbieren) können. Bekannt ist das Vorhandensein von Luft im Wasser, die beim Erwärmen in Bläschen entweicht.

Teilbarkeit. Jeder Körper läßt sich in beliebig kleine Teile zerlegen. Feste Körper werden zu Pulver gemahlen, dessen Körner weniger als 0,001 mm Durchmesser haben (Polierrot). Sehr weit läßt sich die Zerlegung bei Flüssigkeiten treiben. Eosin färbt das Wasser noch rot, wenn man eine Verdünnung von 1 : 10 000 000 herstellt. Homöopathen und Biochemiker geben ihre Heilmittel in noch größeren Verdünnungen. Die Teilbarkeit der Gase ist anscheinend unbegrenzt (Moschusduft); doch kann durch keine noch so weit gesteigerte Zerlegung der Stoff selbst zum Verschwinden gebracht werden. Auch die Zerlegung hat ihre Grenze! Das Stoffteilchen, das sich durch physikalische Hilfsmittel nicht mehr teilen läßt, heißt Molekül oder Molekel. Da nun, wie die Chemie lehrt, die Stoffe im allgemeinen aus mehreren Grundstoffen oder Elementen bestehen, so zerlegt der Chemiker das Molekül noch in Atome; zwei Wasserstoffatome und ein Sauerstoffatom geben zusammen ein Molekül Wasser. Ob wir mit den Atomen die Grenze der Teilbarkeit erreicht haben, läßt sich noch nicht sagen. Der Atomzerfall der radiumhaltigen Stoffe, bei dem elektrisch geladene Stoffteilchen (Elektronen) mit ungeheurer Geschwindigkeit fortgeschleudert werden, deutet auf eine noch weitergehende Teilbarkeit hin.

Kohäsion und Adhäsion. Feste Körper setzen ihrer Zerlegung in einzelne Teile einen Widerstand entgegen, der meist sehr erheblich ist; ihre Moleküle zeigen einen innigen Zusammenhang. Diese Eigenschaft der Körper nennt man Kohäsion. Da eine Kraft zur Überwindung des Widerstandes erforderlich ist, muß man in dem Zusammenhängen der Moleküle die Wirkung einer inneren Kraft vermuten, die wir Molekularkraft nennen. Wir können auch

sagen: Zwischen den Molekülen eines Körpers besteht eine mehr
oder minder große Anziehung, die bei festen Körpern so groß ist,
daß sie eine raumbeständige, selbständige Gestalt haben. Bei flüssigen
Körpern ist die Kohäsion wesentlich geringer; bei gasförmigen ist sie
überhaupt nicht vorhanden, da das Ausdehnungsbestreben (Expansion)
die Gasmoleküle immer weiter voneinander entfernt.

Ein Maß für die Größe der Kohäsion ist die Festigkeit, die durch
Versuche ermittelt wird (vgl. Festigkeitslehre S. 306). Ihre Kenntnis ist
wichtig, da sich auf sie die Bemessung
der Querschnitte beanspruchter Bau-
oder Maschinenteile stützt.

Im Zusammenhang mit der Kohäsion
stehen die Eigenschaften der Dehnbar-
keit, Federung (Elastizität), Zähigkeit,
Sprödigkeit und Härte. Wir nennen einen
Körper dehnbar, wenn er sich durch
Kräfte ausdehnen läßt, ohne zu brechen
oder zu zerreißen (Blattgold, Staniol);
federnd oder elastisch heißt er, wenn
er nach Aufhören der Kraftwirkung seine
ursprüngliche Gestalt wieder einnimmt
(Kautschuk, Stahl). Zäh ist ein Körper,
wenn er sehr große bleibende Formänderungen ohne Bruch erträgt (Blei, Kupfer);
spröde ist er, wenn schon sehr geringe
bleibende Formänderungen zum Bruche

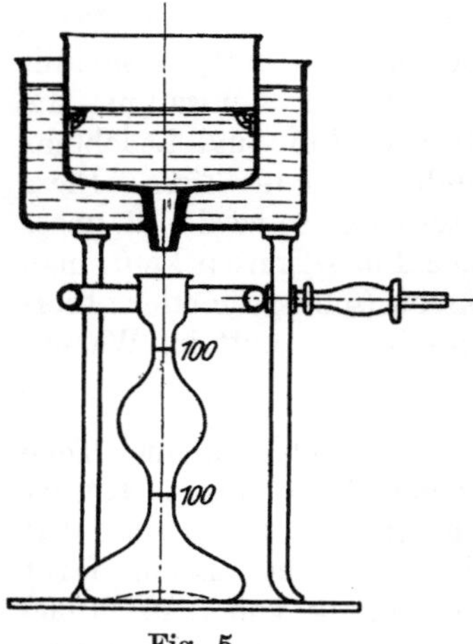

Fig. 5.

führen (Glas, Gußeisen). Härte ist die Eigenschaft der äußeren Oberfläche; sie wird durch den Widerstand gemessen, den der Körper dem
Eindringen eines andern entgegensetzt. Über die Kugeldruckprobe
vgl. Festigkeitslehre S. 314.

Der Zusammenhang der einzelnen Teile der Flüssigkeiten wird
Viskosität genannt, die bei der Beurteilung von Schmierölen wichtig
ist. Man ermittelt die Viskosität mit dem Viskosimeter (Fig. 5), einem
zylindrischen Gefäß, das in einem nach außen schwach gewölbten Boden
eine Ausflußöffnung von bestimmtem Durchmesser hat, und das von
einem heizbaren Wasserbade umgeben ist. Dieses Gefäß wird bis zu
einer Marke mit der zu prüfenden Flüssigkeit gefüllt und die Zeit gemessen, die 100 oder 200 cm³ zum Auslaufen gebrauchen. Setzt man
nach Engler die Zeit, die 200 cm³ Wasser bei 20° C brauchen (bei den
üblichen Ausführungen 52 Sekunden) gleich 1, so hat eine Flüssigkeit,
von der 200 cm³ in beispielsweise 300 Sekunden auslaufen, die Viskosität $1 \cdot \dfrac{300}{52} = 5{,}8$ Englergrade.

Adhäsion nennt man den Zusammenhang zweier Körper an ihrer
Berührungstelle. Drückt man zwei gutgeschliffene Glasplatten gegen-
einander, so haften sie auch nach Aufhören der Pressung aneinander.
Die Kreide haftet durch Adhäsion an der Tafel. Im allgemeinen ist

jedoch die Adhäsion bei festen Körpern sehr gering. Wesentlich größer ist sie bei flüssigen, die oft mit großer Kraft an festen Körpern haften; man spricht von benetzenden und nichtbenetzenden Flüssigkeiten; so wird z. B. Glas vom Wasser benetzt, die Schwefelsäure steigt am Glase unmittelbar in die Höhe, sie „klettert‟; Quecksilber dagegen benetzt das Glas nicht.

Auch gasförmige Körper haften häufig an festen Körpern; Platin verdichtet Leuchtgas an seiner Oberfläche so stark, daß die dabei entstehende Wärme zum Zünden ausreicht. Überwiegt bei zwei Flüssigkeiten die Kohäsion, so lassen sie sich nicht mischen (Öl und Wasser), überwiegt die Adhäsion, so mischen sich beide (Alkohol und Wasser). Mischen sich zwei Flüssigkeiten ohne äußere Beeinflussung durch Rühren von selbst, so sagt man, sie diffundieren, und nennt diese Erscheinung Diffusion. Geschieht dieses Ineinanderfließen durch eine Membran, so nennt man den Vorgang Osmose (in der Pflanze steigen die Nährsäfte auf).

Da bei den Gasen eine Kohäsion so gut wie gar nicht vorhanden ist, mischen sie sich sehr leicht (Luft und Gas); auch sie diffundieren und zeigen die Erscheinung der Osmose, nur gehen diese Vorgänge schneller vor sich als bei Flüssigkeiten.

B. Mechanik fester Körper.
I. Die Bewegungslehre oder Dynamik.

Wenn sich ein Körper bewegt, so legt er bei dieser Bewegung einen Weg zurück, der auch Bahn genannt wird. Zu der Bewegung braucht der Körper Zeit, da er nicht gleichzeitig an zwei verschiedenen Punkten seiner Bahn sein kann. Nun kann aber ein und dieselbe Bewegung sehr verschieden aussehen, je nachdem, wie sie beobachtet wird. Angenommen zwei Eisenbahnzüge fahren in derselben Richtung mit gleicher Geschwindigkeit nebeneinander, dann werden die Reisenden — sofern sie nur die Züge beobachten — gar nicht den Eindruck einer Bewegung haben, die einem außerhalb des Zuges stehenden Beobachter selbstverständlich ist. Er sieht, daß beide Züge gleich schnell fahren. Fährt der eine Zug schneller als der andere, so sieht ein Fahrgast in dem langsameren Zuge den andern allmählich vorüberfahren, ja wenn er seine Augen gespannt auf den Nachbarzug heftet, glaubt er selbst zu fahren, während der Nachbarzug still steht. Für den Außenstehenden bewegen sich beide Züge schnell, er sieht auch den einen schneller fahren als den andern.

Beide Beispiele zeigen, wie wichtig es ist, dem Beobachter einen festen Punkt zuzuweisen, wenn man eine Bewegung eindeutig beschreiben will; man bezieht daher eine Bewegung auf einen ruhenden Punkt und nennt sie dann wahr, wirklich oder absolut im Gegensatz zu der scheinbaren oder relativen Bewegung, die ein bewegter Körper in Beziehung auf einen andern ebenfalls bewegten Punkt hat. Da sich letzten Endes auch die Erde selbst bewegt, so gibt es im strengen Sinne nur scheinbare Bewegungen; doch haben wir uns gewöhnt, die Erde als ruhenden Punkt anzusehen für alle Bewegungen, die sich auf ihr abspielen.

Nehmen alle Punkte eines Körpers (z. B. eines Straßenbahnwagens) gleichmäßig an der Vorwärtsbewegung teil, bleibt also keiner gegen den andern zurück, so sagt man, der Körper erfährt eine Verschiebung. Verharrt aber eine gerade Linie oder Achse des bewegten Körpers trotz der Bewegung in Ruhe, ändert sie also ihre Lage nicht, so sagt man, der Körper erfährt eine Drehung oder Rotation (Schwungrad der Dampfmaschine). Nimmt die Achse ebenfalls an der Vorwärtsbewegung teil, so erfährt der Körper gleichzeitig eine Verschiebung und eine Drehung (Laufrad des fahrenden Straßenbahnwagens).

Da sich bei der Vorwärtsbewegung alle Punkte eines Körpers in parallelen Bahnen in derselben Weise bewegen, ist es nicht erforderlich, die Bewegung jedes einzelnen Punktes zu beschreiben; es genügt, wenn wir über einen Punkt etwas aussagen, den man Massenpunkt nennt. Es ist also vollständig gleichgültig, ob wir uns bei dem Worte Massenpunkt einen Eisenbahnzug, einen Stein, ein Geschoß, ein Flugzeug oder sonst einen Körper vorstellen, für uns sind alles „Massenpunkte‘‘.

Die gleichförmige Bewegung. Die gleichförmige fortschreitende Bewegung. Der Weg, den ein Massenpunkt zurücklegt, ist um so größer, je länger die Zeit ist, die er sich bewegt; es ist der Weg abhängig von der Zeit, er ist eine Funktion der Zeit (vgl. S. 112). Wir nennen eine Bewegung gleichförmig, wenn der Punkt in gleichen Zeiten gleiche Wege zurücklegt. Brauchen wir z. B. bei einem Marsch für jeden Kilometer 12 Minuten, so bewegen wir uns gleichförmig. Einen Maßstab für die Beurteilung der Bewegung erhalten wir durch die Angabe, wieviel Meter in einer Sekunde zurückgelegt werden; diese Größe heißt Geschwindigkeit der gleichförmigen Bewegung und wird mit v bezeichnet; ihre Benennung ist m/sek (Meter durch Sekunde oder Meter pro Sekunde), oder bei größeren Geschwindigkeiten V in km/Std. (Kilometer pro Stunde).

Werden in 1 sek v m zurückgelegt, so ist der Weg nach t sek

$$s = v \cdot t , \qquad\qquad (1)$$

wobei s in sek, v in m/sek; t in sek gemessen werden; die Dimensionsgleichung m = m/sek · sek muß erfüllt sein. Ist V in km/Std., T die Zeit in Stunden, so ist $s = V \cdot T$.

Tabelle der Geschwindigkeiten.

Mittlere Geschwindigkeiten:

Fußgänger . . . . 4 ÷ 5 km/Std., d. h. $v =$ 1,1 ÷ 1,4 m/sek,
Fahrrad . . . . 20 km/Std., d. h. $v =$ 5,6 m/sek,
Güterzug. . . . . 30 ÷ 40 km/Std., d. h. $v =$ 8,5 ÷ 11 m/sek,
Schnellzug . . . . . . 70 ÷ 90 km/Std., d. h. $v =$ 19,5 ÷ 25 m/sek,
Schnellbahnversuche(1904) 200 ÷ 210 km/Std. d.h. $v =$ 55,5 ÷ 58,5 m/sek
Schnelldampfer . . 20 ÷ 25 Seemeilen/Std., d. h. $v =$ 10,3 ÷ 13 m/sek,

Torpedoboot . . . $30 \div 35$ Seemeilen/Std., d. h. $v = 15,5 \div 18$ m/sek,
Mäßiger Wind . . . . $v = 5 \div 7$ m/sek,
Sturm . . . . $v = 18 \div 40$ m/sek,
Geschoß (Geschütz) . . . . bis $v = 1200$ m/sek,
Geschoß (Gewehr) . . . . bis $v = 900$ m/sek,
Schall in der Luft . . . . $v = 333$ m/sek,
Licht . . . . $v = 300000$ km/sek .

Beispiel 3. Welchen Weg legt ein Eisenbahnzug in $2^1/_2$ Std. zurück, wenn seine Geschwindigkeit 70 km/Std. beträgt?

Es ist $V = 70$ km/Std.; $T = 2^1/_2$ Std. Aus $s = V \cdot T$ folgt $s = 70$ km/Std. $\cdot 2^1/_2$ Std. $= 175$ km .

Beispiel 4. Wie groß ist die Geschwindigkeit desselben Zuges in m/sek?

$$\text{Aus} \quad s = v \cdot t \quad \text{folgt} \quad v = \frac{s}{t} = \frac{70\,000 \text{ m}}{60 \cdot 60 \text{ sek}} = 19,4 \text{ m/sek} .$$

Beispiel 5. Welche Zeit braucht ein Lichtstrahl von der Sonne bis zur Erde, wenn die Entfernung der Sonne 150 000 000 km beträgt?

$$\text{Aus} \quad s = v \cdot t \quad \text{folgt} \quad t = \frac{s}{v} = \frac{150\,000\,000 \text{ km}}{300\,000 \text{ km/sek}} = 500 \text{ sek} .$$

Die Gleichung $s = v \cdot t$ ist ein physikalisches Gesetz, durch das die gleichförmige fortschreitende Bewegung vollkommen beschrieben ist; sie ist keine algebraische Gleichung, weil die Größen s und t veränderlich sind (mit wachsendem t wächst auch s). Wir hatten solche Beziehung Funktion genannt; ihre zeichnerische Darstellung gibt ein anschauliches Bild von dem Anwachsen des Weges bei wachsender Zeit. Nun lehrt die Mathematik, daß diese Funktion durch eine gerade Linie nach Fig. 6 wiedergegeben wird, wenn wir der zeichnerischen Darstellung ein rechtwinkliges Achsenkreuz zugrunde legen, dessen wagerechte Achse x-Achse und dessen senkrechte Achse y-Achse heißen. Auf der x-Achse trägt man im allgemeinen die unabhängige (frei zu wählende) Veränderliche — in unserm Falle t — auf der y-Achse die abhängige, durch die Wahl von t bestimmte Veränderliche — in unserm Falle s — auf. Soll die Zeichnung auch das Messen der dargestellten Größen ermöglichen, so müssen auf der x-Achse Zeiten in Sekunden gemessen, auf der y-Achse Wege in m gemessen, abgetragen werden. Dazu bedarf es des sogenannten Maßstabes, er lautet für die x-Achse 1 cm $= a$ sek, für die y-Achse 1 cm $= b$ m, wobei sich a und b nach der Größe der darzustellenden Werte richten. Maßstäblich darstellen können wir nur zahlenmäßig gegebene Funktionen.

Beispiel 6. Wie ändert sich der Weg, den ein Fußgänger bei gleichförmiger Bewegung zurücklegt, wenn seine Geschwindigkeit 1,5 m/sek beträgt?

Aus $s = v \cdot t$ folgt $s = 1,5 \cdot t$. Um Punkte der Kurve zu erhalten, berechnen wir der Reihe nach die Werte s für beliebig eingesetzte Werte t, schreiben die zugehörigen Größen in Form einer Tabelle

Punkt	P_0	P_1	P_2	P_3	P_4
t	0	50	100	150	200 sek
s	0	75	150	200	300 m

und wählen als Maßstäbe für die

x-Achse 1 cm = 100 sek, für die y-Achse 1 cm = 200 m .

Bem. Wegen der Verkleinerung der Fig. 7 ist der Maßstab mitgezeichnet.

Der Punkt P_0 hat auf der x-Achse den Abschnitt 0, auf der y-Achse ebenfalls, d. h. er liegt im Nullpunkte des Achsenkreuzes. Um den Punkt

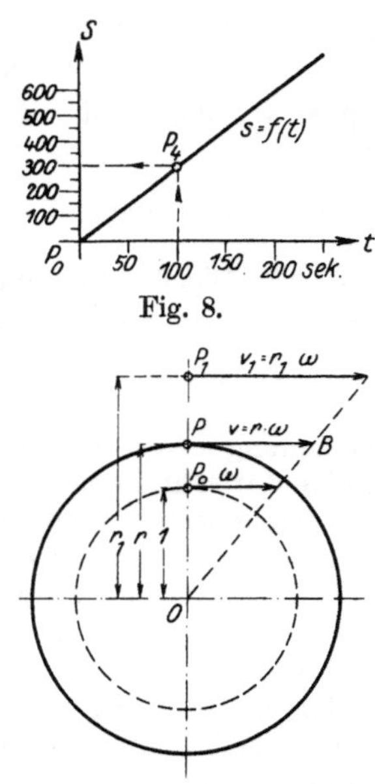
Fig. 8.

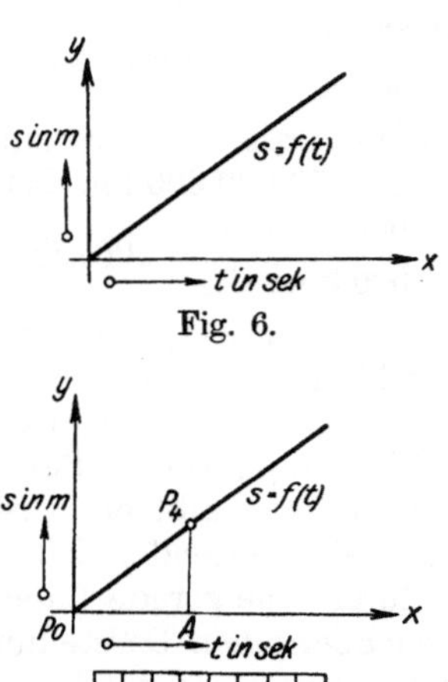
Fig. 6.

Fig. 7.

Fig. 9.

P_4 aufzuzeichnen, tragen wir den Wert $t = 200$ sek auf der x-Achse ab; die ihn darstellende Strecke P_0A wird 2 cm lang, da laut Maßstab 100 sek durch die Strecke 1 cm dargestellt werden. In A errichten wir ein Lot und tragen auf ihm $AP_4 = 300$ m ab. Da laut Maßstab 200 m 1 cm lang werden, muß $AP_4 = 1{,}5$ cm lang werden. AP_4 heißt die Ordinate des Punktes P_4, P_0A Abszisse, beide Strecken P_0A und AP_4 heißen Koordinaten des Punktes P_4.

Neben dieser Art der Darstellung ist es auch üblich, auf den beiden Achsen den zugehörigen Maßstab unmittelbar einzuzeichnen, wodurch das Ablesen erleichtert und die Übersichtlichkeit der Darstellung gehoben wird.

Die Fig. 6 veranschaulicht den Verlauf der Funktion $s = v \cdot t$. Die Abbildungen 7 und 8 gestatten das unmittelbare Abmessen zusammengehöriger Werte t und s. So entnehmen wir z. B. aus Fig. 8, daß der Fußgänger nach 150 sek einen Weg von 450 m zurückgelegt hat.

Die drehende Bewegung. Der Maschinenbauer kennzeichnet gleichförmig umlaufende Scheiben oder Räder durch die Angabe der Umläufe in einer Minute. Hat eine Scheibe (Fig. 9) den Halbmesser r und ist ihre Umlaufzahl n, dann legt ein Punkt P am Umfang der Scheibe bei einer Umdrehung einen Weg von $2\,\pi\,r$ m zurück, wenn wir den Halbmesser r in m angeben. Nach Ablauf von n Umläufen ist der zurückgelegte Weg $2\,\pi\,r \cdot n$. Zu diesem Wege braucht der Punkt 1 Minute. Da die Geschwindigkeit der gleichförmigen Bewegung durch den in 1 sek zurückgelegten Weg gemessen wird, ergibt sich als Umfangsgeschwindigkeit des Punktes

$$v = \frac{2\,\pi\,r \cdot n}{60} = \frac{\pi\,r \cdot n}{30} \ \text{m/sek} . \tag{2}$$

Setze ich $r = 1$, so erhalte ich $\dfrac{\pi \cdot n}{30}$ als Geschwindigkeit, die ein Punkt P_0 der umlaufenden Scheibe bei seinem Wege auf dem Kreise mit dem Halbmesser $r = 1$ hat. Diesen Wert hat man **Winkelgeschwindigkeit** genannt und bezeichnet ihn mit dem griechischen Buchstaben ω (Omega); es ist

$$\omega = \frac{\pi \cdot n}{30} . \tag{3}$$

Eingesetzt in (2) ergibt sich für die Umfangsgeschwindigkeit

$$v = r \cdot \frac{\pi \cdot n}{30} = r \cdot \omega \tag{4}$$

$$\text{m/sek} = \text{m} \cdot \frac{1}{\text{sek}} .$$

Die Dimensionsgleichung ist erfüllt, wenn ω die Benennung $\dfrac{1}{\text{sek}}$ erhält. Auf S. 54 im Abschnitt Mathematik wurde gezeigt, daß die Länge des Bogens auf dem Kreise mit dem Halbmesser 1 das **Bogenmaß** eines **Winkels** ist. Aus der Übereinstimmung dieses Bogenmaßes mit dem Wege des Punktes P_0 erklärt sich der Name Winkelgeschwindigkeit. Der Bogen ω und damit der zugehörige Zentriwinkel wird von einem in O drehbaren Arm (Schwungradarm) in einer Sekunde bestrichen; er ist für eine gegebene Umlaufszahl unveränderlich, während die Umfangsgeschwindigkeit von dem Durchmesser nach Gleichung (4) abhängig, d. h. veränderlich, ist. Trägt man $v = r \cdot \omega$ im Punkte P tangential auf und verbindet den Endpunkt mit dem Mittelpunkt O des Kreises, so werden durch diese Gerade OB auf parallelen Tangenten die zugehörigen Umfangsgeschwindigkeiten abgeschnitten. So z. B. $v_1 = r_1 \cdot \omega$ als Umfangsgeschwindigkeit eines Punktes P_1 mit dem Halbmesser r_1.

ω stellt sich dar als Umfangsgeschwindigkeit eines Punktes P_0 in der Entfernung 1 vom Mittelpunkt O. Das Schaubild zeigt, wie die Geschwindigkeiten der einzelnen Punkte einer Scheibe nach außen hin zunehmen und am Umfange ihren größten Wert erreichen. Die Kreisbewegung ist keine gleichförmige Bewegung, da die Geschwindigkeit dauernd ihre Richtung ändert.

Der Punkt am Umfange einer Scheibe wird gezwungen, eine kreisförmige Bahn innezuhalten. Das wird z. B. dadurch erreicht, daß er mit dem Drehpunkt fest verbunden ist. Wie später (S. 140) gezeigt wird, müssen bei dieser Art der Bewegung Kräfte auftreten, die den Punkt dauernd nach der Drehachse hinziehen. Er selbst hat das Bestreben, sich von der Achse zu entfernen.

Beispiel 7. Wie groß ist die Umfangsgeschwindigkeit einer Scheibe von 4 m Durchmesser, die mit 375 Umdr./Min. läuft?

$$\text{Aus} \quad v = \frac{2\,\pi\,r\cdot n}{60} = \frac{\pi\cdot d\cdot n}{60} \quad \text{folgt} \quad v = \frac{\pi\cdot 4\cdot 375}{60} = 78,5 \text{ m/sek.}$$

Wie groß ist ihre Winkelgeschwindigkeit?

$$\text{Aus} \quad \omega = \frac{\pi\cdot n}{30} \quad \text{folgt} \quad \omega = \frac{\pi\cdot 375}{30} = 39,25 \,\frac{1}{\text{sek}} \,.$$

Die Gleichung $v = r\cdot\omega$ ist natürlich auch erfüllt, denn $2\cdot 39{,}25$ ist gleich 78,5.

Beispiel 8. Wie groß ist die Umfangsgeschwindigkeit eines Punktes am Erdäquator? Die Länge des Äquators von rund 40 000 000 m wird bei einer Umdrehung zurückgelegt, zu der die Erde 1 Tag = 86 400 sek. (vgl. S. 115) braucht, also ist

$$v = \frac{40\,000\,000}{86\,400} = 464 \text{ m/sek.}$$

Die Winkelgeschwindigkeit folgt aus $v = r\cdot\omega$ zu

$$\omega = \frac{v}{r} = \frac{464}{6\,370\,000} = \frac{1}{13\,750} \,\frac{1}{\text{sek}} \,,$$

wenn r zu 6370 km gerechnet wird, oder aus

$$\omega = \frac{\pi\cdot n}{30} = \frac{\pi\cdot 1\cdot \dfrac{60}{86\,400}}{30} = \frac{1}{13\,750} \,\frac{1}{\text{sek.}} \,,$$

da die Erde in 86 400 Sekunden 1 Umdrehung, also in 1 Minute

$$n = \frac{60}{86\,400}$$

Umdrehungen macht.

Beispiel 9. Wieviel Umdrehungen macht ein Fahrrad, wenn der Fahrer in 1 Std. 20 km zurücklegt und der Durchmesser des Rades 70 cm ist?

Da sich das Rad auf dem Erdboden abwälzt und nicht gleitet, ist die Umfangsgeschwindigkeit gleich der Geschwindigkeit der fortschreitenden Bewegung des Rades.

$$\text{Aus} \quad v = \frac{2\pi\cdot r\cdot n}{60} = \frac{\pi\cdot d\cdot n}{60} \quad \text{folgt}$$

$$n = \frac{v \cdot 60}{\pi \cdot d} = \frac{\dfrac{20\,000}{3600} \cdot 60}{\pi \cdot 0{,}7} = \sim 150 \text{ Umdr./Min.,}$$

wobei $v = \dfrac{20\,000}{3600}$ in m/sek und $d = 0{,}7$ in m einzusetzen sind.

Zwei Scheiben seien durch einen Riemen verbunden (Fig. 10). Die treibende Scheibe habe den Durchmesser d_1 bei n_1 Uml./Min.; die getriebene Scheibe den Durchmesser d_2 bei n_2 Uml./Min.

In welcher Beziehung stehen Umlaufzahlen und Durchmesser? Beide Scheiben haben die gleiche Umfangsgeschwindigkeit, da der Riemen bei ordnungsmäßigem Betriebe nicht gleitet.

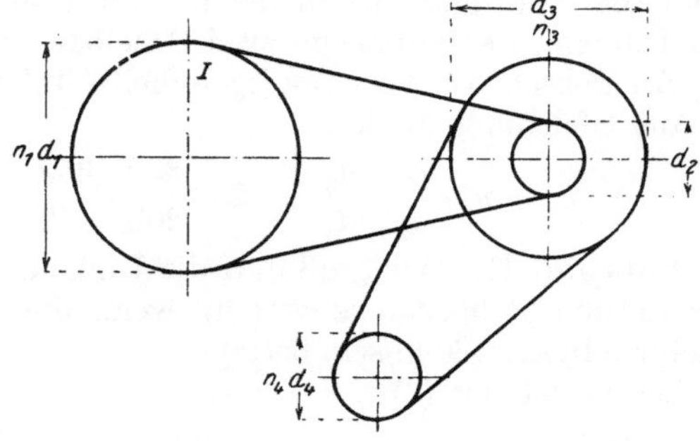

Fig. 10.   Fig. 11.

Aus $\quad v_1 = \dfrac{\pi \cdot d_1 \cdot n_1}{60} \quad$ und $\quad v_2 = \dfrac{\pi \cdot d_2 \cdot n_2}{60}$

folgt infolge $v_1 = v_2$

$$\frac{\pi \cdot d_1 \cdot n_1}{60} = \frac{\pi \cdot d_2 \cdot n_2}{60} \quad \text{oder} \quad n_1 d_1 = n_2 d_2 \quad \text{oder} \quad \frac{n_1}{n_2} = \frac{d_2}{d_1}, \qquad (5)$$

d. h. die Umlaufzahlen verhalten sich umgekehrt wie die Durchmesser; die Quotienten $\dfrac{n_1}{n_2}$ nennt man Übersetzungsverhältnis. Übersteigt das Übersetzungsverhältnis den Wert $1 : 5$, so muß ein Zwischengetriebe — Vorgelege — eingeschaltet werden. Die Scheiben I und II haben gleiche Umfangsgeschwindigkeit (Fig. 11), also

$$v_1 = \frac{\pi \cdot d_1 \cdot n_1}{60} \quad \text{und} \quad v_2 = \frac{\pi \cdot d_2 \cdot n_2}{60},$$

d. h. $\qquad\qquad\qquad n_1 \cdot d_1 = n_2 \cdot d_2. \qquad\qquad\qquad\qquad (a)$

Die Scheiben II und III sitzen auf derselben Welle, haben also dieselbe Winkelgeschwindigkeit, es ist

$$n_2 = n_3. \qquad\qquad\qquad\qquad (b)$$

Die Scheiben III und IV haben wieder gleiche Umfangsgeschwindigkeit, also

$$v_3 = \frac{\pi \cdot d_3 \cdot n_3}{60} \quad \text{und} \quad v_4 = \frac{\pi \cdot d_4 \cdot n_4}{60},$$

d. h. $\qquad\qquad\qquad n_3 \cdot d_3 = n_4 \cdot d_4, \qquad\qquad\qquad (c)$

daraus $n_1 = n_3 \cdot \dfrac{d_3}{d_4}$, oder mit Berücksichtigung der Gleichung (b):

$$n_4 = n_2 \cdot \frac{d_3}{d_4}.\tag{d}$$

Aus (a) folgt $n_2 = n_1 \cdot \dfrac{d_1}{d_2}$, so daß Gleichung (d) übergeht in

$$n_4 = n_1 \cdot \frac{d_1}{d_2} \cdot \frac{d_3}{d_4} \quad \text{oder} \quad \frac{n_4}{n_1} = \frac{d_1}{d_2} \cdot \frac{d_3}{d_4}.\tag{6}$$

Beispiel 10. Welche Umlaufzahl erreicht eine Schmirgelscheibe, wenn die Transmissionsscheibe bei 125 Uml./Min. einen Durchmesser von 850 mm, das Vorgelege zwei Scheiben von 650 und 200 mm, und die Antriebscheibe der Schmirgelscheibe 150 mm Durchmesser haben?

Aus Gleichung (6) folgt

$$n_4 = n_1 \cdot \frac{d_1}{d_2} \cdot \frac{d_3}{d_4} = 125 \cdot \frac{850}{200} \cdot \frac{650}{150} = 2300 \text{ Uml./Min.}$$

Beispiel 11. Wie groß darf die Umlaufzahl einer Schmirgelscheibe von 150 mm $\emptyset$ höchstens werden, wenn die größte zulässige Umfangsgeschwindigkeit 20 m/sek beträgt?

Aus Gleichung (2)

$$v = \frac{\pi \cdot d \cdot n}{60} \quad \text{folgt} \quad n = \frac{v \cdot 60}{\pi \cdot d}: \quad n = \frac{20 \cdot 60}{\pi \cdot 0{,}15} = 2520 \text{ Uml./Min.}$$

Beispiel 12. Wie groß darf die Scheibe auf der Transmissionswelle gewählt werden, damit die Umlaufzahl 2520 nicht überschritten wird?

Aus (6) folgt

$$d_1 = \frac{n_4}{n_1} \cdot d_2 \cdot \frac{d_4}{d_2} = \frac{2520}{125} \cdot 200 \cdot \frac{150}{650}; \quad d_1 = 940 \text{ mm}.$$

Beispiel 13. Welche Übersetzung muß das Vorgelege haben, wenn die Schmirgelscheibe von 150 mm Durchmesser 2400 Uml./Min. machen soll und die Transmissionsscheibe bei 160 Uml./Min. einen Durchmesser von 750 mm hat?

Aus (6) folgt $\dfrac{d_2}{d_3} = \dfrac{n_4}{n_1} \cdot \dfrac{d_4}{d_1} = \dfrac{2400}{160} \cdot \dfrac{150}{750} = 3$.

Es könnte demnach verwendet werden Vorgelege mit einer

kleinen Scheibe d_2	100	150	200	250	300 mm
großen Scheibe d_3	300	450	600	750	900 mm.

Bem. Über Wechselräder siehe Abschnitt Technologie.

Die ungleichförmige Bewegung. Ein Eisenbahnzug habe eine Geschwindigkeit von v_1 m/sek; er steigere sie auf v_2 m/sek. Diese Steigerung kann nicht plötzlich vor sich gehen, sie kann nur allmählich erreicht werden. Während dieser Zeit der Geschwindigkeitsteigerung ist die Geschwindigkeit nicht mehr unveränderlich; wir sagen: die Bewegung des Zuges während der Steigerung von v_1 auf v_2 m/sek ist ungleichförmig. Angenommen, der Zug erreicht v_2 m/sek nach Zurücklegung von s m, dann können wir uns vorstellen, daß dieser Weg bei einer gleichförmigen Bewegung zurückgelegt wird, deren Geschwindigkeit wir mittlere Geschwindigkeit nennen. Bei Beginn des Schnellerfahrens wird die wirkliche Geschwindigkeit genau so viel unter der mittleren bleiben, wie sie diese am Ende, wo v_2 m/sek erreicht werden, übersteigt. In Fig. 12 ist die Geschwindigkeit im Punkte A gleich v_1 m/sek als Ordinate aufgetragen, in dem s m entfernten Punkte B ist v_2 m/sek. als Ordinate aufgetragen. Dann ist die mittlere Geschwindigkeit v_m als gleichbleibende Geschwindigkeit zwischen den Punkten A und B

$$v_m = \frac{v_1 + v_2}{2} = \text{unveränderlich},\qquad(7)$$

sie ist gleich dem arithmetischen Mittel aus Anfangs- und Endgeschwindigkeit (vgl. Mathematik S. 65).

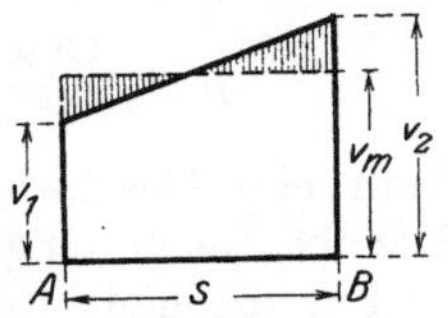

Auch wenn die Geschwindigkeitsteigerung unstetig erfolgt, ja auch wenn die Bewegung zwischendurch ganz aufhört, sprechen wir von einer mittleren Geschwindigkeit. Ein Zug, der in Berlin um 1 Uhr abfährt und um 5 Uhr in Hamburg ankommt, hat, wenn die Entfernung zwischen beiden Städten 280 km beträgt, eine mittlere Geschwindigkeit von

Fig. 12.

$$V_m = \frac{280\ \text{km}}{4\ \text{Std.}} = 70\ \text{km/Std.},$$

wobei der Aufenthalt unterwegs keine Rolle spielt, d. h. er müßte die ganze Strecke in gleichförmiger Bewegung mit einer Geschwindigkeit $V_m = 70$ km/Std. zurücklegen, wenn er die Fahrzeit des ungleichförmig bewegten Zuges innehalten will. So sprechen wir auch von einer mittleren Kolbengeschwindigkeit bei der Dampfmaschine, obwohl die Anfangs- und Endgeschwindigkeit in den Umkehrpunkten gleich Null sind. Ist der Kolbenweg oder Hub der Maschine gleich h m und läuft die Maschine mit n Uml./Min., so ist

$$v_m = \frac{2 \cdot h \cdot n}{60},\qquad(8)$$

da während einer vollen Umdrehung der Kolben seinen Weg zweimal macht.

Beispiel 14. Der Hub einer Dampfmaschine sei 600 mm, ihre Umlaufzahl $n = 180$ Umdr./Min. Wie groß ist die mittlere Kolbengeschwindigkeit?

$$\text{Mit } h = 0{,}6\ \text{m} \quad \text{folgt aus (8)} \quad v_m = \frac{2 \cdot 0{,}6 \cdot 180}{60} = 3{,}6\ \text{m/sek}.$$

Die gleichförmig beschleunigte und gleichförmig verzögerte Bewegung. Ein Eisenbahnzug kommt allmählich unter Zeitaufwand aus dem Zustand der Ruhe auf seine vorgeschriebene Geschwindigkeit; eine Dampfmaschine nach dem Anwerfen allmählich auf Touren. Während dieser Zeit ist die Bewegung ungleichförmig;

wir nennen sie beschleunigt; sie ist gleichmäßig beschleunigt, wenn die Geschwindigkeit in jeder Sekunde um den gleichen Betrag zunimmt. Wird der Zug durch Bremsen zum Stillstand gebracht, so nimmt seine Geschwindigkeit ab. Seine Bewegung ist ungleichförmig; wir nennen sie verzögert; sie ist gleichförmig verzögert, wenn die Geschwindigkeit in jeder Sekunde um den gleichen Betrag abnimmt. Hat ein Massenpunkt zu Beginn einer gleichförmig beschleunigten Bewegung die Geschwindigkeit v_0, und ist seine Geschwindigkeitzunahme in jeder Sekunde p, so wächst seine Geschwindigkeit in t Sekunden um den Betrag $p \cdot t$ m/sek, so daß er nach t sek eine Endgeschwindigkeit erreicht

$$v = v_0 + p\,t\,. \tag{9}$$

Die Geschwindigkeitzunahme in der Sekunde — p — heißt Beschleunigung; ihre Benennung ergibt sich aus der Erklärung

$$p = \frac{\text{Geschwindigkeitzunahme in m/sek}}{1\,\text{sek}} = \text{m/sek}^2,$$

denn eine Geschwindigkeitzunahme ist eine Geschwindigkeit und hat dieselbe Benennung m/sek wie diese.

Für die gleichförmig verzögerte Bewegung wird

$$v = v_0 - p \cdot t \tag{10}$$
$$\text{m/sek} \equiv \text{m/sek} - \text{m/sek}^2 \cdot \text{sek}\,.$$

Daß auch die Dimensionsgleichung erfüllt ist, zeigt das Einsetzen der Benennungen.

Steigert ein Massenpunkt seine Geschwindigkeit gleichförmig von v_0 auf v, so kann der während dieser Zeit durchlaufene Weg zurückgelegt gedacht werden bei einer gleichförmigen Bewegung mit der mittleren Geschwindigkeit $v_m = \dfrac{v_0 + v}{2}$; ist t die erforderliche Zeit, so ist nach (1)

$$s = v_m \cdot t = \frac{v_0 + v}{2} \cdot t, \tag{11}$$

setzt man in (2) $v = v_0 + p\,t$ ein, so ergibt sich

$$s = \frac{v_0 + (v_0 + p\,t)}{2} \cdot t = \frac{2\,v_0 + p\,t}{2} \cdot t$$

oder $\qquad\qquad s = v_0 \cdot t + \tfrac{1}{2} \cdot p \cdot t^2. \tag{12}$

Entsprechend für die gleichförmig verzögerte Bewegung

$$s = v_0 \cdot t - \tfrac{1}{2} p \cdot t^2 \tag{13}$$
$$m \equiv \text{m/sek} \cdot \text{sek} - \text{m/sek}^2 \cdot \text{sek}^2.$$

Die Dimensionsgleichung ist erfüllt.

In (9) und (10) ist die Beziehung zwischen den Veränderlichen t und v gegeben; es ist v abhängig von t, d. h. durch die Wahl von t ist v bestimmt, wenn p als Unveränderliche gegeben ist, oder mathematisch ausgedrückt ist $v = f\,(t)$. Trägt man auf der x-Achse die Zeiten t mit Hilfe eines Maßstabes ab, und auf der y-Achse die zugehörigen Werte v, so ergeben sich die in den Fig. 13 und 14 dargestellten Schaubilder. Fig. 13 zeigt das Anwachsen von v bei der gleichförmig beschleunigten, Fig. 14 das Abnehmen von v bei der gleichförmig verzögerten Bewegung. Beide Kurven sind gerade Linien. Auch die Beziehungen (12) und (13) zwischen dem Wege und der Zeit sind Funktionen, da s und t Veränderliche sind. Mit t als Abszisse und s als Ordinate ergeben sich die Kurven der Fig. 15 für gleichförmig beschleunigte und Fig. 16 für gleichförmig verzögerte Bewegung. Die Kurven sind nicht mehr gerade Linien, sondern wegen der zweiten Potenz von t Parabeln; sie heißen Zeitweglinien.

Beispiel 15. Ein Straßenbahnwagen hat eine Geschwindigkeit von 3 m/sek und steigert sie in $^1/_2$ Minute auf 5 m/sek Wie groß sind die Beschleunigung und der in dieser Zeit zurückgelegte Weg?

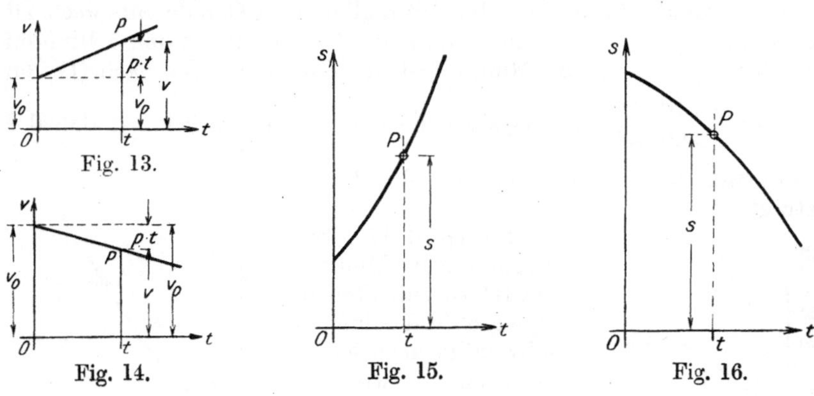

Fig. 13.

Fig. 14.

Fig. 15.

Fig. 16.

Aus (9) $v = v_0 + p \cdot t$ folgt $p = \dfrac{v - v_0}{t} = \dfrac{5 - 3}{30} = 0{,}0625$ m/sek^2.

Aus (11) $s = \dfrac{v_0 + v}{2} \cdot t$ folgt $s = \dfrac{3 + 5}{2} \cdot 30 = 120$ m.

Zu demselben Ergebnis führt auch Gleichung (12), die sich ja auf (11) stützt.

Beispiel 16. Ein Eisenbahnzug erreicht nach 15 Minuten eine Geschwindigkeit von 72 km/Std., nachdem er die Halle verlassen hat. Wie groß ist die Beschleunigung, wie groß der zurückgelegte Weg?

In diesem Falle ist die Anfangsgeschwindigkeit $v_0 = 0$; damit ergibt (9) $v = p\,t$, so daß

$$p = \frac{v}{t} = \frac{\dfrac{72\,000 \text{ m}}{3600 \text{ sek}}}{15 \cdot 60 \text{ sek}} = \frac{1}{45} \text{ m/sek}^2$$

wird. Gleichung (12) geht mit $v_0 = 0$ über in

$$s = \frac{1}{2} p \cdot t^2 = \frac{1}{2} \cdot \frac{1}{45} \cdot (15 \cdot 60)^2 = 9000 \text{ m}.$$

Die Funktion $v = p \cdot t$ ist in Fig. 17 dargestellt. Sie ist eine gerade Linie durch O, die vom Punkte P an parallel zur x-Achse verläuft, weil nach 15 Minuten die Geschwindigkeit unverändert bleibt. Der Zug hat eine gleichförmige Bewegung. Fig. 18 zeigt die Darstellung der Funktion $s = \tfrac{1}{2}\, p\, t^2$, und zwar sind die einzelnen Punkte aus dieser Gleichung

mit $p = \dfrac{1}{45} \cdot$ m/sek² für die Zeiten $0 - 5 - 10 - 15$ Minuten berechnet.

Punkt	P_0	P_1	P_2	P_3	P_4
Zeit t in Min.	0	5	10	15	20
Weg s in km	0	1	4	9	15

Vom Punkte P_3 an wird die Zeitweglinie eine Gerade entsprechend der nunmehr einsetzenden gleichförmigen Bewegung. In den 5 Minuten zwischen der 15. und 20. Minute legt der Zug einen Weg nach (1) von

$$s = v \cdot t = \frac{72\,000\ \text{m}}{3600\ \text{sek}} \cdot (5 \cdot 60)\,\text{sek} = 6000\,\text{m} = 6\,\text{km} \quad \text{zurück, so daß der}$$

Gesamtweg nach 20 Minuten $9 + 6 = 15$ km beträgt.

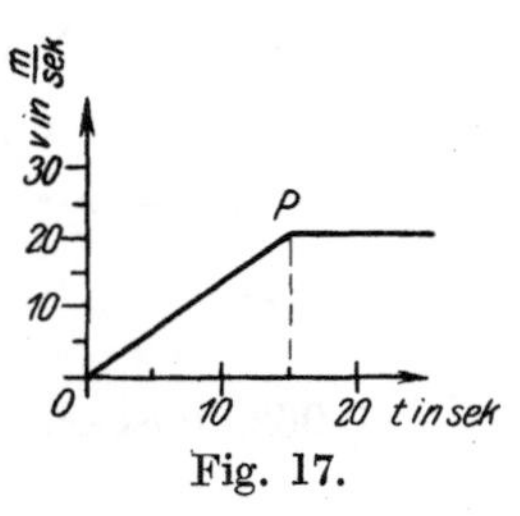

Fig. 17.

Beispiel 17. Ein Zug kommt in 4 Minuten auf 1800 m zum Stehen. Wie groß war seine Geschwindigkeit zu Beginn des Bremsens, wie groß die Verzögerung?

Da die Geschwindigkeit gleich 0 ist, geht (10) über in $0 = v_0 - pt$

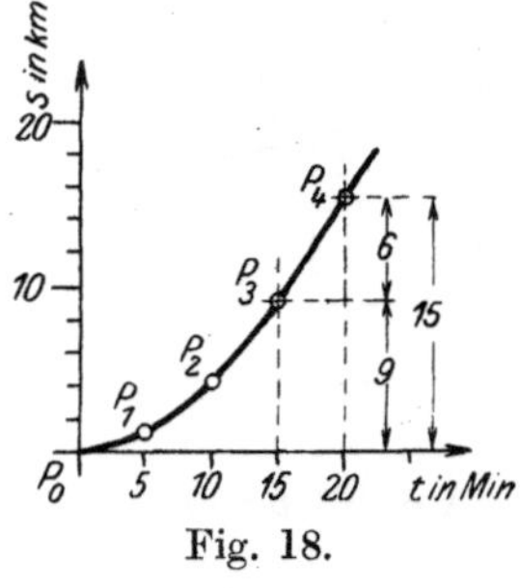

Fig. 18.

und liefert $p = \dfrac{v_0}{t}$. Setzt man diesen Wert in (13) ein, so ergibt sich

$$s = v_0\, t - \frac{1}{2}\, p\, t^2 = v_0\, t - \frac{1}{2} \cdot \frac{v_0}{t} \cdot t^2 \quad \text{oder} \quad s = \frac{1}{2}\, v_0 \cdot t,$$

und daraus $\quad v_0 = \dfrac{2 \cdot s}{t} = \dfrac{2 \cdot 1800}{4 \cdot 60} \equiv 15$ m/sek $= 54$ km/Std.

Die Verzögerung war $\quad p = \dfrac{v_0}{t} = \dfrac{15}{4 \cdot 60} = \dfrac{1}{16}$ m/sek².

Beispiel 18. Wie lange läuft das Schwungrad der Fig. 9 nach Abstellen der Antriebskraft, wenn die Verzögerung 1,4 cm/sek² beträgt? Da die Endgeschwindigkeit $v = 0$ ist, geht (10) über in $0 = v_0 - pt$ und

liefert $t = \dfrac{v}{p} = \dfrac{78,5}{0,014} = 5600$ sek $= 1$ Std. 33 Min. 20 sek. Der während dieser Zeit zurückgelegte Weg ergibt sich aus (13)

$$s = v_0 \cdot t - \frac{1}{2}\,p^2 \quad \text{mit} \quad t = \frac{v_0}{p} \quad \text{zu} \quad s = v_0 \cdot \frac{v_0}{p} - \frac{1}{2}\,p\left(\frac{v_0}{p}\right)^2 = \frac{1}{2} \cdot \frac{v_0{}^2}{p}$$

$$s = \frac{1}{2} \cdot \frac{78{,}5^2}{0{,}014} = 220\,000 \text{ m} \ .$$

Die Zahl der Umdrehungen bis zum Stillstand ergibt sich, da $\pi \cdot d$ der Weg bei einer Umdrehung ist, zu

$$n = \frac{s}{\pi \cdot d} = \frac{220\,000}{\pi \cdot 4} = 17\,500 \text{ Umdrehungen} \ .$$

Beispiel 19. Eine umlaufende Scheibe von 900 mm Durchmesser macht nach Abstellen der Antriebskraft bei einer Verzögerung $p = 12{,}5$ cm/sek^2 noch 1500 Umdrehungen. Wie groß ist die Auslaufzeit? Welche Tourenzahl hatte sie?

Da die Endgeschwindigkeit $v = 0$ ist, folgt aus (12) $v_0 = p \cdot t$. Mit diesem Wert geht (13) über in

$$s = v_0 \cdot t - \frac{1}{2} \cdot p \cdot t^2 = p\,t^2 - \frac{1}{2} \cdot p \cdot t^2 = \frac{1}{2} \cdot p \cdot t^2, \quad \text{also} \quad t = \sqrt{\frac{2 \cdot s}{p}} \ .$$

Der Auslaufweg ist bei 1500 Umdrehungen mit 900 mm Durchmesser der Scheibe $s = \pi \cdot 0{,}9 \cdot 1500$, so daß die Auslaufzeit

$$t = \sqrt{\frac{2 \cdot \pi \cdot 0{,}9 \cdot 1500}{0{,}125}} = 260 \text{ sek} = 4 \text{ Min. } 80 \text{ sek}$$

beträgt.

Die Umfangsgeschwindigkeit bei Beginn der Verzögerung war

$$v_0 = p \cdot t = 0{,}125 \cdot 260 = 32{,}5 \text{ m/sek} \ .$$

Damit wird nach (2)

$$n \cdot \frac{\pi\,d}{60} = v_0, \quad \text{also} \quad n = \frac{v_0 \cdot 60}{\pi \cdot d} = \frac{32{,}5 \cdot 60}{\pi \cdot 0{,}9} = 690 \text{ Uml./Min.}$$

Sonderfall der Fallgesetze. Die bisher angewendeten Gesetze — die Gleichungen (9) und (10) für die Geschwindigkeit, sowie die Gleichungen (12) und (13) für den Weg bei der gleichförmig beschleunigten Bewegung — konnten aus der Erklärung der gleichförmigen Beschleunigung als stetiger, unveränderter Geschwindigkeitzunahme in der Zeiteinheit entwickelt werden. Die Frage, ob der freie Fall eine gleichförmig beschleunigte Bewegung ist, ob also die allgemeinen Gesetze auf ihn Anwendung finden dürfen, kann nur durch Beobachtung und Messung, d. h. durch den Versuch entschieden werden. Die angestellten Versuche haben nun tatsächlich die Übereinstimmung beider Bewegungsarten ergeben (vgl. S. 112). Die Beschleunigung, die die Erde einem freifallenden Körper ohne Berücksichtigung des Luftwiderstandes erteilt, ist durch Messungen zu $g = 9{,}81$ m/sek^2 für den 50. Breitengrad festgestellt; entsprechend der Abplattung ist sie am Pol größer (9,83 m/sek^2) und am Äquator kleiner (9,78 m/sek^2).

Mit der Beschleunigung g und der Anfangsgeschwindigkeit $v_0 = 0$ gehen unsere Gleichungen über in

$$v = g \cdot t \tag{14}$$

und

$$h = \tfrac{1}{2} g t^2, \tag{15}$$

wenn wir den beim freien Fall zurückgelegten Weg, die Fallhöhe, h nennen. Durch die Verbindung beider Gleichungen, indem wir $t = \dfrac{v}{g}$ in (15) einsetzen, erhalten wir $h = \dfrac{v^2}{2 g}$ oder

$$v = \sqrt{2 g h} \tag{16}$$

als Geschwindigkeit, die ein Körper nach Durchfallen der Höhe h erlangt.

Beispiel 20. Wie groß ist die Geschwindigkeit, die ein freifallender Körper nach 11 Sekunden erreicht? Wie groß der in dieser Zeit zurückgelegte Weg?

Aus (14) folgt $v = g \cdot t = 9{,}81 \cdot 11 = 107{,}9 \text{ m/sek}$.

Aus (15) folgt $s = \tfrac{1}{2} g t^2 = \tfrac{1}{2} \cdot 9{,}81 \cdot 11^2 = 593{,}5 \text{ m}$.

Beispiel 21. Ein Körper durchfällt eine Höhe von 20 m; wie groß ist seine Endgeschwindigkeit, wie groß die Fallzeit?

Aus (16) folgt $\quad v = \sqrt{2 g h} = \sqrt{2 \cdot 9{,}81 \cdot 20} = {\sim}\, 20 \text{ m/sek}$.

Aus (15) folgt $\quad t = \sqrt{\dfrac{2 h}{g}} = {\sim}\, 2 \text{ sek}$.

Die Grundgesetze der Mechanik. Aus der Tatsache, daß der frei bewegliche Stein fällt, schließen wir auf eine Kraft als Ursache der gleichförmig beschleunigten Bewegung; der Fall ist die Wirkung, die Kraft ist die Ursache (vgl. S. 113). Wir erkennen die Kraft an der Bewegungsänderung, die ein Körper erfährt, und werden umgekehrt sagen: Erfährt ein Körper keine Bewegungsänderung, verharrt er also in einem Zustand, so wirken auf ihn keine Kräfte. Das Vermögen der Körper, in einem einmal gegebenen Zustand zu verharren, heißt Beharrungsvermögen oder Trägheit. Der Satz, der aussagt, daß ein Körper im Zustande der Ruhe oder dem der gleichförmigen geradlinigen Bewegung solange bleibt, wie keine Kräfte auf ihn wirken, heißt das Trägheitsgesetz. Es läßt sich nicht durch die Erfahrung beweisen, wir wissen nur, daß alle uns bekannten Tatsachen ihm nicht widersprechen. Insofern ist es ein Grundgesetz; seine Aufstellung verdanken wir Galilei (1602) und Newton (1687). Mit der Schaffung des Kraftbegriffes durch Galilei und Newton ist auch das zweite Grundgesetz der Mechanik ausgesprochen, das besagt: Je größer die Bewegungsänderung, um so größer die auf den Körper wirkende Kraft, oder mathematisch ausgedrückt: Die Beschleunigungen sind den angreifenden Kräften proportional. In Form einer Gleichung lautet das Gesetz

$$P = m \cdot p, \tag{17}$$

wenn wir die Kraft mit P, die Beschleunigung mit p bezeichnen; m ist Proportionalitätsfaktor und heißt die Masse des Körpers; sie ist unveränderlich.

Fällt ein Körper vom Gewicht G frei, so erfährt er die Beschleunigung $g = 9{,}81 \text{ m/sek}^2$. Aus dem zweiten Grundgesetz folgt, da das Gewicht eine Kraft ist, $G = m \cdot g$, und daraus

$$m = \frac{G}{g} \tag{18}$$

als Masse eines Körpers vom Gewichte G kg; ihre Benennung ergibt sich aus der Dimensionsgleichung

$$m = \frac{G}{g} = \frac{\text{kg}}{\text{m/sek}^2} = \frac{\text{kg} \cdot \text{sek}^2}{\text{m}}.$$

Beide Begriffe Kraft und Masse sind untrennbar; Kräfte können nur wirken, wo Massen sind, die als Träger der Kraftwirkungen erscheinen. Die Einheit der Masse ist die Masse des Platin-Iridium-Körpers vom Gewicht 1 kg (vgl. S. 116); sie hat keinen besonderen Namen; deshalb sprechen wir von Masseneinheiten. So hat z. B. das

Urkilogramm eine Masse $\quad m = \dfrac{G}{g} = \dfrac{1}{9{,}81} = 0{,}1019$ Masseneinheiten.

Ein D-Zug-Wagen im Gewicht von 30 t hat eine Masse von

$$m = \frac{30000}{9{,}81} = \sim 3000 \text{ Masseneinheiten.}$$

Nun ist die Frage: Was sollen wir uns unter der Masse vorstellen? Das zweite Grundgesetz sagt nur

$$\text{Masse} = \frac{\text{Kraft}}{\text{Beschleunigung}}$$

und gibt uns die Masse lediglich als einen mathematischen Ausdruck, als einen Begriff. Auch aus der Beziehung

$$m = \frac{G}{g} = \frac{\text{Gewicht}}{\text{Erdbeschleunigung}}$$

gewinnen wir nichts für die Vorstellung; unser Anschauungsbedürfnis bleibt unbefriedigt. Das läßt sich leider nicht ändern; die Masse ist und bleibt ein Begriff! Es geht auch nicht an, schiefe Bilder zum Vergleiche heranzuziehen und die Masse etwa gleich einer Stoffmenge zu setzen. Ein Kilogramm Wasser und ein Kilogramm Eisen haben gleiche Masse; daß sie gleiche Stoffmengen haben, wird keiner behaupten wollen.

Im übrigen teilt die Masse das Schicksal der meisten physikalischen Größen. Auch unter Arbeit können wir uns nichts vorstellen, selbst wenn wir noch so oft sagen: Arbeit ist das Produkt aus Kraft und Weg. Nur geläufig ist uns dieser Begriff geworden, während dem Begriff der Masse stets etwas Dunkles anhaftet. Vielleicht gewinnen wir etwas für die Anschauung, wenn wir beim Hören des Wortes Masse den Begriff des Trägen hinzudenken; die Masse ist träge. Auf S. 148 werden wir versuchen, dem Begriff näher zu kommen, wo die Wucht einer bewegten Masse erläutert wird.

Halte ich ein Gewicht in der Hand, so drückt das Gewicht von oben nach unten auf die Hand; ebenso groß ist aber der Druck, den die Hand von unten nach oben ausübt. Das gleichzeitige Auftreten der beiden gleich großen, in entgegengesetzter Richtung angreifenden Kräfte bewirkt den Zustand des Gleichgewichtes; das Gewicht ist in Ruhe. Newton sprach dieses dritte Grundgesetz der Mechanik in der Form aus: Die Gegenwirkung (Reaktion) ist immer gleich und entgegengesetzt der Wirkung (Aktion). Dabei ist es gleichgültig, ob die angegriffenen Körper in Ruhe oder Bewegung sind. Die Gewehrkugel fliegt vorwärts, das Gewehr selbst rückwärts; springen wir von einem Boot ans Ufer, so wird das Boot vom Ufer abgestoßen.

Durch Einsetzen der Gleichung (18) in die Gleichung (17) erhalten wir

$$P = \frac{G}{g} \cdot p \qquad (19)$$

als Kraft, die einer Masse vom Gewichte G die Beschleunigung p erteilt.

Beispiel 22. Nehmen wir an, der Zug im Beispiel 16 habe ein Gewicht von 450 t, dann ist die zur Beschleunigung aufzuwendende Kraft

$$P = \frac{G}{g} \cdot p = \frac{450\,000}{9{,}81} \cdot \frac{1}{45} = \sim 1000 \text{ kg};$$

um diesen Betrag muß die Zugkraft größer sein als die zur Überwindung der bleibenden Widerstände (Reibung, Luftwiderstand) aufzuwendende. Oder um diesen Betrag ermäßigt sich die Zugkraft, nachdem der Zug seine Fahrgeschwindigkeit erreicht hat.

Beispiel 23. Nehmen wir an, der Zug im Beispiel 17 habe ein Gewicht von 320 t, so muß eine Bremskraft von

$$P = \frac{G}{g} \cdot p = \frac{320\,000}{9{,}81} \cdot \frac{1}{16} = \sim 2000 \text{ kg}$$

aufgewendet werden, wenn er auf 1800 m in 4 Minuten zum Stehen kommen soll.

Die Zentralbewegung. Schleudert man einen an einer Schnur befestigten Stein im Kreise, so wird die Schnur gespannt, auf die Faust wird eine Kraft ausgeübt. Läßt man los, so fliegt der Stein zunächst in Richtung der Tangente weiter und fällt schließlich unter dem Einfluß der Schwere zu Boden. Der Stein hat das Bestreben, vom Mittelpunkt der Drehbewegung zu fliehen. Die bei der Drehung auftretende Kraft heißt Fliehkraft oder Zentrifugalkraft. Ihre Größe läßt sich durch Rechnung feststellen, doch wollen wir, weil sie nicht ganz so einfach bestimmbar ist, den Versuch zur Hilfe nehmen. In Fig. 19 ist a eine durch die Schnur b in Drehung versetzte Scheibe, die in der senkrechten

Achse einen Hohlkörper c trägt. Dieser Hohlkörper ist mit Quecksilber gefüllt und durch eine dünne Metallscheibe d, Membran genannt,
abgeschlossen. In der Achse ist ein Steigrohr e eingelassen, in der das
Quecksilber steigt und sinkt, wenn auf die Membran eine Kraft ausgeübt
wird. An der Membran ist ein mit einer Teilung versehenes Gestänge f
befestigt, auf dem ein Gewicht verschiebbar ist. Das auf der Gegenseite
vorgesehene Gewicht G' ist nur zum Ausgleich da und übt keinen Zug
auf die Membran aus. Um die störenden Einflüsse des Gegengewichtes
auszuschalten, läßt man den Apparat ohne das Gewicht G laufen und
merkt sich den Stand des Quecksilbers in dem Steigrohr. Dann bringen
wir das Gewicht G von der Masse

$$m = \frac{G}{g}$$ Masseneinheiten auf den an der Membran befestigten Stab und

lassen den Apparat mit derselben Umlaufzahl laufen. Infolge der Fliehkraft des Gewichtes G zieht der Stab die Membran nach außen und

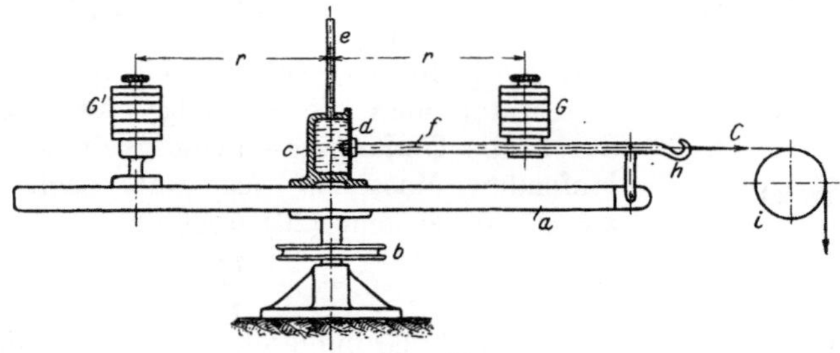

Fig. 19.

bringt das Quecksilber in dem Steigrohr weiter zum Sinken; wir merken
uns seine Stellung. Hat beim unbelastet laufenden Apparat die Quecksilberkuppe im Steigröhrchen die Höhe h_1, bei Belastung die Höhe h_2,
so wirkt bei belastetem Apparat eine Fliehkraft, die die Quecksilbersäule
um $(h_1 - h_2)$ sinken läßt. Wieviel kg dieser Höhenunterschied darstellt,
stellen wir bei ruhendem Apparat fest, indem wir an eine im Haken h
angreifende, über die Rolle i geleitete Schnur so viel kg anhängen, daß
die gleichen Höhen vom Quecksilber eingenommen werden. Braucht
man G_1 kg für die Höhe h_1 der unbelastet laufenden Scheibe, G_2 kg für die
Höhe h_2 der belastet laufenden Scheibe, so ist die Fliehkraft
$$C = G_2 - G_1 \text{ in kg }.$$
Ein Versuch lieferte folgende Werte:
Das Gewicht $G = 3$ kg in der Entfernung $r = 25$ cm bewirkte bei
$n = 130$ Umdr./Min. ein Sinken der Quecksilberkuppe von 302 auf 232 mm,
das sind 70 mm;
den 232 mm Höhe der Kuppe entsprachen $G_2 = 20$ kg am Faden,
den 302 mm Höhe der Kuppe entsprachen $G_1 = 6$ kg am Faden,
so daß die Fliehkraft $C = G_2 - G_1 = 14$ kg betrug.
Der Versuch zeigte weiter: Verdoppelt man das Gewicht G, so wird C
auch doppelt so groß; geht man mit der Umlaufzahl auf die Hälfte, so

wird C gleich dem vierten Teil; bringt man das Gewicht G in doppelter Entfernung an, so wird C ebenfalls doppelt so groß. Durch eine genügend große Anzahl von Versuchen wurde festgestellt:

1. Die Fliehkraft wächst ebenso wie die Masse des Gewichtes G,
2. die Fliehkraft wächst ebenso wie die Entfernung des Gewichtes G,
3. die Fliehkraft wächst im Quadrat der Umlaufzahl des Gewichtes G.

Mathematisch ausgedrückt würden diese drei Erfahrungstatsachen die Gleichung ergeben

$$C = m \cdot r \cdot \omega^2, \tag{20}$$

wenn man statt der Umlaufzahl n die Winkelgeschwindigkeit $\omega = \dfrac{\pi n}{30}$

einsetzt. Unser Versuch liefert $C = 14$ kg gegen den nach (20) berechneten Wert

$$C = \frac{3}{9{,}81} \cdot 0{,}25 \cdot \frac{\pi \cdot 130^2}{302}$$

$$= \frac{3}{9{,}81} \cdot 0{,}25 \cdot 13{,}6^2 = 14{,}1 \text{ kg}$$

und zeigt eine ausreichende Übereinstimmung.

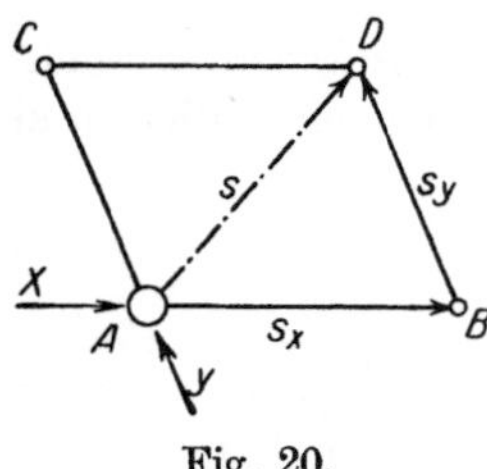

Fig. 20.

Ersetzt man die Winkelgeschwindigkeit ω durch die Umfangsgeschwindigkeit v der umlaufenden Masse m (es war nach S. 129 $v = r \cdot \omega$), so geht (20) über in

$$C = m \cdot \frac{v^2}{r}. \tag{21}$$

Berücksichtigen wir das zweite Grundgesetz der Mechanik (17), Kraft gleich Masse mal Beschleunigung, so ergibt sich aus $C = m \cdot \dfrac{v^2}{r}$ eine Beschleunigung $p = \dfrac{v^2}{r}$ in Richtung der Kraft C, die ein umlaufender Punkt dauernd erfahren muß, damit er eine Zentralbewegung ausführt.

Der Weg, aus Versuchen ein Naturgesetz abzuleiten, ist mühevoll und zeitraubend. Mühevoll, weil unvermeidbare Nebeneinflüsse, wie Reibung, Luftwiderstand usw., das Ergebnis zunächst verdunkeln, zeitraubend, weil nur durch eine sehr große Anzahl von Versuchen die ebenso unvermeidlichen Beobachtungsfehler ausgeglichen werden können.

Zusammensetzung von Bewegungen. Erfährt ein Massenpunkt gleichzeitig zwei Bewegungen — z. B. der von zwei Stößen gleichzeitig getroffene Billardball —, so nimmt er eine Bewegung an, die folgendermaßen zustande kommt: Stößt man in Fig. 20 den Ball m gleichzeitig in Richtung AB und in Richtung AC an, so schlägt er die Richtung AD ein; er möge nach t sek nach dem Punkt D gelangen. Wirkt nur der Stoß X auf den Ball m, so würde er in t sek den Weg $AB = s_x = v_x \cdot t$ in Richtung X zurücklegen. Dabei ist die Bewegung als gleichförmig anzusehen, wenn wir die bremsende Wirkung des Tuches vernachlässigen. Wirkt nur der Stoß Y auf ihn, so würde er in derselben Zeit t den Weg

$$AC = s_y = v_y \cdot t$$

zurücklegen. Da er in Wirklichkeit während der Zeit t unmittelbar von A nach D wandert, so können wir diesen Punkt D erreicht denken durch eine Wanderung des Balles AB in Richtung X und daran anschließend eine Wanderung $BD = AC$ in Richtung Y. Der wirkliche Weg $AD = s$ ist Diagonale im Parallelogramm aus $AB = s_x$ (dem Wege in Richtung X) und $BD = AC = s_y$ (dem Wege in Richtung Y).

Da alle Versuche dieser Art die Richtigkeit dieser Annahme bestätigen, so ist auch dieses durch die Erfahrung gefundene Gesetz ein Naturgesetz; es hat allgemeine Gültigkeit. Zeichnen wir nicht die in t sek durchlaufenen Wege s auf, sondern die in 1 sek zurückgelegten, dann wird aus dem Wegeparallelogramm ein Geschwindigkeitsparallelogramm; v heißt resultierende Geschwindigkeit; v_x und v_y Seitengeschwindigkeiten oder Geschwindigkeitskomponenten. Handelt es sich um gleichförmig beschleunigte Bewegungen, so setzt man die Seitenbeschleunigungen p_x und

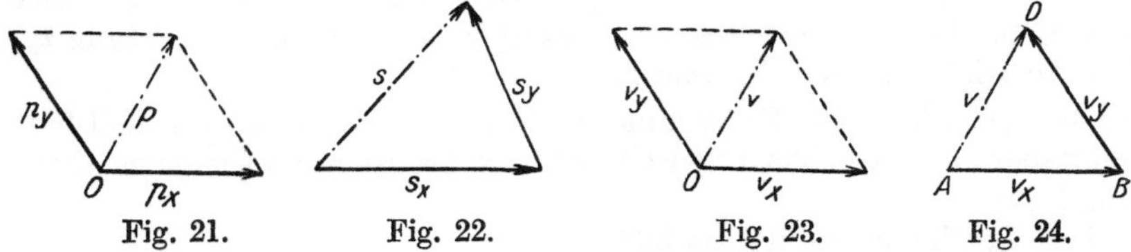

Fig. 21.   Fig. 22.   Fig. 23.   Fig. 24.

p_y ebenfalls zu einer resultierenden Beschleunigung so zusammen, daß p Diagonale in einem Parallelogramm aus p_x und p_y ist (Fig. 21). In der Fig. 20 gelangt man auch zu dem resultierenden Wege, wenn man an den Weg s_x den Weg s_y unmittelbar anträgt; man zeichnet dabei nur das halbe Parallelogramm, d. h. das Dreieck ABD (Fig. 22).

Ebenso verfährt man in Fig. 23 und 24 mit den Geschwindigkeiten und in Fig. 25 mit den Beschleunigungen. Fig. 23 und 24 heißt Geschwindigkeitschaubild oder Geschwindigkeitdiagramm; Fig. 25 Beschleunigungschaubild oder Beschleunigungdiagramm. Wir fügen zur Ermittlung der Gesamtgeschwindigkeit v die Seitengeschwindigkeiten v_x und v_y der Größe und Richtung nach aneinander; man sagt: wir addieren v_x und v_y geometrisch. Es genügt nicht die Größe von v_x und v_y zu kennen, wir müssen auch ihre Richtung angeben, wenn die Bewegung eindeutig beschrieben sein soll. Physikalische Größen, die neben der Größe auch die Angabe der Richtung erfordern, heißen Vektoren oder gerichtete Größen; sie werden addiert, indem man sie wie in Fig. 24 und 25 der Größe und Richtung nach aneinanderfügt. Fallen beide gleichzeitige Bewegungen in dieselbe Richtung, so bleibt das Verfahren dasselbe; die Fig. 26 ÷ 31 zeigen die Darstellungen für v und p bei gleicher Richtung.

Beispiel 24. Ein Boot habe die Eigengeschwindigkeit $v_x = 4$ m/sek, die Strömung habe eine Geschwindigkeit $v_y = 1{,}2$ m/sek. Mit welcher Geschwindigkeit fährt das Boot (a) mit, (b) gegen den Strom?

a) Nach Fig. 26 addieren sich beide Geschwindigkeiten zu
$$v = v_x + v_y = 4 + 1,2 = 5,6 \text{ m/sek}.$$
b) Nach Fig. 27 ist die resultierende Geschwindigkeit
$$v = v_x - v_y = 4,0 - 1,2 = 2,8 \text{ m/sek}.$$

Beispiel 25. Ein Schwimmer habe die Eigengeschwindigkeit $v_x = 0,8$ m/sek. Kann er gegen den Strom schwimmen?

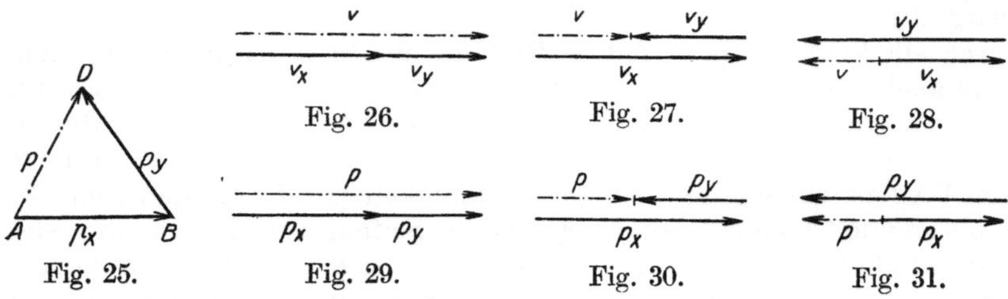

Fig. 26. Fig. 27. Fig. 28.

Fig. 25. Fig. 29. Fig. 30. Fig. 31.

Nach Fig. 28 ist $v = v_x - v_y = 0,8 - 1,2 = -0,4$ m/sek. Der Schwimmer hat also eine Geschwindigkeit $v = 0,4$ m/sek in Richtung v_y, d. h. in Richtung der Strömung.

Beispiel 25. Der Schwimmer will den Fluß durchqueren und hält sich dauernd senkrecht zu den Ufern. Welches ist seine wirkliche Richtung?

Das Geschwindigkeitschaubild

Fig. 32 liefert $\operatorname{tg} \alpha = \dfrac{0,8}{1,2} = 0,667.$

Die Tabelle S. 87 ergibt $\alpha = {\sim}33°40'$.

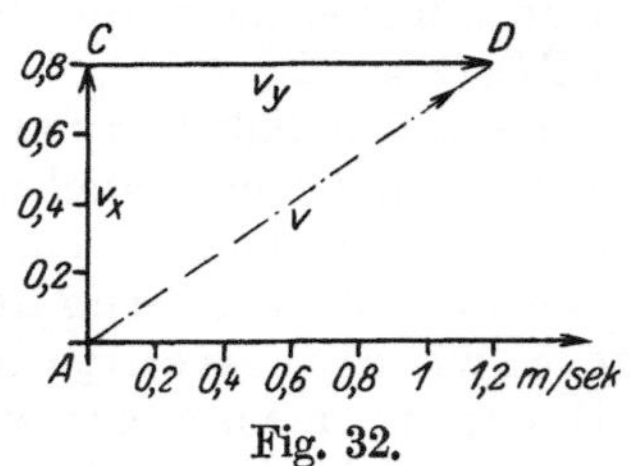

Fig. 32.

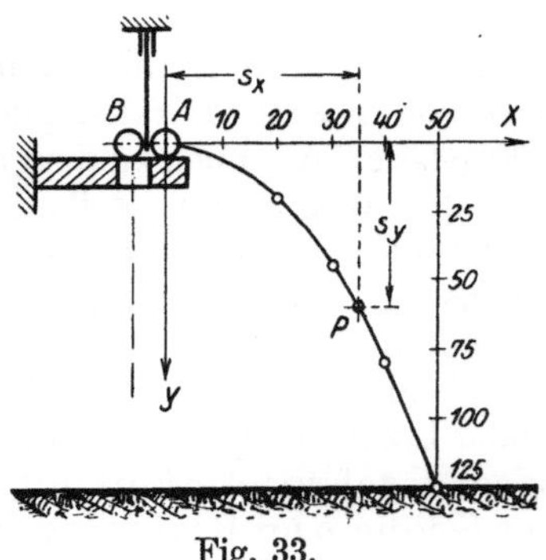

Fig. 33.

Beispiel 26. Eine Kugel wird mit einer Geschwindigkeit $v_x = 10$ m/sek wagerecht fortgeschleudert; welche Bahn beschreibt sie?

Durch den Stoß erhält sie eine gleichförmige Bewegung in wagerechter Richtung mit v_x; der wagerechte Weg nach t sek ist $s_x = v_x \cdot t$. Gleichzeitig ist sie der Schwere unterworfen und durchfällt senkrecht nach unten den Weg $s_y = \frac{1}{2} g t^2$ in derselben Zeit t. Unter dem Einfluß beider Bewegungen kam die Kugel nach t/sek nach P (Fig. 33).

Zeit t in sek	0	1	2	3	4	5
Weg s_x in m	0	10	20	30	40	50
Weg s_y in m	0	5	20	45	80	125

Daß die Geschwindigkeit in wagerechter Richtung ohne Einfluß auf die Fallbewegung ist, zeigt das Verhalten der Kugel B in Fig. 33, die in demselben Augenblick durch das Loch zu fallen beginnt, wo die Blattfeder die Kugel A wagerecht fortschleudert. Beide Kugeln berühren gleichzeitig den Erdboden (Luftwiderstand vernachlässigt).

Mechanische Arbeit $\div$ Leistung. Hebe ich ein Gewicht von Q $= 20$ kg auf eine Höhe $h = 3$ m, so leiste ich eine Arbeit von A $= Q\,h = 20$ kg $\cdot 3$ m $= 60$ mkg (Meterkilogramm). Dabei lege ich den Weg $h = 3$ m in senkrechter Richtung zurück. Diese Richtung ist auch die Richtung der Kraft, denn das Gewicht Q ist eine senkrecht nach unten gerichtete Kraft. Unter mechanischer Arbeit verstehen wir demnach das Produkt aus einer Kraft Q und einem Weg h, der in Richtung der Kraft zurückgelegt wird. Die Dimension (Benennung oder Maßeinheit) ist das Meterkilogramm (mkg).

Für die Bemessung der Arbeit ist es gleichgültig, in welcher Zeit sie geleistet wird. Soviel ist aber sicher, daß wir uns um so mehr anstrengen müssen, je kleiner die Zeit ist, in der die Arbeit geleistet wird.

Trägt beispielsweise ein 75 kg schwerer Mensch sein eigenes Gewicht auf einen 300 m hohen Berg, so ist die geleistete Arbeit

$$A = 75 \text{ kg} \cdot 300 \text{ m} = 22\,500 \text{ mkg} \;.$$

Nun ist es ihm aber durchaus nicht gleichgültig, ob er diese Arbeit in $^1/_4$, $^1/_2$ oder 1 Std. leisten muß; ja es wird fraglich sein, ob er sie überhaupt in $^1/_4$ Std. ausführen kann. Wollen wir vergleichen, welcher von zwei Bergsteigern die größere Anstrengung aufbringt, so werden wir fragen, wie groß die Arbeit ist, die jeder in 1 sek leistet. Bei unsern Maschinen ist es nicht anders. Bei der Wahl des Antriebmotors einer Pumpe ist es sicherlich nicht unwichtig, ob sie Q m³ in 1 Std. oder 1 Minute auf die Höhe h fördert. Einen Einblick in das, was der Antriebmotor der Pumpe hergeben muß, gewinnen wir erst, wenn wir wissen, welche Arbeit von ihm in jeder Sekunde gefordert wird. Diese in 1 sek geleistete Arbeit heißt Leistung. Bewältige ich eine Arbeit von A mkg in t sek, dann ist meine Leistung, d. h. die in 1 sek geleistete Arbeit,

$$N = \frac{A \text{ mkg}}{t \text{ sek}} = \frac{A}{t} \cdot \frac{\text{mkg}}{\text{sek}} \;. \tag{22}$$

Steigt unser Bergsteiger seine 300 m in 15 Minuten, so ist seine Leistung

$$N = \frac{75 \text{ kg} \cdot 300 \text{ m}}{15 \cdot 60 \cdot \text{sek}} = 25 \frac{\text{mkg}}{\text{sek}} \;,$$

steigt er 300 m in 30 Minuten, so wird

$$N = \frac{75 \cdot 300}{30 \cdot 60} = 12,5 \frac{\text{mkg}}{\text{sek}} \;.$$

Da die Einheit 1 $\frac{\text{mkg}}{\text{sek}}$ etwas klein ist, so benutzt man in der Technik den 75fachen Wert als Einheit der Leistung und setzt

$$1 \text{ Pferdestärke (PS)} = 75 \frac{\text{mkg}}{\text{sek}}\ .$$

In der Elektrotechnik ist üblich

$$1000 \text{ Watt} = 1 \text{ Kilowatt (kW)} = \frac{1}{0{,}736} = 1{,}36 \text{ PS};$$

so daß

$$1 \text{ PS} = 736 \text{ Watt} = 0{,}736 \text{ kW}.$$

Leistet eine Maschine 6 Std. lang 25 PS, so leistet sie wieder eine Arbeit von $6 \cdot 25 = 150$ PSStd. (Pferdestärkenstunden oder PS-Stunden).

Nimmt ein Straßenbahnmotor 6 Std. lang 25 PS aus dem Leitungsnetz, so entnimmt er eine Arbeit von

$$6 \cdot 25 \cdot 0{,}736 = \sim 110 \text{ kWStd.}$$

$$1 \text{ PSStd. sind } 75 \frac{\text{mkg}}{\text{sek}} \cdot (60 \cdot 60) \text{ sek} = 270\,000 \text{ mkg} \tag{23}$$

$$1 \text{ kWStd. ,, } \frac{75 \dfrac{\text{mkg}}{\text{sek}} \cdot (60 \cdot 60) \text{ sek}}{0{,}736} = 367\,000 \text{ mkg}\ . \tag{24}$$

Es war Arbeit $=$ Kraft $\cdot$ Weg (in Richtung der Kraft)

$$\text{Leistung} = \frac{\text{Arbeit in mkg}}{\text{Zeit in sek}} = \frac{\text{Kraft in kg} \cdot \text{Weg in m}}{\text{Zeit in sek}}\ .$$

Bezeichnen wir die Kraft wie üblich mit P, den in Richtung der Kraft gemessenen Weg mit s; die Zeit mit t, so ist die Leistung

$$N = \frac{P \cdot s}{t} \quad \text{in} \quad \frac{\text{mkg}}{\text{sek}}\ .$$

$\dfrac{s}{t}$ war aber nach (1) die Geschwindigkeit der gleichförmigen Bewegung.

Mit $\dfrac{s}{t} = v$ wird die Leistung $= P \cdot v =$ Kraft $\cdot$ Geschwindigkeit in $\dfrac{\text{mkg}}{\text{sek}}$ oder

$$N = \frac{P \cdot v}{75} \quad \text{in PS}\ .$$

Greift die Kraft P am Umfange einer gleichförmig umlaufenden Scheibe an, die n Umdrehungen in der Minute macht, so überträgt die Scheibe eine Leistung

$$N = \frac{P \cdot v}{75} = \frac{P \cdot \pi \cdot d \cdot n}{75 \cdot 60} = \frac{P \cdot \pi \cdot r \cdot n}{75 \cdot 60}\ ,$$

$$N = \frac{P \cdot r \cdot n}{716{,}2} \text{ PS}, \tag{25}$$

wenn P in kg, r in m, n in Umdr./Min. eingesetzt werden.

Beispiel 27. Welche Arbeit muß aufgewendet werden, um die Last Q von A nach C zu heben (Fig. 34)?

Der Weg in Richtung der Kraft Q ist h, folglich ist die Arbeit $A = Q \cdot h = 500 \text{ kg} \cdot 5 \text{ m} = 2500 \text{ mkg}$; diese Arbeit kann eine Kraft P_1 leisten, die in Richtung der schiefen Ebene wirkt; sie ist $P_1 \cdot s$ und muß gleich A sein, so daß

$$P_1 \cdot s = A \quad \text{und daraus} \quad P_1 = \frac{A}{s} = \frac{2500}{\sqrt{12^2 + 5^2}} = \frac{2500}{13} = 193 \text{ kg}.$$

Sie kann aber auch durch eine wagerechte Kraft P_2 geleistet werden, die längs des Weges l wirken muß, um die Last Q von A nach C zu bringen; die dabei geleistete Arbeit ist $P_2 \cdot l$ und muß auch gleich A sein, so daß

$$P_2 \cdot l = A \quad \text{und daraus} \quad P_2 = \frac{A}{l} = \frac{2500}{12} = 208 \text{ kg}.$$

Zieht man also in wagerechter Richtung, so ist die aufzuwendende Kraft größer als wenn man in Richtung der schiefen Ebene zieht.

Beispiel 28. Welche Leistung muß der Hubmotor eines Kranes aufwenden, um eine Last $Q = 5\,t$ mit einer Geschwindigkeit $v = 0{,}8\,\text{m/sek}$ zu heben?

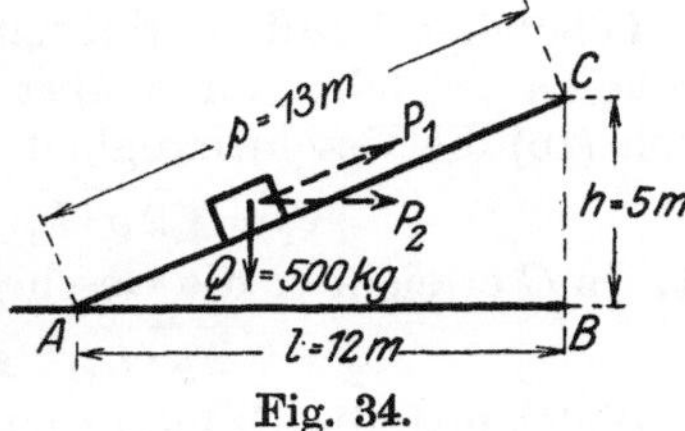

Fig. 34.

Es ist

$$N = \frac{P \cdot v}{75} = \frac{5000 \cdot 0{,}8}{75} = 53{,}3 \text{ PS}.$$

Beispiel 29. Eine Kolbenpumpe fördert stündlich 40 m³ Wasser in einen 20 m hohen Behälter. Wie groß ist die Leistung der antreibenden Maschine?

$$N = \frac{40 \text{ m}^3 \cdot 1000 \, \frac{\text{kg}}{\text{m}^3} \cdot 20 \text{ m}}{75 \cdot (60 \cdot 60) \text{ sek}} = 30 \text{ PS}.$$

Beispiel 30. Ein Straßenbahnmotor befördert einen Wagen von $G = 15$ t Gewicht auf ebener Strecke in $t = 20$ Minuten $s = 9{,}0$ km weit; wie groß muß der Motor sein, wenn der Wagen eine Zugkraft von 10 kg pro Tonne Zuggewicht erfordert?

Die Zugkraft ist $Z = 10 \text{ kg/t} \cdot 15\,\text{t} = 150$ kg; die Arbeit ist $A \cdot s = 150 \text{ kg} \cdot 9000 \text{ m} = 1\,350\,000 \text{ mkg}$

$$N = \frac{A}{75 \cdot t} = \frac{1\,350\,000}{75 \cdot 20 \cdot 60} = 15 \text{ PS}.$$

Beispiel 31. Wie hoch stellen sich die Stromkosten, wenn die kWStd. 2,50 M. kostet?

Der Arbeit $A = 1\,350\,000$ kg entsprechen nach (24)

$$\frac{1\,350\,000}{367\,000} = \sim 3{,}7 \text{ kWStd.}$$

Der Preis würde sich demnach auf $3{,}7 \text{ kWStd.} \cdot 2{,}50 \, \frac{\text{M.}}{\text{kWStd.}} = \sim 9{,}50 \text{ M.}$ stellen.

Beispiel 32. Welche Leistung überträgt eine Riemenscheibe von 700 mm Durchmesser bei 150 Uml./Min., wenn die Umfangskraft 85 kg beträgt?

Nach (25) wird

$$N = \frac{P \cdot r \cdot n}{716,2} = \frac{85 \cdot 0,35 \cdot 150}{716,2} = 6,2 \, \text{PS}\,.$$

Beispiel 33. Welcher Druck kommt auf die in Eingriff stehenden Zähne eines Zahnrades von 1,2 m Durchmesser, das bei 250 Umdr./Min. 300 PS überträgt?

Aus (25) folgt

$$P = 716,2 \cdot \frac{N}{n \cdot r} = 716,2 \cdot \frac{300}{250 \cdot 0,6} = \sim 1434 \, \text{kg}\,.$$

Lebendige Kraft — Energie. Ein Körper vom Gewicht $G = m \cdot g$ (siehe Gl. 18) falle von A über B nach C (Fig. 35), dann hat er in B nach (16) die Geschwindigkeit

$$v_1 = \sqrt{2\,g \cdot h_1}\,, \quad \text{so daß} \quad v_1^2 = 2\,g \cdot h_1$$

ist. In C erreicht er die Geschwindigkeit

$$v_2 = \sqrt{2\,g \cdot h_2}\,, \quad \text{so daß} \quad v_2^2 = 2\,g \cdot h_2 \quad \text{ist.}$$

Bildet man die Differenz aus v_2^2 und v_1^2, so ergibt sich

$$v_2^2 - v_1^2 = 2\,g \cdot h_2 - 2\,g \cdot h_1 = 2\,g\,(h_2 - h_1) = 2\,g\,h\,.$$

Multipliziert man diese Gleichung mit m, so geht sie über in

$$m\,(v_2^2 - v_1^2) = 2 \cdot m \cdot g \cdot h$$

oder

$$\frac{m\,v_2^2}{2} - \frac{m \cdot v_1^2}{2} = m \cdot g \cdot h = G \cdot h\,. \tag{26}$$

$G \cdot h$ ist aber eine Arbeit, die die Kraft $G = m \cdot g$ längs des Weges h leistet. Stellt die rechte Seite der Gleichung eine Arbeit dar, dann muß es auch die linke, wie sich durch Einsetzen der Maßeinheiten bestätigt.

$$\frac{m\,v^2}{2} \equiv \frac{\text{kg} \cdot \text{sek}^2}{\text{m}} \cdot \left(\frac{\text{m}}{\text{sek}}\right)^2 = \frac{\text{kg} \cdot \text{sek}^2 \cdot \text{m}^2}{\text{m} \cdot \text{sek}^2} = \text{mkg}\,.$$

Wir nennen den Ausdruck $\dfrac{m\,v^2}{2}$ nach dem Vorschlage von Leibniz (1646 bis 1716) die lebendige Kraft oder neuerdings Wucht der mit der Geschwindigkeit v bewegten Masse m. Die linke Seite unserer Gleichung ist der Zuwachs an lebendiger Kraft, den eine Masse m erfährt, wenn sie ihre Geschwindigkeit auf dem Wege h von v_1 auf v_2 m/sek steigert. Dieser Zuwachs an lebendiger Kraft ist aber gleich der Arbeit, die die Kraft G auf demselben Wege h leisten muß, um die Geschwindigkeit der Masse m von v_1 auf v_2 zu steigern, die also verwendet werden muß, um die Masse m auf dem Wege h zu beschleunigen. Wir können sagen: der Zuwachs an lebendiger Kraft einer Masse m ist gleich der Arbeit der an der Masse m angreifenden Kraft.

Wird eine Masse verzögert, so ist die Differenz der lebendigen Kräfte gleich der Arbeit, die die verzögernde Kraft auf dem Wege leistet, wo die Masse verzögert wird. Wird also ein Zug von dem Gewichte G auf dem Wege s von der Bremskraft P so gebremst, daß seine Geschwindigkeit von v_2 auf v_1 m/sek sinkt, so besteht die Beziehung

$$\frac{m\,v_2^2}{2} - \frac{m\,v_1^2}{2} = \frac{\dfrac{G}{g}\cdot v_2^2}{2} - \frac{\dfrac{G}{g}\cdot v_1^2}{2} = P\cdot s\,. \qquad (27)$$

Der bewegte Körper hat die Fähigkeit, Arbeit zu leisten. Ist seine Masse m, seine Geschwindigkeit v, so ist sein Arbeitsvermögen

$$A = \frac{m\,v^2}{2}\,.$$

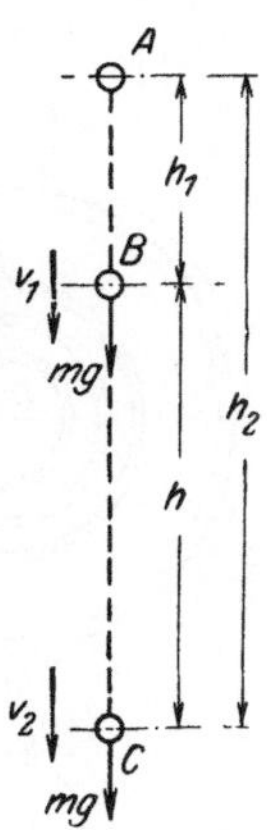

Dieses Arbeitsvermögen heißt **Energie der Bewegung** oder kinetische Energie. Aber auch von dem ruhenden Körper können wir sagen, daß er die Fähigkeit hat, Arbeit zu leisten; die in ihm aufgespeicherte Energie wird frei, wenn wir ihn in den Zustand der Bewegung überführen. Lassen wir z. B. den Körper von der Masse m (Fig. 35) von B nach C fallen, so ist in C seine lebendige Kraft $A = \dfrac{m\,v^2}{2}$, wobei $v = \sqrt{2\,g\,h}$ ist; sie ist um so größer, je größer h ist — je höher gewissermaßen der Punkt B liegt. Da die Energie des ruhenden Körpers (in B) von seiner Lage — d. h. der Höhe h — abhängig ist, nennen wir diese Energie die **Energie der Lage** oder potentielle Energie. Der hochgehobene Bär eines Dampfhammers besitzt potentielle Energie, die frei wird, sich zeigt, in Erscheinung tritt,

Fig. 35.

wenn der Hammer herunterfällt. Sie ist um so größer, je größer der Fallraum des Hammers ist.

Beispiel 34. Wie groß ist die Wucht oder lebendige Kraft eines Geschosses von 1000 kg Gewicht, dessen Geschwindigkeit $v = 400$ m/sek ist?

$$A = \frac{1}{2}\,m\,v^2 = \frac{1}{2}\cdot\frac{1000}{9{,}81}\cdot 400^2 = 8\,000\,000 \text{ mkg}\,.$$

Durchschlägt dieses Geschoß eine Mauer von 6 m Stärke, so ist die mittlere Durchschlagskraft bestimmt aus

$$A = \frac{1}{2}\cdot m\cdot v^2 = P\cdot s \quad \text{zu} \quad P = \frac{A}{s} = \frac{8\,000\,000}{6} = 1\,333\,000 \text{ kg}\,.$$

Beispiel 35. Wie groß ist die Energie der Lage eines Rammbärs von $G = 80$ kg Gewicht, dessen Fallhöhe $h = 1{,}5$ m beträgt?

Aus $A = \frac{1}{2}\,m\,v^2 = G\cdot h$ folgt

$$A = 80 \text{ kg}\cdot 1{,}5 \text{ m} = 120 \text{ mkg}\,.$$

Dringt der gerammte Pfahl bei einem Schlage $s = 5$ cm tief in den Erdboden, so drückt der Bär während dieses Weges mit einer mittleren Kraft $P = \dfrac{A}{s} = \dfrac{120}{0{,}05} = 2400$ kg auf den Pfahl.

Beispiel 36. Nach welcher Zeit kommt ein Schwungrad, dessen Ring 2500 kg wiegt, zum Stillstand, wenn das Rad 3 m Durchmesser hat und 125 Uml./Min. macht?

Die bremsende Kraft sei die Lagerreibung mit $^1/_{12}$ des Lagerdruckes bei 100 mm Wellendurchmesser; Nabe und Speichen seien vernachlässigt. Die lebendige Kraft des Schwungringes ist mit

$$v = \frac{\pi \cdot d \cdot n}{60} = \frac{\pi \cdot 3 \cdot 125}{60} = 19{,}6 \text{ m/sek}$$

$$L = \frac{1}{2} \cdot m \cdot v^2 = \frac{1}{2} \cdot \frac{G}{g} \cdot v^2 = \frac{1}{2} \cdot \frac{2500}{9{,}81} \cdot 19{,}6^2 = 48\,000 \text{ mkg}.$$

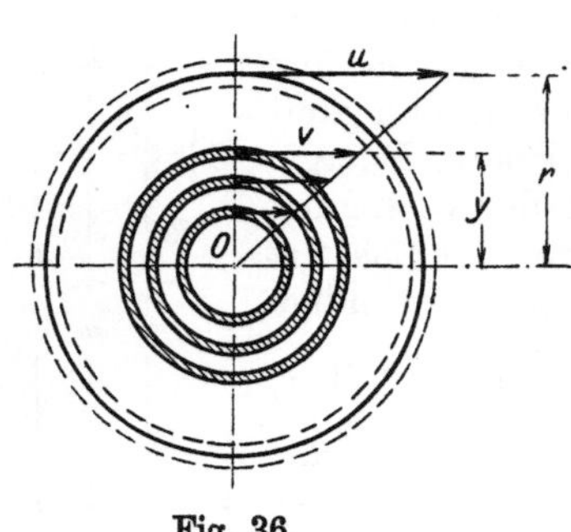

Sie wird vernichtet durch die bremsende Lagerreibung P am Umfange der Welle. Ist P diese Bremskraft, s der Weg, den ein Punkt am Umfange der Welle bis zum Stillstand zurücklegt, dann ist die von P während des Bremsens geleistete Arbeit $A = P \cdot s$. Aus

$$P \cdot s = L \quad \text{folgt} \quad s = \frac{L}{p}$$

Fig. 36.

$$= \frac{48\,000}{\dfrac{1}{12} \cdot 2500} = 230 \text{ m}.$$

Die Geschwindigkeit des Punktes am Umfang der Welle zu Beginn des Bremsens war

$$v_0 = \frac{\pi \cdot d' \cdot n}{60} = \frac{\pi \cdot 0{,}1 \cdot 125}{60} = 0{,}654 \text{ m/sek}$$

seine Endgeschwindigkeit ist null; aus (1) folgt dann

$$t = \frac{23}{v_0} = \frac{2 \cdot 230}{0{,}651} = \sim 705 \text{ sek}.$$

Im Beispiel 36 haben wir nur die Wucht des Schwungringes berücksichtigt, weil bei ihm angenommen werden darf, daß alle Punkte mit derselben Geschwindigkeit umlaufen. Anders ist es bei einer Scheibe, wo diese Annahme unmöglich gemacht werden darf. Zweifellos können wir uns aber die Scheibe aus sehr vielen und sehr schmalen „Schwungringen" bestehend denken, deren Geschwindigkeit nach

(4) $v = y \cdot \omega$ ist, wenn $\omega = \dfrac{\pi \cdot n}{30}$ die Winkelgeschwindigkeit der Scheibe ist (Fig. 36).

Hat der erste der gedachten Ringe die Masse m_1 und den Abstand y_1, von der Drehachse, so ist seine lebendige Kraft

$$L_1 = \frac{1}{2}\, m_1 v_1^2 = \frac{1}{2} \cdot m_1 (y_1\, \omega)^2 = \frac{\omega^2}{2}\, m_1 \cdot y_1^2.$$

Ein weiterer gedachter Ring von der Masse m_2 mit dem Abstand y_2 hat

$$L_2 = \frac{1}{2}\, m_2\, v_2^2 = \frac{1}{2}\, m_2\, (y_2 \cdot \omega)^2 = \frac{1}{2} \cdot \frac{\omega^2}{2} \cdot m_2\, y_2^2;$$

ein dritter gedachter Ring

$$L_3 = \frac{1}{2} m_3\, v_3^2 = \frac{1}{2}\, m \cdot (y_3 \cdot \omega)^2 = \frac{\omega^2}{2} \cdot m_3 \cdot y_3^2 .$$

Die lebendige Kraft der ganzen Scheibe ist als Summe der lebendigen Kräfte der einzelnen Ringe

$$L = \frac{\omega^2}{2} \cdot m_1\, y_1^2 + \frac{\omega^2}{2}\, m_2\, y_2^2 + \frac{\omega^2}{2}\, m_3\, y_3^2 + \ldots,$$

soviel Glieder folgen noch wie Schwungringe, in die wir die Scheibe aufgelöst denken. Da jedes Glied den Faktor $\dfrac{\omega^2}{2}$ hat, so kann er vor eine Klammer gezogen werden, so daß sich ergibt:

$$L = \frac{\omega^2}{2}\, (m_1\, y_1^2 + m_2\, y_2^2 + m_3\, y_3^2 + \ldots).$$

Für den Klammerausdruck wählt der Mathematiker eine kürzere Schreibweise; er sagt: in der Klammer steht eine Summe von Produkten aus Masse und Quadrat der Entfernung von der Drehachse. Faßt man wieder, wie S. 112, die Wege und Zeiten, jetzt die Massen m_1, m_2, m_3 usw. und die Entfernungen y_1, y_2, y_3 usw. als veränderliche Größen auf, so kann man für $(m_1\, y_1^2 + m_2\, y_2^2 + m_3\, y_3^2 \ldots)$ schreiben „Summe $m \cdot y^2$“. Das Wort „Summe“ wird aber nicht ausgeschrieben, sondern durch den griechischen Buchstaben Σ ersetzt. Die Klammer wird demnach geschrieben $(m_1\, y_1^2 + m_2\, y_2^2 + m_3\, y_3^2 + \ldots) = \Sigma\, m\, y^2$ (gelesen: Klammer gleich Summe $m\, y^2$) und bedeutet: es ist die Summe einer unbeschränkt großen Zahl von Gliedern zu bilden, von denen jedes für sich betrachtet sehr klein ist. Wie man solch eine Summe berechnet, zeigt die sogenannte höhere Mathematik. Die Ergebnisse dieser Rechnung — der Integralrechnung — müssen wir hinnehmen, ohne ihre Ableitung mit den Hilfsmitteln der Algebra (S. 2) nachprüfen zu können.

Mit der eben gezeigten Schreibweise wird die lebendige Kraft einer mit der Winkelgeschwindigkeit ω umlaufenden Masse

$$L = \tfrac{1}{2}\, \omega^2 \cdot \Sigma\, m\, y^2.$$

Haben wir zwei Scheiben von gleichem Gewicht und gleicher Winkelgeschwindigkeit, d. h. laufen sie mit gleicher Tourenzahl, so wird die Scheibe die größere lebendige Kraft, die größere Wucht, die größere Energie haben, bei der der Ausdruck $\Sigma\, m\, y^2$ größer ist. In diesem Ausdruck ist aber y, d. h. die Entfernung von der Drehachse, von überragender Bedeutung, weil es in der 2. Potenz vorkommt. In Worten bedeutet das: Die lebendige Kraft ist um so größer, je weiter die Massenteile nach außen gelegt sind. Stellt man den Antriebsmotor der Scheibe ab, läßt man sie also auslaufen, so wird die Scheibe mit der größeren

Wucht länger laufen als die andere; sie versucht ihren Geschwindigkeit-
zustand länger beizubehalten, ihr Beharrungsvermögen oder ihre
Trägheit ist größer. Man nennt deshalb den Ausdruck $\Sigma\, m\, y^2$ das
Trägheitsmoment des Körpers in Beziehung auf seine Achse. Die
Dimension wird

$$\frac{kg \cdot sek^2}{m} \cdot m^2 = mkgsek^2.$$

Ersetzt man m durch $\dfrac{\Delta G}{g}$ und ΔG durch $\Delta V \cdot s$ (S. 119), (ΔG und ΔV,
um anzudeuten, daß es sich um sehr kleine Größen handelt), so wird
mit $m = \Delta V \cdot \dfrac{s}{g}$

$$\Sigma\, m\, y^2 = \frac{s}{g} \cdot \Sigma \Delta V \cdot y^2,$$

da s und g als unveränderliche Faktoren vor das Summenzeichen gezogen
werden können. Es ist demnach das Trägheitsmoment nur abhängig
von der Form des Körpers, und es genügt $\Sigma \Delta\, V \cdot y^2$ für die geometrisch
bestimmte Körperform, z. B. Scheibe, Ring, Kugel usw., zu berech-
nen. Man spricht deshalb von dem Trägheitsmoment der geometrischen,
d. h. masselos gedachten Körper (vom Trägheitsmoment des Zylinders,
des Ringes, der Kugel usw.) und bezeichnet es mit J, so daß die lebendige
Kraft eines Körpers vom spezifischen Gewicht s dargestellt wird durch

$$L = \frac{1}{2} \cdot \omega^2 \cdot \frac{s}{g} \cdot J.$$

Die Benennung von J ist von der 5. Potenz (m^5) als Produkt des Volumens V in m^3 und dem Quadrat einer Länge (m^2).

Die Mathematik liefert für eine Scheibe vom Halbmesser r und der
Breite b das Trägheitsmoment, bezogen auf die Zylinderachse,

$$J = \tfrac{1}{2}\,\pi\, r^4 \cdot b.$$

Beispiel 37. Die lebendige Kraft einer Gußstahlscheibe von
$r = 800$ mm und $b = 200$ mm bei $n = 150$ Uml./Min. wird, wenn man
die Längenmaße in m und s in t/m³ einsetzt, mit

$$\omega = \frac{\pi \cdot n}{30} = \frac{\pi \cdot 150}{30} = 15{,}7\,\frac{1}{sek}$$

$$L = \frac{1}{2} \cdot \omega^2 \cdot \frac{s}{g} \cdot J = \frac{1}{2} \cdot 15{,}7^2 \cdot \frac{7{,}8}{9{,}81} \cdot \frac{1}{2}\,\pi \cdot 0{,}8^4 \cdot 0{,}2$$
$$= 12{,}4\,\mathrm{mt} = 12400\ \mathrm{mkg}.$$

Eine Holzscheibe mit denselben Maßen würde entwickeln

$$L = \frac{1}{2} \cdot \omega^2 \cdot \frac{s}{g} \cdot J = \frac{1}{2} \cdot 15{,}7^2 \cdot \frac{1}{2}\frac{0{,}7}{9{,}81} \cdot \frac{1}{2}\,\pi \cdot 0{,}8^4 \cdot 0{,}2 = 1{,}1\,\mathrm{mt} = 1100\ \mathrm{mkg}.$$

Setzt man die Längenmaße in dm und s in kg/dm³, so wird mit
$g = 98{,}1$ dm/sek²

$$L = \frac{1}{2} \cdot \omega^2 \cdot \frac{s}{g}\, J = \frac{1}{2} \cdot 15{,}7^2 \cdot \frac{0{,}7}{98{,}1} \cdot \frac{\pi}{2} \cdot 8^4 \cdot 2$$
$$= 11000\ \mathrm{kgdm} = 1100\ \mathrm{mkg}.$$

Beispiel 38. Auf der Seiltrommel eines Förderkorbes sitzt ein Gußstahlschwungrad von 4 m Durchmesser und 200 mm Breite, das mit 375 Uml./Min. läuft; seine lebendige Kraft wird benutzt, um den Förderkorb von 3000 kg auf 200 m zu heben. Um wieviel sinkt die Umlaufzahl des Schwungrades?

$$L = \frac{1}{2} \cdot \omega^2 \cdot \frac{s}{g} \cdot J = \frac{1}{2} \cdot \left(\frac{\pi \cdot n}{30}\right)^2 \cdot \frac{7,8}{9,81} \cdot \frac{\pi}{2} \cdot r^4 \cdot b$$

$$= \frac{1}{2} \cdot 39,27^2 \cdot \frac{7,8}{9,81} \cdot \frac{\pi}{2} \cdot 2^4 \cdot 0,20 = \sim 3020 \text{ mt} \, .$$

Die Hubarbeit erfordert $A = 3\,\text{t} \cdot 200\,\text{m} = 600$ mt, so daß dem Schwungrad nach dem Heben verbleiben: $L_1 = 3020 - 600 = 2430$ mt. Zu dieser lebendigen Kraft gehört eine Winkelgeschwindigkeit ω_1, die

$$\text{sich aus} \quad L_1 = \frac{1}{2} \cdot \omega_1^2 \cdot \frac{s}{g} \cdot J \quad \text{zu} \quad \omega_1 = \sqrt{\frac{2\,L_1}{J} \cdot \frac{g}{s}} = \sqrt{\frac{2 \cdot 2420 \cdot 9,81}{\frac{\pi}{2} \cdot 240,2 \cdot 7,8}}$$

$$= 35 \frac{1}{\text{sek}} \quad \text{ergibt.}$$

Diesem ω entspricht eine Umlaufzahl $n_1 = \dfrac{30 \cdot \omega_1}{\pi} = 335$ Uml./Min.

Oder aus $\quad \dfrac{1}{2} \omega^2 \cdot \dfrac{s}{g} \cdot J = 3020$ mt $\quad$ und $\quad \dfrac{1}{2} \omega_1^2 \cdot \dfrac{s}{g} \cdot J = 2420$ mt

ergibt sich durch Division

$$\frac{\omega^2}{\omega_1^2} = \frac{3020}{2420} \quad \text{und daraus} \quad \omega_1 = \omega \cdot \sqrt{\frac{2420}{3020}} = \sim 35 \frac{1}{\text{sek}} \, .$$

Die Umlaufzahl sinkt um $375 - 335 = 40$ Uml./Min.

II. Die Lehre vom Gleichgewicht der festen Körper oder Statik.

In der Bewegungslehre wurde der Einfluß der Kraft auf einen frei beweglichen Massenpunkt untersucht und festgestellt, daß sich dieser gleichförmig beschleunigt bewegt, wenn eine Kraft auf ihn wirkt; die Richtung der Kraft ist durch die Richtung der von dem Punkt eingeschlagenen Bewegung gekennzeichnet. Nach Größe und Richtung zu unterscheidende physikalische Größen nannten wir (S. 143) Vektoren oder gerichtete Größen; auch die Kraft ist ein Vektor. Betrachten wir einen Körper unter dem Einfluß der Schwerkraft: ist er beweglich, so fällt er mit der Beschleunigung $g = 9,81$ m/sek². Unterstützen wir ihn aber, so übt er auf die Unterstützungsfläche einen Druck aus, den wir mit „Gewicht des Körpers" bezeichnet haben; seine Maßeinheit war das Kilogramm. Der unterstützte Körper befindet sich im Zustand der Ruhe; wir sagen, er ist im Gleichgewicht. Nach wie vor wirkt die Schwerkraft auf ihn, nur vermag sie ihm nicht eine gleichförmig beschleunigte Bewegung zu erteilen, da sie die Unterlage daran hindert. Nach dem dritten Grundgesetz der Mechanik (S. 138) müssen wir annehmen, daß die Unterlage mit einer genau ebenso großen

Kraft, der Gegenkraft oder Reaktion, auf den Körper wirkt wie der Körper auf die Unterlage. Und diese Gegenkraft muß wiederum die gleiche, aber entgegengesetzte Richtung haben wie das Gewicht des Körpers, die angreifende oder aktive Kraft, weil nur dann zwei Beschleunigungen eine Gesamtbeschleunigung Null ergeben, wenn sie gleiche Größe und entgegengesetzte Richtung haben (vgl. Fig. 30, S. 144). Die Gerade, auf der sich der Massenpunkt bewegen würde, wenn er frei beweglich wäre, heißt Wirkungslinie der Kraft. Als Bedingung, unter der ein Körper im Gleichgewicht ist, werden wir jetzt aussprechen dürfen: ein Körper ist im Gleichgewicht, wenn zwei gleichgroße, aber entgegengesetzt gerichtete Kräfte auf ihn wirken, die dieselbe Wirkungslinie haben. Stellen wir eine Kraft ebenso wie die Geschwindigkeit in Fig. 26 oder die Beschleunigung in Fig. 29 als eine mit einer Pfeilspitze versehene Strecke dar, so ist die Länge der Strecke ein Maß für die Größe der Kraft, während die Pfeilspitze ihre Richtung angibt. Die eben ausgesprochene Gleichgewichtsbedingung ist demnach durch Fig. 37 erschöpfend dargestellt: Unter dem Einfluß der beiden gleich großen, entgegengesetzt gerichteten Kräfte P ist der Punkt A im Gleichgewicht. Will man mit Hilfe der zeichnerischen Darstellung messen, so be-

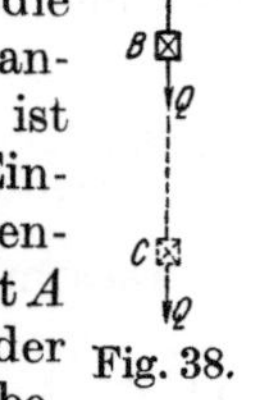

Fig. 38.

Fig. 37.

darf es der Angabe des Maßstabes, der die Form haben muß: 1 cm stellt $100 \div 200 \div 500$ oder allgemein a kg dar, geschrieben 1 cm $= a$ kg; er heißt Kräftemaßstab. Lautet für eine gegebene Darstellung der Kräftemaßstab 1 cm $= 50$ kg, und ist die Strecke 60 cm lang, so wird durch sie eine Kraft von

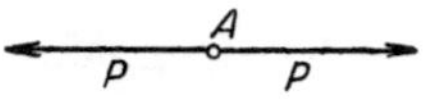

$$P = 60 \,\text{cm} \cdot \frac{50 \,\text{kg}}{1 \,\text{cm}} = 3000 \,\text{kg}$$

dargestellt; für den Kräftemaßstab 3 cm $= 100$ kg würde dieselbe Strecke von 60 cm Länge eine Kraft von

$$P = 60 \,\text{cm} \cdot \frac{100 \,\text{kg}}{3 \,\text{cm}} = 2000 \,\text{kg}$$

darstellen. Hängt eine Last Q an einer Kette (Fig. 38), so greift sie an dem Punkte A an; offenbar ist es dem Haken ganz gleichgültig, ob sich die Last in B oder in C befindet, wenn wir von der Mehrbelastung durch das Gewicht des Kettenstückes BC absehen. Wir dürfen aussagen: Der Angriffspunkt einer Kraft darf auf ihrer Wirkungslinie beliebig verschoben werden. Es ist üblich zu sagen, eine Kraft greift an einem Punkte an, doch ist dieser Punkt in Wirklichkeit von einer gewissen Ausdehnung. Denken wir z. B. an eine zweifach gelagerte Welle, die in der Mitte ein Schwungrad trägt, so ist der Punkt der Welle, an dem das Gewicht des Rades angreift, so breit wie die Nabe des Rades; die Lager der Welle haben eine beträchtliche Auflagerfläche, und doch sagen wir, die Welle ist in zwei Punkten gelagert. Näher kommen wir dem Punkte schon, wenn wir an den Druck denken,

den das Rad auf die Schiene ausübt. An diesen Angriffspunkten von
Kräften erleiden die angegriffenen Körper mehr oder minder große örtliche Formänderungen — so drückt sich z. B. das Rad in die Schiene —,
doch werden diese Formänderungen in der Statik vernachlässigt,
wir nehmen alle Körper, die von Kräften angegriffen werden, als starr
an. Es ist die Aufgabe der Festigkeitslehre, zu untersuchen, welche
Formänderungen die Kräfte zur Folge haben.

Die beiden Kräfte P, die am Punkte A der Fig. 37 im Gleichgewicht
sind, wirken in einer Ebene. Denken wir uns am Punkte A noch eine
dritte Kraft angreifen, so kann ihre Richtung ganz beliebig sein. Diese
drei Kräfte brauchen nicht mehr in einer Ebene zu liegen. Wir beschrän-

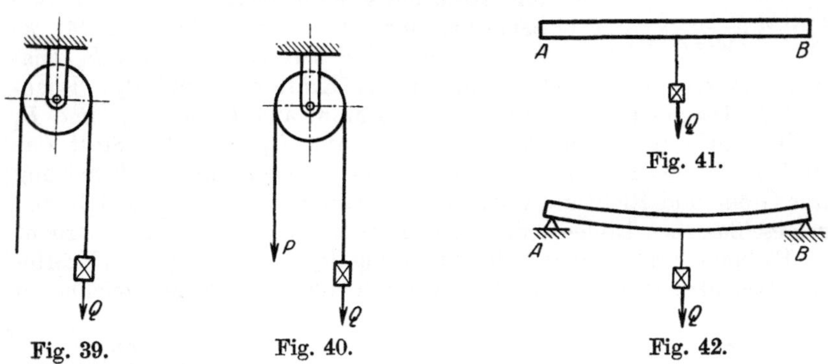

Fig. 39.   Fig. 40.   Fig. 41.

Fig. 42.

ken uns auf den Fall, wo alle Kräfte in einer Ebene wirken, und werden
sehen, daß die Gesetze über Kräfte in der Ebene bis auf wenige Fälle
vollkommen zur Bestimmung der Gleichgewichtslage ausreichen. Die
Gleichgewichtslage zu bestimmen ist unbedingt erforderlich, wenn wir
erfahren wollen, welche Beanspruchung ein Körper unter dem Einfluß
von Kräften erfährt. In Fig. 39 hängt an einem über eine Rolle geschlun-
genen Seil eine Last Q. Wirkt am linken Seilende keine Kraft, so fällt
die Last herunter und zieht das Seil mit sich. Dabei bleibt das Seil
schlaff, es erfährt keine Beanspruchung — es ist spannungslos. In
dem Augenblick aber, wo wir das linke Seilende mit der Kraft $P = Q$
festhalten, wird auch die Last Q festgehalten (Fig. 40). Das Seil wird
straff; es spannt sich, nachdem es zur Ruhe gekommen ist. Ist an
einem Stabe AB die Last Q nach Fig. 41 befestigt, so fällt der Stab mit
der Last nach unten, ohne daß er die geringste Durchbiegung erfährt, er
ist spannungslos. Stütze ich ihn dagegen in A und B (Fig. 42), so kommt
er samt Last zur Ruhe, zeigt aber eine deutlich wahrnehmbare Durchbiegung; er ist gespannt, oder: in ihm treten Spannungen auf, deren
Größe die Abmessungen des Stabes bedingen. Nur an einem im Gleichgewicht befindlichen Körper können wir die Beanspruchung und daraus
die erforderlichen Abmessungen ermitteln. Die Herstellung der Gleichgewichtslage ist demnach die Voraussetzung von Festigkeitsberechnungen.

Drei Kräfte an einem Punkte. In Fig. 43 seien 3 Schnüre an einem Ringe A befestigt, die durch die angehängten Gewichte P_1, P_2 und P_3 belastet sind. Von den Schnüren seien AB und AC über Rollen geleitet, so daß die Kraft P_1 in der Richtung AB; die Kraft P_2 in der Richtung AC wirkt. Der Versuch lehrt: Halte ich den Ring A in einer beliebigen Lage fest, so herrscht Gleichgewicht; das System ist in Ruhe. Lasse

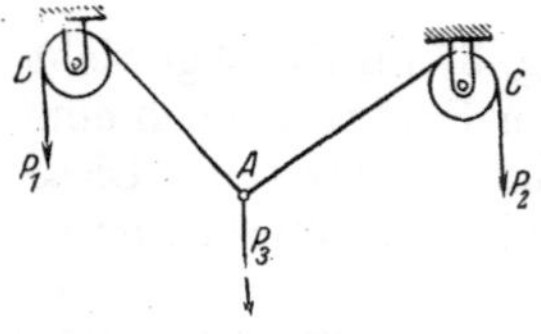

Fig. 43.

ich ihn los, so stellen sich die Schnüre von selbst in eine neue Gleichgewichtslage ein, und zwar kommen sie stets in derselben Lage zur Ruhe, von wo ich auch den Ring A loslassen mag. Stellen wir die drei Kräfte P_1, P_2, P_3 mit Hilfe eines Kräftemaßstabes unter Beibehaltung ihrer Richtungen dar (Fig. 44), so ist für den Fall des Gleichgewichtes P_3 Diagonale in einem Parallelogramm aus den Kräften P_1 und P_2. Ebenso ist P_2 Diagonale in einem Parallelogramm aus P_1 und P_3, und P_1 ist Diagonale in einem Parallelogramm aus P_2 und P_3. Statt das Parallelogramm zu zeichnen, fügen wir die 3 Kräfte P unter Beibehaltung ihrer Größe und Richtung fortlaufend aneinander (Fig. 45) und finden ein geschlossenes Dreieck, das dem gestrichelten in Fig. 44 kongruent ist. Es heißt Kräftedreieck; der Linienzug $P_1 \div P_2 \div P_3$ heißt Kräftezug. Beachtet man in Fig. 45 die durch die Pfeile gekennzeichneten

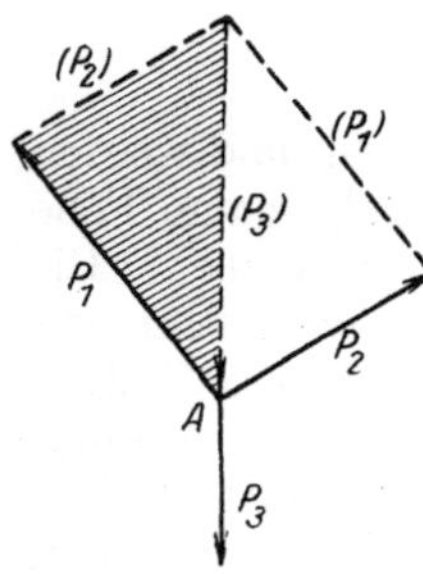

Fig. 44.

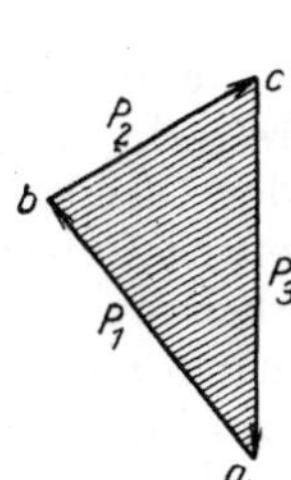

Fig. 45.

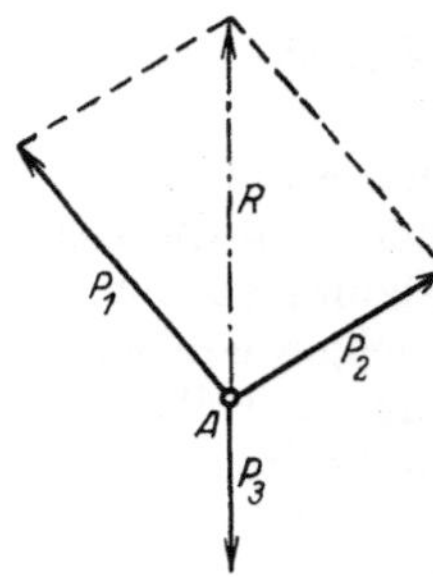

Fig. 46.

Richtungen, so gelangt man von a über b und c nach a zurück; das Dreieck $a\,b\,c\,a$ wird stetig umfahren. Der Versuch zeigt die Gleichgewichtsbedingung der drei Kräfte P. Sie lautet: Drei Kräfte sind im Gleichgewicht, wenn sich ihre Wirkungslinien in einem Punkte schneiden (A in Fig. 44), das Kräftedreieck geschlossen und der Umfahrungssinn stetig ist (Fig. 45).

Nach Fig. 37 sind zwei Kräfte im Gleichgewicht, wenn sie bei gleicher Größe und entgegengesetzter Richtung dieselbe Wirkungslinie haben. Ist demnach in Fig. 46 $R = P_3$, so ist A unter dem Einfluß dieser beiden Kräfte ebenso im Gleichgewicht, wie er es in Fig. 44 unter dem Einfluß der drei Kräfte P_1, P_2, P_3 war. Die Kraft R, die von gleicher Größe ist wie die Kraft P_3, aber entgegengesetzte Richtung hat, hat dieselbe Wirkung wie die beiden Kräfte P_1 und P_2; sie bringt ebenso das System ins Gleichgewicht wie P_1 und P_2 (Fig. 46). Man nennt R die **Mittelkraft** oder **Resultante** der Kräfte P_1 und P_2. Sie ergibt sich zeichnerisch durch dasselbe geschlossene Dreieck $a\,b\,c$, nur ist sie vom Anfangspunkt a des Kräftezuges abc der Kräfte P_1 und P_2 zum Endpunkt c gerichtet (Fig. 47). Unterstützen wir einen Körper in einem Punkte, der auf der Wirkungslinie der Mittelkraft liegt, so ist der Körper im Gleichgewicht; oder geht die Wirkungslinie der Mittelkraft durch einen Stützpunkt, so ist der Körper im Gleichgewicht. Ist eine Kraft R der Größe und Richtung nach gegeben, so lassen sich zwei Kräfte mit demselben Angriffspunkt von derselben Wirkung finden, wenn ihre Richtungen bekannt

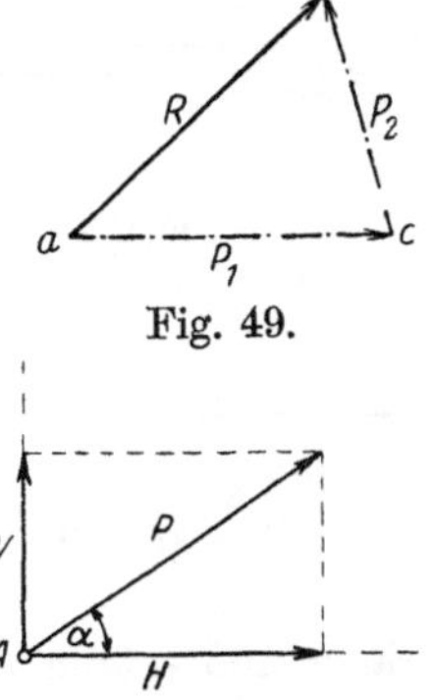

Fig. 49.

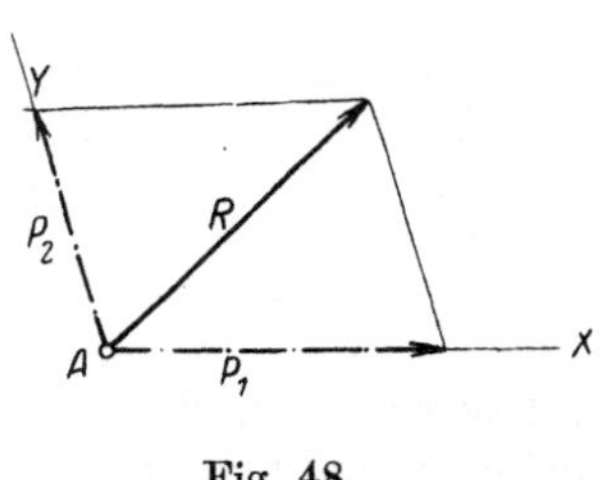

Fig. 47.　　　　Fig. 48.　　　　Fig. 50.

sind. Wir können also eine nach Größe und Richtung gegebene Kraft in zwei Kräfte zerlegen, deren Richtungen bekannt sind. Diese Kräfte heißen **Seitenkräfte** oder **Komponenten**. In Fig. 48 sei R die gegebene Kraft, x und y die gegebenen Richtungen. Ist R (Fig. 49) durch die Strecke $a\,b$ dargestellt, so schneiden Parallelen durch ihre Endpunkte a und b zu den gegebenen Richtungen x und y die Strecken $a\,c$ und $b\,c$ ab, die ein Maß für die Seitenkräfte P_1 und P_2 sind. Die Richtung der Seitenkräfte ist dadurch bestimmt, daß der Kräftezug a—c—b der Kräfte P_1 und P_2 vom Anfangspunkt a zum Endpunkt b der Kraft R führen muß. Der wirkliche Angriffspunkt der Seitenkräfte P_1 und P_2 ist der Punkt A (Fig. 48), an dem R angreift. Besonders häufig ist die Zerlegung einer Kraft nach zwei aufeinander senkrecht stehenden Richtungen (Fig. 50). Aus der Zeichnung ergibt sich unmittelbar

$$H = P \cdot \cos\alpha, \qquad V = P \cdot \sin\alpha, \qquad P = \sqrt{H^2 + V^2}.$$

Soll sich ein Körper trotz eines Kraftangriffes in Ruhe befinden, so muß er gestützt oder gelagert sein. So ist z. B. der Träger AB der Fig. 51 im Gleichgewicht, wenn A und B Stützpunkte sind. Wie er zu lagern ist, zeigt die Zerlegung der Kraft P in ihre senkrechte Seitenkraft V und ihre wagerechte Seitenkraft H. Infolge V würde sich der Träger nach unten bewegen. Diese Bewegung würden zwei Stützen in A und B verhindern, auf denen der Träger ruht. Infolge H würde sich der Träger nach links verschieben. Diese Bewegung würde schon gehindert, wenn

einer der beiden Punkte A und B fest wäre. Fig. 51 zeigt die übliche
Darstellung eines festen Punktes (A) und eines beweglichen (B).
Der eine von beiden muß beweglich sein, weil der Stab bei Temperaturschwankungen eine Ausdehnung erfährt, die sich bei zwei festen Punkten nicht ausbilden könnte. Sind trotzdem beide Punkte fest, so treten
in dem Stabe durch die verhinderte Ausdehnung Spannungen auf.
(Vgl. Festigkeitslehre S. 313.) Man nennt einen Träger, der nach Fig. 51
gelagert ist, statisch bestimmt; ein in zwei festen Punkten gelagerter
Träger heißt sta-
tisch unbestimmt.
Wir beschränken
uns auf die Unter-
suchung der sta-
tisch bestimmten

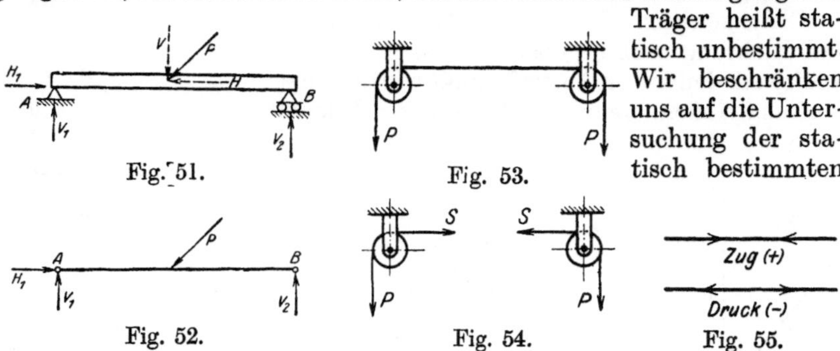

Fig. 51.　　　　　　　　Fig. 53.

Fig. 52.　　　　　　　　Fig. 54.　　　　　　Fig. 55.

Träger und setzen stets die Lagerung der Fig. 51 voraus, auch wenn
sie nicht besonders durch die Zeichnung hervorgehoben ist. Die Kraft V
verteilt sich auf die Lager A und B und ruft dort die Gegenkräfte V_1
und V_2 hervor; das feste Lager A muß noch die wagerechte Seitenkraft H
aufnehmen, die in A die Gegenkraft H_A hervorruft. Rechnen können
wir nicht mit den Lagern A und B, sondern nur mit den von ihnen
ausgeübten Gegenkräften. Wir werden Stützpunkte stets durch ihre
Gegenkräfte ersetzen, also die Träger AB nach Fig. 52 darstellen, weil
wir erst nach dem Einzeichnen oder Sichtbarmachen der Gegenkräfte
einen Überblick über alle am Träger AB angreifenden Kräfte gewinnen. Dieses Einzeichnen oder Sichtbarmachen der Gegenkräfte
in den Stützpunkten heißt Freimachen des Trägers und ist zuerst
auszuführen. Unter dem Einfluß der vier Kräfte P, V_1, V_2 und H_1
ist der Träger AB der Fig. 52 im Gleichgewicht. Die Kräfte (P) und
die Gegenkräfte (H_1, V_1, V_2) heißen äußere Kräfte. Nicht gegeben
sind die Gegenkräfte; sie müssen aus den Gleichgewichtsbedingungen errechnet werden.

Denken wir uns ein Seil über 2 Rollen gelegt (Fig. 53), so wird
Gleichgewicht herrschen, wenn wir die freien Enden durch zwei gleichgroße Kräfte P belasten. Diese beiden Kräfte spannen das Seil. Wollen
wir wissen, welche Kräfte dadurch in dem Seil selbst auftreten, so
müssen wir das Seil durchschneiden, da wir keinem Stabe von außen
ansehen können, welche Kraft in ihm wirkt. Durch den Schnitt wird das
Gleichgewicht gestört, beide Enden haben das Bestreben, den angreifenden
Kräften P zu folgen. Soll trotz des Schnittes Gleichgewicht herrschen,
so müssen wir in Richtung des durchschnittenen Seiles (Fig. 54)

zwei Kräfte S hinzufügen. Diese beiden hinzugefügten Kräfte S haben die gleiche Wirkung wie das nicht durchschnittene Seil; sie heißen Spannkräfte und sind ein Maß für die Beanspruchung des Seiles infolge der angreifenden äußeren Kräfte P. Im Gegensatz zu diesen nennt man die Spannkräfte innere Kräfte; sie werden sichtbar gemacht, indem man einen Stab durchschneidet und die Pfeile einzeichnet. Da das Seil gezogen wird, stellen die Kräfte S mit den in Fig. 54 eingetragenen Pfeilspitzen eine Zugspannkraft oder kurz Zug dar; entgegengesetzte Pfeilrichtung stellt eine Druckspannkraft oder kurz Druck dar (Fig. 55). Eine geschlängelte Linie bedeutet den gedachten Schnitt. Es ist üblich, Zug durch $+$, Druck durch $-$ zu kennzeichnen, weil durch Zugkräfte die Stablänge größer, durch Druckkräfte dagegen kleiner wird.

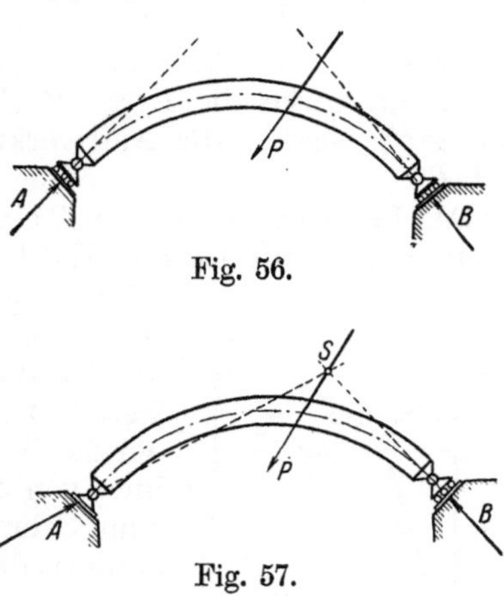

Fig. 56.

Fig. 57.

Beispiel 39. Ist das in Fig. 56 dargestellte System im Gleichgewicht?

Es sind zwei bewegliche Auflager angenommen, deren Gegenkräfte senkrecht zur Berührungsebene stehen müssen. Da sich die Wirkungslinien der drei Kräfte A, P, B nicht in einem Punkte schneiden, herrscht kein Gleichgewicht.

Beispiel 40. In A sei ein festes Lager (Fig. 57), es ist zu untersuchen, ob Gleichgewicht herrscht.

Das Freimachen liefert in B eine Gegenkraft B, deren Wirkungslinie senkrecht zur Berührungsebene steht. Da sich die Wirkungslinien

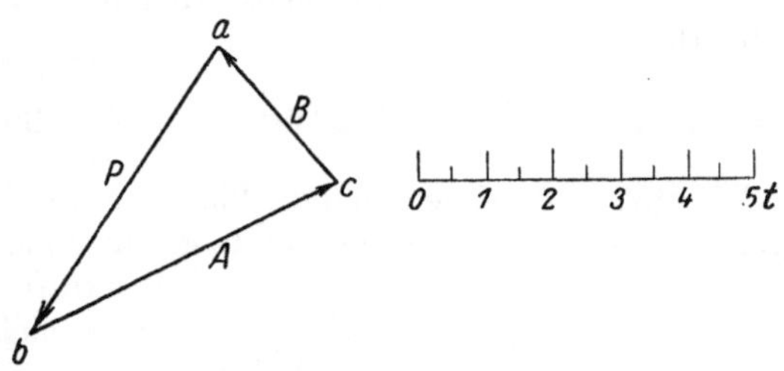

Fig. 58.

der 3 Kräfte A, P, B in einem Punkte schneiden müssen, bringen wir die Wirkungslinien von B und P zum Schnitt (S), dann hat A die Richtung SA. Nunmehr sind bekannt: P als gegebene Kraft der Größe und Richtung nach und die Richtungen der unbekannten Seitenkräfte A und B. Wir zerlegen P (Fig. 58) nach den Richtungen A und B, indem wir durch die Endpunkte a und b der Kraft P Parallelen zu den Richtungen SA und SB ziehen; sie mögen sich in c schneiden. Da der Umfahrungssinn des Kräftedreiecks stetig sein soll, ergeben sich die Pfeilrichtungen bc und ca. Jetzt sind alle Bedingungen erfüllt: Der Kräftezug ist geschlossen, der Umfahrungssinn stetig, die Wirkungslinien schneiden sich in einem Punkte; folglich herrscht Gleichgewicht.

P sei 5000 kg, der Kräftemaßstab laute 1 cm = 100 kg, dann wird

$$A = 50 \text{ mm} \cdot \frac{100 \text{ kg}}{1 \text{ cm}} = 5000 \text{ kg}, \qquad B = 27 \text{ mm} \cdot \frac{100 \text{ kg}}{1 \text{ cm}} = 2700 \text{ kg}.$$

Beispiel 41. An einem drehbaren Wandkran wirke die Kraft P (Fig. 59). Wie groß werden die Auflagerkräfte A und B?

Das Freimachen liefert in B eine wagerechte Gegenkraft, da das Halslager der Säule durch ein wagerechtes Band an der Wand befestigt ist. Bringen wir die Wirkungslinie von B mit P zum Schnitt (S), dann ist die Richtung von A durch die Gerade SA bestimmt. Die Zerlegung von P nach SB und SA liefert die Kräfte B und A

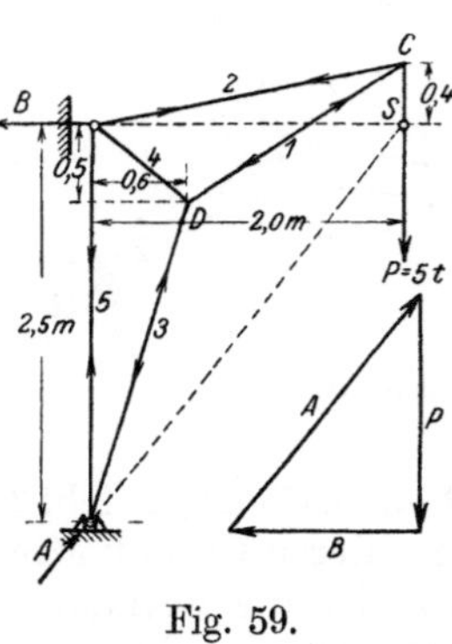

Fig. 59.

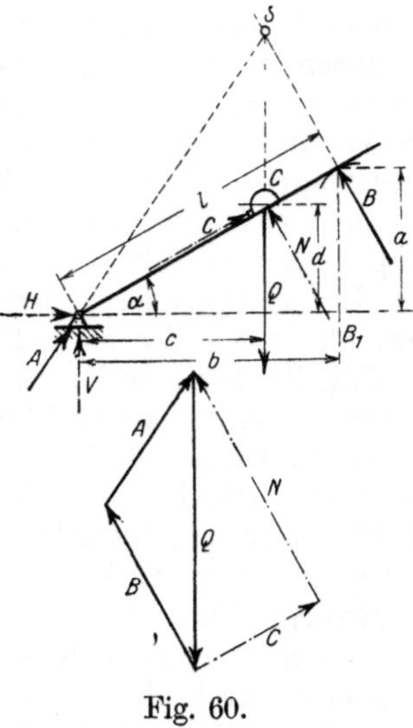

Fig. 60.

(P sei 5000 kg); der Kräftemaßstab laute 1 mm = 10 kg. Mit dem Maßstab der Fig. 58 wird

$$A = 57{,}5 \text{ mm} \cdot \frac{10 \text{ kg}}{1 \text{ mm}} = 5750 \text{ kg}, \qquad B = 36 \text{ mm} \cdot \frac{10 \text{ kg}}{1 \text{ mm}} = 3600 \text{ kg}.$$

Beispiel 42. Eine geneigte Platte sei in A fest, in B beweglich gelagert. Wie groß sind A und B infolge einer Last Q? (Fig. 60).

Die Gegenkraft B steht senkrecht auf AB; schneiden sich die Wirkungslinien Q und B in S, so ist SA die Richtung von A. Die Zerlegung von Q nach den Richtungen von SA und SB liefert die Gegenkräfte A und B.

Beispiel 43. Wie groß ist der Druck, den die Last Q auf die Nase C ausübt, die das Hinuntergleiten der Last verhindert?

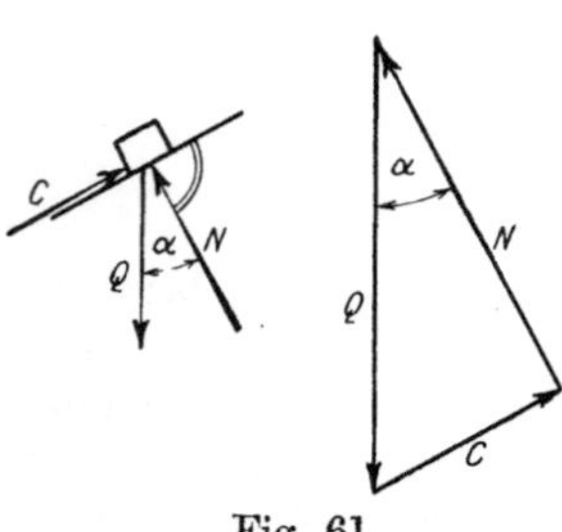

Fig. 61.

Wir ersetzen die schiefe Ebene durch ihre Gegenkraft N und die Nase durch ihre Gegenkraft C (Fig. 61). Dann liefert die Zerlegung von Q nach den Richtungen N und C die Kräfte N und C.

Bem.: Beide Zerlegungen können in demselben Krafteck ausgeführt werden, wie die gestrichelte Darstellung in Fig. 60 zeigt.

Beispiel 44. Es soll die Last Q durch eine wagerechte Kraft P die schiefe Ebene hinaufgezogen werden (Fig. 62).

Das Hinaufziehen setzt den Gleichgewichtszustand voraus. Ersetzen wir die schiefe Ebene durch ihre Gegenkraft N, dann liefert die Zerlegung von Q nach den Richtungen N und P die Kräfte

$$N = 69\ \text{mm} \cdot \frac{25\ \text{kg}}{2\ \text{mm}} = 862\ \text{kg}, \qquad P = 35\ \text{mm} \cdot \frac{25\ \text{kg}}{2\ \text{mm}} = 438\ \text{kg}.$$

Beispiel 45. Bei dem Schwenkkran Fig. 63 sei das Seil über eine Rolle C geführt und werde auf die Seiltrommel gewickelt. A und B sind zu bestimmen.

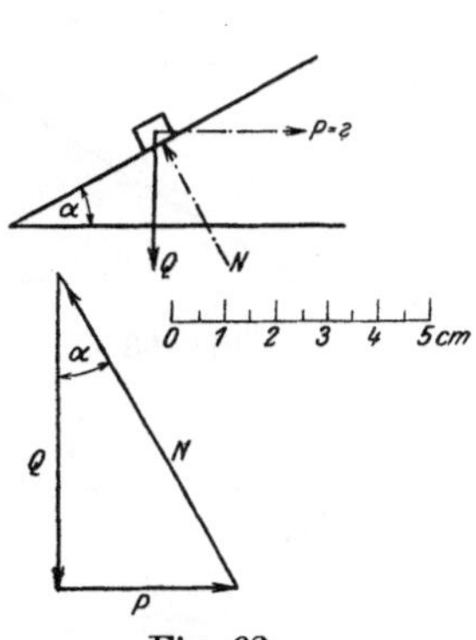

Fig. 62.

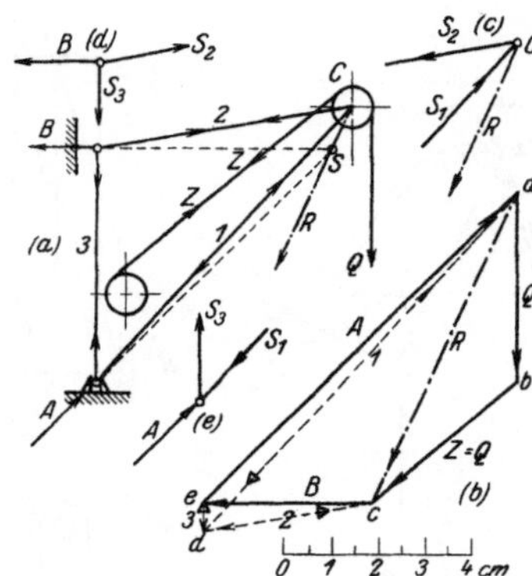

Fig. 63.

Schneiden wir durch das Seil C und bringen die Spannkräfte Z an, die gleich Q sind, so greifen in C zwei Kräfte Q und Z an, deren Mittelkraft wir zunächst durch den Kräftezug abc ermitteln; sie ist durch die Schlußlinie ac des Kräftezuges bestimmt und greift in C an. B soll wieder wie in Fig. 59 wagerecht gerichtet sein, so daß sich S als Schnittpunkt der Kräfte R und B ergibt. Damit ist auch die Richtung der Kraft A bestimmt, da sich die Wirkungslinien der Kräfte R, A, B in einem Punkte schneiden müssen. Die Zerlegung der Kraft R nach den Richtungen SB und SA liefert die Gegenkräfte A und B zu

$$A = 94\ \text{mm} \cdot \frac{100\ \text{kg}}{2\ \text{mm}} = 4700\ \text{kg}, \qquad B = 36\ \text{mm} \cdot \frac{100\ \text{kg}}{2\ \text{mm}} = 1800\ \text{kg},$$

wenn $Q = 2000$ kg ist und der Kräftemaßstab 2 mm = 100 kg lautet.

Beispiel 46. In Fig. 64 ist ein Pumpenschwengel dargestellt, der in A gelagert ist und in B das Gestänge trägt. Die zu hebende Last sei Q; sie wird durch die Kraft P gehoben, die in C angreift.

Die Wirkungslinien von Q und P schneiden sich in S, folglich muß auch die Gegenkraft des Stützpunktes A durch S gehen. Die Zerlegung der Kraft Q nach den Richtungen SB und SC liefert A und P zu

$$A = 59\ \text{mm} \cdot \frac{1\ \text{kg}}{1\ \text{mm}} = 59\ \text{kg}, \qquad P = 17\ \text{mm} \cdot \frac{1\ \text{kg}}{1\ \text{mm}} = 17\ \text{kg}$$

für $Q = 50$ kg bei einem Kräftemaßstab 1 mm = 1 kg.

Beispiel 47. Ein senkrecht stehender Körper vom Gewicht G, z. B. eine freistehende Mauer, erfahre einen seitlichen Druck P (Fig. 65). Wie groß darf dieser Druck höchstens werden, damit die Mauer nicht kippt?

Die Mauer würde um den Punkt A kippen; dieser Punkt A muß demnach auf der Wirkungslinie der Mittelkraft von G und P liegen, wenn die Mauer nicht kippen soll (S. 191). Damit ist die Richtung der Mittelkraft gegeben. Greifen G und P im Punkte S an, so ist SA die Richtung der Mittelkraft. Die Zerlegung der gegebenen Kraft G nach den Richtungen P und SA liefert die Kräfte P und A. Die Mauer

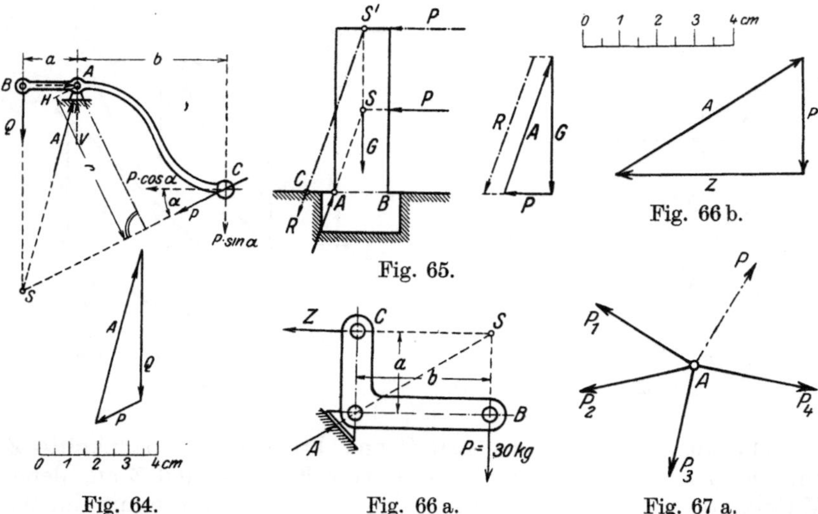

Fig. 64. Fig. 66 a. Fig. 67 a.

Fig. 65.

Fig. 66 b.

ist standsicher, so lange die Mittelkraft aus P und G innerhalb der Auflagerfläche AB verläuft. Denken wir eine gleichgroße Kraft P an der oberen Kante in S' angreifen, so würde die Mittelkraft R, die von gleicher Größe, aber entgegengesetzter Richtung ist wie A den Punkt C der Grundfläche treffen, der außerhalb AB liegt; die Mauer kippt.

Beispiel 48. Welche Kraft Z kann man mit dem Winkelhebel der Fig. 66a u. b ausüben, wenn man in B eine Kraft $P = 30\,\mathrm{kg}$ ausübt?

Die Wirkungslinien von P und Z schneiden sich in S, folglich fällt die Gegenkraft A in die Richtung SA. Die Zerlegung von P nach den Richtungen SA und SC liefert

$$A = 58\,\mathrm{mm} \cdot \frac{1\,\mathrm{kg}}{1\,\mathrm{mm}} = 58\,\mathrm{kg}; \qquad Z = 50\,\mathrm{mm}\,\frac{1\,\mathrm{kg}}{1\,\mathrm{mm}} = 50\,\mathrm{kg},$$

wenn der Kräftemaßstab $1\,\mathrm{mm} = 1\,\mathrm{kg}$ lautet.

Mehrere Kräfte an einem Punkte. Gegeben seien die vier Kräfte P_1, P_2, P_3, P_4 (Fig. 67a), die an dem Punkt A angreifen mögen. Es ist zu untersuchen, ob der Punkt A unter dem Einfluß dieser vier Kräfte im Gleichgewicht ist. Wir bilden den Kräftezug $abcde$ der Kräfte P_1, P_2, P_3, P_4 (Fig. 67 b) und finden, daß er sich nicht schließt; die Strecke ea bleibt offen. Daraus folgt, daß die vier Kräfte P_1, P_2, P_3, P_4 nicht im Gleichgewicht sind. Um das Gleichgewicht zu erzielen, müssen wir eine fünfte Kraft P in A hinzufügen, die durch die Schlußlinie ea des Kräftezuges der Größe und Richtung nach bestimmt ist; die fünf Kräfte in A sind im Gleichgewicht, weil ihre Wirkungslinien sich in einem Punkte (A) schneiden, der Kräftezug $abcdea$ geschlossen und der Umfahrungsinn stetig ist.

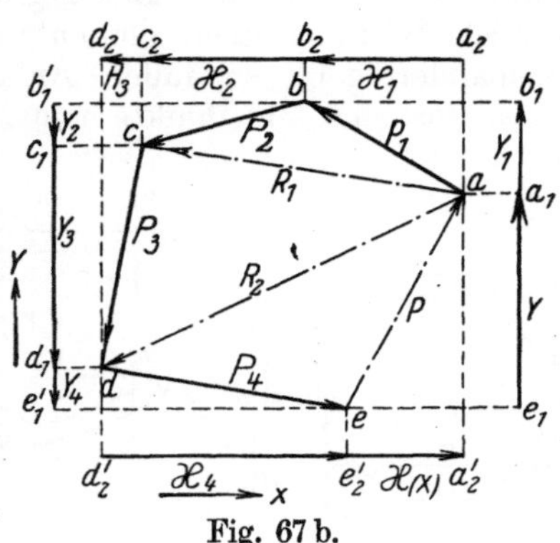

Fig. 67 b.

Der Fall mehrerer Kräfte an einem Punkte, läßt sich auf den dreier Kräfte zurückführen, wenn man zunächst aus P_1 und P_2 die Mittelkraft R_1 bildet, die durch die Strecke ac des Kraftecks bestimmt ist; bildet man aus dieser Mittelkraft R_1 und der nächsten Kraft P_3 wieder die Mittelkraft R_2, die durch die Strecke ad des Kraftecks gegeben ist, so kann man die Kräfte P_1, P_3, P_2, durch ihre Mittelkraft R_2 ersetzt denken, so daß statt der fünf Kräfte P_1, P_2, P_3, P_4, P die drei Kräfte R_2, P_4, P am Punkte A angreifen, die unsere Gleichgewichtsbedingung — Mittellinien schneiden sich in einem Punkte (A), Krafteck R_2, P_4, P geschlossen, Umfahrungsinn $adea$ stetig — erfüllen.

Zerlegen wir sämtliche fünf Kräfte nach zwei aufeinander senkrecht stehenden Richtungen — x und y —, indem wir sie auf diese Richtungen projizieren, so erhalten wir, wie in Fig. 67 b, statt der Kräfte P ihre Seitenkräfte nach den Richtungen x und y. P_1 wird zerlegt, indem wir die Endpunkte a und b auf die senkrechte y-Richtung projizieren; die Projektionen sind a_1 und b_1; projizieren wir a und b auf die obere x-Richtung, dann sind a_2 und b_2 diese Projektionen, so daß $a_1 b_1$ die Seitenkraft in Richtung y, $a_2 b_2$ die Seitenkraft in Richtung x von P_1 darstellen. Entsprechend zerlegen wir die übrigen vier Kräfte P. Nun ist $a_2 d_2 = d_2' a_2'$ als gegenüberliegende Seiten in einem Rechteck. $a_2 d_2$ ist aber gleich $X_1 + X_2 + X_3$ (in der Fig. 67 b mit H_3 bezeichnet); $d_2' a_2' = X_4 + X$. Berücksichtigen wir die entgegengesetzte Richtung durch entgegengesetzte Vorzeichen, so dürfen wir schreiben

$$X_1 + X_2 + X_3 + X_4 - X = 0,$$

oder: die algebraische Summe sämtlicher Seitenkräfte in Richtung x ist gleich Null, wenn Gleichgewicht vorhanden ist. In unserer allgemeinen Schreibweise nimmt diese Gleichgewichtsbedingung die Form an

$$\Sigma X = 0 \qquad\qquad (25)$$

Aus $e_1 b_1 = b_1' e_1'$ folgt in gleicher Weise

$$Y + Y_1 - Y_2 - Y_3 - Y_4 = 0,$$

d. h. Gleichgewicht ist vorhanden, wenn die algebraische Summe aller Seitenkräfte in der Richtung y gleich Null ist. In der allgemeinen Schreibweise hat die Gleichgewichtsbedingung die Form

$$\Sigma Y = 0. \tag{26}$$

Kräftepaare und statisches Moment. Bildet man die Mittelkraft aus den beiden gleich großen Kräften P der Fig. 68, die parallele Wirkungslinien und entgegengesetzte Richtung haben, durch Aneinanderfügen, so fallen Anfangs- und Endpunkt des Kräftezuges, das sind die Punkte a und c, zusammen. Da die Mittelkraft durch die Verbindungslinie vom Anfangs- und Endpunkt des Kräftezuges dargestellt wird, so ergibt sich für ihre Größe der Wert Null. Zwei solche Kräfte können nicht zu einer Mittelkraft vereinigt werden. Trotzdem die Mittelkraft den Wert Null

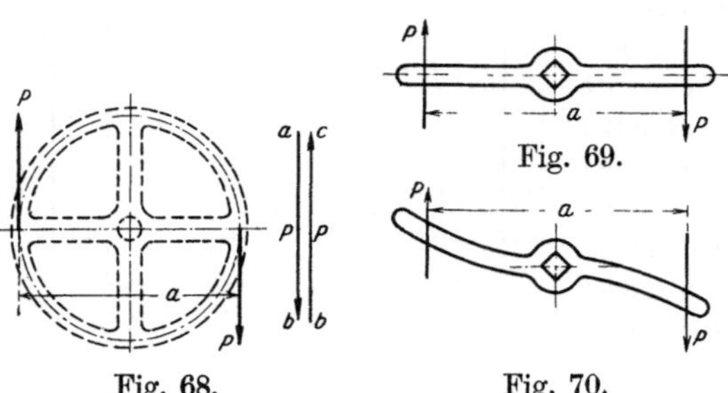

Fig. 68. Fig. 69. Fig. 70.

hat, üben diese beiden Kräfte Wirkungen aus, sie sind nicht im Gleichgewicht, denn wenn auch der Kräftezug geschlossen ist, so haben doch die beiden Kräfte nicht dieselbe Wirkungslinie. Denken wir sie an einem Handrade angreifen, so sind wir imstande, durch einen so gearteten Kraftangriff das Rad zu drehen. Wir machen weiter die Beobachtung, daß wir das Rad um so leichter drehen, je größer der Durchmesser des Rades ist. Es braucht auch nicht einmal ein Rad zu sein, an dem die beiden Kräfte angreifen, es genügt eine starre Verbindung, wie sie bei der Schneidkluppe zum Gewindeschneiden verwendet wird (Fig. 69). Reicht die Armkraft zum Schneiden nicht aus, so hilft man sich, indem man ein Stück Gasrohr über die Griffe der Kluppe steckt; man verlängert künstlich den starren Stab. Daraus geht klar hervor, daß neben der Größe der Kraft P auch der Abstand ihrer Wirkungslinien für die Größe der Wirkung entscheidend ist. Wir nennen zwei Kräfte dieser Art ein Kräftepaar und messen seine Wirkung durch das Produkt aus der Kraft P in kg und dem Abstande a der beiden Wirkungslinien in m. Dieses Produkt hat also die Form

$$M = P \, \mathrm{kg} \cdot a \, \mathrm{m} = P \cdot a \, \mathrm{mkg}$$

und heißt das statische Moment des Kräftepaares. Die Maßeinheit mkg ist zwar die gleiche wie die der Arbeit, doch ist ein statisches Moment als solches noch keine Arbeit. Es leistet erst dann Arbeit, wenn die Kräfte P längs eines Weges wirken, d. h. wenn ich das Rad (Fig. 68) wirklich drehe, mit der Kluppe (Fig. 69) wirklich schneide.

Eine Einzelkraft würde, Beweglichkeit des angegriffenen Körpers vorausgesetzt, eine geradlinige Bewegung hervorrufen; ein Kräftepaar dagegen verursacht eine Drehung des angegriffenen Körpers. Wenn sich die Drehung nicht ausbilden·kann, klemmt z. B. der Gewindeschneider, so verbiegt sich die Stange (Fig. 70). Ist die Wirkung eines Kräftepaares eine drehende, so heißt sein Moment Drehmoment, ist sie eine biegende, so heißt es Biegungsmoment; in beiden Fällen bleibt das Produkt $M = P \cdot a$ ein Maß für die Größe der Wirkung.

Angenommen, an der Scheibe I (Fig. 71) wirke das Drehmoment $M_1 = P \cdot a$ in Richtung AB gesehen rechts herum, dann würde die Welle in beschleunigte Drehung versetzt, weil ein Punkt unter dem Einfluß einer Kraft eine gleichförmig beschleunigte Bewegung erfährt. Lasse ich jetzt an der Scheibe II ein zweites Kräftepaar wirken, so wird die Welle offenbar in Ruhe bleiben,. wenn das Drehmoment M_2 ebenso groß ist wie M_1 und seine Drehrichtung der von M_1

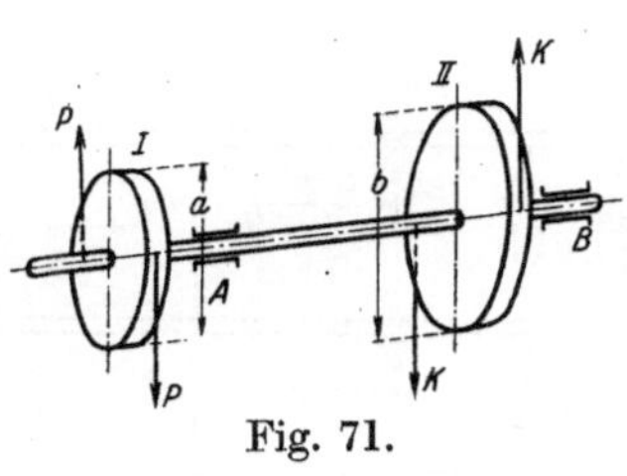

Fig. 71.

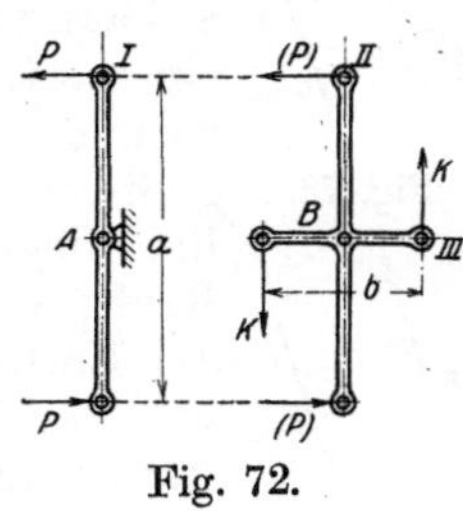

Fig. 72.

entgegengesetzt ist. Unterscheidet man die entgegengesetzte Drehrichtung durch entgegengesetzte Vorzeichen, nennt man also M_1 positiv, M_2 negativ, so herrscht Gleichgewicht, wenn die algebraische Summe beider Momente gleich Null ist. Die Gleichgewichtsbedingung hat die Form einer Gleichung und lautet $M_1 - M_2 = 0$.

Haben wir beliebig viele Scheiben auf der Welle, wirken also beliebig viele Drehmomente, so herrscht Gleichgewicht, d. h. eine Drehung wird verhindert, wenn die algebraische Summe sämtlicher Momente gleich Null ist. Wenden wir die auf S. 163 erwähnte Schreibweise an, so hat die Gleichgewichtsbedingung für Kräftepaare die Form

$$\Sigma M = 0. \tag{27}$$

Soll ein Körper weder eine Verschiebung, noch eine Drehung erfahren, so müssen die drei Gleichgewichtsbedingungen

$$\text{I. } \Sigma X = 0; \quad \text{II. } \Sigma Y = 0; \quad \text{III. } \Sigma M = 0 \tag{28}$$

erfüllt sein; erst dann dürfen wir sagen, daß er vollkommen in Ruhe ist.

Wie wir den Angriffspunkt einer Einzelkraft auf ihrer Wirkungslinie beliebig verschieben dürfen, ohne die Wirkung zu beeinträchtigen, so können wir auch ein Kräftepaar beliebig verschieben, und zwar in seiner Ebene. Wie die Einzelkraft durch ihre Wirkungslinie, so ist das Kräftepaar durch die Ebene gekennzeichnet, in der es wirkt (vgl. Festigkeitslehre S. 306). Wir können uns zur Veranschaulichung dieses Satzes ein Kräftepaar P mit dem Moment $P \cdot a$ an der Stange I (Fig. 72) angreifen denken. Der Stab I sei durch Stäbe mit dem Gestängekreuz B so verbunden, daß die Kräfte P unmittelbar und damit das Kräftepaar $P \cdot a$ auf den Stab II übertragen werden. Vom Stabe II wird dieses Moment in den Stab III geleitet, der mit II fest verbunden ist. Bringt man I in schwingende Bewegung, so schwingt III in gleicher Weise mit und stellt in B ein Kräftepaar $K \cdot b$ zur Verfügung, dessen Moment ebenso groß ist wie das des ursprünglichen in A angreifenden Kräftepaares $P \cdot a$. Wir können das Moment $P \cdot a$ in A durch das Moment $K \cdot b$ in B ersetzt denken.

Losgelöst von der Vorstellung eines Kräftepaares versteht man unter dem statischen Moment einer Kraft das Produkt aus der Kraft und der Entfernung ihrer Wirkungslinie vom Angriffspunkt; es kann also eine Kraft nur dann ein statisches Moment haben, wenn der Punkt, an dem sie angreift, nicht auf ihrer Wirkungslinie liegt. Ist in Fig. 73 P die Kraft, A ihr Angriffspunkt und a die Entfernung des Punktes A von der Wirkungslinie, so versteht man unter dem statischen Moment der Kraft P, bezogen auf den Punkt A, das Produkt $P \cdot a$.

Fig. 73.

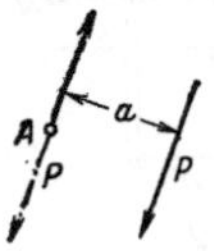

Fig. 74.

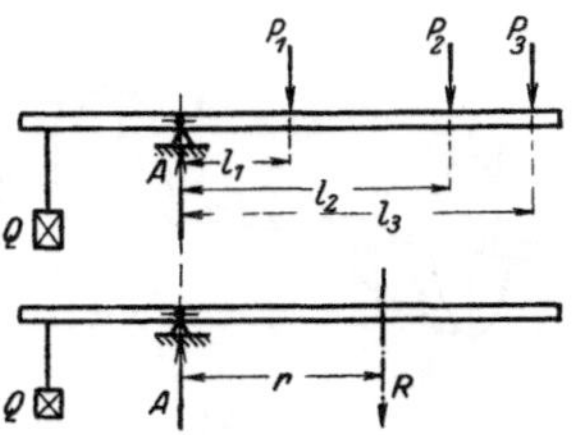

Fig. 75 und 76.

Wir untersuchen die Wirkung einer Kraft P auf einen Punkt A, der nicht auf ihrer Wirkungslinie liegt (Fig. 74); indem wir in A zwei gleichgroße, entgegengesetzt gerichtete Kräfte P mit derselben Wirkungslinie parallel zu dem gegebenen P anbringen. Das dürfen wir tun, da diese beiden Kräfte P die Wirkung Null haben, sich also aufheben. Nun erst sehen wir die Wirkung der außerhalb von A angreifenden Kraft P deutlich: Der Punkt A erfährt eine Beanspruchung 1. durch die gestrichelte Einzelkraft P in A, 2. durch ein Kräftepaar P mit dem Moment $P \cdot a$. In der Festigkeitslehre, S. 325, wird gezeigt, wie sich der Baustoff unter dem Einfluß von Einzelkraft und Kräftepaar verhält. Sprechen wir von einem statischen Moment im Sinne der Fig. 73, so müssen wir stets daran denken, daß in Wirklichkeit durch solch ein Moment das gleichzeitige Auftreten von einer Einzelkraft und einem Kräftepaar dargestellt wird (Fig. 74). In diesem Sinne können wir sagen: Jede Kraft hat ein statisches Moment, wenn wir dieses Moment auf irgendeinen Punkt als Drehpunkt beziehen. Von dem statischen Moment der Mittelkraft vieler Kräfte gilt der Satz:

Das statische Moment der Mittelkraft ist gleich der Summe der statischen Momente der Einzelkräfte, bezogen auf denselben Punkt als Drehpunkt; jeder beliebige Punkt darf als Drehpunkt aufgefaßt werden. Zum Nachweis der Richtigkeit dieses Satzes läßt sich die Versuchsanordnung der Fig. 75 benutzen. Ein rund 1,8 m langer Flacheisenstab von 20×5 mm Querschnitt ist 2 mm oberhalb seines Schwerpunktes in Spitzen gelagert

(Fig. 75). Einer beliebigen Last Q wird durch drei Kräfte P das Gleichgewicht gehalten, deren Entfernungen vom Aufhängepunkte l_1, l_2, l_3 sein mögen. Eine Wasserwage, die senkrecht über A auf dem Hebel ruht, zeigt in empfindlicher Weise die Gleichgewichtslage an. Die Messungen erfolgen auf mm genau, die gefundenen Maße werden in das nachstehende Schema eingetragen. Nunmehr entfernt man die Einzelkräfte P und ersetzt sie durch die Resultante $R = \varSigma P$ (Fig. 76) und ermittelt durch Probieren die zur Erzielung des Gleichgewichtes erforderliche Entfernung r. Es ergaben sich folgende Werte:

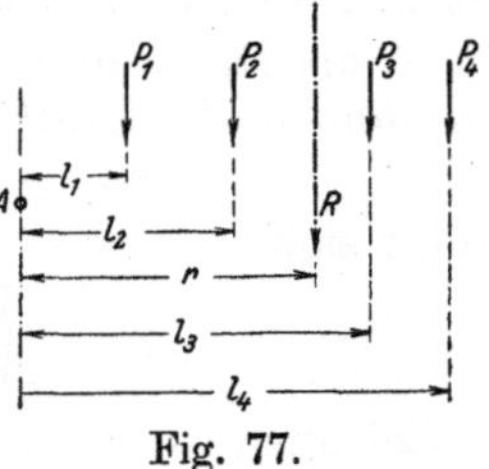

Fig. 77.

Nr.	P_1 in kg	l_1 in cm	$M_1 = P_1 \cdot l_1$ in cmkg	P_2 in kg	l_2 in cm	$M_2 = P_2 \cdot l_2$ in cmk
1	1,5	20	30	3,5	42	147
2	2,0	25	50	6,0	50	300
3	3,0	18	54	4,5	56	252

Nr.	P_3 in kg	l_3 in cm	$M_3 = P_3 \cdot l_3$ in cmkg	$\varSigma M$ in cmkg $= M_1 + M_2 + M_3$
1	5	60	300	477
2	4	70	280	630
3	5	75	375	681

Nr.	R in kg $= P_1 + P_2 + P_3$	r in cm	$R \cdot r$ in cmkg
1	10	47,5	475
2	12	53	636
3	12,5	54	688

Die Abweichungen betragen rund $1\,^0/_0$ und sind durch die unvermeidlichen Reibungsverluste zu erklären.

Mit Hilfe dieses Satzes von dem statischen Moment der Mittelkraft ist man in der Lage, die Wirkungslinie der Mittelkraft paralleler Kräfte zu bestimmen. Es ist (Fig. 77) $R \cdot r = P_1 \cdot l_1 + P_2 \cdot l_2 + P_3 \cdot l_3 + P_4 \cdot l_4$, wenn A der beliebig gewählte Drehpunkt ist; aus $R = P_1 + P_2 + P_3 + P_4$ folgt

$$ r = \frac{P_1 \cdot l_1 + P_2 \cdot l_2 + P_3 \cdot l_3 + P_4 \cdot l_4}{P_1 + P_2 + P_3 + P_4}. $$

Die allgemeine Schreibweise ist

$$ r = \frac{\varSigma M}{\varSigma P}. $$

Anwendungen der Gleichgewichtsbedingungen.

Beispiel 49. R, A und B (Fig. 78) sind zu bestimmen. Wir machen den Träger frei durch die wagerechte Kraft B in B und die beiden Seitenkräfte H und V des festen Lagers A. Der Angriffspunkt S von R folgt für A als Drehpunkt aus $R \cdot r = (P_1 + Q) \cdot 3{,}5 + P_2 \cdot 1{,}75 + P_3 \cdot 0$, da das Moment der Kraft P_3 bezogen auf A gleich Null ist. Mit

$$R = \Sigma P = 300 + 1000 + 600 + 300$$

ergibt sich

$$r = \frac{1300 \cdot 3{,}5 + 600 \cdot 1{,}75}{300 + 1000 + 500 + 300} = 2{,}54 \,\mathrm{m} \,.$$

Zeichnen wir die Kraft R im Abstande 2,54 m von A ein, so lassen sich A und B zeichnerisch (Fig. 79) durch Zerlegung von R nach SA

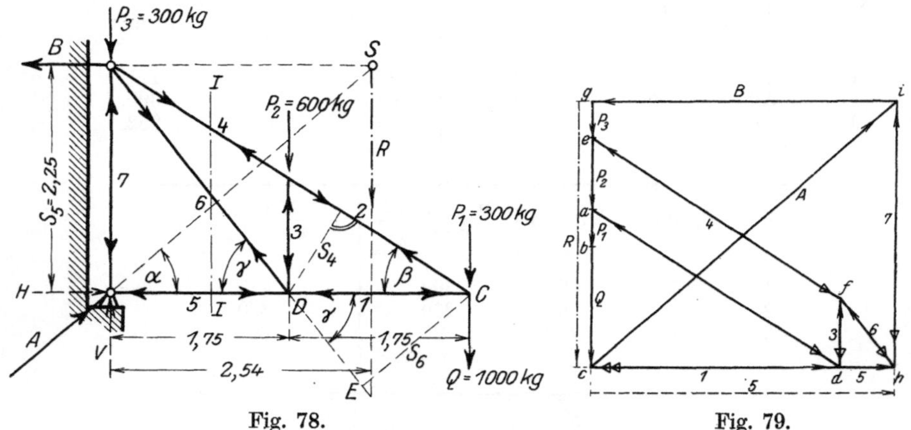

Fig. 78.Fig. 79.

und SB finden. Die Zerlegung von A nach wagerechter und senkrechter Richtung liefert die Seitenkräfte H und V.

$$A = 134\,\mathrm{mm} \cdot \frac{25\,\mathrm{kg}}{1\,\mathrm{mm}} = 3350\,\mathrm{kg}\,, \qquad B = 100\,\mathrm{mm} \cdot \frac{25\,\mathrm{kg}}{1\,\mathrm{mm}} = 2500\,\mathrm{kg}\,.$$

Wählen wir A als Drehpunkt, so erhalten wir $B \cdot 2{,}25$ als linksdrehendes Moment; $Q \cdot 3{,}5$, $P_1 \cdot 3{,}5$, $P_2 \cdot 1{,}75$ als rechtsdrehende Momente. Die Momente von P_3 und A sind gleich Null, da ihre Wirkungslinien durch den Drehpunkt A gehen. Da nach S. 165 die algebraische Summe aller Momente gleich Null sein muß, so ergibt sich die Gleichung

$$B \cdot 2{,}25 - Q \cdot 3{,}5 - P_1 \cdot 3{,}5 - P_2 \cdot 1{,}75 = 0$$
$$B \cdot 2{,}25 - 300 \cdot 3{,}5 - 1000 \cdot 3{,}5 - 600 \cdot 1{,}75 = 0$$

und daraus

$$B = \frac{1300 \cdot 3{,}5 + 600 \cdot 1{,}75}{2{,}25} = \sim 2500\,\mathrm{kg}\,.$$

Die Anwendung der ersten Gleichgewichtsbedingung $\Sigma H = 0$ ergibt

$$B - H = 0 \quad \text{oder} \quad H = B = 2500\,\mathrm{kg}\,.$$

Die Anwendung der zweiten Gleichgewichtsbedingung $\Sigma V = 0$ ergibt

$$V - P_3 - P_2 - P_1 - Q = 0$$
$$V = P_3 + P_2 + P_1 + Q = 300 + 600 + 300 + 1000 = 2200 \text{ kg} .$$

Auf den beiden Seitenkräften H und V bestimmt sich der Auflagerdruck A zu

$$A = \sqrt{H^2 + V^2} = \sqrt{2500^2 + 2200^2} = \sim 3330 \text{ kg} .$$

Seine Richtung ist gegeben durch

$$\operatorname{tg} \alpha = \frac{V}{H} = \frac{2200}{2500} = 0{,}88, \quad \text{d. h.} \quad \alpha = 41° 20' .$$

Bem.: Die rechnerische Behandlung von Aufgaben erfordert im allgemeinen die Zerlegung sämtlicher Kräfte nach zwei aufeinander senkrecht stehenden Richtungen entsprechend den beiden ersten Gleichgewichtsbedingungen $\Sigma X = 0$, $\Sigma Y = 0$. Die Anwen-

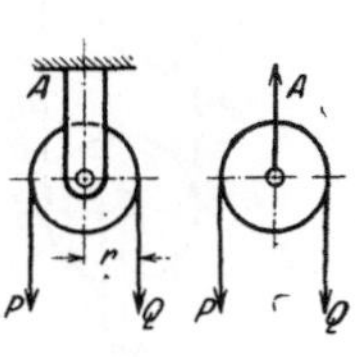

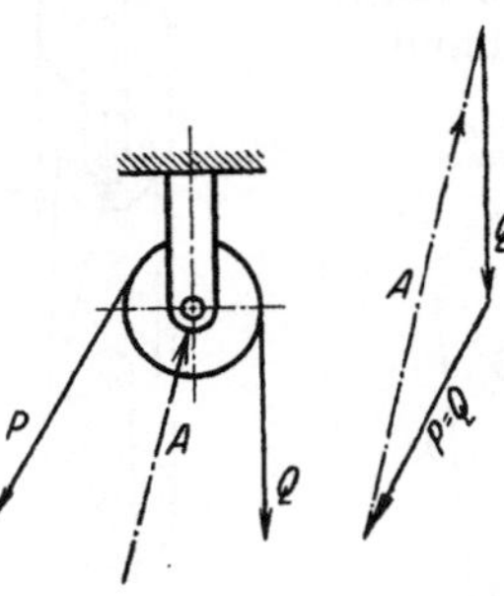

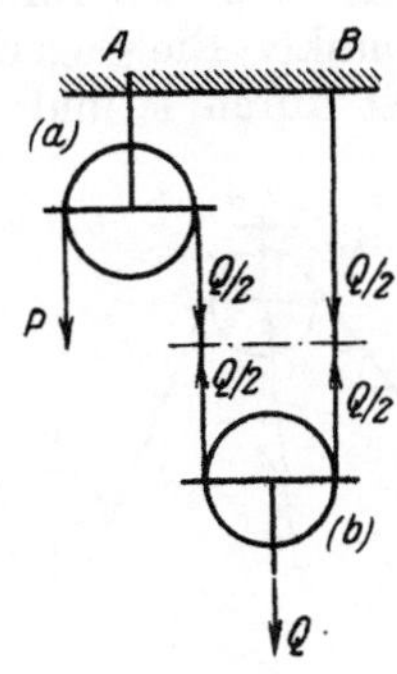

Fig. 80.   Fig. 81.   Fig. 82.   Fig. 83.

dung der dritten Gleichgewichtsbedingung $\Sigma M = 0$ ist auch ohne die Zerlegung möglich, wenn die Hebelarme der Kräfte bekannt sind.

Beispiel 50. Gleichgewicht an der festen Rolle. Für den Rollenmittelpunkt als Drehpunkt (Fig. 80) ergibt die Bedingung $\Sigma M = 0$ die Gleichung

$$P \cdot r - Q \cdot r = 0, \quad \text{so daß} \quad P = Q$$

wird. Aus $\Sigma V = 0$ folgt

$$A - P - Q = 0, \quad \text{so daß} \quad A = P + Q = 2Q$$

wird. Läuft das eine Seilende unter einem Winkel ab (Fig. 81), so erfordert das Freimachen der Rolle eine Auflagerkraft A, die sich aus dem geschlossenen Kräftezuge $Q - P - A$ der Größe und Richtung nach ergibt (Fig. 82).

Beispiel 51. Gleichgewicht an der losen Rolle (Fig. 83). Schneiden wir die Seile der losen Rolle b durch und ersetzen sie durch ihre Spannkräfte, so kommt auf jedes Seil $\dfrac{Q}{2}$. Damit die feste Rolle a im Gleichgewicht ist, muß $P = \dfrac{Q}{2}$

sein. Die beim Freimachen der Rolle auftretenden Gegenkräfte sind

$$A = P + \frac{Q}{2} = \frac{Q}{2} + \frac{Q}{2} = Q\;; \qquad B = \frac{Q}{2}\,.$$

Damit ist die Bedingung $\Sigma V = 0$ erfüllt, denn es ist

$$P - A + Q - B = \frac{Q}{2} - Q + Q - \frac{Q}{2} = 0\,.$$

Beispiel 52. Die Seile sind geneigt (Fig. 84). Wir schneiden wieder die Seile der losen Rolle b durch und bringen die Spannkräfte S_1 und S_2 als äußere Kräfte an, dann ergibt die Zerlegung von Q die Spannkräfte S_1 und S_2, indem wir durch die Endpunkte von Q zu S_1 und S_2 Parallelen ziehen. $P = S_2$ folgt aus $\Sigma M = 0$ für den Rollenmittelpunkt. Die Gegenkraft im Lager A ist durch P und S_2 bestimmt.

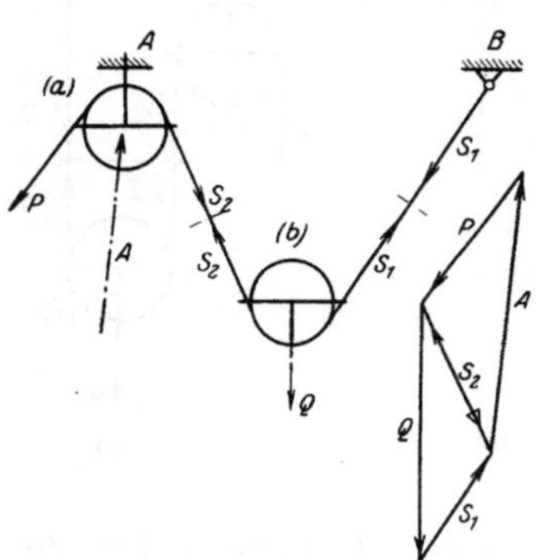
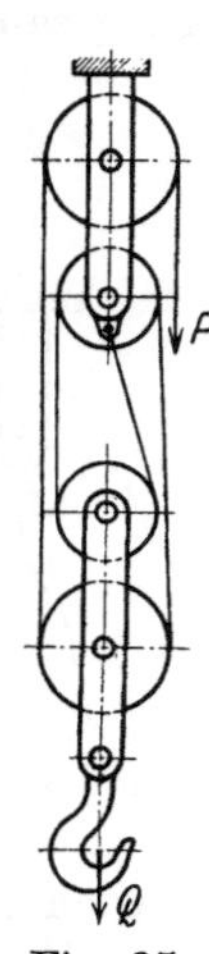
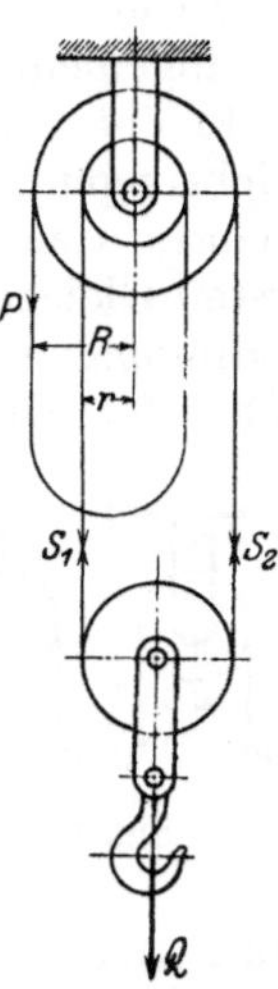

Fig. 84.   Fig. 85.   Fig. 86.

Beispiel 53. Eine Verbindung von mehreren festen und ebenso vielen losen Rollen heißt Flaschenzug. Schneiden wir durch die vier Seile der unteren losen Rollen (Fig. 85), so wird die Last Q von diesen vier Seilen gleichmäßig übertragen. (Die Reibung sei nicht berücksichtigt.) Die Spannkraft in jedem Seil beträgt $S = \dfrac{Q}{4}$. An der letzten festen Rolle herrscht Gleichgewicht, wenn $P = S = \dfrac{Q}{4}$ ist. Die Gegenkraft im Aufhängepunkt wird $A = P + Q = \dfrac{5}{4}Q$.

Allgemein erfordert ein n-Rollenflaschenzug eine beim Heben der Last Q aufzuwendende Kraft $P = \dfrac{1}{n}\cdot Q$. Die Beanspruchung der Aufhängung A erfolgt durch $A = \dfrac{n+1}{n}\cdot Q$.

Beispiel 54. Der Differentialflaschenzug (Fig. 86) besteht aus zwei festen starr verbundenen oberen Rollen und einer unteren losen Rolle, um die eine endlose Kette geschlungen ist. Schneiden wir durch die Kette der losen Rolle, so entfällt auf jedes Rollenende die Spannkraft $S_1 = S_2 = \dfrac{Q}{2}$. Für den Mittelpunkt der oberen Doppelrolle ergibt $\Sigma M = 0$ die Gleichung $P \cdot R + S_1 \cdot r - S_2 \cdot R = 0$ und daraus

$$P = \frac{S_2 \cdot R - S_1 \cdot r}{R} = \frac{Q \cdot (R - r)}{2 \cdot R}.$$

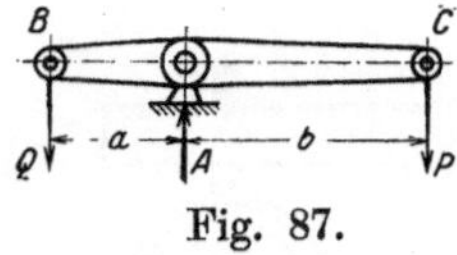

Fig. 87.

Je kleiner der Unterschied $(R - r)$ wird, desto kleiner ist die zum Heben der Last Q aufzuwendende Kraft P.

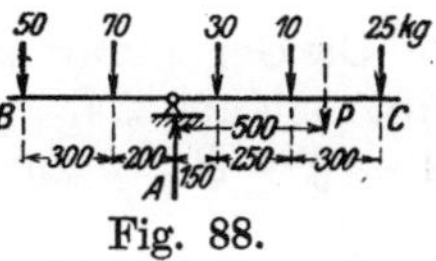

Fig. 88.

Das Freimachen der Aufhängung erfordert aus $\Sigma V = 0$

$$P + 2S - A = 0 \qquad \text{oder} \qquad A = Q + \frac{Q}{2} \cdot \frac{R - n}{R}.$$

Bem.: Die Kräfte P sind ohne Rücksicht auf die unvermeidlichen Verluste infolge der Reibung und Seilsteifigkeit ermittelt; es ist also ein Wirkungsgrad $\eta = 1$ vorausgesetzt, der natürlich nicht erreicht werden kann. Die zum Heben der Last Q aufzuwendende Kraft P ist größer

a) bei der festen Rolle um $5 \div 8\%$,
b) „ „ losen „ „ $6 \div 10\%$.

Für den Differentialflaschenzug ist der Wirkungsgrad $0{,}4 \div 0{,}5$.

Beispiel 55. Gleichgewicht beim zweiarmigen Hebel (Fig. 87).

Aus $\Sigma M = 0$ für A als Drehpunkt folgt $Q \cdot a - P b = 0$, also $P = Q \cdot \dfrac{a}{b}$.

Aus $\Sigma V = 0$ folgt $Q - A + P = 0$, also $A = Q + P = Q \cdot \dfrac{a + b}{b}$.

Zu demselben Ergebnis gelangt man mit Hilfe der dritten Gleichgewichtsbedingung; wenn man C als Drehpunkt wählt; es wird dann

$$Q(a + b) - A \cdot b = 0 \quad \text{und daraus} \quad A = Q \cdot \frac{a + b}{b}.$$

Aufgabe: Ein zweiarmiger Hebel ist nach Fig. 88 belastet; ist er im Gleichgewicht?

Aus $\Sigma M = 0$ für A als Drehpunkt folgt

$$50 \cdot 500 + 70 \cdot 200 - 30 \cdot 150 - 10 \cdot 400 - 25 \cdot 700 = 9500, \quad \text{d. h.} > 0.$$

Der Hebel ist nicht im Gleichgewicht. Welche Kraft P in der Entfernung 500 mm von A bringt ihn ins Gleichgewicht?

Aus $\Sigma M = 0$ für A als Drehpunkt folgt

$$50 \cdot 500 + 70 \cdot 200 - 30 \cdot 150 - 10 \cdot 400 - P \cdot 500 - 25 \cdot 700 = 0,$$

$$P = \frac{50 \cdot 500 + 70 \cdot 200 - 30 \cdot 150 - 10 \cdot 400 - 25 \cdot 700}{500} = \frac{9500}{500} = 19 \text{ kg}.$$

Der Auflagerdruck A ergibt sich aus $\Sigma V = 0$, d. h. aus

$$50 + 70 - A + 30 + 10 + 19 + 25 = 0 \quad \text{zu} \quad A = 214\,\text{kg} .$$

Dabei ist der Hebel selbst als gewichtslos angenommen.

Die Wage ist ein zweiarmiger Hebel mit gleich langen Hebelarmen.

Beispiel 56. Gleichgewicht beim einarmigen Hebel (Fig. 89). Der Drehpunkt A liegt an dem einen Ende des Hebels. Aus $\Sigma M = 0$ für A als Drehpunkt folgt

$$Q \cdot a + P\,(a+b) = 0, \quad P = Q \cdot \frac{a}{a+b} .$$

Die Gegenkraft in A er-
gibt sich aus $\Sigma V = 0$, d. h.
$A - Q + P = 0$ zu

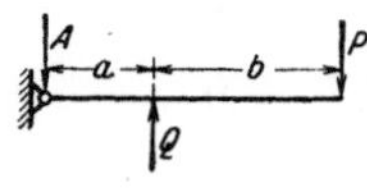

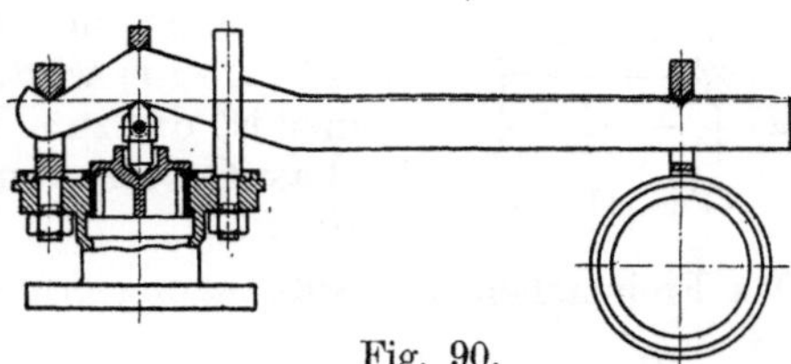

Fig. 89.

Fig. 90.

$$A = Q - P = Q - Q \cdot \frac{a}{a+b} , \quad A = Q \cdot \frac{b}{a+b} .$$

Wendet man $\Sigma M = 0$ für P als Drehpunkt an, so ergibt sich

$$A\,(a+b) - Q \cdot b = 0, \quad \text{d. h.} \quad A = Q \cdot \frac{b}{a+b} .$$

Eine Anwendung des einarmigen Hebels haben wir im Sicherheits-
ventil (Fig. 90).

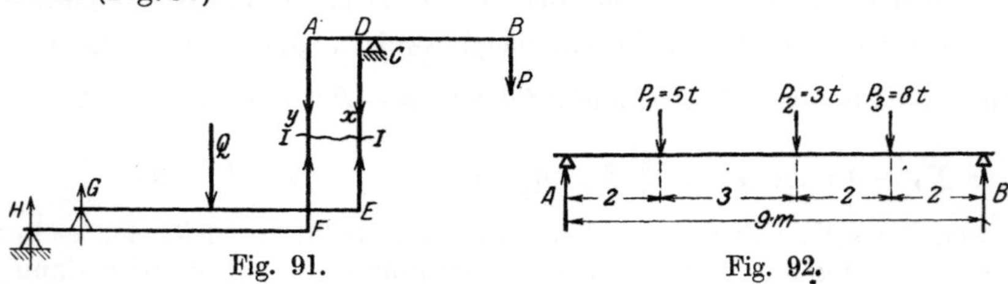

Fig. 91.

Fig. 92.

Beispiel 57. Untersuchung der Dezimalwage (Fig. 91) Der Schnitt $I - I$ (Fig. 91) zerlegt das System in zwei Teile, von denen der obere Wagebalken AB unter dem Einfluß der Kräfte x, y und P im Gleichgewicht sein muß. Die dritte Gleichgewichtsbedingung $\Sigma M = 0$ liefert für den Punkt C als Drehpunkt

$$P \cdot \overline{CB} = x \cdot CD + y \cdot CA . \tag{I}$$

Für den unteren Teil der Wage liefert die dritte Gleichgewichtsbedingung für die Drehpunkte

$$(G) \quad Q \cdot \overline{QG} = x \cdot EG , \tag{II}$$

$$(H) \quad G \cdot \overline{GH} = y \cdot FH . \tag{III}$$

Aus $\Sigma V = 0$ folgt $\quad Q = G + x$, $\quad$ so daß $\hfill$ (IV)

$$y = G \cdot \frac{\overline{GH}}{\overline{HF}} = (Q - x) \cdot \frac{\overline{GH}}{\overline{HF}}$$

wird. x und y in Gleichung (I) eingesetzt ergibt

$$P \cdot \overline{CB} = x \cdot \overline{CD} + (Q - x) \cdot \frac{\overline{GH}}{\overline{FH}} \cdot \overline{CA}$$

$$= x \left(\overline{CD} - \frac{\overline{GH}}{\overline{FH}} \cdot \overline{CA} \right) + Q \cdot \frac{\overline{GH}}{\overline{FH}} \cdot \overline{CA}.$$

x ist abhängig von der Lage der Last Q; soll die Wage brauchbar sein, so muß das Übersetzungsverhältnis von dieser Lage der Last Q unabhängig sein, d. h. das Glied mit x muß aus der Gleichung verschwinden. Das ist der Fall, wenn $CD : CA = GH : HF$ gemacht wird; es ergibt sich dann

$$\frac{P}{Q} = \frac{GH}{FH} \cdot \frac{CA}{CB} = \frac{CD}{CB}.$$

Wird eine Wage mit $\dfrac{CD}{CB} = \dfrac{1}{10}$ ausgeführt, so heißt sie Dezimalwage;

macht man $\dfrac{CD}{CB} = \dfrac{1}{100}$, so erhält man die Zentesimalwage.

Beispiel 58. Die Auflagerdrucke A und B des Trägers $A - B$ (Fig. 92) sind zu bestimmen.

Aus $\Sigma M = 0$ für B als Drehpunkt folgt

$$A \cdot 9 - P_1 \cdot 7 - P_2 \cdot 4 - P_3 \cdot 2 = 0. \quad A = \frac{5 \cdot 7 + 3 \cdot 4 + 8 \cdot 2}{9} = 7 \, \mathrm{t}.$$

Aus $\Sigma M = 0$ für A als Drehpunkt folgt

$$P_1 \cdot 2 - P_2 \cdot 5 + P_3 \cdot 7 - B \cdot 9 = 0. \quad B = \frac{5 \cdot 2 + 3 \cdot 5 + 8 \cdot 7}{9} = 9 \, \mathrm{t}.$$

Bem. $\Sigma V = 0$ ist erfüllt, wenn

$$A - P_1 - P_2 - P_3 + B = 7 - 5 - 3 - 8 + 9 = 0.$$

Beispiel 59. (Vgl. Beispiel 48.) Aus $\Sigma M = 0$ für A als Drehpunkt folgt

$$Z \cdot a - P \cdot b = 0, \quad \text{also} \quad P = Z \cdot \frac{a}{b}.$$

Aus $\Sigma H = 0 \quad$ folgt $\quad Z - H = 0$, $\quad$ also $\quad H = Z$.

Aus $\Sigma V = 0 \quad$ folgt $\quad V - P = 0$, $\quad$ also $\quad V = P = Z \cdot \dfrac{a}{b}$.

A ergibt sich aus

$$A = \sqrt{H^2 + V^2} \quad \text{zu} \quad A = \sqrt{Z^2 + Z^2 \left(\frac{a}{b}\right)^2} = Z \cdot \sqrt{\frac{a^2 + b^2}{b^2}}.$$

Beispiel 60 (vgl. Beispiel 46). Zur rechnerischen Bestimmung der Größen P und A zerlegen wir sämtliche Kräfte nach wagerechter und senkrechter Richtung; der Winkel α muß gegeben sein:

Aus $\quad\quad \Sigma H = 0 \quad$ folgt $\quad$ 1. $\quad\quad H - P \cdot \cos\alpha = 0,$

,, $\quad\quad\quad \Sigma V = 0 \quad\quad$,, $\quad\quad$ 2. $\quad Q - V + P \cdot \sin\alpha = 0,$

,, $\quad\quad\quad \Sigma M = 0 \quad\quad$,, $\quad\quad$ 3. für A als Drehpunkt

$$Q \cdot a - P \cdot \sin\alpha \cdot b - P \cdot \cos\alpha \cdot c = 0,$$

und daraus $\quad P = Q \cdot \dfrac{a}{b \cdot \sin a + c \cdot \cos\alpha}.$

Aus (1) ergibt sich $\quad H = P \cdot \cos\alpha = Q \dfrac{a \cdot \cos\alpha}{b \cdot \sin\alpha + c \cdot \cos\alpha}.$

Aus (2) ergibt sich $\quad V = Q + P \cdot \sin\alpha = Q + Q \cdot \dfrac{a \cdot \sin\alpha}{b \cdot \sin\alpha + c \cdot \cos\alpha}.$

Zahlenbeispiel. $Q = 50$ kg; $a = 80$ mm; $b = 900$ mm; $c = 700$ mm; $\alpha = 30°$. Die Tabelle S. 85 liefert $\sin\alpha = 0{,}5$; $\cos\alpha = 0{,}866$.

$$P = 50 \cdot \frac{80}{900 \cdot 0{,}5 + 700 \cdot 0{,}866} = 3{,}8 \text{ kg}$$

$$H = 50 \cdot \frac{80 \cdot 0{,}866}{900 \cdot 0{,}5 + 700 \cdot 0{,}866} = 3{,}3 \text{ kg}$$

$$V = Q + P \cdot \sin\alpha = 50 + 3{,}8 \cdot 0{,}5 = 51{,}9 \text{ kg}$$

$$A = \sqrt{H^2 + V^2} = \sqrt{3{,}3^2 + 51{,}9^2} = 61{,}5 \text{ kg}.$$

Aus $\operatorname{tg} \beta = \dfrac{H}{V} = \dfrac{3{,}3}{53{,}8} = 0{,}0614 \quad$ folgt $\quad \beta = \sim 3° \, 30'.$

Bem.: P ist abhängig von dem Winkel α, unter dem man in C drückt. Soll beim Pumpen eine annähernd gleichbleibende Kraft P aufgewendet werden, so muß die Richtung von P senkrecht AC sein, d. h. P wirkt tangential an einem Kreise mit dem Radius $r = \sqrt{b^2 + c^2}$. In diesem Falle liefert $\Sigma M = 0$ für A als Drehpunkt

$$Q \cdot a - P \cdot r = 0, \quad \text{d. h.} \quad P = Q \cdot \frac{a}{r} = 50 \cdot \frac{80}{1140} = \sim 3{,}5 \text{ kg}.$$

A bleibt unverändert.

Beispiel 61 (vgl. Beispiel 42). Wir ersetzen A und B durch ihre wagerechten und senkrechten Seitenkräfte, dann liefert $\Sigma M = 0$ für A als Drehpunkt

$$\text{1.} \quad\quad Q \cdot c - B \cdot l = 0,$$

$\Sigma H = 0 \quad$ liefert $\quad$ 2. $\quad\quad H - B \cdot \sin\alpha = 0,$

$\Sigma V = 0 \quad\quad$,, $\quad\quad$ 3. $\quad V - Q + B \cos\alpha = 0.$

Aus (1) folgt $B = Q \cdot \dfrac{c}{l}.$ $\quad$ Aus (2) fogt $H = B \cdot \sin\alpha = Q \cdot \dfrac{c}{l} \cdot \sin\alpha.$

,, $\;$ (3) $\;$,, $\quad V = Q - B \cdot \cos\alpha = Q - Q \cdot \dfrac{c}{l} \cdot \cos\alpha.$

Beispiel 62. Die Stütze in B sei senkrecht (Fig. 93). Dann ist ihre Gegenkraft B wagerecht gerichtet.

$\Sigma M = 0$ für A als Drehpunkt liefert

$$Q \cdot x - B \cdot a = 0, \quad \text{d. h.} \quad B = Q \cdot \frac{x}{a}.$$

Aus $\Sigma H = 0$ folgt $H = B$. Aus $\Sigma V = 0$ folgt $V = Q$.

Wächst x, d. h. wandert die Last Q die schiefe Ebene aufwärts, so wächst auch B. Erreicht die Last den höchsten Punkt, gelangt sie also

nach B, so wird $x = b$ und $B = Q \cdot \dfrac{b}{a}$.

Bem.: Wir können AB als Leiter auffassen, die in A gestützt ist und in B anliegt; die gefährlichste Stellung der Last Q ist oben, weil dann B und damit H am größten werden. Je größer H wird, desto größer wird auch die Gefahr des Aus-
rutschens.

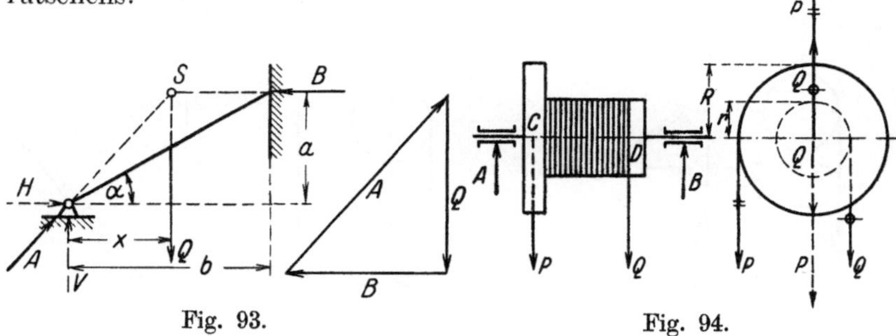

Fig. 93.Fig. 94.

Beispiel 63. Es ist die Kraft C zu bestimmen, die eine Last Q die schiefe Ebene hinaufzieht (Fig. 61).

$$\Sigma H = 0 \quad \text{liefert} \quad 1. \quad C \cdot \cos\alpha - N \cdot \sin\alpha = 0 \quad \big| \quad \cos\alpha$$
$$\Sigma V = 0 \quad \quad ,, \quad \quad 2.\ C \cdot \sin\alpha - Q - N \cdot \cos\alpha = 0 \quad \big| \quad \sin\alpha$$
$$C \cdot \cos^2\alpha - N \cdot \sin\alpha \cdot \cos\alpha = 0$$
$$C \cdot \sin^2\alpha - Q \cdot \sin\alpha - N \cdot \sin\alpha \cdot \cos\alpha = 0$$
$$\overline{\qquad C\,(\sin^2\alpha + \cos^2\alpha) - Q \cdot \sin\alpha = 0.}$$
$$C = Q \cdot \sin\alpha.$$

Beispiel 64. Wie groß ist die zum Heben der Last Q erforderliche Kraft P bei der Seiltrommel? (Fig. 94). Aus $\Sigma M = 0$ für den Mittelpunkt des Rades folgt $P \cdot R - Q \cdot r = 0$, so daß $P = Q \cdot \dfrac{r}{R}$ wird.

Beispiel 65. Um eine möglichst große Last heben zu können, schaltet man meist ein Vorgelege zwischen. In Fig. 95 stellen die gestrichelten Kreise zwei Zahnräder dar; auf der Achse des großen sitzt die Seiltrommel, auf der Achse des kleinen eine Kurbel, an der die Kraft P angreift. Betrachten wir nur die Seiltrommel und ersetzen das kleine Zahnrad durch seine Gegenkraft P_1 (Fig. 96), so herrscht Gleichgewicht; es muß also nach $\Sigma M = 0$ für den Mittelpunkt

$$Q \cdot r_1 - P_1 \cdot r_2 = 0 \tag{1}$$

sein. Betrachten wir nun die Kurbelachse und ersetzen das große Zahnrad durch seine Gegenkraft P_1', die gleich P_1, aber von entgegengesetzter Richtung ist (Fig. 97), so herrscht ebenfalls Gleichgewicht. $\Sigma M = 0$ für den Mittelpunkt als Drehpunkt erfordert

$$P_1' \cdot r_3 - P \cdot r_4 = 0 . \tag{2}$$

Aus (1) folgt $\qquad P_1 = Q \cdot \dfrac{r_1}{r_2} = P_1 ;$

eingesetzt in (2) ergibt $\quad Q \cdot \dfrac{r_1}{r_2} \cdot r_3 - P\, r_4 = 0 .$

so daß $\qquad\qquad\qquad P = Q \cdot \dfrac{r_1}{r_2} \cdot \dfrac{r_3}{r_4}$

wird.

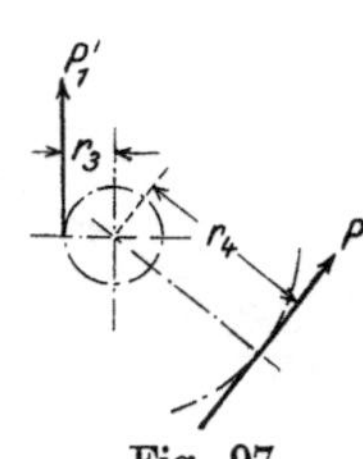

Fig. 95.   Fig. 96.   Fig. 97.

$\dfrac{r_1}{r_2}$ und $\dfrac{r_3}{r_4}$ heißen Übersetzungsverhältnis, ihr Produkt Gesamtüber-

setzungsverhältnis. Wird noch ein Zwischenvorgelege eingeschaltet (Fig. 98), so ergibt sich in gleicher Weise $P = Q \cdot \dfrac{r_1}{r_2} \cdot \dfrac{r_3}{r_4} \cdot \dfrac{r_5}{r_6} .$ Ist der Wirkungsgrad der Seiltrommel η_1, des ersten Zahnräderpaares η_2, des zweiten η_3, so wird die wirklich aufzuwendende Kraft

$$P = \frac{Q \cdot \dfrac{r_1}{r_2} \cdot \dfrac{r_3}{r_4} \cdot \dfrac{r_5}{r_6}}{\eta_1 \cdot \eta_2 \cdot \eta_3} = Q \cdot \frac{r_1}{r_2} \cdot \frac{r_3}{r_4} \cdot \frac{r_5}{r_6} \cdot \frac{1}{\eta_1} \cdot \frac{1}{\eta_2} \cdot \frac{1}{\eta_3} .$$

Für Seiltrommeln ist im Mittel $\eta = 0{,}97$,

,,   Zahnräder   ,, ,,   ,, $\eta = 0{,}95 .$

Beispiel 66. Welche Last kann mit $P = 16$ kg durch ein Räder-getriebe nach Fig. 98 gehoben werden?

Aus

$$P = Q \cdot \frac{r_1}{r_2} \cdot \frac{r_3}{r_4} \cdot \frac{r_5}{r_6} \cdot \frac{1}{\eta_1} \cdot \frac{1}{\eta_2} \cdot \frac{1}{\eta_3}$$

folgt

$$Q = P \cdot \frac{r_2}{r_1} \cdot \frac{r_4}{r_3} \cdot \frac{r_6}{r_5} \cdot \eta_1 \cdot \eta_2 \cdot \eta_3$$

$$= 16 \cdot \frac{300}{160} \cdot \frac{250}{75} \cdot \frac{350}{50} \cdot 0{,}97 \cdot 0{,}95 \cdot 0{,}95 = \sim 610 \text{ kg} .$$

Beispiel 67. Welche Lage nehmen zwei Kugeln vom Gewicht G an, die nach Fig. 99 aufgehängt sind und mit n Umdrehungen in der Minute umlaufen? Schneiden wir durch eine Stange S_4 und führen wir die Spannkraft der Stange als äußere Kraft ein, so muß die Kugel unter dem Einfluß der Fliehkraft $C = m\,r\,\omega^2$, des Gewichtes $G = m \cdot g$ und der Spannkraft S im Gleichgewicht sein.

Aus $\Sigma H = 0$ folgt $H - C = 0$ oder $S \cdot \cos\alpha - m \cdot r \cdot \omega^2 = 0$.

Aus $\Sigma V = 0$ folgt $G - V = 0$ oder $m g - S \cdot \sin\alpha = 0$.

Dividieren wir beide Gleichungen durcheinander, so ergibt sich

$$\frac{S \cdot \sin\alpha}{S \cdot \cos\alpha} = \frac{m \cdot g}{mr \cdot \omega^2} \quad \text{oder} \quad \operatorname{tg}\alpha = \frac{g}{r \cdot \omega^2},$$

d. h. die Stange S fällt in die Wirkungslinie der Mittelkraft aus G und C. Aus

$$\omega = \frac{\pi \cdot n}{30} \quad \text{und} \quad \omega^2 = \frac{\pi^2 \cdot n^2}{30^2}$$

folgt

$$\operatorname{tg}\alpha = \frac{g \cdot 30^2}{r \cdot \pi^2\, n^2}$$

$$= \frac{900 \cdot 9{,}81}{9{,}87} \cdot \frac{1}{r \cdot n^2}.$$

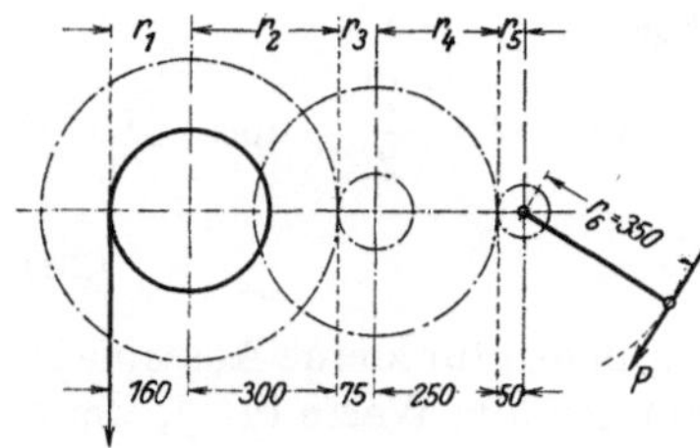

Fig. 98.

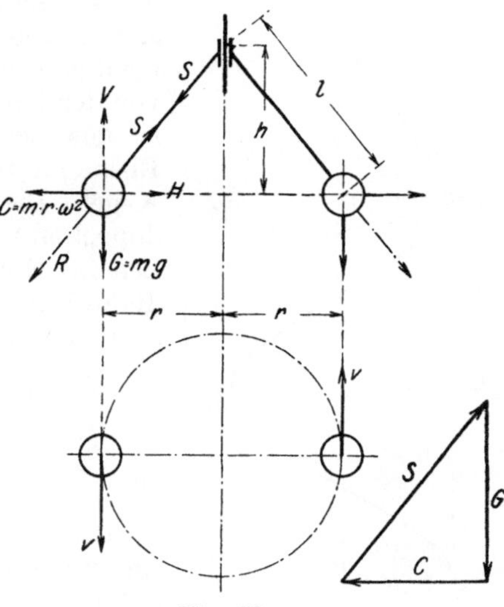

Fig. 99.

Ersetzt man r durch $l \cdot \cos\alpha$, so wird

$$\operatorname{tg}\alpha = \frac{\sin\alpha}{\cos\alpha} = \frac{900 \cdot 9{,}81}{9{,}87} \cdot \frac{1}{l \cdot \cos\alpha \cdot n^2}$$

oder

$$\sin\alpha = \frac{900 \cdot 9{,}81}{9{,}87} \cdot \frac{1}{l \cdot n^2} = \frac{892}{l \cdot n^2}.$$

Daß sich m aus der Gleichung herausgehoben hat, bedeutet: **Das Gewicht der Kugeln ist auf die Stellung ohne Einfluß;** hölzerne Kugeln würden bei der gleichen Stablänge l und der gleichen Umlaufzahl n einen ebenso großen Winkel α ergeben.

Zahlenbeispiel: Für $G = 5\,\text{kg}$; $l = 500\,\text{mm}$ und $n = 75\,\text{Umdr./Min.}$ wird

$$\sin\alpha = \frac{900 \cdot 9{,}81}{9{,}81} \cdot \frac{1}{0{,}5 \cdot 75^2} = 0{,}32.$$

Aus der Tabelle S. 85 ergibt sich $\alpha = 18° 40'$.

Aus der Gleichung $\operatorname{tg}\alpha = \dfrac{g}{r \cdot \omega^2}$ wird mit $\operatorname{tg}\alpha = \dfrac{h}{r}$, $\omega = \sqrt{\dfrac{g}{h}}$. Ist T die Umlaufzeit für 1 Umdrehung, $s = 2\pi r$ der dabei durchlaufene Weg, dann folgt aus

$$s = v \cdot T = r \cdot \omega \cdot T \; ; \quad 2\pi r = r \cdot \omega \cdot T \quad \text{oder} \quad \omega = \frac{2\pi}{T}.$$

Die Gleichsetzung beider Werte ω liefert

$$\frac{2\pi}{T} = \sqrt{\frac{g}{h}}, \quad \text{d. h.} \quad T = 2\pi \cdot \sqrt{\frac{h}{g}}.$$

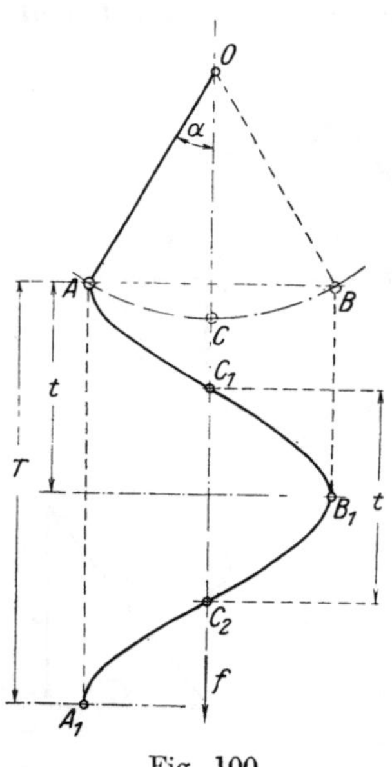

Fig. 100.

Nehmen wir an, der Halbmesser r des Kreises sei sehr klein, z. B. 50 mm; die Höhe h dagegen sehr groß, z. B. 4 m, so unterscheidet sich eine umlaufende Kugel so gut wie gar nicht von einem Pendel und die Höhe h nicht von der Länge l. Die Bewegung des Pendels ist gewissermaßen die auf eine senkrechte Ebene projizierte Bewegung der umlaufenden Kugel. Die Zeit T ist dann die Zeit einer doppelten Schwingung des Pendels, d. h. die Zeit für Hin- und Hergang. Man nennt aber die Zeit eines Hinganges Schwingungszeit; sie ergibt sich aus

$$T = 2\pi \cdot \sqrt{\frac{h}{g}} \quad \text{für} \quad t = \frac{T}{2} \quad \text{und} \quad h = l$$

zu

$$t = \pi \cdot \sqrt{\frac{l}{g}}. \tag{28}$$

Die Gleichung liefert für kleine Ausschläge und großes l sehr genaue Werte für g, denn es folgt aus ihr

$$g = \frac{\pi^2 l}{t^2},$$

vorausgesetzt, daß man t genau bestimmt. Das ist leicht zu erreichen, indem man die Zeit für 100, 200 oder 500 Schwingungen mißt und daraus t für eine Schwingung berechnet. Auf Grund dieser Gleichung ist g an den verschiedenen Punkten der Erdoberfläche gemessen worden.

Denken wir uns die Masse der schwingenden Kugel in ihrem Mittelpunkt vereinigt und den Faden gewichtslos, so nennen wir solch ein Pendel ein mathematisches Pendel im Gegensatz zu dem Pendel mit wirklichem Faden und wirklicher Kugel, das wir physisches Pendel nennen. Denken wir uns weiter in Fig. 100 die Kugel A mit einem Schreibstift versehen und vor einem Blatt Papier aufgehängt, das sich langsam und gleichförmig in der Pfeilrichtung f bewegt, so zeichnet der Stift A die dargestellte Kurve auf. Sie ist um so mehr eine Sinuslinie, je weniger der Bogen ACB von der Geraden AB abweicht, d. h. für sehr kleine

Winkel α. Wir nennen ACB die Schwingungsweite oder Amplitude. Die Schwingungszeit t wird durch die Strecke AB_1 oder C_1C_2, die Zeit T der Doppelschwingung durch die Strecke AA_1 dargestellt.

Beispiel 68. Wie lang muß ein Pendel sein, dessen Schwingungszeit 1 sek beträgt?

Aus $\quad t = \pi \cdot \sqrt{\dfrac{l}{g}} \quad$ folgt $\quad l = \dfrac{g \cdot t^2}{\pi^2} = \dfrac{9,81}{\pi^2} = 0,994 \text{ m}$.

Das Pendel heißt Sekundenpendel; es hat am Äquator entsprechend $g = 9,781$ m/sek² eine Länge von $l = 0,991$ m .

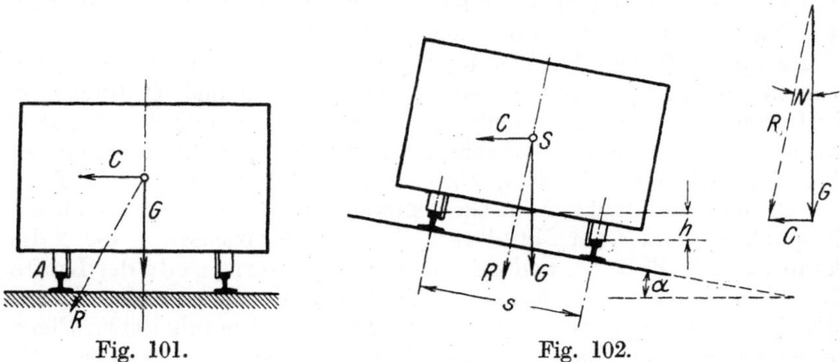

Fig. 101.   Fig. 102.

Ist ein Pendel angestoßen, so wirkt nur noch das Gewicht der Kugel, es ist also keine Kraft vorhanden, die das Pendel aus der einmal angenommenen Schwingungsebene zu bringen bestrebt ist, das Pendel schwingt dauernd in derselben Ebene nach dem ersten Grundgesetz der Mechanik (S. 138). Beobachtet man ein stundenlang schwingendes Pendel (was sich z. B. bei einem 20 m langen Faden und fast reibungsloser Schneidenaufhängung erreichen läßt), so ändert sich doch die Ebene des Pendels, aber nur scheinbar, da sich die Erde unter der unveränderlichen Schwingungsebene des Pendels wegdreht. Durch die Vorführung dieses Versuches bewies Foucault 1850 in der Pariser Sternwarte die Drehung der Erde um ihre Achse.

Beispiel 69. Ein Eisenbahnwagen vom Gewicht G durchfahre eine Kurve mit dem Halbmesser r m mit der Geschwindigkeit v m/sek, dann ist die Fliehkraft $C = m \cdot r \cdot \omega^2 = \dfrac{G}{g} \cdot \dfrac{v^2}{r}$ bestrebt, den Wagen um den Punkt A (Fig. 101) zu kippen. Er kippt wirklich, wenn die Wirkungslinie der Mittelkraft R aus dem Gewicht G und der Fliehkraft C links von A verläuft. Um diese Kippgefahr zu vermeiden, erhöht man die äußere Schiene (Fig. 102) soweit, daß die Mittelkraft R in die senkrechte Wagenachse fällt. Aus der zeichnerischen Darstellung ergibt sich

$$\text{tg } \alpha = \frac{C}{G} = \frac{\dfrac{G}{g} \cdot \dfrac{v^2}{r}}{G} = \frac{v^2}{r \cdot g} .$$

Zahlenbeispiel. Wie groß wird die Überhöhung eines Eisenbahngleises von $b = 1,5$ m Schienenabstand (Spurweite 1435 mm) und $r = 300$ m Halbmesser bei einer größten Fahrgeschwindigkeit $v = 72$ km/Std. ?

Aus

$$\operatorname{tg} \alpha = \frac{v^2}{r \cdot g} = \frac{\left(\dfrac{V}{3,6}\right)^2}{r \cdot g} = \frac{\left(\dfrac{72}{3,6}\right)^2}{300 \cdot 9,81} = \frac{400}{300 \cdot 8,81} = 0,136$$

folgt $\alpha = \sim 7° 40'$ und damit $h = b \cdot \sin\alpha = 1,5 \cdot 0,133 = 0,2$ m . Da nicht alle Züge mit dieser hohen Geschwindigkeit fahren, würde man die Schienen ungefähr um $0,6 \cdot h = 0,6 \cdot 0,2 = 0,12$ m überhöhen.

Beispiel 70 (vgl. Beispiel 45, S. 161). Zeichnerische Lösung. Ich ermittle zunächst die Mittelkraft R der Kräfte Q und P durch den Kräftezug $a\,b\,c$. Dann schneide ich durch einen Schnitt den Punkt C heraus und bringe in den Stabachsen 1 und 2 die Spannkräfte S_1 und S_2 als äußere Kräfte an (Fig. 63 c). Unter dem Einfluß der drei Kräfte R, S_1 und S_2 muß der Punkt C im Gleichgewicht sein. Ziehe ich durch die Endpunkte a und c der Mittelkraft R zu den Stabachsen 1 und 2 die Parallelen (Fig. 63 b) $a\,d$ und $c\,d$, so ist der Kräftezug $a\,c\,d\,a$ der Kräfte R, 2, 1 geschlossen. Da ferner der Umfahrungsinn stetig sein soll, erhält S_2 die Richtung $c\,d$, S_1 die Richtung $d\,a$. Die erhaltenen Pfeile werden sofort in das Stabsystem am Punkt C, also rechts vom Schnitt, eingetragen. Nun erfordert die Darstellung einer Spannkraft nach (S. 158, Fig. 54) zwei Pfeile, so daß mit den erhaltenen Pfeilen auch die Gegenpfeile, diese aber links vom Schnitt, eingezeichnet werden müssen. Der Vergleich mit Fig. 55 zeigt, daß Stab 2 gezcgen, Stab 1 gedrückt wird. Wir schneiden den Punkt B heraus (Fig. 63 d) und bringen wieder die Stabspannkraft und die Gegenkraft B als äußere Kräfte an. Von den drei Kräften S_2, B und S_3 ist S_2 der Größe und Richtung nach bekannt, von B und S_3 sind die Richtungen bekannt. Zerlege ich S_2, das für den Punkt B die Richtung $d \rightarrow c$ hat (durch $\triangleright$ gekennzeichnet), nach S_3 und B, indem ich durch c eine Parallele zu B und durch d eine Parallele zu 3 ziehe, so gibt der Kräftezug $d\,c\,e\,d$ die Kräfte B und S_3 mit den Richtungen $c \rightarrow e$ und $e \rightarrow d$. Das Eintragen von Pfeil und Gegenpfeil zeigt, daß Stab 3 gezogen wird. Schneide ich noch den Punkt A heraus und bringe die Spannkräfte S_1 und S_3, sowie die nach Größe und Richtung unbekannte Gegenkraft A als äußere Kraft an, so muß der Kräftezug S_1, S_2, A geschlossen sein. Da S_1 und S_3 der Größe und Richtung nach bekannt sind, ihr Kräftezeug ist $a\,d\,e$, so muß A durch die Schlußlinie $e \rightarrow a$ des Kräftedreiecks $a\,d\,c\,a$ dargestellt sein. Als Kontrolle dient $SA \parallel a\,e$, wenn S nach Fig. 63 bestimmt wird.

Diese Art der Spannkraftermittlung stammt von Cremona; die Darstellung der Kräfte heißt Cremonascher Kräfteplan. Mit Hilfe des eingezeichneten Maßstabes entnehmen wir

$$\text{Stab Nr. 1} \quad S_1 = 98 \text{ mm} \cdot \frac{100 \text{ kg}}{2 \text{ mm}} = 4900 \text{ kg Druck,}$$

$$\text{Stab Nr. 2} \quad S_2 = 36\,\text{mm} \cdot \frac{100\,\text{kg}}{2\,\text{mm}} = 1800\,\text{kg Zug,}$$

$$\text{,,} \quad \text{,,} \quad 3 \quad S_3 = 6\,\text{mm} \cdot \frac{100\,\text{kg}}{2\,\text{mm}} = 300 \text{ ,, Zug.}$$

Beispiel 71. Die Spannkräfte im Stabsystem der Fig. 78 sind zu ermitteln. Wir schneiden rechts herum. Die Mittelkraft $a \to c$ aus P_1 und Q wird nach 1 und 2 zerlegt, indem wir durch die Endpunkte c und a Parallelen zu 1 und 2 ziehen. Der geschlossene Kräftezug $a\,b\,c\,d\,a$ liefert nach Eintragung von Pfeil und Gegenpfeil in das Stabsystem $S_1 = c \to d$ als Druck, $S_2 = d \to a$ als Zug. Die Mittelkraft $c \to d$ der Kraft $e \to a = P_2$ und $a \to d = S_2$ wird nach 3 und 4 zerlegt, indem wir durch ihre Endpunkte e und d zu 4 und 3 Parallelen ziehen. Der geschlossene Kräftezug $e\,a\,d\,f\,e$ liefert nach Eintragung von Pfeil und Gegenpfeil in das Stabsystem $S_3 = d \to f$ als Druck; $S_4 = f \to e$ als Zug. Die Mittelkraft $f \to c$ der Kräfte $f \to d = S_3$ und $d \to c = S_1$ wird nach 5 und 6 zerlegt, indem wir durch ihre Endpunkte f und c zu 6 und 5 Parallelen ziehen. Der geschlossene Kräftezug $f\,d\,c\,h\,f$ liefert nach Eintragung von Pfeil und Gegenpfeil in das Stabsystem $S_5 = c \to h$ als Druck, $S_6 = h \to f$ als Zug. Die Mittelkraft $g \to h$ der Kräfte $g \to e = P_3$; $e \to f = S_4$ und $f \to h = S_6$ wird nach 7 und B zerlegt, indem wir durch ihre Endpunkte g und h zu B und 7 Parallelen ziehen. Der geschlossene Kräftezug $g\,e\,f\,h\,i\,g$ liefert nach Eintragung von Pfeil und Gegenpfeil in das Stabsystem $S_7 = h \to i$ als Druck, $B = i \to g$. Die Mittelkraft $i \to c$ der Kräfte $i \to h = S_7$ und $h \to c = S_5$ muß mit der Gegenkraft A des Lagers A im Gleichgewicht sein, d. h. $e \to i = A$; der Kräftezug $i\,h\,c\,i$ ist geschlossen. Mit Hilfe des Maßstabes erhalten wir die Tabelle.

Stab Nr.	1	2	3	4	5	6	7
Zug in kg .	—	2440	—	2440	—	750	2400
Druck in kg	2100	—	600	—	2550	—	—

Beispiel 72 (Fig. 103). Erst nach Ermittlung der Auflagerdrucke ist ein Kräfteplan möglich. Aus $\Sigma M = 0$ für B als Drehpunkt folgt

$$A \cdot l - Q \cdot \frac{l}{2} = 0, \quad \text{und daraus} \quad A = \frac{Q}{2}$$

für A als Drehpunkt liefert $\Sigma M = 0 \quad B \cdot l - Q \cdot \frac{l}{2} = 0$, daraus $B = \frac{Q}{2}$.

(A) $c \to d = A$ zerlegt sich nach 1 und 2; es wird $d \to c = S_1$ Druck; $e \to c = S_2$ Zug. (C) $S_2 = c \to e$ zerlegt sich nach 3 und 4; es wird $e \to f = S_3$ Zug; $f \to c = S_4$ Zug. (D) Die Mittelkraft $f \to b$ der Kräfte $f \to c = S_3$, $e \to d = S_1$ und $a \to b = Q$ muß mit S_5 einen geschlossenen Kräftezug ergeben, d. h. $b \to f = S_5$ Druck. (B) Der Punkt B muß unter dem Einfluß der Kräfte $b \to c = B$, $c \to e = S_4$, $f \to b = S_4$ im Gleichgewicht sein. Der Kräftezug $B\,S_4\,S_5$ also geschlossen sein. Das ist der Fall, denn $b\,c\,f\,b$ ist ein geschlossenes Kräftedreieck.

Beispiel 73 (vgl. Beispiel 49). Rechnerische Ermittlung der Spannkräfte mit Hilfe der dritten Gleichgewichtsbedingung $\Sigma M = 0$ (Verfahren von Ritter).

Es war $\qquad B = H = 2500\ \text{kg}, \qquad V = 3350\ \text{kg}.$

Wir legen einen Schnitt so durch drei Stäbe, daß der Träger in zwei Teile zerlegt wird, und bringen die Spannkräfte in den Stabrichtungen als Zugkräfte an; Schnitt I—I (Fig. 78). An dem abgeschnittenen rechten Trägerteil wirken die äußeren Kräfte P_1, P_2 und Q und die als äußere Kräfte eingeführten Spannkräfte S_4, S_5, S_6. Da vor dem Schnitt

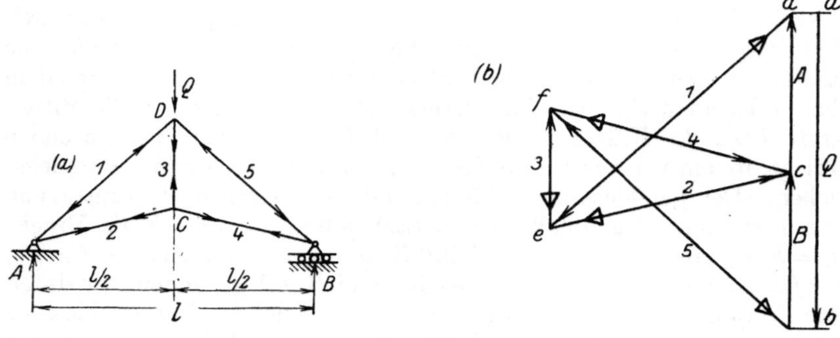

Fig. 103.

Gleichgewicht herrschte, so muß nach dem Schnitt infolge des Einführens der Spannkräfte als äußere Kräfte auch Gleichgewicht herrschen; der abgetrennte Teil ist also unter dem Einfluß der sechs Kräfte P_1, P_2, Q, S_4, S_5, S_6 im Gleichgewicht, von denen S_4, S_5 S_6 nur der Wirkungslinie nach bekannt sind. Um eine Gleichung mit nur einer Unbekannten zu erhalten, wählen wir für $\Sigma M = 0$ einen Punkt als Drehpunkt, für den die Momente zweier Kräfte gleich Null werden. Das ist aber der Schnittpunkt der Wirkungslinien zweier Kräfte. So lautet die dritte Gleichgewichtsbedingung für B als Drehpunkt und S_4, S_5, S_6 als Zugkräfte

$$S_5 \cdot s_5 + P_2 \cdot 1{,}75 + (P_1 + Q) \cdot 3{,}5 = 0 , \qquad (1)$$

wenn s_5 der Hebelarm der Kraft S_5 ist.

$$S_5 = - \frac{P_2 \cdot 1{,}75 + (P_1 + Q) \cdot 3{,}5}{s_5} = - \frac{600 \cdot 1{,}75 + 1300 \cdot 3{,}5}{2{,}25}$$

$$= - 2500\ \text{kg Druck.}$$

Das Minuszeichen bedeutet: Die angenommene Richtung muß umgekehrt sein, wenn $\Sigma M = 0$ erfüllt sein soll. Die Umkehrung des Pfeiles zeigt aber, daß Stab 5 gedrückt wird. Ergibt demnach die Rechnung das negative Vorzeichen, so heißt das, der fragliche Stab wird gedrückt. Zur Berechnung der Spannkraft S_4 bringen wir die Stabachsen 5 und 6 zum Schnitt und beziehen auf diesen Punkt D die dritte Gleichgewichtsbedingung; sie liefert

$$S_4 \cdot s_4 - (P + Q) \cdot 1,75 = 0, \qquad\qquad (2)$$

da die Momente der Kräfte P_2, S_5 und S_6 auf D als Drehpunkt bezogen gleich Null sind. $s_4 = CD \cdot \sin\beta = 1,75 \cdot \sin\beta$, wobei $\operatorname{tg}\beta = \dfrac{2,25}{3,5} = 0,644$ ist. Mit $\beta = 32°\,50'$ wird $\sin\beta = 0,542$ und $s_4 = 0,95$ m . Aus (2) folgt

$$S_4 = \frac{(P_1 + Q) \cdot 1,75}{s_4} = \frac{1300 \cdot 1,75}{0,95} = +\,2400 \text{ kg (Zug).}$$

Das Pluszeichen besagt: Die angenommene Richtung war richtig.

Zur Berechnung der Spannkraft S_6 bringen wir die Stabachsen 4 und 5 zum Schnitt und beziehen auf diesen Punkt (C) die dritte Gleichgewichtsbedingung; sie liefert

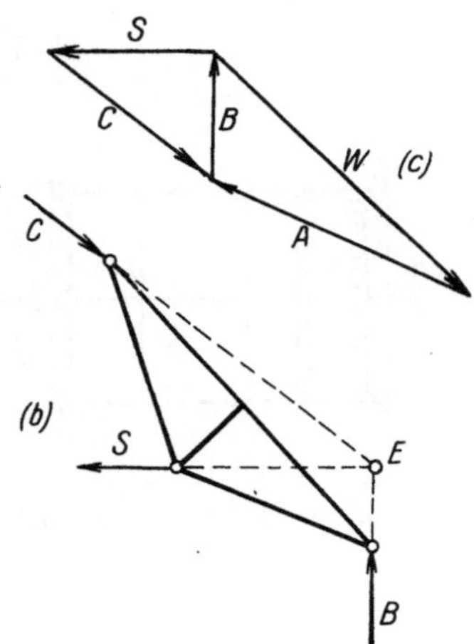

Fig. 104.

$$S_6 \cdot s_6 - P_2 \cdot 1,75 = 0, \qquad\qquad (3)$$

da die Momente der Kräfte P_1, Q, S_4 und S_5 auf C als Drehpunkt bezogen gleich Null sind. In dem rechtwinkligen Dreieck CDE ist $s = CD \cdot \sin\gamma$, in dem rechtwinkligen Dreieck BAD ist

$$\operatorname{tg}\gamma = \frac{2,25}{1,75} = 1,288 ,$$

$\gamma = 52°\,10'$, folglich $\sin\gamma = 0,8$. Eingesetzt in (3) liefert

$$S_6 = \frac{P_2 \cdot 1,75}{s_6} = \frac{600 \cdot 1,75}{1,75 \cdot \sin\gamma} = +\,430 \text{ kg (Zug).}$$

Beispiel 74. Die Spannkraft S in Fig. 104 ist zu berechnen.

a) Zeichnerische Lösung. Die Gegenkraft in B ist wegen des beweglichen Lagers senkrecht gerichtet. Da sich die Wirkungslinien von A, W und B in einem Punkte (D) schneiden müssen, fällt A in die Richtung DA . Die Zerlegung von W nach A und B liefert die Gegenkräfte A und B (Fig. 104 c). Zerlegen wir den Träger durch einen Schnitt I — I in zwei Teile und führen die Gegenkraft in C und die Spannkraft S als äußere

Kräfte ein, so muß die rechte Hälfte unter dem Einfluß der Kräfte B, S, C im Gleichgewicht sein (Fig. 104b). Wir bringen die bekannten Richtungen B und S zum Schnitt (E), dann fällt C in die Richtung EC. Die Zerlegung von B nach den Richtungen S und C liefert

$$S = 24\,\text{mm} \cdot \frac{50\,\text{kg}}{1\,\text{mm}} = 1200\,\text{kg Zug.}$$

b) **Rechnerische Lösung.** Mit C als Drehpunkt ergibt $\Sigma M = 0$ für die rechte Trägerseite (Fig. 104b).

$$S \cdot 2,8 - B \cdot 3,75 = 0. \tag{1}$$

Mit A als Drehpunkt ergibt $\Sigma M = 0$ für den ganzen Träger

$$B \cdot 7,5 - W \cdot \frac{a}{2} = 0. \tag{2}$$

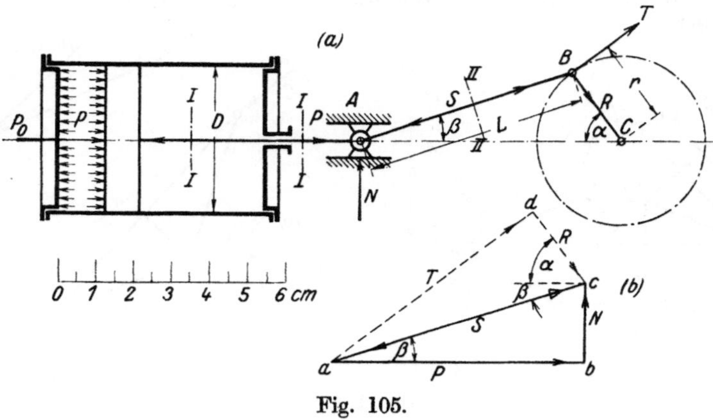

Fig. 105.

Aus $\qquad a = \sqrt{4^2 + 3,75^2} = 5,48\,\text{m}\qquad$ folgt $\qquad \dfrac{a}{2} = 2,75\,\text{m};$

so daß

$$B = \frac{W \cdot \dfrac{a}{2}}{7,5} = \frac{2500 \cdot 2,74}{7,5} = 915\,\text{kg};$$

eingesetzt in (1) ergibt

$$S = \frac{B \cdot 3,75}{2,8} = \frac{915 \cdot 3,75}{2,8} = 1230\,\text{kg Zug.}$$

Beispiel 75. Die Kräfte in dem Kurbeltrieb der Fig. 105 sind zu bestimmen.

a) **Zeichnerisch.** Wir schneiden durch die Kolbenstange — Schnitt I — I — und bringen die Spannkraft als äußere Kraft an. Auf der linken Kolbenseite wirken auf jeden Quadratzentimeter der Kolbenfläche p kg. Die Mittelkraft ist $P_0 = p \cdot \dfrac{\pi D^2}{4}$ nach rechts gerichtet.

Die erste Gleichgewichtsbedingung $\Sigma H = 0$ erfordert

$$P_0 - P = 0, \quad \text{also} \quad P = P_0 = \frac{\pi D^2}{4} \cdot p \,.$$

Durch den Schnitt II — II wird der Kreuzkopf (A) freigelegt. An ihm wirken P, in Beziehung auf den Kreuzkopf nach rechts gerichtet, die Spannkraft S der Schubstange und die Gegenkraft N der Kreuzkopfführung. Da diese drei Kräfte im Gleichgewicht sein sollen, muß ihr Kräftezug geschlossen sein. Wir zerlegen P nach den Richtungen S und N, indem wir durch die Endpunkte a und b zu den Richtungen S und N Parallelen ziehen. Der stetige Umfahrungssinn verlangt den Kräftezug $a \to b \to c \to a$; aus ihm folgt $b \to c = N$ und $c \to a = S$ als Druck (Fig. 105 b). In Beziehung auf die Kurbelseite ist S entgegengesetzt gerichtet — durch $\triangleright$ gekennzeichnet. S zerlegen wir in B nach radialer und tangentialer Richtung, indem wir durch die Endpunkte a und c zu den Richtungen T und R Parallelen ziehen. Da S die Mittelkraft zu T und R ist, muß der Kräftezug TR von a nach c, vom Anfangs- zum Endpunkt der Mittelkraft, gerichtet sein. Die tangentiale Seitenkraft T der Schubstangenkraft S ist Umfangskraft an der Kurbel; die radiale Seitenkraft R muß von den Lagern aufgenommen werden. Unter der Voraussetzung, daß $p = 8 \text{ kg/cm}^2$ beträgt, erhalten wir mit Hilfe des Maßstabes der Fig. 105

$$P_0 = \frac{\pi D^2}{4} \cdot p = \frac{\pi \cdot 40^2}{4} \cdot 8 = \sim 10\,000 \text{ kg}; \qquad P = P_0 = 10\,000 \text{ kg}$$

$$S = 70 \text{ mm} \cdot \frac{150 \text{ kg}}{1 \text{ mm}} = 10\,500 \text{ kg}; \qquad N = 21 \text{ mm} \cdot \frac{150 \text{ kg}}{1 \text{ mm}} = 3150 \text{ kg}$$

$$T = 66{,}7 \text{ mm} \cdot \frac{150 \text{ kg}}{1 \text{ mm}} = 10\,000 \text{ kg}; \qquad R = 24 \text{ mm} \cdot \frac{150 \text{ kg}}{1 \text{ mm}} = 3600 \text{ kg} \,.$$

b) **Rechnerische Lösung.** Für den Kreuzkopf A zwischen den Schnitten I — I und II — II liefert $\Sigma H = 0$

$$P - S \cdot \cos\beta = 0, \quad \text{folglich} \quad S = \frac{P}{\cos\beta} \,.$$

$\Sigma V = 0$ liefert $\quad N - S \cdot \sin\beta = 0 \quad$ oder mit $\quad S = \dfrac{P}{\cos\beta}; \; N = P \cdot \operatorname{tg}\beta \,.$

Ändert sich β, so ändern sich S und N; sie sind Funktionen von β.

Für die Kurbel B folgt aus der Zerlegung nach wagerechter Richtung für die wagerechten Seitenkräfte der Mittelkraft S

$$S \cdot \cos\beta = T \cdot \sin\alpha + R \cdot \cos\alpha \quad | \quad \sin\alpha \quad | \quad + \cos\alpha \,. \tag{1}$$

Aus der Zerlegung nach senkrechter Richtung folgt für die senkrechte Seitenkraft der Mittelkraft S

$$S \cdot \sin\beta = T \cdot \cos\alpha - R \cdot \sin\alpha \quad | \quad \cos\alpha \quad | \quad - \sin\alpha \,. \tag{2}$$

Multipliziert man (1) mit $\sin\alpha$, (2) mit $\cos\alpha$, dann gehen beide Gleichungen über in

$$S \cdot \cos\beta \cdot \sin\alpha = T \cdot \sin^2\alpha + R \cdot \cos\alpha \cdot \sin\alpha$$
$$S \cdot \sin\beta \cdot \cos\alpha = T \cdot \cos^2\alpha - R \cdot \sin\alpha \cdot \cos\alpha$$
$$S \cdot (\sin\alpha \cdot \cos\beta + \cos\alpha \cdot \sin\beta) = T (\sin^2\alpha + \cos^2\alpha) = T \,,$$
$$S \cdot \sin(\alpha + \beta) = T \,,$$

oder

$$T = S \cdot \sin(\alpha + \beta) = P \cdot \frac{\sin(\alpha + \beta)}{\cos\beta} \,.$$

Multipliziert man (1) mit $+\cos\alpha$, (2) mit $(-\sin\alpha)$, dann gehen beide Gleichungen über in

$$+ S \cdot \cos\beta \cdot \cos\alpha = + T \cdot \sin\alpha \cdot \cos\alpha + R \cdot \cos^2\alpha$$
$$- S \cdot \sin\beta \cdot \sin\alpha = \; - T \cdot \cos\alpha \cdot \sin\alpha + R \cdot \sin^2\alpha$$
$$S (\cos\alpha \cdot \cos\beta - \sin\alpha \cdot \sin\beta) = R (\cos^2\alpha + \sin^2\alpha)$$
$$S \cdot \cos(\alpha + \beta) = R$$

oder

$$R = S \cdot \cos(\alpha + \beta) = P \cdot \frac{\cos(\alpha + \beta)}{\cos\beta} \,.$$

T und R sind abhängig von α und β. Nach dem Sinussatz (S. 96) ist im Dreieck ABC

$$L = r \frac{\sin\alpha}{\sin\beta} \quad \text{oder} \quad \sin\beta = \frac{r}{L} \cdot \sin\alpha \,,$$

so daß alle Größen in Abhängigkeit von α, d. h. der Kurbelstellung, dargestellt werden können.

III. Der Schwerpunkt.

Denken wir uns einen Körper in sehr viele kleine Teile zerlegt, so hat jedes Teilchen sein ihm zukommendes Gewicht. Diese Gewichte der Körperteilchen sind parallele, senkrecht nach unten gerichtete Kräfte, deren Mittelkraft wir bestimmen können, und die gleich dem Gewicht des ganzen Körpers ist. Ebenso wie wir Einzelkräfte durch ihre Mittelkraft ersetzten, können wir die Gewichte der Körperteilchen durch das Gesamtgewicht des Körpers ersetzen. Der Angriffspunkt des Gesamtgewichtes heißt Schwerpunkt des Körpers; unterstützen wir ihn, so ist der Körper im Gleichgewicht.

Eine Gerade durch den Schwerpunkt, d. h. die Wirkungslinie des Gewichtes, heißt Schwerlinie. Zur Ermittlung der Lage des Angriffspunktes genügt es, zwei Schwerlinien zu bestimmen, ihr Schnittpunkt ist der Schwerpunkt des Körpers. In Fig. 106 sei $ABCD$ ein gerades Prisma. Wir denken es durch fünf senkrechte Schnitte in sechs Streifen zerlegt, deren Gewichte G_1, G_2 usw. sein mögen. G ist ihre Mittelkraft, auf deren Wirkungslinie EF der Schwerpunkt S liegen muß. Drehen wir das Prisma um 90°, und zerlegen wir es in die vier Streifen mit den Gewichten G_7, G_8 usw., so ist G wieder die Mittelkraft; ihre Wirkungslinie ist HJ. Der Schnittpunkt S der beiden Geraden EF und HJ ist der Schwerpunkt. Statt nun den Körper zu drehen, können wir uns die Kräfte gedreht denken, dann erhalten wir S unmittelbar als Schnittpunkt der Wirkungslinien von G. Bei flachen Körpern (Blechen oder ähnlichen Körpern) kann der Schwerpunkt gefunden werden, indem man den Körper an zwei ver-

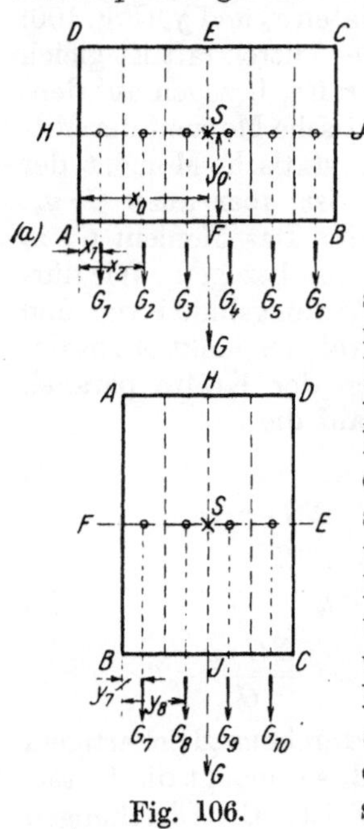

Fig. 106.

schiedenen Punkten aufhängt und die Verlängerung des Aufhängefadens anreißt. (Fig. 107.) Der Schnittpunkt beider Geraden ist der Schwerpunkt. Für die rechnerische Ermittlung der Lage des Schwerpunktes ist zu beachten, daß ein Punkt in einer Ebene durch die Angabe seiner Koordinaten in einem beliebigen rechtwinkligen Achsenkreuz bestimmt ist. So ist S in Fig. 106 durch die Angabe von x_0 und y_0 bestimmt, wenn AB zur x-Achse, AD zur Y-Achse gewählt werden. Voraussetzung ist, daß alle Kräfte in einer Ebene bleiben. Trifft diese Voraussetzung nicht zu, so müßte die Entfernung des Punktes S von drei aufeinander senkrecht stehenden Ebenen bestimmt werden. Doch wird man in den meisten Fällen mit der Bestimmung von x_0 und y_0 auskommen. Läßt sich ein Körper durch Schnitte in sich deckende Teile zerlegen, hat er also eine Symmetrieebene, so liegt der Schwerpunkt in dieser; hat er zwei Symmetrieebenen, so

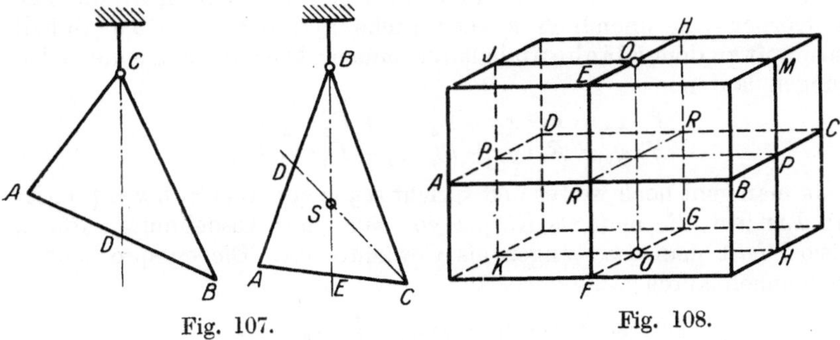

Fig. 107.

Fig. 108.

liegt S auf der Schnittgeraden beider Ebenen; hat der Körper drei Symmetrieebenen, so ist S der Schnittpunkt der Schnittgeraden der drei Ebenen. In Fig. 108 ist $ABCD$ die wagerechte, $EFGH$ eine senkrechte Symmetrieebene, RR ihre Schnittgerade, auf der S durch die dritte

Symmetrieebene $JKHM$ abgeschnitten wird. RR, OO, PP sind Symmetrieachsen, auf denen S ebenfalls liegt. Durch die Angabe zweier Symmetrieachsen ist S eindeutig bestimmt. Hat ein Körper einen Mittelpunkt, so ist dieser der Schwerpunkt.

Für die rechnerische Bestimmung der Koordinaten x_0 und y_0 (Fig. 106) benutzen wir den Satz: Das statische Moment der Mittelkraft ist gleich der Summe der statischen Momente der Seitenkräfte, bezogen auf denselben Punkt als Drehpunkt. Es ist $G \cdot x_0$ das statische Moment der Mittelkraft G, bezogen auf A als Drehpunkt. Das statische Moment der Mittelkraft G, bezogen auf A als Drehpunkt, ist aber auch $G \cdot y_0$. Um beide Momente zu unterscheiden, sagen wir: Das Moment $G \cdot x_0$ ist auf die Y-Achse, das Moment $G \cdot y_0$ auf die X-Achse bezogen. Wir dürfen das, da die Entfernungen x_0 und y_0 der Wirkungslinien von den Achsen mit den Entfernungen vom Koordinatenanfangspunkt A zusammenfallen; die Achsen sind den Wirkungslinien der Kräfte parallel. Unsere Momentengleichungen lauten, bezogen auf die

Y-Achse: $\qquad G \cdot x_0 = G_1 \cdot x_1 + G_2 \cdot x_2 + G_3 \cdot x_3 + \cdots,$ $\qquad\qquad$ (1)

$$\text{daraus} \qquad x_0 = \frac{G_1 x_1 + G_2 x_2 + G_2 x_3 + \cdots}{G} = \frac{\varSigma G \cdot x}{G} \; ;$$

X-Achse: $\qquad G \cdot y_0 = G_7 \cdot y_7 + G_8 \cdot y_8 + G_9 \cdot y_9,$ $\qquad\qquad$ (2)

$$\text{daraus} \qquad y_0 = \frac{G_7 \cdot y_7 + G_8 \cdot y_8 + G_9 \cdot y_9 + \cdots}{G} = \frac{\varSigma G \cdot y}{G}.$$

So lange es sich um Körper handelt, die aus durchaus gleichartigem Stoff bestehen, die, wie man sagt, homogen sind, so genügt die Untersuchung des Rauminhaltes, da $G = V \cdot s$ (S. 119) ist. Die Gleichungen (1) und (2) gehen dann über in

$$V \cdot x_0 = V \cdot x_1 + V_2 \cdot x_2 + V_3 \cdot x_3 + \cdots$$
$$V \cdot y_0 = V_1^1 \cdot y_1 + V_2^1 \cdot y_2 + V_3^1 \cdot y_3 + \cdots$$

Man spricht auch von dem Schwerpunkt von Flächen, die man als Körper von unendlich kleiner Dicke auffaßt; der Rauminhalt schrumpft zu dem Flächeninhalt zusammen. Die entsprechenden Gleichungen lauten:

$$F \cdot x_0 = F_1 \cdot x_1 + F_2 \cdot x_2 + F_3 \cdot x_3 + \cdots$$
$$F \cdot y_0 = F_1 \cdot y_1 + F_2 \cdot y_2 + F_3 \cdot y_3 + \cdots$$

Ja man geht noch weiter und spricht sogar von dem Schwerpunkt von Linien, die man als Körper von nur einer Ausdehnung auffaßt. Hierbei faßt man die Längen als Gewichte auf. Die entsprechenden Gleichungen lauten:

$$l \cdot x_0 = l_1 \cdot x_1 + l_2 \cdot x_2 + l_3 \cdot x_3 + \cdots$$
$$l \cdot y_0 = l_1 \cdot y + l_2 \cdot y_2 + l_2 \cdot y_2 + \cdots$$

Beispiel 76. Der Schwerpunkt des gebrochenen Linienzuges der Fig. 109 ist zu bestimmen. Wir zerlegen ihn in zwei Teile, deren Einzelschwerpunkte wir kennen. S_1 ist als Mittelpunkt von a der Schwerpunkt;

S_2 ist als Mittelpunkt von b der Schwerpunkt; der Linienzug selbst sei Achsenkreuz. Die Bestimmungsgleichungen lauten

$$Y\text{-Achse:} \qquad (a + b) \cdot x_0 = a \cdot \frac{a}{2};$$

das Moment von b bezogen auf b als Achse wird Null. Daraus

$$x_0 = \frac{a \cdot \dfrac{a}{2}}{a + b} = \frac{a^2}{2\,(a + b)},$$

$$X\text{-Achse:} \qquad (a + b) \cdot y_0 = b \cdot \frac{b}{2},$$

das Moment von a, bezogen auf a als Achse, wird Null. Daraus

$$y_0 = \frac{b \cdot \dfrac{b}{2}}{a + b} = \frac{b^2}{2\,(a + b)}.$$

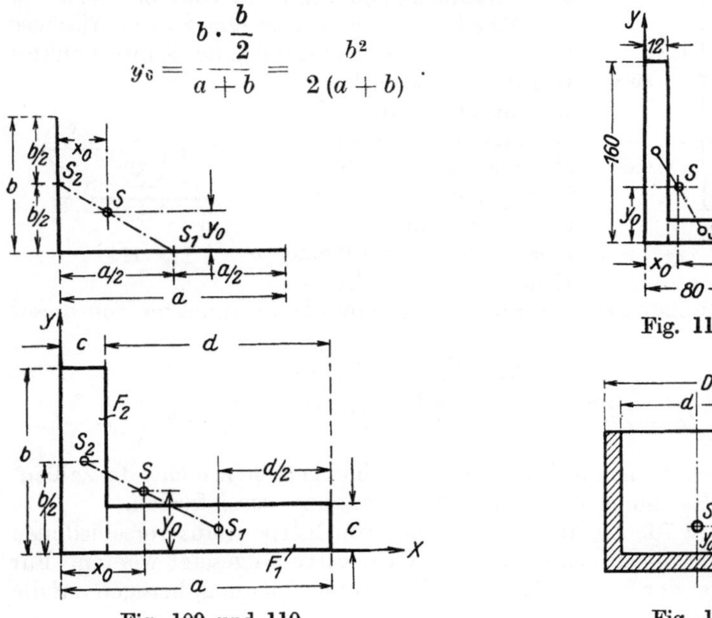

Fig. 109 und 110.

Fig. 111.

Fig. 112.

Beispiel 77. Der Schwerpunkt des angenäherten Winkeleisenquerschnittes ist zu bestimmen (Fig. 110.)

$$Y\text{-Achse:} \qquad F \cdot x_0 = F_1 \cdot \left(c + \frac{d}{2}\right) + F_2 \cdot \frac{c}{2},$$

wenn wir die ganze Fläche in zwei Rechtecke zerlegen, deren Einzelschwerpunkte wir als Schnittpunkte von Symmetrieachsen kennen;

$$X\text{-Achse:} \qquad F \cdot y_0 = F_1 \cdot \frac{b}{2} + F_2 \cdot \frac{d}{2}.$$

Die Gleichungen weiter umzuformen, hat keinen Zweck, da bei Zahlenbeispielen, um die es sich doch praktisch stets handeln wird, alle Entfernungen gegeben sind.

Zahlenbeispiele: $b = 160$; $a = 80$; $c = 12$ mm (Fig. 111).

Y-Achse: $(12 \cdot 68 + 160 \cdot 12) \cdot x_0 = 68 \cdot 12 \cdot \left(12 + \dfrac{68}{2}\right) + 160 \cdot 12 \cdot 6$.

$$228 \cdot x_0 = 68 \cdot 46 + 160 \cdot 6; \quad x_0 = 17{,}9 \text{ mm}.$$

X-Achse: $(12 \cdot 68 + 160 \cdot 12) \cdot Y_0 = 68 \cdot 12 \cdot 6 + 160 \cdot 12 \cdot 80$,

$$228 \cdot y_0 = 68 \cdot 6 + 160 \cdot 80; \quad y_0 = 57{,}9 \text{ mm}.$$

Die geringen Abweichungen erklären sich durch das Fehlen der Abrundungen.

Beispiel 78. Der Schwerpunkt des Umdrehungskörpers in Fig. 112 ist zu bestimmen. Der Körper besteht aus einem Außenzylinder mit dem Durchmesser D und der Höhe H, vermindert um den Innenzylinder mit dem Durchmesser d und der Höhe h. Da der Körper eine Symmetrieachse hat, braucht nur der Abstand y_0 des Schwerpunktes von der Grundfläche bestimmt zu werden. Wir beziehen die Momentengleichung auf die Grundfläche, und verstehen unter dem Moment des Körpers, bezogen auf eine Ebene, das Produkt aus

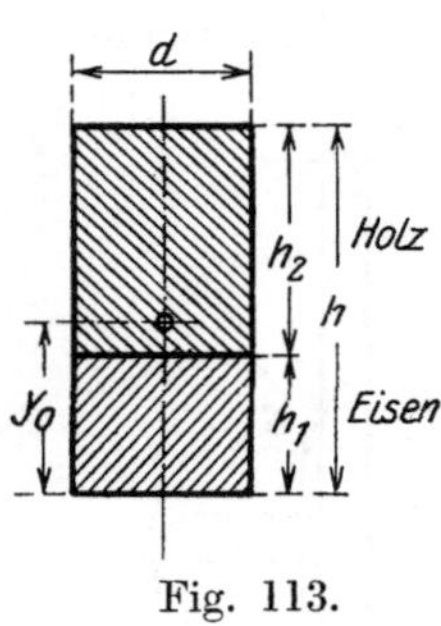

Fig. 113.

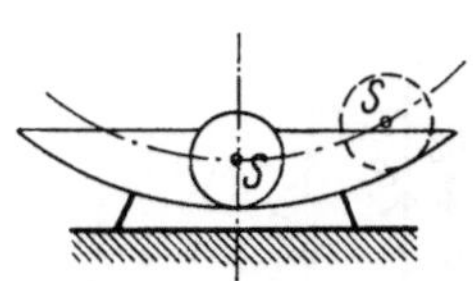

Fig. 114.

dem Rauminhalt und der Entfernung seines Schwerpunktes von dieser Ebene.

$$V \cdot y_0 = V_1 \cdot y_1 - V_2 \cdot y_2,$$

$$\left(\frac{\pi D^2}{4} \cdot H - \frac{\pi d^2}{4} \cdot h\right) \cdot y_0 = \frac{\pi D^2}{4} \cdot H \cdot \frac{H}{2} - \frac{\pi d^2}{4} \cdot h \cdot \left(s + \frac{h}{2}\right).$$

Auch hier lohnen sich algebraische Umformungen nicht, da Zahlenwerte die Rechnung durch Tabellenbenutzung vereinfachen.

Beispiel 79. Ist der Schwerpunkt von Körpern aus verschiedenen Stoffen zu ermitteln, so müssen die Gewichte eingesetzt werden. Für den Zylinder der Fig. 113 lautet die Momentengleichung, bezogen auf die Grundfläche,

$$G \cdot y_0 = G_1 \cdot y + G_2 \cdot y_2,$$

$$\left(\frac{\pi d^2}{4} \cdot h_1 \cdot s_1 + \frac{\pi d^2}{4} \cdot h_2 \cdot s_2\right) \cdot y_0 = \frac{\pi d^2}{4} \cdot h_1 \cdot \frac{h_1}{2} \cdot s_1 + \frac{\pi d^2}{4} \cdot h_2 \cdot \left(h_1 + \frac{h_1}{2}\right) \cdot s_2,$$

oder

$$(h_1 \cdot s_1 + h_2 \cdot s_2) \cdot y_0 = \frac{h_1^2}{2} \cdot s_1 + \frac{h_2^2}{2} \cdot s_2 + h_1 \cdot h_2 \cdot s_2,$$

wenn s_1 das spezifische Gewicht des Eisens, s_2 des Holzes bedeuten. Die Maße sind in cm und g/cm³ bzw. in dm und kg/dm³ oder in m bzw. t/m³ einzusetzen.

Die Gleichgewichtslagen. Es ist üblich, die drei möglichen Gleichgewichtslagen mit stabil, labil und indifferent zu bezeichnen. Ein Körper befindet sich im stabilen oder sicheren Gleichgewicht, wenn er stets in die ursprüngliche Gleichgewichtslage zurückfällt, so oft man ihn auch ein wenig aus ihr entfernen möge. So fällt z. B. die Kugel in der Schale stets in die tiefste Lage zurück. Man erkennt die stabile Gleichgewichtslage daran, daß man den Schwerpunkt heben muß, wenn man den Körper in eine andere Lage bringen will. In der gestrichelten Lage (Fig. 114) liegt der Schwerpunkt höher als in der ausgezogenen.

Ein Körper befindet sich im labilen oder unsicheren Gleichgewicht, wenn er nicht mehr in seine ursprüngliche Gleichgewichtslage zurückfällt, so-

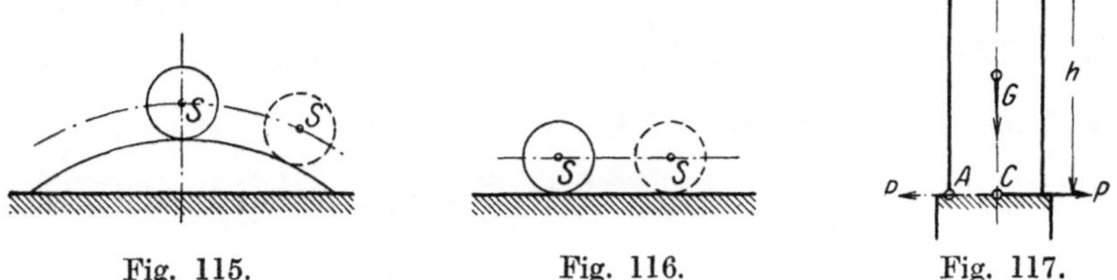

<table>
<tr><td>Fig. 115.</td><td>Fig. 116.</td><td>Fig. 117.</td></tr>
</table>

bald man ihn ein wenig aus ihr gebracht hat. Hat man die Kugel der Fig. 115 von dem höchsten Punkt der Wölbung auch nur um ein Geringes entfernt, so fällt sie weiter. Bei der Störung der unsicheren Gleichgewichtslage senkt sich der Schwerpunkt.

Indifferent ist das Gleichgewicht, wenn der Körper nach geringer Veränderung der ursprünglichen Gleichgewichtslage sofort eine neue Gleichgewichtslage einnimmt. So bleibt z. B. die Kugel der Fig. 116 auf jedem Punkte der wagerechten Unterstützungsebene liegen. Bei einer Lagenänderung behält der Schwerpunkt seine Höhe.

Alle Bauwerke und Maschinen befinden sich im stabilen Gleichgewicht, sie sind standsicher.

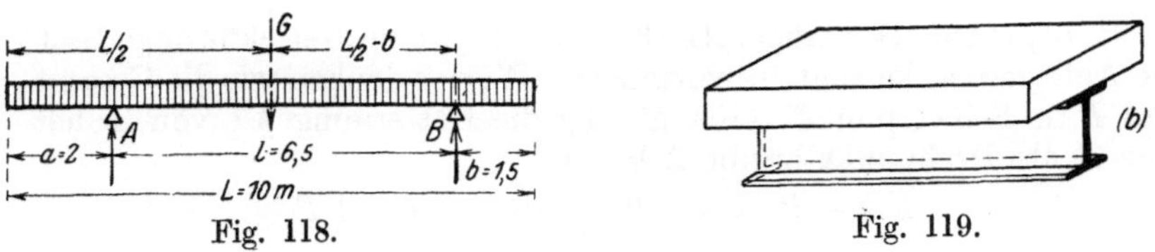

<table>
<tr><td>Fig. 118.</td><td>Fig. 119.</td></tr>
</table>

Soll ein standsicherer Körper aus seiner Gleichgewichtslage gebracht werden, so muß ein Kräftepaar angreifen, dessen Moment „Kippmoment" heißt. Die Kraft P greife an der oberen Kante B eines Prismas an (Fig. 117). Bringen wir in C zwei gleichgroße entgegengesetzt gerichtete Kräfte P an, so sucht das Kräftepaar $P \cdot h$ das Prisma um die Kante A zu kippen. Die gestrichelte Einzelkraft P sucht das Prisma in seiner Berührungsfläche zu verschieben. Dem Kippmoment $P \cdot h$ widersteht das statische Moment $G \cdot \dfrac{d}{2}$ des Gewichtes G; dem Verschieben leistet die Reibung Widerstand oder, falls sie nicht ausreicht, eine anzubringende Verankerung.

Beispiel 80. Der Balken AB (Fig. 118) trage eine gleichförmig verteilte Last von $g = 600$ kg/m, die z. B. durch das Gewicht einer Decke gegeben sein kann (Fig. 119). Wie groß sind die Auflagerdrucke A und B?

Wir denken die Gesamtlast $G = g \cdot L$ im Schwerpunkt des prismatischen Körpers als Einzelkraft angreifen, der in der Entfernung $\dfrac{L}{2}$ von den Enden des Trägers liegt. Mit B als Drehpunkt

liefert $\Sigma M = 0$: $A \cdot l - G \cdot \left(\dfrac{L}{2} - b \right) = 0$ und daraus $A = G \cdot \dfrac{\dfrac{L}{2} - b}{l}$,

Für A als Drehpunkt liefert $\Sigma M = 0$:

$$B \cdot l - G \left(\frac{L}{2} - a \right) = 0 \quad \text{und} \quad \text{daraus}$$

$$B = G \cdot \frac{\dfrac{L}{2} - a}{l},$$

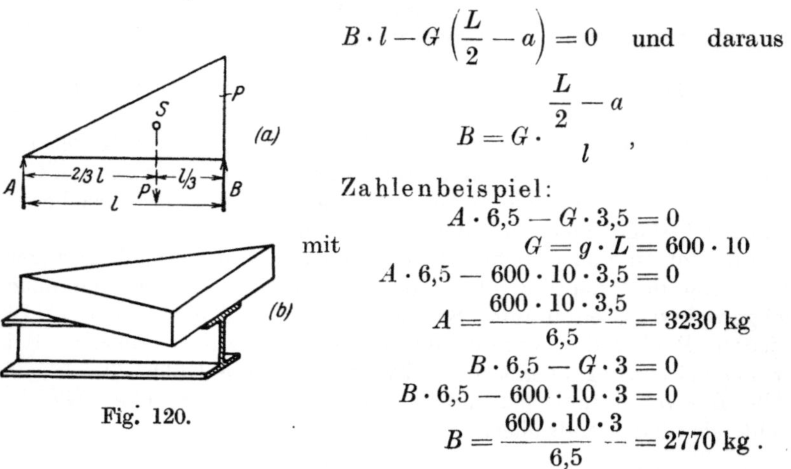

Fig. 120.

Zahlenbeispiel:

$$A \cdot 6{,}5 - G \cdot 3{,}5 = 0$$

mit $\quad G = g \cdot L = 600 \cdot 10$

$$A \cdot 6{,}5 - 600 \cdot 10 \cdot 3{,}5 = 0$$

$$A = \frac{600 \cdot 10 \cdot 3{,}5}{6{,}5} = 3230 \text{ kg}$$

$$B \cdot 6{,}5 - G \cdot 3 = 0$$

$$B \cdot 6{,}5 - 600 \cdot 10 \cdot 3 = 0$$

$$B = \frac{600 \cdot 10 \cdot 3}{6{,}5} = 2770 \text{ kg}.$$

Beispiel 81. Der Träger AB (Fig. 120) trage eine dreieckförmige Last; die Auflagerdrucke sind zu bestimmen. Wieder denken wir die Gesamtlast P im Schwerpunkt vereinigt, der die Entfernung $\tfrac{2}{3} l$ von A hat. Für B als Drehpunkt ergibt $\Sigma M = 0$

$$A \cdot l - P \cdot \tfrac{1}{3} \cdot l = 0, \quad \text{also} \quad A = \tfrac{1}{3} P,$$

folglich $\quad B = P - A = P - \tfrac{1}{3} P = \tfrac{2}{3} P.$

Schwerpunktlagen. In den nachfolgenden Abbildungen ist der Schwerpunkt mit S bezeichnet.

a) Schwerpunkte homogener Linien.

1. Gerade Linie. S liegt in der Mitte der Strecke.

2. Dreiecksumfang (Fig. 121): S liegt im Mittelpunkt des dem Dreieck ABC einbeschriebenen Kreises; A, B, C sind die Mittelpunkte der Seiten a, b, c. Aus $\Sigma M = 0$ in Beziehung auf die Seite a folgt

$$x_a = \frac{1}{2} h_a \frac{b + c}{a + b + c}.$$

3. Umfang des Parallelogramms. S liegt im Schnittpunkt der Diagonalen.

4. Kreisbogen (Fig. 122): $y_0 = MS = \dfrac{r \cdot s}{b} = \dfrac{r \cdot \sin\alpha}{\alpha^\circ} \cdot \dfrac{180^\circ}{\pi}$.

Halbkreisbogen: $MS = \dfrac{2\,r}{\pi} = 0,636\,62\,r$.

Viertelkreisbogen: $MS = 2\,r\,\dfrac{\sqrt{2}}{\pi} = 0,900\,32\,r$.

Sechstelkreisbogen: $MS = \dfrac{3\,r}{\pi} = 0,954\,93\,r$.

Für flache Bögen ist angenähert $OS = \dfrac{1}{3}\,h$.

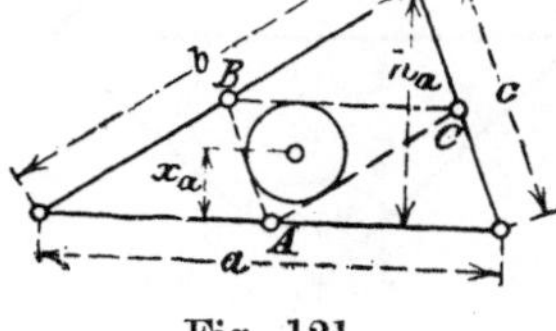
Fig. 121.

b) Schwerpunkte homogener Flächen.

1. Dreieck. S liegt im Schnittpunkt der Mittellinien, die Entfernung von der Grundfläche beträgt $^1/_3\,h$.

2. Viereck. Beliebiges Viereck (Fig. 123). Man zerlege das Viereck durch Diagonalen in vier Dreiecke, deren Schwerpunkte S_1, S_2, S_3, S_4 nach (1) bestimmt werden. Der Schnittpunkt S der Geraden $S_1 S_3$ und $S_2 S_4$ ist der Schwerpunkt. Da $S_1 S_3 \Vert AC$ und $S_2 S_4 \Vert BD$, so genügt auch die Ermittlung von S_1 und S_2. S liegt auf der Verbindungslinie der Mitte M von AD mit E, wenn $BE \Vert AC$ und $GE \Vert DB$.

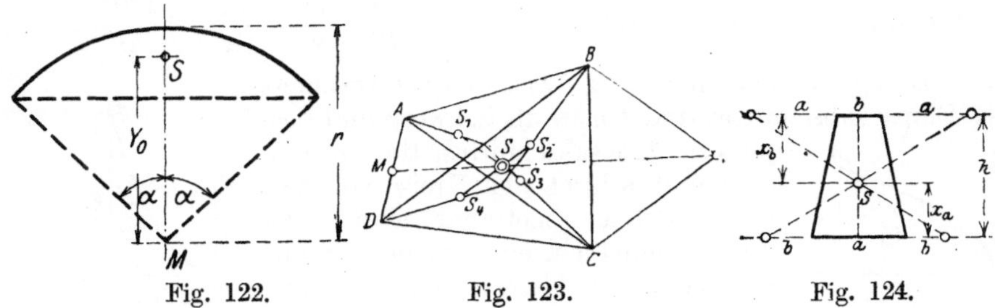

Fig. 122.　　　　　Fig. 123.　　　　　Fig. 124.

Parallelogramm. S liegt im Schnittpunkt der Diagonalen.

Trapez. S wird durch Zerlegung des Trapezes in Dreiecke gefunden, oder S liegt auf der Verbindungslinie der Mittelpunkte der parallelen Seiten; seine Abstände von diesen Seiten sind

$$x_a = \frac{h}{3} \cdot \frac{a + 2\,b}{a + b}, \qquad x_b = \frac{h}{3} \cdot \frac{2\,a + b}{a + b} .$$

Daraus ergibt sich die Konstruktion: Trage auf den Verlängerungen der parallelen Seiten die Strecken a bzw. b ab. Die Verbindungslinien der entsprechenden Endpunkte (Fig. 124) schneiden sich in S. Die Entfernung des Schwerpunktes von den nicht **parallelen** Seiten ist bestimmt durch

$$x = \frac{1}{3} \cdot \frac{a^2 + ab + b^2}{a+b}.$$

3. **Kreisteile. Kreisausschnitt** (Fig. 125):

$$y_0 = \frac{2}{3} r \cdot \frac{s}{b} = \frac{2}{3} r \cdot \frac{\sin\alpha}{\alpha} \cdot \frac{180°}{\pi}.$$

Halbkreisfläche: $y_0 = \frac{4}{3} \cdot \frac{r}{\pi} = 0{,}4244 \cdot r.$

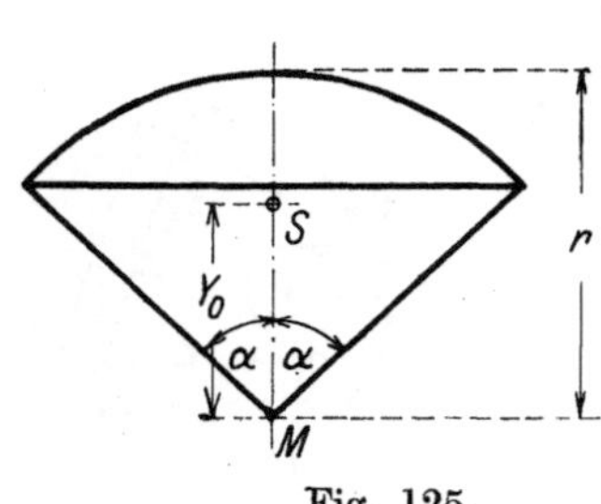

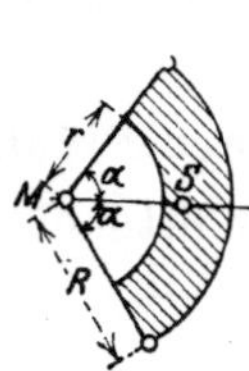

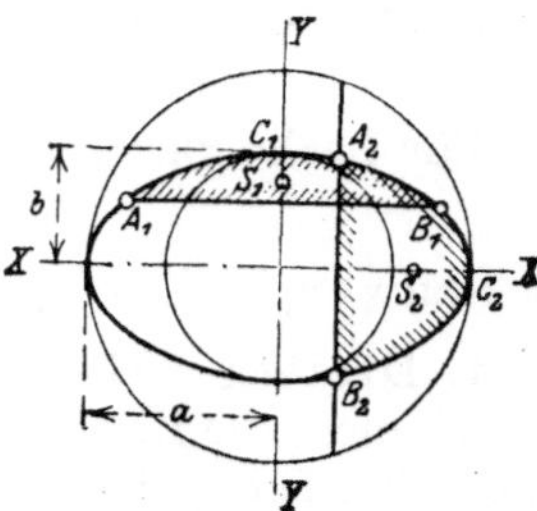

Fig. 125.   Fig. 126.   Fig. 127.

Viertelkreisfläche: $y_0 = \frac{4}{3} \cdot \frac{\sqrt{2}}{\pi} \cdot r = 0{,}6002 \cdot r.$

Sechstelkreisfläche: $y_0 = \frac{2}{\pi} \cdot r = 0{,}6366 \cdot r.$

Kreisringstück (Fig. 126): $MS = \frac{2}{3} \cdot \frac{R^3 - r^3}{R^2 - r^2} \cdot \frac{\sin\alpha}{\alpha} \cdot \frac{180°}{\pi}.$

4. **Ellipsenabschnitt** (Fig. 127). Den Schwerpunkt des Ellipsenabschnittes findet man als Schwerpunkt desjenigen Kreisabschnittes, der im ein- oder umbeschriebenen Kreise von derselben Sehne abgetrennt wird. Der Kreis ist einbeschrieben, wenn die Sehne senkrecht zur kleinen Achse, umbeschrieben, wenn die Sehne senkrecht zur großen Achse gerichtet ist.

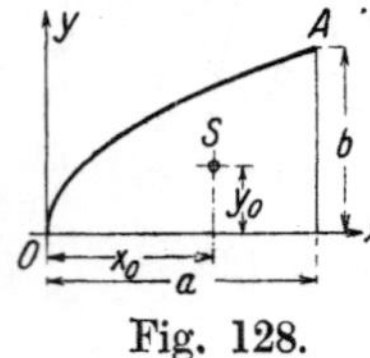

Fig. 128.

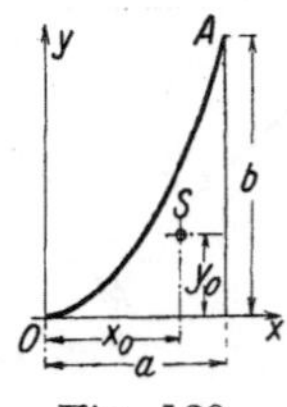

Fig. 129.

5. **Parabelfläche:**

Fig. 128: $x_0 = \frac{3}{5} a, \quad y_0 = \frac{3}{8} b,$ Fig. 129: $x_0 = \frac{3}{4} a, \quad y_0 = \frac{3}{10} b.$

6. **Kugelzone und Kugelhaube.** S liegt in der Mitte der Höhe.

7. **Mantel der Pyramide und des Kegels.** Verbindet man die Spitze mit dem Schwerpunkt der Grundfläche, so liegt der Schwerpunkt auf dieser Geraden in $\frac{1}{3} h$ von der Grundfläche entfernt.

8. **Mantel des abgestumpften Kreiskegels.** Ist h die Höhe des Kegelstumpfes, r der Radius der oberen, R der Radius der unteren

Begrenzungsfläche, so hat der Schwerpunkt die Entfernung

$$x = \frac{h}{3} \cdot \frac{R + 2r}{R + r}$$

von der Grundfläche.

c) Schwerpunkte homogener Körper.

1. **Gerades Prisma, gerader Zylinder.** S liegt in der Mitte der Schwerachse, d. h. der Verbindungslinie der Schwerpunkte der Endflächen.

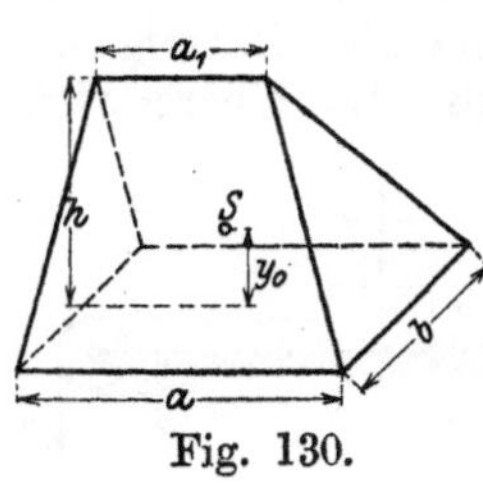

Fig. 130.

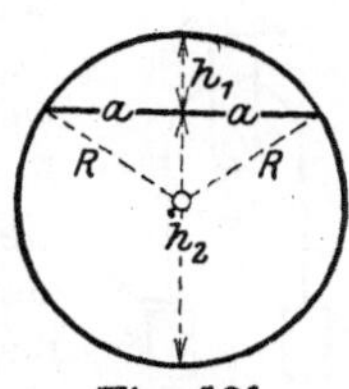

Fig. 131.

2. **Pyramide, Kegel.** S liegt auf der Schwerachse (vgl. 1), um ein Viertel der Höhe von der Grundfläche entfernt.

3. **Pyramidenstumpf.** Ist h die Höhe des Pyramidenstumpfes, F die Grundfläche, f die Endfläche, so ist der Abstand des Schwerpunktes von der Grundfläche

$$y_0 = \frac{h}{4} \cdot \frac{F + 2\sqrt{F \cdot f} + 3 \cdot f}{F + \sqrt{F \cdot f} + f}.$$

4. **Abgestumpfter Kreiskegel.** Ist h die Höhe des Kegelstumpfes, R der Grundfläche, r der Radius der Endfläche, so ist der Abstand des Schwerpunktes von der Grundfläche

$$y_0 \cdot \frac{h}{4} \cdot \frac{R^2 + 2R \cdot r + 3r^2}{R^2 + R \cdot r + r}.$$

5. **Keil.** Sind a und b die Seiten der Grundfläche, a_1 die Länge der Keilkante (Fig. 130), h die Höhe des Keiles, so ist der Abstand des Schwerpunktes von der Grundfläche

$$y_0 \cdot \frac{h}{2} \cdot \frac{a + a_1}{2a + a_1}.$$

6. **Kugelabschnitt.** Mit den Bezeichnungen der Fig. 131 wird

$$y_0 = \frac{3}{4} \cdot \frac{(2R - h_1)^2}{3R - h_1}.$$

Den gleichen Abstand hat auch der Schwerpunkt des Abschnittes eines Umdrehungsellipsoids, dessen Umdrehungsachse gleich dem Durchmesser der Kugel ist.

Halbkugel: $\qquad y_0 = \tfrac{3}{8} R$.

Halbe Hohlkugel: Ist R der Radius der äußeren, r der Radius der inneren Kugel, so ist der Abstand des Schwerpunktes von der Äquatorebene

$$y_0 = \frac{3}{8} \cdot \frac{R^4 - r^4}{R^3 - r^3}.$$

7. **Kugelausschnitt.** Ist h die Höhe des Kugelausschnittes, so wird mit den Bezeichnungen der Fig. 125, S. 194,

$$y_0 = \tfrac{3}{8} r (1 + \cos\alpha) = \tfrac{3}{8} (2r - h) .$$

IV. Die Reibung.

Bei der festen Rolle (Fig. 132) herrscht Gleichgewicht, wenn $P = Q$ ist. Belasten wir beide Seilenden gleichmäßig, so bleibt die Rolle in Ruhe. Soll die Last Q gehoben werden, so muß P vergrößert werden. Beim vorsichtigen Zulegen von Gewichten auf der rechten Seite tritt der Augenblick ein, wo die Rolle in Bewegung kommt. Genaueres Hinsehen zeigt aber, daß die Rolle eine gleichförmig beschleunigte Bewegung hat. Das heißt: Das Übergewicht war zu groß, um eine gleichbleibende Geschwindigkeit zu erzielen. Wir nehmen also so lange Gewichte ab, bis das ganze System nach leichtem Anstoß in gleichförmige Bewegung gerät. Der Versuch lehrt: Um den Übergang aus dem Zustand der Ruhe in

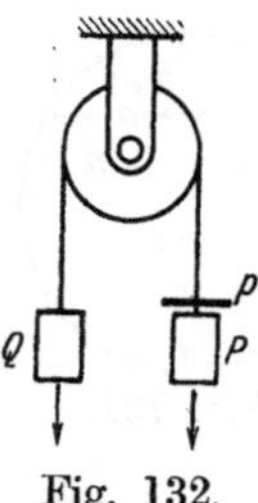

Fig. 132.

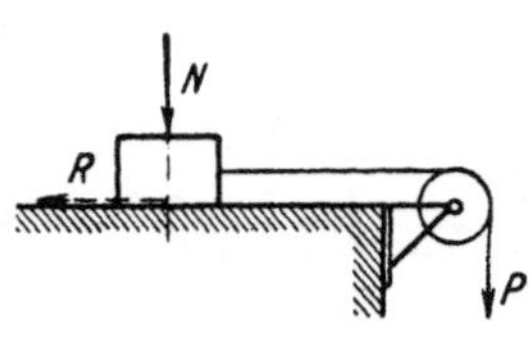

Fig. 133.

den der Bewegung zu erzwingen, ist eine größere Kraft nötig, als einen durch Anstoß erzeugten Bewegungszustand aufrechtzuerhalten. Da der Widerstand durch eine Kraft, das Übergewicht, überwunden wird, schließen wir, daß der Widerstand selbst auch eine Kraft ist, sie heißt Reibung. Da es ferner einer größeren Kraft bedarf, um einen ruhenden Körper in Bewegung zu bringen als einen bewegten in der Bewegung zu erhalten, so unterscheiden wir eine Reibung der Ruhe und eine Reibung der Bewegung.

Die Reibung ist teils nützlich, teils schädlich. Ohne sie können wir uns unser tägliches Leben überhaupt nicht denken, wir könnten uns ja nicht einmal auf unsern Beinen halten, wenn nicht die Reibung zwischen den Schuhsohlen und dem Erdboden wäre. Schädlich ist sie insofern, als es immer eines Kraftaufwandes bedarf, um sie zu überwinden; so muß P in unserm Beispiel größer als Q sein, obwohl die Theorie nur $P = Q$ verlangt. Da, wo die Reibung als hindernd empfunden wird, setzen wir alles daran, sie so gering wie möglich zu halten; wir schmieren unsere Lager, wir schaben alle Gleitflächen; wir bauen unsere Kunststraßen aus Asphalt. Aber wir erhöhen sie auch gegebenenfalls durch Sandstreuen bei Glatteis oder wenn die Straßenbahnen und Lokomotiven nicht anziehen können, weil die Schienen zu glatt sind. Auf alle Fälle ist sie für den Maschinenbauer so wichtig, daß sie der eingehendsten Untersuchung bedarf. Kenntnis über sie verdanken wir nur dem Versuch, und Versuche, die z. B. nach Fig. 133 angestellt wurden, ergaben:

P ist um so größer, je größer die Kraft N ist. N heißt Normaldruck und ist die Kraft, mit der die reibenden Flächen senkrecht aneinandergepreßt werden. Kennen wir den durch P überwundenen Reibungswiderstand R, so lautet der mathematische Ausdruck für die Abhängigkeit bei gleichförmiger Bewegung des ganzen Systems

$$R = \mu \cdot N \,.$$

R als Kraft ist gegeben, wenn μ bekannt ist. Über die Richtung der Kraft R läßt sich aussagen: Die Reibung ist der Bewegung entgegengerichtet. Eine Angabe des Angriffspunktes ist nicht möglich, wir müssen uns mit der Feststellung begnügen, daß die Kraft R in der Berührungsfläche zweier gegeneinander bewegten Körper auftritt. μ heißt Reibungziffer; ihre Größe folgt aus dem Versuch durch die Beziehung

$$P = \mu \cdot N \,, \quad \text{also} \quad \mu = \frac{P}{N}$$

für die Reibung der gleitenden Bewegung. Da sowohl P als auch N in kg gemessen werden, so ist die Dimension der Reibungziffer kg/kg oder auch kg/t. Ebenso richtig ist es natürlich auch, μ als unbenannte Zahl anzusehen. So heißt z. B. $\mu = 0{,}006$, daß 6 kg Zugkraft erforderlich sind, um 1000 kg oder 1 t Zuggewicht zu bewegen (bei Bahnen mit eigenem Bahnkörper).

Beispiel 82. Wie groß ist ein Straßenbahnmotor zu bemessen, der einen 12-t-Wagen mit $V = 18$ km/Std. auf ebener Strecke befördern soll, wenn $\mu = 0{,}01$ ist? Zu überwinden ist nur die Reibung; mit $P = R = \mu \cdot G$ als Zugkraft folgt

$$N = \frac{P \cdot v}{75 \cdot} = \frac{\mu \cdot G \cdot v}{75} = \frac{0{,}01 \cdot 12000 \dfrac{18000}{3600}}{75} = 8\ \text{PS} \,.$$

Beispiel 83. Wie groß ist die Kraft P (Fig. 134), die eine Last Q eine schiefe Ebene hinaufzieht, wenn die Reibung berücksichtigt werden soll? Wir ersetzen die schiefe Ebene durch ihre Reaktion N; dann müssen die vier Kräfte Q, N, R und P im Gleichgewicht sein, wobei die Reibung R der Bewegung entgegen, also abwärts, einzuführen ist. Die Summe sämtlicher Seitenkräfte in Richtung der schiefen Ebene gleich Null liefert $\qquad R + Q \cdot \sin \alpha - P = 0 \,.$

Außerdem ist $\quad R = \mu \cdot N = \mu \cdot Q \cdot \cos \alpha,\quad$ so daß $\quad \mu \cdot Q \cdot \cos \alpha + Q \cdot \sin \alpha - P = 0 \quad$ wird; daraus $\quad P = Q (\sin \alpha + \mu \cdot \cos \alpha) \quad$ für $Q = 750$ kg (Beispiel 44); $\quad \alpha = 30°; \quad \mu = 0{,}3 \quad$ wird $\quad P = 750 (\sin \alpha + 0{,}3 \cdot \cos \alpha) = 750 (0{,}5 - 0{,}3 \cdot 0{,}866) = 570$ kg .

Beispiel 84. Die Kraft P sei wagerecht gerichtet (Fig. 135).

Aus $\Sigma H = 0$ folgt $\quad R \cdot \cos \alpha + N \cdot \sin \alpha - P = 0 \,.$ $\hfill (1)$

Aus $\Sigma V = 0$ folgt $\quad R \cdot \sin \alpha + Q - N \cdot \cos \alpha = 0 \,.$ $\hfill (2)$

Außerdem ist $\qquad R = \mu \cdot N \,.$ $\hfill (3)$

(3) in (1) und (2) eingesetzt ergibt

$\mu \cdot N \cdot \cos \alpha + N \cdot \sin \alpha - P = 0 \quad$ oder $\quad P = N (\mu \cdot \cos \alpha + \sin \alpha)$

$\mu \cdot N \cdot \sin \alpha + N \cdot \cos \alpha + Q = 0 \quad$ oder $\quad Q = N (\cos \alpha - \mu \cdot \sin \alpha);$

beide Gleichungen durcheinander dividiert ergibt

$$\frac{P}{Q} = \frac{\mu \cdot \cos\alpha + \sin\alpha}{\cos\alpha - \mu \cdot \sin\alpha}.$$

Denken wir uns die schiefe Ebene um einen Zylinder gewickelt, so erhalten wir eine Schraubenlinie; die Last Q wird längs dieser Schraubenlinie gehoben. Die Kraft P greift dann am Umfang des Zylinders wagerecht an. Mit h als Ganghöhe und $l = \pi \cdot d = 2\pi r$ als Umfang des Kreises wird

$$\sin\alpha = \frac{h}{s}, \quad \cos\alpha = \frac{l}{s} = \frac{\pi \cdot d}{s} \quad \text{folglich}$$

$$P = Q \cdot \frac{\mu \cdot \dfrac{\pi \cdot d}{s} + \dfrac{h}{s}}{\dfrac{\pi \cdot d}{s} - \mu \cdot \dfrac{h}{s}} = Q \cdot \frac{\mu \cdot \pi \cdot d + h}{\pi \cdot d - \mu \cdot h} = Q \cdot \frac{h + 2\pi r \cdot \mu}{2\pi r - \mu \cdot h}. \quad \text{(a)}$$

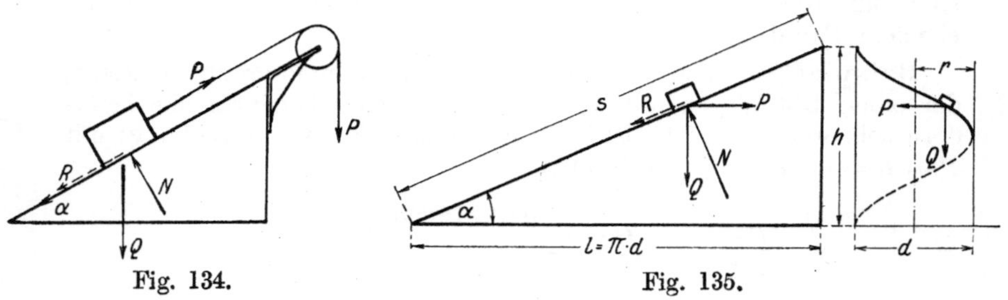

Fig. 134.　　　　　　　　　　　　　　　　Fig. 135.

Die Kraft P wirkt am Umfang des Zylinders; soll die Last Q wirklich gehoben werden, so müssen wir die Schraube drehen. Die Kraft P hat das Drehmoment $P \cdot r$, das durch Schlüssel oder Handrad hervorgebracht wird. Ist R die Schlüssellänge, K die am Schlüssel angreifende Kraft, dann ist das Drehmoment

$$M = K \cdot R.$$

Soll mit diesem Drehmoment die Schraube angezogen werden, d. h. die Last Q gehoben werden, so muß sein

$$M = K \cdot R = Q \cdot r \cdot \frac{h + 2\pi r \cdot \mu}{2\pi r - \mu \cdot h}. \quad \text{(b)}$$

Zahlenbeispiel. Eine flachgängige Spindel habe fünf Gänge auf $1''$ engl. bei einem mittleren Durchmesser $d = 40$ mm. Wie groß ist der Druck, der mit einer Umfangskraft von 15 kg am Hebelarm $R = 30$ cm ausgeübt werden kann, wenn die Reibungsziffer 0,12 ist:

Aus (b) ergibt sich:

$$Q = K \cdot \frac{R}{r} \cdot \frac{2\pi r - \mu \cdot h}{h + 2\pi r \cdot \mu};$$

hierin ist $K = 15\,\mathrm{kg}$; $R = 30\,\mathrm{cm}$; $r = 2\,\mathrm{cm}$; die Ganghöhe h berechnet sich zu

$$h = \frac{1}{5} \cdot 1'' = \frac{25{,}4}{5} = \sim 5{,}1\,\mathrm{mm};$$

$$Q = 15 \cdot \frac{30}{2} \cdot \frac{12{,}57 - 0{,}12 \cdot 0{,}51}{0{,}50 + 12{,}57 \cdot 0{,}12} = 15 \cdot \frac{30}{2} \cdot \frac{12{,}51}{208} = \sim 1350\,\mathrm{kg}\,.$$

Beispiel 85. Es ist die Leistung einer Maschine durch Messung zu bestimmen. Auf das Schwungrad der Maschine werden zwei Bremsbacken (oder auch ein Bremsband) gelegt, die mit einem Hebel l (Fig. 136) starr verbunden sind. Die Bremsbacken werden durch Schrauben soweit an-

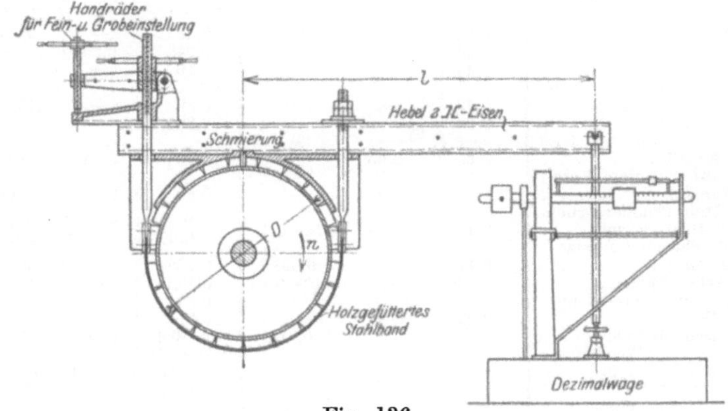

Fig. 136.

gezogen, bis die normale Umlaufzahl erreicht ist. Belastet man den Hebel stetig, so wird der Augenblick eintreten, wo die Kraft P am Hebelende der Backenreibung das Gleichgewicht hält. Infolge der Wärmeentwicklung müssen die Backen gekühlt werden. Der Apparat heißt Bremsdynamometer oder Pronyscher Zaum.

Da Gleichgewicht vorhanden ist, muß die dritte Gleichgewichtsbedingung $\varSigma M = 0$, bezogen auf den Wellenmittelpunkt, gleich Null sein; es wird also

$$P \cdot l - R \cdot \frac{D}{2} = 0, \tag{1}$$

wenn R die Backenreibung am Umfang der Scheibe bedeutet, die auch gleich der Umfangskraft der Scheibe ist.

Aus $\quad \dfrac{R \cdot v}{75} = N \quad$ folgt $\quad R \cdot \dfrac{D}{2} \cdot \dfrac{2\pi n}{60 \cdot 75} = N,$

so daß

$$R \cdot \frac{D}{2} = \frac{60 \cdot 75}{2\pi} \cdot \frac{N}{n} = 716{,}2 \cdot \frac{N}{n}$$

(siehe S. 146).

Eingesetzt in (1) ergibt sich $N = \dfrac{P \cdot l \cdot n}{716,2}$ in PS,

wenn P in kg; l in m gemessen werden.

Tabelle der Reibungziffern.

Reibungzahlen der gleitenden Reibung[1]).

| = bedeutet: die Fasern liegen parallel,
+ „ die Fasern liegen gekreuzt,
⊥ „ das Holz liegt als Hirnholz auf. | Reibungszahl | | | | | |
| | der Ruhe | | | der Bewegung | | |
	trocken	mit Wasser	geschmiert	trocken	mit Wasser	geschmiert
Eichenholz auf Eiche = . . .	0,62	—	0,11	0,48	—	0,075
„ „ „ + . . .	0,54	0,71	—	0,34	0,25	—
„ „ „ ⊥ . . .	0,43	—	—	0,19	—	—
„ „ Esche, Buche Tanne = . . .	0,53	—	—	0,38	—	0,15—0,10
„ „ Muschelkalk ⊥	0,63	—	—	0,38	—	—
„ „ Stein und Kies	0,60—0,46	—	—	—	—	—
Holz auf Metall	0,60	0,65	0,11	0,40	0,24	0,10
Hartholz auf poliertem Metall oder Granit	—	0,5	—	0,30	0,10	0,06
Stahl auf Stahl (*hoher Druck, bis etwa 1000 kg/cm²) . . .	0,15	—	*0,12—0,11	0,09 bei $v = 3$ m/sek 0,03 bei $v = 27$ m/sek		
Stahl auf Phosphor-Bronze ²) ebene Flächen	0,11	—	0,098	0,105	—	0,092
zylindrische Flächen	0,169	—	0,16—0,13	0,162	—	0,15—0,12
Stahl auf grobem Sandstein .	—	—	—	0,29	—	—
„ „ Eis	0,027	—	—	0,014	—	—
Schmiedeeisen auf Eiche = . .	—	0,65	0,11	0,5—0,4	0,26	0.08
„ „ Weichholz .	—	—	—	0,65—0,50	—	—
„ „ Stahl . . .	—	—	—	0,21 bei $v = 4,5$ m/sek 0,11 bei $v = 22$ m/sek		
„ „ Schmiedeeisen . . .	0,13	—	0,11	—	—	0,10—0,08
„ „ Gußeisen oder Bronze	0,19	—	—	0,18—0,17	—	0,08—0,07
„ „ Sandstein .	—	—	—	0,46—0,41	—	—
„ „ Muschelkalk	0,49—0,42	—	—	0,29—0,24	—	—
„ „ Stein u. Kies	0,49—0,42	—	—	—	—	—
Gußeisen auf Eiche = ...	—	0,65	—	0,5—0,3	0,22	0,19
„ „ Weichholz . . .	—	—	—	0,5—0,4	—	—
„ „ Stahl	0,33	—	—	0,27 bei $v = 2,2$ m/sek 0,13 bei $v = 20$ m/sek		
„ „ Gußeisen . . .	—	—	0,16	—	0,31	0,10—0,08
„ „ Bronze	—	—	—	0,20—0,36	—	0,08—0,07
„ „ grobem Sandstein	—	—	—	0,24—0,21	—	—
Bronze auf Eiche = ...	0,62	—	—	0,30	—	—
„ „ Bronze	—	—	0,11	0,20	0,10	0,06
Ziegelstein auf Muschelkalk .	0,67	—	—	0,65—0,60	—	—
Rauher Kalkstein auf desgl., oder mit frischem Mörtel .	0,75	—	—	0,67	—	—
Mulschelkalk auf Muschelkalk	0,70	—	—	0,38	—	—
Mauerwerk auf Beton	0,76	—	—	—	—	—
„ „ gewachsenem Boden, trocken	0,65	0,30	—	—	—	—
Rindsleder auf Eichenholz . .	0,6—0,5	—	—	0,5—0,3	—	—
„ „ Gußeisen . . .	0,5—0,3	0,6—0,4	0,12	0,56	0,15	0,15
Hanfseil auf rauhem Holz . .	0,8—0,5	—	—	0,5	—	—
„ „ glattem Holz . .	0,33	—	—	—	—	—

---

[1]) Aus Foerster, Taschenbuch für Bauingenieure. Berlin 1920. Verlag von Julius Springer.

²) Hoher Druck bis 600 kg/cm².

Reibungzahlen der gleitenden Bewegung nach Rennie in Abhängigkeit vom Flächendruck; die Oberflächen waren nur wenig eingefettet:

Flächendruck in kg/cm²	Schweißeisen auf Schweißeisen	Gußeisen auf Schweißeisen	Stahl auf Gußeisen	Messing auf Gußeisen
	$\mu =$			
8,79	0,140	0,174	0,166	0,157
13,08	0,250	0,275	0,300	0,225
15,75	0,271	0,292	0,333	0,219
18,28	0,285	0,321	0,340	0,214
20,95	0,297	0,329	0,344	0,211
23,62	0,312	0,333	0,347	0,215
26,22	0,350	0,351	0,351	0,206
27,42	0,376	0,363	0,353	0,205
31,50	0,395	0,365	0,354	0,208
34,10	0,403	0,366	0,356	0,221
36,77	0,409	0,366	0,357	0,223
39,37	Flächen	0,367	0,358	0,233
42,18	angegriffen	0,367	0,359	0,234
44,58		0,367	0,367	0,235
47,25		0,376	0,403	0,233
49,22		0,434	Flächen	0,234
55,12		Flächen	angegriffen	0,232
57,65		angegriffen		0,273

Reibungskoeffizienten für besondere Fälle.

Nach Versuchen von Wichert[1]) hat sich für die gleitende Reibung zwischen Bremsklötzen aus Stahlguß und stählernen Radreifen ergeben

$$\mu = \beta \frac{1 + 0{,}0112 \cdot V}{1 + 0{,}06\,V},$$

wobei V die Geschwindigkeit in km/Std. bedeutet, und $\beta = 0{,}45$ für trockne, $\beta = 0{,}25$ für nasse Reibungsflächen ist. Ist V die Geschwindigkeit bei Beginn des Bremsens, so kann man für die Bremszeit bis zum Stillstande mit einem mittleren Reibungskoeffizienten μ' rechnen, der in nachstehender Tabelle für ungünstige Verhältnisse gilt:

V in km/Std.	μ Reibungsflächen		μ' mittlerer Wert
	für trockne	für nasse	
0	0,450	0,250	—
10	0,313	0,174	0,201
20	0,250	0,139	0,164
30	0,215	0,119	0,142
40	0,192	0,107	0,128
50	0,176	0,098	0,117
60	0,164	0,091	0,109
70	0,154	0,086	0,103
80	0,147	0,082	0,098
90	0,141	0,078	0,003

[1]) Vgl. Zentralblatt der Bauverwaltung 1894, S. 73.

Druckwasser-Hebezeuge nach H. Lang.

a) **Bronze- oder Pockholzschieber auf Bronze**; μ ist bei langsamer wechselnder Bewegung und Flächenpressungen von 2 bis 100 kg/cm² unveränderlich:

Schieber dauernd gefettet . . . . $\mu = 0{,}06$
Schieber mittels Nuten vom Wasser benetzt $\mu = 0{,}10$
Schieber trocken . . . . μ bis 0,30.

b) **Stopfbuchsen**, mit Hanf, Baumwolle oder Leder abgedichtet, haben μ unveränderlich bei Wasserpressungen zwischen 1 und 50 kg/cm².

Baumwolle oder Hanf bei elastischer Packung . . . . $\mu = 0{,}06 \div 0{,}11$
Lederstulp, weiches Leder, gute Ausführung . . . . $\mu = 0{,}03 \div 0{,}07$
„ hartes, stark lohgares Leder . . . . $\mu = 0{,}10 \div 0{,}13$
„ ungünstige Anlage . . . . μ bis 0,20.

Schleifsteine.	grobkörniger	feinkörniger Sandstein	
Gußeisen	$\mu = 0{,}21 \div 0{,}24$	$\mu = 0{,}72$	Mittelwerte zwischen
Stahl	0,29	0,94	dem nassen Stein
Schmiedeeisen	$\mu = 0{,}41 \div 0{,}46$	1,0	und Metall.

Gesamtreibung für Straßenfuhrwerke. Der Widerstand, den ein Straßenfahrzeug seiner Bewegung entgegensetzt, wird in der Hauptsache hervorgerufen durch die Zapfenreibung in den Naben und die rollende Reibung am Umfange des Rades. Ist G das zu befördernde Gewicht, μ die Gesamtreibungszahl, so ist für eine horizontale Bahn die Summe aller Widerstände $W = \mu \cdot G$.

Mittlere Werte der Reibungszahl μ.

Erdbahnen:
Schlechter Erdweg, loser Sand . . . . $1/_7 = 0{,}150$,
Gewöhnliche Erdbahn . . . . $1/_{10} = 0{,}100$,
Trockene, feste Erdbahn . . . . $1/_{20} = 0{,}050$.

Schotterbahnen:
Frisch aufgebrachte, nicht gewalzte Schotterbahn . . . . . $1/_8 = 0{,}125$,
Schotterbahn bei Regenwetter . . . . $1/_{20} = 0{,}050$,
Trockene gute Schotterbahn . . . . $1/_{35} = 0{,}030$,
Sehr gute Schotterstraße, Pechmakadam . . . . $1/_{50} = 0{,}020$.

Pflasterbahnen:
Schlechtes Steinpflaster, Kopfsteinpflaster . . . . $1/_{25} = 0{,}040$,
Kleinpflaster, $1/_{40} \div 1/_{60}$, im Mittel . . . . $1/_{50} = 0{,}020$,
Gutes Steinpflaster, $1/_{50} \div 1/_{60}$, im Mittel . . . . $1/_{55} = 0{,}018$,
Gutes, sehr ebenes Stein- (Klinker-) Pflaster . . . . $1/_{75} = 0{,}013$,
Holzpflaster aus Weichholz, $1/_{30} \div 1/_{90}$, im Mittel . . . . . $1/_{55} = 0{,}018$,
„ „ Hartholz . . . . $1/_{75} = 0{,}013$,
Asphaltbahnen . . . . $1/_{100} = 0{,}010$,
Eiserne Gleise in Straßen, $1/_{100} \div 1/_{300}$, im Mittel . . . . . $1/_{200} = 0{,}005$,
Eisenbahngleise bei geringer Geschwindigkeit . . . . $1/_{400} = 0{,}0025$.
Auf steigender Bahn vom Steigungsverhältnis $s^0/_{00}$ gilt $W = G(\mu + s)$.

Rollende Reibung. Rollt ein Zylinder auf einer ebenen Unterlage ohne zu gleiten, so tritt der Widerstand in der Berührungslinie auf, während die zur Überwindung des Widerstandes erforderliche Kraft nach Fig. 137 oder 138 angreift. Die Drehung wird durch ein Kräftepaar $P \cdot r$ bzw. $P \cdot d$ hervorgerufen; es ist deshalb üblich, auch den Widerstand in dieser Form zu bezeichnen. Ist Q der Normaldruck, so ist das zu überwindende Kräftepaar $M = Q \cdot f$, worin f (Fig. 139) die Entfernung in cm bedeutet, die zwei gleich große, entgegengesetzt gerichtete Kräfte Q haben müssen, wenn Gleichgewicht zwischen dem angreifenden Kräftepaar $P \cdot r$ oder $P \cdot d$ und dem widerstehenden Kräftepaar $Q \cdot f$ herrschen soll. Die Größe f heißt Hebelarm, Koeffizient der rollenden Reibung oder Reibungziffer der rollenden Reibung.

Reibungziffern der rollenden Reibung.

Reibende Körper	f in cm
Pockholz auf Pockholz	0,047
Ulmenholz auf Pockholz	0,081
Eisen auf Eisen	0,005
Stahl auf Stahl	0,005
Gehärtete Stahlrollen und Kugeln auf Stahlringen und Lagern	0,001

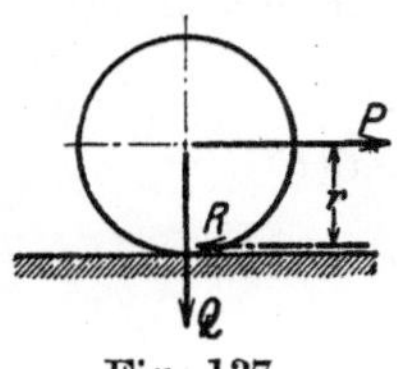

Fig. 137.

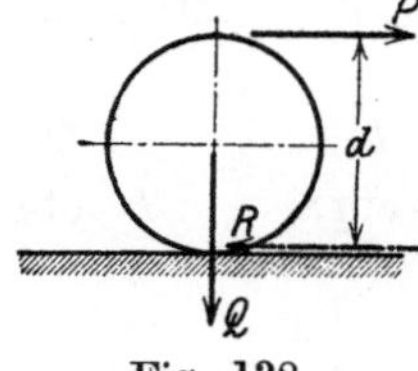

Fig. 138.

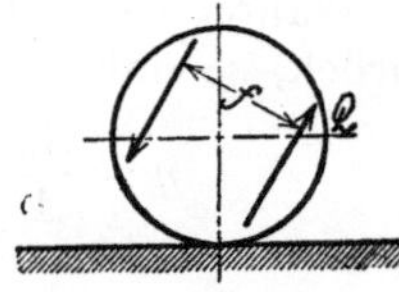

Fig. 139.

Reibungsarbeit und Wirkungsgrad. Veranlaßt das Gewicht $(P + p)$ durch sein Herabfallen ein Steigen des Gewichtes Q an einer einfachen Rolle (Fig. 132), so ist die von $(P + p)$ geleistete Arbeit um einen Betrag größer als die Arbeit von Q, den man den Arbeitsverlust durch Reibung nennt. Ist die Reibungskraft bekannt, und ist die Entfernung gegeben, die diese Kraft durchläuft, so ist das Produkt aus Kraft und Weg die zur Überwindung der Reibung aufgewendete Arbeit. In unserm Beispiel (Fig. 132) herrscht Gleichgewicht, wenn $P = Q$ ist; demnach muß p zur Überwindung der Reibung aufgewendet werden. Steigt Q um h m, fällt also $(P + p)$ um ebenfalls h m, so ist die von p zu leistende Arbeit $p \cdot h$ mkg, wenn P und p in kg gemessen werden. Mathematisch lautet die Arbeitsbilanz

$$Q \cdot h + A_r = (P + p) \cdot h \, .$$

Man bezeichnet $Q \cdot h$ mit Nutzarbeit; A_r mit Reibungsarbeit; $(P + p) \cdot h$ mit aufgewendeter Arbeit. Aus

$$Q \cdot h = (P + p) h - W$$

folgt: Die Nutzarbeit ist gleich der Differenz aus der gesamten aufgewendeten Arbeit und der Reibungsarbeit. Das Verhältnis von Nutzarbeit zur gesamten aufgewendeten Arbeit heißt Wirkungsgrad und wird üblicherweise mit η bezeichnet. Es ist also

$$\eta = \frac{Q \cdot h}{(P + p) \cdot h} = \frac{\text{Nutzarbeit}}{\text{gesamte aufgewendete Arbeit}} = \frac{A_n}{A}.$$

Das Verhältnis der Reibungsarbeit A_r zur Nutzarbeit A_n heißt verhältnismäßiger Arbeitsverlust und wird mit $\mathfrak{B}$ bezeichnet; es ist

$$\mathfrak{B} = \frac{A_r}{A_n}; \quad \text{also} \quad \eta = \frac{1}{1 + \mathfrak{B}}.$$

Besteht ein Getriebe aus mehreren Teilgetrieben mit den Einzelwirkungsgraden η_1, η_2, η_3 .... so ist der Gesamtwirkungsgrad

$$\eta = \eta_1 \cdot \eta_2 \cdot \eta_3 \cdots$$

Beispiel 86. Wirkungsgrad der Schraube Fig. 135. Wird die Last Q um die Strecke h gehoben, so ist die Nutzarbeit

$$A_n = Q \cdot h.$$

Während der Hubzeit legt die Kraft P den Weg $l = \pi \cdot d = h \cdot \operatorname{ctg} \alpha$ zurück, so daß

$$\eta = \frac{A_n}{A} = \frac{Q \cdot h}{P \cdot h \cdot \operatorname{ctg} \alpha} = \frac{Q}{P \cdot \operatorname{ctg} \alpha} = \frac{Q}{P} \cdot \operatorname{tg} \alpha$$

ist.

C. Wärmelehre.

Unser Gefühl sagt uns im täglichen Leben, daß ein Körper warm, der andere kalt ist; doch kann diese gefühlsmäßige Bestimmung keinen Anspruch auf wissenschaftliche Schärfe machen, zumal das Gefühl Täuschungen unterliegt. Wir unterscheiden den Wärmegrad oder die Temperatur von dem Wärmeinhalt. Der Wärmegrad wird mit dem Thermometer gemessen und in ° C (Grad Celsius) angegeben; die Maßeinheit für den Wärmeinhalt ist die Wärmeeinheit (WE) oder Kalorie.

Das Thermometer ist eine enge Glasröhre, die oben abgeschmolzen und unten zu einer kleinen Kugel erweitert ist. Im allgemeinen ist es zu einem Teil mit Quecksilber gefüllt, dessen jeweilige Oberkante die Temperatur an einer Skala angibt. Maßgebend sind zwei Hauptpunkte: Der Nullpunkt (0°) zeigt die Temperatur des schmelzenden Schnees an, der obere Hauptpunkt die des siedenden Wassers bei 760 mm Quecksilbersäule Barometerstand. Der Zwischenraum zwischen beiden Marken ist in 100 Teile geteilt (Bauart Celsius, 1742).

Neben diesem in der Wissenschaft allgemein üblichen Thermometer gibt es noch die Teilung nach Réaumur, der den Abstand zwischen Null- und Siedepunkt in 80 gleiche Teile teilt, und die nach Fahrenheit, der als Nullpunkt 32° Fahrenheit unter dem Nullpunkt nach Celsius legte und diesen Zwischenraum in 212 gleiche Teile teilte. Demnach sind

$$100° \,\mathrm{C} = 80° \,\mathrm{R} = 180° \,\mathrm{F}.$$

$$\text{Aus } 100^\circ \text{C} = 80^\circ \text{R} \qquad \text{folgt} \qquad t^\circ \text{C} = \tfrac{4}{5}\, t^\circ \text{R},$$
$$\text{,, } 100^\circ \text{C} = 180^\circ \text{F} \qquad \text{,,} \qquad t^\circ \text{C} = (\tfrac{9}{5}\, t + 32)^\circ \text{F},$$
$$\text{,, } \ \ 80^\circ \text{R} = 100^\circ \text{C} \qquad \text{,,} \qquad t^\circ \text{R} = \tfrac{5}{4}\, t^\circ \text{C},$$
$$\text{,, } \ \ 80^\circ \text{R} = 180^\circ \text{F} \qquad \text{,,} \qquad t^\circ \text{R} = \tfrac{9}{4}\, t + 32)^\circ \text{F}.$$

Ferner ist

$$t^\circ \text{F} = \tfrac{5}{9}\,(t - 32)^\circ \text{C} \qquad \text{bzw.} \qquad t^\circ F = \tfrac{4}{9}\,(t - 32^\circ)\,^\circ \text{R}.$$

Beispiele: 87. Es sind 25° C umzurechnen in R und F.

$$\text{Aus } t^\circ \text{C} = \tfrac{4}{5}{}^\circ \text{R} \qquad\qquad \text{folgt} \qquad 25^\circ \text{C} = \tfrac{4}{5} \cdot 25 = 20^\circ \dot{\text{R}},$$
$$\text{,, } \ \ t^\circ \text{C} = (\tfrac{9}{5}\, t + 32)^\circ \text{F} \qquad \text{,,} \qquad 25^\circ \text{C} = (\tfrac{9}{5} \cdot 25 + 32) = 87^\circ \text{F}.$$

88. Es sind $- 16^\circ$ R umzurechnen in C und F.

$$\text{Aus } t^\circ R = \tfrac{5}{4}\, t^\circ \text{C} \qquad\qquad \text{folgt} \qquad - 16^\circ \text{R} = \tfrac{5}{4}\,(- 16) = - 20\,\text{C},$$
$$\text{,, } \ \ t^\circ \text{R} = (\tfrac{9}{4}\, t + 32)^\circ \text{F} \qquad \text{,,} \qquad - 16^\circ \text{R} = [\tfrac{9}{4}\,(- 16) + 32] = - 4^\circ \text{F}.$$

89. Es sind $- 9^\circ$ F in C und R umzurechnen.

$$\text{Aus } t^\circ \text{F} = \tfrac{5}{9}\,(t - 32)^\circ \text{C} \qquad \text{folgt} \qquad - 9^\circ F = \tfrac{5}{9}\,[(- 9) - 32] = - 22{,}8\,\text{C}.$$
$$\text{,, } \ \ t^\circ \text{F} = \tfrac{4}{9}\,(t - 32)^\circ \text{C} \qquad \text{,,} \qquad - 9^\circ \text{F} = \tfrac{4}{9}\,[(- 9) - 32] = - 18{,}3\,\text{C}.$$

Thermometer für besondere Zwecke. Quecksilber erstarrt bei
$- 39{,}2^\circ$ C und siedet bei $+ 357^\circ$ C, folglich ist es nur innerhalb der
Grenzen $- 30^\circ$ bis $+ 350^\circ$ brauchbar. Füllt man den Raum oberhalb
des Quecksilbers mit Stickstoff von 10 atm Druck, so läßt sich dieses
Quecksilberthermometer für Messungen bis zu $+ 575^\circ$ C benutzen, da
der durch die Ausdehnung des Quecksilberfadens auf 20 atm steigende
Druck des Stickstoffes das Sieden des Quecksilbers verhindert. Noch
höhere Temperaturen mißt man mit dem elektrischen Thermometer,
auch thermoelektrisches Pyrometer genannt, bei dem zwei Metalldrähte
in einem feuerfesten Rohr zusammengelötet sind. Die Erwärmung der
Lötstelle ruft eine elektromotorische Kraft hervor, die bei einem geschlossenen Leiter einen elektrischen Strom liefert. Ein eingeschaltetes
Galvanometer ermöglicht das Ablesen der Temperatur (Fernthermo-
meter). Bei der Herstellung feuerfester Ziegel benutzt man die sog.
Segerschen Brennkegel, das sind dreiseitige Pyramiden von 60 mm
Höhe aus Tonerdesilikaten, die bei bestimmten Temperaturen zu schmelzen beginnen. Da die Kegel nur einmal zu benutzen sind, werden sie
in großen Mengen als Handelsware hergestellt; sie sind in 35 Stufen
für Temperaturen von $1230 \div 2000^\circ$ C erhältlich.

Zur Messung von Temperaturen unter $- 30^\circ$ C bedient man sich des
Alkohol- oder Weingeistthermometers, das bis $- 130^\circ$ C brauchbar ist. Noch tiefere Temperaturen werden mit Thermometern gemessen,
die mit Penthan gefüllt sind ($- 200^\circ$ C). Penthan oder Petroläther
wird bei der Destillation des Rohpetroleums gewonnen.

Zur Eichung aller andern Thermometer dient das Luft- oder
Gasthermometer.

Ausdehnung der Körper.

Erwärmt man eine Kugel, die im kalten Zustande gerade noch durch
einen Ring geht, so zeigt sich, daß die erwärmte Kugel nicht mehr hin-

durchgeht; ihr Durchmesser ist infolge der Erwärmung größer geworden.
Bei dem Verlegen von Eisenbahnschienen muß auf die Ausdehnung durch
die Wärme Rücksicht genommen werden; man läßt deshalb zwischen den
einzelnen Längen Zwischenräume. Wird die Ausdehnung von Körpern
infolge der Wärme gehindert (stumpf geschweißte Straßenbahnschienen),
so entstehen in dem Körper Spannungen, mit denen der Ingenieur
rechnen muß, der Temperaturschwankungen ausgesetzte Bauten entwirft.

Wärmeausdehnungziffer oder Ausdehnungskoeffizient.
Die Zunahme der Längeneinheit bei $1°$ C Temperaturerhöhung heißt
„linearer Ausdehnungskoeffizient"; er wird mit α bezeichnet. Ist dem-

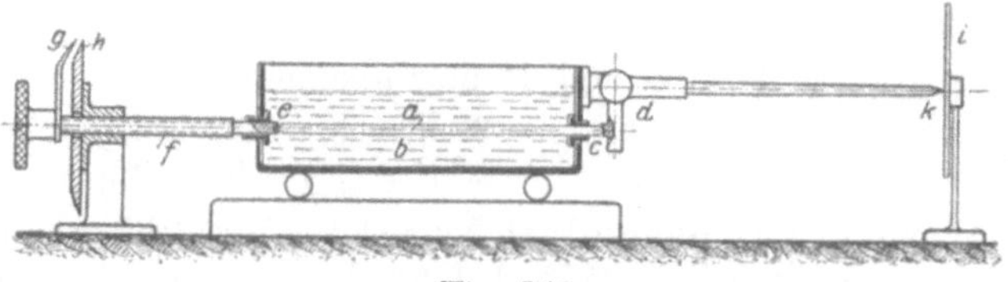

Fig. 140.

nach l_1 die ursprüngliche Länge eines Stabes in m, α der lineare Ausdehnungskoeffizient des Baustoffes; $t_1°$ C die Anfangs- und $t_2°$ C die Endtemperatur, so ist die Verlängerung $\varDelta l$

$$\varDelta l = l_2 - l_1 = l_1 \cdot \alpha \cdot (t_2 - t_1).$$

Hat ein Stab bei $0°$ C die Länge l_0 m, so mißt er bei $t°$ C

$$l_t = l_0 \cdot (1 + \alpha \cdot t).$$

Die Wärmeausdehnungsziffern werden durch Versuche bestimmt.
Fig. 140 veranschaulicht einen Apparat, der die Messung der Verlängerung
ermöglicht. Der Stab a befindet sich in einem Ölbade b. Die Spitze c
drückt gegen den Winkelhebel d, der eine große Übersetzung hat, während die Spitze e in der Pfanne einer Mikrometerschraube f ruht. Mit
der Schraubenspindel fest verbunden ist der Zeiger g, dessen Spitze auf
einer Teilscheibe h spielt, die in 500 Teile geteilt ist. Bei einer Steigung
der Schraube von $^1/_2$ mm pro Umdrehung bedeutet 1 Teilstrich der
Scheibe $\dfrac{0,5}{500} = 0,001$ mm. Der lange Arm des Winkelhebels ist in eine
feine Spitze k ausgezogen, die auf den Haarriß eines kleinen Spiegels i
weist. Jede Drehung der Schraube bewirkt ein Heben oder Senken der
Spitze k. Angenommen, das Öl habe die Temperatur $t_1°$ C bei Beginn
des Versuches, der Zeiger g stehe auf z_1 der Teilscheibe; die Spitze k
auf dem Haarriß des Spiegels. Jetzt wird das Öl auf $t_2°$ C erwärmt; die
Spitze k wird gehoben. Um sie wieder vor den Haarriß zu bringen, drehen
wir die Schraube zurück; der Zeiger g steht auf z_2 der Teilscheibe. Die
Verlängerung, die der Stab erfahren hat, ist dann

$$\varDelta l = \frac{(z_1 - z)}{1000} \text{ mm}.$$

Aus $\quad \alpha = \dfrac{\varDelta l}{l \cdot {}^\circ C} \quad$ folgt $\quad \alpha = \dfrac{z_1 - z_2}{l \cdot (t_2 - t_1) \cdot 1000}$.

Lineare Ausdehnungziffern bei mittleren Temperaturen:

Aluminium	0,000024	Kupfer	0,000017
Bronze	0,000018	Glas (im Mittel) . .	0,000007
Eisen und Stahl . .	0,000011	Porzellan	0,000003

Beispiele: 90 a. Welche Verlängerung erfährt eine Eisenbahnschiene von 12 m Länge bei einer Temperaturschwankung von -30 bis $+40^\circ$ C?

Aus $\qquad \varDelta l = l_1 \cdot \alpha \cdot (t_2 - t_1) \qquad$ folgt
$$\varDelta l = 12\,000 \cdot 0,000011 \cdot [40 - (-30)] = 9,24\,\text{mm} .$$

b. Mit welchem Spielraum muß die Schiene bei 15° C verlegt werden, wenn eine höchste Temperatur von 45° C zu erwarten ist?

Aus $\qquad \varDelta l = l_1 \cdot \alpha \cdot (t_2 - t_1) \qquad$ folgt
$$\varDelta l = 12\,000 \cdot 0,000011\,(45 - 15) = \infty\,4\,\text{mm} .$$

91. Um welche Länge muß das bewegliche Auflager einer 100 m langen Brücke verschiebbar sein, wenn die äußersten Temperaturen $+45^\circ$ C und -30° C sind?

Aus $\qquad \varDelta l = l_1 \cdot \alpha \cdot (t_2 - t_1) \qquad$ folgt
$$\varDelta l = 100\,000 \cdot 0,000011\,[45 - (-30)] = 82,5\,\text{mm} .$$

Die kubische Ausdehnungziffer β gibt an, um wieviel der Rauminhalt der Volumeneinheit pro $^\circ$ C Erwärmung zunimmt. Hat ein Würfel bei 0° C die Kantenlänge l_0 bei einem Rauminhalt V_0 und bei t° die Kantenlänge l, so ist sein Rauminhalt V bei t° C

$$V = V_0\,(1 + \beta \cdot t) = [l_0\,(1 + \alpha \cdot t)]^3 = l_0^3 \cdot [1 + 3\,\alpha \cdot t + 3\,\alpha^2\,t^2 + \alpha^3\,t^3] .$$

Nun ist aber α eine sehr kleine Zahl, so daß α^2 und α^3 gegen 1 vernachlässigt werden können; wir erhalten

$$V = l_0^3\,(1 + 3\,\alpha \cdot t) = V_0\,(1 + 3\,\alpha \cdot t) .$$

Der Vergleich mit $V = V_0\,(1 + \beta \cdot t)$ zeigt, daß $\beta = 3\,\alpha$ ist. Kubische Ausdehnungziffern von Flüssigkeiten bei $+15^\circ$ C.

Wasser	0,00018	Äther	0,00160
Quecksilber . .	0,00013	Alkohol	0,00110

Da sich mit der Temperatur der Rauminhalt ändert, so ändert sich auch das auf die Raumeinheit bezogene Gewicht einer Flüssigkeit, das sog. spezifische Gewicht (vgl. S. 119). G kg einer Flüssigkeit mögen bei 0° C einen Rauminhalt V_0, bei t_1° C einen Rauminhalt V_1, bei t_2° C einen Rauminhalt V_2 einnehmen, dann ist mit den entsprechenden spezifischen Gewichten s_0; s_1 und s_2

$$G = V_0 \cdot s_0 = V_1 \cdot s_1 = V_1 \cdot s_2$$

und daraus

$$s_1 = s_0 \cdot \frac{V_0}{V_1} ; \qquad s_2 = s_1 \cdot \frac{V_1}{V_2}$$

mit

$$V_1 = V_0\,(1 + \beta \cdot t_1) \qquad \text{bzw.} \qquad V_2 = V_1 \cdot [1 + \beta\,(t_2 - t_1)]$$

ergibt sich

$$s_1 = s_0 \cdot \frac{V_0}{V_0 \cdot (1 + \beta \cdot t_1)} = s_0 \cdot \frac{1 - \beta \cdot t_1}{(1 + \beta \cdot t_1) \cdot (1 - \beta \cdot t_1)} = s_0 \cdot \frac{1 - \beta \cdot t_1}{1^2 - \beta^2 \cdot t_1^2}.$$

Wir vernachlässigen $\beta^2 \cdot t_1^2$ gegen 1^2 und erhalten

$$s_1 = s_0 (1 - \beta \cdot t_1) \qquad \text{bzw.} \qquad s_2 = s_1 \cdot [1 - \beta (t_2 - t_1)].$$

Bezeichnet b_0 den Barometerstand in mm Quecksilber bei $0°$ C,

„ b_t „   „   „ „   „   „ $t°$ C,

so verhalten sich die Höhen umgekehrt wie die spezifischen Gewichte
des Quecksilbers bei den Temperaturen $0°$ C und $t°$ C; es ist

$$b_0 : b_t = s_t : s_0.$$

Daraus

$$b_0 = b_t \cdot \frac{s_t}{s_0} = b_t \cdot (1 - \beta \cdot t)$$

(Reduktionsformel für Barometerablesung).

Beispiele: 92. Welchen Raum nehmen 100 l Alkohol von $t_1 = 15°$ C
bei $t_2 = 75\,°C$ ein?

Aus

$$V_2 = V_1 \cdot [1 + \beta (t_2 - t_1)] \qquad \text{folgt} \qquad V_2 = 100 \cdot [1 + 0{,}0011 \cdot (75 - 15)],$$
$$V_2 = 106{,}6\,l.$$

93. Wie groß ist das Normalvolumen von 100 l Alkohol von $t_1 = 15°C$?

Aus $\quad V_1 = V_0 \cdot (1 + \beta \cdot t_1) \quad$ folgt $\quad V_0 = \dfrac{V_1}{1 + \beta \cdot t_1} = V_1 \cdot (1 - \beta \cdot t_1)$

$$V_0 = 100 \cdot (1 - 0{,}0011 \cdot 15) = 98{,}35\,l.$$

94. Wie groß ist der auf $0°$ C reduzierte Barometerstand, wenn er bei
$t = 20°$ C $b_t = 760$ mm Quecksilber beträgt?

Aus

$$b_0 = b_1 \cdot (1 - b \cdot t) \qquad \text{folgt} \qquad b_0 = 760 \cdot (1 - 0{,}000\,181 \cdot 20) = 757{,}1 \text{ mm}.$$

Im Gegensatz zu den meisten Flüssigkeiten ist die Ausdehnung des
Wassers unregelmäßig; seine größte Dichtigkeit liegt bei $4°$ C. Bezeichnet man das zu dieser Temperatur gehörige Volumen mit V, dann

ist $V_t = \left(\dfrac{V_t}{V}\right) \cdot V$, wobei die Werte $V_t : V$ nachstehender Tabelle[1]) zu

entnehmen sind.

$0°$	.... 1,000 117	$35°$	... 1,005 82	$100°$	... 1,043 12
$2°$	.... 1,000 028				
$4°$	.... 1,000 000	$40°$	... 1,007 71	$120°$	... 1,059 93
$5°$	.... 1,000 008	$45°$	... 1,009 81	$140°$	... 1,079 49
$10°$	.... 1,000 264	$50°$	... 1,011 96	$160°$	... 1,101 79
$15°$	.... 1,000 852	$60°$	... 1,016 92	$180°$	... 1,126 78
$20°$	.... 1,001 741	$70°$	... 1,022 63	$190°$	... 1,140 26
$25°$	.... 1,002 900	$80°$	... 1,028 91	$200°$	... 1,154 38
$30°$	.... 1,004 300	$90°$	... 1,035 71		

---

[1]) Entnommen aus Hütte, Des Ingenieurs Taschenbuch.

Beispiel 95. Welches Volumen nehmen 12000 t Wasser von 30° C ein?

Aus $\quad V_t = \left(\dfrac{V_t}{V}\right) \cdot V \quad$ folgt $\quad V_t = 12\,000 \cdot 1{,}0043 = 12\,051{,}6\ \mathrm{m}^3.$

Ausdehnung von Gasen. a) Bei gleichbleibendem Druck. Versuche von Gay-Lussac (1802) ergaben, daß die kubische Ausdehnungsziffer β für sämtliche Gase gleich groß ist; er fand $\beta = \dfrac{1}{273} = 0{,}003\,66$, bezogen auf das Volumen von 0° C. Daraus ergibt sich für Gase

$$V_t = V_0 \cdot \left(1 + \frac{1}{273} \cdot t\right).$$

Hat ein Gas bei $t_1{}^\circ$ C den Rauminhalt V_1, bei $t_2{}^\circ$ C den Rauminhalt V_2, so ist unter der Voraussetzung eines gleichbleibenden Druckes

$$V_1 = V_0 \cdot \left(1 + \frac{1}{273} \cdot t_1\right); \qquad V_2 = V_0 \cdot \left(1 + \frac{1}{273} \cdot t_2\right).$$

Daraus $\qquad \dfrac{V_1}{V_2} = \dfrac{1 + \dfrac{1}{273} \cdot t_1}{1 + \dfrac{1}{273} \cdot t_2} = \dfrac{273 + t_1}{273 + t_2} = \dfrac{T_1}{T_2},$

wobei $T_1 = 273 + t_1$ bzw. $T_2 = 273 + t_2$ die **absoluten Temperaturen** heißen; sie werden gewissermaßen mit einem Thermometer mit Celsiusgraden gemessen, dessen Nullpunkt 273° C unter dem Nullpunkt des gewöhnlichen Thermometers liegt. Zum Unterschied gegen Celsiusgrade nennt man die absoluten Temperaturen häufig „Kelvin". Man sagt z. B. $T = 300°$ Kelvin; das sind $t = T - 273 = 300 - 273 = 27°$ C.

Denkt man sich ein Gas auf $- 273°$ C abgekühlt, so wird sein Rauminhalt nach

$$V_t = V_0 \cdot \left(1 + \frac{1}{273} \cdot t\right) = V_0 \cdot \left[1 + \frac{1}{273} \cdot \left(-273\right)\right] = 0;$$

es würde also überhaupt keinen Raum mehr einnehmen. Dabei ist vorausgesetzt, daß das Gas bis zu dieser tiefsten Grenze dem Gay-Lussacschen Gesetze auch folgt. Doch ist damit zu rechnen, daß sich alle Gase schon vor Erreichung dieser Temperatur verflüssigen.

Ändert sich die Temperatur, so ändern sich bei gleichbleibendem Druck auch die spezifischen Gewichte der Gase.

Aus $\quad G = V_1 \cdot s_1 = V_2 \cdot s_2 \quad$ folgt $\quad \dfrac{s_1}{s_2} = \dfrac{V_2}{V_1} = \dfrac{T_2}{T_1},$

d. h. die spezifischen Gewichte verhalten sich umgekehrt wie die absoluten Temperaturen.

Beispiele: 96. 5 m³ eines Gases von 15° C werden bei gleichbleibendem Druck auf 165° C gebracht. Wie groß ist der Raumbedarf des Gases?

Aus $\quad V_2 = V_1 \cdot \dfrac{T_2}{T_1} = V_1 \cdot \dfrac{273 + t_2}{273 + t_1}\quad$ folgt $\quad V_2 = 5 \cdot \dfrac{273 + 165}{273 + 15}$

$$= 5 \cdot \frac{438}{288} = 7{,}6 \text{ m}^3.$$

97. Ein Gas von 5 m³ und 20° C soll auf 6 m³ bei gleichbleibendem Druck gebracht werden. Wie hoch muß die Temperatur des Gases sein?

Aus $\quad V_1 : V_2 = T_1 : T_2 \quad$ folgt $\quad T_2 = T_1 \cdot \dfrac{V_2}{V_1} = (273 + t_1) \cdot \dfrac{V_2}{V_1},$

$$T_2 = (273 + 20) \cdot \frac{6}{5} = 352°\text{Kelvin} = 352 - 273 = 79°\,\text{C}.$$

98. Wie groß ist das Gewicht von 12 m³ Luft bei 18° C und 760 mm Barometerstand?

1 m³ Luft wiegt bei 0° C und 760 mm Barometerstand 1,293 kg; d. h. ihr spezifisches Gewicht ist $s_0 = 1{,}293$ kg/m³ bei 0° C.

Aus $\quad s_1 : s_2 = T_2 : T_1 \quad$ folgt $\quad s_1 : s_0 = T_0 : T_1 = 273 : (273 + t_1)\quad$ oder

$$s_1 = s_0 \cdot \frac{273}{273 + t_1} = 1{,}293 \cdot \frac{273}{273 + 18} = 1{,}293 \cdot \frac{273}{291} = 1{,}215 \text{ kg/m}^3.$$

Daraus $\qquad G_1 = V_1 \cdot s_1 = 12 \cdot 1{,}215 = 14{,}6 \text{ kg}.$

b) Bei gleichbleibender Temperatur. Hat man eine Gasmenge, z. B. G kg, in einem Zylinder mit beweglichem Kolben eingeschlossen, so übt das Gas nach allen Richtungen einen Druck von gleicher Größe aus, der gleich dem Luftdruck ist. Die Maßeinheit für den Druck ist

1 atm (technische Atmosphäre) = 735,5 mm Quecksilbersäule
$\qquad\qquad\qquad\qquad\qquad\qquad\quad$ = 1 kg/cm² = 10 000 kg/m²,
1 physikalische Atmosphäre = 760 mm Quecksilbersäule
$\qquad\qquad\qquad\qquad\qquad\qquad\quad$ = 1,0333 kg/cm² = 10 333 kg/m².

Drückt man den Kolben auf die halbe Länge des Zylinders, so zeigt die Messung, daß der Druck auf das Doppelte gestiegen ist; drückt man den Kolben auf den dritten Teil der Länge des Zylinders, so zeigt die Messung, daß der Druck auf das Dreifache gestiegen ist usw. Allgemein sagen wir: Druck und Rauminhalt stehen bei Gasen im umgekehrten Verhältnis, so lange die Temperatur unverändert bleibt (Gesetz von Boyle und Mariotte). Entspricht einem Volumen V_1 der Druck p_1; einem Volumen V_2 der Druck p_2, so lautet das Gesetz in Form einer Gleichung

$$V_1 \cdot p_1 = V_2 \cdot p_2.$$

c) Das Gay-Lussac-Mariottesche Gesetz zeigt die Beziehungen auf, die zwischen dem Volumen, dem Druck und der Temperatur eines Gases bestehen. Wir sagen: Der Zustand eines Gases ist durch die Angabe von Volumen, Druck und Temperatur eindeutig festgelegt. Ändern wir diese drei Größen, so sagen wir: Der Zustand eines Gases wird geändert, und sprechen von einer Zustandsänderung des Gases, die z. B. vor sich gehen kann bei gleichbleibendem Druck (Gay-Lussac), bei gleichbleibender Temperatur (Mariotte), oder die eine allgemeine Zustandsänderung sein kann.

Wir bezeichnen den ersten Zustand eines Gases mit p_1; v_1; T_1; es soll übergeführt werden in den Zustand p_2, v_2, T_2.

a) Überführung bei $T_1 =$ unveränderlich nach Mariotte: Das dabei erreichte Volumen sei v'.

$$\text{Aus} \qquad p_1 \cdot v_1 = p_2 \cdot v' \qquad \text{folgt} \qquad v' = v_1 \cdot \frac{p_1}{p_2}.$$

b) Überführung des Gases aus dem Zustand v'; p_2; T_1 in den Zustand v_2, p_2; T_2, d. h. bei unveränderlichem Druck nach Gay-Lussac.

$$\text{Aus} \qquad v' : v_2 = T_1 : T_2 \qquad \text{folgt} \qquad v_2 = v' \cdot \frac{T_2}{T_1}.$$

Die Verbindung beider Gleichungen liefert

$$v_2 = v_1 \cdot \frac{p_1}{p_2} \cdot \frac{T_2}{T_1} \qquad \text{oder} \qquad \frac{v_1 \cdot p_1}{T_1} = \frac{v_2 \cdot p_2}{T_2}.$$

Ist v_3, p_3, T_3 ein dritter, v_4; p_4; T_4 ein vierter Zustand, so besteht die Beziehung

$$\frac{v_1 \cdot p_1}{T_1} = \frac{v_2 \cdot p_2}{T_2} = \frac{v_3 \cdot p_3}{T_3} = \frac{v_4 \cdot p_4}{T_4} = \dots;$$

d. h. das Produkt aus Volumen und Druck, dividiert durch die absolute Temperatur ist unveränderlich. Man nennt den unveränderlichen Wert des Bruches $\frac{p \cdot v}{T}$ die Gaskonstante und bezeichnet ihn mit R. Dann läßt sich die allgemeine Zustandsgleichung der Gase auch schreiben

$$p \cdot v = R \cdot T.$$

In dieser Gleichung bedeutet
p den Druck in kg/m²;
v das spezifische Volumen, d. h. das Volumen von 1 kg Gas in m³/kg;
T die absolute Temperatur in °Kelvin.

Damit ist die Maßeinheit der Gaskonstante R bestimmt; sie wird aus

$$R = \frac{v \cdot p}{T} \equiv \frac{\text{kg/m}^2 \cdot \text{m}^3/\text{kg}}{°\text{K}} = \frac{\text{m}}{°\text{K}}.$$

Für Luft ist z. B. das spezifische Gewicht bei 0° C und 760 mm Quecksilbersäule $s_0 = 1{,}293$ kg/m³; daraus $v_0 = \dfrac{1}{s_0} = \dfrac{1}{1{,}293}$ m³/kg das spezifische Volumen. T_0 ist gleich 273° C. Der Druck p_0 ergibt sich zu $p_0 = 760$ mm Quecksilbersäule $= 0{,}76$ m $= 10\,333$ kg/m², so daß wir für Luft erhalten:

$$R = \frac{v_0 \cdot p_0}{T_0} = \frac{\dfrac{1}{1{,}293} \cdot 10\,333}{273} = 29{,}26 \, \frac{\text{m}}{°\text{K}}.$$

Zahlentafel für Gase.

Gas	Spezifisches Gewicht		Gas-konstante	Spezifische Wärme		$k = \dfrac{c_p}{c_v}$
	bei 15° C und 1 atm kg/m³	bei 0° C u. 760 mm Hg kg/m³	$R\,\dfrac{m}{°C}$	c_p	c_v	
Luft	1,188	1,293	29,26	0,238	0,170	1,405
Sauerstoff	1,312	1,429	26,5	0,217	0,155	1,400
Stickstoff	1,151	1,251	30,2	0,247	0,176	1,401
Wasserstoff	0,0827	0,0899	420,0	3,40	2,42	1,405
Kohlenoxyd	1,148	1,250	30,25	0,243	0,172	1,410
Kohlensäure	1,804	1,977	19,25	0,21	0,16	1,288
Schweflige Säure .	2,627	2,927	13,2	0,15	0,12	1,25
Ammoniak	0,700	0,771	49,6	0,53	0,41	1,28
Azetylen	1,066	1,176	32,5			

Beispiele 99. Die in einem Behälter eingeschlossene Luft hat bei 18° C eine Spannung von 1 atm. Welchen Druck hat sie bei 45° C?

Aus
$$\frac{v_1 \cdot p_1}{T_1} = \frac{v_2 \cdot p_2}{T_2} \quad \text{folgt} \quad \text{bei} \quad v_2 = v_1$$

$$p_2 = p_1 \cdot \frac{T_2}{T_1} = 1 \cdot \frac{273 + 45}{273 + 18} = 1,09 \text{ kg/cm}^2.$$

100. Wie groß wird das Volumen von 2 kg Kohlensäure bei 0° C und 760 mm Barometerstand?

Aus $G = V_0 \cdot s_0$ folgt $\quad V_0 = \dfrac{G}{s_0} = \dfrac{2}{1,977} = 1,01 \text{ m}^3.$

101. Wie groß ist das spezifische Volumen der Kohlensäure bei 0° C und 1 atm?

Aus
$$\frac{v_1 \cdot p_1}{T_1} = \frac{v_2 \cdot p_2}{T_2} \quad \text{folgt mit} \quad T_1 = T_2 = 273° \text{ K} \quad \text{und} \quad v_1 = \frac{1}{s_1}$$

$$v_2 = v_1 \cdot \frac{p_1}{p_2} = \frac{1}{s_1} \cdot \frac{p_1}{p_2} = \frac{1}{1,977} \cdot \frac{760}{735,5} = 0,523 \text{ m}^3/\text{kg}.$$

102. Wieviel kg wiegen 10 l Luft bei 8 kg/cm² und 120° C?

Aus
$$\frac{v_1 \cdot p_1}{T_1} = \frac{v_2 \cdot p_2}{T_2} \quad \text{folgt mit} \quad v = \frac{1}{s}$$

$$\frac{p_1}{s_1 \cdot T_1} = \frac{p_2}{s_2 \cdot T_2}$$

und daraus
$$s_2 = \frac{p_2}{p_1} \cdot \frac{T_1}{T_2} \cdot s_1 = 1,293 \cdot \frac{8 \cdot 735,5}{760} \cdot \frac{273}{273 + 120} = 6,96 \text{ g/l}.$$

Damit $\quad G_2 = V_2 \cdot s_2 = 10 \cdot 6,96 = \sim 70 \text{ g}.$

103. 100 l Gas von 15° C und 2 kg/cm² Druck werden auf 40 l Gas von 55° C zusammengedrückt. Wie groß ist der erforderliche Druck?

Aus

$$\frac{v_1 \cdot p_1}{T_1} = \frac{v_2 \cdot p_2}{T_2} \qquad \text{folgt} \qquad p_2 = p_1 \cdot \frac{v_1}{v_2} \cdot \frac{T_2}{T_1} = p_1 \cdot \frac{v_1}{v_2} \cdot \frac{273 + t_2}{273 + t_1},$$

$$p_2 = 2 \cdot \frac{100}{40} \cdot \frac{273 + 55}{273 + 15} = 5,7 \,\text{kg/cm}^2.$$

104. 3 m³ Gas stehen unter 50 mm Quecksilbersäule Überdruck bei 20° C. Wie hoch wird die Temperatur, wenn das Volumen auf 2 m³, der Druck auf 2,5 kg/cm² gebracht werden?

Aus

$$\frac{v_1 \cdot p_1}{T_1} = \frac{v_2 \cdot p_2}{T_2} \qquad \text{folgt} \qquad T_2 = T_1 \cdot \frac{v_2}{v_1} \cdot \frac{p_2}{p_1}$$

$$T_2 = (273 + t_1) \cdot \frac{v_2}{v_1} \cdot \frac{p_2}{p_1} = (273 + 20) \cdot \frac{2}{3} \cdot \frac{2,5 \cdot 735,5}{760 + 50} = 443° \,\text{K},$$

$$t_2 = T_2 - 273 = 443 - 273 = 170° \,\text{C}.$$

105. Es sind 3,5 m³ Kohlensäure von 25° C und 4,5 kg/cm² Druck auf das Normalvolumen bei 0° C und 760 mm Quecksilbersäule zu bringen.

Aus

$$\frac{v_0 \cdot p_0}{T_0} = \frac{v_1 \cdot p_1}{T_1} \qquad \text{folgt} \qquad v_0 = v_1 \cdot \frac{p_1}{p_0} \cdot \frac{T_0}{T_2} = v_1 \cdot \frac{p_1}{p_0} \cdot \frac{273 + t_1}{273},$$

$$v_0 = 3,5 \cdot \frac{4,5 \cdot 735,5}{760} \cdot \frac{273 + 25}{273} = 16,6 \,\text{m}^3.$$

Spezifische Wärme.

Wirft man einen heißen Körper in kaltes Wasser, so steigt die Temperatur des Wassers. Wir sagen: Der heiße Körper gibt Wärme ab, der kalte Körper nimmt Wärme auf. Um die abgegebene Wärmemenge messen zu können, bedarf es einer Maßeinheit. Die technische Wärmeeinheit ist die Kalorie; man versteht darunter die Wärmemenge, die nötig ist, um 1 kg Wasser um 1° C zu erhöhen. 1 WE = 1 Cal = 1000 cal, wenn man unter 1 cal oder Grammkalorie die Wärmemenge versteht, die 1 g Wasser zugeführt werden muß, damit seine Temperatur um 1° C steigt.

Haben G kg Wasser die Temperatur $t°$ C, so mußten $G \cdot t$ Wärmeeinheiten aufgewendet werden, um das Wasser auf die Temperatur $t°$ C zu bringen. Diese aufgewendete Wärme ist in dem Wasser enthalten; wir nennen sie den Wärmeinhalt des Wassers und schreiben

$$Q = G \cdot t.$$

Erwärmt man zwei gleich schwere Kugeln aus Eisen und Blei auf dieselbe Temperatur und bringt sie auf eine Paraffinplatte, so zeigt sich, daß die Eisenkugel erheblich tiefer in die Paraffinplatte sinkt. Daraus schließen wir, daß die Eisenkugel eine größere Wärmemenge abgegeben hat als die Bleikugel, ehe sie beide auf die Temperatur der Paraffinplatte abkühlten. Umgekehrt werden wir sagen: Beim Erhitzen der Kugeln

auf dieselbe Temperatur hat die Bleikugel weniger Wärme aufgenommen
als die Eisenkugel. Der Versuch lehrt, daß der Wärmeaufwand bei verschiedenen Körpern von gleichem Gewicht verschieden ist, um sie auf
gleiche Temperaturen zu bringen.

Um vergleichen zu können, legen wir fest: Die spezifische Wärme
c eines Stoffes ist die Anzahl von Wärmeeinheiten, die 1 kg zugeführt

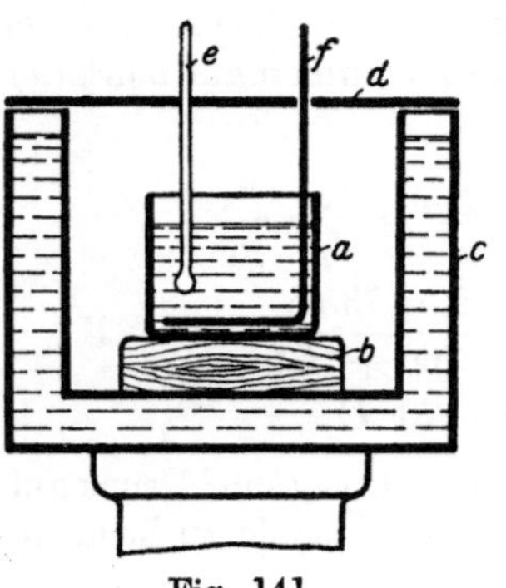

Fig. 141.

werden müssen, damit seine Temperatur um
$1°$ C steigt. Erwärmt man also einen Körper von G kg Gewicht und der spezifischen
Wärme c von $t_1°$ auf $t_2°$ C, so ist die zuzuführende Wärmemenge

$$Q = G \cdot c \cdot (t_2 - t_1),$$

wobei G in kg; c in $\dfrac{\mathrm{WE}}{°\mathrm{C} \cdot \mathrm{kg}}$; t in $°$C gemessen werden.

c ist im allgemeinen mit der Temperatur veränderlich, so daß man mit einer mittleren spezifischen Wärme rechnet.

Spezifische Wärme einiger fester und flüssiger Körper.

Aluminium	0,21	Zink	0,094	Steinkohle	0,31
Blei	0,031	Zinn	0,056	Ziegelsteine	0,22
Gold	0,031	Asche	0,20	Äther	0,54
Konstantan	0,098	Beton	0,27	Alkohol	0,58
Kupfer	0,094	Eis	0,50	Ammoniak	1,00
Magnesium	0,25	Glas	0,20	Glyzerin	0,58
Messing	0,092	Graphit	0,20	Maschinenöl	0,40
Nickel	0,11	Holz (Eiche)	0,57	Petroleum	0,50
Platin	0,032	Holz (Fichte)	0,65	Schwefelsäure	0,33
Quecksilber	0,033	Holzkohle	0,20	Schweflige Säure	0,32
Eisen und Stahl	0,115	Koks	0,20	Wasser	1,00
Silber	0,056	Sandstein	0,22		

Bestimmung der spezifischen Wärme. Die Durchführung des
Versuches erfolgt nach dem Grundsatz

Abgegebene Wärmemenge = aufgenommener Wärmemenge

mit Hilfe des Kalorimeters (Fig. 141). Dieser Apparat besteht aus einem
zylindrischen Gefäß a, das oben offen ist. Zur Vermeidung von Wärmeverlusten steht es auf einem Holzklotz b, der von einem doppelwandigen
Zylinder c umgeben ist. Der Zylinder c wird mit Wasser gefüllt und ist
durch einen geteilten Deckel d verschließbar, der zwei Öffnungen für das
Thermometer e und den Rührer f hat. Das Gefäß a wird mit G_1 g kalten
Wassers von der Temperatur $t_1°$ C halb gefüllt. Der Körper, dessen
spezifische Wärme bestimmt werden soll, wiege G g und sei durch Erhitzen (z. B. in einem Wasserbade) auf $t°$ C gebracht. Wirft man ihn
in das Kalorimeter a, so steigt die Temperatur des Wassers auf $t_m°$ C,
bis zu der sich der erhitzte Körper abkühlt.

Die abgegebene Wärmemenge ist $G \cdot c \cdot (t - t_m)$ WE; die aufgenommene Wärmemenge ist $G_1 \cdot (t_m - t_2)$ WE.

Aus der Gleichsetzung beider Werte läßt sich c errechnen. Nun wird aber nicht die ganze abgegebene Wärmemenge zur Erwärmung des Wassers im Kalorimeter aufgewendet, weil sich auch das Gefäß selbst, der Rührer und das Thermometer erwärmen. Dieser Verlust an Wärme muß durch einen Vorversuch bestimmt werden, der mit einem Stoff ausgeführt werden muß, dessen spezifische Wärme bekannt ist, d. h. mit Wasser. Werden $\mathfrak{G}_1$ g Wasser von $\mathfrak{t}_1{}^\circ$ C in $\mathfrak{G}_2$ g Wasser von $\mathfrak{t}_2{}^\circ$ C gegossen, so ist

$$\text{die abgegebene Wärmemenge} \qquad \mathfrak{G}_1 (\mathfrak{t}_1 - \mathfrak{t}_m),$$
$$\text{die aufgenommene Wärmemenge} \quad \mathfrak{G}_2 (\mathfrak{t}_m - \mathfrak{t}_2),$$
$$\text{der Wärmeverlust} \qquad\qquad\qquad \mathfrak{V}.$$

Die Gleichung lautet $\quad \mathfrak{G}_1 \cdot (\mathfrak{t}_1 - \mathfrak{t}_m) = \mathfrak{G}_2 \cdot (\mathfrak{t}_m - \mathfrak{t}_2) + \mathfrak{V}$.

Denken wir uns das Gefäß, den Rührer und die Thermometer in Wasser verwandelt von W g Gewicht, so würde der Wärmeverlust $\mathfrak{V}$ diese gedachte Wassermenge von $\mathfrak{t}_2{}^\circ$ C auf $\mathfrak{t}_m{}^\circ$ C erwärmen. Es wird also

$$\mathfrak{V} = W \cdot (\mathfrak{t}_m - \mathfrak{t}_2);$$

folglich $\qquad \mathfrak{G}_1 \cdot (\mathfrak{t}_1 - \mathfrak{t}_m) = \mathfrak{G}_2 (\mathfrak{t}_m - \mathfrak{t}_2) + W \cdot (\mathfrak{t}_m - \mathfrak{t}_2)$.

Daraus
$$W = \frac{\mathfrak{G}_1 (\mathfrak{t}_1 - \mathfrak{t}_m) - \mathfrak{G}_2 (\mathfrak{t}_m - \mathfrak{t}_2)}{\mathfrak{t}_m - \mathfrak{t}_2}.$$

W heißt Wasserwert des Kalorimeters. Mit dem so bestimmten Wert W des Apparates lautet die Gleichung des Hauptversuches

$$G \cdot c \cdot (t - t_m) = G_1 \cdot (t_m - t_2) + W \cdot (t_m - t_2).$$

Daraus
$$c = \frac{(G_1 + W) \cdot (t_m - t_2)}{G \cdot (t - t_m)}.$$

Handelt es sich um größere Gefäße, so ist der Wasserwert gleich dem Produkt aus Gewicht und spezifischer Wärme. Wird in unserm Hauptversuch nur der Verlust durch Erwärmung des Gefäßes a berücksichtigt, so kann man setzen $W = G_2 \cdot c_2$, wenn das Gefäß G_2 g wiegt und aus einem Stoff besteht, dessen spezifische Wärme c_2 ist, die aber bekannt sein muß. Für diese angenäherte Bestimmung von c lautet die Gleichung des Hauptversuchs

$$G \cdot c \cdot (t - t_m) = G_1 (t_m - t_2) + G_2 \cdot c_2 \cdot (t_m - t_2),$$

und daraus
$$c = \frac{(G_1 + G_2 \cdot c_2) \cdot (t_m - t_2)}{G \cdot (t - t_m)}.$$

Die Voraussetzung bei dem Versuch ist, daß keine äußere Arbeit geleistet wird und keine chemische Veränderung auftritt. Die spezifische Wärme flüssiger Körper läßt sich auch mit dem Kalorimeter messen, wenn man statt Wasser die zu untersuchende Flüssigkeit in das Kalorimeter gießt und als wärmeabgebenden Körper einen Körper von bekannter spezifischer Wärme wählt.

Die spezifische Wärme von Gasen. Im Gegensatz zu festen und flüssigen Körpern ist das Gas von veränderlichem Rauminhalt je nach dem Druck, dem es ausgesetzt ist. Demnach hat man zu unterscheiden:

1. Die spezifische Wärme c_p bei gleichbleibendem Druck; sie ist gleich der Anzahl Wärmeeinheiten, die zur Erhöhung der Temperatur von 1 kg Gas um 1° C nötig sind, wenn der Druck unverändert bleibt.

2. Die spezifische Wärme c_v bei gleichbleibendem Volumen; sie ist gleich der Anzahl Wärmeeinheiten, die zur Erhöhung der Temperatur von 1 kg Gas um 1° C nötig sind, wenn das Volumen unverändert bleibt.

c_p wurde von Regnault, c_v von Joly durch Versuche bestimmt; die Zahlen sind in der Tafel S. 212 angegeben.

Beispiele: 106. Wieviel WE müssen 50 l Wasser von 10° C zugeführt werden, damit die Temperatur auf 55° C steigt?

Aus $\qquad Q = G \cdot c \cdot (t_2 - t_1) \quad$ folgt mit $\quad c = 1$

$$Q = G \cdot (t_2 - t_1) = 50 \cdot (55 - 10) = 50 \cdot 45 = 2250 \text{ WE} .$$

Bem.: Denkt man sich die Erwärmung durch einen Gasbadeofen hervorgerufen, der einen Wirkungsgrad von 50% haben mag, so ist die erforderliche Gasmenge

$$Q' = \frac{2250}{0,5} \cdot \frac{1}{4000} = 1,125 \text{ m}^3 ,$$

wenn 1 m³ 4000 WE Gas beim Verbrennen liefert.

107. Welche Wärmemenge ist erforderlich, um 100 kg Eisen von 20° C bis zum Weißglühen (1300° C) zu erwärmen?

Aus $\qquad\qquad Q = G \cdot c \cdot (t_2 - t_1) \quad$ folgt

$$Q = 100 \cdot 0,115 \cdot (1300 - 20) = 14\,700 \text{ WE} .$$

108. Welche Mischungstemperatur ergeben 50 l Wasser von 55° C und 30 l Wasser von 15° C?

Aus $\qquad\qquad G_1 \cdot (t_1 - t_m) = G_2 \cdot (t_m - t_2) \quad$ folgt

$$G_1 \cdot t_1 - G_1 \cdot t_m = G_2 \cdot t_m - G_2 \cdot t_2 ; \qquad t_m \cdot (G_1 + G_2) = G_1 \cdot t_1 + G_2 \cdot t_2$$

$$t_m = \frac{G_1 \cdot t_1 + G_2 \cdot t_2}{G + G_2} = \frac{50 \cdot 55 + 30 \cdot 15}{50 + 30} = 40° \text{C} .$$

109. Wieviel WE sind erforderlich, um die Luft in einem Zimmer von $6 \cdot 4 \cdot 3,25$ m von 8° C auf 20° C zu erhöhen?

Da der Druck unveränderlich bleibt, wird

$$Q = G \cdot c_p \cdot (t_2 - t_1) = V \cdot s \cdot c_p \cdot (t_2 - t_1)$$
$$= 6 \cdot 4 \cdot 3,25 \cdot 1,293 \cdot 0,2389 \cdot (20 - 8) = 290 \text{ WE} .$$

Bem.: Streng genommen sind der Barometerstand und das spezifische Gewicht der Luft bei 8° C zu berücksichtigen; es wird

$$Q = V \cdot s \cdot c_p \cdot (t_2 - t_1) = V \cdot s_0 \cdot \frac{T_0}{T_1} \cdot \frac{p_1}{p_0} \cdot c_p \cdot (t_2 - t_1) ,$$

d. h. bei $p_1 = 750$ mm Quecksilbersäule

$$Q = 6 \cdot 4 \cdot 3{,}25 \cdot 1{,}293 \cdot \frac{273}{273 + 8} \cdot \frac{750}{760} \cdot 0{,}2389 \cdot (20 - 8) = 278 \text{ WE} .$$

110. Wieviel WE müssen 5 l Luft von $15°$ C und $1{,}2 \text{ kg/cm}^2$ Druck eines Heißluftmotors zugeführt werden, damit der Druck auf $2{,}5 \text{ kg/cm}^2$ steigt?

Da das Volumen unveränderlich ist, wird

$$Q = G \cdot c_v \cdot (t_2 - t_1) .$$

Hierin ist

$$G = V \cdot s_1 = V \cdot s_0 \cdot \frac{T_0}{T_1} \cdot \frac{p_1}{p_0} = 0{,}005 \cdot 1{,}293 \cdot \frac{273}{273 + 15} \cdot \frac{1{,}2 \cdot 735}{760}$$

$$= 0{,}0071 \text{ kg} .$$

Aus

$$\frac{v_1 \cdot p_1}{T_1} = \frac{v_2 \cdot p_2}{T_2} \qquad \text{folgt mit} \qquad v_1 = v_2$$

$$T_2 = T_1 \cdot \frac{p_2}{p_1} = (273 + 15) \cdot \frac{2{,}5}{1{,}2} = 600° \text{ K}$$

oder

$$t_2 = T_2 - 273 = 600 - 273 = 327° \text{ C} ,$$

folglich

$$Q = 0{,}0071 \cdot 0{,}170 \cdot (327 - 20) = 0{,}37 \text{ WE} .$$

Schmelzen und Erstarren.

Führt man einem festen Körper Wärme zu, so geht er in den flüssigen Zustand über: er schmilzt. Die Temperatur, bei der der Übergang aus dem festen in den flüssigen Zustand erfolgt, heißt Schmelzpunkt. Kühlt man den geschmolzenen Körper wieder ab, so erstarrt er bei derselben Temperatur, bei der er flüssig wurde; sie heißt Erstarrungstemperatur. Wird eine Flüssigkeit unter einen bestimmten Punkt abgekühlt, so erstarrt sie: sie gefriert; die Erstarrungstemperatur heißt Gefrierpunkt.

Schmelz- und Gefrierpunkte einiger Körper bei 760 mm Q.-S. [Landolt-Börnstein][1].

Alkohol, absolut	−100° C	Stahl .	1300 ÷ 1400° C	Platin	1760° C
Aluminium . .	625° C	Gußeisen	1130 ÷ 1200° C	Porzellan . . .	1550° C
Ammoniak . .	−78° C	Glyzerin	−20° C	Quecksilber . .	−39° C
Äther	−118° C	Iridium	2400° C	Schwefel . . .	115° C
Blei	327° C	Kupfer	1084° C	Wasser	0° C
Chlorkalziumlösung,		Leinöl	−20° C	Wachs	64° C
gesättigt . .	−40° C	Meerwasser . .	−2,5° C	Wolfram . . .	3000° C
Deltametall . .	950° C	Messing	900° C	Zink	419° C
Eisen, rein . .	1500° C	Naphthalin . .	80° C	Zinn	232° C
Flußeisen 1350 ÷ 1450° C					

Gelegentlich läßt sich eine Flüssigkeit unter ihren Gefrierpunkt abkühlen, ohne daß sie erstarrt; man spricht in diesem Falle von einem Erstarrungsverzug und nennt die Flüssigkeit unterkühlt. Eine Erschütterung bringt die unterkühlte Flüssigkeit plötzlich zum Erstarren. In gleicher Weise verhalten sich geschmolzene Körper.

Geht ein Körper in einen andern Aggregatzustand über, so ändert sich sein Rauminhalt. Der Raumbedarf des geschmolzenen Körpers ist größer als der des festen; der Körper schwindet beim Erstarren. Auf diese Eigenschaft der Körper muß die Gießerei Rücksicht nehmen. Der Modelltischler arbeitet deshalb nach Maßstäben, die das Schwinden berücksichtigen — Schwindmaße. Unter dem Schwindmaß versteht man die Zahl, die angibt, um den wievielten Teil der Länge ein Körper beim Erstarren zurückgeht.

Schwindmaße.

Bronze	$\frac{1}{80} \div \frac{1}{65}$,	d. h. 1 m nimmt um ~ 13 mm ab
Flußeisen	$\frac{1}{64}$	„ „ 1 „ „ „ $\sim 15{,}6$ „ „
Stahlguß	$\frac{1}{50}$	„ „ 1 „ „ „ ~ 20 „ „
Gußeisen	$\frac{1}{96}$	„ „ 1 „ „ „ $\sim 10{,}4$ „ „
Messing	$\frac{1}{65}$	„ „ 1 „ „ „ $\sim 15{,}4$ „ „
Zink	$\frac{1}{62}$	„ „ 1 „ „ „ $\sim 16{,}1$ „ „

Unter der Erstarrungswärme versteht man die Anzahl Wärmeeinheiten, die 1 kg einer Flüssigkeit entzogen werden müssen, um sie in den festen Zustand überzuführen. Diese Zustandsänderung geht bei gleichbleibender Temperatur, der Erstarrungstemperatur, vor sich. Will man einen festen Körper schmelzen, so muß man 1 kg die gleiche Wärmemenge zuführen, die in diesem Falle Schmelzwärme heißt. Auch diese Zustandsänderung geht vor sich, ohne daß sich die Temperatur, der Schmelzpunkt, ändert. Der Wärmeaufwand beim Schmelzen setzt sich demnach zusammen 1. aus dem Betrag, der nötig ist, um den Körper bis zum Schmelzpunkt zu erwärmen, 2. aus dem Betrag, der nötig ist, um den Körper aus dem festen in den flüssigen Zustand überzuführen.

Schmelzwärme verschiedener Körper.

Aluminium	77 WE/kg	Kupfer	43 WE kg
Blei	6 „	Paraffin	35 „
Chlorkalzium	41 „	Quecksilber	2,8 „
Eis	80 „	Zink	28 „
Eisen	30 „	Zinn	13 „

Beispiele: 111. Es soll ein Würfel aus Stahlguß im Gewicht von 25 kg gegossen werden. Wie lang muß die Seite der Gußform sein?

Aus $G = V \cdot s$ folgt $V = \dfrac{G}{s} = a^3$, wenn a die Seite des Würfels be-

deutet; daraus $a = \sqrt[3]{\dfrac{G}{s}}$. Nun schwindet Stahlguß um $\dfrac{1}{50} = 0,02$;

d. h. 1000 mm gehen um 20 mm auf 980 mm zurück. Folglich

$$980 \text{ mm Guß erfordern } 1000 \text{ mm Gußform,}$$
$$a \quad,, \quad,, \quad,, \quad ? \quad,, \quad,,$$

$$a' = a \cdot \frac{1000}{980} = 1,0204 \cdot a.$$

Demnach ergibt sich als Würfelkante der Gußform

$$a' = 1,0204 \cdot \sqrt[3]{\frac{G}{s}} = 1,0204 \cdot \sqrt[3]{\frac{25}{7,8}} = 1,504\,\text{dm} = 150,4\,\text{mm}.$$

112. In $G_1 = 100$ kg Wasser von $t_1 = 50^\circ$ C werden $G_2 = 30$ kg Eis von 0° C geworfen. Welche Mischtemperatur stellt sich ein?

Ist t_m die Mischtemperatur, dann gibt das Wasser $Q = G_1 \cdot (t_1 - t_m)$ WE ab; zum Schmelzen braucht das Eis $G_2 \cdot 80$ WE; zur Erwärmung des geschmolzenen Eises von 0° C auf t_m° C sind erforderlich $G_2 \cdot (t_m - 0^\circ)$ WE. Folglich lautet die Gleichung

$$G_1 (t_1 - t_m) = G_2 \cdot 80 + G_2 \cdot (t_m - 0),$$
$$G_1 \cdot t_1 - G_1 \cdot t_m = G_2 \cdot 80 + G_2 \cdot t_m,$$
$$t_m (G_1 + G_2) = G_1 \cdot t_1 - G_2 \cdot 80,$$
$$t_m = \frac{G_1 \cdot t_1 - G_2 \cdot 80}{G_1 + G_2} = \frac{100 \cdot 50 - 30 \cdot 80}{50 + 30} = 32,5^\circ \text{ C}.$$

113. Die Temperatur des Eises im Beispiel 112 sei -10° C. Welche Endtemperatur stellt sich ein?

Die abgegebene Wärme $G_1 \cdot (t_1 - t_m)$ wird verwandt 1. zum Erwärmen des Eises von $t_2 = -10^\circ$C auf 0°; das erfordert $G_2 \cdot c_2 \cdot (0 - t_2)$ WE, wenn c_2 die spezifische Wärme des Eises ist; 2. zum Verwandeln des Eises von 0° C in Wasser von 0° C; das erfordert $G_2 \cdot 80$ WE; 3. zur Erwärmung des Schmelzwassers von 0° C auf Wasser von t_m° C; das erfordert $G_2 \cdot (t_m - 0^\circ)$. Die Gleichung lautet demnach

$$G_1 \cdot (t_1 - t_m) = G_2 \cdot c_2 (0 - t_2) + G_2 \cdot 80 + G_2 \cdot (t_m - 0)$$
$$G_1 \cdot t_1 - G_1 \cdot t_m = - G_2 \cdot c_2 \cdot t_2 + G_2 \cdot 80 + G_2 \cdot t_m,$$
$$t_m \cdot (G_1 + G_2) = + G_2 \cdot c_2 \cdot t_2 - G_2 \cdot 80 + G_1 \cdot t_1,$$
$$t_m = \frac{+ G_2 \cdot c_2 \cdot t_2 - G_2 \cdot 80 + G_1 \cdot t_1}{G_1 + G_2} = \frac{+ 30 \cdot 0,5 \cdot (-10) - 30 \cdot 80 + 100 \cdot 50}{50 + 30}$$
$$= 30,6^\circ \text{ C}.$$

114. Wieviel WE sind erforderlich, um $G = 2,5$ t Eisen von $t_1 = 18^\circ$ C in flüssiges Eisen von $t_2 = 1350^\circ$ C zu verwandeln?

Der erforderliche Wärmeaufwand setzt sich zusammen 1. aus der Anzahl WE, die nötig sind, um das Eisen von t_1° auf t_2° C zu erwärmen, d. h. $Q_1 = G_1 \cdot c_1 \cdot (t_2 - t_1)$, wenn c_1 die spezifische Wärme des Eisens bedeutet; 2. aus der Anzahl WE, die nötig sind, um das Eisen von $t_2°$ C in den flüssigen Zustand überzuführen, d. h. $Q_2 = G_1 \cdot 30$ WE. Demnach

$$Q = Q_1 + Q_2 = G_1 \cdot c_1 \cdot (t_2 - t_1) + G_1 \cdot 30$$
$$= 2500 \cdot 0{,}115 \cdot (1350 - 18) + 2500 \cdot 30 = 458\,000 \text{ WE.}$$

115. Ein Gußstück aus Zink in Gewichte von 15 kg geht aus dem flüssigen in den festen Zustand über. Wie groß ist die freiwerdende Erstarrungswärme?

Aus $\qquad Q = G \cdot 28 \qquad$ folgt $\qquad Q = 15 \cdot 28 = 420$ WE.

Verdampfen und Kondensieren.

Erhitzt man eine Flüssigkeit bei gleichbleibendem Druck, so geht sie bei einer bestimmten Temperatur in Dampf über. Erfolgt die Dampfbildung nur an der Oberfläche, so sagt man „die Flüssigkeit verdunstet". Entwickeln sich beim Verdampfungsvorgang in der ganzen Flüssigkeit Dampfblasen, so sagt man „die Flüssigkeit siedet". Die Höhe der Verdampfungstemperatur ist von dem Druck abhängig, unter dem die Flüssigkeit steht.

Das Verdunsten einer Flüssigkeit erfolgt schon bei gewöhnlicher Temperatur; nasse Körper trocknen an der Luft. Will man eine schnellere Verdunstung erzielen, so muß man für ständige Bewegung der Luft sorgen. Die zur Verdunstung einer Flüssigkeit notwendige Wärme wird im wesentlichen der Flüssigkeit selbst entnommen, die dadurch eine Abkühlung erfährt. Man spricht von der Verdunstungskälte. Umwickelt man die Kugel eines Thermometers mit einem Gazebausch, den man anfeuchtet, und bewegt das Thermometer, so sinkt seine Temperatur. Die Erfahrung lehrt, daß eine Flüssigkeit um so schneller verdunstet, je trockener die Luft ist. Trocken heißt die Luft, wenn sie wenig Wasserdampf enthält; bei großem Dampfgehalt nennt man sie feucht. Nun kann aber die Luft nicht unbegrenzte Mengen Wasserdampf infolge der Verdunstung des Wassers aufnehmen. Wir sagen: Die Luft ist mit Wasserdampf gesättigt, wenn sie nicht mehr Dampf aufzunehmen vermag. Die Sättigungsmenge ist von der Temperatur der Luft abhängig und wird in Gramm Wasserdampf pro Kubikmeter Luft, also in g/m³, gemessen.

Befindet sich Wasserdampf in der Luft, so haben wir es mit einem Gasgemisch zu tun, sofern keine chemischen Einwirkungen der verschiedenen Gase aufeinader stattfinden. Nach Dalton verhält sich jedes Gas eines Gasgemisches so, als ob die andern Gase nicht vorhanden wären. Die Einzelgase durchdringen sich, und schließlich wird der ganze zur Verfügung stehende Raum von ihnen eingenommen. Die gegenseitige Durchdringung von Gasen oder Gasen und Dämpfen heißt Diffusion. Hat das erste Gas des Gemenges den Teildruck p_1, das zweite den Teildruck p_2, das dritte den Teildruck p_3 . . . . , so hat das Gasgemisch den Gesamtdruck

$$p = p_1 + p_2 + p_3 + \ldots$$

Sättigungsmenge w_0 in g/m³ bei verschiedenen Temperaturen[1]).

t	w_0	p_0	t	w_0	p_0	t	w_0	p_0	t	w_0	p_0
— 10	2,17	1,97	4	6,4	6,1	13	11,3	11,2	22	19,3	19,7
— 8	2,56	2,35	5	6,8	6,5	14	12,0	11,9	23	20,4	20,9
— 6	3,01	2,79	6	7,3	7,0	15	12,8	12,7	24	21,6	22,2
— 4	3,54	3,30	7	7,8	7,5	16	13,6	13,6	25	22,9	23,5
— 2	4,15	3,89	8	8,3	8,0	17	14,4	14,5	26	24,2	25,0
0	4,84	4,58	9	8,8	8,6	18	15,3	15,4	27	25,6	26,5
+ 1	5,2	4,9	10	9,4	9,2	19	16,2	16,4	28	27,0	28,1
+ 2	5,6	5,3	11	10,0	9,8	20	17,2	17,4	29	28,5	29,8
+ 3	6,0	5,7	12	10,7	10,5	21	18,2	18,5	30	30,1	31,6

Der Druck eines Gasgemisches ist demnach gleich der Summe der Teildrucke. Dieses sogenannte Daltonsche Gesetz gilt nicht nur für Gase, sondern auch für Dämpfe. Der Gesamtdruck der feuchten Luft ist gleich dem Teildruck des Wasserdampfes + dem Teildruck der trocknen Luft.

Wenn die Luft keinen Wasserdampf mehr aufzunehmen vermag, sie also gesättigt ist, so wird der Dampf durch eine Steigerung des Druckes verflüssigt; er schlägt sich in Form von Wasser nieder. Der Dampf hatte in der gesättigten Lnft den größten möglichen Druck, er hatte seine Maximalspannung. Bei darüber hinausgehendem Druck bleibt der Dampf nicht mehr Dampf. Zu jeder Temperatur gibt es eine maximale Dampfspannung (siehe Tafel S. 226). Ist die Spannung des Wasserdampfes geringer als die maximale, d. h. enthält 1 m³ Luft weniger Gramm Wasserdampf, als sie aufnehmen kann, so heißt die Luft ungesättigt. Sie vermag also noch Feuchtigkeit aufzunehmen.

Die Gewichtsmenge Wasserdampf in g, die in 1 m³ Luft tatsächlich vorhanden ist, heißt absoluter Feuchtigkeitsgehalt; die Gewichtsmenge Wasserdampf in g, die 1 m³ Luft bei der maximalen Dampfspannung aufnehmen könnte, heißt maximaler Feuchtigkeitsgehalt. Das Verhältnis vom absoluten zum maximalen Feuchtigkeitsgehalt heißt relative Feuchtigkeit. Statt dessen können wir auch sagen: relative Feuchtigkeit ist das Verhältnis der tatsächlich vorhandenen Dampfspannung zu der maximalen. Bezeichnet man mit w den absoluten Feuchtigkeitsgehalt, mit w_0 den maximalen, d. h. die Sättigungsmenge, mit p die wirkliche Dampfspannung, mit p_0 die maximale, so ist die relative Feuchtigkeit

$$\varphi = \frac{w}{w_0} = \frac{p}{p_0}.$$

Kühlt man ungesättigte Luft ab, so tritt eine Temperatur ein, bei der die Luft nicht mehr als den tatsächlich in ihr vorhandenen Wasserdampf aufzunehmen vermag. Geht man mit der Temperatur noch tiefer, so beginnt der Dampf sich an der kältesten Stelle niederzuschlagen. Der

[1]) Aus Kohlrausch, Praktische Physik, B. G. Teubner.

absolute Feuchtigkeitsgehalt ist zum maximalen geworden. Die Temperatur τ, bei der der Niederschlag beginnt, heißt **Taupunkt**.

Beispiele 116. Bei einer Lufttemperatur von $t = 28°$ C ist der Taupunkt τ zu $17°$ C festgestellt. Wie groß ist die relative Feuchtigkeit der Luft?

Die Tabelle S. 221 liefert für $17°$ C eine Sättigungsmenge $w_0 = 14{,}4$ g/m³, für $28°$ C ist $w_0 = 27$ g/m³; mithin

$$\varphi = \frac{14{,}4}{27} = 0{,}53 \quad \text{oder} \quad \varphi = 53\% \, .$$

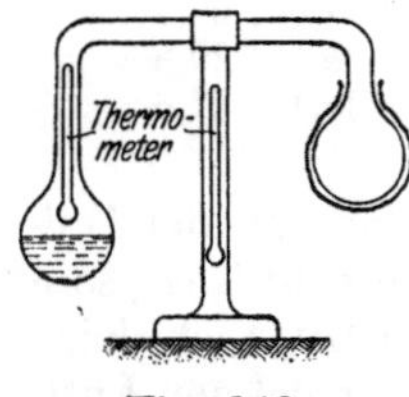

Fig. 142.

Dieses Ergebnis bedarf einer Berichtigung, weil die Luft von $28°$ C auf $17°$ C abgekühlt worden ist. Bei dieser Abkühlung wird sie dichter, also ist der aus der Tabelle entnommene zu τ gehörige Wassergehalt zu groß. Aus der allgemeinen Zustandsgleichung für Gase $p \cdot v = R \cdot T$ ergibt sich bei gleichbleibendem Druck

$$v_1 \cdot p_1 = R \cdot T_1 \quad \text{und} \quad v_2 \cdot p_1 = R \cdot T_2,$$

folglich

$$v_2 = v_1 \cdot \frac{T_2}{T} = 1 \cdot \frac{273 + \tau}{273 + t} = \frac{273 + 17}{273 + 28},$$

mithin

$$\varphi = \frac{14{,}4}{27} \cdot \frac{273 + 17}{273 + 28} = 0{,}514 = 51{,}4\% \, .$$

Das Instrument, mit dessen Hilfe der Taupunkt bestimmt wird, ist das **Hygrometer von Daniell** (Fig. 142). An einer U-förmig gebogenen Glasröhre befinden sich zwei Glaskugeln, die luftleer sind. Die eine von ihnen ist zum Teil mit Äther gefüllt; in ihr ist ein Thermometer angebracht; die andere ist außen mit einem Mull- oder Gazeläppchen umgeben. Zu Beginn des Versuches bringt man den Äther in die linke Kugel; dann läßt man Äther auf das Mull- oder Gazeläppchen träufeln. Durch das Verdampfen der Äthertropfen wird die Glaskugel abgekühlt, worauf der eingeschlossene Äther von der linken nach der rechten Kugel hinüberdestilliert; dabei kühlt er sich ab, und die Temperatur der ihn umgebenden Luft sinkt. Tropft man genügend Äther auf die rechte Kugel, so sinkt die Temperatur der linken Kugel schließlich so tief, daß sich der Wasserdampf der umgebenden Luft auf ihr niederschlägt. Der Taupunkt τ wird am inneren Thermometer, die Temperatur der Zimmerluft an einem zweiten Thermometer abgelesen.

Ein zweiter Apparat ist das **Psychrometer von August**. Zwei Thermometer sind in einem Abstande von rd. 10 cm an einem Ständer aufgehängt, von denen das eine mit einem Läppchen umwickelt ist, das in eine Flüssigkeit (Wasser) reicht. Das trockene Thermometer zeigt die Lufttemperatur $t°$ C, das feuchte die Temperatur $t'°$ C an. Ist p_0 die zu $t°$ C, p' die zu t' gehörige maximale Dampfspannung, dann ist nach den Beobachtungen in der Wetterkunde die wirkliche Teilspannung des

Wasserdampfes in der Luft, wenn b den Barometerstand in Millimetern Quecksilbersäule bedeutet:

$$p = p' - 0{,}0008 \cdot b \cdot (t - t') = p' - 0{,}0008 \cdot 760 \cdot (t - t')$$
$$p = p' - 0{,}6 \cdot (t - t')$$

mithin

$$\varphi = \frac{p}{p_0} = \frac{p' - 0{,}6\,(t - t')}{p_9}.$$

Beispiel 117. Das trockne Thermometer zeige $t = 30°$ C, das feuchte $t' = 20°$ C an. Die Tabelle S. 221 liefert $p' = 17{,}4$ mm Quecksilber für $t' = 20°$ C und $p_0 = 31{,}6$ mm Quecksilber für $t = 30°$ C.

$$p = p' - 0{,}6 \cdot (t - t') = 17{,}4 - 0{,}6 \cdot (30 - 20) = 11{,}4 \quad \text{mm Queck-}$$
silber; mithin

$$\varphi = \frac{11{,}4}{31{,}6} = 0{,}362 = 36{,}2\%\,.$$

Das Sieden tritt bei der Temperatur ein, bei der die Spannkraft des gesättigten Dampfes den auf der Flüssigkeit ruhenden Druck überwindet; die Dampfblasen steigen in der ganzen Flüssigkeitsmenge auf. Die Siedetemperatur heißt Siedepunkt; sie ist demnach von dem Druck abhängig.

Siedepunkte einiger Körper bei 760 mm Q.-S.
(nach Landolt-Börnstein).

Anilin 184° C	Kohlensäure — 79° C	Stickstoff — 196° C
Alkohol 78,5° C	Kohlenoxyd — 190° C	Stickoxydul (N_2O)
Äther 35° C	Leinöl 316° C	— 92° C
Benzol 80° C	Paraffin 300° C	Stickoxyd (NO)
Chlor — 33,6° C	Quecksilber 357° C	— 147° C
Helium — 268° C	Schwefel 446° C	Wasser 100° C
Gesättigte Kochsalzlösung	Sauerstoff — 183° C	Wasserstoff — 253° C
108° C	Schwefelkohlenstoff 46 °C	

Erniedrigt man den Luftdruck, so liegt auch der Siedepunkt tiefer. Das läßt sich durch folgenden Versuch zeigen: Man bringe Wasser in einer halbgefüllten Kochflasche zum Sieden und schließe dann die Flasche durch einen dichten Korken ab, nachdem man die Flamme entfernt hat. Das Wasser hört auf zu sieden. Gießt man jetzt kaltes Wasser auf die (umgestülpte) Flasche, so beginnt das Wasser wieder zu sieden. Das erklärt sich leicht, wenn man beachtet, daß das kalte Wasser den in der Flasche befindlichen Wasserdampf abkühlt und verflüssigt oder kondensiert. Dadurch sinkt der Dampfdruck und das Wasser siedet wieder. Auf dem Mont-Blanc, dem höchsten Alpengipfel (4800 m), siedet das Wasser schon bei 85° C.

Erhöht man den Druck, so steigt der Siedepunkt (vgl. Tabelle S. 226). Das Wasser im Dampfkessel siedet bei viel höherer Temperatur als 100° C; doch muß für den sich entwickelnden Dampf ein Abzug vorgesehen sein, weil in einem vollständig geschlossenen Gefäß kein Sieden möglich ist, da ja der entstehende Dampf dauernd den Druck und damit den Siedepunkt erhöht.

Unter Umständen ist ein Erhitzen der Flüssigkeit über den Siedepunkt hinaus möglich, ohne daß ein Sieden eintritt. Man nennt diese Erscheinung Siedeverzug. Sie stellt sich häufig ein, wenn luftarmes Wasser erhitzt wird, d. h. Wasser, das bereits mehrfach gekocht hat, wie es bei Dampfkesseln vorkommt. Eine Erschütterung bringt das Wasser plötzlich und mit erheblicher Gewalt zum Sieden.

Spritzt man Wassertropfen auf stark erhitzte oder glühende Metallteile, so nehmen sie kugelförmige Gestalt an und tanzen eine ganze Weile hin und her ohne zu verdampfen. Durch die Berührung mit der heißen Unterlage bildet sich ein Dampfmantel um den Wassertropfen, der ein Weilchen eine weitere Verdampfung hindert.

Verdampfungswärme. Will man die Wärmemenge im voraus bestimmen, die erforderlich ist, um eine bestimmte Flüssigkeitsmenge zu verdampfen, so muß man wissen, wieviel Wärmeeinheiten dazu gehören, um 1 kg einer Flüssigkeit bei der Verdampfungstemperatur in Dampf von gleicher Temperatur zu verwandeln. Man nennt diese Anzahl Wärmeeinheiten Verdampfungswärme.

Verdampfungswärme bei 760 mm Quecksilbersäule.

Ammoniak	327 WE/kg	Sauerstoff	51 WE/kg
Äther	90 WE/kg	Schweflige Säure	92,3 WE/kg
Alkohol	210 WE/kg	Stickstoff	48 WE/kg
Chlor	70 WE/kg	Wasser	539 WE/kg
Quecksilber	68 WE/kg	Wasserstoff	123 WE/kg

Die Verdampfungswärme ist vom Druck abhängig; sie nimmt mit steigendem Druck ab.

Geht der Dampf in den flüssigen Zustand über, oder, wie man sagt, kondensiert der Dampf, so wird die gleiche Wärmemenge frei; sie heißt Kondensationswärme.

Die Verdampfungswärme wird durch Versuche bestimmt. In ein Kalorimeter (vgl. S. 214) gießt man G_1 g Wasser von $t_1°$ C und leitet in dieses Wasser G g Dampf von $100°$ C, der sofort kondensiert und die Temperatur des Wassers auf $t_m°$ C erhöht. Man findet die Anzahl g des eingeleiteten Wasserdampfes, indem man das Kalorimeter mit Wasserinhalt vor und nach dem Einleiten des Dampfes wägt; der Unterschied beider Wägungen ergibt G. Bezeichnet man die Verdampfungswärme mit r, so geben G g Dampf von $100°$ C beim Übergang in Wasser von $100°$ C eine Wärmemenge $Q_1 = G \cdot r$ WE ab. Kühlen sich diese G g Wasser von $100°$ C auf $t_m°$ C ab, so geben sie ab $Q_2 = G\,(100 - t_m)$ WE. Aufgenommen wurde die gesamte abgegebene Wärmemenge $Q_1 + Q_2$ von den G_1 g Wasser im Kalorimeter, dessen Temperatur infolgedessen von $t_1°$ C auf $t_m°$ C stieg. Die zu dieser Temperaturerhöhung erforderliche Wärmemenge ist $Q_3 = G_1\,(t_m - t_1)$ WE. Ferner ist das Kalorimetergefäß zu berücksichtigen. Setzt man sein Gewicht auf G_2 g an, und ist die spezifische Wärme des Materials c, so erfordert die Temperaturerhöhung des Gefäßes $Q_4 = G_2 \cdot c\,(t_m - t_1)$ WE.

Aus
$$Q_1 + Q_2 = Q_3 + Q_4 \quad \text{folgt}$$
$$G \cdot r + G\,(100 - t_m) = G_1\,(t_m - t_1) + G_2 \cdot c\,(t_m - t_1)\,.$$

Aus dieser Gleichung errechnet sich

$$r = \frac{(G_1 + G_2 \cdot c) \cdot (t_m - t_1) - G(100 - t_m)}{G}.$$

Ist der Einfluß des Gefäßes zu vernachlässigen, so ergibt sich angenähert

$$r = \frac{G_1(t_m - t_1) - G \cdot (100 - t_m)}{G}.$$

Beispiele: 118. 500 kg Wasser von 15° C sollen durch Mischen mit Dampf von atmosphärischer Spannung auf 75° C erwärmt werden. Wieviel kg Dampf sind erforderlich, wenn die Verdampfungswärme des Wassers bei 760 mm Q.-S. 539 WE/kg beträgt?

Es seien x kg Dampf erforderlich, die beim Übergang von Dampf in Wasser $x \cdot r$ WE abgeben. Dieses Kondensat von 100° C kühlt sich auf 75° C ab und gibt dabei weiter ab x (100 — 75) WE. 500 kg Wasser erfordern zur Steigerung der Temperatur von 15°C auf 75°C eine Wärmemenge von 500 (75 — 15) WE.

Mithin wird

$$x \cdot 539 + x \cdot (100 - 75) = 500 \cdot (75 - 15)$$
$$x \cdot (539 + 25) = 500 \cdot 60$$
$$x = \frac{500 \cdot 60}{564} = \sim 53\,\text{kg}.$$

119. In 50 kg Wasser von 12° C werden 3 kg Dampf von 100° C geleitet; welche Endtemperatur nimmt das Wasser an?

Ist t die Endtemperatur, dann geben 3 kg Dampf ab

$$3 \cdot 539 + 3 \cdot (t - 12)\,\text{WE}.$$

50 kg Wasser nehmen auf $50 \cdot (t - 12°)$, mithin

$$3 \cdot 539 + 3\,(t - 12) = 50 \cdot (t - 12)$$
$$3 \cdot 539 + 3 \cdot t - 36 = 50 \cdot t - 600$$
$$t = \frac{3 \cdot 539 - 36 + 600}{47} = 46{,}4°\,\text{C}.$$

Will man aus einem Flüssigkeitsgemisch oder aus einer Lösung (z. B. Salzwasser) die einzelnen Bestandteile rein erhalten, so bringt man die Flüssigkeit zum Sieden und kühlt die dabei entstehenden Dämpfe so lange ab, bis sie sich verflüssigen. Das Verfahren heißt Destillation. So gewinnt man chemisch reines Wasser (aqua destillata) durch Destillation. Auf gleiche Weise trennt man aus Rohöl die verschiedenen Petroleum- und Benzinsorten. Wiederholte Destillation nennt man fraktionierte Destillation.

Dämpfe. Bevor sich Wasser in Dampf verwandelt, muß es bis zum Siedepunkt erhitzt werden. Die Anzahl Wärmeeinheiten, die erforderlich sind, um 1 kg Flüssigkeit von 0° C bis zum Siedepunkt zu erhitzen, heißt Flüssigkeitswärme. Ebenso wie die Siedetemperatur ist die Flüssigkeitswärme vom Druck abhängig. Bezeichnet man die Flüssigkeitswärme mit q, die Verdampfungswärme mit r, so ist die Gesamtwärme λ, die 1 kg Flüssigkeit von $0°$ C zugeführt werden muß, um es in den Dampf von der Siedetemperatur zu verwandeln,

$$\lambda = q + r\,.$$

Bei dem Verwandeln einer Flüssigkeit in Dampf müssen die flüssigen Moleküle, die kleinsten Teile, zerrissen werden; ihr Zusammenhang oder ihre molekulare Anziehungskraft muß überwunden werden. Der dazu erforderliche Teil der Verdampfungswärme heißt innere Verdampfungswärme und wird im allgemeinen mit ϱ bezeichnet. Der Rest der Verdampfungswärme wird zur Volumenvergrößerung aufgewendet. Unter dem spezifischen Volumen s des Dampfes versteht man den Rauminhalt, den 1 kg Dampf bei der Siedetemperatur nötig hat. Das spezifische Gewicht des Dampfes ist das Gewicht von 1 m³ Dampf bei der Siedetemperatur. In der nachstehenden Tabelle ist das spezifische Volumen der Flüssigkeit (Wasser) in l/kg angegeben.

Dampftabellen nach W. Schüle[1]).

Gesättigter Wasserdampf von 0,02 bis 25 kg/cm² abs.

Druck p kg/cm² abs.	Temperatur t °C	Spezifisches Volumen der Flüssigkeit $1000\,\sigma$ l/kg	Spezifisches Volumen des Dampfes s m³/kg	Spezifisches Gewicht des Dampfes γ_s kg/m³	Flüssigkeitswärme q Cal/kg	Verdampfungswärme r Cal/kg	Gesamtwärme $q+r=\lambda$ Cal/kg	Äußere Verdampfungswärme $A\,p\,u$ Cal/kg	Innere Verdampfungswärme ϱ Cal/kg
0,02	17,2	1,0013	68,28	0,01465	17,2	586,0	603,2	32,0	554,0
0,04	28,6	1,0040	35,47	0,02819	28,6	580,0	608,6	33,2	546,8
0,06	35,8	1,0063	24,19	0,04134	35,7	576,2	611,9	34,0	542,2
0,08	41,1₅	1,0083	18,45	0,05420	41,1	573,4	614,5	34,7	538,7
0,10	45,4	1,0100	15,08	0,06631	45,3	571,4	616,7	35,3	536,1
0,15	53,6	1,0131	10,22	0,09785	53,5	566,6	620,1	36,1	530,5
0,20	59,7	1,0165	7,80	0,1282	59,6	563,1	622,7	36,6	526,5
0,25	64,6	1,0195	6,33	0,1580	64,5	560,1	624,6	37,0	523,1
0,30	68,7	1,0219	5,33	0,1876	68,6	557,9	626,5	37,5	520,4
0,35	72,3	1,0241	4,620	0,2164	72,2	555,7	627,9	37,8	517,9
0,40	75,4	1,0260	4,062	0,2462	75,3	553,9	629,2	38,1	515,8
0,45	78,2	1,0278	3,630	0,2755	78,1	552,2	630,3	38,3	513,9
0,50	80,9	1,0296	3,290	0,3039	80,8	550,4	631,2	38,5	511,9
0,60	85,4₅	1,0327	2,775	0,3603	85,4	547,2	632,6	39,0	508,2
0,70	89,4	1,0355	2,400	0,4167	89,4	544,6	634,0	39,3	505,3
0,80	93,0	1,0381	2,115	0,4728	93,0	542,5	635,4	39,6	502,9
0,90	96,2	1,0405	1,900	0,5263	96,2	540,6	636,8	40,0	500,6
1,00	99,1	1,0426	1,721	0,5811	99,1	539,1	638,2	40,3	499,0
1,20	104,2₅	1,0467	1,451	0,6892	104,3	536,5	640,8	40,7	495,8
1,40	108,7	1,0503	1,258	0,7949	108,8	533,8	642,6	41,2	492,6
1,60	112,7	1,0535	1,108	0,9025	112,8	531,0	643,9	41,6	489,4
1,80	116,3	1,0563	0,993	1,007	116,5	528,3	644,8	41,9	486,4

[1]) Nach Z. Ver. deutsch. Ing. 1911, S. 1506; W. Schüle, Die Eigenschaften des Wasserdampfes nach den neuesten Versuchen.

Druck p kg/cm² abs.	Temperatur t ° C	Spezifisches Volumen der Flüssigkeit 1000 σ 1/kg	Spezifisches Volumen des Dampfes s m³/kg	Spezifisches Gewicht des Dampfes γ_s kg/m³	Flüssigkeitswärme q Cal/kg	Verdampfungswärme r Cal/kg	Gesamtwärme $q+r=\lambda$ Cal/kg	Äußere Verdampfungswärme Apu Cal/kg	Innere Verdampfungswärme ϱ Cal/kg
2,00	119,6	1,0589	0,902	1,109	119,9	525,7	645,6	42,2	483,5
2,50	126,8	1,0650	0,735	1,361	127,2	520,3	647,5	42,9	477,4
3,00	132,9	1,0705	0,619	1,615	133,4	516,1	649,5	43,4	472,7
3,50	138,2	1,0755	0,5335	1,874	138,7	512,3	651,0	43,7	468,6
4,00	142,9	1,0803	0,4710	2,123	143,8	508,7	652,5	44,1	464,6
4,50	147,2	1,0848	0,4220	2,370	148,1	505,8	653,9	44,4	461,6
5,00	151,1	1,0890	0,3823	2,616	152,0	503,2	655,2	44,7	458,5
5,50	154,7	1,0933	0,3494	2,862	155,7	500,6	656,3	44,9	455,7
6,00	158,1	1,0973	0,3218	3,107	159,3	498,0	657,3	45,1	452,9
6,50	161,2	1,1011	0,2983	3,352	162,4	495,9	658,3	45,3	450,6
7,00	164,2	1,1049	0,2778	3,600	165,5	493,8	659,3	45,5	448,3
7,50	167,0	1,1085	0,2608	3,834	168,5	491,6	660,1	45,7	445,9
8,00	169,6	1,1119	0,2450	4,082	171,2	489,7	660,9	45,8	443,9
8,50	172,2	1,1153	0,2318	4,314	173,9	487,8	661,7	45,9	441,9
9,00	174,6	1,1186	0,2194	4,557	176,4	486,1	662,5	46,0	440,1
9,50	176,9	1,1208	0,2080	4,808	178,6	484,5	663,2	46,1	438,4
10,00	179,1	1,1246	0,1980	5,050	181,2	482,6	663,8	46,2	436,4
10,50	181,2	1,1278	0,1896	5,274	183,3	481,2	664,5	46,4	434,8
11,00	183,2	1,1308	0,1815	5,510	185,4	479,8	665,2	46,5	433,3
11,50	185,2	1,1337	0,1740	5,747	187,5	478,3	665,8	46,6	431,7
12,00	187,1	1,1364	0,1668	5,995	189,5	476,9	666,4	46,6	430,3
12,50	189,0	1,1382	0,1607	6,223	191,6	475,5	667,1	46,7	428,8
13,00	190,8	1,1419	0,1544	6,477	193,4	474,1	667,5	46,8	427,3
13,50	192,5	1,1447	0,1492	6,702	195,2	472,8	668,0	46,9	425,9
14,00	194,2	1,1474	0,1442	6,935	197,0	471,4	668,4	47,0	424,4
14,50	195,8	1,1500	0,1395	7,169	198,7	470,1	668,8	47,1	423,0
15	197,4	1,1525	0,1350	7,407	200,4	468,9	669,3	47,2	421,7
16	200,5	1,156	0,1272	7,862	203,7	466,6	670,3	47,3	419,3
17	203,4	1,163	0,1203	8,312	206,8	464,1	670,9	47,5	416,6
18	206,2	1,167	0,1140	8,772	209,8	461,8	671,6	47,6	414,2
19	208,9	1,171	0,1086	9,208	212,7	459,5	672,2	47,8	411,7
20	211,4₅	1,176	0,1035	9,662	215,4	457,4	672,8	47,8	409,6
21	213,9	1,180	0,0985	10,15	218,0	455,3	673,3	47,8	407,5
22	216,3	1,184	0,0942	10,62	220,6	453,3	673,9	47,9	405,4
23	218,6	1,189	0,0901	11,10	223,1	451,4	674,5	47,9	403,5
24	220,8	1,193	0,0864	11,57	225,5	449,5	675,0	47,9	401,6
25	223,0	1,197	0,0829	12,06	227,9	447,7	675,6	47,9	399,8

Steht der Dampf mit der Flüssigkeit in Berührung, solange also noch Flüssigkeit vorhanden ist, heißt der Dampf naß. Der Dampf heißt trocken, wenn keine Flüssigkeit mehr vorhanden und die Verdampfungstemperatur, die zu dem vorhandenen Druck gehört, noch nicht überschritten ist.

Bem.: Es ist üblich, unter Siedepunkt die Temperatur zu verstehen, bei der eine Flüssigkeit unter dem gewöhnlichen Luftdruck (760 mm Q.-S.) in Dampf verwandelt wird.

Erwärmt man trockenen Dampf über die Verdampfungstemperatur hinaus, so nennt man ihn überhitzt. Durch die Wärmezufuhr vergrößert sich bei gleichbleibendem Druck sein Volumen und die Temperatur steigt. Im überhitzten Zustande nähert sich das Verhalten des Wasserdampfes dem der Gase. Die allgemeine Zustandsgleichung lautet nach R. Linde

$$p \cdot v = 47{,}1 \cdot T - 0{,}016 \cdot p,$$

wenn p in kg/m² eingesetzt wird.

Der im Dampfkessel erzeugte Wasserdampf reißt stets Wasserteilchen mit sich, er ist naß und gesättigt und heißt nasser Dampf oder Naßdampf. Sind in 1 kg Gemisch x Gewichtsteile Dampf, so befinden sich in dem Dampf $(1 - x)$ kg Flüssigkeit. Die Gesamtwärme des nassen Dampfes ist

$$\lambda_x = q + x \cdot r.$$

Sperrt man eine Dampfmenge vom Volumen v_1 und dem Druck p_1 in einen Zylinder mit beweglichem Kolben (z. B. einer Dampfmaschine), so dehnt sich der Dampf aus und leistet durch Vorwärtstreiben des Kolbens äußere Arbeit. Angenähert nimmt man isothermische Zustandsänderung an, d. h. die Ausdehnung erfolgt bei gleichbleibender Temperatur.

Kondensation. Geht Dampf oder Gas in den flüssigen Zustand über, so sagten wir, es kondensiert. Die Kondensation erfolgt bei der Verdampfungstemperatur und wird im allgemeinen durch Wärmeentziehung (Abkühlung) erreicht. Auch durch Druckerhöhung läßt sich unter Umständen eine Verflüssigung von Gasen erzielen. Am besten ist ein gleichzeitiges Zusammenwirken von Temperaturerniedrigung und Druckerhöhung. Versuche haben gezeigt, daß ein bestimmter Temperaturgrad nicht überschritten werden darf, wenn eine Verflüssigung möglich sein soll. Wird die Temperatur doch überschritten, so erfolgt selbst bei noch so hohem Druck keine Verflüssigung. Diese Temperaturgrenze heißt kritische Temperatur; der Druck, der bei der kritischen Temperatur zur Verflüssigung aufgewendet werden muß, heißt kritischer Druck. Erst nach Auffindung dieses Gesetzes gelang die Verflüssigung aller Gase.

Kritische Temperaturen und Drucke einiger Gase und Dämpfe.

Luft	$-140°$ C	40,8 kg/cm²
Wasserstoff . . .	$-238°$ C	15,8 ,,
Stickstoff	$-149°$ C	28,5 ,,
Sauerstoff	$-119°$ C	60 ,,
Kohlensäure . . .	$+31°$ C	75 ,,
Helium	$-268°$ C	2,2 ,,

Bemerkung: Durch die Verflüssigung des Heliums ist man dem absoluten Nullpunkt von $-273°$ C sehr nahe gekommen.

Wärme und Arbeit.

Oben war gesagt: Der abgesperrte Dampf hinter dem Kolben einer Dampfmaschine dehnt sich aus — er expandiert — und leistet dabei Arbeit. Da der arbeitsfähige Zustand des Dampfes durch Wärmezufuhr beim Sieden und Verdampfen hervorgerufen ist, liegt es nahe, auf eine Wesensgleichheit zwischen Arbeit und Wärme zu schließen. Hinzu kommt, daß die Erfahrung des täglichen Lebens lehrt: Durch Arbeit, z. B. durch Reibung, wird Wärme erzeugt.

Der erste, der den Zusammenhang zwischen Arbeit und Wärme klar ausdrückte, war Robert Mayer (1842). Er sagte: Wärme wandelt sich in Arbeit um und umgekehrt Arbeit in Wärme. Beides sind nur verschiedene Energieformen; die Energie selbst bleibt bei dieser Umwandlung unverändert. Nichts geht an Energie verloren. Dieser Satz heißt „Satz von der Erhaltung der Energie" und wurde in seiner jetzigen Form von Helmholtz und Clausius ausgesprochen.

„Wärme und Arbeit sind gleichwertig oder äquivalent" ist unter dem Namen erster Hauptsatz der Wärmetheorie bekannt.

Bezeichnet man mit Q die Wärmemenge in WE, mit L die mechanische Arbeit in mkg, so besteht die Beziehung

$$Q = A \cdot L,$$

wobei der Proportionalitätsfaktor A das mechanische Wärmeäquivalent heißt.

Robert Mayer berechnete die Zahl A und fand $A = 424$ mkg. Der englische Physiker Joule fand durch Versuche $A = 427$ mkg. Heute ist allgemein üblich $A = 427$ mkg zu setzen; d. h. 1 WE $= 427$ mkg. In der Mechanik (S. 145) war als technische Einheit der Arbeit die Pferdekraftstunde (PS-Std.) bzw. die Kilowattstunde festgelegt. Nun ist

$$1 \text{ PS-Std.} = 75 \frac{\text{mkg}}{\text{sek}} \cdot 3600 \text{ sek} = 270\,000 \text{ mkg},$$

$$1 \text{ KW-Std.} = \frac{1}{0,736} \cdot 75 \frac{\text{mkg}}{\text{sek}} \cdot 3600 \text{ sek} = 367\,000 \text{ mkg}.$$

Mithin

$$1 \text{ PS-Std.} = \frac{270\,000}{427} = 632,3 \text{ WE}; \qquad 1 \text{ KW-Std.} = \frac{367\,000}{427} = 860 \text{ WE}$$

oder

$$1 \text{ WE} = 427 \text{ mkg} = \frac{1}{632,3} = 0,0016 \text{ PS-Std,}$$

$$1 \text{ WE} = 427 \text{ mkg} = \frac{1}{860} = 0,00116 \text{ KW-Std.} = 1,16 \text{ W-Std.}$$

Beispiele: 120. Was kostet die Bereitung von 1,5 l kochenden Wassers von 10° C Anfangstemperatur mit Hilfe eines elektrischen Kochers, wenn die KW-Std. 2 Mark kostet und der Wirkungsgrad des Kochers 0,85 ist?

$$\text{Gebraucht werden} \quad Q = 1,5 \cdot (100 - 10) = 135 \text{ WE};$$

$$\text{aufgewendet werden} \quad Q' = \frac{1}{0,85} \cdot 1,5 \cdot (100 - 10) = 159 \text{ WE}.$$

Da $1\,WE = 1{,}16\,W\text{-}Std.$ ist, sind $1{,}16 \cdot 159 = 180\,W\text{-}Std.$ nötig. Der Preis ist, da $1000\,W\text{-}Std.$ $200\,Pfg.$ kosten,

$$x = \frac{180 \cdot 200}{1000} = 36\,Pfg.$$

121. Welche mechanische Arbeit in mkg entspricht diesem Wärmeaufwand?

Aus $1\,WE = 427\,mkg$ folgt $L = 159 \cdot 427 = 86\,000\,mkg$.

122. Welche mechanische Arbeit in PS-Std. entspricht dem Wärmeaufwand von $159\,WE$?

Aus $1\,WE = 0{,}0016\,PS\text{-}Std.$ folgt $L = 159 \cdot 00160, = 0{,}255\,PS\text{-}Std.$

123. Ein Hohlzylinder von $60\,cm$ Länge und $5\,cm$ Durchmesser ist mit Öl gefüllt, und in diesem Ölbade befindet sich ein Bleizylinder von $3\,kg$ Gewicht, der beim Schwenken des Zylinders um $180°$ eine Höhe von $50\,cm$ durchfällt. Infolge dieser mechanischen Arbeit steigt die Temperatur des Öles, und zwar bei 600 Schwenkungen von $t_1 = 15°\,C$ auf $t_2 = 20°\,C$. Wie groß ist das mechanische Wärmeäquivalent, wenn das Gewicht des Öles $1{,}06\,kg$, seine spezifische Wärme $c = 0{,}4\,WE/kg$ ist?

Aus $Q = A \cdot L$ folgt

$$A = \frac{Q}{L}.$$

Die mechanische Arbeit ist $L = 600 \cdot 3 \cdot 0{,}5 = 900\,mkg$; die entstandene Wärme $Q = G \cdot c \cdot (t_2 - t_1) = 1{,}06 \cdot 0{,}4 \cdot (20 - 15)$.

Mithin

$$A = \frac{1{,}06 \cdot 0{,}4 \cdot (20 - 15)}{600 \cdot 3 \cdot 0{,}5} = \frac{1}{424}\,WE/mkg \quad oder \quad 1\,WE = 424\,mkg.$$

Bem.: Ein Apparat der angegebenen Art ist von Rubens zur experimentellen Bestimmung des mechanischen Wärmeäquivalentes gebaut worden.

Soll Wärme Arbeit leisten, so muß sie von einem wärmeren Körper auf einen kälteren Körper übergehen. Umgekehrt kann Wärme niemals ohne Arbeitsaufwand von einem kälteren auf einen wärmeren Körper übertragen werden. Man nennt diesen Satz seiner allgemeinen Gültigkeit wegen den zweiten Hauptsatz der Wärmetheorie.

Wird bei einer Umsetzung von Wärme in Arbeit die gesamte zugeführte Wärmemenge mit Q_1, die gesamte abgeführte Wärmemenge mit Q_2 bezeichnet, so ist die Differenz $Q_1 - Q_2$ die Wärmemenge, die in nutzbare Arbeit umgewandelt wird. Das Verhältnis von der nutzbaren zur aufgewendeten Wärme heißt thermischer Wirkungsgrad; er ist also

$$\eta = \frac{Q_1 - Q_2}{Q_1}.$$

Denkt man sich eine ideale Maschine mit wärmedichten Zylinderwandungen, so läßt sich als größtmöglicher thermischer Wirkungsgrad erreichen

$$\eta' = \frac{T_1 - T_2}{T_1}.$$

124. Ein Dampfkessel habe 10 at absolut; im Kondensator der Maschine herrsche ein Druck von 0,15 at absolut; dann ist laut Tabelle S. 227:

$$T_1 = 273 + t_1 = 273 + 179,1 = 452,1^\circ \, \mathrm{K},$$
$$T_2 = 273 + t_2 = 273 + 53,6 = 326,6^\circ \, \mathrm{K},$$

mithin

$$\eta' = \frac{T_1 - T_2}{T_2} = \frac{452,1 - 326,6}{452,1} = 0,288 = 28,8\%.$$

125. Ein Benzin-Motor braucht für 1 PS-Std 200 g Benzin; die Verbrennungstemperatur ist 1300° C; die der Auspuffgase 600° C. Nimmt man an, daß 1 kg Benzin 10 200 WE bei der Verbrennung ergibt, so ist die gesamte aufgewendete Wärme $Q_1 = 0,2 \cdot 10\,200$ WE; die nutzbare Arbeit ist $L = 1 \cdot 75 \cdot 3600$ mkg, ihr Wärmewert $Q_2 = \dfrac{1}{427} \cdot 75 \cdot 3600$; folglich

$$\eta = \frac{75 \cdot 3600}{427 \cdot 0,2 \cdot 10\,200} = 0,31 = 31\%,$$
$$\eta' = \frac{(273 + 1300) - (273 + 600)}{273 + 1300} = \frac{700}{1573} = 0,445 = 44,5\%.$$

Heizwert der Brennstoffe. Die Anzahl Wärmeeinheiten, die bei der vollkommenen Verbrennung von 1 kg Brennstoff frei werden, nennt man Heizwert des Brennstoffes.

Mittelwerte für W_u.

Feste Brennstoffe.

Brennstoff	Heizwert für 1 kg	Brennstoff	Heizwert für 1 kg
Holz	2400—3700	Steinkohle: Ruhr . . .	6100—8100
Torf	2000—4200	Saar	5000—7800
Braunkohle, deutsche .	1900—3000	Schlesische .	5200—7500
böhmische	3800—5900	Steinkohlenbrikett . . .	6200—7600
Braunkohlenbrikett . .	4400—5200	Koks	5500—7200
		Anthrazit	7300—8000

Flüssige Brennstoffe.

Brennstoff	Heizwert für 1 kg	Brennstoff	Heizwert für 1 kg
Erdöl, roh	10 000	Koksofenteer	8 500
Benzin	10 200	Wassergasteer	9 100
Petroleum	10 500	Ölgasteer	9 000
Gasöl	9 800	Flüssige Kohlenwasserstoffe	9 000
Erdölrückstände	10 000	Benzol, 90er	10 000
Solaröl	10 000	Autin	9 800
Paraffinöl	9 800	Naphthalin	9 600
Steinkohlenteer:		Teeröl	9 000
Horizontalofen	8 200	Spiritus 95 proz.	5 800
Schrägofen	8 400	Erdnußöl	5 800
Vertikalofen	8 500		

Gasförmige Brennstoffe.

Brennstoff	Heizwert für 1 cbm 0; 760	Brennstoff	Heizwert für 1 cbm 0; 760
Leuchtgas	5 100	Generator-Luftgas aus:	
Acetylen	13 600	Braunkohle	1 200
Koksofengas	4 500	Holz	1 200
Fettgas	9 000	Torf	900
Blaugas	14 000	Wassergas	2 600
Aerogengas	2 500	Mischgas aus:	
Schwelgas	2 500	Steinkohle	1 200
Gichtgas	900	Anthrazit	1 300
Generator-Luftgas aus:		Mondgas	1 300
Steinkohle	1100	Lokomotivlösche	1 100
Koks	900	Braunkohle	1 400
		Koks	1 100

D. Lehre von der Elektrizität und dem Magnetismus.

Bearbeitet von Ingenieur R. Kramm.

I. Reibungselektrizität.

Wird ein Glasstab mit einem Seidentuch gerieben, so zieht der Stab leichte Körperchen (Papierschnitzel usw.) an und stößt sie nach erfolgter Berührung wieder ab. Die gleichen Beobachtungen hatten schon im Altertum die Griechen an geriebenem Bernstein gemacht. Nach dem griechischen Wort „Elektron" für Bernstein wurde später der unsichtbare Stoff, mit dem sich die geriebenen Körper scheinbar überziehen, „Elektrizität" genannt.

Leiter und Nichtleiter. Diese statische oder ruhende Elektrizität tritt stets auf, wenn zwei Körper mit einander gerieben werden. Sie läßt sich bei Glas, Hartgummi, Bernstein, Schwefel u. a. sofort nachweisen, während dies bei Metallen erst gelingt, wenn diese durch einen der vorgenannten Stoffe gegen Berührung geschützt werden. Metalle teilen die auf ihnen erzeugte Elektrizität, die „Ladung", nach ihrer Entstehung sofort berührenden Körpern mit, sie sind „Leiter der Elektrizität". Zu diesen gehören auch noch andere Stoffe, z. B. salz- oder säurehaltiges Wasser, der menschliche Körper, feuchte Luft, nasses Holz usw. Dagegen verhindern Glimmer, Glas, Porzellan, Marmor, Schiefer, Harze, Öle, trockene Luft u. a. ein Abfließen der Ladung, es sind „Nichtleiter" oder „Isolatoren".

Das elektrische Feld. Zwei kleine Kugeln aus Hollundermark werden an je einem Seidenfaden (Seide ist ein Nichtleiter, sie isoliert) so aufgehängt, daß sie sich berühren (Fig. 143). Wird ihnen ein mit einem Katzenfell oder mit einem wollenen Tuche geriebener Glasstab genähert, so zieht er beide an, um sie nach der Berührung wieder abzustoßen. Die Kügelchen sind durch den Glasstab elektrisch geladen worden und nehmen jetzt die gestrichelte Lage ein, sie streben auseinander. Berühren wir sie mit dem Finger, so fließt ihre Ladung durch unsern Körper zur Erde ab, und sie nehmen wieder ihre ursprüngliche Lage ein. Der gleiche Versuch kann auch mit einer geriebenen Siegellackstange gemacht werden.

Laden wir nun die Kugeln nochmals mit der Siegellackstange und nähern ihnen einen geriebenen Glasstab, so zieht dieser beide an und stößt sie sofort nach der Berührung ab; ebenfalls werden sie von der Siegellackstange angezogen, wenn wir sie vorher mit dem Glasstab geladen haben. Die Elektrizität des Glasstabes stößt die von ihm geladenen Kugeln ab, zieht dagegen die mit der Elektrizität der Siegellackstange geladenen Kugeln an. Die Elektrizitäten des Stabes und der Stange äußern also verschiedene Wirkungen. Man nennt den geriebenen Glasstab „positiv elektrisch" (+), die geriebene Siegellackstange

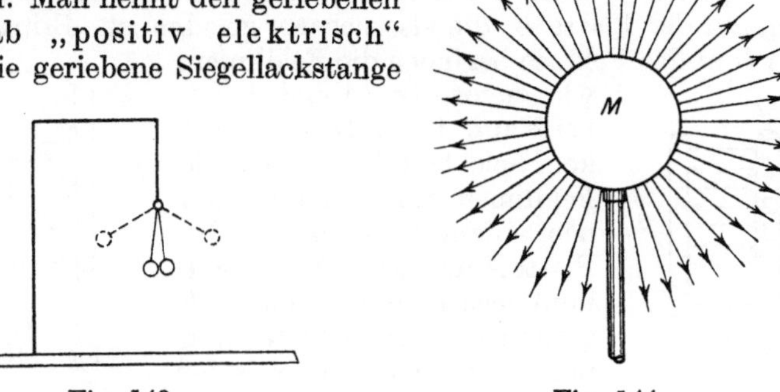

<table>
<tr><td>Fig. 143.</td><td>Fig. 144.</td></tr>
</table>

„negativ elektrisch" (—) und will dadurch lediglich die verschiedene Wirkung zum Ausdruck bringen.

Mit der Annahme zweier Elektrizitätsarten, welche sich gegenseitig anziehen, können nicht alle elektrischen Erscheinungen erklärt werden. Nach neueren Forschungen gelingt dies, wenn wir nicht nur die geladenen Körper, sondern auch ihre Umgebung betrachten.

In dem Raum, der eine mit einem geriebenen Glasstabe geladene, isoliert aufgestellte Metallkugel M (Fig. 144) umgibt, wirken Kräfte, welche eine kleine ebenso geladene Metallkugel m fortstoßen wollen. Dieser besondere Zustand im Raum um die geladene Kugel heißt „elektrisches Feld" und ist die Folge einer bestehenden Ladung: ist ein Feld vorhanden, so muß es von einer Ladung ausgehen. Die Feldstärke hat in jedem Raumpunkte bestimmte Größe und Richtung, sie ist also ein Vektor[1]) und kann graphisch dargestellt werden. Dazu muß aber eine Richtung für den Verlauf der Wirkungslinien[2]) der elektrischen Feldstärke angenommen werden. Wir sagen: Körper, auf denen sie entspringen, sind positiv geladen; Körper, auf denen sie enden, sind entgegengesetzt, also negativ geladen. Zu jedem Körper, von dem

---

[1]) Vgl. Abschnitt Mechanik, S. 143.
[2]) Vgl. Abschnitt Mechanik, S. 154.

Feldlinien ausgehen, oder auf dem sie enden, müssen andere Körper
vorhanden sein, auf denen die Linien enden, oder von denen sie ausgehen.
Der Versuch zeigt, daß bei einem isoliert aufgestellten negativ geladenen
Körper, auf dem also Feldlinien münden, der Tisch oder der Erdboden
positiv geladen ist; die Feldlinien müssen also hier beginnen.

Wird nun die Kraft untersucht, welche die Kugel m von der Kugel M
forttreibt, so ergibt der Versuch, daß die Kraft bei halber Ladung von
M, d. h. bei halber Feldstärke, auch halb so groß ist. Ebenso ändert sich
diese Kraft mit der Ladung der Kugel m.

Die Influenz. Im Innern von hohlen oder vollen Metallkörpern
besteht kein Feld. Durch diese Tatsache läßt sich das Verhalten eines
Leiters in einem vorhandenen Felde erklären.

Von der positiv geladenen Platte A (Fig. 145) gehen Feldlinien aus
und enden auf der Platte B, die also negativ geladen ist. Bringen wir
den Leiter L in das Feld, so beginnen die Feldlinien,
wie zuvor, bei A und hören
bei B auf. Da im Innern von L
kein Feld besteht, müssen die
Feldlinien auf L enden und
neu anfangen, d. h. die der
Platte A zugekehrte Seite von L
muß negativ, die der Platte B
gegenüberliegende Seite muß
positiv geladen sein, was der

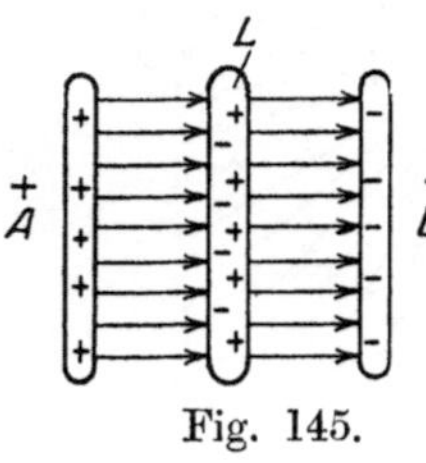

Fig. 145.

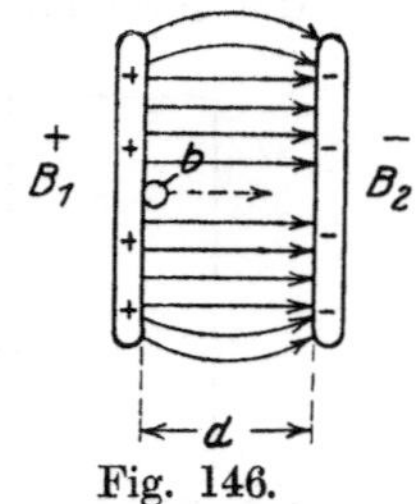

Fig. 146.

Versuch bestätigt. Beide Ladungen auf L, welche durch „Influenz"
(= Einfluß) entstanden sind, verschwinden aber, wenn L aus dem
Felde entfernt wird.

Befindet sich L wieder im Felde zwischen A und B, und wird L mit
B leitend verbunden, so wird L ein Teil von B; von L können nun keine
Feldlinien nach B ausgehen. Auf L enden nur noch die von A kommenden
Linien, L ist also allein negativ geladen. Durch die Verbindung mit B
ist die positive Ladung von L beseitigt worden. Entfernen wir nun die
Platte L aus dem Bereich des Feldes, so bleibt sie negativ geladen. Auf
diese Weise können wir von influenzierten Körpern eine Ladung durch
Verbinden mit einem andern geladenen Körper ableiten; die zurück-
bleibende Ladung kann dann nutzbar gemacht werden.

Der Kondensator. B_1 und B_2 (Fig. 146) sind zwei Metallplatten,
zwischen denen ein elektrisches Feld vorhanden ist. Die Feldlinien
laufen von B_1 nach B_2, es ist also B_1 positiv und B_2 negativ geladen.
Eine derartige Anordnung wird „Kondensator" (= Verdichter) genannt. B_1 und B_2 sind die Platten oder „Beläge" des Kondensators;
die zwischenliegende Luftschicht ist das „Dielektrikum[1]".

Wird eine kleine Kugel b an B_1 gebracht, so wird sie bei der Berührung einen Teil der Ladung von B_1 aufnehmen und dann von der Kraft

---

[1]) Gelesen: Di-e-lek-tri-kum.

des Feldes über die Plattenentfernung d nach B_2 getrieben. Die Kraft wirkt auf die Kugel b längs des Weges d, sie verrichtet also eine Arbeit[1]).

Das elektrische Feld, welches durch mechanische Arbeit (Reiben von Glas usw.) erzeugt worden ist, stellt eine arbeitsfähige elektrische Energie dar. Wird diese vollständig in Arbeit umgesetzt, so wird das Feld und damit die Ladung des Kondensators gleich Null. Die gleiche Veränderung von Feld und Ladung erfolgt, wenn wir B_1 und B_2 durch einen Leiter verbinden. Das Verschwinden des Feldes äußert sich dann als „elektrischer Strom" im Leiter, wobei sich die Arbeitsfähigkeit des Feldes auf den Strom überträgt. Die Stromrichtung ist der Richtung der Linien des elektrischen Feldes gleichgesetzt worden, d. h. der Strom fließt stets in der Richtung von der positiven Ladung zur negativen.

Der Kondensator ist nicht an die in Fig. 146 dargestellte Form gebunden. Es gibt feste und veränderliche Kondensatoren, welche zwei oder mehr Platten haben. Als Dielektrika dienen Luft, Glas, Glimmer, Hartgummi oder Öl. Eine bekannte Form ist die Leydener Flasche, ein Glasrohr mit innerem und äußerem Stanniolbelag.

In der Technik werden Kondensatoren hauptsächlich bei der Telephonie und bei der Funkentelegraphie benutzt.

Das Potential, die Potentialdifferenz. Aus der Mechanik (S. 149) ist der Begriff „potentielle Energie" bekannt; sie ist das Arbeitsvermögen, das in einer ruhenden Masse, auf welche die Erdanziehung wirkt, infolge ihrer Lage vorhanden ist. Soll diese Energie nutzbar gemacht werden, muß die Masse von ihrer höheren Lage nach einer niederen gelangen können, d. h. sie muß vom höheren auf ein niederes „Potential" gelangen können. Der Höhenunterschied der Potentiale, nämlich die „Potentialdifferenz", ist ein Maß für die Arbeit, welche die Masse 1 zu leisten fähig ist.

Auch beim Kondensator kann nur eine Arbeitsleistung erfolgen, wenn eine Elektrizitätsmenge von einem höheren ein niederes Potential erreicht. Für Potentialdifferenz sagt man bei der Elektrizität „Spannung"; sie gibt die Arbeit an, welche die Elektrizitätsmenge 1 verrichten kann.

Die Elektrizitätserzeuger (Batterien, Maschinen) halten das elektrische Feld und dadurch Ladungen und Spannungen dauernd aufrecht. Von der Leistungsfähigkeit der Elektrizitätsquellen hängt es ab, wie weit diese konstant bleiben.

Ist das Dielektrikum der vorhandenen Potentialdifferenz nicht gewachsen, d. h. ist seine Durchschlagsfestigkeit geringer als die Spannung, so verschwindet das Feld. Erfolgt dies sehr schnell, so ist ein Funken sichtbar, während bei langsamem Verschwinden und genügend starkem Felde im Dunkeln Büschelentladungen beobachtet werden. Diese sind an der positiven Seite stärker als an der negativen, ein Beweis für die Richtung des Feldes.

Der Strom leistet auch hier eine Arbeit, die im Durchdringen des Dielektrikums besteht.

---

[1]) Vgl. Abschnitt Mechanik, S. 145.

Die Kapazität. Je größer die Flächen der Kondensatorbeläge, je geringer ihr Abstand von einander, um so größer ist die „Kapazität", d. h. die Aufnahmefähigkeit für Elektrizitätsmengen. Sie nimmt ferner mit den „Dielektrizitätskonstanten" zu; dies sind durch Versuche ermittelte Materialwerte der als Dielektrika verwendeten Nichtleiter. Als Einheit dient die Konstante für trockene Luft.

Luftelektrizität. In der Luft lassen sich dauernd elektrische Felder nachweisen. Werden diese sehr stark, so erfolgt schließlich Funkenbildung (Blitz) oder Büschelentladung (sog. St.-Elmsfeuer). Erdoberfläche und Wolken oder Wolken und Wolken sind hierbei die Beläge eines riesigen Kondensators. Reibung zwischen Luftschichten oder zwischen Wolken wird als Ursache dieser Ladungen angesehen, welche Benjamin Franklin (1745) durch seine Drachenversuche nachwies.

II. Galvanische Elektrizität.

1780 hatte der italienische Arzt Galvani das Zucken von Froschschenkeln beobachtet, welche Eisenstäbe berührten, an die sie mit Kupferhaken aufgehängt waren. Als Grund dieses Zuckens erkannte er zwar Wirkungen der Elektrizität, schrieb jedoch ihren Ursprung den Froschschenkeln zu. Kurze Zeit später wies sein Landsmann Volta nach, daß die Elektrizität durch die Berührung der Metalle Eisen und Kupfer mit dem feuchten Fleisch erzeugt wird. Die von ihm zusammengestellte Säule (Volta-Säule) aus Kupfer- und Zinkplatten mit Zwischenlagen aus Filz oder Pappe, welche mit Salzlösung oder verdünnter Säure getränkt sind, bildet die Grundlage für den Bau der „Galvanischen Elemente".

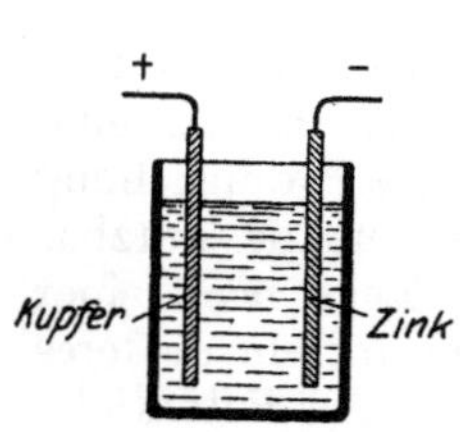

Fig. 147.

Das Volta-Element ist eine andere Form der Volta-Säule und besteht aus einer Kupfer- und einer Zinkplatte, welche in verdünnte Schwefelsäure tauchen, ohne sich gegenseitig zu berühren (Fig. 147). Zwischen den beiden Metallplatten, deren herausgeführte Enden „Pole" genannt werden, tritt ein arbeitsfähiges elektrisches Feld auf. Diese Tatsache bedingt, daß dem Element in irgend einer Form Energie zugeführt werden muß. Bei der Reibungselektrizität wird mechanische Arbeit, in dem Element wird chemische Energie in elektrische Energie umgeformt. Die als „Erregerflüssigkeit" dienende Schwefelsäure zersetzt die Zinkplatte unter Ausscheidung von Wasserstoff zu Zinksulfat[1]), während die Kupferplatte unverändert bleibt.

Das Feld zwischen den Polen, welches eine Folge dieser chemischen Umsetzung ist, ist vom Kupfer- zum Zinkpol gerichtet. Der Zinkpol erscheint daher negativ, der Kupferpol positiv geladen. Die zwischen den Polen herrschende Spannung, welche auch „elektromotorische

---

[1]) Vgl. Abschnitt Chemie, S. 286.

Kraft" (= EMK) genannt wird, läßt sich aus der Menge des zersetzten Zinkes berechnen.

Die Polarisation. Praktisch zeigt sich aber, daß bei Stromentnahme die Nutzspannung geringer als die errechnete Spannung ist. Ein Teil wird im Element selbst zur Auscheidung des Wasserstoffes verbraucht, denn dies ist eine Arbeit. Ein weiterer Teil muß den Widerstand der Erregerflüssigkeit (den „inneren Widerstand") überwinden, weil der Strom die Flüssigkeit durchfließen muß. Außerdem entsteht zwischen dem Zink und dem Wasserstoff, der sich auf der Kupferplatte niederschlägt, eine zweite EMK, welche der ersten entgegenwirkt und sie vermindert. Dieser mit „Polarisation" bezeichnete Vorgang tritt bei allen Volta-Elementen auf, welche deshalb „unkonstante Elemente" genannt werden.

Der Depolarisator. Soll die Polarisation vermieden werden, so muß durch einen „Depolarisator" dafür gesorgt werden, daß der freiwerdende Wasserstoff sofort beseitigt wird. Hierzu eignen sich Stoffe, die durch Abgabe von Sauerstoff den Wasserstoff binden können, ohne jedoch selbst von der Erregerflüssigkeit zersetzt zu werden oder sonst auf die chemischen Vorgänge zu wirken.

Elemente mit Depolarisator heißen „konstante Elemente". Sie sind aber nur bedingt konstant; sobald die chemischen Umsetzungen

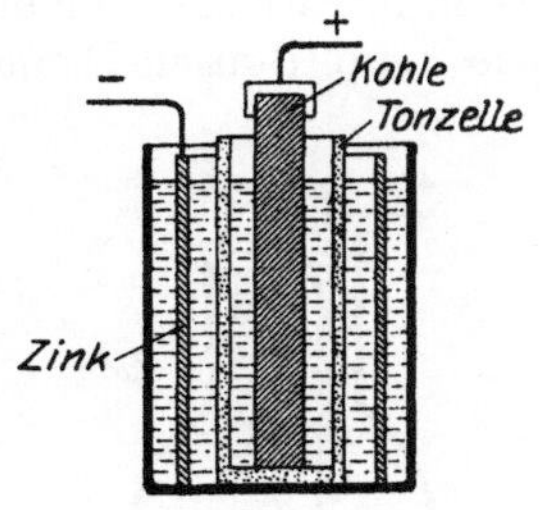

Fig. 148.

nachlassen, sinkt auch die Spannung. Ihre Größe ist bei allen Elementen von der Wahl der chemisch wirksamen Stoffe abhängig, jedoch nie von den verwendeten Stoffmengen; diese bestimmen die Elektrizitätsmenge, welche das Element liefern kann.

Konstante galvanische Elemente sind in den verschiedensten Arten zusammengestellt worden. Bei fast allen besteht der negative Pol wie beim Volta-Element aus Zink, während die positive Kupferplatte auch durch andere Metalle oder durch Kohle ersetzt wird.

Von den wichtigsten Elementen seien erwähnt:

Das Bunsen-Element, 1842 von dem deutschen Chemiker Bunsen zusammengestellt. Es enthält einen Stab aus Retortenkohle (Fig. 148), der in einem mit Salpetersäure gefüllten Tongefäß steht. Dieses ist unglasiert, also porös, und von verdünnter Schwefelsäure umgeben, in die ein Zinkmantel taucht, der mit Quecksilber amalgamiert ist, um im Ruhezustande eine Zinkzersetzung zu vermeiden. Bei Stromentnahme wird Zink in Zinksulfat umgewandelt, während der freiwerdende Wasserstoff die poröse Wandung der Tonzelle T durchdringt und in die Salpetersäure gelangt. Diese wirkt als Depolarisator, indem sie durch Sauerstoffabgabe den Wasserstoff zu Wasser oxydiert. Das Element hat eine nutzbare Spannung von etwa 1,9 Volt[1]) und eignet sich gut für Zwecke, bei denen kürzere Zeit ein kräftiger Strom gebraucht wird.

---

[1]) Siehe S. 253.

Das Chromsäureelement, das zur selben Zeit von dem Physiker Poggendorff aufgestellt wurde. Fig. 149 zeigt die gebräuchliche Ausführung, die wegen der Form des Glasgefäßes „Flaschenelement" genannt wird. Der aus Isoliermaterial bestehende Deckel trägt zwei Kohlenplatten, welche miteinander und mit der +-Klemme leitend verbunden sind. Die Zinkplatte hängt an einem Metallstabe, der verschiebbar durch den Deckel geführt ist und die —-Klemme trägt. Als Erregerflüssigkeit dient eine Lösung von doppeltchromsaurem Kali in Wasser mit Schwefelsäurezusatz. Die sich bildende Chromsäure gibt leicht Sauerstoff ab und bindet so den bei der Zinkzersetzung entstehenden Wasserstoff. Da die Zinkplatte durch Amalgamieren gegen den Einfluß der Chromsäure nicht geschützt werden kann, wird sie durch Anheben des Metallstabes mit der —-Klemme aus der Lösung entfernt, wenn das Element nicht benutzt wird. Spannung und Verwendung sind wie beim Bunsen-Element.

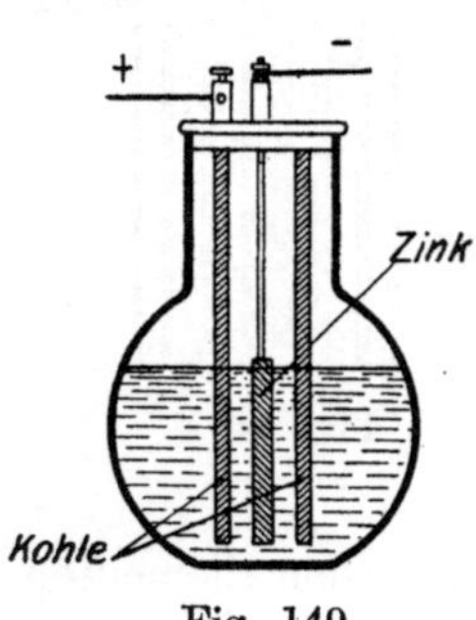

Fig. 149.

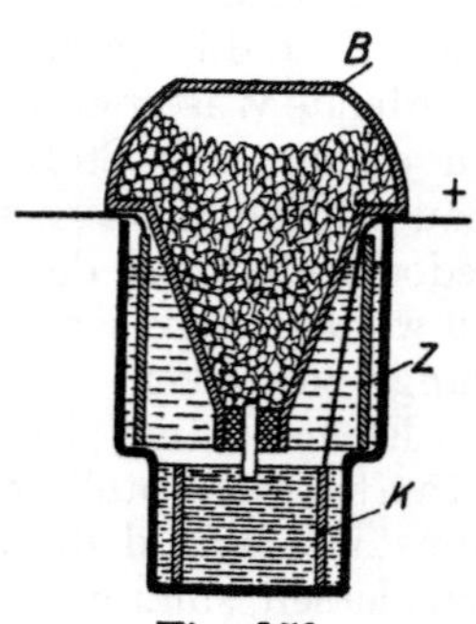

Fig. 150.

Das Meidinger-Element, 1859 von Professor Meidinger erfunden. Es ist mit einer Lösung von Bittersalz (schwefelsaurer Magnesia) in Wasser gefüllt, in der ein Zinkring Z und ein Kupferring K stehen, von denen die beiden Anschlußdrähte abgehen (Fig. 150). Die Bittersalzlösung dringt in die Öffnung eines bis zum Kupferring eingetauchten Glasballons B, der mit Kupfervitriolstückchen gefüllt ist. Die so entstehende Kupfervitriollösung ist spezifisch schwerer als die Bittersalzlösung; sie sinkt nach unten und füllt den Raum mit dem Kupferring K. Entnehmen wir Strom, so wird Zink zersetzt, während aus der als Depolarisator wirkenden Kupfervitriollösung Kupfer ausgeschieden wird, das sich auf K niederschlägt.

Im Dauerbetrieb bei Post- und Eisenbahntelegraphen hat sich dieses Element mit etwa 1,1 Volt Klemmenspannung gut bewährt. Um ein Mischen der beiden Flüssigkeiten zu vermeiden, muß es vor Erschütterungen geschützt werden.

Beim Leclanché-Element, welches der Franzose Leclanché 1868 angab, stehen Zink und Kohle in einer Lösung von Salmiaksalz in Wasser. Als Depolarisator dient der sauerstoffabgebende Braunstein (Mangansuperoxyd), der um die Kohle herumgepreßt oder durch eine poröse Tonzelle oder Stoffbeutel zusammengehalten wird. Der Braunstein verlangt, daß die Stromentnahme nur vorübergehend erfolgt, da die Sauerstoffabgabe langsam vor sich geht. Trotzdem haben diese Elemente, deren Spannung in gutem Zustande 1,5 Volt beträgt, eine sehr große

Verbreitung erlangt; bei Klingelanlagen sind sie sehr häufig zu finden.

Die für gleiche Zwecke und für Kleinbeleuchtungen (Taschenlampen) gebräuchlichen Trockenelemente sind Leclanché-Elemente, deren Flüssigkeit durch geeignete Stoffe aufgesaugt oder gallertartig gemacht wird.

Zum Schluß sei noch das Kupron-Element angeführt, bei dem Luftsauerstoff als Depolarisator benutzt wird. In einer Lösung von Ätznatron befinden sich eine Zink- und eine Kupferplatte, die stark mit Kupferoxyd überzogen ist. Liefert das Element Strom, so wird das Kupferoxyd durch den freiwerdenden Wasserstoff unter Bildung von Wasser in schwammiges Kupfer verwandelt. Ist alles Kupferoxyd reduziert, so wird die Kupferplatte herausgenommen, abgespült und einige Stunden bei mäßiger Wärme der Luft ausgesetzt. Das schwammige Kupfer nimmt dabei Sauerstoff aus der Luft auf und wird wieder zu Kupferoxyd. Nach Einsetzen der Platte ist das Element wieder gebrauchsfertig; seine Klemmenspannung beträgt 0,8 Volt.

Die Schaltung von Elementen.

Jedes konstante galvanische Element gestattet uns bei gleichbleibender Klemmenspannung die Entnahme einer bestimmten Strommenge,

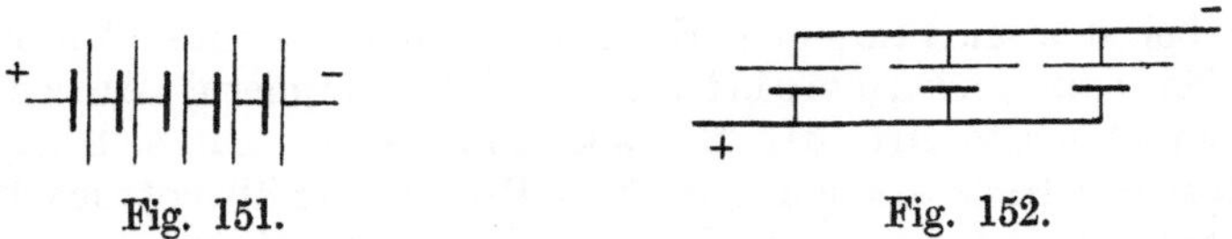

Fig. 151.
Fig. 152.

die durch den Stoffaufwand bedingt ist. Reichen nun Spannung oder Strom für unsere Zwecke nicht aus, so „schalten", d. h. verbinden wir die Elemente zu „Batterien".

Serienschaltung. In Fig. 151 stellt jedes Strichpaar ein Element dar; der starke Strich kennzeichnet die positive, der schwache die negative Platte. Verbinden wir nun jede positive Klemme mit der negativen eines anderen Elementes, so erreichen wir, daß die Spannung zwischen der positiven Klemme des ersten Elementes und der negativen des letzten Elementes gleich der Summe der Klemmenspannungen der Einzelelemente ist. Man sagt: Die Elemente sind „hintereinander" oder „in Serie" oder „in Reihe" geschaltet. Auf die Strommenge ist diese Schaltung ohne Einfluß; wir werden sie also verwenden, wenn eine höhere Spannung erwünscht ist. Es sei noch bemerkt, daß wir wirklich einzelne Elemente hintereinander schalten müssen; es genügt nicht, positive und negative Platten in der angegebenen Weise zu verbinden und sie dann in ein Gefäß mit Erregerflüssigkeit zu stellen.

Parallelschaltung. Verlangen wir eine größere Stromlieferung, während die Spannung des Einzelelementes ausreichend ist, so schalten wir die Elemente nach Fig. 152, indem wir alle positiven und alle nega-

tiven Klemmen verbinden. Die Elemente dieser Batterie sind dann
„nebeneinander“ oder „parallel“ geschaltet. Die Wirkung ist
gleich der eines einzelnen Elementes mit größeren Stoffmengen, wir
können also mehr Strom entnehmen. Diese Schaltung darf aber nur
mit Elementen gleicher Art und Größe vorgenommen werden, weil sonst
in der Batterie örtliche Ströme entstehen.

Gruppenschaltung. Durch Vereinigen der beiden vorher erwähnten
Schaltungen können wir Spannung und Strom des Einzelelementes
vervielfachen. Fig. 153 zeigt uns drei Gruppen von je zwei hintereinander geschalteten Elementen; die drei Gruppen sind dann parallel
geschaltet. Im Beispiel erhalten wir durch diese „Gruppen-“ oder
„gemischte“ Schaltung die zweifache Spannung und die dreifache
Strommenge des einzelnen Elementes.

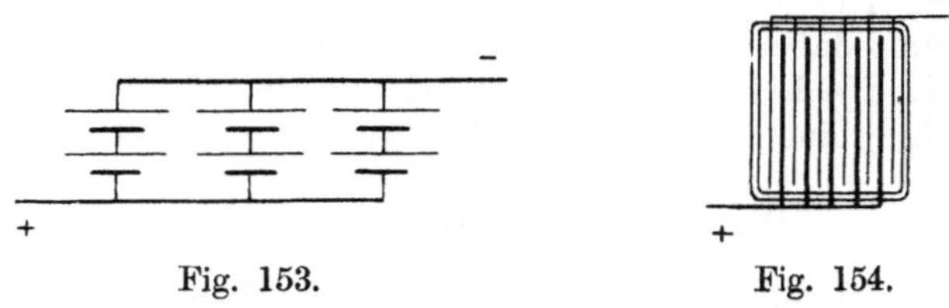

Fig. 153.   Fig. 154.

Die Akkumulatoren.

Die bei den galvanischen Elementen unerwünschte Polarisation
findet bei den „Akkumulatoren“ (Kraftsammlern) Anwendung.
Die gebräuchlichste Art, der Bleiakkumulator, hat sich aus den
Versuchen des französischen Physikers Planté (1859) entwickelt.

Ein Sammler oder eine „Zelle“ enthält eine positive und eine negative Bleiplatte oder je eine Gruppe positiver und negativer Platten, die
in sich parallel geschaltet sind (Fig. 154).

Um nun die notwendige Polarisation hervorzurufen, muß ein Strom
durch den Akkumulator geleitet werden, er muß „geladen“ werden.
Wir verbinden ihn so mit einer Stromquelle, daß der von ihrem +-Pol
kommende Strom durch die Gruppe der positiven Platten in die Zelle
eintritt. Er nimmt nun seinen Weg durch die die Platten umgebende
verdünnte Schwefelsäure und kehrt durch die Gruppe der negativen
Platten zu seinem Ursprung zurück.

Ist die Polarisation beendet, so steigen Gasblasen auf, der Sammler
„kocht“, er ist geladen. Schalten wir jetzt den Ladestrom ab, dann
stehen sich zwei Plattengruppen gegenüber, welche im Verein mit der
Schwefelsäure ein galvanisches Element von 2 Volt Spannung bilden.
Man nennt Akkumulatoren deshalb auch „Sekundärelemente“, weil
ihre EMK die zweite Ursache eines Vorganges ist, im Gegensatz zu den
galvanischen „Primärelementen“.

Bei Anschluß an einen Stromkreis fließt der Strom von der positiven
Klemme zur negativen, d. h. in entgegengesetzter Richtung wie bei der
Ladung, bis die Platten ihren ursprünglichen Zustand erlangt haben.

Aus praktischen Gründen soll aber die „Entladung" nur bis zu einer
Klemmenspannung von 1,85 Volt fortgesetzt werden. Wir sehen, daß
die Bezeichnung „Sammler" unzutreffend ist, denn tatsächlich wird
keine Elektrizität aufgespeichert, sondern sie wird in chemische Energie
umgesetzt und kann sich dann aus dieser wieder zurückbilden. Wie
bei allen Energieumwandlungen, treten auch hier Verluste auf.

Je größer die wirksamen Plattenflächen oder je mehr Platten parallel
geschaltet werden, um so mehr Elektrizität kann in diesem chemischen
Kraftwerk verarbeitet und von ihm wieder erzeugt werden. Die Fähigkeit eines Akkumulators, einen bestimmten Strom während einer gewissen Zeit abzugeben, wird „Kapazität" genannt; sie
ist das Produkt Stromstärke × Stromentnahmezeit und wird in „Ampèrestunden" angegeben
(vgl. S. 260).

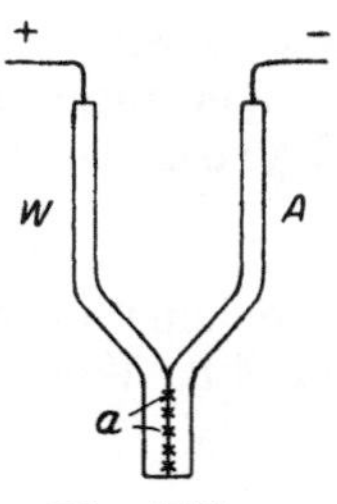

Fig. 155.

Verwendet werden die Akkumulatoren für Klein-
und Notbeleuchtungen, für Telegraphen- und Telephonzentralen, für den Antrieb der Elektromobile;
als Reserve in Kraftwerken sind sie sogar unentbehrlich. Die Ausführungsformen richten sich nach den
Verwendungszwecken; die Gefäße müssen aus säurefesten Stoffen wie Zelluloid, Hartgummi, Steingut,
Glas oder Holz mit innerem Bleibelag hergestellt
werden.

Das hohe Eigengewicht des Bleiakkumulators hat zu Versuchen geführt, das Blei durch leichtere Metalle zu ersetzen. Der Edison-Akkumulator hat Platten aus Eisen und Nickel, die in Kalilauge tauchen.
Mit dem geringeren Gewicht muß aber auch die geringere Zellenspannung von 1,3 Volt berücksichtigt werden. Trotzdem haben sich diese
Sammler für viele Zwecke als recht brauchbar erwiesen, da sie gegen
unsachgemäße Behandlung und Stöße (die Behälter sind aus Eisenblech)
wenig empfindlich sind.

Alle Akkumulatoren können wie die galvanischen Elemente zu
Batterien geschaltet werden.

Thermoelemente.

Werden Drähte oder Streifen zweier verschiedener Metalle, z. B.
Wismut und Antimon, zusammengelötet, so tritt bei Erwärmung der
Lötstelle a (Fig. 155) zwischen den freien Enden der Metallstreifen eine
Potentialdifferenz auf. Solche Verbindung heißt „Thermoelement"
oder Wärmeelement; es hat eine sehr geringe EMK, die von den
gewählten Metallen und von dem Temperaturunterschied gegenüber den
freien Metallenden abhängig ist. Zwischen Wismut und Antimon ist
die Spannung bei 100° C Temperaturunterschied 0,001 Volt.

Die durch Versuche aufgestellte thermoelektrische Spannungsreihe:
+ Wismut, Nickel, Platin, Blei, Kupfer, Gold, Silber, Zink, Eisen, Antimon — gibt an, daß das höhere Potential an dem Metall auftritt, welches

dem +-Zeichen näher steht; je weiter die Entfernung der Metalle in der Spannungsreihe ist, desto größer ist die thermoelektromotorische Kraft.

Aus solchen Elementen, die also Wärme unmittelbar in elektrische Energie umformen bei allerdings geringem Wirkungsgrad, sind durch Hintereinanderschalten sog. „Thermosäulen“ gebaut worden. Sie sind meistens mit Gasheizung versehen und dienen zum Laden kleiner Akkumulatoren oder zum Betrieb kleiner elektrischer Apparate.

Die Tatsache, daß die thermoelektromotorische Kraft für gleiche Temperaturunterschiede konstant ist, und die Möglichkeit, solche Elemente aus schwer schmelzbaren Metallen in beliebiger Größe herzustellen, lassen ihre Verwendung für alle Zwecke der Temperaturmessung zu. Diese erfolgt, indem das Element der festzustellenden Temperatur ausgesetzt wird und durch Leitungsdrähte mit einem empfindlichen, auf Temperaturgrade geeichten Meßinstrument verbunden wird. Solche „Pyrometer“ (Hitzemesser) werden oft für Härteöfen benutzt.

III. Magnetismus.

Schon im Altertum war ein Eisenerz bekannt, das kleine Eisenteilchen anzieht. Von seinem Vorkommen bei der Stadt Magnesia in Klein-

Fig. 156[1]).

asien (es gibt aber noch andere Fundorte) wird auch der Name „Magneteisenstein“ abzuleiten sein. Dieser natürliche Magnet, welcher sich stets, an einem Faden hängend, mit seiner Längsachse in die Nord-Südrichtung einstellt, wurde von den alten seefahrenden Völkern als Fahrtweiser benutzt. Das nach Norden zeigende Ende erhielt den Namen „Nordpol“, das andere wurde „Südpol“ benannt.

Die magnetische Induktion. Wird dem Nordpol eines beweglich aufgehängten Magneten der Nordpol eines anderen genähert, so findet ein Abstoßen statt. Die gleiche Erscheinung zeigt sich zwischen Südpolen, während Nord- und Südpole sich anziehen. Beide Magnetpole verhalten sich also verschieden. Von ihnen müssen Wirkungen besonderer Art ausgehen, welche den Luftraum überbrücken.

Legen wir ein mit Eisenfeilspänen bestreutes Blatt Papier über die Pole eines Magneten und schütteln es leicht, so stellt sich jedes Spänchen mit seiner Längsachse in eine bestimmte Richtung. Die Gesamtheit

---

[1]) Fig. 156, 157, 159 und 187 entnommen aus Benischke, Die wissenschaftlichen Grundlagen der Elektrotechnik. 6. Auflage. Berlin 1922: Julius Springer.

der Spänchen gibt das Bild von Linien (Fig. 156), die von Pol zu Pol laufen und an den Polen verdichtet sind, während sie sich im Luftraum ausbreiten.

Durch Versuche ist festgestellt worden, daß im Luftraum zwischen den Magnetpolen ein Zustand von bestimmter Größe und Richtung herrscht; er ist also ein Vektor. Man nennt ihn „magnetische Induktion" und bezeichnet ihn mit $\mathfrak{B}$. Der Wirkung auf die Eisenfeilspäne zufolge (Fig. 156) spricht man von „Linien der magnetischen Induktion" oder kurz von „Induktionslinien"; dementsprechend ist auch die zeichnerische Wiedergabe von $\mathfrak{B}$.

Der Fluß der magnetischen Induktion.

Bei einem ringförmigen Magneten (Fig. 157) zeigt sich, daß die Induktionslinien $\mathfrak{B}$ in einem geschlossenen magnetischen Kreise in gleicher Stärke und Richtung durch Luftraum und Magnetkörper in sich zurücklaufen. Ihre räumliche Verteilung ist aber verschieden. Außerhalb des Ringmagneten sind keine Induktionslinien nachweisbar; ihre Ausdehnung ist also auf den Eisenquerschnitt beschränkt. Im Luftraum zwischen den Polen sind sie dagegen auf einen größeren Querschnitt verteilt. Beides bestätigt uns auch die Fig. 156, wo wir sehen, wie sich die Linien in die Pole hineindrängen.

Die Summe der Linien heißt „Fluß der magnetischen Induktion $\mathfrak{B}$" und wird mit Φ (Phi) bezeichnet.

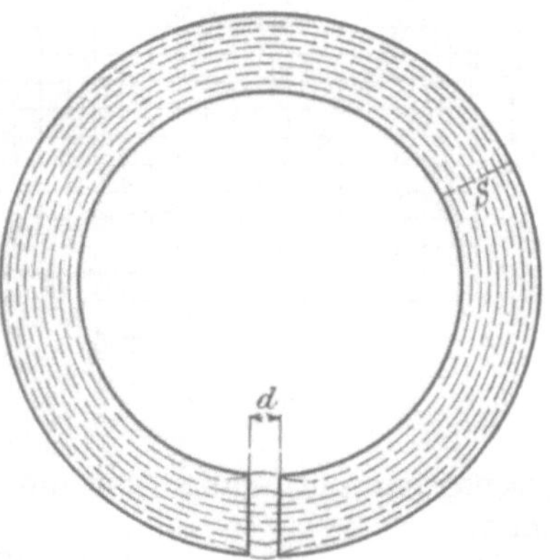

Fig. 157.

Um nun die Möglichkeit zu haben, verschiedene Magnetkreise zu vergleichen, wird Φ zahlenmäßig in Linien angegeben, z. B. $\Phi = 70\,000$ Linien.

Der Fluß in einem Magnetkreise ist unveränderlich; die Verteilung der Induktionslinien, d. h. ihre Dichte, ist vom Querschnitt abhängig, den der Fluß durchdringt. Wird der Fluß Φ durch den Querschnitt Q (gemessen in cm²) geteilt, so erhalten wir die Zahl der Induktionslinien pro Flächeneinheit:

$$\mathfrak{B} = \frac{\Phi}{Q} \text{ Linien/cm}^2.$$

Aus $\mathfrak{B}$ und Q können wir auch den Fluß errechnen:

$$\Phi = \mathfrak{B} \cdot Q \text{ Linien.}$$

Die Permeabilität und das magnetische Feld. Der Versuch mit den Eisenfeilspänen (Fig. 156) zeigt uns, wie die Induktionslinien in die Pole gewissermaßen hineinströmen, obgleich sie sich dabei sehr zusammendrängen müssen. Es macht den Eindruck, als ob sie den engen Weg im Eisen dem breiten Weg in der Luft vorzögen. Tatsächlich können sie Eisen viel besser durchdringen als Luft. $\mathfrak{B}$ ist also nicht nur vcm Querschnitt, sondern auch vcm Material abhängig. Die Beziehung zwischen $\mathfrak{B}$ und dem Magnetmaterial drückt die Gleichung aus:

$$\mathfrak{B} = \mu \cdot \mathfrak{H} \text{ Linien/cm}^2.$$

Hierin ist $\mathfrak{H}$ die „magnetische Feldstärke" und μ (Mü) ein Materialwert, der den Namen „Permeabilität" (Durchlässigkeit) hat. Als Einheit wird die Permeabilität der Luft gewählt; für Luft ist also $\mu = 1$. Eisen und Eisenlegierungen haben bedeutend höhere

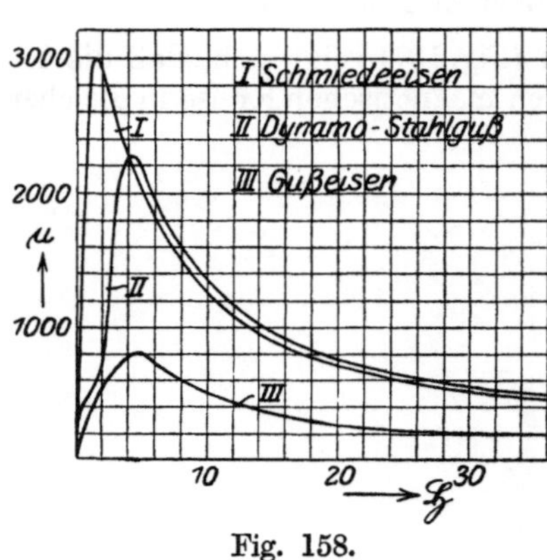

Fig. 158.

Werte für μ; man wird für Magnetkörper deshalb Eisen verwenden, und zwar eine Sorte mit möglichst großem μ. Die Permeabilität ist aber nicht nur vom Material, sondern auch von der Feldstärke $\mathfrak{H}$ abhängig. Das Schaubild Fig. 158 zeigt den Verlauf von μ in Abhängigkeit von $\mathfrak{H}$. Allgemein wird μ mit abnehmendem Kohlenstoffgehalt des Eisens größer, deshalb hat Schmiedeeisen die höchsten Werte von μ. Bedeutend stärker ist aber der Einfluß von $\mathfrak{H}$. Für die Industrie ist daher die Kenntnis der μ-Kurven der verschiedenen Eisensorten notwendig, die nur durch Versuche gewonnen werden kann.

Die Linien der magnetischen Feldstärke $\mathfrak{H}$ laufen wie die Linien des Flusses der magnetischen Induktion $\mathfrak{B}$ in der Richtung vom Nord- zum Südpol und in sich zurück. Während aber der Fluß von $\mathfrak{B}$ unveränderlich ist, trifft dies für den Fluß von $\mathfrak{H}$ nicht zu. Er ändert sich an den Flächen, wo sich die Permeabilität μ ändert; mit abnehmendem μ wird $\mathfrak{H}$ größer und umgekehrt. Aus diesem Grunde müssen beim Bau magnetelektrischer Maschinen Lufträume, durch welche der Fluß von $\mathfrak{B}$ hindurchgehen muß, vermieden oder möglichst klein gemacht werden.

Auch das magnetische Feld stellt wie das elektrische Feld einen Energievorrat dar. Seine Ausnutzung werden wir im Abschnitt Magnetinduktion, S. 247, kennenlernen. Demzufolge ist zur Herstellung eines magnetischen Feldes Energie erforderlich, wie wir im Abschnitt Elektromagnetismus, S. 245, sehen werden.

Erdmagnetismus. Die Erde ist von einem magnetischen Felde umgeben, dessen Linien im Norden nahe der Melville-Insel in Nordamerika und im Süden in der Nähe von Neu-Holland im südlichen Eismeer zusammenlaufen. Die magnetischen Erdpole sind also nicht zugleich auch die geographischen Pole. Größe und Richtung des Erdfeldes schwanken unter dem Einfluß der Sonnenflecke, der Nordlichter, der Erdbeben usw. Seine Stärke ist gering, doch ist der Einfluß auf die Kompaßnadel ausreichend, um eine **Richtwirkung** hervorzubringen. Bei empfindlichen Meßinstrumenten wird oft ein besonderes Magnetfeld benutzt, um die störende Wirkung des Erdfeldes aufzuheben.

IV. Elektromagnetismus.

Um im Eisen einen Fluß der magnetischen Induktion zu erzeugen, ist ein magnetisches Feld notwendig. Dieses Feld kann durch natürliche Magnete hervorgerufen werden. 1810 entdeckte nun der Däne **Oersted**, daß der elektrische Strom **magnetische Felder** entstehen läßt, welche

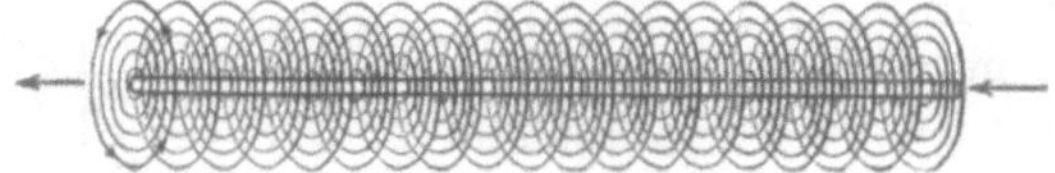

Fig. 159.

die der natürlichen Magnete bedeutend übertreffen. Diese Entdeckung des „**Elektromagnetismus**" wurde grundlegend für die weitere Entwicklung der Elektrotechnik.

Strom und magnetisches Feld. Jeder stromdurchflossene Leiter ist von einem **magnetischen Felde** umgeben, das ihn vollständig umhüllt. Fig. 159 soll eine Vorstellung geben, in welcher Weise die $\mathfrak{H}$-Linien den Leiter umlaufen; sie bilden immer größer werdende konzentrische Kreise. Wie wir wissen, hat $\mathfrak{H}$ eine Richtung; kreist also $\mathfrak{H}$ um den Leiter im Uhrzeigersinn, so fließt der Strom vom Beschauer in den Leiter hinein. Durch die sog. „**Korkzieherregel**" läßt sich diese Festsetzung leicht merken: Denkt man sich in den Drahtquerschnitt einen Korkzieher so hineingebohrt, daß sich das Gewinde in der Stromrichtung vorschiebt, so gibt die Drehrichtung des Griffes den **Richtungsinn** von $\mathfrak{H}$ an.

Bei einem unveränderlichen Strom bleibt auch das Feld unverändert; es nimmt mit der Entfernung vom Leiter in seiner Stärke ab, behält aber seine Richtung. Schwankungen des Stromes macht das Feld in gleichem Sinne mit und wird mit ihm gleich Null. Fließt der Strom dann in umgekehrter Richtung, so hat auch $\mathfrak{H}$ entgegengesetzte Richtung.

Lassen wir den Strom durch eine Spule fließen, so bildet sich aus den Einzelfeldern um jede Windung ein **Gesamtfeld.** Die Spule wirkt wie ein **Magnet**, dessen Nordpol an der Spulenöffnung liegt, die vom Strom entgegen der Drehrichtung des Uhrzeigers umkreist wird. Die Dichte der $\mathfrak{H}$-Linien dieses Magneten läßt sich nun bedeutend **erhöhen**, wenn wir das Spuleninnere mit einem **Eisenkern** ausfüllen (Fig. 160). Entsprechend der Permeabilität μ des verwendeten Eisens bei dem vorhandenen Feld $\mathfrak{H}$ (siehe Fig. 158) stellt sich in ihm eine Induktion $\mathfrak{B}$ ein, d. h. der Eisenkern wird ein „**Elektromagnet**".

Die Stärke des magnetischen Feldes einer Spule nimmt mit dem Produkt aus Strom und Anzahl der Drahtwindungen, den „Amperewindungen", zu; es läßt sich·also fast unbegrenzt steigern. Praktisch bringt man $\mathfrak{H}$ jedoch höchstens bis zu dem Betrag, bei welchem die Induktion B ihren größten Wert erreicht (siehe Fig. 161), um mit möglichst geringem Energieaufwand den günstigsten Erfolg zu erzielen.

Die Felder gleichgerichteter Ströme in beweglichen Leitern wollen sich vereinigen; die Leiter suchen sich daher anzuziehen. Werden sie von entgegengesetzt gerichteten Strömen durchflossen, so ist eine abstoßende Wirkung der Felder zu erkennen.

Die Hysteresis. Wird der Strom, welcher die Wicklung eines Elektromagneten durchfließt, ausgeschaltet, so verschwindet zwar das Feld, im Eisenkern bleibt jedoch noch eine Induktion $\mathfrak{B}$ zurück, d. h. das Eisen bleibt etwas magnetisch. Genaueren Aufschluß über das Verhalten der In-

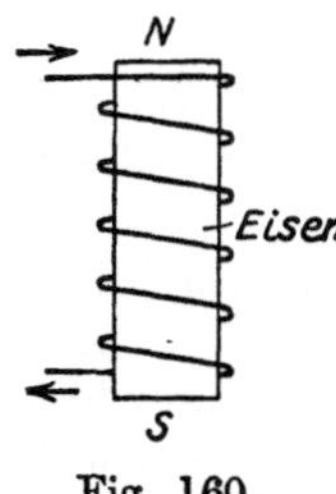

Fig. 160.

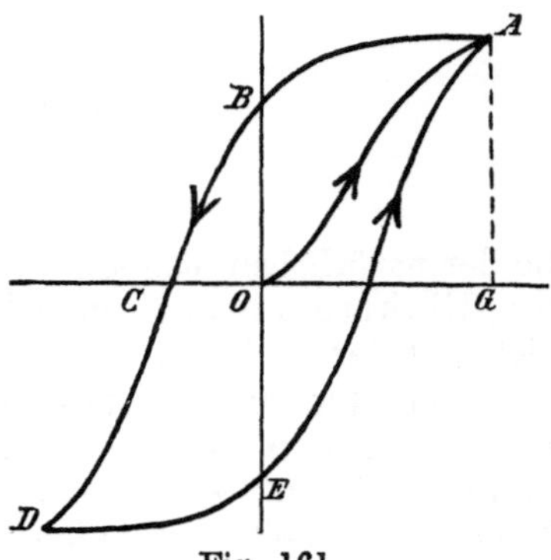

Fig. 161.

duktion $\mathfrak{B}$ gibt uns die Magnetisierungskurve (Fig. 161), die wir erhalten, wenn wir völlig unmagnetisches Eisen in ein zu- und abnehmendes Feld $\mathfrak{H}$ bringen. Diese Kurve $\mathfrak{B} = f(\mathfrak{H})$ zeigt, daß wir bei A die „Sättigung" des Eisens erhalten, d. h. wir können $\mathfrak{B}$ durch Vergrößern von $\mathfrak{H}$ nicht mehr steigern. Bei abnehmendem $\mathfrak{H}$ geht die Induktion $\mathfrak{B}$ nicht nach O zurück, sie ist gleich OB für $H = 0$. Der Betrag OB ist der zurückbleibende oder „remanente" Magnetismus. Um ihn zu beseitigen, müssen wir ein entgegengesetzt gerichtetes Feld $\mathfrak{H}$ von der Größe OC aufwenden.

Das durch Anwachsen und Abnehmen von $\mathfrak{H}$ entstandene Kurvenbild $ABCDEA$ wird „Hysteresisschleife" genannt; Hysteresis heißt das Zurückgebliebene. Die Fläche der Schleife ist ein Maß für die Arbeit, die zum Ummagnetisieren des Eisens erforderlich ist.

Gehärteter Stahl behält besonders viel remanenten Magnetismus, deshalb benutzt man ihn zur Anfertigung von „permanenten" oder Dauermagneten.

Diese Eigenschaft des gehärteten Stahles ist bei Werkzeugen, die zufällig magnetisch geworden sind, oft unangenehm, weil dann Eisenspäne an ihnen haften bleiben und die Schneidwirkung stören. Durch Ausglühen läßt sich der remanente Magnetismus beseitigen, doch wird

das Werkzeug dadurch unter Umständen minderwertig, wenn die neue
Härtung nicht sachgemäß ausgeführt wird. Ein besseres Mittel, Werkzeuge zu entmagnetisieren, ist das Einbringen der Stücke in ein schnell
und dauernd seine Richtung wechselndes magnetisches Feld („Wechselfeld", d. h. Feld einer von Wechselstrom durchflossenen Spule), aus
dessen Bereich sie dann langsam entfernt werden.

V. Induktionselektrizität.

Durch den elektrischen Strom können wir magnetische Felder entstehen lassen. 1831 entdeckte der englische Physiker Faraday, daß
magnetische Felder unter gewissen Bedingungen elektrische
Ströme hervorrufen. Aus dieser
Entdeckung haben sich die heute
gebräuchlichen Dynamomaschinen
oder Generatoren entwickelt, die
zur Elektrizitätserzeugung im großen
dienen.

**Die Induktion durch magne-
tischen Fluß.** In Fig. 162 sehen wir
den Fluß Φ von magnetischen Induktionslinien, welcher eine Drahtschleife $a\,b\,c\,d$ durchdringt, deren
Enden durch einen Stromkreis K
verbunden sind. Ändern wir die

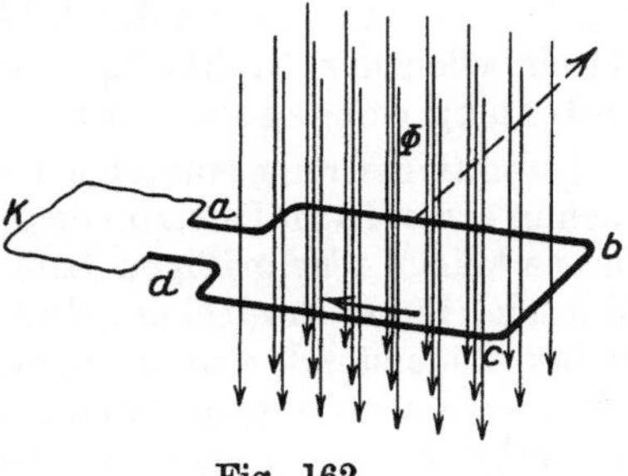

Fig. 162.

Zahl der von der Schleife umfaßten Induktionslinien, so wird in
ihr eine EMK hervorgerufen oder „induziert". Sie ist die Ursache
eines „Induktionsstromes", der durch die Leiterschleife und den
angeschlossenen Stromkreis K fließt.

Die Änderung der Linienzahl des Flusses kann erfolgen:
1. durch Bewegung der Drahtschleife oder des Flusses; sie muß
so erfolgen, daß ein Teil der Schleife den Fluß schneidet;
2. durch Abschwächen oder Verstärken des Flusses.

Die induzierende Kraft der Flußänderung ist am größten, wenn der
Fluß die Ebene der Leiterschleife senkrecht durchdringt. Laufen
Schleifenebene und Richtung des Flusses parallel, so ist sein Einfluß
Null. Die Größe der induzierten EMK nimmt mit der Geschwindig-
keit der Flußänderung zu.

Die Richtung der EMK und damit die des Induktionsstromes können
wir durch die sog. Rechte-Hand-Regel bestimmen: Die Finger der
rechten Hand geben die Stromrichtung im Leiterstück an, welches
den Fluß schneidet, wenn die Handfläche den Fluß auffängt und der
rechtwinklig abgespreizte Daumen in der Richtung der Bewegung
liegt. Wird in der Anordnung in Fig. 162 die Schleife in der Pfeilrichtung
bewegt, dann schneidet das Leiterstück $c\,d$ den Fluß, und der Strom
muß in der Richtung $a\,b\,c\,d$ fließen; er tritt bei d heraus, d ist also $+$-Pol.

Durch die ausgeführte Schleifenbewegung haben wir die Zahl der
von der Schleife umfaßten Linien vermindert. Erzeugen wir diese Ver-

ringerung durch Abschwächen des Flusses, so erhalten wir die gleiche Stromrichtung, d bleibt $+$-Pol. Erhöhen wir die Linienzahl des Flusses wieder, indem wir die Schleife der Pfeilrichtung entgegen bewegen oder den Fluß verstärken, dann fließt der Strom entgegengesetzt, a wird $+$-Pol und d wird $-$-Pol.

Zwischen a und d besteht ein elektrisches Feld, das uns einen arbeitsfähigen Strom liefert. Jeder Induktionsstrom will die ihn erzeugende Ursache verhindern (Gesetz von Lenz). Wird der Strom durch eine Bewegung induziert, dann tritt eine Kraft auf, die mit der Größe des Stromes zunimmt und der Bewegung entgegenwirkt. Sie muß durch mechanische Energie überwunden werden. Elektrische oder magnetische Energie müssen wir aufwenden, wenn wir den Induktionsstrom durch Flußänderung hervorrufen, weil er beim Durchfließen der Drahtschleife ein Feld erzeugt, welches der Flußänderung entgegenwirkt.

Induktionsströme entstehen nun unter den angegebenen Bedingungen auch in einzelnen Leitern von größeren Abmessungen, z. B. in Platten. Da sie keinen regelmäßigen Lauf verfolgen, nennt man sie „Wirbel-" oder nach ihrem Entdecker „Foucault-Ströme". Infolge ihrer Stärke ist der Widerstand, den ein derartiger Leiter seiner Drehung in einem ruhenden Flusse entgegentsetzt, sehr groß; er wird bei den „Wirbelstrombremsen" ausgenuzt. Ruhende, aber drehbare Leiterscheiben beginnen sich durch die entstehenden Wirbelströme zu drehen, wenn sie einem dauernd seine Richtung wechselnden Flusse ausgesetzt werden. Diese Erscheinung findet bei Meßinstrumenten und Zählern Anwendung.

Die Selbstinduktion. Stromschwankungen in Spulen bewirken Schwankungen der magnetischen Felder, die von stromdurchflossenen Spulen erzeugt werden. Diese Änderungen der Zahl der Feldlinien induziert in den Spulenwindungen eine Spannung, die EMK der „Selbstinduktion". Der von ihr hervorgerufene Induktionsstrom folgt auch dem Lenzschen Gesetz. Beim Einschalten des Spulenstromes oder bei seinem Ansteigen wirkt er ihm entgegen, während er beim Schwächen oder beim Ausschalten des Spulenstromes diesen zu erhalten sucht.

Am stärksten finden wir die Selbstinduktion bei Spulen mit Eisenkernen, die einen in sie hineingeschickten Strom nur langsam ansteigen lassen, weil die EMK der Selbstinduktion der angelegten Spannung entgegengesetzt gerichtet ist. Beim plötzlichen Abschalten solcher Spulen kann die Spannung der Selbstinduktion so groß werden, daß Isolationen durchschlagen werden und Personen zu Schaden kommen. Das Ausschalten des Spulenstromes muß deshalb langsam geschehen, oder durch eine besondere Schaltung muß dafür gesorgt werden, daß die hohe Selbstinduktionsspannung sich im Augenblick ihres Entstehens über einen Widerstand ausgleichen kann. Andererseits wird diese Spannung zur Erzeugung des Zündfunkens bei Zündapparaten für Verbrennungsmotoren benutzt.

Die gegenseitige Induktion. Die Feldschwankungen, die wir durch Stromschwankungen in einer Spule erzeugen, können uns in einer anderen Spule wieder Ströme induzieren. Fig.163 zeigt eine derartige Einrichtung. Spule 1, die „Primärspule", wird vom „Primärstrom" durchflossen, sie hat also ein Feld. Unterbrechen wir nun dauernd den Primärstrom, oder wechseln wir dauernd seine Richtung, so rufen wir dadurch entsprechende Feldveränderungen hervor. Wir können dann der Spule 2, der „Sekundärspule", einen Induktionsstrom oder „Sekundärstrom" entnehmen. Um einen recht kräftigen Linienfluß zu erhalten, wird das Innere der Spulen, welche auch aufeinander gewickelt sein können, meist mit Eisen ausgefüllt.

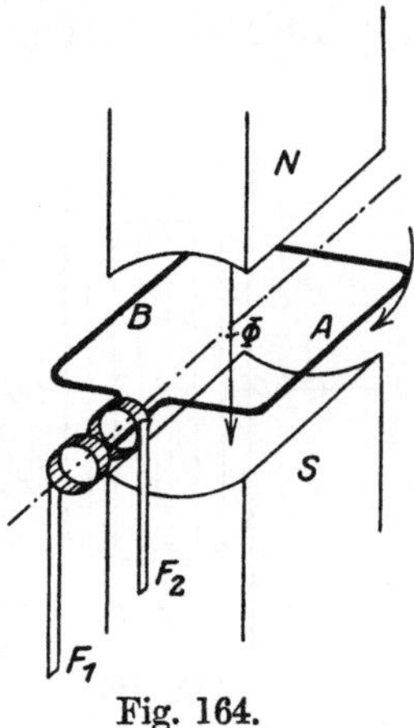

Die gegenseitige Induktion wird bei Induktionsapparaten und Funkeninduktoren angewendet. Sie gestatten uns, in der Sekundär-

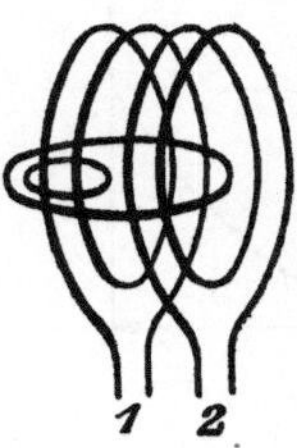

Fig. 163.

spule Ströme hoher Spannung zu induzieren, wenn durch die Primärspule ein schnell unterbrochener oder seine Richtung wechselnder Strom niedriger Spannung fließt und die Windungszahl der Sekundärspule ein Vielfaches der Windungszahl der Primärspule ist. Die Spannungen verhalten sich dann wie die Windungszahlen der Spulen, abgesehen von unvermeidlichen Verlusten.

Fig. 164.

Das Hauptverwendungsgebiet der gegenseitigen Induktion sind die Transformatoren, die in einem späteren Abschnitt (S. 263) behandelt werden.

VI. Die mechanische Erzeugung von Induktionselektrizität.

Die Wirkungsweise der Dynamomaschinen (durch Kraft bewegten Maschinen) beruht auf der Bewegung von Leiterschleifen in stehenden magnetischen Feldern, oder in der Bewegung von Feldern, die stehende Leiterschleifen schneiden. Als Bewegungsart wurde die technisch vorteilhafteste und am leichtesten herstellbare Drehbewegung gewählt.

Die Einphasen-Wechselspannung. In Fig.164 sehen wir eine Leiterschleife, deren Enden mit zwei voneinander isolierten Ringen verbunden sind, auf welchen die Federn F_1 und F_2 schleifen. Sie ist in dem magnetischen Felde zwischen den Magnetpolen N und S drehbar gelagert (Welle und Lager sind fortgelassen). Wir wollen uns nun die Schleife in der Pfeilrichtung in Drehung versetzt denken und ihre augenblickliche Stellung betrachten: sie umfaßt gerade den gesamten Linienfluß, die Änderung der Linienzahl ist Null, also auch die im Leiter induzierte

EMK. Man sagt: Die Leiterschleife steht in der „neutralen Zone“. Sobald im Verlauf der Drehung die Leiterstücke A und B anfangen, die Feldlinien zu schneiden, verringert sich die umgrenzte Linienzahl; es wird eine Spannung induziert, die zwischen F_1 und F_2 bemerkbar ist.

Die Änderung der von der Leiterschleife umfaßten Linienzahl ist am stärksten, wenn sie von der Abnahme zur Zunahme wechselt. Dies geschieht im Augenblick der Drehung um 90° aus der neutralen Zone (Fig. 165), dann muß auch die induzierte Spannung am größten sein. Ihre Richtung tritt in dem Leiterteil A aus der Bildebene dem Beschauer entgegen (⊙), im Leiterteil B läuft sie in die Bildebene hinein (⊕). Die Feder F_1 (Fig. 164) ist jetzt + -Pol, F_2 ist − -Pol. Nach weiterer

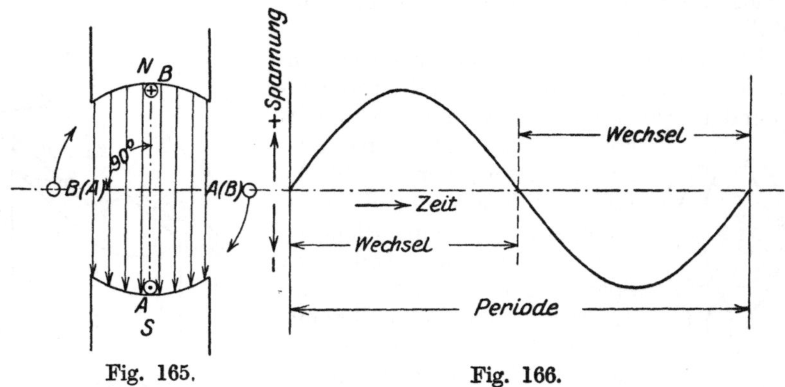

Fig. 165.   Fig. 166.

Drehung um 90° stehen beide Leiterteile wieder in der neutralen Zone, haben aber ihre Lage vertauscht; die Spannung zwischen den Schleifringen ist wieder Null. Jetzt läuft A am Nordpol und B am Südpol vorbei. Unter Benutzung der Rechten-Hand-Regel finden wir, daß die Spannungsrichtungen in jedem Polbereich bei fortlaufender Drehung stets die gleichen sind. Die Spannung wechselt also in jedem Leiterstück nach einer Drehung von 180° ihre Richtung, und während der Drehung von 180° ändert sich ihre Größe. Wir erhalten zwischen den Federn F_1 und F_2 eine „Wechselspannung“, während uns Reibung und Elemente „Gleichspannungen“ liefern.

Größe und Richtung der Wechselspannung als Ordinaten zur Umdrehungszeit der Leiterschleife als Abszisse aufgetragen, ergeben angenähert eine Sinuslinie[1]), wie sie Fig. 166 darstellt. Der Kurventeil, welcher in einmaliger Folge alle vorkommenden Spannungswerte enthält, heißt „Periode“ (Zeitabschnitt); sie besteht aus zwei „Wechseln“. Macht die Leiterschleife der Fig. 164 in der Minute n Umdrehungen, so erhalten wir auch n Perioden pro Minute. Die Periodenzahl oder die „Frequenz“ wird technisch für eine Sekunde angegeben, sie ist also $f = \dfrac{n}{60}$. Versehen wir nun unsere Anordnung, die ein Polpaar

―――――――――
[1]) Siehe Abschnitt Geometrie, S. 89.

besitzt, mit einem zweiten Polpaar, das gegen das erste um 90° versetzt ist, und lassen Südpol auf Nordpol folgen, so durchläuft die Spannung bei einer Umdrehung zwei Perioden. Bei mehr Polpaaren würde sie dann entsprechend viel Perioden haben. Bezeichnen wir die Anzahl der Polpaare mit a, dann ist die Frequenz:

$$f = \frac{a \cdot n}{60}.$$

Die gebräuchliche Wechselspannung hat eine Frequenz von $f = 50$ Per./sek. Zu ihrer Erzeugung müßte die Vorrichtung (Fig. 164)

$$n = \frac{f \cdot 60}{a} = \frac{50 \cdot 60}{1}$$
$$= 3000 \text{ Umdrehungen}$$

pro Minute machen.

Das Kurvenbild (Fig. 166) zeigt während einer Periode die Erscheinungsform oder „Phase" einer Spannung; sie wird deshalb mit „Einphasenspannung" bezeichnet.

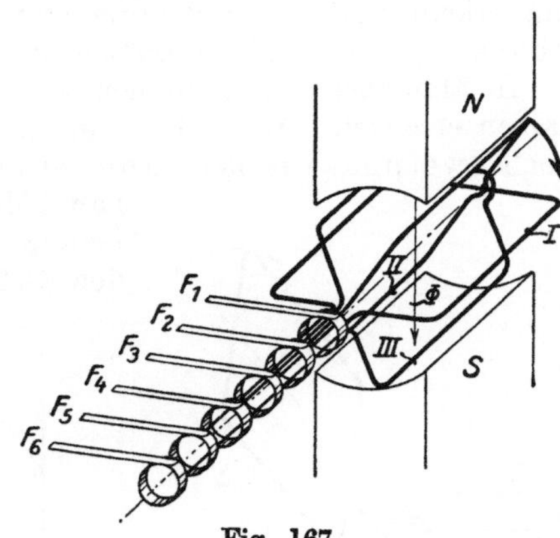

Fig. 167.

Die Dreiphasen-Wechselspannung. Statt einer Leiterschleife wollen wir nun drei Schleifen umlaufen lassen. Ihre Anordnung erkennen wir aus Fig. 167: Die Schleifen I, II und III bilden miteinander Winkel von 120°. Durch sechs Ringe sind die Federn F_1 und F_2 mit den Enden von I, F_3 und F_4 mit den Enden von II, F_5 und F_6 mit den Enden von III leitend verbunden.

Bei der Drehung der drei Schleifen im Kraftfluß erhalten wir zwischen F_1 und F_2, F_3 und F_4, F_5 und F_6 drei Wechselspannungen, von denen jede in der schon bekannten Form verläuft.

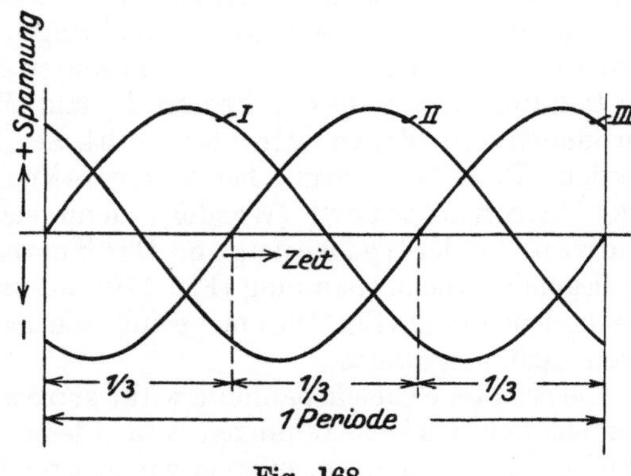

Fig. 168.

Die räumliche Verteilung der Schleifen bedingt aber einen zeitlichen Unterschied ihrer Phasen. Die Spannung der Schleife I durchläuft bei einer vollen Umdrehung eine Periode (Kurve I in Fig. 168). Schleife II liegt um 120° in der Drehung zurück, ihre Spannung (Kurve II) kann daher den Höchstwert erst nach Verlauf einer Drittelperiode erreichen. Ebenso eilt die Spannung III von Schleife III um eine Drittelperiode der Spannung II nach. Wir sehen also in einer Periode die zeitlich verschiedenen Phasen von drei Spannungen, welche durch gleiche Periodenzahlen und zwangläufige zeitliche Folge miteinander verbunden sind. Im Abschnitt Wechselstrom, S. 254, werden wir die weitere Verknüpfung der Spannungsträger besprechen und erkennen, daß man die drei Spannungen unter dem Namen „Dreiphasenspannung" zusammenfassen kann.

In ähnlicher Weise können wir Spannungen beliebiger Phasenzahlen erzeugen. Außer Ein- und Dreiphasenspannung wird aber nur noch Zweiphasenspannung verwendet. Die Gründe, weshalb überhaupt Mehrphasenspannungen erzeugt und benutzt werden, sollen später erörtert werden (S. 254).

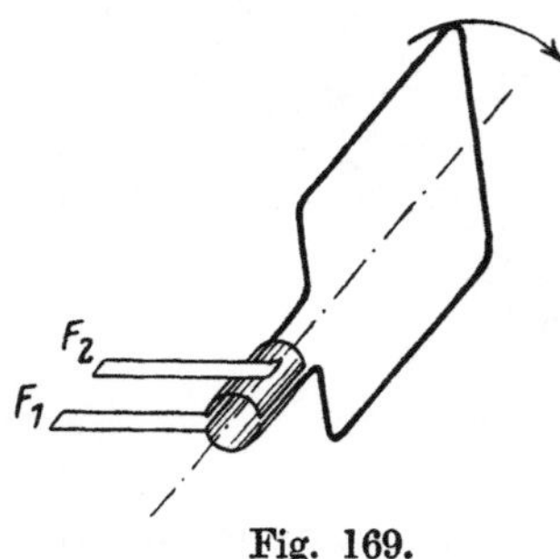

Fig. 169.

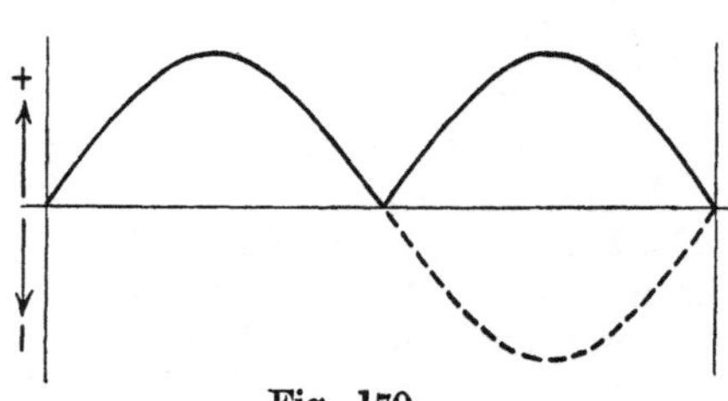

Fig. 170.

Die Gleichspannung. Durch Einbau einer mechanischen Schaltvorrichtung können wir die Wechselspannung, die uns die in Fig. 164 dargestellte Einrichtung liefert, als Gleichspannung nutzbar machen. Fig. 169 zeigt, daß die beiden Schleifringe durch zwei voneinander isolierte Ringhälften ersetzt worden sind.

Dadurch wird jede der Federn F_1 und F_2 stets mit Leiterstücken verbunden, in denen gleichgerichtete Spannungen induziert werden. Diese Einrichtung heißt „Kollektor" (Aufnehmer) oder richtiger „Kommutator" (Wender), denn sie bewirkt tatsächlich ein Umwenden der Spannungen. Das Kurvenbild der zwischen F_1 und F_2 liegenden Gleichspannung (Fig. 170) unterscheidet sich von dem der Wechselspannung (Fig. 166) nur durch die nach oben geklappten negativen Spannungswerte.

Die erhaltene Gleichspannung wirkt stoßweise oder „pulsierend". Um sie den Gleichspannungen von Elementen und Akkumulatoren ähnlicher zu gestalten, müssen wir unserer Maschine zwei oder mehr Polpaare geben. Besser kommen wir zu diesem Ziele, wenn wir mehr Leiterschleifen umlaufen lassen; dann muß der Kommutator ebenso viele Teile erhalten.

VII. Die elektrische Spannung und der Strom.

In den vorhergehenden Abschnitten sind die verschiedenen Arten der Elektrizitätserzeugung aufgeführt worden. Wir wollen uns nun den Punkten zuwenden, die bei ihrer Verwendung von Bedeutung sind.

Die elektrische Spannung. Um Elektrizität zur Arbeitsleistung benutzen zu können, müssen wir eine Potentialdifferenz oder Spannung oder EMK hervorbringen. Wir können sie bildlich mit dem Druck vergleichen, welcher Wasser durch eine Rohrleitung treiben soll. Die technische Maßeinheit für die Spannung ist das Volt (abgekürzt V); es ist die EMK, die in einem Leiter von 1 Ohm Widerstand einen Strom von 1 Ampère hervorruft (Ohm siehe S. 256, Ampère siehe unten).

Die Spannungsarten. Die elektrischen Felder bei der Reibungselektrizität und zwischen den Polen galvanischer Elemente, der Thermoelemente, der Akkumulatoren und der Gleichspannungs-Dynamomaschinen behalten dauernd ihre Richtung, so lange sie überhaupt vorhanden sind. Die unter Spannung stehenden Teile behalten daher stets ihre „Polarität", d. h. ein Pol bleibt +, der andere —. Man spricht deshalb von einer Gleichspannung.

Wechselt die Polarität zweier Leiter fortlaufend, wie dies bei den Wechselspannungs-Dynamomaschinen geschieht, dann haben wir eine Wechselspannung.

Mehrphasenspannungen sind an und für sich auch Wechselspannungen.

Außer dieser Unterscheidung der Spannungen nach ihren Richtungen müssen wir sie auch nach ihren Größen ordnen. Jedes elektrische Feld will verschwinden und dabei den Weg einschlagen, der ihm den geringsten Widerstand bietet. Bei unsern elektrischen Anlagen wollen wir aber diese Absicht des Feldes für unsere Zwecke ausnutzen und setzen deshalb seinem eigenmächtigen Verschwinden einen entsprechend hohen Widerstand entgegen. Je größer die Potentialdifferenz des Feldes, also die Spannung, um so größer muß auch der Isolationswiderstand sein, und um so größere Vorsichtsmaßregeln müssen wir bei der Bedienung solcher Anlagen beachten, damit Personen- und Sachschäden vermieden werden. Nach den Vorschriften des Verbandes Deutscher Elektrotechniker gilt eine Spannung bis 250 V als Niederspannung, über 250 V als Hochspannung.

Der elektrische Strom. Ein elektrischer Strom ist die Folge einer vorhandenen Spannung. Sein technisches Maß ist das Ampère (abgekürzt A). Gesetzlich ist 1 A die Stromstärke, welche in 1 Sekunde aus einer Silbernitratlösung 1,118 mg Silber ausscheidet (vgl. Abschnitt Elektrolyse, S. 270). Es ist festgelegt, daß der Strom stets vom + -Pol der Stromquelle ausgeht. Die Leitung, welche er durchfließen soll, muß einen geschlossenen „Stromkreis" bilden; sie braucht aber deshalb nicht kreisförmig zu sein. Der Strom durchfließt den Stromkreis und die Stromquelle, bis eine Unterbrechung in der Leitung oder in der Stromquelle erfolgt. Wir dürfen also den Ausdruck „Stromquelle" nicht wörtlich auffassen, sondern wir müssen sie mit einer Pumpvorrichtung vergleichen, welche den Strom in Bewegung setzt.

Die Stromarten.

Der Gleichstrom. Eine Gleichspannung verursacht einen Gleichstrom; er fließt in gleicher Richtung und in gleicher Größe, wenn die Spannung und der Stromkreis nicht geändert werden. Da der Strom auch die Stromquelle durchströmt, muß die Strommenge, welche den $+$-Pol verläßt, am $-$-Pol wieder eintreten. Bei örtlich zusammenliegenden verschiedenen Stromkreisen können oft mehrere Leitungen ohne Störung durch eine Leitung ersetzt werden, wenn in ihnen gleichgerichtete Ströme fließen. In jedem der drei Stromkreise in Fig. 171 stellt sich entsprechend der Spannung E und dem Leitungswiderstande ein Strom i ein (siehe Ohmsches Gesetz, S. 257). Von A werden die Einzelströme durch eine „Rückleitung" bis B geführt. Die Größe des Rückleitungsstromes

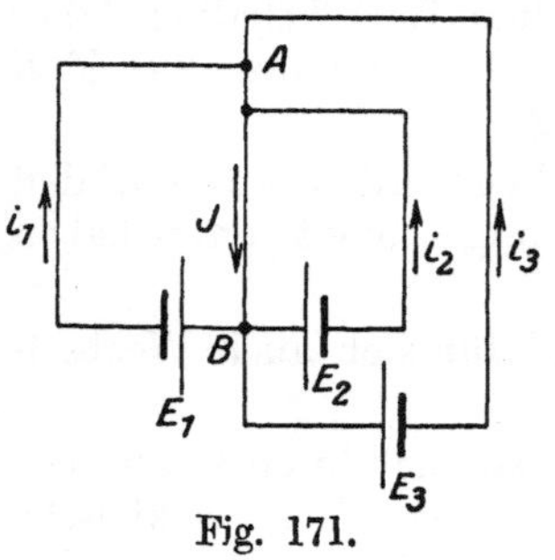

Fig. 171.

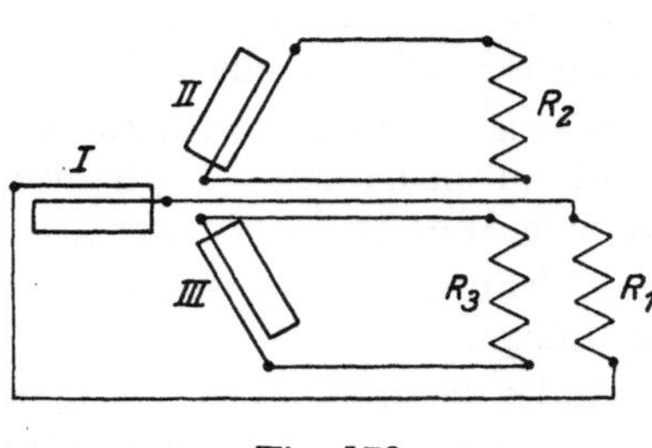

Fig. 172.

ergibt sich nach der Kirchhoffschen Regel: Die Summe der nach einer Verzweigung hinfließenden Ströme ist gleich der Summe der von dieser abfließenden Ströme. In AB fließt also der Gesamtstrom $J = i_1 + i_2 + i_3$, bei B teilt er sich wieder in die Einzelströme i_1, i_2 und i_3.

Der Wechselstrom. Bei einer Wechselspannung geht der Strom auch stets vom jeweiligen $+$-Pol aus; er wechselt wie die Spannung Größe und Richtung und heißt deshalb Wechselstrom. Sein Kurvenbild gleicht dem der Wechselspannung (Fig. 166). Entsprechend den Ein- und Mehrphasen-Wechselspannungen gibt es auch ein- und mehrphasige Wechselströme.

Der Dreiphasen-Wechselstrom. In Fig. 172 sehen wir drei um $120°$ gegeneinander versetzte Leiterschleifen I, II und III, welche ebenfalls wie die in Fig. 167 in einem Kraftfeld gedreht werden können. Ihre Enden sind durch sechs Leitungen mit drei gleichen Widerständen R_1, R_2 und R_3 verbunden. Wir erhalten dadurch drei voneinander getrennte Stromkreise, in denen die Leiterschleifen die Stromquellen sind. Statt der drei Leitungen, welche zu den inneren Schleifenenden führen, wollen wir nun eine Rückleitung anlegen (Fig. 173). Wird die Schleifengruppe gedreht, so ist in der dargestellten Lage die in Schleife I induzierte Spannung gleich Null, die in den Schleifen II und III entstehenden Spannungen sind gleich groß, aber entgegengesetzt gerichtet, was wir auch aus dem Anfangspunkt der Spannungskurven in Fig. 168 ersehen. Die Stromgrößen ergeben sich nach dem Ohmschen Gesetz (S. 257); demzufolge ist der Strom i_1 im Kreise I gleich Null, während in den Kreisen II und III gleichgroße, in der gemeinsamen Rückleitung aber entgegengesetzte Ströme i_2 und i_3 fließen. Bei gleichen Widerstandsverhältnissen in den drei

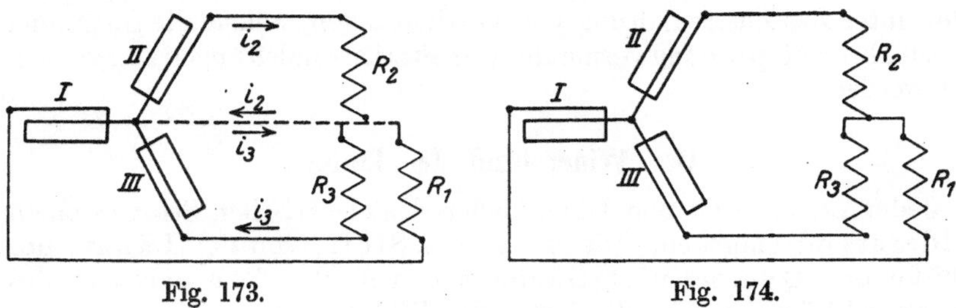

Fig. 173.

Fig. 174.

Stromzweigen oder bei „gleicher Belastung der Phasen" ist die Summe der Ströme i_1, i_2 und i_3 gleich Null. Aus Fig. 168 können wir feststellen, daß dies für jeden Augenblick und auch bei den Spannungen der Fall ist. Wir können also die gestrichelte Rückleitung fortlassen (Fig. 174) und haben den Vorteil, durch drei Leitungen drei Wechselstromkreise speisen zu können; sie werden mit dem Namen „Drehstromnetz" bezeichnet. Werden in solcher Anlage die Phasen „ungleich belastet", dann stören sich die Einzelströme, da sie zwangsweise Null werden müssen. Drei-leiter-Drehstromnetze sind daher in den Phasen möglichst gleichmäßig zu belasten oder, wenn dies nicht durchführbar ist, mit einer Rückleitung oder einem „Nulleiter" zu versehen, wodurch sie zu Vierleiter-Drehstromnetzen werden.

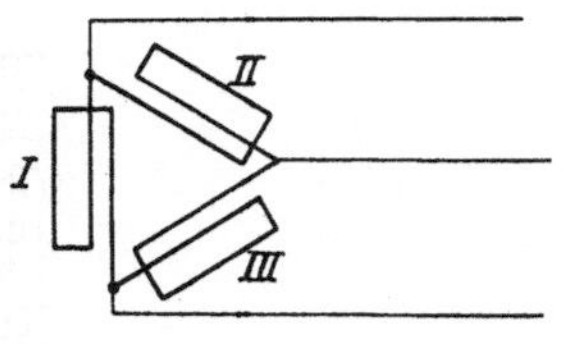

Fig. 175.

Die Schaltweise der Leiterschleifen in Fig. 174, bei der drei Spulenenden in einem Punkt vereinigt sind und die anderen Enden an die Leitungen gelegt werden, heißt „Sternschaltung" (abgekürzt Y). Zwischen zwei Außenleitern ist dann die Spannung größer als die in einer Schleife induzierte Spannung e, sie ist $E = e \cdot \sqrt{3}$; der Strom J in einer Leitung ist gleich dem Strom i in einer Leiterschleife.

Die Schleifen können aber auch so verknüpft werden, daß sie einen geschlossenen Stromkreis bilden. Wegen der Dreieckform des Schaltbildes (Fig. 175) wird diese Schaltung „Dreieckschaltung" genannt (abgekürzt △). Hierbei bleibt $E = e$ und es wird $J = i \cdot \sqrt{3}$. Eine Rückleitung ist auch bei ungleichmäßiger Belastung nicht nötig.

Schwach- und Starkstrom. Anlagen, die nur geringe Spannung und Stromstärke verlangen, wie Klingelanlagen, Haustelephone, Kleinbeleuchtungen usw., werden mit „Schwachstrom" betrieben. Als Stromquellen dienen Elemente oder kleine Akkumulatoren.

Müssen größere elektrische Energiemengen jederzeit zur Verfügung stehen, dann wird der Betrieb mit Elementen unvorteilhaft, ja unmöglich. Der dazu notwendige „Starkstrom" wird unmittelbar Dynamomaschinen oder großen Akkumulatorenbatterien entnommen.

Schwachstromanlagen können auch durch kleine Maschinen gespeist oder unter Zwischenschaltung von Vorrichtungen, welche die Spannung bis zur Elementspannung vermindern, an Starkstromleitungen angeschlossen werden.

Der Widerstand der Leiter.

Jeder Leiter setzt dem Durchfließen des elektrischen Stromes einen Widerstand entgegen. Dieser ist vom Stoff, von der Länge, der Größe der Querschnittsfläche und von der Temperatur des Leiters abhängig. Um die Größe des Widerstandes zahlenmäßig angeben zu können, benutzen wir als Vergleichswert das „Ohm" (abgekürzt Ω). 1 Ω ist der Widerstand eines Quecksilberfadens von 106,3 cm Länge und 1 mm² Querschnitt bei der Temperatur des schmelzenden Eises.

Zum Vergleich der Widerstände verschiedener Materialien sind durch Versuche ihre Widerstände bei 1 m Länge, 1 mm² Querschnitt und 15° C ermittelt worden. In nachstehender Aufstellung sind einige dieser „spezifischen Widerstände", die mit ϱ bezeichnet und in Ω gemessen werden, angegeben:

Material	ϱ in Ω
Aluminium . .	0,03
Blei	0,21
Eisen. . . .	0,13
Kupfer	0,0175
Kruppin . . .	0,81
Neusilber . . .	0,31
Nickelin . . .	0,40
Silber	0,016
Zink	0,067
Kohle	10—100

Mit Hilfe von ϱ können wir den Widerstand R einer Leitung berechnen, wenn uns ihre Länge l in m und ihr Querschnitt q in mm² bekannt sind; es ist:

$$R = \varrho \cdot \frac{l}{q} \quad \text{in } \Omega.$$

Eine Leitung aus Zinkdraht hat z. B. bei $l = 50$ m Länge und $q = 2{,}0$ mm² Querschnitt einen Widerstand:

$$R = 0{,}067 \cdot \frac{50}{2} = 1{,}675 \, \Omega.$$

Mit der Länge und mit abnehmendem Querschnitt nimmt der Widerstand eines Leiters zu; er ist um so kleiner, je kleiner der spezifische Widerstand des Materials ist. Nächst Silber, das wegen seines Preises ausscheidet, hat Kupfer den geringsten spezifischen Widerstand; es ist daher das gebräuchliche Leitungsmaterial, wird aber zuweilen durch Zink, Aluminium oder Eisen ersetzt, wenn Rücksichten auf Preis, Gewicht oder Festigkeit dies erfordern. Dann müssen aber größere Querschnitte gewählt werden, damit die durch den Widerstand entstehenden Verluste (siehe S. 260) in annehmbaren Grenzen bleiben sollen.

Für „Widerstände", das sind Leiter, die Widerstand haben sollen, verwendet man hauptsächlich Nickellegierungen, wie Neusilber, Nickelin oder Kruppin usw., die besonders hohe spezifische Widerstände besitzen.

Bei allen Metallen nimmt der Widerstand durch Temperaturerhöhung mehr oder weniger zu; dies muß bei Meßwiderständen berücksichtigt werden. Kohle und Flüssigkeiten, welche den Strom leiten, verlieren bei steigender Temperatur an Widerstand.

Als Besonderheit sei noch der metallähnliche Stoff Selen erwähnt, dessen Widerstand im Dunkeln am größten ist und sich bei Belichtung verringert; nach wiederkehrender Dunkelheit nimmt er wieder seinen ursprünglichen Wert an.

Das Ohmsche Gesetz. Die Gesetzmäßigkeit der Beziehungen zwischen Spannung, Strom und Widerstand erkannte 1826 der deutsche Physiker Ohm; ihm zu Ehren wurde die Einheit des Widerstandes mit „Ohm" bezeichnet.

Benennen wir die Spannung in Volt mit E, den Strom in Ampère mit J und den Widerstand in Ohm mit R, so ist:

$$E = J \cdot R. \tag{1}$$

Durch algebraische Umformung erhalten wir:

$$R = \frac{E}{J} \tag{2}$$

und

$$J = \frac{E}{R}. \tag{3}$$

Nach Formel (3) fließt durch einen Draht von $R = 10\ \Omega$ Widerstand bei einer Spannung von $E = 220$ V ein Strom

$$J = \frac{220}{10} = 22\ \text{A}.$$

Um durch einen Draht von $R = 1,5\ \Omega$ Widerstand einen Strom von $J = 6$ A zu schicken, brauchen wir nach Formel (1) eine Spannung:

$$E = 6 \cdot 1,5 = 9\ \text{V}.$$

Legen wir an diese Leitung eine Spannung von 110 Volt an und entnehmen 6 A, so stehen uns an der Verbrauchsstelle 6 A bei

110 V $-$ 9 V $=$ 101 V zur Verfügung. 9 V sind im Draht verbraucht
worden, um das Produkt Strom $\times$ Widerstand zu überwinden,
welches deshalb auch „Gegenspannung" genannt wird. Ist der errechnete Spannungsverlust von 9 V zu groß, so müssen wir den
Widerstand verringern, damit die Gegenspannung kleiner wird.

Das Ohmsche Gesetz gilt für Gleichstrom; es ist auch für Wechselstrom richtig, wenn die Leitung nur Materialwiderstand oder
„Ohmschen Widerstand" besitzt. Ist in einem Stromkreise, besonders
bei Spulen, auch Selbstinduktion vorhanden, so wird die angelegte
Wechselspannung nicht nur durch die Gegenspannung $J \cdot R$, sondern
auch durch die EMK der Selbstinduktion geschwächt, welche deshalb „induktiver Widerstand" heißt. Er
bildet mit dem Ohmschen Widerstand für
Wechselstrom einen „scheinbaren Widerstand" R_s; das Ohmsche Gesetz heißt dann:

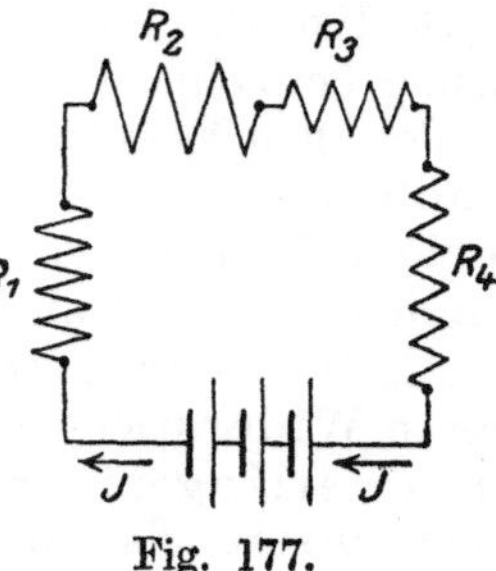

Fig. 177.

$$E = J \cdot R_s .$$

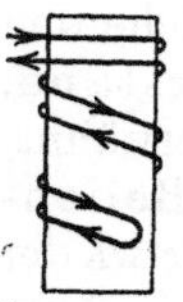

Die Größe des induktiven
Widerstandes nimmt mit der
Frequenz des Wechselstromes
und mit der Zahl der Spulenwindungen zu, so daß Spulen mit geringem Ohmschen Widerstande
unter Umständen Wechselströmen

Fig. 176.

sehr hohe scheinbare Widerstände entgegensetzen; man nennt solche
Spulen „Drosselspulen".

Für Meßwiderstände ist oft die Herstellung selbstinduktions-
freier Spulen aus Widerstandsdraht erforderlich, damit sie auch einem
Wechselstrom nur Ohmschen Widerstand bieten. Fig. 176 zeigt eine derartige Spulenausführung mit zweifädiger oder „bifilarer" Wicklung,
durch welche der Wechselstrom seine induzierende Wirkung aufhebt.

Widerstände in Serienschaltung.

An der Batterie B (Fig. 177) liegen hintereinander geschaltete
Widerstände. Der Strom J durchfließt die Widerstände R_1, R_2, R_3 und
R_4 der Reihe nach; die Stromgröße kann sich auf diesem Wege nicht
ändern, sie bleibt unverändert. Die vier Widerstände wirken wie
ein einziger Widerstand R, der gleich der Summe der Einzelwiderstände ist:

$$R = R_1 + R_2 + R_3 + R_4 .$$

Allgemein gilt also: Hintereinandergeschaltete Widerstände
addieren sich.

Die Größe des Stromes J finden wir nach dem Ohmschen Gesetz:

$$J = \frac{E}{R} .$$

Die Batteriespannung E muß sich bei jedem Widerstande durch
die Gegenspannung vermindern; der z. B. durch R_1 hervorgerufene

Spannungsverlust ist: $E_1 = J \cdot R_1$. Zwischen dem $-$ -Pol der Batterie und der Leitung von R_1 nach R_2 besteht nur noch eine Spannung $E - E_1$.

Widerstände in Parallelschaltung.

In den Stromkreis der Batterie B sind die Widerstände R_1, R_2 und R_3 nebeneinander eingeschaltet (Fig. 178). Die Klemmenspannung E wirkt auf jeden dieser Widerstände; wir können also nach dem Ohmschen Gesetz die Größe des durch jeden Widerstand fließenden Stromes bestimmen:

$$J_1 = \frac{E}{R_1}; \quad J_2 = \frac{E}{R_2} \quad \text{und} \quad J_3 = \frac{E}{R_3}.$$

Nach der Kirchhoffschen Regel (siehe Abschnitt Gleichstrom, S. 254) ist der Strom J, welcher den ganzen Kreis durchfließt:

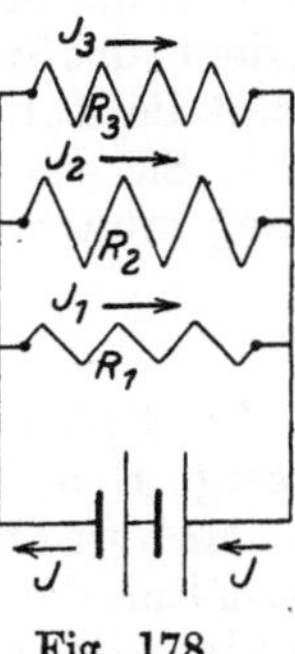

Fig. 178.

$$J = J_1 + J_2 + J_3 = \frac{E}{R_1} + \frac{E}{R_2} + \frac{E}{R_3}$$
$$= E \cdot \left(\frac{1}{R_1} + \frac{1}{R_2} + \frac{1}{R_3} \right).$$

Bezeichnen wir den durch die drei Widerstände hervorgerufenen Gesamtwiderstand mit R, dann können wir $\frac{E}{R}$ für J einsetzen:

$$\frac{E}{R} = E \left(\frac{1}{R_1} + \frac{1}{R_2} + \frac{1}{R_3} \right).$$

Wir dividieren die Gleichung durch E und erhalten:

$$\frac{1}{R} = \frac{1}{R_1} + \frac{1}{R_2} + \frac{1}{R_3},$$

d. h.: Bei parallel geschalteten Widerständen ist der umgekehrte oder reziproke Wert des Gesamtwiderstandes gleich der Summe der reziproken Werte der Einzelwiderstände.

Der Ausdruck $\frac{1}{R}$ wird auch „Leitwert" genannt, weil seine Größe angibt, ob sich ein Material gut als Leiter eignet. Je kleiner der Widerstand R ist, um so besser wird der Strom geleitet und um so größer wird der Leitwert $\frac{1}{R}$.

Wir können also auch sagen: Die Leitwerte parallelgeschalteter Widerstände addieren sich.

Beispiel: Die Widerstände in Fig. 178 mögen sein: $R_1 = 8\ \Omega$, $R_2 = 0{,}5\ \Omega$ und $R_3 = 20\ \Omega$; dann ist:

$$\frac{1}{R} = \frac{1}{8} + \frac{1}{0{,}5} + \frac{1}{20} = \frac{5}{40} + \frac{80}{40} + \frac{2}{40} = \frac{87}{40}.$$

Aus dem Gesamtleitwert $\dfrac{1}{R}$ finden wir den Gesamtwiderstand R, indem wir die Gleichung u mdrehen:

$$\frac{R}{1} = \frac{40}{87} = \sim 0{,}46 \ \Omega\,.$$

Durch Hinzufügen eines weiteren Widerstandes $R_4 = 5\ \Omega$ in Parallelschaltung erhalten wir:

$$\frac{1}{R} = \frac{87}{40} + \frac{1}{5} = \frac{95}{40} \quad \text{und} \quad R = \frac{40}{95} = \sim 0{,}42\ \Omega\,.$$

Der Gesamtwiderstand wird also durch Parallelschaltung von Widerständen geringer, der Leitwert und damit der Gesamtstrom nehmen zu.

Alle Vorrichtungen, durch die wir die Wirkungen der Elektrizität nutzbar machen, sind Widerstände; sie werden fast immer parallel zueinander in das Stromnetz eingeschaltet. Reihenschaltung wird angewendet, wenn die Nutzwiderstände für die vorhandene Netzspannung zu gering sind. Sie würden, einzeln angeschlossen, durch zu starken Strom unzulässig erhitzt oder sofort zerstört werden.

VIII. Die elektrische Leistung.

Die Spannung gibt die Arbeit an, welche die Elektrizitätsmenge Eins leisten kann (siehe Abschnitt Potential, S. 235). Steht uns ein Mehrfaches dieser Menge zur Verfügung, so steigt in gleichem Verhältnis das Arbeitsvermögen, es ist gleich Spannung $\times$ Elektrizitätsmenge.

Durch Einsetzen der technischen Maße Volt und Ampère bringen wir in diese Beziehung noch die Zeiteinheit hinein, weil 1 A die in 1 sek durch einen Leiter fließende Strommenge ist. Wir erhalten also Arbeit in der Zeiteinheit, also eine Leistung. Bezeichnen wir diese mit N, die Spannung in V mit E und die Stromstärke in A mit J, so ist:

$$N = E \cdot J\,.$$

Die Leistung $1\,\text{V} \cdot 1\,\text{A}$ nennt man 1 Watt (abgekürzt W); 1000 W sind 1 Kilowatt (abgekürzt kW) und entsprechen einer mechanischen Leistung von 102 mkg/sek.

Die Gleichstromleistung. Um eine Leistung zu bekommen, müssen Spannung und Strom zugleich vorhanden sein und wirken. Bei Gleichstrom ist diese Bedingung stets erfüllt und seine wirkliche oder „effektive" Leistung an der Verbrauchsstelle ist:

$$N_e = E \cdot J \ \text{in W}\,.$$

Zwischen der Stromquelle und der Verbrauchsstelle ist stets eine Leitung mit einem Ohmschen Widerstande R vorhanden. Ihre Gegenspannung $J \cdot R$ bildet mit dem durchfließenden Strome J gewissermaßen eine „Gegenleistung" oder richtiger: einen Leistungsverlust. Bezeichnen wir ihn mit N_v, so ist:

$$N_v = (J \cdot R) \cdot J = J^2 \cdot R \ \text{in W}\,.$$

In der Leitung haben wir also nicht nur Spannungsverlust, sondern auch Leistungsverlust; er wächst mit dem Widerstande und im Quadrat der Stromstärke. Wir können diesen Verlust mit einer Reibung des Stromes im Leiter vergleichen, und er äußert sich auch so: nämlich durch Erwärmung der Leitung. Der Widerstand eines Leitungsnetzes muß neben wirtschaftlichen Gründen also auch aus Sicherheitsgründen möglichst gering sein, um feuergefährliche Erwärmung der Drähte zu vermeiden. Zu diesem Zwecke bestehen auch über die zulässigen Stromstärken für bestimmte Drahtquerschnitte und Materialien besondere Vorschriften, die bei der Ausführung von Anlagen eingehalten werden müssen.

Die Wechselstromleistung. Hat ein Wechselstromnetz nur Ohmschen Widerstand, dann sind Spannung und Strom, wie beim Gleichstrom, gleichzeitig vorhanden. In Fig. 179 sind e und i die Kurven der Augenblickswerte von Spannung und Strom während einer Periode. Beide Werte erreichen zugleich ihre positiven und negativen Höhepunkte und werden zusammen Null, Spannung und Strom sind „in Phase".

Abgesehen von den Nullpunkten ist in jedem Augenblick eine Leistung $e \cdot i$ vorhanden; tragen wir ihre Beträge als Ordinaten ein, so erhalten

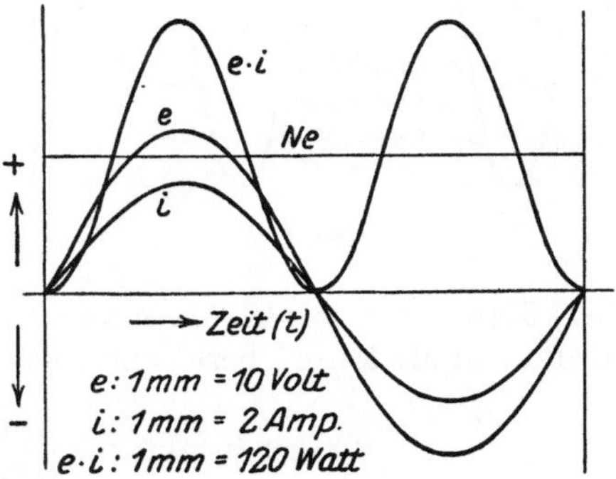

Fig. 179.

wir die Kurve $e \cdot i = f(t)$. Sie bekommt nur positive Ordinaten, da $(-e) \cdot (-i) = +e \cdot i$ ist, und ergibt die Augenblickswerte oder „Momentanwerte" der Leistung, welche in jeder Periode in zwei Wellen wirkt. Diese schwingende Leistung äußert sich infolge der Trägheit der energieverbrauchenden Einrichtungen als mittlere effektive Leistung N_e (Fig. 179). Die Kurve $N_e = f(t)$ verläuft parallel zur x-Achse; ihre Fläche ist gleich der Summe der beiden Flächen der Kurve $e \cdot i = f(t)$.

Meistens hat aber jeder Wechselstromkreis neben dem Ohmschen Widerstande auch induktiven Widerstand. Er verursacht zwischen Spannung und Strom eine „Phasenverschiebung", d. h. beide haben ihre Höchst- und Nullwerte nicht mehr gleichzeitig. Fig. 180 zeigt die größte mögliche Phasenverschiebung: Beim höchsten Wert der Spannung ist der Strom Null, und beim höchsten Stromwert ist die Spannung Null. φ (Phi) ist der Betrag, um welchen der Strom der Spannung nacheilt, er ist gleich dem vierten Teil der ganzen Periode. Aus Fig. 166 wissen wir, daß eine Periode einer vollen Umdrehung der Leiterschleife, also einer Drehung von 360° entspricht; ein Periodenviertel ist dann eine Drehung von 90°. Man sagt deshalb: Die Phasen-

verschiebung beträgt 90° oder der Strom eilt der Spannung
um 90° nach.

Betrachten wir jetzt die Leistung. Die Multiplikation der Momentanwerte von Spannung und Strom ergibt eine Kurve $e \cdot i = f(t)$, welche die
Zeitlinie in jedem Periodenvier-
tel schneidet (Fig. 180) und dadurch zwei positive und zwei
negative flächengleiche Abschnitte bildet. Ihre Summe gibt
uns die effektive Leistung an:
die Summe und N_e werden
Null.

An den Meßinstrumenten
lesen wir wie vorher, als keine
Phasenverschiebung vorhanden
war, für Spannung und Strom
die Mittelwerte E und J ab.
Ihr Produkt entspricht aber
nicht der wirklichen Leistung,
sondern ergibt eine größere
„scheinbare Leistung". Das

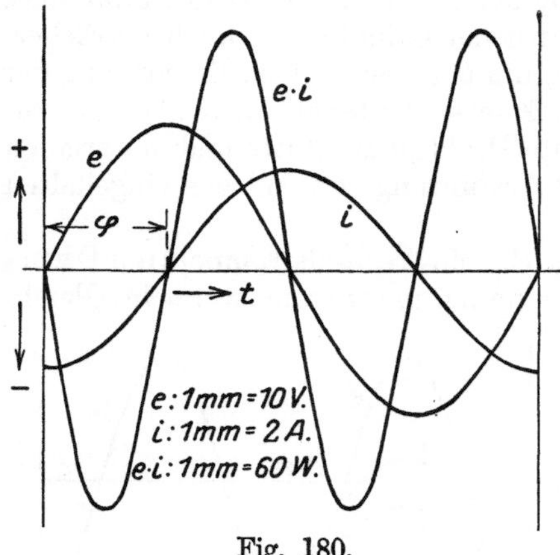

Fig. 180.

Verhältnis der wirklichen zur scheinbaren Leistung wird mit
„Leistungsfaktor" bezeichnet, also:

$$\text{Leistungsfaktor} = \frac{\text{wirkliche Leistung}}{\text{scheinbare Leistung}}$$

oder

scheinbare Leistung × Leistungsfaktor = wirkliche Leistung.

Die letzte Gleichung erklärt den Namen „Leistungsfaktor": Mit
ihm muß man die scheinbare Leistung multiplizieren, um die wirkliche Leistung zu erhalten.

Für den betrachteten Fall der größten Phasenverschiebung um
$\varphi = 90°$ ist die wirkliche Leistung und damit auch der Leistungsfaktor
Null. Im ersten Beispiel, bei dem eine Phasenverschiebung von $\varphi = 0°$
vorhanden ist, ist der Leistungsfaktor gleich Eins, weil die scheinbare
Leistung $E \cdot J$ gleich der wirklichen Leistung ist.

Die Änderung des Leistungsfaktors von Eins für $\varphi = 0°$ bis
Null für $\varphi = 90°$ entspricht dem Verlauf der Kosinusfunktion des
Winkels φ. Man gibt daher den Leistungsfaktor als „cos φ" an,
und wir erhalten unter Berücksichtigung einer Phasenverschiebung für
die Wechselstromleistung:

$$N_e = E \cdot J \cdot \cos \varphi \text{ in W.}$$

Die Phasenverschiebung kann aber auch durch Kondensatoren oder
Kondensatorwirkung in entgegengesetztem Sinne auftreten. Ein
„kapazitiver Widerstand" bewirkt, daß der Strom der Spannung
vorauseilt. Wir können diese Erscheinung benutzen, um die Wirkung

des induktiven Widerstandes aufzuheben oder zu mildern und so den Leistungsfaktor seinem größten Werte zu nähern.

Jedes Wechselstromnetz hat außer dem Ohmschen Widerstande an und für sich Widerstände induktiver und kapazitiver Art, die sich meistens aufheben, so daß $\cos\varphi = \sim 1$ wird. Eingeschaltete Glühlampen erhöhen nur den Ohmschen Widerstand, dagegen vergrößern leerlaufende Motoren und Transformatoren sowie Drosselspulen die Selbstinduktion bis $\cos\varphi = 0$.

Die Leistung des Dreiphasen-Wechselstromes ist die dreifache eines einphasigen Wechselstromes gleicher Stärke und Spannung, also

$$N_e = 3\,e \cdot i \cdot \cos\varphi.$$

Durch Einsetzen von E und J bringen wir sowohl bei Stern- als auch bei Dreieckschaltung in diese Gleichung den Faktor $\dfrac{1}{\sqrt{3}}$ hinein, so daß wir erhalten:

$$N_e = \frac{3}{\sqrt{3}} \cdot E \cdot J \cdot \cos\varphi = \sqrt{3} \cdot E \cdot J \cdot \cos\varphi.$$

Die elektrische Arbeit.

Multiplizieren wir die Leistung N_e, also die Arbeit in der Zeiteinheit, mit der Zeit t, während welcher die Leistung benutzt wird, so erhalten wir die Arbeit:

$$A = N_e \cdot t.$$

Entsprechend den Größen von N_e und t wird die Arbeit angegeben in

Wsek = „Wattsekunden" oder „Joule";
3600 Wsek = 1 Wh = 1 „Wattstunde";
1000 Wh = 1 kWh = 1 „Kilowattstunde".

IX. Die Transformatoren.

Um den Betrieb größerer elektrischer Kraftwerke möglichst wirtschaftlich zu gestalten, werden sie zweckmäßig dort errichtet, wo Wasserkräfte oder Fundstellen von Brennstoffen vorhanden sind. Fällt das Vorkommen dieser Naturkräfte mit dem Versorgungsgebiet der Werke nicht zusammen, dann sind lange Stromleitungen nötig.

Angenommen, es soll eine Leistung von 1000 kW auf 50 km übertragen werden. Bei einer Verbrauchspannung von 220 V müssen wir dazu einen Strom von $\dfrac{1\,000\,000\ \text{W}}{220\ \text{V}} = 4545\ \text{A}$ fortleiten. Die Ausführung der zusammen 100 km langen Hin- und Rückleitung ist wegen der hohen Kosten für diese Stromstärke unmöglich. Wählen wir eine höhere Spannung, z. B. 50000 V, dann brauchen wir nur einen Strom von $\dfrac{1\,000\,000\ \text{W}}{50\,000\ \text{V}} = 20\ \text{A}$, zu dessen Fortleitung ein Draht von 2,5 mm²

Querschnitt genügt, den wir für Freileitungen allerdings aus Festigkeitsrücksichten auf mindestens 10 mm² bemessen müssen. Dieser Querschnitt entspricht einem Durchmesser von 3,6 mm, einer Drahtstärke, mit der wir die Anlage noch ausführen können.

Mit Dynamomaschinen können wir nun mit Rücksichten auf ihren Bau derartig hohe Spannungen nicht erzeugen.

Die „Spannungswandler“ oder „Transformatoren“ bieten uns aber die Möglichkeit, Wechselspannungen in einfacher Weise stark zu steigern. Deshalb führen Hochspannungsleitungen stets Wechselstrom, und zwar meistens Drehstrom, weil er für den Antrieb von Motoren besonders geeignet ist.

Die Wirkungsweise der Transformatoren beruht auf der gegenseitigen Induktion (siehe S. 249). Ihre Ausführungsformen richten sich nach den Verwendungszwecken und nach den Herstellern.

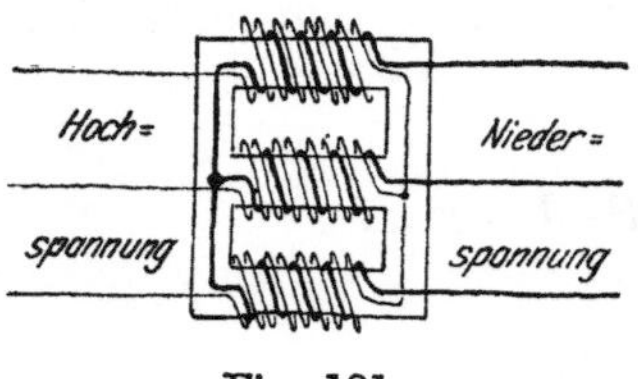

Fig. 181.

Allgemein werden die Eisenkörper aus Blechen zusammengesetzt, die voneinander durch Papier isoliert sind, um die entstehenden Wirbelströme und damit die durch sie hervorgerufenen Verluste möglichst niedrig zu halten. Fig. 181 zeigt uns eine gebräuchliche Form eines Drehstromtransformators. Der Eisenblechkörper ist so ausgebildet, daß der entstehende Fluß der magnetischen Induktion vollständig aufgenommen wird; er trägt drei „Primär“- oder Niederspannungsspulen aus wenigen Windungen starken Drahtes. Auf sie sind gut isoliert die drei „Sekundär“- oder Hochspannungsspulen in vielen Windungen aus dünnem Draht gewickelt. Beide Spulengruppen sind hier im Stern geschaltet; sie können auch beide Dreieckschaltung haben oder ungleich geschaltet sein.

Die Spannungen verhalten sich wie die Windungszahlen der Spulen. Werden primär bei 100 Windungen $e = 5000$ V angelegt und hat die Sekundärspule 1000 Windungen, dann können wir die Hochspannung E aus der Beziehung $\dfrac{E}{5000} = \dfrac{1000}{100}$ berechnen: $E = 50\,000$ V.

Durch unvermeidliche Verluste im Spannungswandler ist die wirkliche Sekundärspannung um einige Prozent geringer als die errechnete; auch die abgegebene Leistung erreicht nicht die Höhe der aufgenommenen Leistung. Der Wirkungsgrad der Transformatoren ist aber sehr gut und schwankt zwischen 95 bis 99%.

Ein Teil der Verluste setzt sich in Wärme um; stark belastete Transformatoren stehen deshalb zur Kühlung in Behältern, die mit Öl gefüllt sind. Um bei Dauerbetrieb ein Erreichen der Entzündungstemperatur des Öles zu verhindern, sind Schmelzsicherungen eingebaut, die bei einer bestimmten Temperatur des Öles durchschmelzen und den Transformator selbsttätig außer Betrieb setzen.

In den Verbrauchsorten wird die Hochspannung durch Transformatoren, die meist in besonderen Häuschen aufgestellt sind, auf Gebrauchsspannung umgesetzt und in die Ortsnetze geleitet.

X. Elektrische Meßinstrumente.

Die Elektrizität selbst ist nicht meßbar; wir können aber durch ihre Wirkungen ihr Vorhandensein erkennen. Zum Messen brauchen wir jedoch die zahlenmäßige Angabe dieser Wirkungen, und dazu dienen die elektrischen Meßinstrumente; mit ihnen stellen wir die Beträge von Spannung, Strom, Leistung und Arbeit fest.

Die Bezeichnung der Instrumente richtet sich nach Bauart und Verwendungszweck. Allgemein unterscheidet man „technische" Instrumente, welche gegen rauhe Behandlung weniger empfindlich sind, und deren Angaben für praktische Zwecke genügen, und „Präzisionsinstrumente" für genaue Messungen.

Alle Meßinstrumente müssen nach ihrer Anfertigung mit Normalinstrumenten verglichen oder „geeicht" werden, die ihrerseits wieder von der Physikalisch-Technischen Reichsanstalt geprüft worden sind.

Für Präzisionsinstrumente wird meistens vom Hersteller ein Kurvenblatt zur Berichtigung der Ablesungen mitgeliefert.

Zur Vermeidung von Ablesefehlern durch schräges Anblicken des über der Teilung schwebenden Zeigers haben Präzisionsinstrumente neben der Teilung einen Spiegel. Die Ablesung muß so ausgeführt werden, daß das ablesende Auge sein Spiegelbild vom Zeiger halbiert sieht.

Mit Ausnahme des Aron- und des Elektrolytzählers sowie des Frequenzmessers sind alle besseren Instrumente mit „Dämpfungen" versehen und haben dann das Beiwort: „aperiodisch". Die Dämpfungen sollen verhindern, daß die durch das Einschalten plötzlich angestoßenen beweglichen Teile mit dem Zeiger längere Zeit schwingen; bei Motorzählern sollen sie gleichmäßige Drehzahlen für jede Belastung und sofortigen Stillstand nach dem Ausschalten gewährleisten.

Bei Weicheiseninstrumenten wird die „Luftdämpfung" verwendet: In einem einseitig geschlossenen Rohr wird eine freigehende Blechscheibe bewegt; sie wirkt bremsend wie der Kolben einer Pumpe.

Motorzähler und andere Instrumente werden durch die Bremswirkung von Metallscheiben gedämpft, in welchen die Felder von Dauermagneten Wirbelströme erzeugen. In Drehspulinstrumenten entstehen diese Wirbelströme in dem Aluminiumrahmen der Drehspule.

Wir wollen nun die Grundlagen einiger der gebräuchlichsten Instrumente betrachten.

Spannungs- und Strommesser oder Volt- und Ampèremeter sind gleichartige Instrumente, nämlich Strommesser. Das Ohmsche Gesetz $E = J \cdot R$ sagt uns, daß bei gleichbleibendem Widerstande R

die Spannung E dem Strom J proportional ist. Zur Spannungsmessung messen wir daher einen Strom, dessen Größe nur von der Spannung bestimmt wird. Der notwendige unveränderliche Widerstand befindet sich meist im Instrument. Die Strommessung geschieht mit dem ganzen oder mit einem Teil des Stromes, der gemessen werden soll.

Weicheiseninstrumente enthalten eine Spule, in welche das bei Stromdurchgang entstehende Feld einen leichten Kern aus weichem Eisenblech hineinzieht. Seine Bewegung wird durch eine Welle auf einen Zeiger übertragen, dessen Ausschlag auf einer Teilung sichtbar ist.

Nach dem Ausschalten des Stromes kehrt der Zeiger durch Gegengewicht in seine Nullstellung zurück. Die Instrumente müssen deshalb hängend benutzt werden und so ausgerichtet sein, daß der Zeiger auf Null steht. Es gibt auch Ausführungen, bei denen die Rückbewegung des Zeigers durch Federn erfolgt; ein Ausrichten ist dann nicht notwendig.

Die Spule eines Spannungsmessers hat viele Windungen feinen Drahtes; ihr Widerstand ist hoch, und der Meßstrom daher gering. Strommesserspulen erhalten wenig Windungen dicken Drahtes; für sehr starke Ströme genügt eine Windung aus Flachkupfer.

Weicheiseninstrumente sind für Gleich- und Wechselstrom brauchbar, da das Feld der Spule den Kern in beiden Fällen einzieht. Sie werden aber nur für rohe Messungen und als billige Schalttafelinstrumente benutzt.

Drehspulinstrumente. Ein beweglicher Magnet wird durch das Feld einer Spule abgelenkt. Bei den Drehspulinstrumenten wird diese Erscheinung umgekehrt: Zwischen den Polen eines festen hufeisenförmigen Dauermagneten aus Stahl befindet sich eine drehbare Spule mit einem Zeiger, die auf einen Aluminiumrahmen gewickelt und zwischen Spitzen gelagert ist. Die Zuführung und die Ableitung des Stromes erfolgen durch zwei Spiralfedern, die auch für die Nullstellung des Zeigers sorgen. Bei Stromdurchgang lenkt das feste Feld des Magneten die Spule aus der Nullage ab.

Die Drehspulinstrumente, auch Weston-Instrumente genannt, eignen sich wegen ihrer hohen Empfindlichkeit für genaue Messungen; solche Präzisionsinstrumente sind liegend zu benutzen.

In einfacherer Ausführung werden sie auch als technische Instrumente für Schalttafeln angefertigt. Beide Arten sind aber nur für Gleichstrom verwendbar und deshalb an den Klemmen mit Polbezeichnung versehen.

Die Drehspule muß leicht und zierlich gebaut sein und kann daher nur mit sehr dünnem Draht bewickelt werden. Sie hat hohen Widerstand und muß vor Überlastung geschützt werden. Für Spannungsmesser geschieht dies durch einen vorgeschalteten festen Widerstand, während bei Strommessern ein kleiner Widerstand parallel geschaltet wird, so daß die Spule nur einen geringen Teilstrom bekommt.

Dynamische Instrumente, auch Dynamometer (Bewegungsmesser) genannt, haben eine feste und eine bewegliche Spule, die in Reihe geschaltet sind. Der beide Spulen durchfließende Strom erzeugt **zwei Felder**, welche die mit einem Zeiger versehene bewegliche **Spule drehen.** Durch Federn wird der Drehkraft das Gleichgewicht gehalten und die Spule beim Aufhören des Stromes auf Null zurückgebracht.

Diese Instrumente, die auch als **Strom-** und **Spannungsmesser** ausgeführt werden, arbeiten bei **Gleich-** und bei **Wechselstrom** und eignen sich für **genaue** Messungen.

Induktions- und Drehfeldinstrumente. Hier wirken durch Elektromagnete erzeugte **Wechselfelder** auf **Scheiben** oder **Trommeln** aus Kupfer oder Aluminium ein. Durch die in ihnen entstehenden **Wirbelströme** werden die Trommeln in **Drehung** versetzt und überwinden die Gegenkraft einer Feder; die Größe der Drehung gibt ein Zeiger auf einer Teilung an.

Verwendet werden diese sog. Ferraris-Instrumente als technische Strom- und Spannungsmesser für **Wechselstromkreise.**

Hitzdrahtinstrumente können für **Gleich-** und **Wechselstrom** benutzt werden. In ihnen wird ein **dünner Draht** aus Platin-Iridium, der durch eine Feder gespannt ist, bei Stromdurchgang **erwärmt.** Die durch die Stromwärme $J^2 \cdot R$ (siehe S. 260) hervorgerufene **Ausdehnung** des Drahtes wird auf einen Zeiger übertragen.

Infolge ihrer Trägheit und Ungenauigkeit werden Hitzdrahtinstrumente nur für **technische** Messungen gebraucht.

Frequenzmesser. Zur Prüfung der **Periodenzahl** von **Wechselstrom** bedient man sich eines **Frequenzmessers.** Er enthält einen Satz von **Stahlfedern verschiedener Länge**, welche wie die Zähne eines Kammes an einem Ende eingespannt sind. Der Wechselstrom erregt einen Elektromagneten, dessen **Wechselfeld** die Feder zum **stärksten Schwingen** anregt, deren **Schwingungszahl** mit der **Periodenzahl** des Stromes übereinstimmt. Die freien Federenden liegen sichtbar neben einer Teilung, auf der die verschiedenen Periodenzahlen abzulesen sind. Angeschlossen werden diese Instrumente wie Spannungsmesser.

Leistungsmesser oder Wattmeter zeigen das **Produkt Spannung** × **Strom** an und berücksichtigen bei **Wechselstrom** auch die **Phasenverschiebung.**

Die **dynamischen Wattmeter** enthalten wie die gleichartigen Strom- und Spannungsmesser eine **feste** und eine **bewegliche Spule.** Die feste oder „**Stromspule**", besteht aus **starkem Draht** und wird vom **Gebrauchsstrom** oder von einem Teil desselben durchflossen. Die mit **dünnem Draht** bewickelte bewegliche „**Spannungsspule**" trägt einen Zeiger und wird unmittelbar oder mit Vorschaltwiderstand an die Spannung gelegt.

Der Ausschlag entsteht durch Einwirkung des **Stromfeldes** auf das **Spannungsfeld**, sowohl bei **Gleich-** als auch bei **Wechselstrom**; er ist dem **Produkt Spannung** × **Strom** proportional.

Induktions- und **Drehfeldleistungsmesser** sind nur als technische Instrumente für **Wechselstromkreise** geeignet. Sie unterscheiden sich von den schon erwähnten Instrumenten gleicher Art dadurch, daß die Metallkörper durch zwei Wechselfelder, nämlich durch ein Strom- und ein Spannungsfeld, gedreht werden. Die Drehkraft bewirkt eine Ablenkung aus der Nullage, welche dem Produkt $E \cdot J \cdot \cos \varphi$ entspricht.

Elektrizitätszähler. Während die bisher aufgeführten Instrumente hauptsächlich an den Erzeugungsstätten der Elektrizität und bei Versuchen Verwendung finden, werden die Zähler beim Verbraucher aufgestellt. Sie messen Leistung × Zeit, also Arbeit.

Induktions- und Drehfeldzähler für Wechselstrom sind wie die betreffenden Wattmeter gebaut, nur wird bei ihnen die Drehung der Metallkörper nicht durch Federn beschränkt, sondern. sie drehen sich wie die Anker von Induktionsmotoren (siehe Bd. III).

Die Umdrehungen werden auf ein Zählwerk übertragen, das unmittelbar Kilowattstunden anzeigt.

Pendelzähler. Eine ältere aber recht genaue Zählerart sind die Pendelzähler nach Aron. Durch Uhrwerke werden in ihnen zwei Pendel gleicher Schwingungszahl getrieben; jedes trägt am unteren Ende eine Spannungsspule. Unter jedem Pendel steht eine Stromspule.

Durch entsprechende Wicklung der beiden Spulengruppen wird bei Benutzung des Zählers mit Gleich- oder Wechselstrom ein Pendel beschleunigt und das andere verzögert. Der Gangunterschied beider Pendel wirkt durch ein Planetengetriebe auf ein Zählwerk.

Motorzähler für Gleichstrom sind kleine Gleichstrommotoren, deren Anker vom Spannungsmeßstrom durchflossen und deren Feld vom Verbrauchsstrom erregt wird (siehe Gleichstrommotoren Bd. III). Die Umdrehungen des Ankers sind den entnommenen Kilowattstunden proportional und werden von einem Zählwerk aufgenommen.

Elektrolytische Zähler benutzen die chemische Wirkung des Gleichstromes (siehe Abschnitt Elektrolyse S. 270) zur Ermittlung der Arbeit. Im „Stia-Zähler" wird durch einen Teil des Gebrauchsstromes aus einer Quecksilbersalzlösung metallisches Quecksilber ausgeschieden, das sich in einem senkrechten Glasrohr sammelt. Die Höhe der Quecksilbersäule in diesem Rohr gibt an einer Teilung die Zahl der Ampèrestunden an. Wird diese Angabe noch mit der Größe der als gleichbleibend angenommenen Spannung multipliziert, so erhält man die Zahl der Kilowattstunden.

Ist das Meßrohr des Stia-Zählers mit Quecksilber gefüllt, so kann er nach Umkehren und Wiederaufrichten mit dem Zählen wieder beginnen.

XI. Elektrische Messungen.

Vor jeder Messung muß man sich überzeugen, ob das zu verwendende Instrument für die beabsichtigte Messung geeignet ist und ob Beschädigungen äußerlich wahrnehmbar sind; sind solche vorhanden, so

sollen derartige Instrumente nur mit Vorsichtsmaßregeln an Starkstromanlagen angeschlossen werden.

Bei Gleichstrominstrumenten ist auf polrichtigem Anschluß zu
achten.

Will man eine Ablesung machen, so beklopfe man das Instrument
vorher mit dem Finger, um nicht durch Hängen des Zeigers unrichtige
Angaben zu bekommen.

Wir wollen nun betrachten, wie die wichtigsten Messungen ausgeführt
werden.

Messungen mit Spannungs- und Strommessern. In Fig. 182
messen wir mit dem Voltmeter V die Netzspannung; es wird stets
unmittelbar an beide spannungsführende Leitungen angelegt.

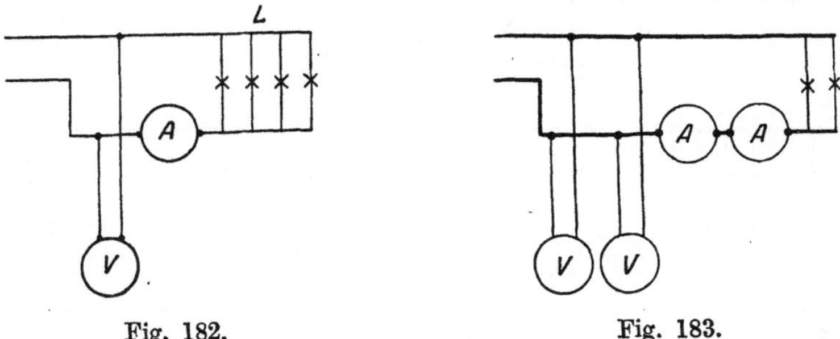

Fig. 182.   Fig. 183.

Das Ampèremeter A wird in eine stromführende Leitung eingeschaltet und gibt uns die Größe des durch die Leitung fließenden
Stromes an, der hier die vier Lampen L speist.

Haben wir Gleichstrom zur Verfügung und lesen wir ab: Spannung
218 V und Strom 4,2 A, dann können wir daraus den Gesamtwiderstand der eingeschalteten Lampen finden:

$$R = \frac{E}{J} = \frac{218}{4,2} = 52\,\Omega\,.$$

Mit Volt- und Ampèremeter können wir also Widerstände ermitteln, wenn wir Gleichstrom verwenden. Starkstrom darf nur für
solche zu messenden Widerstände benutzt werden, die an die vorhandene
Spannung angelegt werden können. Die Messung läßt sich aber auch mit
Strom aus Elementen oder kleinen Akkumulatoren ausführen; nur müssen die Meßinstrumente auch kleine Werte genügend genau angeben.

Für unsere Gleichstromanlage finden wir aber auch aus den
abgelesenen Größen die Leistung:

$$N_e = E \cdot J = 218 \cdot 4,2 = 916\,\text{W}.$$

Fig. 183 zeigt uns, wie wir Instrumente miteinander vergleichen
können. Zu diesem Zwecke schalten wir Voltmeter parallel zueinander
und Ampèremeter in Reihe.

Messungen mit dem Wattmeter. Hiermit können wir sowohl die Leistung in Gleichstromkreisen als auch in Wechselstromnetzen ermitteln. Die Spannungsspule S_e (Fig. 184) wird wie ein Voltmeter angeschlossen; der Anschluß der Stromspule S_i geschieht wie der eines Amperemeters.

Benutzen wir Wattmeter, Volt- und Amperemeter (Fig. 185), so gestattet uns diese Anordnung bei Gleichstrom eine Prüfung der Instrumente: Das Produkt $E \cdot J$ muß gleich der Ablesung des Wattmeters sein.

Im Wechselstromkreise stellen wir aus $E \cdot J$ die scheinbare Leistung und mit dem Wattmeter die wirkliche Leistung fest; das Verhältnis $\dfrac{\text{wirkliche Leistung}}{\text{scheinbare Leistung}}$ sei in unserm Falle

$$\frac{1050\,\text{W}}{1400\,\text{W}} = 0{,}75 = \cos\varphi\,.$$

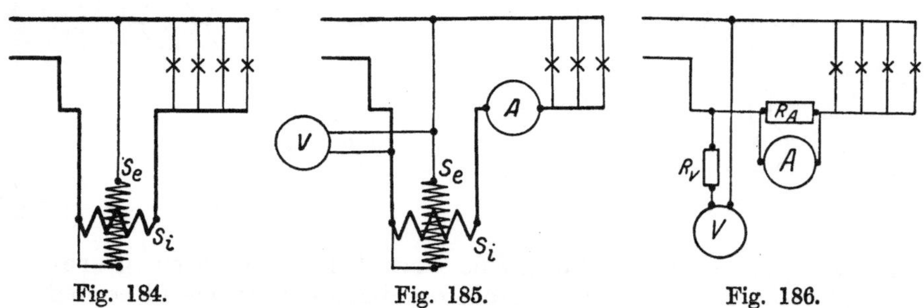

Fig. 184.   Fig. 185.   Fig. 186.

Für Instrumente, welche einen möglichst großen Meßbereich haben sollen, werden sog. „Meßwiderstände" geliefert. In Fig. 186 ist dem Voltmeter ein Widerstand R_V vorgeschaltet worden, damit es für höhere Spannung gebraucht werden kann. Dem Amperemeter liegt der Widerstand R_A parallel, wodurch es für stärkere Ströme benutzbar wird. Diese Widerstände können auch für Wattmeter verwendet werden; sie sind stets so ausgeführt, daß die Angaben der Instrumente mit runden Zahlen zu multiplizieren sind.

XII. Elektrolyse.

Der elektrische Strom äußert auch chemische Wirkungen: Leiten wir durch eine Kupfervitriollösung einen Gleichstrom, so wird die Flüssigkeit zersetzt. Dies geschieht nach der Formel:

$$CuSO_4 = Cu + SO_4\,.$$

Der „Elektrolyt", d. h. die Lösung, wird chemisch zerlegt; das freiwerdende Kupfer überzieht die Austrittstelle des Stromes, die „Kathode". Der Säurerest SO_4 geht zur Eintrittstelle des Stromes, der „Anode", und verwandelt sie in Kupfervitriol, wenn sie aus Kupfer besteht.

Bei diesem Vorgang, der „Elektrolyse" genannt wird, ist die ausgeschiedene Stoffmenge der Stromstärke und der Zeit proportional.

Da dies bei allen elektrochemischen Zersetzungen der Fall ist, werden sie zur Bestimmung der Stromstärke von 1 Ampère benutzt. Die Erfahrung hat gezeigt, daß sich hierzu die Elektrolyse von Silbernitrat am besten eignet. Zweckmäßig bedient man sich des Silbervoltameters von Hartmann & Braun, Fig. 187. Die Anode ist ein Silberstab, der Elektrolyt befindet sich in einem genau abgewogenen Platintiegel, der auch zugleich Kathode ist. Während der Messung muß der Strom unverändert gehalten werden. Nach der Messung wird die Gewichtszunahme des Platintiegels festgestellt und dieser Wert durch die Meßzeit in Sekunden und durch 1,118 mg geteilt, weil nach gesetzlicher Bestimmung 1 Ampère die Stromstärke ist, welche in 1 Sekunde aus einer Silbernitratlösung 1,118 mg Silber abscheidet. Auf diese Weise erhält man die Größe des durch das Voltameter geschickten Stromes in Ampère und kann so Ampèremeter eichen, welche als Normalinstrumente verwendet werden sollen; sie werden zur Eichung mit dem Voltameter in Reihe geschaltet.

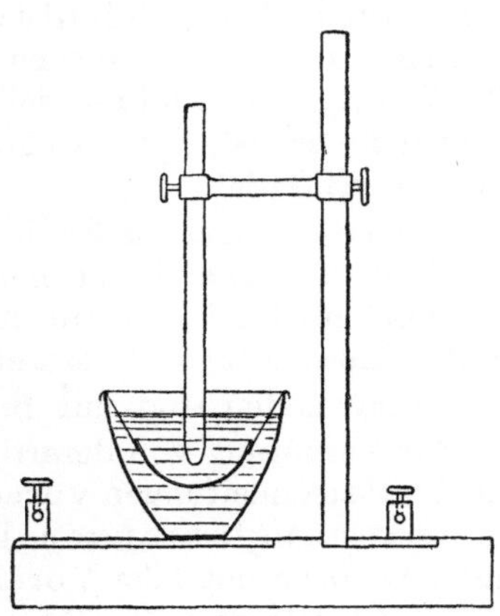

Fig. 187.

Die Erscheinung der Elektrolyse, daß an der Kathode das Metall aus einer Lösung von Metallsalz ausgeschieden wird, findet ausgedehnte Anwendung beim „Galvanisieren". Leiter und Nichtleiter werden dadurch zum Schutz und zur Verschönerung mit Metallen überzogen. Nichtmetalle müssen dazu erst mit einem leitenden Überzuge versehen werden, wozu Graphit oder chemische Silberniederschläge dienen.

XIII. Sicherungsvorschriften.

Vom Verbande deutscher Elektrotechniker sind „Vorschriften für die Errichtung und den Betrieb elektrischer Starkstromanlagen nebst Ausführungsregeln" herausgegeben worden, die gesetzliche Geltung haben.

Durch diese Vorschriften soll erreicht werden:

1. Schutz von Personen,
2. Verhütung von Sachschäden,
3. Schutz der elektrischen Anlagen selbst.

Der Schutz von Personen. Der menschliche Körper setzt wie jeder andere Körper dem elektrischen Strom einen gewissen Widerstand entgegen. Dieser Widerstand ist bei verschiedenen Menschen nicht gleich und ändert sich auch bei ein und demselben Menschen. Eine Stromstärke von 0,5 A wirkt sicher tödlich; um sie durch den Körper fließen zu lassen, bedarf es durchaus keiner sehr hohen Spannung. Geringere Stromstärken genügen, um Verbrennungen und Lähmungen hervorzurufen.

Die meisten Unglücksfälle ereignen sich durch Berühren elektrischer Starkstromleitungen. Ein Verunglückter muß so schnell wie möglich der Verbindung mit der Leitung entzogen werden; sie ist durch Abschalten spannungslos zu machen. Der Retter muß sich selbst durch trockenes Holz, Kleidungstücke oder durch Gummihandschuhe zu schützen suchen. Bei Unfällen an Leitungen, die über 500 Volt Spannung führen, sollte der Laie von Hilfeleistung absehen und schnell die nächste Betriebsleitung benachrichtigen, da er sich selbst zu sehr gefährdet.

Bewußtlose sind im Freien oder in gut gelüfteten Räumen aufzubahren und von beengenden Kleidungstücken zu befreien. Unter Umständen ist künstliche Atmung vorzunehmen und bis zum Eintreffen eines Arztes fortzusetzen, der stets sofort herbeizurufen ist.

Brandwunden sind mit Brandbinden sorgfältig abzudecken.

Zur Verhütung von derartigen Unglücksfällen ist es notwendig, daß alle Starkstromleitungen vorschriftsmäßig verlegt werden. Arbeiten an spannungführenden Leitungen sollen nur von Fachleuten unter Beobachtung aller Vorsichtsmaßregeln vorgenommen werden. Alle mutwilligen Berührungen der Leitungen und anderer unter Spannung stehender Teile sind zu unterlassen.

Die Verhütung von Sachschäden. Infolge der Wärmewirkung des elektrischen Stromes können sich Leitungen so erhitzen, daß dadurch Brände entstehen. Die Verbandsvorschriften geben deshalb die zulässigen Belastungen der Drahtquerschnitte in Ampère an. Bei der Abnahme von Anlagen wird geprüft, ob die verlegten Leitungen diesen Anforderungen genügen.

Entsteht an einer Stelle der Anlage durch Zufall oder Absicht ein Kurzschluß, so würden die dorthin führenden Leitungen so stark erhitzt werden, daß Brandschaden unvermeidlich wäre. Aus diesem Grunde müssen alle Leitungen „gesichert" werden. Dies geschieht durch „Sicherungen", welche einen dünnen Draht enthalten, der bei einer zu hohen Stromstärke durchschmilzt. Der Schmelzdraht liegt in einer Porzellanhülse in Sand eingebettet, um jede Funkenbildung zu ersticken. Da sich diese aber bei Sicherungen für größere Stromstärken nicht vermeiden läßt, müssen solche Sicherungen an Stellen angebracht werden, wo Funken keine Entzündung hervorrufen können.

Schutz der elektrischen Anlagen. Personen- und Sachschäden werden durch zweckmäßigen Schutz der elektrischen Anlagen am besten vermieden.

In geschlossenen Räumen müssen die Leitungen durch Isolierrohr, Verlegung unter Putz oder durch Verlegung außer Reichweite vor

Beschädigungen bewahrt werden; besonders zu berücksichtigen sind Werkstätten und Räume, in denen säurehaltige Dämpfe entstehen. Die Masten von Hochspannungsfreileitungen müssen durch Bewehrungen unbesteigbar gemacht werden, und die Leitungen sind so stark zu wählen, daß sie durch Winddruck, Schneelast und Rauhreif nicht reißen.

Zum Schutze gegen Blitzschläge werden Blitzableiter vorgesehen, um die durch Blitzspannungen hervorgerufenen Spannungserhöhungen zur Erde abzuleiten.

Grundbegriffe der Chemie.

Bearbeitet von Dipl.-Ing. R. Ruegg.

Die Chemie befaßt sich, im Gegensatz zur Physik, mit allen jenen
Erscheinungen und Zuständen in der Natur, bei welchen eine Änderung
der stofflichen Zusammensetzung eintritt. Bringt man zwei Lösungen
von Jodkalium und Quecksilberchlorid zusammen, so wirken sie aufeinander ein unter Bildung eines orangeroten Niederschlages von Jod-
quecksilber. Es hat also eine stoffliche Veränderung stattgefunden, und
der Vorgang ist als chemische Reaktion aufzufassen. Das Gefrieren
von Wasser ist hingegen ein physikalischer Vorgang, weil keine Stoff-
umsetzung stattfindet. Es ist Aufgabe der Chemie, Stoffe auf ihre
Zusammensetzung hin zu untersuchen (analytische Chemie), an sich
bekannte Stoffe aus den Grundstoffen wieder aufzubauen oder auch
neue Stoffe durch gegenseitige Einwirkung zweier oder mehrerer Elemente
zu erzeugen (synthetische Chemie). Vom chemischen Standpunkt
aus unterscheidet man einfache Stoffe, Grundstoffe oder Elemente,
welche im allgemeinen nicht weiter zerlegt werden können, und zusam-
mengesetzte Stoffe, Verbindungen, welche sich zerlegen lassen. Die
Elemente teilt man wieder ein in Nichtmetalle (Metalloide) und Metalle.
Die hauptsächlichsten Metalloide sind: Wasserstoff, Sauerstoff, Chlor,
Stickstoff (sämtliche gasförmig), Brom (flüssig), Jod, Schwefel, Phosphor,
Arsen, Kohlenstoff, Silizium (sämtliche fest); die technisch wichtigsten
Metalle sind, nach den spezifischen Gewichten geordnet: Aluminium,
Antimon, Zink, Zinn, Eisen, Kupfer, Nickel, Silber, Blei, Quecksilber,
Gold, Platin. Man zählt heute insgesamt etwas über 80 Elemente. Die
Neigung der einzelnen Elemente, sich miteinander zu verbinden, be-
zeichnet man als chemische Verwandschaft oder Affinität. Man nimmt
an, daß ein Körper zunächst aus kleinsten Masseteilchen oder Mole-
külen besteht. Das Molekül ist also der kleinste Bestandteil eines
Körpers, welcher noch denselben Stoff und dieselben Eigenschaften
aufweist wie der ganze Körper. Das Molekül läßt sich durch Wärme,
Elektrizität und insbesondere auf chemischem Wege weiter zerlegen.
Die dabei entstehenden allerkleinsten Teilchen heißen Atome; sie sind
nicht weiter zerlegbar und bestehen nur aus Grundstoffen. Ein Molekül
Schwefeleisen setzt sich z. B. aus einem Atom Schwefel und einem Atom
Eisen zusammen. Die Elemente verbinden und vertreten sich gegenseitig

bei den Umsetzungen in Gewichtsverhältnissen, welche durch die Gewichte ihrer Atome oder einfacher Vielfacher derselben ausgedrückt werden. Man bezeichnet die Atomgewichte auch als Verbindungsgewichte eines Elements; sie geben an, wieviel mal ein Atom desselben schwerer ist als ein Atom Wasserstoff. Man hat nun das Atomgewicht des Wasserstoffes, als des leichtesten Elementes, willkürlich gleich 1 gesetzt und alle anderen Atomgewichte darauf bezogen. Unter Verwendung dieser Bezugseinheit ergibt sich dann z. B. das Atomgewicht des Eisens zu 56, jenes des Sauerstoffes zu 16, des Phosphors zu 31 usw.

Das Molekulargewicht einer Verbindung ist gleich der Summe ihrer Atomgewichte. Ein Molekül Kupferoxyd besteht aus einem Atom Kupfer und einem Atom Sauerstoff, somit ist das Molekulargewicht des Kupferoxyds $= 63 + 16 = 79$.

Treten zwei oder mehr chemische Verbindungen in Wechselwirkung miteinander, so geschieht es im ein- oder mehrfachen Verhältnis ihrer Molekulargewichte (Gesetz der bestimmten Gewichtsverhältnisse).

Handelt es sich um chemische Reaktionen, bei denen gasförmige Elemente in Frage kommen, so besteht die Gesetzmäßigkeit: Gasförmige Elemente verbinden sich nur nach einfachen Raumverhältnissen (Gesetz der einfachen Raumverhältnisse).

Schickt man beispielsweise durch angesäuertes Wasser elektrischen Gleichstrom hindurch und fängt man die an den Elektroden entwickelten Gase in graduierten Glaszylindern über Wasser auf, so zeigt es sich, daß der an der Stromeintrittsstelle (+ Pol, Anode) auftretende Sauerstoff nur ein halb so großes Volumen aufweist, wie der an der Stromaustrittsstelle (— Pol, Kathode) entstehende Wasserstoff. Hätte man Salzsäure der Elektrolyse unterworfen, so hätte man gleiche Raumteile Chlor und Wasserstoff erhalten. Umgekehrt läßt sich auch zeigen, daß zur Erzeugung von Wasser aus Wasserstoff und Sauerstoff von ersterem Gas 2 Raumteile, von dem letzteren nur 1 Raumteil erforderlich ist.

Für den Fall der Synthese des Chlorwasserstoffes aus einem Chlor- und Wasserstoffgemisch, sind gleiche Raumteile von beiden Gasen nötig. Läßt man den elektrischen Funken durch das Gemisch hindurchschlagen, so verbinden sich beide Gase explosionsartig und es entstehen jeweils aus 1 Raumteil Chlor und 1 Raumteil Wasserstoff 2 Raumteile Chlorwasserstoff, dessen wässerige Lösung Salzsäure ergibt.

Chemische Zeichen und Formeln.

Nach den Vorschlägen von Berzelius bezeichnet man die Elemente mit dem Anfangsbuchstaben ihrer lateinischen Namen; so wird z. B. ein Atom Wasserstoff durch den Buchstaben H (Hydrogenium) benannt. Nachstehende Tabelle umfaßt die alphabetisch geordneten Namen der technisch wichtigsten Elemente nebst ihren Zeichen, ihrem Atomgewicht

und ihrer Wertigkeit, d. h. der Fähigkeit, ein oder mehrere Atome
oder Atomgruppen chemisch zu binden; z. B.

$$H-Cl \qquad O\!<^H_H \qquad Al\!<^{Cl}_{Cl}{}^{Cl}$$

einwertig   zweiwertig   dreiwertig

Name des Elements	Zeichen	Wertig-keit	Atom-gewicht	Name des Elements	Zeichen	Wertig-keit	Atom-gewicht
Aluminium	Al	3	27	Magnesium	Mg	2	24
Arsen	As	3 u. 4	74	Mangan	Mn	2	55
Barium	Ba	2	136	Natrium	Na	1	23
Blei	Pb	2	205	Nickel	Ni	2	58
Bor	B	3	11	Phosphor	P	3 u. 4	31
Calzium	Ca	2	40	Platin	Pt	3	193
Chlor	Cl	1	35	Quecksilber	Hg	2	199
Eisen	Fe	2 u. 3	56	Sauerstoff	O	2	16
Fluor	F	1	19	Schwefel	S	2, 4 u. 6	32
Gold	An	3	196	Silber	Ag	1	107
Kalium	K	1	39	Silicium	Si	3 u. 4	28
Kobalt	Co	2	59	Stickstoff	N	3 u. 4	14
Kohlenstoff	C	4	12	Wasserstoff	H	1	1
Kupfer	Cu	2	63	Zink	Zn	2	65

Einen chemischen Vorgang, eine chemische Reaktion, stellt man mit
Hilfe der eben angegebenen Zeichen in Form einer Gleichung dar. Z. B.

$$\underset{56}{Fe} + \underset{32}{S} = \underset{88}{FeS},$$

d. h. aus einem Gemisch von Schwefel und Eisen entsteht beim Erhitzen
Schwefeleisen (FeS) und zwar braucht man 56 Gewichtsteile (1 Atom)
Eisen und 32 Gewichtsteile Schwefel (1 Atom), um 88 Gewichtsteile
(1 Molekül) Schwefeleisen zu erhalten.

1. Aufgabe: Welche Gewichtsmenge Eisen und Schwefel ist erforderlich, um 100 kg Schwefeleisen zu erzeugen?

Auf 88 Gewichtsteile FeS entfallen gemäß obiger Gleichung
56 Teile Fe und 32 Teile S.

Auf 1 Gewichtsteil FeS entfallen gemäß obiger Gleichung

$$\frac{56}{88} \text{ Teile Fe und } \frac{32}{88} \text{ Teile S.}$$

Auf 100 kg FeS entfallen gemäß obiger Gleichung

$$\frac{56}{88} \cdot 100 \text{ kg Fe und } \frac{32}{88} \cdot 100 \text{ kg S} = 63{,}64 \text{ kg Fe und } 36{,}36 \text{ kg S.}$$

Wieviel % Schwefel enthält das Schwefeleisen?

Auf 88 Gewichtsteile FeS entfallen 32 Gewichtsteile S.

Auf 100 Gewichtsteile FeS entfallen

$$\frac{32 \cdot 100}{88} \text{ Gewichtsteile S} = 36{,}36 \,^0/_0 \text{ S.}$$

2. Aufgabe: Wieviel t gebrannten Kalk erhält man aus 1,5 t Kalkstein mit 92% $CaCO_3$ Gehalt?

$$CaCO_3 = CaO + CO_2 ,$$

d. h. beim Brennen des Kalksteins ergibt sich Ätzkalk (CaO) und Kohlendioxyd CO_2. Nun ist das Molekulargewicht des kohlensauren Kalziums 100,

$$(Ca + C + O_3 = 40 + 12 + 48 = 100),$$

jenes von $CaO = 40 + 16 = 56$.

Ferner enthalten 1,5 t Kalkstein mit 92% $CaCO_3$, insgesamt

$$1,5 \cdot 0,92 \, t \; CaCO_3 = 1,38 \, t .$$

Nach obiger Gleichung erhält man aus 100 Gewichtsteilen $CaCO_3$ 56 Gewichtsteile CaO .

Auf 1 Gewichtsteil $CaCO_3$ entfallen $\dfrac{56}{100}$ Gewichtsteile CaO .

Auf $1,38 \, t \cdot CaCO_3$ entfallen

$$\frac{56}{100} \cdot 1,38 \, t \; \text{Gewichtsteile } CaO = 0,78 \, t \; CaO .$$

Ionentheorie. Verbindet man die beiden Pole einer elektrischen Batterie mit einem Stückchen festen Kochsalzes oder taucht man die Polenden (Elektroden) in reines Wasser ein, so fließt kein Strom, da beide Stoffe Nichtleiter der Elektrizität sind (Nichtelektrolyte). Löst man hingegen das Kochsalz in dem destillierten Wasser auf und taucht nun die Elektroden ein, so fließt Strom hindurch, ein Zeichen, daß die Lösung nun einen guten Leiter der Elektrizität darstellt (Elektrolyt). Durch die Auflösung des nicht leitenden Kochsalzes in dem nicht leitenden reinen Wasser wurde das Kochsalzmolekül in elektrisch geladene Teilchen, in Ionen gespalten, die sich an der Stromleitung beteiligen. Der Zerfall wird durch folgende Gleichung ausgedrückt:

$$NaCl \rightleftarrows \overset{+}{Na} + \overset{-}{Cl} .$$

Das Natriumion ist elektropositiv geladen (wie übrigens alle anderen Metallionen und der Wasserstoff), das Chlorion elektronegativ. Wie das Kochsalz verhalten sich alle anderen Salze, ferner auch die Säuren und Basen. Es ist das Kennzeichen einer jeden Säure, daß sie freie Wasserstoffionen enthält.

$$HCl \; \text{zerfällt in } \overset{-}{Cl} + \overset{+}{H} \; \text{(sauer reagierend).}$$

Alle Basen weisen die Gruppe $\overset{-}{OH}$ (Hydroxylion) auf.

$$NaOH \; \text{zerfällt in } \overset{+}{Na} + \overset{-}{OH}$$

(alkalisch, d. h. laugenhaft, ätzend reagierend).

Um nachzuweisen, ob eine Lösung sauer oder basisch reagiert, verwendet man sog. Indikatoren. Als Indikator für freie Hydroxylionen

(Basen) dient eine Lösung von Phenolphthaleïn, als Indikator für freie
Wasserstoffionen (Säuren) verwendet man Methylorange. Versetzt man
beispielsweise Natronlauge mit einem Tropfen Phenolphthaleïn, so zeigt
sich sofort eine starke Rotfärbung, die wieder verschwindet, sobald
Säure im Überschuß hinzugefügt wird. Die Säuren zeigen auf Zusatz von
Methylorange eine Rosafärbung, die beim Aufhören der sauren Reaktion
in Gelb umschlägt. Außer diesen Indikatoren benutzt man ferner Lack-
mustinktur, die durch Säuren rot, durch Basen wieder blau gefärbt wird und
Curcuma (Bräunung bei Gegenwart von Basen, Gelbfärbung durch Säuren). Gibt man zu einer Säure die äquivalente Menge einer Base, so
entsteht ein Salz. Man nennt diesen Vorgang Neutralisation. Versetzt man z. B. verdünnte, durch Lackmus rot gefärbte Salzsäure vor-
sichtig mit verdünnter Natronlauge, so erreicht man einen Punkt, bei
dem die Lösung weder sauer noch basisch, sondern neutral reagiert.
Bei Zusatz eines weiteren Tropfens Natronlauge erscheint dann die
Färbung blau, bei Säurezusatz wieder rot. Die Salze der Schwefelsäure
heißen Sulfate, die der schwefligen Säure Sulfite, jene der Salzsäure
Chloride, der Salpetersäure Nitrate, der salpetrigen Säure Nitrite, der
Kohlensäure Karbonate, der Phosphorsäure Phosphate, der Kieselsäure
Silikate usw. Die Lösungen der Salze reagieren im allgemeinen neutral
(Neutralsalze), manchmal auch basisch (z. B. Natriumsilikat) oder sauer
(Aluminiumchlorid). Versetzt man eine Salzlösung mit einer Säure, so
treibt die stärkere Säure immer die schwächere Säure aus. Verdünnte
Schwefelsäure zersetzt z. B. alle Karbonate unter Aufbrausen (Ent-
weichen der schwächeren Kohlensäure bzw. des Kohlensäure-Anhydrids).

Wasserstoff H —, 1.

Wasserstoff, das leichteste aller Elemente, ist ein farb-, geruch- und
geschmackloses Gas, das sich in Wasser sehr wenig löst. und in gebundenem Zustand hauptsächlich im Wasser, im Holz, in der Steinkohle
und überhaupt in allen organischen Stoffen vorkommt; 1 l Wasserstoff
wiegt 0,0899 g (1 Kryth), während das Gewicht von 1 l Luft 1,29 g beträgt. Wasserstoff verbrennt mit bläulicher Flamme, die eine Temperatur von über 2000° aufweist und Platin, Porzellan, Quarz usw. zum
Erweichen bringt. Das Verbrennungsprodukt ist Wasserdampf entsprechend der Gleichung

$$2\,H + O = H_2O\,.$$

Um reinen Wasserstoff zu erhalten, bedient man sich am sichersten
der Elektrolyse des Wassers zwischen Platinelektroden. Für den Labo-
ratoriumsgebrauch wird Wasserstoff gewöhnlich dadurch hergestellt,
daß man verdünnte Schwefel- oder Salzsäure auf Zink einwirken läßt.

$$\underset{\text{Zink}}{Zn} + \underset{\substack{\text{Schwefel-}\\\text{säure}}}{H_2SO_4} = \underset{\text{Zinksulfat}}{ZnSO_4} + \underset{\substack{\text{Wasser-}\\\text{stoffgas}}}{H_2}\,.$$

Fügt man etwas Kupfervitriol- oder Platinchloridlösung hinzu, so
wird der Auflösungsprozeß beschleunigt (galvanische Wirkung der auf

dem Zink sich abscheidenden feinen Kupfer- bzw. Platinteilchen). Ganz allgemein gilt betreffs der Zersetzung von Säuren durch Metalle, falls diese möglich ist, der Satz, daß das Metall an die Stelle des in der Säure enthaltenen Wasserstoffs tritt. Die Verbindungen, die dabei entstehen, heißen Salze.

In industriellem Maßstabe wird Wasserstoff durch Elektrolyse angesäuerten Wassers, ferner als Nebenprodukt bei der Gewinnung von Natronlauge und Chlor durch Elektrolyse von Kochsalzlösungen erhalten; auch aus Wassergas (siehe S. 288) läßt sich auf billigem Wege Wasserstoff erzeugen, ebenso aus Azetylen, wobei als Nebenerzeugnis feiner Ruß entsteht, der als Druckerschwärze zu benutzen ist. Wasserstoffgas wird in bedeutenden Mengen bei der autogenen Metallbearbeitung sowie bei der Erzeugung von synthetischem Ammoniak nach dem Haber-Verfahren (siehe S. 282) verwendet.

Sauerstoff $O =, 16$.

Der Sauerstoff ist das in der Natur am häufigsten vorkommende Element, das sich in der Luft (21 Vol.-%), im Wasser, im Gestein und in den organischen Substanzen vorfindet. Sauerstoff ist ein farb-, geruch- und geschmackloses Gas, welches sich in Wasser etwas löst; man gewinnt ihn durch Erhitzen sauerstoffreicher Verbindungen.

$$KClO_3 = KCl + 3\,O\,.$$

Chlorsaures   Chlor-   Sauer-
Kali   kalium   stoff.

In größerem Maße wird Sauerstoff, der industrielle Bedeutung besitzt, durch die Elektrolyse von Wasser, das durch Zusatz von Säuren, oder Basen elektrisch leitend gemacht wurde, hergestellt. Der meiste technisch verwendete Sauerstoff wird jedoch durch die fraktionierte Verdampfung der flüssigen Luft erhalten. Aus der flüssigen Luft, im wesentlichen ein Gemisch verflüssigten Sauerstoffes und Stickstoffes, verdampft zuerst der Stickstoff, während der flüssige Sauerstoff zurückbleibt. Der Sauerstoff verbindet sich mit fast allen Elementen; man heißt diesen Vorgang eine Oxydation. Die Sauerstoffverbindungen werden als Oxyde bezeichnet; z. B. $2\,FeO + O = Fe_2.O_3$. Eine stark oxydierende Wirkung besitzt auch die Salpetersäure, die Chromsäure, Permangansäure und das Wasserstoffsuperoxyd. Im Gegensatz zur Oxydation versteht man in der Chemie unter Reduktion im allgemeinen die Überführung einer sauerstoffreicheren Verbindung in eine sauerstoffärmere.

Stark reduzierend wirkende Stoffe sind Kohlenstoff, naszierender (d. h. im Entstehungszustande befindlicher) Wasserstoff usw. Als Beispiel einer Reduktion sei die Überführung des Eisenoxyds (Ferrooxyd) in metallisches Eisen durch Glühen mit Kohle erwähnt:

$$2\,FeO + 2\,C = 2\,CO + Fe_2\,.$$

Verbrennung ist eine rasch verlaufende Oxydation, die unter Wärme- und Lichtentwicklung erfolgt. Durch gesteigerte Zufuhr von Sauerstoff (Gebläse) läßt sich die Verbrennungstemperatur steigern,

durch Sauerstoffentzug verlangsamen oder zum Stillstand bringen.
So werden Brände dadurch gelöscht, daß man den brennenden Körper
von der Luft abschließt (Bedecken mit Sand, nassen Tüchern usw.) oder
solche Gase zuführt (Kohlendioxyd, Schwefeldioxyd), welche den Sauerstoff verdrängen. Sauerstoff wird heute in großen Mengen bei der autogenen Schweißung (Verbrennung eines Wasserstoff-Sauerstoff- oder
Sauerstoff-Azetylen-Gemisches in einer Stichflamme) verwendet.

Wasser H_2O.

Das reinste Wasser ist das destillierte Wasser; alle natürlich vorkommenden Wässer sind stets verunreinigt, selbst das Regenwasser ist nicht
ganz rein, denn es enthält Staubteilchen und kleine Mengen verschiedener Gase. Das Grund- und Quellwasser enthält insbesondere kohlensaures und schwefelsaures Kalzium, daneben zuweilen Eisen- und Man-
gansalze; in den Mineralwässern findet man schwefelsaures Magnesium
(Bittersalz), und Eisenkarbonat, im Meerwasser Kochsalz, Chlormagne-
sium, daneben auch in geringer Menge Brom- und Jodverbindungen.
Enthält das zur Kesselspeisung verwendete Wasser Kalk- und Magne-
siumsalze, so scheiden sich diese als harte Kruste an den Kesselwan-
dungen ab und erschweren den Wärmedurchgang. Der Gehalt eines
Wassers an Kalk- und Magnesiumsalzen wird nach Härtegraden gemessen. Es ist

1 Teil CaO   in 100 000 Teilen Wasser $= 1$ deutscher Härtegrad
1   „ $CaCO_3$ „ 100 000   „   „ $= 1$ französischer   „

Man unterscheidet zwei Arten der Härte, die vorübergehende
Härte, welche auf einem Gehalt von doppeltkohlensaurem Kalzium
$Ca(HCO_3)_2$ beruht und sich durch Kochen beseitigen läßt:

$$Ca(HCO_3)_2 = CaCO_3 + H_2O + CO_2,$$
$$\text{(unlöslich)}$$

und die bleibende Härte, welche durch gelösten Gips bedingt wird
und beim Kochen nicht verschwindet. Während die kohlensauren Salze
des Kalkes und der Magnesia als amorphe Niederschläge ausfallen,
scheidet sich der schwefelsaure Kalk kristallinisch ab; die einzelnen
Teilchen verbinden sich fest miteinander und verkitten so den ursprünglich locker ausgeschiedenen kohlensauren Kalk. Auf diese Weise entsteht ein fester Kesselstein, während Kalziumkarbonat und Magnesium-
karbonat für sich allein anfangs nur Schlamm bilden und erst später
erhärten. Enthält ein Speisewasser mehr als 12 Härtegrade, so ist es
zweckmäßig auf chemischem Wege zu enthärten.

1. Reinigung mittels Kalziumhydroxyd $Ca(OH)_2$. Sie findet nur
Anwendung, wenn Karbonate zugegen sind.

$$Ca(HCO_3)_2 + Ca(OH)_2 = 2\,CaCO_3 + H_2O\,.$$
$$\text{Kalziumbikar-} \qquad \text{Kalzium-} \qquad \text{Kalzium-}$$
$$\text{bonat} \qquad\qquad \text{hydroxyd} \qquad \text{karbonat}$$

Die Umsetzung der Magnesiumverbindung ist dementsprechend.

2. Die Enthärtung mit Soda.

Sie ist nur am Platz, wenn das Speisewasser nur Kalziumsulfat enthält:

$$CaSO_4 + Na_2CO_3 = CaCO_3 + Na_2SO_4.$$
Kalzium-   Soda   Kalzium-   Natrium-
sulfat   karbonat   sulfat
(unlöslich)

3. Reinigung mit Ätzkalk und Soda.

Diese Methode eignet sich für den Fall, daß gleichzeitig Kalzium-
bikarbonat und schwefelsaurer Kalk in Wasser zugegen ist.

4. Bestimmung der zuzusetzenden Reagenzien.

Die chemische Untersuchung eines Wassers habe beispielsweise ergeben, daß in 100 000 Gew.-Teilen Wasser 20,8 Teile schwefelsaurer
Kalk und 28,8 Teile doppelt kohlensaurer Kalk vorhanden sei. Man
findet dann die Menge der hinzuzugebenden Enthärtungsmittel wie folgt:

1. Soda: $\quad \underset{136}{CaSO_4} + \underset{160}{Na_2CO_3} = CaCO_3 + Na_2SO_4.$

Für 1 g $CaSO_4$ benötigt man demnach $\dfrac{106}{136} = 0{,}78$ g Soda.

„ 20,8 „ $CaSO_4$ „ „ „ $0{,}78 \cdot 20{,}8 = 16{,}2$ g Soda.

Benötigte Sodamenge für 100 000 g = 100 l Wasser also gleich
16,2 g.

2. Ätzkalk: $\quad \underset{162}{Ca(HCO_3)_2} + \underset{\underset{56}{(CaO)}}{Ca(HO)_2} = 2\,CaCO_3 + H_2O.$

Es wird gebrannter Kalk CaO zugesetzt, der auf das Wasser unter
Bildung von $Ca(OH)_2$ einwirkt:

$$\underset{56}{CaO} + H_2O = Ca(OH)_2.$$

Auf 1 g $Ca(HCO_3)_2$ entfallen gemäß obiger Gleichung

$$\frac{56}{162} = 0{,}34 \text{ g Ätzkalk.}$$

Mithin sind für 28,8 g Bikarbonat

$$28{,}8 \cdot 0{,}34 \text{ g} = 9{,}8 \text{ g Ätzkalk}$$

erforderlich.

Man braucht also für 100 l Wasser theoretisch 10 g CaO. Praktisch
gibt man auf die berechneten Mengen einen Zuschlag von etwa 10%, da
beispielsweise die Soda nie rein ist und aus der Luft Feuchtigkeit anzieht
(man benutzt für die Enthärtung die kalzinierte, d. h. vom Kristallwasser
befreite Soda) und die Reaktion bei einem Überschuß der Zuschläge
schneller erfolgt. Auch eine Erwärmung beschleunigt die Enthärtung.

Die Enthärtung auf 0 gelingt nach keinem dieser Verfahren. Ein
Verfahren, das eine völlige Enthärtung ermöglicht, ist das Permutit-
verfahren; es beruht auf der Eigenschaft der künstlichen Zeolithe (Per-
mutite, basisches Aluminiumsilikat), ihre basischen Komponente durch

andere Basen auszutauschen. Schickt man beispielsweise Kesselspeisewasser durch ein Permutitfilter, so werden die Kalziumsalze in Natriumsalze umgewandelt, die keinen Steinansatz im Kessel verursachen. Der durch den Austausch entstandene Kalzium-Permutit läßt sich durch Behandeln mit Kochsalzlösung wieder in die ursprüngliche, weiterverwendbare Verbindung zurückverwandeln. Ein Nachteil des Permutitverfahrens besteht darin, daß das Kesselwasser sich an Natriumsalzen anreichert, was betriebstechnisch nicht erwünscht ist (Schäumen des Wassers, Notwendigkeit der periodischen Entleerung des Kessels).

Wasserstoffperoxyd H_2O_2.

Wasserstoffperoxyd spaltet sich sehr leicht in Wasser und Sauerstoff; Erwärmung oder Zusatz von Katalysatoren (Stoffe, die durch ihre bloße Gegenwart eine Beschleunigung des Zerfalls bewirken, z. B. fein zerteilte Metalle, Manganoxyde usw.) ruft bereits eine lebhafte Sauerstoffentwicklung hervor. Lösungen von H_2O_2 dienen zum Bleichen, Desinfizieren (Mundwasser) und Sterilisieren (Haltbarmachen von Milch).

Stickstoff $N =$ und $N \equiv$, 14.

Stickstoff kommt in freiem Zustande in der Luft vor, in gebundener Form im Eiweiß, im Horn, in den Haaren usw.; er läßt sich in billiger Weise durch fraktionierte Destillation der flüssigen Luft gewinnen, stellt ein farb-, geruch- und geschmackloses Gas dar und ist chemisch sehr träge. Technisch wichtig sind die Verbindungen des Stickstoffs, die Salpetersäure HNO_3 und das Ammoniak NH_3. Salpetersäure wurde früher dadurch gewonnen, daß man Chilesapleter (salpetersaures Natrium $NaNO_3$) mit Schwefelsäure erhitzte; neuerdings wird sie erhalten, indem man ein Stickstoff-Sauerstoffgemisch durch den elektrischen Hochspannungslichtbogen hindurchführt und die dabei auftretenden nitrosen Gase (ein Gemisch verschiedener Stickstoffoxyde) auf Salpetersäure verarbeitet; auch durch Oxydation des synthetisch gewonnenen Ammoniaks wird heute HNO_3 hergestellt. In Salpetersäure lösen sich fast alle Metalle mit Ausnahme von Gold und Platin. Wird ein Stückchen Kupfer in verdünnte Salpetersäure eingebracht, so löst es sich unter Wärmeentwicklung und Bildung von braunen Dämpfen (nitrose Gase) auf, die dadurch entstehen, daß der zunächst auftretende Wasserstoff die Salpetersäure reduziert. Salpetersäure wird vielfach zum Gelbbrennen von Messing und Ätzen von Kupfer verwendet (Kupfertiefdruck) und dient in der chemischen Großindustrie zur Herstellung von Nitroglyzerin. Läßt man das schon bei leichtem Anstoß explodierende Nitroglyzerin durch Infusorienerde aufsaugen, so erhält man den Dynamit, eine seifenartige Masse, die transportfähig ist. In bedeutenden Mengen wird die Salpetersäure auch zur Herstellung von rauchlosem Pulver, Zelluloid und Kunstseide verwendet.

Ammoniak, NH_3, wird heute in bedeutenden Mengen nach dem Haber-Prozeß erzeugt. Man setzt ein Gemisch von elementarem Stickstoff und Wasserstoff im Beisein geeigneter Kontaktkörper einem hohen Druck (200 atm) und gesteigerter Temperatur aus, wobei in hoher Ausbeute NH_3 entsteht.

Ammoniak ist ein farbloses Gas von stechendem Geruch, das sich leicht verflüssigen läßt und in diesem Aggregatzustand zum Betrieb von Kältemaschinen Anwendung findet. Die Lösung des NH_3 in Wasser heißt Salmiakgeist und stellt eine Base dar; man gebraucht sie zur Herstellung des Salmiaks, eines Salzes, das beim Löten der Metalle und Betrieb der Leclanché-Elemente Verwendung findet.

$$HCl + NH_3 = NH_4Cl.$$
Salzsäure Ammoniak Salmiak

Salmiakgeist löst Fette auf und ist ein geeignetes Mittel, um Fettflecke und auch frische Säureflecken aus Geweben zu entfernen.

Gruppe der Halogene (Chlor, Brom, Jod, Fluor).

Chlor Cl —, 35. Freies Chlor findet sich in der Natur nicht vor; hingegen enthalten viele Mineralstoffe, die sog. Chloride (Natriumchlorid, Chlorkalium usw.) das Chlor in gebundenem Zustande. Im Laboratorium läßt sich Chlor am einfachsten durch Erwärmen von Braunstein mit Salzsäure entwickeln.

$$MnO_2 + 4\,HCl = MnCl_2 + 2\,H_2O + Cl_2.$$

In industriellem Maßstabe erhält man das Chlor als Nebenprodukt bei der Gewinnung von Ätznatron durch Elektrolyse von Kochsalzlösungen; es entweicht an der Anode, während an der Kathode sich Natronlauge und Wasserstoff bildet. Die Zersetzungszelle muß durch eine nur für die Ionen durchlässige Scheidewand (Diaphragma) in zwei Kammern getrennt sein, da sonst die Zersetzungsprodukte nachträglich aufeinander einwirken würden (Entstehung unterchlorigsaurer Salze). Das Chlor wird auf Chlorkalk verarbeitet, der zur Herstellung von Trichloräthylen, Trichloräthern usw. verwendet wird. Es sind dies nicht brennbare Lösungsmittel für Fette, die mehr und mehr an Stelle von Benzin Verwendung finden und durch Anlagerung von Chlor an Azetylen entstehen; auch für die Entzinnung der Weißblechabfälle wird Chlorgas benutzt. Chlor ist ein gelblich grünes, schweres, giftiges Gas von starker Bleich- und Desinfektionswirkung, das sich in Wasser ziemlich leicht löst, auch verflüssigt werden kann. Da das Chlor bei längerer Einwirkung die Gewebe brüchig macht, wird es in der Bleicherei heute mehr und mehr durch andere, sauerstoffabspaltende Bleichmittel (Natriumsuperoxyd, Wasserstoffperoxyd, Natriumperborat usw.) verdrängt. Gasförmiger Chlor dient in der neueren Zeit auch zum Sterilisieren von Trinkwasser.

Chlor verbindet sich mit den meisten Elementen ohne weiteres, Metalle werden durch Chlorgas schon bei gewöhnlicher Temperatur in Chloride verwandelt. Chlor vereinigt sich unter dem Einfluß des Lichtes mit dem Wasserstoff zu Chlorwasserstoffgas, das sich in Wasser löst und Salzsäure bildet.

Salzsäure HCl. Salzsäure wird im großen Maßstabe dadurch hergestellt, daß man Kochsalz mit starker Schwefelsäure erhitzt:

$$2\,NaCl + H_2SO_4 = Na_2SO_4 + 2\,HCl\,.$$

Die gelbliche Färbung der technischen Salzsäure rührt von Eisenverbindungen her. Reine Salzsäure ist völlig farblos. Bringt man Salzsäure mit unedlen Metallen wie Eisen, Zink usw., in Berührung, so entstehen unter Wasserstoffentwicklung die entsprechenden Chloride. Die Bereitung des Lötwassers stellt einen solchen Vorgang dar:

$$\underset{\text{Zink}}{Zn} + \underset{\text{Salzsäure}}{2\,HCl} = \underset{\text{Chlorzink}}{ZnCl_2} + \underset{\substack{\text{Wasser-}\\\text{stoffgas}}}{H_2}\,.$$

Die hierbei entstehende Chlorzinklösung schützt die Lötstellen vor der Oxydation, wirkt auch oxydlösend.

Chlorionen lassen sich in Wässern leicht durch Zusatz von salpetersaurem Silber nachweisen (Trübung oder weißer Niederschlag). Man benutzt diese Reaktion z. B., um sich zu vergewissern, ob das zum Füllen der Akkumulatorenkästen als destilliertes Wasser gekaufte Wasser wirklich chlorfrei ist. Eine Mischung von 3 Teilen konz. Salzsäure mit 1 Teil konz. Salpetersäure heißt Königswasser und enthält freies Chlor. Königswasser löst in der Wärme sogar Gold und Platin auf unter Bildung von Goldchlorid und Platinchlorid).

Unterchlorige Säure HOCl. Technisch wichtig ist das Kalziumsalz dieser Säure CaOCl, der Hauptbestandteil des Chlorkalkes, der erhalten wird, indem man Chlor über gelöschten Kalk leitet.

Chlorsäure. $HClO_3$, sehr unbeständige Säure, deren haltbares Kaliumsalz $KClO_3$ als sauerstoffabgebendes Mittel bei der Herstellung der Streichholzköpfchen und zu Desinfektionszwecken (Gurgelwasser) benutzt wird.

Brom Br —, 79. Brom ähnelt dem Chlor und findet sich in den Abraumsalzen sowie im Meerwasser. Die Darstellung erfolgt durch Einleiten von Chlorgas in Bromnatriumlösungen:

$$2\,NaBr + Cl_2 = 2\,NaCl + Br_2\,.$$

Brom und Bromsalze finden in der Arzneikunst, in der Photographie und in der Anilinfarbenfabrikation Verwendung.

Jod J —, 26 ist im Meerwasser, in den Algen, in den Mutterlaugen des Chile salpeters, sowie in manchen Heilquellen anzutreffen. Bequem ist das Jod aus der wäßrigen Lösung der Jodide durch Einleiten von Chlor zugewinnen:

$$2\,NaJ + Cl_2 = 2\,NaCl + J_2\,.$$

Das Jod stellt nach der Sublimation rhombische, violett-schwarze Tafeln vor, die in Wasser sehr wenig, in Äther, Chloroform und Schwefelkohlenstoff gut löslich sind. Freies Jod färbt Stärkekleister blau, jedoch nur in Gegenwart von Jodiden.

Das Jod findet in der Arzneikunst und in der Photographie, ferner in der Farbenherstellung Verwendung.

Fluor F —, 19. Die wichtigste Fluorverbindung ist der Flußspat CaF_2; Fluor greift fast alle Körper sehr stark an und wird durch Elektrolyse wasserfreien Fluorwasserstoffes gewonnen.

Phosphor $P\equiv$, $P\equiv$, 31.

Der Phosphor findet sich in der Natur als phosphorsaurer Kalk vor, aus dem er durch Erhitzen mit Quarzsand und Kohle im elektrischen Ofen rein dargestellt wird (gelber Phosphor); er kommt sowohl als gelber als auch als roter Phosphor vor. Wird gelber Phosphor bei Luftabschluß auf 250° erhitzt, so geht er in ein rotes Pulver, den roten Phosphor, über, der chemisch dasselbe Element darstellt wie der gelbe, jedoch andere Eigenschaften aufweist (allotropische Modifikation). Im Gegensatz zum roten Phosphor entzündet sich der gelbe an der Luft und beim Reiben nicht, leuchtet im Dunkeln auch nicht und ist ungiftig. Die Reibfläche der Streichholzschachteln enthält roten Phosphor.

Phosphorsäure H_3PO_4. Verbrennt Phosphor, so bildet sich eine weiße Masse, das Phosphorsäure-Anhydrid P_2O_5, das begierig Wasser anzieht und in Phosphorsäure übergeht. Die Salze der Phosphorsäure heißen Phosphate, von denen das wichtigste der phosphorsaure Kalk (Düngemittel) ist. Die Thomasschlacke, die sich bei der Verhüttung von phosphorhaltigem Roheisen in einer mit gebranntem Dolomit ausgefütterten Birne ergibt, ist eine ähnliche Verbindung.

Phosphorbronze. Wird roter Phosphor in geschmolzenes Kupfer oder Zinn gebracht, so bilden sich Phosphorkupfer oder Phosphorzinn (Metallphosphide), die zur Herstellung von Phosphorbronze benutzt werden.

Schwefel $S\equiv$, $S\equiv$, $S\equiv$, 32.

Der Schwefel kommt in der Natur gediegen vor, meist in vulkanischen Gegenden, findet sich jedoch häufiger in Verbindung mit Metallen (Eisenkies FeS_2, Zinkblende ZnS). Der Schwefel ist von gelblicher Farbe, spröde in Wasser und Alkohol unlöslich, leicht löslich in Schwefelkohlenstoff. Sein spez. Gewicht beträgt 1,92 bis 2; er schmilzt bei 115° und verbrennt mit bläulicher Flamme zu Schwefeldioxyd. Schwefel findet Verwendung zur Herstellung von Schwarzpulver, zum Vulkanisieren von Kautschuk (Kautschuk nimmt, mit feinverteiltem Schwefel oder einer Lösung von S in Schwefelkohlenstoff behandelt, Schwefel auf und gewinnt dadurch an Elastizität). Durch Bestreuen der Rebenblätter mit Schwefelpulver werden manche Blattkrankheiten verhütet. Für das Einkitten von Eisen in Eisen oder Stein hat sich ein Gemisch von Eisenfeile, Schwefelblumen und Salmiaklösung bewährt.

Schwefelwasserstoff. Schwefelwasserstoff entsteht beim Übergießen von Schwefeleisen mit Salzsäuren

$$FeS + 2\,HCl = FeCl_2 + H_2S\,.$$

Schwefel-   Salzsäure   Eisen-   Schwefeleisen   chlorid   wasserstoff

H_2S riecht nach faulen Eiern, ist brennbar und verhält sich wie eine Säure, greift also Metalle an, Silber z. B. unter Bildung des schwarzen Schwefelsilbers Ag_2S. Durch Einleiten von H_2S in Metallsalzlösungen entstehen eine Reihe von Füllungen (Schwefelmetalle sind fast alle in Wasser unlöslich), die zum Teil als Farben Verwendung finden. Zinksalzlösungen liefern einen weißen, Kadmiumsalze einen gelben, Bleisalze einen schwarzen Niederschlag. Filtrierpapier, mit Bleisalzlösung getränkt, ist ein empfindliches Reagens auf Schwefelwasserstoff.

Schwefeldioxyd. Es entsteht bei der Verbrennung des Schwefels; im großen erhält man SO_2 durch Rösten von Eisenkies. Leitet man SO_2 in H_2O, so erhält man H_2SO_3, schweflige Säure. SO_2 ist farblos und von stechendem Geruch. Wie alle Gase läßt es sich durch Abkühlung und Druck verflüssigen. Das verflüssigte SO_2 ist farblos, greift Metalle nicht an, da es keine Säure, sondern ein Säure-Anhydrid, darstellt. Flüssiges Schwefeldioxyd wird zum Betrieb von Kältemaschinen sowie zum Bleichen von Stroh verwendet.

Schwefeltrioxyd. SO_3 wird erhalten durch Überleiten von SO_2 und Luft über Kontaktsubstanzen wie platinierten Asbest, frisch geglühte Kiesabbrände usw. Substanzen dieser Art, die in der Chemie eine wichtige Rolle spielen, heißen auch Katalysatoren; sie wirken durch ihre bloße Gegenwart, verändern sich also nicht und beschleunigen die Reaktion.

$$SO_2 + O = SO_3\,.$$

SO_3, bei gewöhnlicher Temperatur eine farblose Flüssigkeit, verbindet sich unter Wärmeentwicklung mit Wasser zu Schwefelsäure H_2SO_4.

Schwefelsäure. Bei dem sog. Bleikammerprozeß wird das durch Rösten der Kiese erhaltene Schwefeldioxyd zunächst durch Vermittlung nitroser Gase (Oxyde des Stickstoffes) zu SO_3 oxydiert, worauf durch Einleiten von Wasserdampf in die mit Blei ausgeschlagenen Reaktionskammern Schwefelsäure entsteht. Ein neueres Verfahren ist das Kontaktverfahren, bei dem die obenerwähnten Kontaktkörper zur Oxydation des SO_2 benützt werden. Das erzielte SO_3 wird in Schwefelsäure eingeleitet, die nach und nach in die „rauchende Schwefelsäure", eine Säure von hoher Konzentration, übergeht. Gibt man unter Kühlung Wasser zu, so erfolgt die Reaktion

$$SO_3 + H_2O = H_2SO_4\,.$$

Die reine Schwefelsäure ist farblos, hat in konz. Zustande ein spez. Gewicht 1,84, siedet bei 200° und zieht begierig Wasser an. Gießt man Wasser in konzentrierte H_2SO_4, so tritt leicht Kochen und Umherspritzen ein; man muß deshalb, will man die Säure verdünnen, diese letztere in dünnem Strahl in das Wasser eingießen und nicht umgekehrt Wasser in die Schwefelsäure. In verdünnter Schwefelsäure lösen sich Zink, Eisen, Magnesium, Nickel, während Gold, Wolfram und die Metalle der Platingruppe weder durch verdünnte noch durch konzentrierte H_2SO_4 angegriffen werden. Der Vorgang der Lösung besteht darin, daß das

Metall, z. B. Mg als Ion in Lösung geht, während Wasserstoff sich abscheidet.

$$Mg + H_2SO_4 = MgSO_4 + 2H.$$

Die Schwefelsäure ist eine sehr starke Säure und treibt daher die schwächeren Säuren aus ihren Salzen aus unter Bildung von Sulfaten (Kupfersulfat oder Kupfervitriol, Aluminiumsulfat, Eisensulfat oder Eisenvitriol, Kalziumsulfat oder Gips, Natriumsulfat, Bariumsulfat usw.). Schwer löslich ist Gips, unlöslich Bariumsulfat. Fügt man beispielsweise zu einer Gipslösung Chlorbarium, so entsteht eine Fällung von weißem Bariumsulfat (Reagens auf Schwefelsäure und Sulfate).

$$CaSO_4 + BaCl_2 = BaSO_4 + CaCl_2.$$

Man verwendet H_2SO_4 zur Gewinnung von Salpetersäure aus Salpeter, an Salzsäure aus Kochsalz, zum Beizen von Eisen, Kupfer, Messing, Neusilber, zur Herstellung von rauchlosem Pulver, Anilinfarben, zum Füllen der Akkumulatoren (reine Säure, frei von Arsen und Eisen).

Kohlenstoff $C\equiv$, 12.

Kohlenstoff ist ein Hauptbestandteil aller im Pflanzen- und Tierreich vorkommenden Stoffe sowie insbesondere der verschiedenen Kohlenarten[1]). Diamant und Graphit sind kristallisierter Kohlenstoff.

Kohlendioxyd CO_2. Es entsteht bei der Atmung, bei der vollständigen Verbrennung von Kohle, bei der Gärung zuckerhaltiger Flüssigkeiten (Umwandlung von Traubenzucker in Alkohol und Kohlensäure) sowie bei der Einwirkung von Säuren auf Karbonate.

$$CaCO_3 + 2HCl = CaCl_2 + H_2O + CO_2.$$

Kohlensaures Kalzium · Salzsäure · Chlorkalzium · Kohlendioxyd

Das Kohlendioxyd ist ein farbloses Gas von schwach säuerlichem Geruch und Geschmack und löst sich in beträchtlichen Mengen im Wasser unter Bildung der Kohlensäure.

$$CO_2 + H_2O = H_2CO_3.$$

Kohlendioxyd · Wasser · Kohlensäure

Das Kohlendioxyd, das sich schon bei gewöhnlicher Temperatur verflüssigen läßt, wird zum Betrieb von Kältemaschinen verwendet und findet ferner in der Lebensmittelindustrie Anwendung (Bierdruckapparate, Sodawasser usw.).

Kohlenoxyd CO. Wird CO_2 über glühenden Koks geleitet oder verbrennen Kohlen bei ungenügender Luftzufuhr, so entsteht CO.

$$CO_2 + C = 2CO.$$

Kohlenoxyd, in noch stärkerem Grade wie CO_2 ein Atmungsgift, ist ien Bestandteil des Leuchtgases; es brennt mit bläulicher Flamme, wobei Kohlendioxyd entsteht.

$$CO + O = CO_2.$$

---

[1]) Siehe Abschnitt Technologie im II. Teil dieses Bandes.

Kohlenoxyd wirkt stark reduzierend und bewirkt im Hochofen, daß aus den sauerstoffhaltigen Erzen metallisches Eisen sich bildet.

Generatorgas, Wassergas, Dowsongas. Generatorgas findet für Heizzwecke und zum Betrieb von Motoren Verwendung; seiner Zusammensetzung nach ähnlich dem aus den Hochöfen abziehenden Gichtgas, wird es dadurch erzeugt, daß man durch einen mit glühenden Koks gefüllten Schacht (Gasgenerator) Luft hindurchziehen läßt. Im unteren Teil des Schachtes verbrennt der Koks vollständig zu CO_2, das beim Vorbeistreichen an den oberen Schichten des glühenden Koks zu Kohlenoxyd reduziert wird. Das Generatorgas stellt im wesentlichen ein Gemisch von CO und N (aus der zugeführten Luft herrührend) dar.

Schickt man Wasserdampf durch weißglühenden Koks hindurch, so erhält man ein Gemenge von Kohlenoxyd und Wasserstoff, das technische Wassergas.

$$C + H_2O = CO + H_2.$$

Da diese Reaktion unter Wärmeaufnahme erfolgt, darf das Hindurchblasen des Wasserdampfes nicht ununterbrochen erfolgen, sondern nur in kurzen Zwischenräumen. In den Pausen wird dann durch Einblasen von Luft die Glut des Koks wieder angefacht. Während der Heizwert von Generatorgas etwa 900 bis 1200 WE (Wärmeeinheiten[1]) beträgt, erreicht der des Wassergases etwa 2500 WE. Wassergas wird zum Schweißen von Blechen sowie zum Strecken von Leuchtgas verwendet.

Das Dowsongas ist ein Gemisch von Generatorgas und Wassergas und wird dadurch erzeugt, daß man gleichzeitig Luft- und Wasserdampf durch die glühende Koksschicht hindurchläßt.

Kohlenwasserstoffe. Verbindungen von Wasserstoff mit Kohlenstoff werden als Kohlenwasserstoffe bezeichnet; sie kommen teils in gasförmigem Zustande (CH_4 Methon, C_2H_6 Äthon, C_2H_4 Äthylen, C_2H_2 Azetylen usw.) vor, teils auch in flüssigem (C_6H_6 Benzol: Petroleum ist ein Gemisch zahlreicher Kohlenwasserstoffe) und festem Zustande (Paraffin, Naphthalin $C_{10}H_8$, Anthrazen $C_{14}H_{10}$).

Azetylen C_2H_2 entsteht durch Einwirkung von Wasser auf Kalziumkarbid CaC_2

$$CaC_2 + 2\,H_2O = Ca(OH)_2 + C_2H_2.$$

Kalzium-   Wasser   Ätzkalk   Azetylen
karbid

Kalziumkarbid ist ein Produkt des elektrischen Ofens und entsteht, indem man ein Gemisch von Koksstaub und Kalk der Temperatur des elektrischen Lichtbogens aussetzt. Das reine Azetylen ist ein farbloses Gas von schwachem Geruch und brennt mit schöner leuchtender Flamme. Das Azetylenlicht kommt in seiner Zusammensetzung dem Sonnenlicht am nächsten. Für die Azetylenerzeugung verwendet man entweder Apparate, die nach dem Tauchsystem (Hereinbringen einer Karbidpackung in eine genügend große Wassermenge, Auffangen des Gases in einem Gasometer) oder auch nach dem Tropf-

---

[1] Eine Wärmeeinheit ist gleich jener Wärmemenge, die man braucht, um 1 kg Wasser um 1° zu erwärmen.

system (Einträufeln von Wasser in das Karbid bei sinkendem Druck im Gasometer) arbeiten. Um das direkt aus dem Karbid erzeugte Azetylen zu reinigen, leitet man es über eine aus Chlorkalk bestehende Reinigungsmasse. Azetylen bildet mit Luft gemischt ein stark explosibles Gemenge, ferner sind auch explosible Verbindungen des Azetylens mit Kupfer bekannt (Vermeidung von kupfernen Rohrleitungen). Gutes Karbid soll pro kg etwa 320 Liter Azetylen liefern.

Petroleum, ein Gemisch verschiedener Kohlenwasserstoffe, ist ein Naturprodukt und stammt hauptsächlich aus Nordamerika und Rußland. Wird Rohpetroleum innerhalb bestimmter Temperaturgrenzen der stufenweisen Destillation unterworfen, so erhält man Benzin, Leuchtpetroleum, Solaröl, Schmieröl, Vaselin und Paraffin; die letzteren Produkte werden übrigens auch bei der Destillation des Braunkohlenteers erzielt. Rohpetroleum (Rohöl) dient zum Betrieb der Diesel-Motoren; Benzin, das man je nach dem spez. Gew. als Leichtbenzin (0,6—0,7) und Schwerbenzin (0,7—0,77) bezeichnet, ist der Betriebsstoff für die Automobilmotoren, wird jedoch in der letzten Zeit meistens durch das einheimische Benzol, das aus dem Steinkohlenteer stammt, und Benzol-Spiritus-Gemische ersetzt.

Paraffin wird zur Herstellung von Kerzen benutzt und findet ferner als Isoliermittel in der Elektrotechnik Verwendung. Die Schmelzpunkte der im Handel erhältlichen Paraffine liegen zwischen 40—75°.

Das Leuchtgas. Unterwirft man Steinkohle in Gasretorten der trockenen Destillation, so wird ein Gemisch von Gasen und Dämpfen erhalten, während als Rückstand sich der Koks ergibt. Die Retorten werden in den Gasanstalten meist in Zwischenräumen von einigen Stunden beschickt. Sobald die Retorten luftdicht verschlossen sind, beginnt unter der Einwirkung der Hitze (über 1000° C) sofort die Vergasung, es entweicht ein brauner Qualm, der im wesentlichen aus Gas, Wasserdampf sowie Teerdämpfen besteht. Ein kleiner Teil dieser Dämpfe wird bei dem Vorbeistreichen an den glühenden Retorten-Wänden zersetzt unter Abscheidung von sogenanntem Retortengraphit, der zur Herstellung von Bogenlampenstiften und Kohleelektroden Verwendung findet. Bei weiterem Erhitzen entweichen aus der zu vergasenden Kohle immer mehr Wasserstoff und Sauerstoff, sowie insbesondere Kohlenwasserstoffe, die weiter zersetzt werden unter Abspaltung von Wasserstoff, Methan, Äthylen, Azetylen, Benzol, Naphthalin usw. Der Sauerstoff geht als Kohlenoxyd und Kohlensäure der Schwefel als Schwefelwasserstoff, und der Stickstoff als Ammoniak und Zyan über. Die Gase und Dämpfe entweichen durch ein auf der Retorte angebrachtes Rohr in eine Vorlage, aus der die Gase und flüssigen Nebenprodukte durch besondere Leitungen abgeführt werden. In den Kühlern der Kondensatoren wird das Gas gekühlt, so daß sich die meisten noch darin enthaltenen dampfförmigen Bestandteile in flüssiger Form als Teer abscheiden. Die Waschung des Gases erfolgt in den Wäschern oder Skrubbern, wodurch Ammoniak, Kohlensäure

und Schwefelwasserstoff zur Abscheidung gelangen. Die noch im Gas
verbleibenden Reste von Schwefel- und Zyanverbindungen sowie von
Kohlensäure werden nun durch die trockene Reinigung, das Überleiten über Gasreinigungsmassen (hauptsächlich Raseneisenerz), entfernt. Das Naphthalin wird dadurch ausgeschieden, daß man das Rohgas durch ein hochsiedendes Steinkohlenteeröl hindurchleitet, welches
auflösend auf das Naphthalin einwirkt. Das gebrauchsfertige Leuchtgas enthält in 100 Raumteilen etwa: Wasserstoff 46,3, Methan 37,5,
Kohlenoxyd 11,2, Äthylen 2,1, Stickstoff 1,0, Kohlensäure 0,8,
Propylen 0,4, Benzol 0,7. Aus 100 kg Steinkohle gewinnt man etwa
30 cbm Gas vom Heizwert 5000, bezogen auf 1 cbm, und 60 kg Koks
und 6 kg Teer. Aus dem Teer erhält man durch fraktionierte
Destillation die folgenden Bestandteile:

1. Leichtöl, Siedepunkt bis 210°.

Aus dem Leichtöl stammt das Benzol C_6H_6, das als Motorentreib-
mittel und Bezinersatz Verwendung findet, ferner als Ausgangsprodukt
für die Herstellung von Nitrobenzol und Anilin benutzt wird.

2. Mittelöl oder Karbolöl, bis 240° siedend.

Aus dem Mittelöl erhält man die Karbolsäure, auch Phenol genannt, die ein starkes Desinfektionsmittel darstellt.

3. Schweröl, Siedepunkt bis 270°.

Aus dem Schweröl scheidet sich Naphthalin ab, das neuerdings als
Motorenbetriebsstoff verwendet wird oder durch Anlagerung von
Wasserstoff (Hydierung) flüssige Kohlenwasserstoffe liefert, die ihrer-
seits zum Betrieb von Motoren oder als Lösungsmittel für Wachse,
Harze usw. benutzt werden können.

4. Anthrazenöl, über 270° siedend.

Das Anthrazenöl liefert das Anthrazen, einen festen Kohlenwasser-
stoff, aus dem das Alizarinrot gewonnen wird.

Als Rückstand bleibt bei der Teerdestillation das Pech, ein Gemenge
von Kohlenstoff und kohlenstoffreichen Kohlenwasserstoffen. Ein
Gemisch von Teer und Pech dient zur Herstellung der Dachpappen;
auch zu rostschützenden Anstrichen; ferner werden in der Ruß- und
Brikettfabrikation solche Mischungen von Pech und Anthrazenöl
benutzt. Außer dem bei der Leuchtgasfabrikation entstehenden Gas-
koks kennt man auch noch den sogenannten Hüttenkoks, der in den
Kokereien der Hüttenwerke gewonnen wird und als Heizmaterial für
die Hochöfen Verwendung findet; zu seiner Herstellung benutzt man
weniger fette Kohlen, da ja hier im Gegensatz zur Leuchtgasfabrikation,
bei der Gaserzeugung die Hauptsache ist, in erster Linie die Gewinnung
von Koks angestrebt wird, und das Gas nur insofern Bedeutung besitzt,
als es zur Beheizung der Kokserzeugungsöfen dient.

Auch Braunkohlen, Torf und Holz lassen sich der trockenen Destillation unterwerfen, wobei feste Rückstände (Braunkohlenkoks, Holz-
kohle), Teer und Gas entsteht, das jedoch nur geringen Heizwert besitzt.
Praktisch wird hier die Destillation bei viel niedrigeren Temperaturen
wie bei der Leuchtgasfabrikation durchgeführt, um größere Ausbeuten

an Teer zu erzielen, der wertvolle Bestandteile enthält. Das Gas selbst dient zur Beheizung der Retorten. Aus dem Braunkohlenteer lassen sich durch Destillation hauptsächlich Solaröl, Paraffinöle, festes Paraffin und Braunkohlenpech gewinnen. Die Paraffinöle wiederum werden auf Ölgas verarbeitet, mit dem man die Eisenbahnwagen beleuchtet. Das feste Paraffin wird in der Elektrotechnik als Isoliermaterial verwendet und dient auch zur Herstellung der Kerzen. Der Holzteer liefert Kreosol, ein Desinfektionsmittel und Imprägnierungsstoff für Holz, sowie Schusterpech. Bei der trockenen Destillation von Holz in Retorten entsteht ferner, als leichtere Schicht über dem Teer schwimmend, der Holzessig, dessen wesentliche Bestandteile die Essigsäure und der Methylalkohol sind.

Wird die trockene Destillation der Kohle nicht bei etwa 1000°, wie bei der Leuchtgaserzeugung, vorgenommen, sondern etwa bei 500°, so treten keine so tiefgreifenden Zersetzungen der flüchtigen Bestandteile ein und man erhält einen viel wertvolleren Teer, den scg. Tieftemperaturteer oder Urteer, aus dem mehr Benzol zu gewinnen ist wie aus dem Gasteer, aus dem ferner auch Schmieröle zu erzeugen sind.

Silizium Si $\equiv$, Si $\equiv$, 28.

Silizium kommt in der Natur nicht in freiem Zustande vor, findet sich jedoch in großen Mengen als Siliziumdioxyd im Bergkristall, Quarz, Sandstein, in der Infusorienerde usw. Die Salze der Kieselsäure (SiO_2 nebst wechselnden Mengen Wasser) heißen Silikate; die Silikate der Alkalien sind in Wasser löslich und besitzen technische Bedeutung (Kali- oder Natronwasserglas). Schmilzt man Quarzsand oder Infusorienerde (Kieselgur), wie sie in der Lüneburger Heide vorkommt, mit Ätznatron oder Soda zusammen, so bildet sich eine glasartige Masse, das Natronwasserglas, welches in besonderen unter Dampfdruck stehenden Gefäßen zur Lösung gebracht werden kann und das Wasserglas des Handels bildet.

Versetzt man Wasserglaslösung mit Salzsäure, so scheidet sich, da Kieselsäure eine sehr schwache Säure darstellt, gallertartige Kieselsäure aus. Glas und Zement sind ebenfalls Silikate. Läßt man Flußsäure auf Silikate einwirken, so entsteht ein gasförmiges Fluorsilizium, das, in Wasser geleitet, Kieselflußsäure bildet. Die Salze dieser letzteren Säure dienen zum Härten von Sandstein, Kunststeinen und Mörteln (Bildung des sehr harten, witterungsbeständigen kieselflußsauren Kalziums). Durch Schmelzen von Quarzsand und Koksstaub im elektrischen Ofen erzielt man eine Verbindung des Si mit Kohlenstoff, das Siliziumkarbid, welches schwarz-violette Kristalle bildet und in der Härte nahe an den Diamant herankommt. SiC wird als Schleifmittel (Karborundum) viel verwendet.

Alkalimetalle (Kalium K —, 39, Natrium Na —, 23, Lithium Li —, 7).

Die Alakalimetalle sind silberweiße, weiche Metalle, die sich an der Luft schnell oxydieren und daher unter Petroleum aufbewahrt werden;

mit Wasser zusammengebracht, zerlegen sie letzteres unter Wasserstoffentwicklung und Bildung der Hydroxyde

$$2\,K + H_2O = 2\,KOH\,.$$

KOH, Ätzkali, ist eine weiße, stark ätzende, zerfließliche Masse; die wäßrige Lösung (Kalilauge) ist ähnlich wie NaOH, Natronlauge, eine sehr starke Base, die in der chemischen Industrie ausgedehnte Verwendung findet. Weitere Kaliumverbindungen sind das **Kaliumchlorid**, KCl, das sich in den Staßfurter Kalisalzlagern vorfindet und als Düngemittel benutzt wird.

Kaliumkarbonat KCO_3, Pottasche, in der Glas- und Seifenfabrikation viel verwendet.

Kaliumnitrat KNO_3, Salpeter, ein starkes Oxydationsmittel, das zur Erzeugung des schwarzen Schießpulvers dient. Beim Erhitzen gibt das salpetersaure Kalium Sauerstoff ab und geht in den Kaliumnitrit über (KNO_2), der in der Farbstoffindustrie gebraucht wird.

Zyankalium KCN, ein sehr giftiges Salz, löst fein verteiltes Gold und Silber auf und wird deshalb bei der Goldgewinnung sowie in der Galvanotechnik zur Bereitung der Bäder benutzt.

Kieselsaures Kalium, Kaliwasserglas, K_2SiO_3, dient dazu, brennbare Stoffe feuersicher zu imprägnieren, ferner findet es als Waschmittel und Streckungsmittel für Seifen Verwendung.

Chlorsaures Kalium $KClO_3$, ein starkes Oxydationsmittel, wirkt desinfizierend (Gurgelwasser).

Natriumverbindungen. Natriumhydroxyd, NaOH, Ätznatron, in wäßriger Lösung Natronlauge genannt, findet in der Seifen-, Textil-, Holzstoff- und Farbenfabrikation als Reinigungsmittel sowie als Lösungsmittel für Fette und Harze Verwendung.

Natriumchlorid NaCl, Kochsalz, kommt im Meerwasser und in festen Ablagerungen vor. Das für Speisezwecke verwendete Kochsalz muß versteuert werden, während das für landwirtschaftliche und technische Zwecke erforderliche Salz steuerfrei ist. Um eine mißbräuchliche Verwendung des letzteren zu verhindern, wird es denaturiert, mit Eisenoxyd und Bitterstoffen (Wermut) versetzt.

Natriumnitrat $NaNO_3$, Chilesalpeter, früher als Düngemittel und zur Darstellung der Salpetersäure benutzt, wird heute durch synthetische Nitrate, deren Stickstoff aus der Luft stammt (Norwegersalpeter, Luftsalpeter) ersetzt.

Natriumsulfat $Na_2SO_4 + 10\,H_2O$, Glaubersalz, wird im großen durch Erhitzen von Kochsalz mit Schwefelsäure gewonnen.

$$2\,NaCl + H_2SO_4 = Na_2SO_4 + 2\,HCl;$$

es findet in der Sodaindustrie und in der Glasfabrikation Verwendung.

Natriumkarbonat $Na_2CO_3 + 10\,H_2O$, Soda, ist durch Einleiten von Kohlensäure in Natronlauge zu gewinnen, wird heute industriell nach dem Ammoniak-Sodaprozeß (Solvay-Prozeß) hergestellt; man leitet Ammoniak und Kohlensäure in eine gesättigte Kochsalzlösung, worauf sich das verhältnismäßig schwer lösliche saure kohlensaure Natrium ($NaHCO_3$) abscheidet, das dann durch Glühen in kalzinierte Soda zu verwandeln ist. Soda findet Verwendung bei der Glasfabrikation, Papier- und Seifenfabrikation, in der Färberei, Bleicherei, zum Waschen und zum Enthärten des Kesselspeisewassers.

Kalzium Ca = , 40.

Kalzium, ein weiches, weißes Metall, findet sich in der Natur nur in Form von Salzen.

Kalziumkarbonat $CaCO_3$ kommt als Kreide, Marmor, Dolomit, Kalkstein usw. in großer Menge vor. Durch Säure wird das reine Kohlensäurekalzium schon bei gewöhnlicher Temperatur gelöst.

$$CaCO_3 + 2\,HCl = CaCl_2 + CO_2 + H_2O\,.$$

$CaCO_3$, in reinem Wasser unlöslich, löst sich in kohlensäurehaltigem auf unter Bildung von Kalziumkarbonat $Ca(HCO_3)_2$, welches das Wasser hart macht (Kesselsteinbildner).

Schwefelsaures Kalzium $CaSO_4$, Gips, $CaSO_4 + 2\,H_2O$. Gips ist in Wasser ein wenig löslich und bewirkt die bleibende Härte des Wassers. Mit Wasser angerührt, gerät Gips ins Stocken und wird fest. Durch Bestreichen mit Alaunlösung kann Gips noch etwas gehärtet werden.

Kalziumoxyd CaO, gebrannter Kalk, entsteht beim Erhitzen von Kalkstein, Marmor, und stellt eine weiße poröse Masse dar, die an der Luft Wasser anzieht und dabei zu Staub zerfällt.

$$CaO + H_2O = Ca(OH)_2 \text{ (Kalklöschen)}.$$

Verwendet man Wasser im Überschuß, so erhält man einen Brei (Weißkalk), der, mit Sand gemischt, den gewöhnlichen Kalkmörtel liefert. Durch weiteres Verdünnen des Kalkbreies erhält man die sog. Kalkmilch, welche zum Tünchen verwendet wird. Die Erhärtung des Mörtels beruht darauf, daß beim Abbinden zunächst das mechanisch beigemengte Wasser verdunstet oder in den Ziegelstein eindringt und $Ca(OH)_2$ Kohlensäure aufnimmt und in Kalziumkarbonat übergeht. Technisch wichtig sind ferner die Kalziumsilikate, aus denen sich im wesentlichen die Zemente (Romanzement, Portlandzement, Puzzolanzemente) zusammensetzen. Romanzement bindet schnell ab und wird in Wasser sehr fest, besitzt jedoch keine so große mechanische Festigkeit wie Portlandzement, der in Mischung mit Sand und Kies (Beton) zur Aufführung aller Arten von Bauten benutzt wird. Die Puzzolanzemente erhärten nur in Verbindung mit gelöschtem Kalk; zu diesen Zementen gehört auch der Schlackenzement, fein gemahlene Hochofenschlacke. Von Bedeutung sind auch die Kalksandsteinziegel geworden; scharfer Quarzsand wird mit Kalk innig gemischt, worauf dann aus diesem Gemenge die Steine geformt werden. Durch Einbringen der Preßlinge in einen unter Dampfdruck stehenden Kessel wirkt der Kalk auf den Quarz ein unter Bildung von Kalksilikat, das die einzelnen Quarzteilchen fest verkittet. Das Hartwerden der Zemente beruht hauptsächlich darauf, daß die im Zement enthaltenen Silikate Wasser chemisch binden, ferner auch auf der Bildung von Aluminiumkalziumsilikaten.

Kalziumsilikat. $CaSiO_3$ ist ein Bestandteil des Glases. Während die Silikate von Kalium und Natrium sich leicht in Wasser lösen und auch leicht schmelzen, ist das Kalziumsilikat in Wasser unlöslich und sehr schwer schmelzbar; sein Schmelzfluß erstarrt kristallinisch. Gemische von Kalzium-, Natrium- und auch Kaliumsilikaten ergeben Schmelzen, die durchsichtig erstarren und von Wasser und Säuren nur wenig angegriffen werden, das was man als Glas bezeichnet. Das gewöhnliche Glas wird erhalten, indem man ein Gemisch von Quarzsand, Kalk und Soda oder Pottasche verschmilzt. Um an Kosten zu sparen, wird meistens an Stelle von Soda das billigere Natriumsulfat benutzt, das besonders in Gegenwart von Kohle durch die Kieselsäure in der Glühhitze in Silikat übergeführt wird. Man unterscheidet nach den Bestandteilen des Glases zwei Hauptgruppen von Gläsern: Kalkgläser und Bleigläser. Die Kalkgläser sind entweder Natron-Kalkgläser (Fenster- und Flaschenglas) oder Kali-Kalkgläser (Kronglas), die schwerer schmelzen wie die ersteren und sich auch gegen Wasser und Säuren widerstandsfähiger erweisen (Herstellung der chemischen Glasgeschirre). Die Bleigläser enthalten an Stelle von Kalziumoxyd Bleioxyd und besitzen stark lichtbrechende Eigenschaften (Kristallglas, Flintglas). Zum Teil enthalten die optischen Gläser (Linsen, Prismen) neben Kalium- und Bleisilikat auch noch Bariumsilikat. Die grüne Färbung des Flaschenglases rührt von einem Gehalt an Eisenoxydul her, das durch die Verwendung von Sand und Kalkstein, die gewöhnlich eisenhaltig sind, in die Schmelze gelangt. Fügt man der Schmelze Oxydationsmittel, wie z. B. Mangansuperoxyd, hinzu, oder Salpeter, so erzielt man eine Entfärbung des Glases. Durch Zusatz von farbigen Metalloxyden erhält man farbige Gläser. Chromoxyd und Kupferoxyd färben grün, Kobaltoxyd blau, Kupferoxydul rubinrot, Manganoxyde violett. Das undurchsichtige Email besteht aus Bleiglas, dem Zinndioxyd und Kalziumphosphat usw. beigemischt sind. Das geschmolzene Glas läßt sich gießen, pressen und schweißen; es ist ein sehr schlechter Leiter der Wärme und der Elektrizität. Ein ideales Glas ist das reine Quarzglas, das durch Schmelzen von Quarz oder Bergkristall im Knallgasgebläse oder im elektrischen Ofen (1800 bis 2000°) hergestellt wird und sich formen läßt. Röhren aus Quarzglas ertragen hohe Temperaturen (Verwendung für Pyrometer) und starke Abschreckung, ohne rissig zu werden.

Das Aluminium Al≡, 27.

Das Aluminium ist sowohl nach Menge als Verbreitung nächst dem Sauerstoff und Silizium der hauptsächlichste Bestandteil der Erdkruste; sein Oxyd, die Tonerde, findet sich kristallisiert im Korund, sein Hydroxyd in dem Bauxit, Aluminiumsilikate sind im Kaolin, Ton, Feldspat usw. enthalten. Metallisches Aluminium wird im elektrischen Ofen durch Elektrolyse eines feuerflüssigen Gemisches von Tonerde

Al_2O_3 und Kryolith (Aluminiumnatriumfluorid, schwedisches Mineral) gewonnen und stellt ein fast silberweißes Metall vom spez. Gewicht 2,6 dar; es schmilzt bei 670°, wird von Salpetersäure bei gewöhnlicher Temperatur wenig, in der Wärme lebhaft angegriffen. Schwefelsäure löst Aluminium nur beim Kochen. Sehr leicht wird es angegriffen von verdünnter Salzsäure und verdünnten Laugen; auch das Leitungswasser wirkt in allerdings sehr geringem Grade lösend auf Al ein, unter Bildung von Hydroxyd, das jedoch ohne jeglichen nachteiligen Einfluß auf die menschliche Gesundheit ist. Das Aluminium überzieht sich an der Luft sehr rasch mit einer dünnen, kaum sichtbaren Oxydschicht, deren Anwesenheit das Löten, Schweißen und Galvanisieren schwierig gestaltet. Wird die Bildung dieser Oxydschicht durch geeignete Mittel verhindert, so kann man es in sehr zufriedenstellender Weise autogen schweißen und verkupfern. Als Flußmittel gelangt bei der Schweißung ein Gemisch von Alkalifluoriden und -chloriden zur Verwendung; beim Verkupfern, Vernickeln wird die erste Überzugsschicht in glyzerinhaltigen Bädern aufgebracht. Das gelötete Aluminium ist auf die Dauer nicht widerstandsfähig genug, denn das immer etwas Zinn und Blei enthaltende Lot bildet mit dem Aluminiummetall im Beisein von Feuchtigkeit ein kurz geschlossenes galvanisches Element, in dem das Aluminium die Lösungselektrode darstellt. Die Eigenschaft des Aluminiums, sich fast augenblicklich mit einer zusammenhängenden, elektrisch isolierenden Oxydschicht zu überziehen, hat dazu geführt, in der Elektrotechnik aus blankem Aluminiumdraht Spulen zu wickeln. Das Aluminium findet wegen seiner günstigen Eigenschaften (geringes spez. Gewicht, gutes Leitvermögen für Wärme und Elektrizität, günstige chemische Eigenschaften) immer weitere Verwendung.

Thermit ist ein Gemisch von möglichst feinem, trockenem Eisenoxyd und grießförmigem Aluminium und dient dazu, hohe Temperaturen auf kleinem Raum zu erzeugen (Schweißen von Straßenbahnschienen, Wellen, Verwendung für Reparaturzwecke usw.). Die Thermitpatrone wird mittels einer Zündkirsche entzündet, worauf nach kurzer Zeit die Oxydation des Aluminiums unter Freiwerden einer bedeutenden Wärmemenge einsetzt.

$$2\,Al + Fe_2O_3 = Al_2O_3 + 2\,Fe\,.$$

Unter den Aluminiumlegierungen ist das Magnalium, eine Legierung von Aluminium und Magnesium, zu erwähnen, die im Gegensatz zum Reinaluminium von Salzwasser und den Atmosphärilien nicht angegriffen wird und sich auch gut feilen läßt. Von Bedeutung ist ferner das Elektronmetall, ebenfalls eine Aluminium-Magnesiumlegierung, geworden, die ein noch geringeres spez. Gewicht als das Reinaluminium aufweist und dabei Festigkeitsziffern besitzt, welche nahe an jene des Stahls heranreichen. Des weiteren sind Legierungen des Al mit Zink, Eisen, Kupfer usw. zu erwähnen.

Aluminiumverbindungen. Schwefelsaures Aluminium

$$Al_2(SO_4)_3 + 18\,H_2O$$

findet Verwendung zum Klären von Wasser. Auf Zusatz von Kalkmilch liefert das im Wasser gelöste Aluminiumsulfat eine Fällung von voluminösem Tonerdehydrat, das alle im Wasser enthaltenen Suspensionen mit niederreißt und klares Wasser liefert; auch zum Leimen des Papiers wird $Al_2(SO_4)_3$ benutzt (ungeleimtes Papier ist Löschpapier). Man gibt dem Papierbrei Harzseife zu, die dadurch entsteht, daß man Kolophonium mit Natronlauge erhitzt und mit einer Lösung von schwefelsaurem Aluminium vermischt. Außerdem spielt das $Al_2(SO_4)_3$ eine Rolle in der Färberei zur Herstellung von Beizen und Farblacken. Die letzteren entstehen dadurch, daß man die Farbstoffe durch frisch aus $Al_2(SO_4)_3$ gefälltes Aluminiumhydroxyd adsorbieren (festhalten) läßt.

Aluminiumsilikate sind für die Tonwarenindustrie von Bedeutung.

Tonwaren. Die Tone sind in allen geologischen Formationen zu finden und stellen Aluminiumsilikate mit chemisch gebundenem Wasser vor. Der Ton in seiner reinsten Gestalt ist der Kaolin, der nur im elektrischen Lichtbogen schmilzt. Zusätze von Feldspat, Kalkstein usw. setzen den Schmelzpunkt stark herab. Die Töpfertone sind ziemlich eisenhaltig und mit Quarz und kohlensaurem Kalk vermischt. Enthält ein Ton viel Sand, so bezeichnet man ihn als mageren Ton, im Gegensatz zum fetten oder sandfreien Ton. Der Lehm oder Ziegelton enthält noch mehr Beimischungen wie der Töpferton. Der Mergel besteht aus einer innigen Mischung von eigentlichem Ton und Kalkstein. Stark eisenhaltige Tone (Ocker, Terra di Siena) finden als braune Farbstoffe Verwendung. Je nach der Art des verwendeten Tons und des Erhitzungsgrades unterscheidet man im wesentlichen die folgenden Tonwaren:

1. Irdenware ist jedes unglasierte, undichte, d. h. poröse, Erzeugnis aus farbig gebranntem Ton;

2. Steingut nennt man jede glasierte Tonware mit weiß gebranntem, undichtem Scherben;

3. Klinkerware ist jedes unglasierte, dichte Erzeugnis aus farbig gebranntem Ton;

4. Steinzeug ist der Name für jede glasierte Tonware mit farbig gebranntem, dichtem Scherben;

5. Porzellan ist jedes dichte Erzeugnis aus weiß gebranntem Ton.

Die Ziegel werden aus Ziegelton geformt und im Ringofen bis unterhalb der Sinterungsgrenze gebrannt.

Schamotteziegel werden aus feuerfestem Ton, der dem Kaolin nahe steht, hergestellt und erweichen erst im Knallgasgebläse oder im elektrischen Lichtbogen.

Eisen Fe =, Fe ≡, 56.

Das gediegene Eisen findet sich nur vereinzelt auf der Erde, so z. B. in äußerst feiner Verteilung in manchen Basalten, ferner in den Meteoriten, legiert mit Nickel und Kobalt, vor. Die wichtigsten Eisenerze sind die Oxyde und das Sulfid (Hämatit Fe_2O_3, Magnetit Fe_3O_4, Raseneisenerz $Fe(OH)_3$, Pyrit FeS_2 usw.). Das technische Eisen ist nie rein, sondern verunreinigt durch Eisenkarbid, Eisensulfid, Eisenphosphid, Eisensilizid, Manganverbindungen, Graphit usw. und entwickelt beim Lösen in Säuren Wasserstoff nebst kleinen Mengen von Kohlenwasserstoffen, Schwefelwasserstoff, Phosphor- und Siliziumwasserstoff, während der unlösliche Rückstand größtenteils aus Kohlenstoff besteht. Eisen zeigt die üble Eigenschaft des Rostens, das als elektrolytischer Vorgang aufzufassen ist. Die Verunreinigungen, die in feinster Verteilung das Metall durchsetzen, bilden mit diesem bei Berührung mit Flüssigkeit kurzgeschlossene galvanische Elemente, und zwar wird das Eisen Lösungselektrode (Anode); je feiner die Verunreinigungen, z. B. als Kohlenstoff, verteilt sind, um so stärker das Rosten; das kohlenstoffarme Schmiedeeisen rostet am schnellsten, Stahl langsamer, das kohlenstoffreiche Gußeisen am langsamsten. Damit Eisen rostet, ist Wasser, eine Säure (sogar die schwächste Säure, die Kohlensäure genügt) oder Sauerstoff notwendig. Wasser, das von Sauerstoff befreit wurde (z. B. durch Schütteln mit feinem Holzkohlenstaub, der absorbierend auf den im Wasser gelösten Sauerstoff einwirkt), zeigt keine Rostneigung. Chemisch reines Eisen rostet nahezu nicht. Chromsaure Salze, sowie Basen verzögern die Rostbildung (Schutz eines außer Betrieb gestellten Dampfkessels durch Kalkmilch). Als Rostschutzmittel gelangen zur Verwendung.

Die Verzinkung; sie ist ein guter Rostschutz und erfolgt entweder dadurch, daß die blanken Eisengegenstände in flüssiges Zink getaucht werden oder durch galvanische Abscheidung von Zink in einer Zinksalzlösung. Das Tauchverfahren liefert sehr festhaftende Zinküberzüge, da das Eisen sich oberflächlich mit dem Zink legiert. Auf galvanischem Wege werden hauptsächlich kleine Eisenkurzwaren verzinkt. Als neues Verzinkungsverfahren sei das „Sherardisieren" erwähnt, so benannt nach dem Erfinder Sherard; es beruht darauf, daß die Eisengegenstände in feinen Zinkstaub eingepackt und auf eine Temperatur von ca. 250° gebracht werden. Trotzdem diese Temperatur unterhalb des Schmelzpunktes von Zink liegt, scheidet sich festhaftendes Zink auf dem Eisen ab und zwar in um so stärkerer Schicht, je länger die Erwärmung dauert.

Die Verzinnung; auch die Verzinnung kann entweder nach dem Tauchverfahren oder durch Elektrolyse erfolgen. Gut verzinntes Eisenblech (Weißblech) rostet nicht; sobald jedoch an einigen Stellen das Zinn abgescheuert ist, tritt das Rosten an diesen Stellen viel schneller ein, als am ungeschützten Blech.

Farb- oder Lackanstrich; zuerst erfolgt der Grundanstrich mit Mennige, und nach dem völligen Trocknen kommt der Farbanstrich. Die Ölfarben bestehen aus einer innigen Vermischung von Farbkörper mit Leinölfirnis. Wird rohes Leinöl mit etwas Bleiglätte oder Manganoxyden gekocht, so nimmt es in gesteigertem Maße Sauerstoff aus der Luft auf, es trocknet dann, auf eine Fläche aufgestrichen, rasch, d. h. der Firnis verharzt. Unter den Lacken spielt hier der Zaponlack (Lösung von Schießbaumwolle in Amylazetat) eine besondere Rolle; er erzeugt auf den Gegenständen (Kleineisenwaren) ein dünnes, unsichtbares Häutchen, das einen guten Schutz bildet.

Teer oder Teerpech, in heißem Zustande aufgebracht, dient hauptsächlich zum Schutze von Gas- und Wasserleitungsröhren.

Graphitanstriche werden für eiserne Öfen verwendet. Emailüberzüge gelangen bei Kochgeschirren zur Anwendung; das Email ist eine glasartige Masse, bestehend aus einem Gemisch von Zinnoxyd, Kieselsäure, Soda, Flußspat usw., das in Muffelöfen auf das Eisen aufgeschmolzen wird.

Das Brünieren wird hauptsächlich für Gewehrschäfte angewendet. Eine Mischung von Antimonchlorid und Öl oder Fett wird auf den Eisengegenständen verrieben. Was die Herstellung chemisch reinen Eisens anlangt, so erfolgt diese durch Elektrolyse von Eisensalzlösungen. Chemisch reines Eisen ist von silberheller Farbe, weich, prägbar und rostsicher.

Unter den Eisenverbindungen lassen sich zwei Reihen unterscheiden, die Ferroverbindungen, Verbindungen, in denen das Eisen zweiwertig ist, und Ferriverbindungen mit dreiwertigem Eisen, z. B.

$$\mathrm{Fe = O \quad (Ferrooxyd)}, \qquad \begin{matrix} \mathrm{Fe = O} \\ \diagdown \\ \mathrm{Fe = O} \end{matrix} \!\!\! \mathrm{O} \quad \mathrm{(Ferrioxyd)}.$$

Eisenoxyduloxyd F_3O_4 bildet sich beim Erhitzen von Eisen (Hammerschlag).

Eisenoxyd Fe_2O_3 wird als Farbe (Englischrot) und Poliermittel (Polierrot) verwendet.

Eisenoxydhydrat $Fe(OH)_3$, Rost, Raseneisenstein findet, als Gasreinigungsmasse zur Beseitigung des im Rohgas enthaltenen Schwefelwasserstoffes Verwendung.

Das schwefelsaure Eisen $FeSO_4 + 7\,H_2O$ (Eisenvitriol) dient zur Herstellung von Tinte und findet auch in der Landwirtschaft Verwendung zur Bindung von Schwefelwasserstoff und Ammoniak.

Gelbes Blutlaugensalz (Ferrozyankalium, $K_4Fe(CN)_6 + 3\,H_2O$) liefert mit Eisensalzlösungen Berliner Blau, einen säure-, aber nicht basenbeständigen intensiven blauen Farbstoff.

Rotes Blutlaugensalz [Ferrizyankalium $K_3Fe(CN)_6$] wird zur Präparation des Blaupausenpapiers verwendet; es liefert mit Ferrosalzen, z. B. $FeCl_2$, Eisenchlorid, einen grünlich-blauen Farbstoff, das Turnbulls-Blau. Mit Ferrisalzen gibt das rote Blutlaugensalz zunächst keine Blaufärbung, unter der Einwirkung von Licht erfolgt jedoch eine Umwandlung der Ferrisalze in Ferrosalze, so daß nach und nach Turnbulls-Blau sich bildet. Das für die Blaupausen zu verwendende Papier wird mit einer Lösung von $K_3Fe(CN)_6$ und Ferriammonzitrat getränkt und getrocknet. Belichtet man nun dieses so vorbereitete Papier zusammen mit der darüber gelegten Ölpapierpause, so bleiben die unter den schwarzen Strichen liegenden Stellen unverändert, während an den übrigen Stellen unter dem Einfluß des Lichtes Ferrosalz entsteht. Durch Auswaschen mit Wasser tritt sofort an diesen Orten Blaufärbung ein, unter den Strichen bleibt das Papier weiß. Mit Hilfe von Sodalösung lassen sich auf dem blauen Grunde der Pausen weiße Linien, Korrekturen usw. eintragen, da das Turnbulls-Blau nicht basenbeständig ist.

Sowohl das gelbe als auch das rote Blutlaugensalz läßt sich auch für die oberflächliche Umwandlung von Schmiedeeisen in Stahl (Einsatzhärtung) verwenden; beide Salze spalten bei der Erhitzung allerfeinsten Kohlenstoff ab, der in das glühende Eisen hineindiffundiert (hineindringt).

Zink Zn =, 65.

Die wichtigsten Zinkerze sind die Zinkblende ZnS und der Zinkspat $ZnCO_3$, aus denen durch Abrösten und reduzierendes Schmelzen des entstandenen Zinkoxyds das Zink entsteht. Das Zink ist ein bläulichweißes Metall vom spez. Gewicht 7,1. Bei gewöhnlicher Temperatur spröde, wird es zwischen 100° und 150° geschmeidig; bei 300° ist es brüchig, bei 420° schmilzt es und bei 920° findet Verdampfung statt. Zink dehnt sich unter dem Einfluß der Wärme stark aus, löst sich leicht in verdünnten Säuren und Basen und findet hauptsächlich als Schutzüberzug für Eisenbleche und Drähte, als Legierungsmetall und insbesondere als Blech zur Herstellung von Dachrinnen und Badewannen, Zinkelektroden Verwendung. Die wichtigsten Zinklegierungen sind Messing, Neusilber, Zink-Aluminium (sog. Aluminiumguß), Deltametall. Unter den Zinkverbindungen ist das Zinkoxyd ZnO (Zinkweiß) zu erwähnen, das als Anstrichfarbe benutzt wird und im Gegensatz zum Bleiweiß nicht giftig wirkt und auch durch Schwefelwasserstoff nicht geschwärzt wird. Lithopone ist eine andere im Handel erhältliche billige weiße Farbe, die aus einem Gemenge von Schwefelzink ZnS und Bariumsulfat $BaSO_4$ besteht. Chlorzink stellt ein zerfließliches Salz dar, das in Wasser aufgelöst, sich als Lösungsmittel für Metalloxyde eignet. Das durch Einbringen von Zink in verdünnte Salzsäure erzeugte Lötwasser ist eine solche Chlorzinklösung.

Kupfer Cu =, 63.

Metallisches Kupfer ist weich und dehnbar, hat das spez. Gewicht 8,9 und schmilzt bei 1084°; es leitet die Wärme und Elektrizität sehr gut. Beim Erhitzen an der Luft überzieht sich das Kupfer mit schwarzem Kupferoxyd, während es in trockener Luft bei gewöhnlicher Temperatur sich unverändert hält. In frischer Luft entsteht auf Kupferoberflächen eine grüne Schicht von basischem Kupferkarbonat (Patina). Lösungsmittel für Kupfer ist die Salpetersäure (Entstehung nitroser Gase bei der Auflösung). Aus den wässerigen Lösungen der Kupfersalze wird durch Zink und Eisen Kupfer abgeschieden. Um chemisch reines Kupfer zu erhalten, erhitzt man Kupferoxyd im Wasserstoffstrom oder man elektrolysiert eine **Kupfersalzlösung**. Auf technischem Wege wird das Kupfer durch Reduktion der sauerstoffhaltigen Erze mit Kohle gewonnen. Die meistens vorhandenen schwefelhaltigen Erze erfordern eine recht umständliche hüttenmännische Behandlung. Durch Rösten und reduzierendes Schmelzen erhält man zunächst das unreine Schwarzkupfer, das auf elektrolytischem Wege gereinigt wird (Elektrolytkupfer). Dieses Verfahren, das besonders in Amerika in größtem Maßstabe durchgeführt wird, besteht im wesentlichen darin, daß die aus Schwarzkupfer gegossenen Platten als Anoden in eine Kupfersulfatlösung eingehängt werden, während als Kathoden dünne Bleche aus reinem Kupfer zur Verwendung gelangen. Beim Durchgang des elektrischen Stromes wird das Kupfer an der Anode abgelöst und auf der Kathode abgeschieden. Alle im Schwarzkupfer vorhandenen Verunreinigungen setzen sich als Schlamm zu Boden. Sehr häufig enthält dieser Anodenschlamm der Kupferraffinerien etwas Gold und Silber. Reines Kupfer eignet sich nicht zum Gießen, da es sich ungleichmäßig zusammenzieht und die Formen schlecht ausfüllt. Von großer Bedeutung sind die Kupferlegierungen, und zwar bezeichnet man alle Legierungen von Kupfer mit Zink als Messing, von Kupfer mit Zinn als Bronzen, von Kupfer mit Nickel und Zinn als Neusilber, von Kupfer mit Eisen und Zink und anderen Metallen als Deltametall. Tombak enthält nur 15% Zink und Zinn. Das unechte Blattgold ist eine Legierung von 1 Teil Zink und 5,5 Teilen Kupfer. Die in der Elektrotechnik viel verwendete Siliziumbronze enthält über 90% Cu, etwa 9% Zinn und 0,8% Silizium. Die im Maschinenbau zur Anwendung gelangende Phosphorbronze (Lager, Maschinenteile), die sich durch große Härte, Festigkeit und Widerstandsfähigkeit gegen Oxydation auszeichnet, setzt sich aus 91% Cu, 9% Sn und 0,5 bis 0,8% Phosphor zusammen.

Das Kupfer findet wegen seiner guten elektrischen Leitfähigkeit ausgedehnte Verwendung in der Elektrotechnik (Ankerwicklungen, Spulen, Oberleitungen, Schalter, Kollektoren). Kupfersalze, meist blau oder grün gefärbt, dienen im Wein- und Kartoffelbau als Mittel zur Beseitigung von Schädlingen und finden als Maler- und Anstrichfarben (Schweinfurter Grün, Malachitblau usw.) Verwendung. Der Kupfervitriol $CuSO_4 + 5\,H_2O$ bildet blaue, in Wasser leicht lösliche, Kristalle, die bei den Meidinger-Elementen, bei der galvanischen Verkupferung, bei manchen Blattkrankheiten der Rebe usw. benutzt werden. Flüssige Kupferverbindungen färben die Flamme blau oder grün. Geringe Mengen von gelösten Kupfersalzen lassen sich durch Zusatz von Ferrozyankalium nachweisen (rotbraun auf Färbung).

Das Blei Pb =, 205,

Vorkommen: Bleiglanz PbS, Weißbleierz $PbCO_3$ usw. Das häufigste Bleierz ist der Bleiglanz, aus dem durch Rösten und reduzierendes Schmelzen das Werkblei gewonnen wird, das noch verschiedene Beimengungen, unter anderm etwas Silber, enthält. Das reine Blei ist ein blaugraues Metall vom spez. Gewicht 11,36 bis 11,39, das bei 334° C schmilzt und bei 1600° siedet; es hat sehr große Verwandtschaft zum Sauerstoff und wird von allen Säuren angegriffen, doch kommt die Reaktion sehr schnell zum Stillstand, da die entstandenen Bleisalze meistens so gut wie unlöslich sind und eine Schutzschicht bilden. Es ist aus diesem Grunde möglich, Blei beispielsweise auch für Wasserleitungsrohre zu verwenden; doch geht man in der letzten Zeit mehr und mehr dazu über, die Bleirohre innen mit einem Zinnüberzug zu versehen, da überall dort, wo vagabundierende Straßenbahn-Rückkehrströme auftreten können, unter Umständen doch giftige Bleiverbindungen in das Trinkwasser gelangen können (Elektrolyse). Das Blei findet auch als Dichtungsmaterial und als rostschützender Überzug Verwendung. Das weiche Blei wird in der Akkumulatorentechnik benutzt. Um dem Blei eine größere Härte zu geben, legiert man es mit Antimon. Das eigentliche Lösungsmittel für Blei ist Salpetersäure, auch Essigsäure kann benutzt werden.

Bleiverbindungen. Das Blei bildet verschiedene Oxydationsstufen, von denen zunächst das Bleioxyd oder die Bleiglätte PbO zu nennen ist. Letztere stellt ein gelbes Pulver dar, das zum „Formieren“ der Akkumulatoren, zur Gewinnung von Firnis aus Leinöl, zur Fabrikation von Gläsern und Glasuren Verwendung findet. Bleigläser werden beim Erhitzen in der Reduktionsflamme schwarz infolge von ausgeschiedenem Blei. Durch weitere Oxydation der Bleiglätte entsteht Bleimennige Pb_3O_4, ein roter Farbstoff, der mit Leinölfirnis verrührt als Grundierfarbe und als Rohrdichtungskitt Verwendung findet. Ein weiteres Oxyd ist das PbO_2 (Bleisuperoxyd), ein dunkelbraunes Pulver, welches sich beim Aufladen der Akkumulatoren am positiven Pole bildet. Bleisalze lassen sich selbst in verdünntesten Lösungen durch Schwefelwasserstoff nachweisen (schwarze Fällung von Bleisulfid PbS). Auf Zusatz von chromsaurem Kali zu Bleisalzlösungen entsteht Chromgelb (chromsaures Blei). Das Bleiweiß entsteht durch Einleiten von Kohlensäure in eine Lösung von essigsaurem Blei; es ist eine schöne weiße, jedoch giftige Farbe von großer Deckkraft.

Das Zinn Sn = und Sn ≡, 118.

Das Zinn kommt nicht gediegen vor, sondern fast ausschließlich als Zinnstein SnO_2. Das Zinn ist ein silberweißes Metall vom spez. Gewicht 7,29; Schmelzpunkt 233°. Bei gewöhnlicher Temperatur ist das Zinn sehr geschmeidig und dehnbar, bei niedriger Temperatur und nahe dem Schmelzpunkt dagegen so spröde, daß es pulverisiert werden kann. Sn erstarrt kristallinisch; biegt man eine Stange reinen Zinns, so entsteht ein eigenartiges Geräusch, das sog. Zinngeschrei, das dadurch zustande kommt, daß die kleinen Kristalle sich aneinander reiben. Das Zinn löst sich in konz. Salzsäure in der Wärme unter Wasserstoffentwicklung.

Zinn dient zur Herstellung von Weißblech (verzinntes Eisenblech), von Stanniol, von Chlorzinn (Beschweren der Seide) sowie zur Gewinnung

von Legierungen, wie z. B. des Schnell-Lotes (Zinn-Bleilegierung), des
Britanniametalles (Antimon-Zinnlegierung) und der Bronzen (Kupfer-
Zink-Zinnlegierungen).

Quecksilber Hg =, 199.

Das Quecksilber kommt in der Natur hauptsächlich als Zinnober
HgS vor (Kalifornien, Spanien, Krain), aus dem es durch Erhitzen und
nachheriges Abkühlen der Dämpfe erhalten wird. Das Quecksilber ist
das einzige, bei gewöhnlicher Temperatur flüssige Metall; sein spez.
Gewicht beträgt 13,59; Hg erstarrt bei 39,4° C und siedet bei 357° C.
Das Lösungsmittel für Hg ist Salpetersäure.

$$3\,Hg + 8\,HNO_3 = 3\,Hg\,(NO_3)_2 + 4\,H_2O + 2\,NO\,.$$

Die Quecksilberverbindungen sind giftig; insbesondere gilt dies
vom Sublimat ($HgCl_2$), das als Desinfektionsmittel verwendet wird und
noch in einer Verdünnung von 1 : 5000 kräftig wirksam ist. Man benutzt
das Quecksilber zur Herstellung von Barometern, Thermometern und
anderen physikalischen Instrumenten. Das Quecksilber bildet mit vielen
Metallen wie z. B. Zink, Aluminium, Kupfer, Zinn, Gold usw., Legierungen, die man als Amalgame bezeichnet. Das Amalgamieren der Zinkelektroden galvanischer Elemente hat den Zweck, die Auflösung des
Zinks zu den Zeiten, in denen kein Strom entnommen wird, auf ein
Mindestmaß herabzusetzen. Das Zinnamalgam diente früher als Spiegel-
belag; heute werden die Spiegel mit einer Schicht Silber überzogen.

Silber Ag —, 107.

Silber hat ein spez. Gewicht von 10,5, schmilzt bei 960° und ist ziemlich weich und dehnbar; es ist der beste Leiter der Elektrizität und Wärme.
Das beste Lösungsmittel für Silber ist die Salpetersäure, die es sogar in
der Kälte und bei geringer Säuredichte als Silbernitrat löst. Da Silber
ziemlich weich ist, wird es häufig mit Kupfer legiert, man gibt den Feingehalt einer Silberlegierung in Tausendteilen an. Ein Feingehalt von
950 bedeutet, daß auf 1000 Teile der Legierung 950 Teile Silber und 50 Tl.
Kupfer entfallen. Die galvanische Versilberung, die heute fast alle
anderen Verfahren verdrängt hat, beruht auf der Elektrolyse von zyan-
kaliumhaltigen Silberlösungen. Als Anode wird reinstes Silberblech,
als negativer Pol der gut vorgereinigte, zu versilbernde Gegenstand benutzt. Die Herstellung von Glasspiegeln (Versilberung) erfolgt dadurch,
daß man die gut gereinigte Glasfläche mit ammoniakalischer Silbersalz-
lösung bedeckt, der reduzierend wirkende Substanzen wie Formaldehyd,
Traubenzucker oder Weinsäure zugesetzt wurden, und gelinde an-
wärmt.

Gold Au ≡, 196.

Gold kommt gediegen in Transvaal, Kalifornien, Australien vor und
wird aus dem goldhaltigen Sand durch Waschen oder nach dem Amal-

gamationsverfahren (Behandeln des Sandes mit Quecksilber zwecks Gewinnung von Goldamalgam, nachheriges Abdestillieren des Hg) oder nach dem Zyankaliumprozeß (Vermischen des Goldsandes mit Zyankaliumlösung und nachfolgende elektrolytische Abscheidung des Goldes) gewonnen und stellt ein gelbes, weiches, glänzendes Metall vom spez. Gewicht 19,3 und vom Schmelzpunkt 1050° vor. Das Lösungsmittel für Gold ist eine Mischung von konz. Salzsäure mit konz. Salpetersäure im Verhältnis 3 : 1 (Königswasser). Um Gegenstände zu vergolden, verwendet man entweder die Feuervergoldung (Überziehen der Metallgegenstände mit Goldamalgam, nachheriges Austreiben des Quecksilbers durch Erhitzen) oder die galvanische Vergoldung (Elektrolyse einer Lösung von Goldchlorid und Zyankalium) oder die Blattvergoldung (Auflegen feiner Goldfolien auf den mit zähem Leinöl klebrig gemachten Untergrund).

Platin Pt≡, 193.

Das meiste Platin stammt aus dem Ural; es schmilzt bei 1800° und hat ein spez. Gewicht von 21,5. Durch Säuren wird es nicht angegriffen. Man stellt aus Platin Elektroden, Schalen, Kontakte und Katalysatoren (Reaktionsbeschleuniger) her. Für letzteren Zweck eignet sich besonders das feinverteilte Platin (Platinmoor) oder der Platinasbest (mit feinverteiltem Platin überzogene Asbestfasern).

Photographie.

Silbersalze, insbesondere Jod-, Brom- und Chlorsilber, erleiden unter der Einwirkung des Lichtes eine chemische Zersetzung und schwärzen sich durch ausgeschiedenes, fein verteiltes Silber. In den photographischen Platten und Papieren sind diese Salze in eine Gelatine- oder Kollodiumschicht eingebettet. Um Photographien herzustellen, benutzt man den photographischen Apparat, im wesentlichen eine Camera obscura, welche an Stelle der Öffnung eine konvexe Linse, das Objektiv, enthält. Auf einer ungeschliffenen Glasscheibe (Mattscheibe) stellt man zunächst das Bild scharf ein, hierauf wird die in einer lichtdichten Kassette befindliche photographische Platte an die Stelle der Mattscheibe gesetzt und nach Öffnen der Kassette kurze Zeit der Einwirkung des Lichtes ausgesetzt (exponiert). Der kurze Lichteindruck hat das Bromsilber AgBr in Silberbromür (Ag_2Br) umgewandelt, das sich unter dem Einfluß schwacher Reduktionsmittel, sog. Entwickler (Metol, Pyrogallol) leicht in metallisches Silber umwandeln läßt. Die Ausscheidung von Silber, also die Schwärzung der Platte, ist im Dunkelzimmer bei rotem Licht (photochemisch nicht wirksam) vorzunehmen, und zwar erfolgt die Schwärzung an denjenigen Stellen am stärksten, die bei der Aufnahme am stärksten dem Licht ausgesetzt waren. Man erhält auf diese Weise ein Negativ, d. h. ein Bild, auf welchem Licht und Schatten umgekehrt verteilt sind wie auf dem Original. Die photographische Platte enthält nach dem Entwickeln noch unzersetztes Bromsilber, das am Licht ein Nachdunkeln hervorrufen würde. Durch Baden des entwickelten Nega-

tivs in einer Lösung von unterschwefligsaurem Natron wird das nicht-
zersetzte Silbersalz herausgewaschen und das Negativ lichtbeständig
gemacht (Fixieren des Negativs). Um das eigentliche Bild zu erhalten,
bedeckt man das Negativ mit einem lichtempfindlichen Papier, belichtet
kurze Zeit, entwickelt dann und fixiert wie vorhin angegeben. Durch
dieses Verfahren (Kopieren) erhält man das Positiv, auf welchem Licht
und Schatten in gleicher Weise verteilt sind wie auf dem Original.
An Stelle der Bromsilberpapiere werden vielfach auch die billigeren
Chromsilberpapiere verwendet, die jedoch weniger empfindlich sind.
Unter dem „Tonen" des positiven Bildes versteht man das Behandeln
der Abzüge mit einer verdünnten Chlorgoldlösung, wodurch das Silber
des Bildes durch Gold ersetzt wird und ein angenehmer brauner Farbton
entsteht.

Festigkeitslehre.

Bearbeitet von Dipl.-Ing. H. Winkel.

I. Allgemeines und Versuchswerte.

Die Festigkeitslehre untersucht das Verhalten der Baustoffe unter dem Einfluß äußerer Kräfte und gibt somit die Grundlage für die Abmessungen der Bauteile, die irgendeinem Kraftangriff ausgesetzt sind.

Unter dem Einfluß von Kräften treten in dem Körper Spannungen auf; die Fasern eines straff gezogenen Seiles sind gespannt. Zugleich erfährt der Körper Formänderungen, das Seil reckt sich.

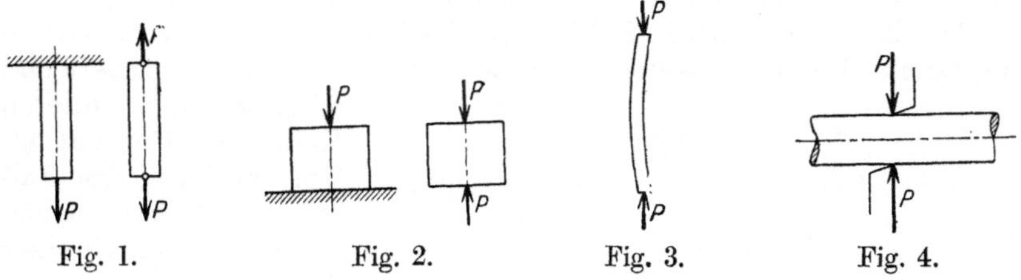

Fig. 1.   Fig. 2.   Fig. 3.   Fig. 4.

Man unterscheidet:

1. **Zugfestigkeit.** Der freigemachte Stab (Fig. 1) ergibt zwei Kräfte P, die in Richtung der Stabachse — d. h. normal oder senkrecht zum Querschnitt — wirken. Der Stab wird gezogen und erfährt eine Verlängerung. Die auftretenden Spannungen heißen Zugspannungen. Über Freimachen eines Stabes vgl. Mechanik, S. 158.

2. **Druckfestigkeit.** Der freigemachte Stab (Fig. 2) ergibt zwei Kräfte P, die ebenfalls in Richtung der Stabachse wirken. Der Stab wird gedrückt und erfährt eine Verkürzung. Die auftretenden Spannungen heißen Druckspannungen.

3. **Knickfestigkeit.** Ist der gedrückte Stab (Fig. 3) im Verhältnis zu seinen Querschnittabmessungen sehr lang, so wird er bei genügend großen Kräften P ausknicken. Jeder gedrückte Stab ist auf Knicksicherheit zu untersuchen.

4. **Scherfestigkeit.** Wirken auf den Stab (Fig. 4) zwei gleichgroße entgegengesetzt gerichtete Kräfte P senkrecht zur Stabachse, so wird der Stab auf Abscheren beansprucht; er erfährt Scherspannungen.

Abgesehen von dem Fall 3, der besonders zu untersuchen ist, entstehen die genannten Arten der Festigkeit durch **Einzelkräfte**.

Wirken Kräftepaare (vgl. Abschnitt Mechanik, S. 164) auf den Stab, so ist zu unterscheiden, wie die Stabachse zur Ebene des Kräftepaares liegt.

5. **Biegungsfestigkeit.** Auf den Stab (Fig. 5) wirkt ein Kräftepaar, dessen Ebene durch die Stabachse geht. Der Stab wird gebogen; er erfährt Biegungspannungen.

6. **Drehfestigkeit oder Torsion.** Auf den Stab (Fig. 6) wirkt ein Kräftepaar, dessen Ebene senkrecht zur Stabachse steht. Die einzelnen Querschnitte des Stabes werden gegeneinander verdreht; die auftretenden Spannungen heißen Schubspannungen.

Ist der Kraftangriff derart, daß verschiedene Arten der Festigkeit gleichzeitig auftreten, so sagt man: Der Körper ist auf **zusammengesetzte Festigkeit** beansprucht. Bei einer Welle treten z. B. Biegung und Drehung gleichzeitig auf.

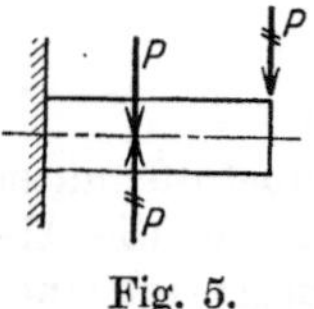

Fig. 5.

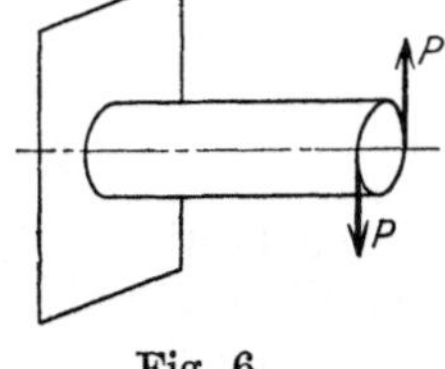

Fig. 6.

Längenänderungen und Normalspannungen. Unsere Kenntnis vom Verhalten der Baustoffe beruht auf dem **Versuch**.

Die Zerreißprobe. In Fig. 7 ist eine Zerreißmaschine schematisch dargestellt. Der Wagebalken CB ist in C in einer Schneide gelagert und trägt an seinem unteren Ende das Gewicht Q. Um den Kopf des Balkens greift ein Gehänge, das in D ebenfalls in einer Schneide gelagert und in E zu einem Einspannkopf ausgebildet ist. F ist der untere Einspannkopf, der mit einer Schraubenspindel verbunden ist, die durch ein Kegelräderpaar angetrieben wird. Der Antrieb geschieht bei kleinen Kräften — bis zu 2000 kg — durch eine Handkurbel, bei größeren durch Motoren oder

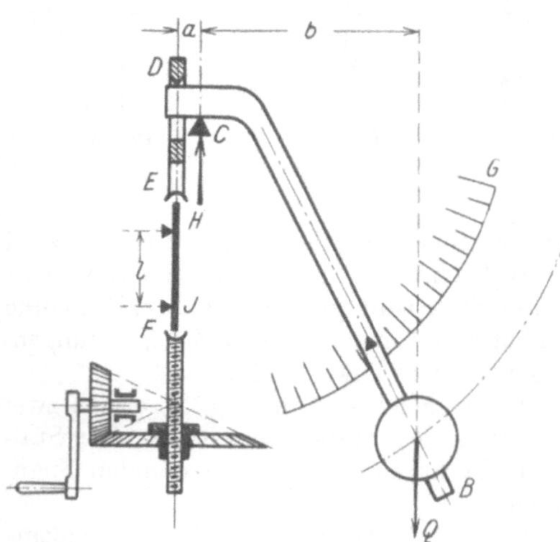

Fig. 7.

hydraulisch. Dreht man die Handkurbel, so wird die Spindel in die Mutter des wagerechten Kegelrades hineingezogen, der Einspannkopf F senkt sich und damit der Kopf D des Wagebalkens. Da der Balken in C fest gelagert ist, hebt sich das Gewicht Q, dessen Entfernung b vom Lager C dabei wächst. Die zwischen den Einspannköpfen E und F hervorgerufene Zugkraft wird

$$P = Q \cdot \frac{b}{a}.$$

Auf einer Teilung G wird P unmittelbar abgelesen. Statt P auf einer seitwärts angebrachten Teilung abzulesen, kann man die Bewegung des Punktes D auf einen Zeiger übertragen, der auf einer Scheibe spielt, die an der Stirnseite der Maschine angebracht ist. Die Einspannköpfe richten sich in ihrer Konstruktion nach der Form der zu prüfenden Stücke.

Stabformen. Für Rundstäbe hat sich der Normalstab (Fig. 8) eingebürgert, der 20 mm Schaftdurchmesser und eine Meßlänge von

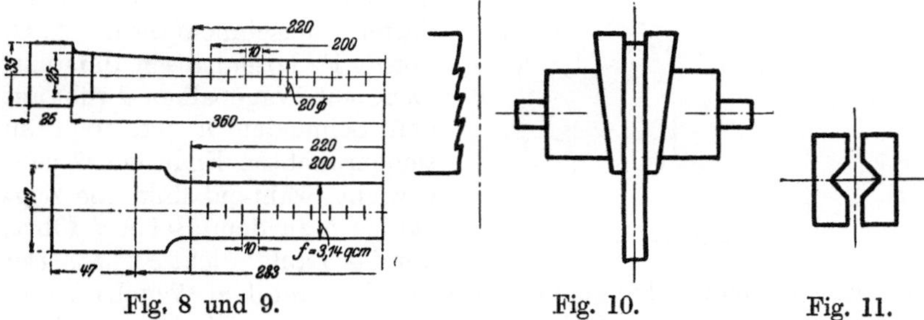

Fig. 8 und 9.   Fig. 10.   Fig. 11.

200 mm hat. Die Festlegung von Normalmassen hat sich als notwendig herausgestellt, weil Querschnitt und Länge der Stäbe das Meßergebnis beeinflussen. Die Wahl des Normalprüfstabes ermöglicht einen unmittelbaren Vergleich der Güteziffern eines Baustoffes. Ist aus irgendwelchen Gründen die Anfertigung von Normalstäben nicht möglich, so müssen die Abmessungen des Prüfstabes dem Versuchsbericht beigefügt werden. Empfehlenswert ist es, in solchen Fällen die Abmessungen so zu wählen, daß sie in einem bestimmten Verhältnis zu denen des Normalstabes stehen (Proportionalstab). Diesen Verhältniszahlen liegt die Tatsache zugrunde, daß geometrisch ähnliche Körper aus gleichem Material durch gleichgroße Belastungen geometrisch ähnliche Formänderungen erleiden (Gesetz von Kick und Barba).

Da man bei Zerreißproben von Blechen die Walzhaut nicht entfernt, richtet sich die Dicke nach dem gegebenen Blech. Die Breite ist so zu bemessen, daß der Querschnitt des Normalflachstabes gleich dem Querschnitt des Normalrundstabes, das sind 3,14 cm², ist (Fig. 9), doch soll das Verhältnis von Breite zu Dicke den Wert 5 : 1 möglichst nicht überschreiten. Im übrigen gelten auch für Probestäbe aus Flacheisen die Vorschriften der Proportionalstäbe; d. h. sämtliche Abmessungen stehen im festgelegten Verhältnis zueinander.

Einspannköpfe. Für Flachstäbe genügen zwei keilförmige Backen (Fig. 10), die mit einem sägenartigen oder feilenähnlichen Hiebe versehen sind, während glatte Rundstäbe Backen nach Fig. 11 erhalten.

20*

Bei Normalstäben versieht man das Querhaupt a (Fig. 12) mit einer
Eindrehung, in die der Ring b gelegt wird, der seinerseits ebenfalls eine
Eindrehung erhält, in die der geteilte Ring c paßt. Hat man einen Satz
geteilter Ringe c mit verschiedenen Bohrungen, so ist dieser Einspannkopf auch für Proportionalstäbe verwendbar. Da der Stab von unten
in den Kopf gesteckt wird, muß die Bohrung des Ringes b etwas größer
als der Stabkopfdurchmesser sein. Neben den genannten Formen gibt
es natürlich eine Reihe anderer Ausführungen, die von den verschiedenen Firmen auf den Markt gebracht werden.

    Meßinstrumente. Die Kraftmessung bei Gewichtsbelastung ist
im wesentlichen nach Fig. 7 eingerichtet. Bei großen Maschinen mit

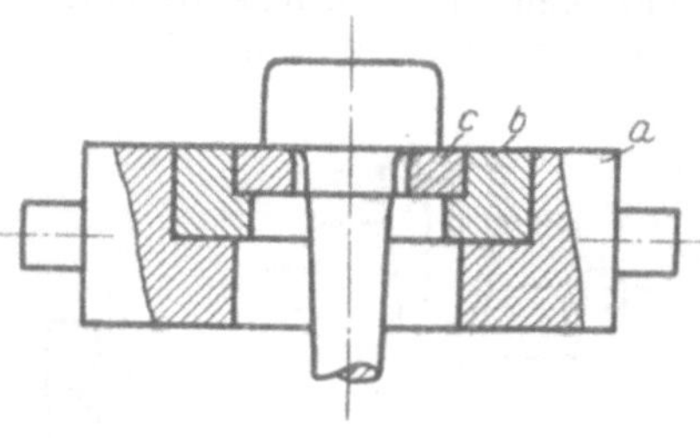

Fig. 12.

Motorantrieb wird ein Laufgewicht nach Fig. 13 vorgesehen,
die eine Maschine der Düssel-
dorfer Maschinenfabrik A. G.
vorm. F. Losenhausen darstellt.
Der obere Wagebalken a ruht auf
den Schneiden n und trägt an
seinem rechten Ende ein Gegengewicht, während links die Zugstange b zu dem Hebel d führt,
der das Laufgewicht c trägt. Der
obere Einspannkopf l hängt mit der Schneide m auf dem Wagebalken a;
die Schneiden m und m sind um den Betrag e exzentrisch angeordnet,
der so gering gealten ist, daß eine erhebliche Übersetzung bis zur Zugstange b erzielt wird. Der Hebel d ist einarmig; an ihm greift die Zugstange in geringer Entfernung vom Drehpunkt an, der im Maschinen-
gestell liegt. Durch diese doppelte Übersetzung läßt sich eine Zugkraft
von 50 000 kg und darüber erzielen, die von der Stellung des Laufge-
wichtes c auf dem Hebel d abhängig ist. Der untere Einspannkopf k
ist mit einer Schraubenspindel i fest verbunden, die durch Schnecke
und Schneckenrad (h) angetrieben wird. Der Antrieb ist elektrisch
durch den Motor f, der mit dem Anlasser g angelassen wird. Der
Hebel d trägt eine Teilung, die unmittelbar die Zugkraft der Maschine
angibt.

    Das gebräuchlichste Feinmeßinstrument ist der Spiegelapparat
(Fig. 14). Er besteht im wesentlichen aus einem Bügel b, der an seinem
oberen Ende eine Schneide und an seinem unteren Ende eine Kerbe hat,
in die ein glashartes Stahlprisma e gelegt wird. Das Prisma e sitzt auf
einer Achse, die links den Spiegel h, rechts das Gegengewicht g trägt.
Der Spiegel ist um die senkrechte Achse drehbar in einem Rahmen befestigt, der seinerseits um die Prismenachse drehbar ist. Der Apparat
wird durch einen Bügel c mit Hilfe der Schraube d am Probestab a fest-
geklemmt. Erfährt der Stab a unter dem Einfluß der Zugkraft P eine
Verlängerung, so senkt sich die am Stabe a anliegende Schneide des
Prismas e; dabei erfährt der auf der Prismenachse sitzende Spiegel h
eine Drehung. In der Entfernung l vom Spiegel h wird ein Maßstab m

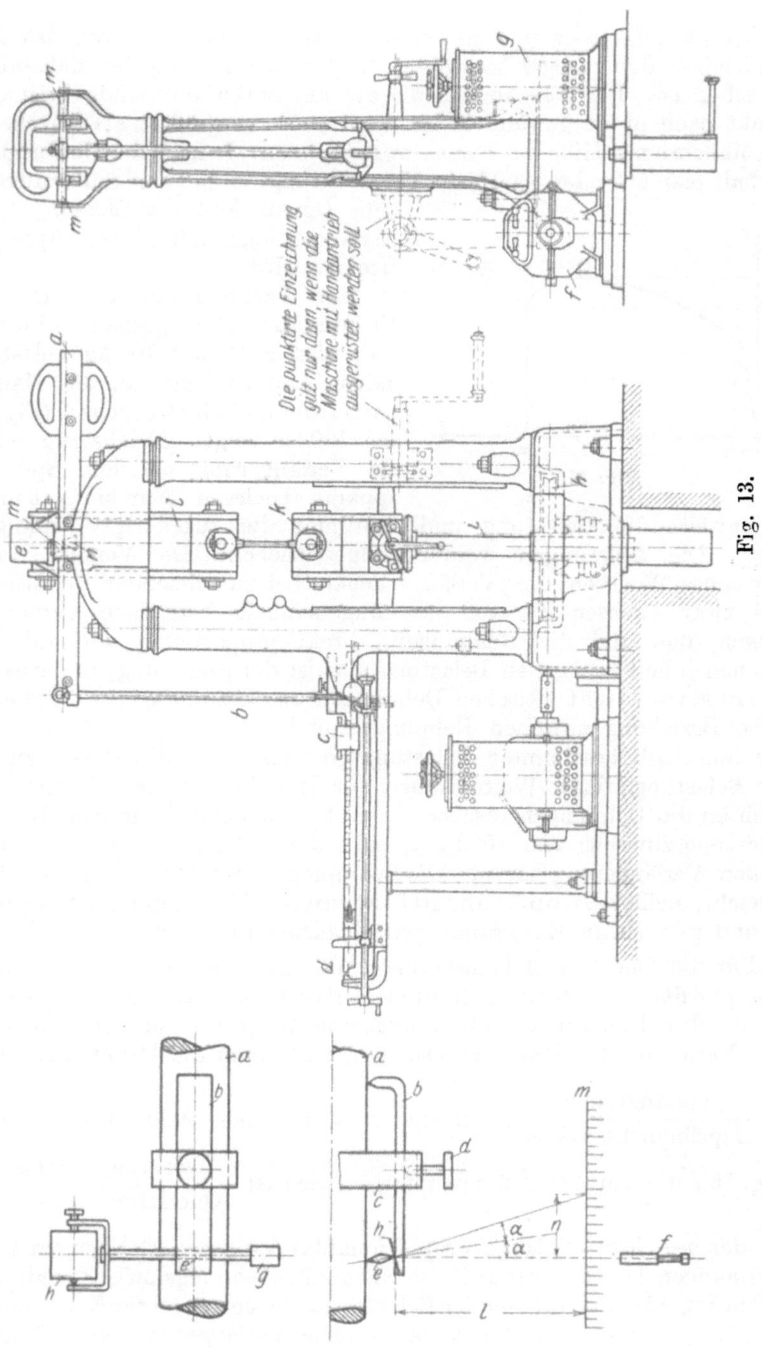
Die punktirte Einzeichnung
gilt nur dann, wenn die
Maschine mit Handantrieb
ausgerüstet werden soll.
Fig. 13.

Fig. 14.

senkrecht aufgestellt und neben ihm das Fernrohr f, durch das der
Beobachter den Spiegel betrachtet, in dem die Teilung des Maßstabes
zu sehen ist. Die Strecke, um die der am Stabe anliegende Prismen-
punkt nach unten gewandert ist, wird stark vergrößert als Strecke n
am Maßstab mit Hilfe des Fernrohres abgelesen. Je nach der Entfernung
l erhält man 500 oder 1000fache Vergrößerung, so daß eine außerordent-
liche Genauigkeit der Messung von
Verlängerungen mit diesem Apparat
erreicht wird.

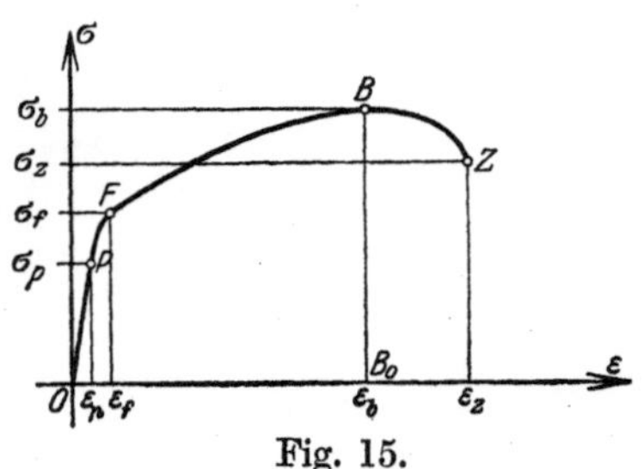

Fig. 15.

Der Zerreißversuch. Der in
die Zerreißmaschine gespannte Probestab wird z. B. mit 100 kg belastet
indem man so lange an der Hand
kurbel dreht, bis das Gewicht Q (Fig. 7)
auf 100 kg zeigt. Gleichzeitig wird
die Verlängerung an dem Spiegel-
apparat abgelesen. Nun steigert man
stufenweise die Belastung und bestimmt die zugehörige Verlängerung. Die Ablesungen werden aufgeschrieben. Der Versuch zeigt
langsames Wachsen der Verlängerungen bei zunehmender Belastung,
und zwar wachsen die auf die Längeneinheit bezogenen Verlängerungen, das sind die Dehnungen, direkt proportional der auf die
Flächeneinheit bezogenen Belastung, das ist der Spannung; es herrscht
Proportionalität zwischen Dehnungen und Spannungen. Diese einfache Beziehung zwischen Dehnungen und Spannungen besteht aber
nur innerhalb bestimmter Belastungsgrenzen; wird dieser Grenzwert
der Belastung durch Weiterdrehen der Handkurbel überschritten, so
wachsen die Dehnungen rascher als die Spannungen; es bringt also ein
Belastungszuwachs von 100 kg jenseits dieser Grenze eine wesentlich
größere Verlängerung hervor. Die Spannung, unter der Proportionalität
herrscht, heißt Proportionalitätsgrenze. Man bezeichnet sie mit
σ_p und gibt sie in Kilogramm pro Quadratzentimeter an.

Für die Querschnittsbemessung ergibt der Versuch die Forderung:
Die größten rechnerisch ermittelten Spannungen müssen
unter der Proportionalitätsgrenze liegen. Um ein Bild von
dem Verhalten des Stabes zu erhalten, trägt man die Dehnungen, das

ist $\dfrac{\text{Verlängerung}}{\text{ursprüngliche Länge}}$, auf der x-Achse eines Achsenkreuzes auf

(Fig. 15), die zugehörigen Spannungen, das ist $\dfrac{\text{Belastung in kg}}{\text{Querschnitt in cm}^2}$,

auf der y-Achse. Solange Proportionalität zwischen Dehnungen und
Spannungen besteht, verläuft die Spannungsdehnungskurve geradlinig
(OP in Fig. 15). Bei wachsender Belastung geht sie in leichter Krümmung
bis F. Von da an tritt eine bedeutende Verlängerung bei geringer
Zunahme der Belastung ein: Der Stab streckt sich, er beginnt zu

fließen. Die Spannung σ_f, bei der das Strecken oder Fließen des Baustoffes beginnt, heißt

Streck- oder Fließgrenze. Hat man einen bearbeiteten Stab mit glatter Oberfläche in die Zerreißmaschine gespannt, so zeigen sich jetzt moiréähnliche Muster, die man **Fließfiguren** nennt. Auf Grund ungezählter Beobachtungen darf man annehmen, daß sich die Spannungen bis zum Punkte B der Kurve gleichmäßig über die Stabachse verteilen. Ist die Dehnung auf OB_0 gewachsen, so beginnt sich der Stab an einer Stelle einzuschnüren (Fig. 16); der Querschnitt wird an dieser Stelle erheblich kleiner. Die Belastung, die zu einer weiteren Verlängerung notwendig ist, wird **kleiner**; die Kurbel muß zurückgedreht werden. Infolgedessen fällt die Spannungs-Dehnungs-

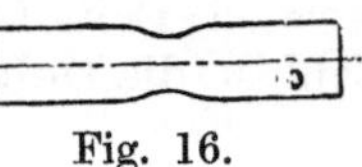

kurve von B auf Z. Endlich tritt die Trennung ein; der Stab reißt. Die Spannung max σ heißt **Zugfestigkeit**; sie wird im allgemeinen auf den ursprünglichen, also ungeschwächten Querschnitt,

Fig. 16.

bezcgen und mit K_z bezeichnet. Die **Bruchspannung** σ_z ist die auf den ursprünglichen Querschnitt bezcgene Spannung, bei der der Bruch erfolgt. Der letzte Abschnitt des Versuches, in Fig. 15 durch das Kurvenstück BZ dargestellt, wird bei den praktischen Prüfungen meist nicht berücksichtigt, weil er einerseits nur für die Forschung Wert hat, andererseits auch zu zeitraubend ist. Da die streng wissenschaftliche Durchführung des Zerreißversuches und die eingehende Bearbeitung der Versuchsergebnisse zu teuer ist, begnügt man sich bei den Prüfungen mit der Feststellung der Bruchbelastung und der **Bruchdehnung.** Ist l' die Länge des Stabes nach dem Bruch, die man durch Messung der aneinandergelegten Bruchstücke erhält, so ist die Verlängerung $l'-l$, also die Bruchdehnung in Hundertteilen der ursprünglichen Länge,

$$\varphi = 100 \cdot \frac{l'-l}{l}.$$

Diese grobe Bestimmung ist aber nur zulässig, wenn der Bruch innerhalb des mittleren Drittels der Meßlänge erfolgt; andernfalls ist die Probe Ausschuß.

Für eine eingehende Kenntnis des Baustoffes genügt der einfache Zerreißversuch noch nicht. Entlastet man nämlich einen bereits verlängerten Stab, so verliert er die erlittene Formänderung nicht vollständig; es bleibt ein Dehnungsrest, der **bleibende Dehnung** heißt. So ist z. B. die Bruchdehnung eine bleibende Dehnung. Die wieder verschwindende Längenänderung heißt **elastische oder federnde Dehnung.** Für kleine Spannungen ist sie praktisch gleich Null. Das Materialprüfungsamt zu Groß-Lichterfelde setzt als **Elastizitätsgrenze** diejenige Spannung fest, bei der die bleibende Dehnung 0,02 v. H. der Meßlänge des Probestabes erreicht.

Ein Körper heißt **vollkommen elastisch,** wenn bei der Entlastung die Rückkehr in die ursprüngliche Form eine vollständige ist. Er ist um so elastischer, je größer die federnde Längenänderung im Ver-

gleich zur gesamten Längenänderung ist. Die meisten Stoffe sind
elastisch. Die Formänderungen sind abhängig von der Zeit, in der die
Belastungsteigerung vor sich geht. Bei einer rasch gesteigerten Belastung kann sich die Formänderung nicht mit gleicher Schnelligkeit
ausbilden; der Stab wird reißen, ohne die seinem Baustoff zukommende
Dehnung erreicht zu haben. Neben der Zeit ist die Temperatur in
hohem Grade auf Festigkeit und Formänderung von Einfluß.

Verlängert sich ein Stab von l cm Länge um $\varDelta l$ auf l_1 cm, so verlängert sich ein Stab von 1 cm Länge um

$$\varepsilon = \frac{l_1 - l}{l} = \frac{\varDelta l}{l}$$

(gelesen: Delta l durch l). Man nennt diesen Bruch, der eine unbenannte
Zahl ist, die Dehnung. Mit Hilfe dieser Zahl kann man Stäbe verschiedener Länge auf ihre Dehnungsfähigkeit vergleichen.
Verringert sich der Durchmesser d bei der Verlängerung um $(d - d_1)$ cm, so erfährt ein Durchmesser von
1 cm die Verkürzung

$$\varepsilon_q = \frac{d - d_1}{d} .$$

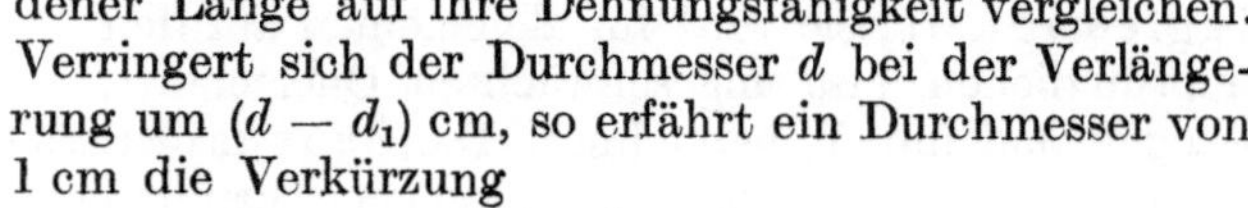

Diese Zahl heißt Querzusammenziehung.
Die Ausdehnung in Richtung der Stabachse und
die Zusammenziehung senkrecht zur Stabachse treten
stets gleichzeitig auf. Kehrt man die Kraftrichtung
um, d. h. wird der Stab gedrückt, so verkürzt er sich
in der Längs- und verbreitert sich in der Quer-
richtung.

Fig. 17.

Durch eine große Zahl von Versuchen ist festgestellt worden, daß
das Verhältnis von Dehnung zur Querzusammenziehung eine Zahl ist,
die für gleichartige Körper zwischen 3 und 4 liegt; für Metalle setzt
Bach

$$m = \frac{\varepsilon}{\varepsilon_q} = \frac{10}{3} .$$

Da man einem Stab von außen nicht ansieht, ob er durch Kräfte
beansprucht ist, muß man ihn sich durchgeschnitten denken, wenn man
wissen will, welche Art der Beanspruchung er erfährt (vgl. Abschnitt
Mechanik, S. 158). Durch einen Schnitt wird das Gleichgewicht gestört;
fügt man in Richtung der Stabachse (Fig. 17) Kräfte ein, die trotz des
Schnittes die Teile im Gleichgewicht halten, so dürfen wir sagen: Der
undurchschnittene Stab verhält sich ebenso wie der durchschnittene
mit den zugefügten Kräften; folglich geben die hinzugefügten Kräfte
ein Maß für die Größe der Beanspruchung des undurchschnittenen
Stabes (Spannkräfte — innere Kräfte). Nehmen wir weiter an, daß alle
Fasern des Stabes gleichmäßig an der Kraftübertragung teilnehmen,
so dürfen wir weiter sagen: Alle Flächenteilchen des Querschnittes
werden gleichmäßig beansprucht. Um nun die Beanspruchungen ver-

schieden geformter und verschieden belasteter Stäbe vergleichen zu können, muß man den Anteil der Kraft angeben, der auf die **Flächeneinheit** des Querschnittes entfällt — ebenso wie man die Längenänderungen auf die Längeneinheit bezog. In der Festigkeitslehre ist es üblich, als Flächeneinheit das Quadratzentimeter (cm^2) anzusehen. Setzt man nun fest, jedes cm^2 des Querschnittes trage σ kg, so überträgt ein Stab von F cm^2 Querschnitt eine Kraft von $(\sigma \cdot F)$ kg. Soll ferner zwischen den äußeren Kräften P und den inneren Kräften $(\sigma \cdot F)$ Gleichgewicht herrschen, so muß

$$P = \sigma \cdot F \quad \text{oder} \quad \sigma = \frac{P}{F}$$

sein. Für P in kg und F in cm^2 erhält σ die Benennung kg/cm^2; setzt man P (wie es gelegentlich auch vorkommt) in t ein, so erhält σ die Benennung t/cm^2. Der auf 1 cm^2 des Querschnittes entfallende Anteil σ der zu übertragenden Kraft P heißt **Spannung**; sie ist ein Vektor, da sie nach Größe und Richtung unterschieden werden muß (vgl. Mechanik, S. 143).

In den Fällen 1, 2, 5 sind die Spannungen **senkrecht** zum Querschnitt gerichtet; sie heißen **Normalspannungen**. In den Fällen 4 und 6 fallen die Spannungen **in** den Querschnitt; sie heißen **Schubspannungen**.

Hat man die beiden Begriffe der Dehnung und Spannung festgelegt, so liegt es nahe, zu untersuchen, ob zwischen ihnen irgendwelche Beziehungen bestehen. Die Beantwortung der Frage kann nur der Versuch geben. Und der Versuch zeigt tatsächlich den Zusammenhang zwischen ε und σ; er lehrt, daß für manche Baustoffe innerhalb gewisser Grenzen die Dehnungen und Spannungen direkt proportional sind; die Dehnungen wachsen in demselben Verhältnis wie die Spannungen. Der mathematische Ausdruck dieses Satzes lautet

$$\varepsilon = \alpha \cdot \sigma$$

und heißt **Hookesches Gesetz**; es ist die Grundlage aller Festigkeitsberechnungen. Seine Anwendung ist zulässig, solange die Spannungen innerhalb der Grenzen bleiben, wo direkte Proportionalität zwischen Dehnungen und Spannungen besteht; d. h. solange die Spannungen unterhalb der **Proportionalitätsgrenze** bleiben. Diese Bedingung muß stets erfüllt sein.

α heißt **Dehnungszahl**; ihre Benennung ergibt sich aus dem **Hookeschen** Gesetz, da ε eine unbekannte Zahl ist, zu cm^2/kg. Der umgekehrte Wert

$$E = \frac{1}{\alpha}$$

heißt **Elastizitätsmaß**, gemessen in kg/cm^2, und ist eine Spannung.

Nennt man die Verlängerung des Stabes $\varDelta l$ (Fig. 17), so wird mit

$\varepsilon = \dfrac{\varDelta l}{l}$ innerhalb der Gültigkeitsgrenze des Hookeschen Gesetzes

$$\varDelta l = \alpha \cdot \sigma \cdot l = \frac{1}{E} \cdot \sigma \cdot l \, ,$$

wobei $\varDelta l$ und l in mm oder cm gemessen werden.

Setzt man $\varepsilon = \dfrac{\varDelta l}{l}$ und $\sigma = \dfrac{P}{F}$ in das Hookesche Gesetz ein, so erhält man

$$\alpha = \frac{\varDelta l \cdot F}{l \cdot P} = \frac{\varDelta l}{l \cdot \sigma} \, ;$$

es wird demnach α zu einer Verlängerung $\varDelta l$, wenn wir den Querschnitt des Stabes 1 cm², seine Länge 1 cm machen und ihn mit $P = 1$ kg belasten. Daraus folgt die Begriffsfestlegung der Dehnungszahl α: sie ist die Verlängerung der Kante eines Würfels von 1 cm Kantenlänge bei 1 kg Belastung.

In dem Schaubild (Fig. 15) ist auf der wagerechten Achse die Verlängerung der Längeneinheit, auf der senkrechten die Belastung des Stabes in kg/cm² aufgetragen; das Produkt beider Größen stellt demnach eine Arbeit (siehe Abschnitt Mechanik S. 145) dar, die bei der Formänderung eines Würfels mit der Kantenlänge 1 cm aufgewendet werden muß. Ein Maß für die Größe dieser Arbeit ist der Inhalt der von der Dehnungs-Spannungskurve begrenzten Fläche; sie wird in cmkg/cm³ gemessen und heißt Arbeitsvermögen des Baustoffes. Flußeisen hat ein Arbeitsvermögen von 600 ÷ 800 cmkg/cm³; Gußeisen nur 8 ÷ 14.

Zäh nennt man Baustoffe mit hoher Fließgrenze (Nickel, Kupfer). Ein geringer Grad von Zähigkeit heißt Sprödigkeit.

Geschmeidig sind Baustoffe mit mäßiger Festigkeit und niedriger Fließgrenze (reine Metalle: Zinn, Gold, Silber).

Härte. Mit Härte wird der Widerstand bezeichnet, den ein Material dem Eindringen eines Prüfkörpers entgegensetzt. Nach Brinell ist der Prüfkörper eine gehärtete Stahlkugel von $D = 10$ mm, die mit $P = 3000$ kg bei Eisen und Stahl, mit $P = 500$ kg bei weicheren Metallen in das zu prüfende Stück, die Probe, gedrückt wird. Ist d der Durchmesser des Eindrucks, dann ist seine Tiefe

$$h = \frac{D}{2} - \frac{1}{2} \sqrt{D^2 - d^2}$$

Unter der Härtezahl versteht man $H = \dfrac{P}{F} = \dfrac{P}{\pi \cdot D \cdot h}$ in kg/mm².

Härtezahlen nach Brinell.

$P = 500$ kg		$P = 3000$ kg	
Blei	$H = 5{,}5$ kg/mm²	Messing	$H = 75 \div 90$ kg/mm²
Zinn	14　　,,	Flußeisen (weich)	∽ 100　　,,
Weißmetall	23　　,,	S. M. Stahl	160 ÷ 230　,,
Zink	46　　,,	Werkzeugstahl (C = 1%)	260 ÷ 300　,,
Kupfer	50 ÷ 75 ,,	,,　,, angelassen	470 ÷ 550　,,
		,,　,, abgelassen	∽ 650　　,,

Shore läßt ein kleines Fallgewicht mit Diamantkopf aus 250 mm Höhe auf die Probe fallen und beurteilt die Härte nach der Höhe des Rücksprunges (Skleroskop).

Kerbzähigkeit. Die Untersuchung der Baustoffe bei plötzlicher, schlagartiger Belastung geschieht durch die Schlagbiegeprobe, die neuerdings in Aufnahme gekommen ist. Das Probestück ist im allgemeinen ein Vierkantstab von 8×8 mm Querschnitt, der in der Mitte an einer Fläche eingekerbt ist. Ein pendelnd aufgehängter Hammer (axtähnlich) fällt gegen die der Kerbe gegenüberliegende Seite und schlägt entweder durch oder verursacht zum mindesten eine sehr starke Biegung. Die Arbeit in mkg, die auf 1 cm² des Bruchquerschnittes entfällt, heißt spezifische Schlagarbeit und ist ein Maß für die Größe der Kerbzähigkeit. Nickel- und Chromnickelstähle haben große Kerbzähigkeit.

Die zulässige Spannung und Sicherheit gegen Bruch.

Die zulässige Spannung ist die Spannung, bis der zu ein Körper durch äußere Kräfte auf eine der verschiedenen Arten der Festigkeit beansprucht werden darf; sie bleibt im allgemeinen unterhalb der Proportionalitätsgrenze und der Elastizitätsgrenze. Die auf Grund des Hookeschen Proportionalitätsgesetzes ermittelten Spannungen müssen stets unterhalb der Proportionalitätsgrenze liegen. Für die Wahl der zulässigen Beanspruchung gilt: solange die theoretischen Unterlagen der Festigkeitsrechnung festliegen, dürfen die höheren Werte der Tabellen[1]) genommen werden; wird die Rechnung auf Grund von Annahmen durchgeführt, über deren Richtigkeit kein sicheres Urteil besteht, so ist die zulässige Beanspruchung niedrig zu wählen.

Die Sicherheit $\mathfrak{S}$ gegen Bruch ist das Verhältnis der Festigkeit zur zulässigen Beanspruchung; z. B. für Zugbeanspruchung $\mathfrak{S} = \dfrac{K_z}{k_z}$.

Liegen keine besonderen Vorschriften (vgl. S. 319) über die Wahl der zulässigen Beanspruchung vor, so ist die Sicherheit $\mathfrak{S}$ gegen Bruch maßgebend. Wird z. B. eine achtfache Sicherheit für ausreichend erachtet, so wäre k_z für Chrom-Nickelstahl der Bismarck-Hütte (vgl. S. 316) wegen $K_z = 7500$ kg/cm²

$$k_z = \frac{1}{\mathfrak{S}} \cdot K_z = \frac{1}{8} \cdot 7500 = 940 \,\text{kg/cm}^2 .$$

Im wesentlichen richtet sich die Größe der zulässigen Spannung danach, ob die Belastung eine ruhende oder wechselnde ist (vgl. S. 317). Außerdem ist immer der Einfluß von Stößen zu berücksichtigen; hinzu kommt die Gefahr der Anbohrung. In seinem Werk „Die Dampfturbinen[2])" sagt Stodola: Wenn wir eine Reihe von wohleingebürgerten Maschinenelementen genauer untersuchen, so finden wir, daß an vielen Stellen Überbeanspruchungen zugelassen werden, sofern nur die Gewähr vorhanden ist, daß nach Eintritt des Fließens an der betroffenen Stelle ein Ausgleich der Spannungen möglich ist. Vor allem

---

[1]) Vgl. S. 318 ÷ 321.
[2]) Fünfte Aufl., Berlin 1922. Verlag von Julius Springer.

Konstruktionsstahle der Bismarckhütte, Oberschlesien, für Automobilbau, Luftschiffbau u. dgl.

Verwendungszweck	Marke	Art	Behandlung	Zustand	Festigkeit	Streckgrenze	Dehnung	Kontraktion
					kg/mm²	kg/mm²	%	%
Für durch starken Reibungsdruck oder starke Stöße beanspruchte Teile, wie Zahnräder, Nocken, Rollen usw. Ferner zu höchstbeanspruchten Wellen, Spindeln usw., die im Einsatz gehärtet werden	NC 4	Nickelchromstahl	für Einsatzhärtung	ungehärtet	75—100	55—70	18—10	40—50
				gehärtet	150—200	120—175	10—5	40—30
desgl.	NC 2	desgl.	desgl.	ungehärtet	65—80	50—55	20—12	50—60
				gehärtet	130—160	100—135	10—5	35—25
desgl.	NC 1	desgl.	desgl.	ungehärtet	60—70	ca. 50	25—20	60—65
				gehärtet	110—130	ca. 90	12—8	40—30
desgl.	NWW	Nickelstahl	desgl.	ungehärtet	50—60	ca. 40	24—18	60—50
				gehärtet	100—120	70—80	15—8	55—50
desgl.	NSV a	desgl.	desgl.	ungehärtet	50—55	ca. 40	24—20	ca. 60
				gehärtet	90—110	ca. 70	15—10	55—50
Für hochbeanspruchte Kurbelwellen, Wellen, Spindeln, Zapfen usw.	NKH v	Nickelchromstahl	ungehärtet zu verwenden (Nur in Weißmetallagern, nicht in Bronzelagern laufen lassen)	vergütet	80—100	70—80	15—10	45—35
desgl.	KNC v	desgl.		desgl.	80—95	60—75	15—10	40—30
desgl.	ME2Wv	Speziallegierung	ungehärtet zu verwenden	desgl.	80—95	55—70	14—10	40—30
desgl.	TG 3 v	unlegiert	desgl.	desgl.	80—90	50—60	ca. 10	ca. 25
desgl.	TG 5 v	desgl.	desgl.	desgl.	70—90	40—50	15—12	45—35
Für auf Druck höchstbeanspruchte Teile	NC 6	Nickelchromstahl	ungehärtet zu verwenden	ungehärtet	90—120	—	10—6	ca. 30
Für Hebel, Zapfen usw., bei welchen in erster Linie größte Zähigkeit des Materials verlangt wird	NSV a	Nickelstahl	ungehärtet oder im Einsatz gehärtet, je nach Beanspruchung, z.verwenden	ungehärtet	50—55	ca. 40	24—20	ca. 60
				gehärtet	90—110	ca. 70	15—10	55—50
desgl.	NS	desgl.	desgl.	ungehärtet	40—50	25—35	26—20	ca. 60
				gehärtet	70—85	50—55	14—10	55—50
desgl.	MEF o	unlegiert	desgl.	ungehärtet	35—40	—	35—30	—
				gehärtet	35—40	—	35—30	—
desgl.	MEF oo	desgl.	desgl.	ungehärtet	30—35	—	40—35	—
				gehärtet	30—35	—	40—35	—
Für in hoher Temperatur und in Wasser oder Dampf arbeitende Teile (der Stahl ist rostsicher). Ferner zu Teilen, welche antimagnetisch sein müssen	N 25 W	25 proz. Nickelstahl	ungehärtet zu verwenden	ungehärtet	ca. 60	ca. 35	ca. 30	ca. 60
Für höchstbeanspruchte Federn	ECS	Chromsiliziumstahl	in Öl zu härten und anzulassen	ungehärtet	85—95	55—60	13—10	ca. 25
				gehärtet	140—160	115—140	8—6	ca. 30
desgl.	MMF	Speziallegierung	desgl.	ungehärtet	75—90	40—50	12—10	ca. 20
				gehärtet	125—135	85—95	ca. 6	ca. 20
Für Kugellager	BK	Chromstahl	in Öl zu härten	—	—	—	—	—

Hölzer.

Holzart	Festigkeit senkrecht zum Stirnholz, in Richtung der Fasern					
	Zug		Druck		Biegung	
	K_z kg/cm²	E kg/cm²	K kg/cm²	E kg/cm²	K_b kg/cm²	E kg/cm²
Eiche	500 bis 1200	70 000 bis 170 000	400	60 000 bis 100 000	750	110 000[1])
Esche	900 bis 1200	100000 bis 150 000	400 bis 500	85 000	1 000	90 000 bis 130 000[1])
Kiefer	700 bis 900	—	400 bis 500	—	bis 1000	90 000 bis 120 000[1])
Fichte	700 bis 800	—	350 bis 450	—	500 bis 800	80 000 bis 110 000[1])

Steine und Mörtel[2]).

Natürliche[3]) Steine und Ziegel	Druckfestigkeit in kg/cm²	Zement- und Kalkmörtel verschiedener Mischung	Druckfestigkeit in kg/cm²
1. Basalt	1000 bis 3200	8. Reiner Zementmörtel	
2. Porphyr . . .	1000 bis 2600	(ohne Sandzusatz) . .	250 bis 270
3. Granit, Diorit		9. Portlandzementmörtel[4])	
u. Syenit . . .	800 bis 2000	1 Raumteil mit 1 Teil Sand	200
4. Kalkstein . . .	400 bis 2000	1 „ „ 2 Teilen „	180
5. Kohlen- u. Keu-		1 „ „ 3 „ „	160
persandstein. .	600 bis 1800	10. Guter Kalkmörtel . .	40
6. Klinker	300 bis 900		
7. Ziegel			
Mittelbrand .	200 bis 300		
Schwachbrand .	150 bis 200		

die scharfen, aber auch die ungenügend abgerundeten Ecken sind Stellen dieser Art. Die Überbeanspruchung in einer Bohrung besitzt nun die Eigenschaft, die Spannung durch bleibendes Strecken der inneren Fasern auf die weiter außen gelegenen so zu verteilen, daß die größte Beanspruchung sinkt. Bei der Beurteilung, was zulässig ist, muß aber ein weiteres wichtiges Kriterium hinzutreten: die Ausdehnung der von der Überbeanspruchung betroffenen Stelle.

a) Zulässige Spannungen für den Maschinenbau.

Man versteht unter der zulässigen Spannung eines Körpers (k_z für Zug, k für Druck, k_b für Biegung, k_s für Schub, k_d für Drehung) die-

---

[1]) Sowohl Festigkeit wie Dehnungsmaß sind stark vom Feuchtigkeitsgehalt abhängig; E für Biegung in besonderem Maße vom Querschnitt und der Länge.

[2]) Entnommen aus: Förster, Taschenbuch für Bauingenieure. Berlin 1921, Verlag von Julius Springer.

[3]) Das Dehnungsmaß der Steine und Mörtel ändert sich sehr mit der Spannung, die diese Stoffe aufzunehmen haben.

[4]) Nach 28 Tagen erhärtet, davon 27 Tage unter Wasser.

318   Festigkeitslehre.

jenige Spannung in kg/cm², bis zu welcher er mit Sicherheit durch äußere Kräfte auf eine der verschiedenen Arten der Festigkeit beansprucht werden darf.

In der nachstehenden Tabelle gelten die zulässigen Spannungen unter I, wenn die Belastung eine ruhende ist.

Die zulässigen Spannungen unter II gelten, wenn die Belastung beliebig oft wechselt, derart, daß die durch sie hervorgerufenen Spannungen abwechselnd von Null bis zu einem größten Werte stetig wachsen und dann wieder auf Null zurücksinken.

Die zulässigen Spannungen unter III gelten, wenn die Belastung beliebig oft wechselt, derart, daß die durch sie hervorgerufenen Spannungen abwechselnd von einem größten negativen Werte stetig wachsen bis zu einem größten positiven, gleich großen Werte und dann wieder abnehmen.

Für die zwischenliegenden Arten der Belastung können dazwischenliegende, den Spannungsgrenzen entsprechende Werte genommen werden.

Für Federstahl ist im Falle II für den ungehärteten Zustand $k_b = 3600$, für den gehärteten Zustand $k_b = 4300$ kg/cm² zu setzen.

Zulässige Spannungen in kg/cm² nach C. v. Bach:

Art der Festigkeit und Belastung		Schweißeisen[1]	Flußeisen[2]		Flußstahl[2]		Stahlguß		Gußeisen	Kupferblech gewalzt
			von	bis	von	bis	von	bis		
Zug k_z	I.	900	900	1200	1200	1500	600	900	300	600[5]
	II.	600	600	800	800	1000	400	600	200	300
	III.	300	300	400	400	500	200	300	100	—
Druck k	I.	900	900	1200	1200	1500	900	1200	900	—
	II.	600	600	800	800	1000	600	900	600	—
Biegung k_b	I.	900	900	1200	1200	1500	750	1050	—	—
	II.	600	600	800	800	1000	500	700	—[3]	—
	III.	300	300	400	400	500	250	350	—	—
Schub k_s	I.	720	720	960	960	1200	480	840	300	—
	II.	480	480	640	640	800	320	560	200	—
	III.	240	240	320	320	400	160	280	100	—
Drehung k_d	I.	360	600	840	900	1200	480	840	—	—
	II.	240	400	560	600	800	320	560	—[4]	—
	III.	120	200	280	300	400	160	280	—	—

[1] Für vorzügliches Schweißeisen können die angegebenen zulässigen Spannungen und Beträge bis zu einem Drittel höher genommen werden, sofern die hierdurch zugelassenen größeren Formänderungen in ihrer Gesamtheit mit dem Zwecke des Bauteiles vereinbar sind. Wo zu befürchten steht, daß die Gesamtformänderung die mit Rücksicht auf den Zweck des Bauteiles als zulässig erachtete Grenze überschreitet, ist von dieser auszugehen.

[2] Die höheren Werte sind nur bei durchaus zuverlässigem, nicht zu weichem Stoff anzuwenden (bei dem also $K_z = 3400$ bis 4400 bzw. = 4500 bis 10 000 kg/cm²). Für Draht gelten, entsprechend der größeren Zugfestigkeit, größere Werte für k_z, u. zw. $k_z = {}^1/_3\,K_z$ bis ${}^1/_5\,K_z$.

b) Zulässige Spannungen für den Hochbau.

1. Metalle.

Preußische Bestimmungen über die bei Hochbauten anzunehmende Beanspruchung der Baustoffe vom 31. Januar 1910.

Metall	Zug k_z	Druck k	Biegung k_b	Schub k_s	Lochleibungsdruck
Flußeisen in Trägern zur Unterstützung von Decken und Treppen . . . . Als Stützlänge ist die Entfernung zwischen den Auflagermitten anzunehmen.	1200	1200	1200	1000[1])	2000[1])
Flußeisen in Stützen	1200	1200	1200	1000	2000
Flußeisen in Stützen bei genauer Berechnung der unter den ungünstigsten Umständen auftretenden Kantenpressung . Berechnung auf Knicken mit 5facher Sicherheit (Formel $J_{min} = 2{,}33\,Pl^2$; s. S. 369). Als Knicklänge gilt die ganze Systemlänge, bei übereinanderstehenden, allseitig durch Deckenträger ausgestreiften Stützen die Geschoßhöhe.	1400	1400	1400	1000	2000
Flußeisen in Dächern, Fachwerkwänden, Trägern zur Unterstützung von Wänden, Kranbahnträgern, wenn die Querschnittgröße durch Eigenlast, Nutzlast und Schneedruck allein bedingt ist	1200	1200	1200	1000	2000
Flußeisen in denselben Bauteilen, wenn die größte Spannung bei gleichzeitiger ungünstiger Wirkung von Eigenlast, Nutzlast, Schneedruck und Winddruck von 159 kg/m² eintritt	1400	1400	1400	1000	2000
Ausnahmsweise darf bei Dächern, wenn für eine den strengsten Anforderungen genügende Durchdildung, Berechnung und Ausführung volle Sicherheit gegeben ist, für den vorstehenden Fall die Spannung betragen bis . . . . Für Träger zur Unterstützung von Wänden gilt die Entfernung der Auflagermitten als Stützweite. Druckglieder sind auf Knicken mit 4facher Sicherheit (Formel $J_{min} = 1{,}82\,Pl^2$; s. S. 369) zu berechnen; als Knicklänge gilt die Systemlänge.	1600	1600	1600	—	—
Flußeisen in Ankern	800	—	—	—	—
Flußeisenstäbe in Bauteilen aus Eisenbeton, insbesondere bei Beanspruchung der Bauteile auf Biegung²) . . . . Für Schweißeisen sind die für Flußeisen angegebenen Werte um 10 v. H. zu ermäßigen. Noch weiter herabzusetzen ist die Beanspruchung von altem, wieder zur Verwendung gelangendem Eisen je nach seiner Beschaffenheit.	1000	1000	—	—	—

---

[1]) Für Niete und gedrehte Schraubenbolzen. Bei gewöhnlichen Schraubenbolzen $k_s = 750$. Lochleibungsdruck $k = 1500$ kg/cm².

²) Preußischer Ministerial-Erlaß (Eisenbetonbestimmungen) vom 24. Mai 1907.

Metall	Zug k_z	Druck k	Biegung k_b	Schub k_s	Loch-leibungs-druck
Gußeisen in Auflagern	—	1000	—	—	—
Gußeisen in Säulen	—.	500	250	200	—
Berechnung der gußeisernen Säulen auf Knicken mit 6- bis 8facher Sicherheit nach der Formel $J_{min} = 6$ bis $8\ Pl^2$ (s. S. 369).					
Stahlformguß	—	—	1200	—	
Schmiedestahl	1400	1400	1400	—	—
Zinkblech	200	200	150	—	—

2. Hölzer.

Die **fett** gedruckten Zahlen sind vom preußischen Ministerium d. öffentl. Arb.
vorgeschrieben (Erl. d. 31. Januar 1910).
Die oberen Grenzwerte dürfen keinesfalls überschritten werden.

Holzart	Zug k_z	Druck k	Biegung k_b	Schub k_s ||
				‖ zur Faser	⊥ zur Faser
Eichenholz[1])	**100—120**	**80—100**	**100—120**	**15—20**	**80—90**
Kiefernholz (astfrei) .	**100—120**	**60— 80**	**100—120**	**10—15**	**60—70**
Tannenholz	60	50	—	—	—
Eschenholz	100—120	66	—	—	—
Hartholz (Tallowwood)	200	160	200	—	30

Bei Bauten für vorübergehende Zwecke (Ausstellungshallen u. dgl.) dürfen
die Zahlen um 50 v. H. erhöht werden. Stützen sind auf Knicken mit 6- bis 10facher
Sicherheit ($J_{min} = 60\ Pl^2$) zu berechnen. Die untere Grenze von J gilt nur für
vorübergehende Bauten.

3. Steine, Mauerwerk und andere Baustoffe.

I. Vorschrift des preußischen Ministeriums d. öffentl. Arb. vom 31. Januar 1910.

Natürliche Bausteine	Auflagersteine	Pfeiler und Gewölbe	Sehr schlanke Pfeiler und Säulen
	$\mathfrak{S} = 10—15$	$\mathfrak{S} = 15—20$	$\mathfrak{S} = 25—30$
Granit . . . . $k =$	**60—90**	**45—60**	**25—30**
Sandstein . . . . $k =$	**30—50**	**25—30**	**15—20**
Kalkstein und Marmor } $k =$	**30—40**	20—30	**12—15**

Die Sicherheitsmaße $\mathfrak{S}$ sind vorgeschrieben, die fett gedruckten Druckspannungen k ebenfalls, sofern besondere Festigkeitsnachweise nicht erbracht sind. Sind
solche erbracht, so werden gegebenenfalls höhere Werte von k bis zu den angegebenen
Grenzen empfohlen.

Mauerwerk	Druck kg/cm²	Mauerwerk	Druck kg/cm²
Ziegelmauerwerk in Kalkmörtel 1 : 3	bis 7	Mauerwerk aus Kalksandsteinen in Kalkmörtel 1 : 3	bis 7
Mauerwerk in Hartbrandsteinen in Kalkzementmörtel 1 Z. : 2 K. : 6—8 S.	12—15	Desgl. in Kalkzementmörtel 1 Z. : 2 K. : 6—8 S.	12—15

[1]) Auch für Buchenholz anwendbar.

Mauerwerk	Druck kg/cm²	Mauerwerk	Druck kg/cm²
Klinkermauerwerk im Zementmörtel 1 : 3	20—30	Bruchsteinmauerwerk in Kalkmörtel	bis 5
Mauerwerk aus porigen Ziegeln	3—6	Fundamentmauerwerk aus	
Mauerwerk aus Schwemmsteinen		Schüttbeton	6—8
von $k > 20$ kg/cm²	bis 3	Stampfbeton	10—15

Guter Baugrund $k = 3$ bis 4 kg/cm². Höhere Beanspruchung ist besonders zu begründen.

Im besonderen werden (nicht amtlich) folgende Druckbeanspruchungen für den Baugrund emnfohlen:

Feiner Sand, nicht fest gelagert	$k = 1,5$ bis $2,5$ kg/cm²	
Sehr fester, dichter Sand	6,5 „ 7,5	„
Trockener, festgelagerter, kiesiger Baugrund ohne Ton	2,5 „ 5,0	„
Lehmiger Boden mit 30 bis 40 v. H. Sand .	0,8 „ 1,6	„
Fester Ton, mit feinem Sand gemengt . . .	4,0 „ 5,0	„
Harter Mergel	5,4 „ 8,7	„
Fester, schiefriger und feiner Schotter	6,5 „ 8,7	„
Sandstein, der in der Hand zerbröckelt . . .	1,6 „ 1,9	„
Fester Fels	9 „ 20	„

II. Schaper[1]) macht für Brücken die Druckspannung der Lagersteine abhängig von der Spannweite l und empfiehlt für die Zwischenlage aus Mörtelguß, zwischen Eisenlager und Stein, unabhängig von dem Baustoffe des Lagersteins, bei $l = 10$ m $k = 20$, bei $l = 100$ m $k = 50$ kg/cm² mit geradliniger Zwischenschaltung, gleichmäßige Druckverteilung vorausgesetzt (Kantenpressungen 20 v. H. höher); für die Untermauerung des Auflagersteines, Beton (1 Z., 0,7 Traß, 3 S., 7 K.) mit $K = 150$ nach 28, $K = 210$ nach 100 Tagen bei $l = 10$ m $k = 10$, bei $l = 10$ m $k = 40$ kg/cm². (Kantenpressungen 20 v. H. höher.)

III. Beton für Verbundbauten, nach der preußischen Ministerialbestimmung vom 24. Mai 1907:

bei Beanspruchung auf Biegung $k = {}^1/_2 K$, $k_z = {}^1/_2 K_z$, wenn K_z versuchsmäßig nachgewiesen ist, oder $k_z \gtreqqless 0,1 K$ bei fehlendem Nachweise von K_z; bei Beanspruchung auf axialen Druck $k = 0,1 K$. Ferner die zulässige Schub- und Haftspannung $\tau = 4,5$ kg/cm² bei fehlendem Nachweise der Schubfestigkeit K_s, oder $= 0,2 K_s$ bei nachgewiesener Schubfestigkeit K_s.

II. Zug- und Druckfestigkeit.

Wird ein gerader Stab durch zwei gleich große entgegengesetzte Kräfte P in Richtung seiner Achse angegriffen, so erfährt er bei gleichförmiger Verteilung der Spannungen in einem beliebigen Querschnitt die Spannung

$$\sigma \text{ in kg/cm}^2 = \frac{P \text{ in kg}}{F \text{ in cm}^2}.$$

Die Festigkeitsbedingung lautet: Die rechnerisch bestimmte Spannung σ muß kleiner sein als die zulässige Spannung für Zug, die der Bach-

---

[1]) Z. d. B. 1909, S. 663.

schen Tabelle zu entnehmen ist. Der zur Aufnahme einer Spannkraft P in kg bei k_z in kg/cm² erforderliche Querschnitt in cm² ist demnach

$$\text{erforderlich } F = \frac{P}{k_z}\,.$$

Für Stäbe, die auf Druck beansprucht sind, wird

$$\text{erforderlich } F = \frac{P}{k}\,.$$

Meist wird der ausgeführte Querschnitt von dem erforderlichen abweichen, aber er darf niemals kleiner sein als dieser.

Beispiele. 1. Eine Zugstange von 8 m Länge ist mit $P = 17\,000$ kg belastet. Querschnitt und Verlängerung sind zu bestimmen. Wählt man Flußeisen mit einer Zugfestigkeit von $K_z = 4500$ kg/cm² als Baustoff und setzt 5fache Sicherheit gegen Bruch fest, so erhält man die zulässige Zugspannung

$$k_z = \tfrac{1}{5} K_z = \tfrac{1}{5} \cdot 4500 = 900 \text{ kg/cm}^2\,.$$

Dann wird der erforderliche Querschnitt

$$F = \frac{P}{k_z} = \frac{17\,000}{900} = 18,9 \text{ cm}^2\,.$$

Rundeisen von 50 mm $\varnothing$ hat $F' = 19,64$ cm², so daß sich die rechnerisch ermittelte Spannung ergibt

$$\sigma = \frac{P}{F'} = \frac{17\,000}{19,64} = 866 \text{ kg/cm}^2\,.$$

Flacheisen 20×100 mm hat $F' = 2 \times 10 = 20$ cm²; damit

$$\sigma = \frac{17\,000}{20} = 850 \text{ kg/cm}^2\,.$$

Winkeleisen: a) L $100 \times 100 \times 10$ mit $F' = 19,2$ cm²

$$\sigma = \frac{17\,000}{19,2} = 885 \text{ kg/cm}^2;$$

b) ⌐L $55 \times 55 \times 10$ mit $F' = 2 \cdot 10,07 = 20,14$ cm²

$$\sigma = \frac{17\,000}{20,17} = 845 \text{ kg/cm}^2;$$

c) ⌐L $50 \times 75 \times 9$ mit $F' = 2 \cdot 10,5 = 21$ cm²

$$\sigma = \frac{17\,000}{21} = 810 \text{ kg/cm}^2\,.$$

U-Eisen: a) ⊏ NP 14 mit $F = 20,4$ cm²

$$\sigma = \frac{17\,000}{20,4} = 833 \text{ kg/cm}^2;$$

b) ⊐⊏ NP 8 mit $F' = 2 \cdot 11 = 22$ cm²

$$\sigma = \frac{17\,000}{22} = 772 \text{ kg/cm}^2\,.$$

Bei allen Beispielen ist der volle Querschnitt als tragend angenommen. Nun muß aber der Stab irgendwie befestigt werden, was z. B. durch Keile, Schrauben oder Nieten geschehen kann. Durch den Anschluß erfährt der Querschnitt des Stabes eine Schwächung. Der Querschnittbemessung muß aber der schwächste Querschnitt zugrunde gelegt werden, den man den gefährlichen Querschnitt nennt.

a) Der Stab sei durch Gewinde an den Enden befestigt; dann ist der Kernquerschnitt maßgebend. Die Schraubentabelle für Whitworth-

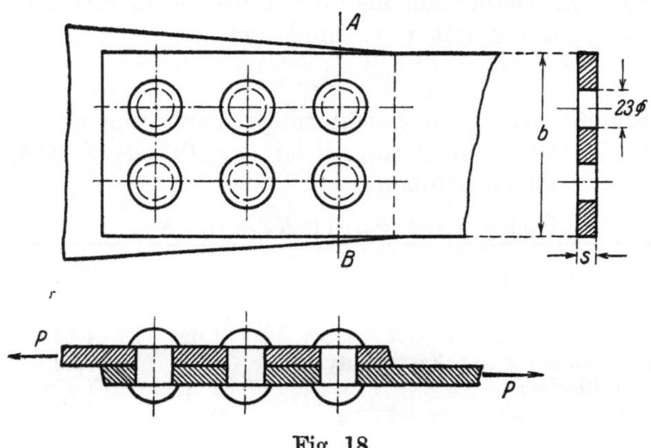

Fig. 18.

Gewinde, Deutsche Industrie-Normen D. J.-Norm 12, gibt an $2^1/_2''$ mit einem Kerndurchmesser von 55,37 mm und $F' = 24{,}08\ \mathrm{cm}^2$, so daß

$$\sigma = \frac{17\,000}{24{,}08} = \sim 710\ \mathrm{kg/cm^2}$$

wird. Beachtet man, daß Gewinde nicht mit mehr als 600 kg/cm² belastet werden sollen, so wird eine Stärke von $2^3/_4''$ erforderlich mit einer Tragfähigkeit von 17 280 kg (laut Tabelle).

b) Flacheisen sei durch Niete angeschlossen. Der Nietdurchmesser bestimmt sich nach Abschnitt III, S. 324; er sei $d = 23$ mm. Der schwächste Querschnitt liegt in $A - B$ (Fig. 18); seine Flächeninhalt wird um $s \cdot 2d$ vermindert. Für die Ausführung wird gewählt Flacheisen 125×25 mm mit $F' = 12{,}5 \cdot 2{,}5 - 2 \cdot 2{,}5 \cdot 2{,}3 = 19{,}7\ \mathrm{cm}^2$;

$$\sigma = \frac{17\,000}{19{,}7} = \sim 860\ \mathrm{kg/cm^2}.$$

In ähnlicher Weise ist die Verminderung des Querschnittes bei den Profileisen zu berücksichtigen.

Die Verlängerung, die die 8 m lange Zugstange erfährt, wird

$$\varDelta l = \alpha \cdot \sigma \cdot l = \frac{1}{2\,150\,000} \cdot \frac{17\,000}{19{,}67} \cdot 8000 = \sim 3{,}7\ \mathrm{mm},$$

wobei $\alpha = \dfrac{1}{E}$ der Tabelle auf S. 378 entnommen ist und l in mm eingesetzt wird.

2. Der Stab erfahre eine Druckbeanspruchung infolge $P = 17\,000$ kg. Die Berechnung auf Druck allein genügt nicht, da meistens die Knickgefahr das Entscheidende ist. Gegen Druck allein würden bei $k = k_z$ die im Beispiel 1 errechneten Querschnitte ausreichen. Über Knicken siehe S. 367.

III. Scherfestigkeit.

Die Festigkeitsbedingung für einen auf Abscheren beanspruchten Stab heißt: Die rechnerisch gefundene Scherspannung muß unter der zulässigen bleiben. Bezeichnet man die in die Ebene des Querschnittes fallende Scherspannung mit τ, so muß sein

$$\tau \leqq k_s \,.$$

Dabei nimmt man eine gleichförmige Verteilung der Scherspannungen über den Querschnitt an. k_s ist der Tabelle S. 318 oder aus folgender Tabelle zu entnehmen.

$$\text{Scherfestigkeit } K_s = \mu_1 \cdot K_2 \,.$$

Eisensorte	μ_1		
	von	bis	im Mittel
Gußeisen	1,02	1,17	1,10
Schweißeisen in Stäben ⊥ zur Faserrichtung .	0,78	0,82	0,80
Schweißeisen in Blechen	0,84 quer	0,87 längs	—
Flußeisen in Stäben ⊥ zur Faserrichtung . .	0,84	0,87	—

Mit Hilfe der Zahlen μ_1 bestimmt man aus der Zugfestigkeit K_z die Scherfestigkeit, die unter Zugrundelegung der Sicherheit $\mathfrak{S}$ die zulässige Scherspannung ergibt. Z. B. K_z für Schweißeisen lt. Tabelle S. 378 $3300 \div 4000$ kg/cm²; μ_1 nach obiger Tabelle im Mittel 0,8; folglich $K_s = 0,8 \cdot K_z = 2640 \div 3200$ kg/cm². Für 5fache Sicherheit wird

$$k_s = \tfrac{1}{5} \cdot K_s = \tfrac{1}{5}\, 2640 \div \tfrac{1}{5}\, 3200 = 528 \div 640 \text{ kg/cm}^2 \,.$$

Vernietungen werden auf **Abscheren** berechnet; bei **Bolzen** ist **Biegung** zu berücksichtigen.

Beispiel 3. Die Vernietung der Fig. 18 ist nachzurechnen. Die 6 Niete haben insgesamt einen Querschnitt von $6 \cdot \dfrac{\pi \cdot d^2}{4}$ cm², der dem Abscheren Widerstand entgegensetzt; demnach wird

$$\tau = \frac{P}{F} = \frac{17\,000}{6 \cdot \dfrac{\pi \cdot 2,3^2}{4}} = \frac{17\,000}{6 \cdot 4,15} = 685 \text{ kg/cm}^2 \,.$$

Flußeiserne Niete würden bei $k_z = 900$ kg/cm² eine zulässige Scherspannung von $k_s = \mu_1 \cdot k_z = 0,85 \cdot 900 = 765$ kg/cm² haben; d. h. die Vernietung genügt.

Über die Ausführung von Nieten siehe auch S. 319.

4. Mit einer Winkelschere sollen Winkeleisen bis zu $120 \times 120 \times 15$ geschnitten werden. Wie groß ist der Stempeldruck? Eine sehr rohe

Annahme ist es zwar, wenn man sagt, der Stempeldruck muß gleich der ganzen Scherkraft sein, doch gibt diese Bestimmung zunächst einen gewissen Anhalt. Aus ihr folgt

$$P = F \cdot K_s \,.$$

Mit $F = 33{,}9\ \text{cm}^2$ (Tabelle S. 346) und $K_s = 0{,}85 \cdot K_z = 0{,}85 \cdot 4500$ wird

$$P = 33{,}9 \cdot 0{,}85 \cdot 4500 = \sim 130\,000\ \text{kg} \,.$$

5. In Flußeisenblech sollen zylindrische Löcher von $d = 20$ mm $\varnothing$ gestanzt werden; es ist die Stärke s des Bleches zu berechnen, wenn die Bruchfestigkeit des Stempels (bester Stahl!) $K = 12\,000$ kg/cm², die des Bleches $K_s = 4000$ kg/cm² beträgt.

Nimmt man auch hier an, daß die gesamte Scherkraft überwunden werden soll, so ist die abzuscherende Fläche gleich der Mantelfläche eines Zylinders von $d = 20$ mm $\varnothing$ und s mm Höhe. Die zum Abscheren aufzuwendende Kraft ist

$$P = \pi \cdot d \cdot s \cdot K_s \,.$$

Belastet man den Stempel bis zur Bruchfestigkeit, dann überträgt er eine Kraft

$$P = \frac{\pi\, d^2}{4} \cdot K \,.$$

Aus der Gleichsetzung beider Werte P folgt

$$s = \frac{K \cdot d}{4 \cdot K_s} = \frac{12\,000 \cdot 2}{4 \cdot 4000} = 15\ \text{mm} \,.$$

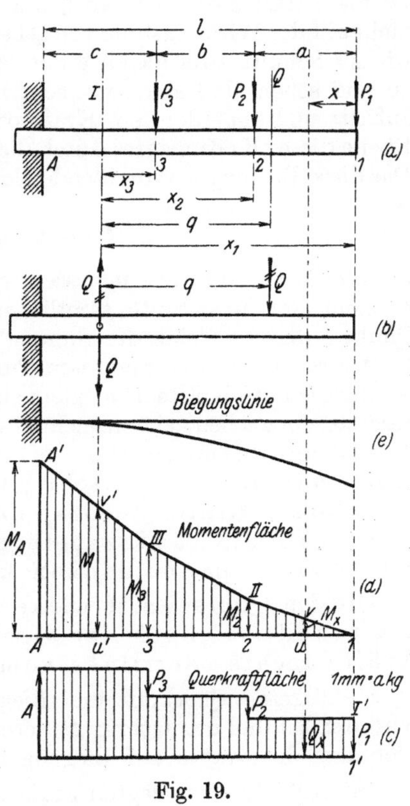

Fig. 19.

IV. Biegungsfestigkeit.

a) Querkraft- und Momentenfläche.

Wir denken uns den einseitig eingespannten Träger der Fig. 19 (Freiträger) durch die Kräfte P_1, P_2, P_3 belastet und untersuchen den Querschnitt I in der Entfernung x_1 vom freien Ende. Da es eine wesentliche Erleichterung bedeutet, wenn wir statt vieler Kräfte P nur mit ihrer Mittelkraft zu rechnen haben, bestimmen wir diese nach Größe, Richtung und Angriffspunkt (vgl. Abschnitt Mechanik S. 167) zu

$$Q = P_1 + P_2 + P_3 \,.$$

Hat der Angriffspunkt die Entfernung q vom Schnitt I, so ist q bestimmt aus

$$Q \cdot q = P_1 \cdot x_1 + P_2 \cdot x_2 + P_3 \cdot x_3,$$

da das statische Moment der Resultante gleich der Summe der statischen Momente der Einzelkräfte sein muß. Wir können uns jetzt den Träger Fig. 19a ersetzt denken durch den Träger Fig. 19b, der durch die Resultante Q sämtlicher Kräfte rechts vom Schnitt I belastet ist. Da die Wirkung dieser Kraft Q auf den Punkt I zu untersuchen ist, der nicht auf der Wirkungslinie von Q liegt (vgl. Mechanik S. 166), so bringen wir im Schnitt zwei gleich große, entgegengesetzt gerichtete Kräfte Q an und sehen, daß eine senkrecht nach unten gerichtete Einzelkraft Q auftritt und außerdem ein Kräftepaar mit dem Moment $Q \cdot q$. Da die Ebene dieses Kräftepaares durch die Stabachse geht, so erfolgt Biegung. Das diese Biegung hervorrufende Moment heißt Biegungsmoment; es ist

$$M_b = Q \cdot q \text{ in cmkg},$$

wenn Q in kg, q in cm gemessen werden. $Q \cdot q$ war aber das statische Moment der Resultante sämtlicher Kräfte rechts vom betrachteten Punkt I und ist gleich der Summe der statischen Momente sämtlicher Kräfte rechts vom betrachteten Punkt. Beachtet man, daß auch nach oben gerichtete Kräfte P möglich sind, deren Momente durch entgegengesetzte Vorzeichen gekennzeichnet werden, so können wir sagen: Unter dem Biegungsmoment in einem Punkte eines Trägers versteht man die algebraische Summe der statischen Momente sämtlicher Kräfte rechts, bzw. links vom betrachteten Punkt. (Links ist hinzugefügt, weil man auch einen Träger rechts eingespannt denken kann.)

Die im Querschnitt wirkende Einzelkraft Q heißt Querkraft und ist gleich der algebraischen Summe sämtlicher Kräfte rechts oder links vom betrachteten Punkt.

Stets treten Querkraft und Biegungsmoment gleichzeitig auf, doch wird der Einfluß der Querkraft vernachlässigt, wenn es sich um die Berechnung des Stabes auf Biegung handelt.

Mit Hilfe der festgelegten Erklärungen von Querkraft und Biegungsmoment sind wir in der Lage, beide Größen für jeden Punkt eines Trägers zu berechnen. Ein anschauliches Bild über den Verlauf der Querkräfte und der Biegungsmomente gewinnt man, wenn man für jeden Punkt des Trägers beide Größen bestimmt und sie mit Hilfe eines Maßstabes zeichnerisch als Strecken senkrecht zur Trägerachse darstellt. Verbindet man die Endpunkte der so erhaltenen Strecken, die Ordinaten genannt werden, so erhält man die Querkraftlinie und die Momentenlinie, aus denen unmittelbar die größten Werte ersichtlich sind. Beide Linien zeigen demnach, wie sich Querkraft und Moment längs der Trägerachse ändern, und gestatten, beide Größen für den Punkt durch Messung abzugreifen, der untersucht werden soll. Die von der Wagerechten (der

Trägerachse) und der Querkraftlinie eingeschlossene Fläche heißt Querkraftfläche; der Maßstab ihrer Darstellung lautet 1 mm = a kg,
d. h. 1 mm der Ordinatenlänge stellt a (z. B. 100 ÷ 500 ÷ 1000 usw.) kg
dar. Die von der Wagerechten und der Momentenlinie eingeschlossene
Fläche heißt Momentenfläche; der Maßstab ihrer Darstellung lautet
1 mm = b cmkg; d. h. 1 mm der Ordinatenlänge stellt b (z. B.
1000 ÷ 20000 ÷ usw.) cmkg dar.

Querkraftlinie des Trägers (Fig. 19c). Im Punkte 1 greift die
Kraft P_1 als einzige Kraft an, demnach ist die Querkraft $Q_1 = P_1$, nach
unten gerichtet; wir stellen sie im Punkte 1′ (Fig. 19c) als Strecke $I′\,1′$
dar. Wir betrachten den Punkt x in der Entfernung x vom freien Ende.
Rechts von ihm wirkt als einzige Kraft P_1, so daß $Q_x = P_1$ ist. Da
zwischen 1 und 2 keine neue Kraft hinzutritt, ist die Querkraft für jeden
Punkt zwischen 1 und 2 gleich P_1; die Querkraftlinie ist zwischen 1 und 2
eine Parallele zur Wagerechten im Abstande P_1. Fassen wir den Punkt 2
ins Auge, so müssen wir unterscheiden, ob noch die Kraft P_2, die in
diesem Punkte angreift, mit in Betracht gezogen werden soll oder nicht.
Es empfiehlt sich also, die Untersuchung anzustellen für einen Punkt
unmittelbar rechts von 2 und für einen Punkt unmittelbar links von 2.
Bleibt man bei der Betrachtung winzig wenig rechts von 2, so ist die
Querkraft $Q_2 = P_1$, weil rechts vom betrachteten Punkt nur P_1 wirkt.
Geht man winzig wenig links von 2, so ist die Querkraft $Q_2 = P_1 + P_2$,
weil rechts vom betrachteten Punkt P_1 und P_2 angreifen. Will man diese
etwas verzwickte Lage anschaulich machen, so wird die Querkraftlinie
im Punkte 2 einen Sprung von P_1 auf $P_1 + P_2$ machen müssen. Zwischen
2 und 3 bleibt die Querkraft unverändert gleich $P_1 + P_2$; unmittelbar
links von 3 springt sie auf $P_1 + P_2 + P_3$ und behält diese Größe bis zur
Einspannstelle A. Damit ist der Verlauf der Querkraftlinie längs der
Trägerachse gegeben; sie ist eine Treppenlinie, die in den Angriffspunkten der Lasten Absätze oder Sprünge zeigt (Fig. 19c). Für das Gedächtnis
entnehmen wir der Figur, daß die Querkraftlinie aus Teilen besteht,
die der Trägerachse parallel sind, wenn der Träger durch Einzelkräfte
belastet ist.

Momentenlinie des Trägers (Fig. 19d). Da rechts von 1 keine
Kräfte angreifen, ist das Biegungsmoment im Punkte 1 gleich 0. Be-
trachten wir den Punkt 2, so wirkt rechts von ihm als einzige Kraft die
Kraft P_1 in der Entfernung a; ihr Moment, bezogen auf 2, ist

$$M_2 = P_1 \cdot a, \text{ gemessen in cmkg,}$$

das wir unter Zugrundelegung des Maßstabes 1 mm = b cmkg als
Strecke $2\,II$ senkrecht unter 2 darstellen. Zur Beantwortung der Frage,
wie verläuft die Momentenlinie zwischen 1 und 2, greifen wir den beliebigen Punkt x heraus. Rechts von x greift P_1 als einzige äußere Kraft
an; ihr Moment, bezogen auf den Punkt x, ist

$$M_x = P_1 \cdot x, \text{ gemessen in cmkg,}$$

das wir ebenfalls mit Hilfe des Momentenmaßstabes senkrecht unter x als Strecke $u\,v$ darstellen. Aus

$$M_2 = P_1 \cdot a \quad \text{und} \quad M_x = P_1 \cdot x$$

folgt $\qquad M_2 : M_x = P_1 \cdot a : P_1 : x = a : x\,.$

Der zeichnerische Ausdruck für diese einfache Proportionalität ist die gerade Linie (vgl. Abschnitt Planimetrie S. 74). Die Endpunkte v aller Strecken $u\,v$ zwischen 1 und II liegen auf einer Geraden $1\,II$; d. h. zwischen 1 und 2 ist die Momentenlinie eine geneigte Gerade. Hat man den Punkt II als Endpunkt der Strecke $2\,II = M_2 = P_1 \cdot a$ festgelegt, so ist die Verbindungslinie $1\,II$ die Momentenlinie für den Trägerteil 12.

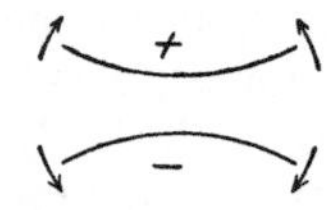

Fig. 20.

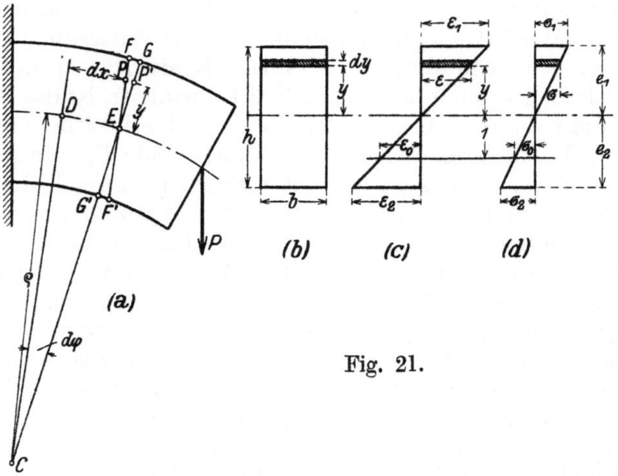

Fig. 21.

Es genügt demnach, die Momente in den Angriffspunkten 1, 2, 3 und in A zu berechnen und die Endpunkte der sie darstellenden Strecken geradlinig zu verbinden. Als Summe der statischen Momente sämtlicher Kräfte rechts vom betrachteten Punkt erhalten wir

$$M_3 = P_1\,(a + b) + P_2 \cdot b$$

und

$$M_A = P_1\,(a + b + c) + P_2\,(b + c) + P_3 \cdot c\,.$$

Die Momentenlinie ist der gebrochene Linienzug $1 \div II \div III \div A'$. Die von ihr begrenzte, durch Strichelung hervorgehobene Fläche ist die Momentenfläche; sie gestattet, für jeden Punkt des Trägers das Biegungsmoment abzugreifen. Es ist z. B.

$$M = (u'\,v')\ \text{in}\ \text{mm} \times \frac{b\ \text{cmkg}}{1\ \text{mm}}\,,\ \text{gemessen in cmkg}\,.$$

Streng genommen müßten sämtliche Momente das negative Vorzeichen erhalten, weil sich die Biegungslinie des Trägers (Fig. 19e) nach oben wölbt und es üblich ist, Momente, die eine solche Biegung hervorrufen, negativ zu nennen. Positiv nennt man Momente, wenn die Biegungslinie des Stabes nach unten gewölbt ist (Fig. 20).

Aus der Momentenfläche ergibt sich das größte Biegungsmoment, das der Querschnittsermittlung zugrunde gelegt wird. In Fig. 19 wird

$$\max M = M_A = P_1\,(a+b+c) + P_2\,(b+c) + P_3\cdot c.$$

max M wird gelesen „maximum M" und bedeutet „größtes Moment". max $M = M_A$ heißt: Das größte Moment ist das Moment in A.

b) Biegungsspannungen.

Es sollen die durch ein Biegungsmoment in dem Querschnitt eines Trägers hervorgerufenen Biegungspannungen ermittelt werden. Die infolge der Querkraft auftretenden Spannungen werden vernachlässigt.

Der Freiträger in Fig. 21 sei durch die Kraft P belastet. Ist x die Entfernung der Wirkungslinie von P bis zum betrachteten Querschnitt $G\,E\,G'$, so ist das diesen Querschnitt beanspruchende Biegungsmoment

$$M_x = P\cdot x.$$

Infolge der Belastung P wird die vordem gerade Achse des Trägers gebogen. Die gekrümmte Achse heißt Biegungslinie oder elastische Linie. Die Erfahrung zeigt, daß die obere Faserschicht eine Verlängerung, die untere Faserschicht dagegen eine Verkürzung erfährt. Zwischen beiden Schichten muß sich eine mittlere Faserschicht befinden, die trotz der Biegung ihre ursprüngliche Länge beibehält; sie heißt neutrale Faserschicht und schneidet jeden Querschnitt in einer Geraden, die neutrale Achse des Querschnittes oder Nullachse, bzw. Nulllinie genannt wird. Dem Auge sichtbar und durch Messungen bestimmbar sind die Verlängerungen und Verkürzungen der Faserschichten. Genau so wie wir die Längenänderungen bei Zug und Druck auf die Längeneinheit bezogen, beziehen wir sie auch bei der Biegung auf die Längeneinheit; d. h. wir gehen bei unserer Untersuchung von den Dehnungen aus. Betrachtet man zwei Querschnitte D und E, die um das sehr kleine Stück dx voneinander entfernt sind, so erscheinen beide nach der Biegung gegeneinander geneigt. Dabei setzen wir allerdings voraus, daß die Querschnitte bei der Biegung eben bleiben, daß also der geneigte Querschnitt $G\,E\,G'$ trotz der Biegung ein Rechteck mit den Seiten b und h geblieben ist. Diese Voraussetzung ist nur innerhalb gewisser Grenzen zutreffend, denn eine starke Biegung hat die Bildung von Wulsten an der Biegungstelle zur Folge (technologische Biegeprobe). Die Frage, wie die Dehnungen von der Nullinie aus nach dem Rande des Querschnittes zu wachsen, beantworten wir durch eine Annahme; wir nehmen an, sie mögen um so größer werden, je weiter die Faserschicht von der Nullinie entfernt ist. Mathematisch ausgedrückt würden wir sagen: Die Dehnungen sind direkt proportional den Entfernungen von der Nullinie. Bezeichnet man mit ε_0 die Dehnung in der Entfernung 1, mit ε die Dehnung in der Entfernung y, so besteht die Proportion

$$\varepsilon : \varepsilon_0 = y : 1 \quad \text{und daraus} \quad \varepsilon = \varepsilon_0\cdot y.$$

Der Verlauf der Dehnungen längs des Querschnittes ist durch eine geneigte Gerade durch den Nullpunkt dargestellt (Fig. 21c). Um über

die Verteilung der Spannungen über den Querschnitt etwas aussagen zu
können, bedienen wir uns des Hookeschen Gesetzes und sagen: Auch
die Spannungen wachsen mit der Entfernung von der Nullinie, und zwar
sind auch sie direkt proportional den Entfernungen. Bezeichnet man
mit σ_0 die Spannung in der Entfernung 1, mit σ die Spannung in der Entfernung y, so besteht die Proportion

$$\sigma : \sigma_0 = y : 1 \quad \text{und daraus} \quad \sigma = \sigma_0 \cdot y.$$

Erst durch die Aufstellung dieser beiden Gesetze haben wir die Möglichkeit gewonnen, an die rechnerische Ermittlung der größten Spannungen, der Randspannungen σ_1 und σ_2, zu gehen; jedoch besteht noch
eine Schwierigkeit: In jeder Schicht des Querschnittes sind die Spannungen verschieden groß; jeder Entfernung y entspricht eine andere
Spannung σ. Wir kennen aber nur den Fall gleichmäßiger Verteilung
über den Querschnitt. Um den vorliegenden Fall der Biegung auf diesen
zurückführen zu können, bedarf es gewissermaßen eines Kunstgriffes:
Wir wählen einen Flächenstreifen von so geringer Höhe, daß für ihn
unsere Voraussetzung gleichförmiger Verteilung der Spannungen als
erfüllt angesehen werden darf. Solch ein Flächenstreifen von verschwindend kleiner Höhe dy (Fig. 21 b) heißt Flächenelement; es ist in
der Figur durch Strichelung hervorgehoben und wird im allgemeinen mit
$\varDelta F$ bezeichnet. Das dem F vorgesetzte $\varDelta$ soll zum Ausdruck bringen,
daß es sich um ein sehr, sehr schmales Flächenstreifchen handelt. Nach
der Begriffsfestsetzung der Spannung überträgt 1 cm² Querschnitt bei
gleichförmiger Verteilung der Spannungen σ kg; $(\varDelta F)$ cm² übertragen
demnach $(\sigma \cdot \varDelta F)$ kg. Nun besteht aber der ganze Querschnitt F aus
unzähligen solcher Flächenelemente, von denen jedes $(\sigma \cdot \varDelta F)$ kg überträgt, wobei zu beachten ist, daß jedes Flächenelement ein anderes σ
hat als das benachbarte. Die Produkte $\sigma \cdot \varDelta F$ sind eine untrennbare
Einheit von veränderlichem Wert, je nach der Entfernung y, die das
Flächenelement von der Nullinie hat.

Denken wir uns nunmehr den Träger im Querschnitt x durch-
geschnitten und die jedem Flächenelement zugehörige Kraft $\sigma \cdot \varDelta F$ als
äußere Kraft eingeführt, so müssen diese inneren Kräfte $\sigma \cdot \varDelta F$ den
angreifenden äußeren Kräften P das Gleichgewicht halten. Mit Hilfe
dieser Überlegung sind wir imstande, die drei Gleichgewichtsbedingungen
(siehe Abschnitt Mechanik S. 165) anzuwenden.

Die erste Gleichgewichtsbedingung fordert: Die Summe sämtlicher
Seitenkräfte in wagerechter Richtung soll gleich Null sein. In unserem
Falle sind nur die den Flächenelementen $\varDelta F$ zugehörigen Kräfte
$\sigma \cdot \varDelta F$ wagerecht gerichtet, folglich muß ihre Summe gleich Null sein.
Da es sich um die Summe unzähliger Glieder handelt, von denen jedes
sehr, sehr klein ist, muß diese Art einer Summenbildung durch ein besonderes Zeichen hervorgehoben werden. Es ist üblich, $\varSigma \varDelta F \cdot \sigma$ (gelesen: Summe Delta F mal σ) zu schreiben, und man versteht darunter
eine Summe unzählig vieler Produkte. Daß man von dieser Summe
den Wert 0 fordert, wird erklärlich, wenn man beachtet, daß die Kräfte,

mit denen Flächenelemente unterhalb der Nullinie an der Kraftübertragung teilnehmen, entgegengesetzte Richtung haben; sie sind Druckkräfte, während oberhalb der Nullinie Zugkräfte herrschen. In Form einer Gleichung lautet die 1. Gleichgewichtsbedingung

$$\Sigma \Delta F \cdot \sigma = 0.$$

Ersetzt man σ durch $\sigma_0 \cdot y$, so geht diese Gleichung über in

$$\Sigma \Delta F \cdot y \cdot \sigma_0 = 0.$$

In ihr ist σ_0 eine Unveränderliche, die man als Faktor ansehen kann, der in jedem der unzähligen Produkte $\Delta F \cdot y \cdot \sigma_0$ vorkommt. Genau so wie wir gemeinsame Faktoren in algebraischen Summen vor eine Klammer zogen, setzen wir hier σ_0 vor das Summenzeichen und schreiben

$$\sigma_0 \cdot \Sigma \Delta F \cdot y = 0.$$

Das ist ein Produkt aus den Gliedern σ_0 und $\Sigma \Delta F \cdot y$; sein Wert ist gleich Null, wenn einer der Faktoren gleich Null ist. Da σ_0 als Spannung in der Entfernung 1 nicht gleich Null sein kann, muß $\Sigma \Delta F \cdot y = 0$ sein. Hat das Flächenelement ΔF die verschwindend kleine Höhe dy, so fällt die Entfernung seines Schwerpunktes von der Nullinie mit y zusammen. Es ist dann $\Delta F \cdot y$ das statische Moment eines Flächenteilchens bezogen auf die Nullinie. $\Sigma \Delta F \cdot y$ wäre also die Summe der statischen Momente sämtlicher Flächenteilchen bezogen auf die Nullinie. Wenn sie, wie gefordert wird, gleich Null sein soll, so heißt das: Die Achse, auf die die statischen Momente bezogen werden, geht durch den Schwerpunkt des Querschnittes, denn nur für die Schwerachse ist die Bedingung $\Sigma \Delta F \cdot y = 0$ erfüllt (vgl. Abschnitt Mechanik S. 186).

Als Ergebnis halten wir fest: Die Nullinie ist die Schwerachse des Querschnittes, die senkrecht zur Wirkungslinie der angreifenden Kräfte P liegt. Sind die Kräfte P, wie in unserm Falle, senkrecht gerichtet, so ist die Nullinie die wagerechte Schwerachse des Querschnittes.

Die zweite Gleichgewichtsbedingung fordert: Die Summe sämtlicher Seitenkräfte in senkrechter Richtung soll gleich Null sein. Sie ist ebenfalls erfüllt, da die senkrecht nach unten wirkende angreifende Kraft P in Querschnitt $G E G'$ eine senkrecht nach oben gerichtete Querkraft $Q_x = P$ hervorruft, die aber bei der Spannungsermittlung vernachlässigt werden soll.

Die dritte Gleichgewichtsbedingung fordert: Die Summe aller statischen Momente, bezogen auf einen beliebigen Punkt als Drehpunkt, soll gleich Null sein. Wir wählen den Spannungsnullpunkt (Fig. 21 d) als Drehpunkt. Auf ihn bezogen hat die äußere Kraft P das Moment $M_x = P \cdot x$, das rechts herum dreht. Die Bedingung des Gleichgewichtes verlangt, daß die Summe der statischen Momente aller Kräfte, mit denen die Flächenelemente des Querschnittes an der Kraftübertragung teilnehmen, diesem Moment M_x der äußeren Kräfte das Gleichgewicht hält. Ein beliebiger Flächenstreifen ΔF in der Entfernung y von der Nullinie überträgt $(\sigma \cdot \Delta F)$ kg; das Moment dieser Teilkraft, bezogen auf die Nullinie, ist $\sigma \cdot \Delta F \cdot y$, gemessen in cmkg, wenn y in cm gemessen wird.

Da es sich auch in diesem Falle um unzählige Flächenstreifen handelt, schreiben wir wieder

$$\Sigma \Delta F \cdot \sigma \cdot y = M_x.$$

Ersetzen wir σ durch $\sigma_0 \cdot y$ und ziehen σ_0 als Faktor vor das Summenzeichen, so geht diese Gleichung über in

$$\sigma_0 \cdot \Sigma \Delta F \cdot y^2 = M_x.$$

Der Ausdruck $\Sigma \Delta F \cdot y^2$ ist das Ergebnis einer mathematischen Entwicklung und als solcher zunächst nichts weiter als ein **Rechnungsausdruck**; man bezeichnet ihn als **Trägheitsmoment** J_x des Querschnittes und versteht darunter allgemein die Summe der Produkte aus Flächenteilchen und Quadrat der Entfernungen von einer Achse. Setzman $\Sigma \Delta F \cdot y^2 = J_x$ in die Gleichung für M_x ein, so erhält man

$$\sigma_0 \cdot J_x = M_x.$$

Nun sind die wichtigen Randspannungen σ_1 und σ_2 bestimmt durch

$$\sigma_1 = \sigma_0 \cdot e_1 \quad \text{und} \quad \sigma_2 = \sigma_0 \cdot e_2,$$

so daß

$$1. \quad \sigma_0 = \frac{\sigma_1}{e_1}; \qquad 2. \quad \sigma_0 = \frac{\sigma_2}{e_2}.$$

Damit ergibt sich

$$1. \quad \sigma_1 \cdot \frac{J_x}{e_1} = M_x; \quad 2. \quad \sigma_2 \cdot \frac{J_x}{e_2} = M_x.$$

Die Quotienten $\dfrac{J_x}{e_1}$ und $\dfrac{J_x}{e_2}$ bedeuten „Trägheitsmoment des Querschnittes dividiert durch die Entfernung der äußersten Faser von der Nullinie"; sie heißen **Widerstandsmomente** des Querschnittes und werden mit W_1 und W_2 bezeichnet. Die Maßeinheiten erhalten wir durch die Überlegung: ΔF als Fläche wird in cm² gemessen; y^2 ebenfalls, wenn y in cm eingesetzt wird. Folglich erhält J als Produkt aus ΔF und y^2 die Benennung cm⁴. Da e_1 und e_2 als Längen in cm gemessen werden, so erhält das Widerstandsmoment als Quotient aus cm⁴ und cm die Benennung cm³. Zur Berechnung der Randspannungen erhalten wir die Gleichungen

$$1) \quad \sigma_1 \cdot W_1 = M_x \;\text{oben} \quad \text{und} \quad 2) \quad \sigma_2 \cdot W_x = M_x \;\text{unten}.$$

Die Festigkeitsbedingung: Die errechnete Spannung σ soll unter der zulässigen Biegungsspannung (vgl. S. 321) bleiben, führt zu der Grundgleichung der Biegungsfestigkeit

$$\sigma_1 = \frac{M_x}{W_1} \leqq k_b \quad \text{bzw.} \quad \sigma_2 = \frac{M_x}{W_2} \leqq k_b.$$

Für die Bemessung des Querschnittes ergibt sich die Bedingung

$$W_{\text{erforderlich}} = \frac{M_x}{k_b},$$

wobei das erforderliche Widerstandsmoment in cm³; das Biegungsmoment M_x in cmkg und die zulässige Biegungsspannung in kg/cm² gemessen werden.

Kennen wir die Widerstandsmomente von Querschnittsformen, so sind wir in der Lage, die infolge der Biegungsmomente auftretenden Biegungsspannungen zu berechnen.

c) Trägheitsmomente und Widerstandsmomente von Querschnitten.

Um eine gewisse Vorstellung von dem Begriff Trägheitsmoment zu bekommen, wollen wir uns den Querschnitt der Fig. 22 als sehr dünne Blechscheibe vorstellen und wollen ferner annehmen, diese dünne Scheibe drehe sich um die Achse $x \div x$. Bei dieser Drehung hat jeder Punkt der Scheibe eine andere Geschwindigkeit, die um so größer ist, je weiter er von der Drehachse entfernt ist (vgl. Abschnitt Mechanik S. 129). Bezeichnet man mit ω die Winkelgeschwindigkeit, die für alle Teile der Scheibe gleich groß ist, so ist die Umfangsgeschwindigkeit jedes Teilchens $v = y \cdot \omega$. Die lebendige Kraft eines Teilchens ΔF, das so zu wählen ist, daß

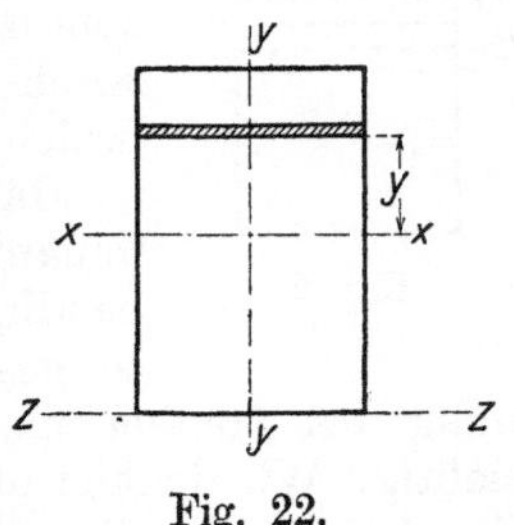

Fig. 22.

alle Punkte gleiche Umfangsgeschwindigkeit haben, bestimmt sich zu

$$\Delta L = \tfrac{1}{2} \cdot \Delta F \cdot v^2,$$

wobei wir uns ΔF als Massenteilchen vorstellen. Dann ist die lebendige Kraft der ganzen um die Achse $x \div x$ umlaufenden Scheibe gleich der Summe der lebendigen Kräfte aller einzelnen Teile; und wir erhalten

$$L = \Sigma \Delta L = \Sigma \tfrac{1}{2} \Delta F \cdot v^2$$

oder, mit $v = y \cdot \omega$,

$$L = \Sigma \tfrac{1}{2} \Delta F \cdot y^2 \cdot \omega^2 .$$

Ziehen wir auch hier $^1/_2\, \omega^2$ als gemeinsamen unveränderlichen Faktor vor das Summenzeichen, so ergibt sich

$$L = \frac{\omega^2}{2} \cdot \Sigma \Delta F \cdot y^2 .$$

Da $\tfrac{1}{2} \omega^2$ unveränderlich ist, muß die lebendige Kraft L um so größer werden, je größer $\Sigma \Delta F \cdot y^2$ ist. Nicht die Größe der Flächenteile allein ist ausschlaggebend, sondern ihre Lage zur gedachten Drehachse. Je weiter ein und derselbe Querschnitteil von der Achse entfernt ist, desto größer wird seine lebendige Kraft, desto länger wird er um die Achse rotieren, wenn er, auf eine bestimmte Umlaufzahl gebracht, sich selbst überlassen bleibt. Das Auslaufen verdankt er der ihm innewohnenden Eigenschaft der Trägheit, und weil diese Trägheit in $\Sigma \Delta F \cdot y^2$ zum Ausdruck kommt, heißt $\Sigma \Delta F \cdot y^2$ Trägheitsmoment. Wir sprechen von dem Trägheitsmoment eines Querschnittes, d. h. eines masselosen, zweidimensionalen Gebildes, und stellen uns die Fläche mit unendlich fein verteilter Masse vor, ähnlich wie wir es bei dem Schwerpunkt von Flächen (siehe Abschnitt Mechanik S. 186) getan haben.

Je nachdem wir das den Querschnitt darstellende Blech um die x-, die y- oder die z-Achse umlaufen lassen, wird die Auslaufzeit eine andere sein. Das bei 100 Umläufen in der Minute sich selbst überlassene um die z-Achse umlaufende Blech wird wegen der größeren Wucht, die ihm die größere Umlaufgeschwindigkeit verleiht, länger laufen als dasselbe Blech, das unter gleichen Umständen um die x-Achse rotiert.

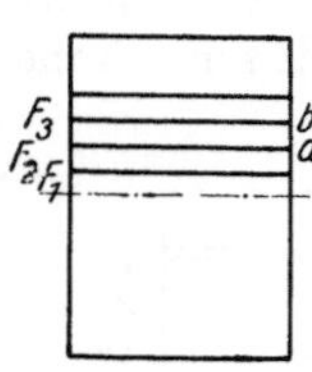

Fig. 23.

Daraus folgt, daß das Trägheitsmoment ein und desselben Querschnittes ganz andere Werte annimmt, je nachdem man es auf die x-, die y- oder die z-Achse, bzw. irgendeine andere Achse bezieht.

Hält man an der Vorstellung einer umlaufenden Scheibe fest, deren lebendige Kraft ermittelt werden soll,

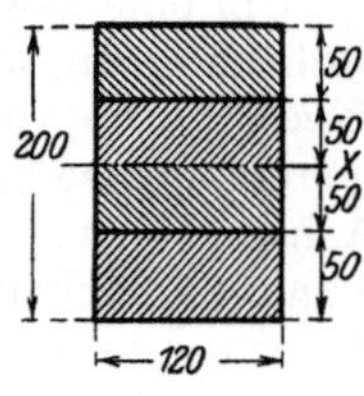

Fig. 24.

so gestaltet sich auch die Berechnung des Trägheitsmomentes für einen einfachen Querschnitt durchsichtig. Wir denken uns das den Querschnitt darstellende Blech in die Streifen F_1; F_2; F_3 usw. zerlegt (Fig. 23); dann ist die lebendige Kraft des ersten Streifens

$$L_1 = \tfrac{1}{2} \cdot F_1 \cdot v_1^2$$

unter der Voraussetzung, daß sämtliche Punkte des Streifens F_1 die Geschwindigkeit v_1 haben. Das trifft aber nur angenähert zu, da die Umfangsgeschwindigkeit in den Punkten a und b verschieden ist. Der Wirklichkeit kommen wir um so näher, je schmaler wir die Streifen wählen; wir treffen sie, wenn wir a und b unendlich nahe annehmen, so daß der Abstand $a\,b$ verschwindend klein wird. Entsprechend haben die die übrigen Streifen die lebendigen Kräfte

$$L_1 = \tfrac{1}{2} \cdot F_1 \cdot v_1^2 = \tfrac{1}{2} \cdot F_1 \cdot y_1^2 \cdot \omega^2\,,$$
$$L_2 = \tfrac{1}{2} \cdot F_2 \cdot v_2^2 = \tfrac{1}{2} \cdot F_2 \cdot y_2^2 \cdot \omega^2\,,$$
$$L_3 = \tfrac{1}{2} \cdot F_3 \cdot v_3^2 = \tfrac{1}{2} \cdot F_3 \cdot y_3^2 \cdot \omega^2\,.$$

Für die lebendige Kraft der ganzen Scheibe wird

$$L = L_1 + L_2 + L_3 + \ldots = \tfrac{1}{2}\,\omega^2\,(F_1 \cdot y_1^2 + F_2 \cdot y_2^2 + F_3 \cdot y_3^2 + \ldots).$$

Die Summe in der Klammer ist das Trägheitsmoment des den Querschnitt darstellenden Bleches, bezogen auf die — gedachte — Drehachse. In je mehr Streifen wir uns den Querschnitt zerlegt denken, um so mehr Glieder erscheinen in der Klammer, um so genauer wird der Wert J, der erst restlos genau wird, wenn wir unendlich schmale und dafür unendlich viele Streifen annehmen.

Beispiel 6. Das Trägheitsmoment des nebenstehenden Rechtecks, bezogen auf die Schwerachse, ist zu berechnen.

1. Annäherung. Die Fläche sei in 4 Streifen zerlegt (Fig. 24), von denen jeder $12 \cdot 5$ cm² Flächeninhalt hat:

$$J_4 = 2\,(12 \cdot 5 \cdot 2{,}5^2 + 12 \cdot 5 \cdot 7{,}5^2) = 7620 \text{ cm}^4.$$

2. **Annäherung**: Die Fläche sei in 20 Streifen zerlegt; jeder Streifen ist 12 cm breit und 1 cm hoch:

$$J_{20} = 2 \cdot (12 \cdot 1 \cdot 0,5^2 + 12 \cdot 1 \cdot 1,5^2 + 12 \cdot 1 \cdot 2,5^2 + 12 \cdot 1 \cdot 3,5^2$$
$$+ 12 \cdot 1 \cdot 1 \cdot 4,5^2 + 12 \cdot 1 \cdot 5,5^2 + 12 \cdot 1 \cdot 6,5^2 + 12 \cdot 1 \cdot 7,5^2$$
$$+ 12 \cdot 1 \cdot 8,5^2 + 12 \cdot 1 \cdot 9,5^2) = 7980 \text{ cm}^4 \,.$$

3. **Annäherung**: Die Fläche sei in 50 Streifen zerlegt; jeder Streifen ist 12 cm breit und 0,4 cm hoch:

$$J_{50} = 2 \cdot (12 \cdot 0,4 \cdot 0,2^2 + 12 \cdot 0,4 \cdot 0,6^2 + 12 \cdot 0,4 \cdot 1,0^2 + 12 \cdot 0,4 \cdot 1,4^2$$
$$+ \ldots + 12 \cdot 0,4 \cdot 9,4^2 + 12 \cdot 0,4 \cdot 9,8^2) = 7997 \text{ cm}^4.$$

4. **Annäherung**: Die Fläche sei in 100 Streifen zerlegt; jeder Streifen ist 12 cm breit und 0,2 cm hoch:

$$J_{100} = 2 \cdot (12 \cdot 0,2 \cdot 0,1^2 + 12 \cdot 0,2 \cdot 0,3^2 + 12 \cdot 0,2 \cdot 0,5^2$$
$$+ \ldots + 12 \cdot 0,2 \cdot 9,5^2 + 12 \cdot 0,2 \cdot 9,7^2 + 12 \cdot 0,2 \cdot 9,9^2)$$
$$= 2 \cdot 12 \cdot 0,2 \cdot \frac{1}{100} \cdot (1^2 + 3^2 + 5^2 + \ldots 95^2 + 97^2 + 99^2)$$
$$= 7999,2 \text{ cm}^4.$$

Je mehr Teile wir annehmen, desto mehr nähert sich J einem Grenzwert, den wir erst bei der Annahme unendlich vieler und unendlich schmaler Streifen erreichen. Dieser Grenzwert ist $J = 8000 \text{ cm}^4$, der mit Hilfe der sogenannten Integralrechnung gefunden wird. Sind b und h die Abmessungen des Rechtecks, so ist

$$J = \frac{1}{12} \cdot b \cdot h^2, \text{ gemessen in cm}^4.$$

Das Widerstandsmoment ergibt sich durch Division mit der Entfernung $\frac{h}{2}$ der äußersten Faser, so daß wir erhalten

$$W = \frac{\frac{1}{12} \cdot b \cdot h^2}{\frac{h}{2}} = \frac{b h^2}{6}, \text{ gemessen in cm}^3.$$

In unserm Zahlenbeispiel wird $\quad W = \dfrac{8000}{10} = 800 \text{ cm}^3$.

Bezeichnet man mit k_b die zulässige Biegungspannung, dann ist die Tragfähigkeit eines Trägers mit dem Widerstandsmoment W

$$\max M = W \cdot k_b, \text{ gemessen in cmkg.}$$

Denken wir uns den Querschnitt in unserm Zahlenbeispiel zu einem Holzbalken gehörend, so vermag dieser Holzbalken bei $k_b = 80 \text{ kg/cm}^2$ ein größtes Biegungsmoment aufzunehmen von

$$\max M = 800 \cdot 80 = 64\,000 \text{ cmkg.}$$

Genau so wie das Trägheitsmoment ist das Widerstandsmoment ein mathematischer Ausdruck, der die Eigenschaften eines Querschnittes kennzeichnet, und der erkennen läßt, ob ein Träger der zu erwartenden Biegungsanstrengung gewachsen ist. Maßgebend bleibt aber das Trägheitsmoment, denn erst aus ihm wird durch Division mit der Entfernung der äußersten Faser von der Nullinie das Widerstandsmoment erhalten.

Bei der Zug-, Druck- und Scherfestigkeit genügte die Ermittlung der Größe eines Querschnittes zur Beantwortung der Frage, ob ein Stab genügend fest sei. Bei der Biegung genügt die Kenntnis des Flächeninhaltes nicht, jetzt ist die Form des Querschnittes von ausschlaggebender Bedeutung. Wir vergleichen die Querschnitte (Fig. 25), von denen der eine hochkant, der andere flach verwendet werden soll; dann vermögen sie zu tragen

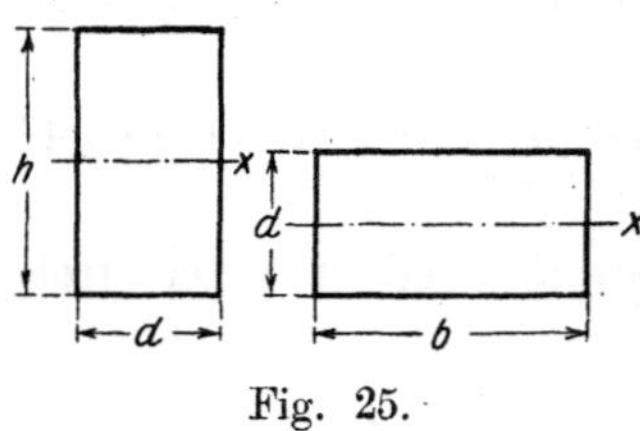

Fig. 25.

$$M_1 = W_1 \cdot k_b = \frac{d\,h^2}{6} \cdot k_b, \qquad M_2 = W_2 \cdot k_b = \frac{b \cdot d^2}{2} \cdot k_b.$$

Daraus folgt

$$M_1 : M_2 = h^2 : d \cdot b \quad \text{oder} = d\,h^2 : d^2\,b.$$

Mit $F_1 = d \cdot h$ und $F_2 = b \cdot d$ wird

$$\frac{M_1}{M_2} = \frac{F_1}{F_2} \cdot \frac{h}{d}.$$

$d < h$ erfordert demnach eine größere Breite des Querschnittes, wenn gleiche Tragfähigkeit beider Querschnitte verlangt wird; d. h. der Träger wird schwerer, also teurer.

Beispiel 7. Für den Träger der Fig. 26a wird mit $P = 150$ kg und $l = 4$ m

$$\max M = \frac{P \cdot l}{4} = 150 \cdot \frac{400}{4} = 15\,000 \text{ cmkg};$$

mit $k_b = 80$ kg/cm² ergibt sich ein erforderliches Widerstandsmoment

$$W_{\text{erforderlich}} = \frac{15\,000}{80} = 188 \text{ cm}^3.$$

Ein Holzbalken von 8×12 cm hochkant hat $W = \dfrac{8 \cdot 12^2}{6} = 192$ cm³,

so daß $\qquad \max \sigma = \dfrac{15\,000}{192} = 78$ kg/cm²

wird.

Angenommen, es wäre kein passender Balken zur Hand, wohl aber 50 mm starke Bohlen von 250 mm Breite, die verwendet werden sollen. Da das Widerstandsmoment einer solchen Bohle

$$W_1 = \frac{25 \cdot 5^2}{6} = \backsim 104 \text{ cm}^3$$

ist, müßten zwei Bohlen aufeinandergelegt werden, die insgesamt ein Widerstandsmoment von

$$W_2 = 2 \cdot \frac{25 \cdot 5^2}{6} = \sim 208 \text{ cm}^3$$

haben. Die größte Spannung wird

$$\max \sigma = \frac{15\,000}{208} = \sim 72 \text{ kg/cm}^2.$$

Die Spannungsverteilung ist in Fig. 26 b dargestellt, ebenso die Formänderung, die die beiden aufeinandergelegten Bohlen erfahren. Sie läßt deutlich erkennen, daß es sich um zwei von einander unabhängige Träger handelt. Sollen beide Bohlen als ein Träger angesehen werden, so muß für eine feste Verbindung zwischen beiden gesorgt werden, damit eine Verschiebung beider Teile in der Berührungsebene nicht eintritt. Das kann erreicht werden, wenn beide Bohlen von Zeit zu Zeit verdübelt und durch Bolzen zusammengehalten werden; doch darf diese Ausführung nur als Behelfsausführung angesehen werden. Will man die Tragfähigkeit zweier aufeinander liegender Holzbalken sicher erhöhen, so sind die Balken zu verzahnen und außerdem durch Schraubenbolzen zu verbinden (Fig. 26 d). Bei dieser Ausführung ist eine Verschiebung in Richtung der Mittelschicht unmöglich; der Querschnitt darf als Querschnitt eines Balkens mit dem Widerstandsmoment $W = \frac{1}{6} b h^2$ angesehen werden. Zwei fest verbundene Querschnitte $25 \cdot 5$ cm haben demnach ein Widerstandsmoment

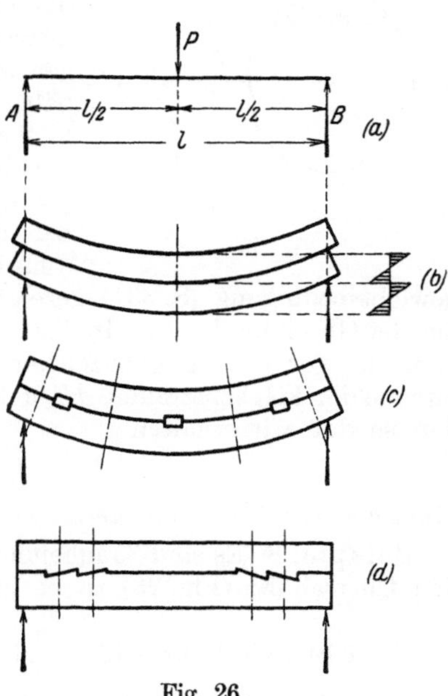

Fig. 26.

$$W = \frac{25 \cdot 10^2}{6} = \sim 417 \text{ cm}^3 \quad \text{gegen} \quad W_2 = 2 \cdot \frac{25 \cdot 5^2}{6} = \sim 208 \text{ cm}^3$$

zweier aufeinander gelegten Balken von je $25 \cdot 5$ cm, d. h. die Tragfähigkeit wird durch eine feste Verbindung der Balken verdoppelt.

Häufig kommt es vor, daß man das Trägheitsmoment auf eine andere als die Schwerachse beziehen muß, z. B. wenn der Querschnitt aus mehreren Winkeleisen besteht. Auch in diesem Falle bleibt die Grundgleichung für das Trägheitsmoment bestehen; es ist

$$J_I = \Sigma \varDelta F \cdot v^2,$$

wobei v die Entfernung des Flächenteilchens ΔF von der beliebigen Achse $I - I$ (Fig. 27) bedeutet. Mit e als Entfernung der Schwerachse $s - s$ von der Achse $I - I$ und y als Entfernung des Flächenteilchens ΔF von der Schwerachse $s - s$ wird $v = y + e$, also $v^2 = (y + e)^2 = y^2 + 2\,e\,y + e^2$. Setzt man diesen Wert in die Gleichung für J_I ein, so erhält man

$$J_I = \Sigma \Delta F\,(y^2 + 2\,e\,y + e^2)$$

oder wenn man die Gesamtsumme in Teilsummen zerlegt

$$J_I = \Sigma \Delta F \cdot y^2 + \Sigma \Delta F \cdot 2\,e\,y + \Sigma \Delta F \cdot e^2 .$$

Das erste Glied $\Sigma \Delta F \cdot y^2$ ist nichts anderes als das Trägheitsmoment J_s des Querschnittes bezogen auf die Schwerachse $s - s$. In dem zweiten Gliede ist $2\,e$ der allen Produkten $\Delta F \cdot 2\,e\,y$ ge-

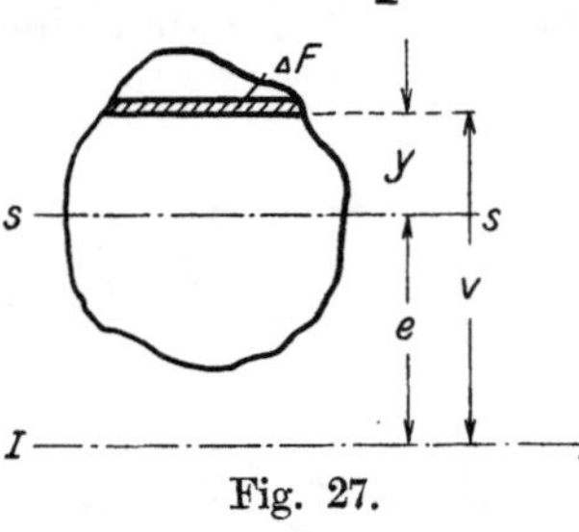

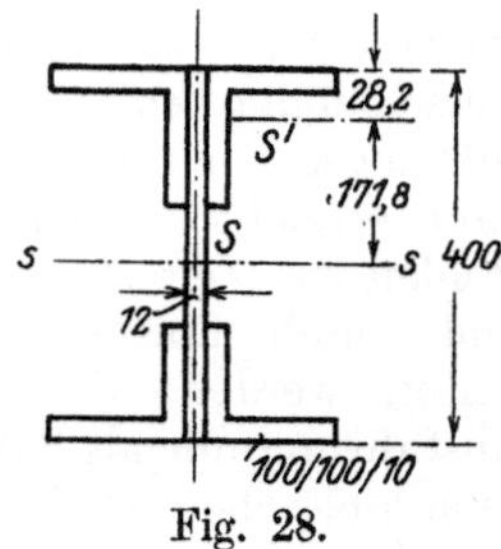

gemeinsame Faktor, der vor das Summenzeichen gezogen wird; man erhält $\Sigma \Delta F \cdot 2\,e\,y = 2\,e \cdot \Sigma \Delta F \cdot y$. Nun ist aber $\Sigma \Delta F \cdot y = 0$, wie schon bei der Anwendung der 1. Gleich-

Fig. 27.

Fig. 28.

gewichtsbedingung (S. 331) gezeigt war; damit fällt das zweite Glied aus der Gleichung heraus. In $\Sigma \Delta F \cdot e^2$ ist e^2 gemeinsamer Faktor; zieht man ihn vor das Summenzeichen, so wird $\Sigma \Delta F \cdot e^2 = e^2 \cdot \Sigma \Delta F$. Als Summe der Flächenstreifen ΔF stellt sich aber der ganze Querschnitt F dar, so daß wir erhalten

$$J_I = J_s + F \cdot e^2,$$

sämtliche Größen in cm gemessen.

Beispiel 8. Es sind Trägheitsmoment und Widerstandsmoment für den Querschnitt (Fig. 28) zu bestimmen.

$$\text{1 Stehblech } 400 \cdot 12 \quad \text{hat} \quad J_1 = \frac{1,2 \cdot 40^3}{12} = 6400 \text{ cm}^4$$

4 Winkeleisen $100 \cdot 100 \cdot 10$ haben $\quad J_2 = 4 \cdot 177 = 708$ „
bezogen auf die eigene Schwerachse S';
dazu kommen $4 \cdot F \cdot e^2 = 4 \cdot 19,2 \cdot 17,18^2 = 22668$ „

$$\overline{J = 29776 \text{ cm}^4}$$

Die Entfernung der äußersten Faser von der Schwerachse beträgt $\dfrac{h}{2} = 20$ cm, so daß wir erhalten

$$W = \frac{J}{\dfrac{h}{2}} = \frac{29\,776}{20} = 1489 \text{ cm}^3 .$$

Wird der Querschnitt durch Aussparungen, Nietlöcher u. dgl. geschwächt, so ist das Trägheitsmoment des fehlenden Querschnitteiles in Abzug zu bringen.

Beispiel 9 (Fig. 29).

$$J_s = \frac{BH^3}{12} - \frac{bh^3}{12}; \quad W = \frac{J_s}{\frac{H}{2}} = \frac{\frac{BH^3}{12} - \frac{bh^3}{12}}{\frac{H}{2}}.$$

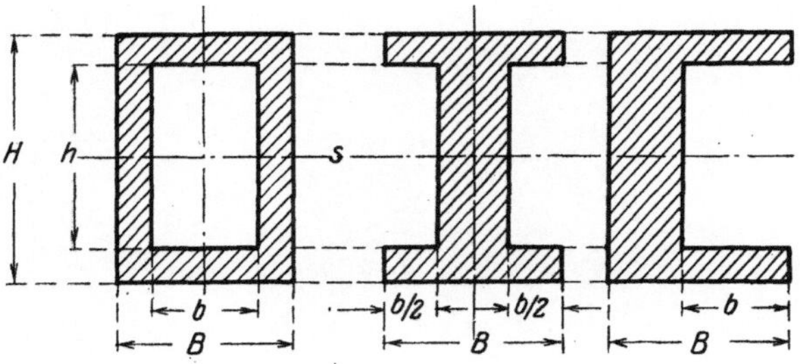

Fig. 29.

Da es nur auf die Lage der Flächenteile zur Achse s, auf die das Trägheitsmoment bezogen werden soll, ankommt, so haben die drei Querschnitte der Fig. 29 gleiches Trägheitsmoment in Beziehung auf die Achse s; auf andere Achsen bezogen sind die Trägheitsmomente verschieden.

Trägheits- und Widerstandsmomente.

Nr.	Querschnitt	Trägheitsmoment	Widerstandsmoment
1.	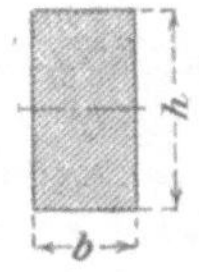	$J = \dfrac{bh^3}{12}.$	$W = \dfrac{bh^2}{6}.$
2.	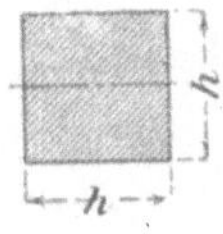	$J = \dfrac{h^4}{12}.$	$W = \dfrac{h^3}{6}.$
3.	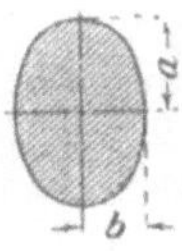	$J = \dfrac{\pi a^3 b}{4}.$	$W = \dfrac{\pi a^2 b}{4}.$

Nr.	Querschnitt	Trägheitsmoment	Widerstandsmoment
4.	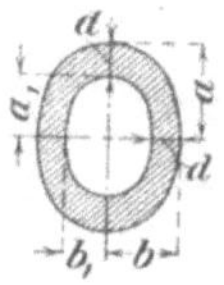	$J = \dfrac{\pi}{4}\left(a^3 b - a_1^3 b_1\right)$ $\sim \dfrac{\pi}{4}\, a^2 (a + 3\,b)\, d\,.$	$W \sim \dfrac{\pi}{4}\, a\, (a + 3\,b)\, d\,.$
5.		$J = \dfrac{b\,h^3}{36}\,.$	$W = \dfrac{b\,h^2}{24}\,,\ \text{für}$ $e = \dfrac{2}{3}\,h\,.$
6.	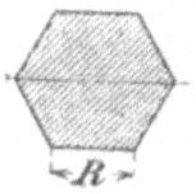		$W = \dfrac{5}{8}\,R^3\,.$
7.	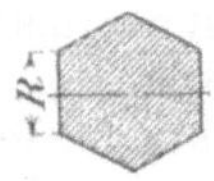	$J = \dfrac{5\sqrt{3}}{16}\,R^4 = 0{,}5413\,R^4\,.$	$W = 0{,}5413\,R^3\,.$
8.	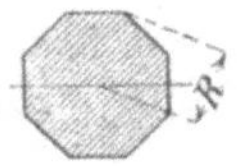	$J = \dfrac{1 + 2\sqrt{2}}{6}\,R^4 = 0{,}6381\,R^4\,.$	$W = 0{,}6906\,R^3\,.$
9.	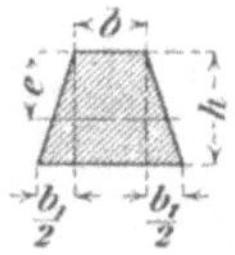	$J = \dfrac{6\,b^2 + 6\,b\,b_1 + b_1^2}{36\,(2\,b + b_1)}\,h^3\,.$	$W = \dfrac{6\,b^2 + 6\,b\,b_1 + b_1^2}{12\,(3\,b + 2\,b_1)}\,h^2\,,$ für $e = \dfrac{1}{3}\,\dfrac{3\,b + 2\,b_1}{2\,b + b_1}\,h\,.$
10.	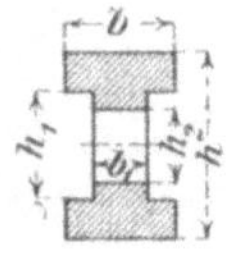 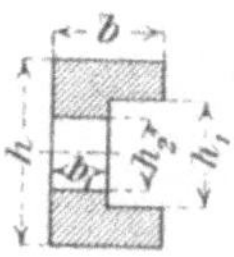	$J = \dfrac{b\,(h^3 - h_1^3) + b_1\,(h_1^3 - h_2^3)}{12}\,.$ $W = \dfrac{b\,(h^3 - h_1^3) - b_1\,(h_1^3 - h_2^3)}{6\,h}\,.$	
11.	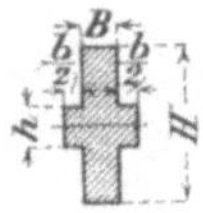 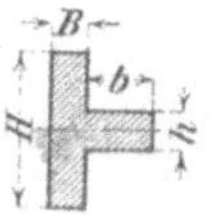 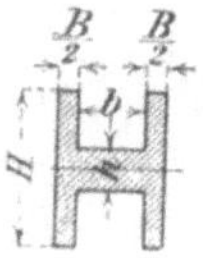	$J = \dfrac{B\,H^3 + b\,h^3}{12}\,.$ $W = \dfrac{B\,H^3 + b\,h^3}{6\,H}\,.$	

Nr.	Querschnitt	Trägheitsmoment	Widerstandsmoment
12.		$J = \dfrac{B H^3 - b h^3}{12}$.	$W = \dfrac{B H^3 - b h^3}{6 H}$.
13.		$J = \tfrac{1}{3}(B e_1^3 - b h^3 + a e_2^3)$ $e_1 = \dfrac{1}{2}\,\dfrac{a H^2 + b d^2}{a H + b d}$; $e_2 = H - e_1$.	
14.		$J = \tfrac{1}{3}(B e_1^3 - B_1 h^3 + b e_2^3 - b_1 h_1^3)$. $e_1 = \dfrac{1}{2}\,\dfrac{a H^2 + B_1 d^2 + b_1 d_1 (2 H - d_1)}{a H + B_1 d + b_1 d_1}$.	
15.		$J = \dfrac{\pi d^4}{64}$.	$W = \dfrac{\pi d^3}{32} = \sim 0{,}1\, d^3$.
16.		$J = \dfrac{\pi}{64}(D^4 - d^4)$.	$W = \dfrac{\pi}{32} \cdot \dfrac{D^4 - d^4}{D}$.

Widerstandsmomente in cm³ von Bauhölzern (Handelsware).

Breite in cm	Höhe in cm											
	8	10	12	14	16	18	20	22	24	26	28	30
8	85,3	133,3										
10	106,7	166,7	240	326,7								
12		200	288	392	512							
14		281,3	336	457,3	597,3	756	933,3					
16			384	522,7	682,7	864	1067	1291				
18				588	768	972	1200	1452	1728			
20				653,3	853,3	1080	1333	1613	1920	2253		
22					938,6	1188	1467			2875		
24						1296	1600		2304	2704		3600
26							1733		2496	2929	3397	
28								2259				4200
30									2880		3920	

Kreisförmiger Querschnitt.

J = äquatoriales Trägheitsmoment; W = Widerstandsmoment.

d	$J = \dfrac{\pi d^4}{64}$	$W = \dfrac{\pi d^3}{32}$	d	$J = \dfrac{\pi d^4}{64}$	$W = \dfrac{\pi d^3}{32}$	d	$J = \dfrac{\pi d^4}{64}$	$W = \dfrac{\pi d^3}{32}$
1	0,0491	0,0982	51	332086	13023	101	5108055	101150
2	0,7854	0,7854	52	358908	13804	102	5313378	104184
3	3,976	2,651	53	387323	14616	103	5524830	107278
4	12,57	6,283	54	417393	15459	104	5742532	110433
5	30,68	12,27	55	449180	16334	105	5966604	113650
6	63,62	21,21	56	482750	17241	106	6197171	116928
7	117,9	33,67	57	518166	18181	107	6434357	120268
8	201,1	50,27	58	555497	19155	108	6678287	123672
9	322,1	71,57	59	594810	20163	109	6929087	127139
10	490,9	98,17	60	636172	21206	110	7186886	130671
11	718,7	130,7	61	679651	22284	111	7451813	134267
12	1018	169,6	62	725332	23398	112	7723997	137929
13	1402	215,7	63	773272	24548	113	8003571	141656
14	1886	269,4	64	823550	25736	114	8290666	145450
15	2485	331,3	65	876240	26961	115	8585417	149312
16	3217	402,1	66	931420	28225	116	8887958	153241
17	4100	482,3	67	989166	29527	117	9198425	157238
18	5153	572,6	68	1049556	30869	118	9516956	161304
19	6397	673,4	69	1112660	32251	119	9843689	165440
20	7854	785,4	70	1178588	33674	120	10178763	169646
21	9547	909,2	71	1247393	35138	121	10522320	173923
22	11499	1045	72	1319167	36644	122	10874501	178271
23	13737	1194	73	1393995	38192	123	11235450	182690
24	16286	1357	74	1471963	39783	124	11605311	187182
25	19175	1534	75	1553156	41417	125	11984229	191748
26	22432	1726	76	1637662	43096	126	12372350	196387
27	26087	1932	77	1725571	44820	127	12769824	201100
28	30172	2155	78	1816972	46589	128	13176799	205887
29	34719	2394	79	1911967	48404	129	13593424	210751
30	39761	2651	80	2010619	50265	130	14019852	215690
31	45333	2925	81	2113051	52174	131	14456235	220706
32	51472	3217	82	2219347	54130	132	14902727	225799
33	58214	3528	83	2329605	56135	133	15359483	230970
34	65597	3859	84	2443920	58189	134	15826658	236219
35	73662	4209	85	2562392	60292	135	16204411	241547
36	82448	4580	86	2685120	62445	136	16792899	246954
37	91998	4973	87	2812205	64648	137	17292282	252442
38	102354	5387	88	2943748	66903	138	17802721	258010
39	113561	5824	89	3079853	69210	139	18324378	263660
40	125664	6283	90	3220623	71569	140	18857416	269392
41	138709	6766	91	3366165	73982	141	19401999	275206
42	152745	7274	92	3516586	76448	142	19958294	281103
43	167820	7806	93	3671992	78968	143	20526466	287083
44	183984	8363	94	3832492	81542	144	21106684	293148
45	201289	8946	95	3998198	84173	145	21699116	299298
46	219787	9556	96	4169220	86859	146	22303933	305533
47	239531	10193	97	4345671	89601	147	22921307	311855
48	260576	10857	98	4527664	92401	148	23551409	318262
49	282979	11550	99	4715315	95259	149	24194414	324757
50	306796	12272	100	4908738	98175	150	24850496	331340

Normalprofile für I-Eisen.

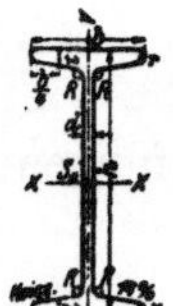

Normallängen[1]): 4 bis einschließlich 12 m.

Lagerlängen: 4 ÷ 9 m in Abstufungen von 200 mm.

9 ÷ 12 m in Abstufungen von 250 mm.

Abrundungshalbmesser: $R = d$; $r = 0,6 \cdot d$.

Profil Nr.	Abmessungen				Quer-schnitt	Ge-wicht	Momente für die XX-Biegungs-achse		Momente für die YY-Biegungs-achse	
	h	b	d	t	F	G	J_x	W_x	J_y	W_y
	mm	mm	mm	mm	cm²	kg/m	cm⁴	cm³	cm⁴	cm³
8	80	42	3,9	5,9	7,58	5,95	77,8	19,5	6,29	3,00
9	90	46	4,2	6,3	9,00	7,07	117	26,0	8,78	3,82
10	100	50	4,5	6,8	10,6	8,32	171	34,2	12,2	4,88
11	110	54	4,8	7,2	12,3	9,66	239	43,5	16,2	6,00
12	120	58	5,1	7,7	14,2	11,15	328	54,7	21,5	7,41
13	130	62	5,4	8,1	16,1	12,64	436	67,1	27,5	8,87
14	140	66	5,7	8,6	18,3	14,37	573	81,9	35,2	10,7
15	150	70	6,0	9,0	20,4	16,01	735	98,0	43,9	12,5
16	160	74	6,3	9,5	22,8	17,90	935	117	54,7	14,8
17	170	78	6,6	9,9	25,2	19,78	1166	137	66,6	17,1
18	180	82	6,9	10,4	27,9	21,90	1446	161	81,3	19,8
19	190	86	7,2	10,8	30,6	24,02	1763	186	97,4	22,7
20	200	90	7,5	11,3	33,5	26,30	2142	214	117	26,0
21	210	94	7,8	11,7	36,4	28,57	2563	244	138	29,4
22	220	98	8,1	12,2	39,6	31,09	3060	278	162	33,1
23	230	102	8,4	12,6	42,7	33,52	3607	314	189	37,1
24	240	106	8,7	13,1	46,1	36,19	4246	354	221	41,7
25	250	110	9,0	13,6	49,7	39,01	4966	397	256	46,5
26	260	113	9,4	14,1	53,4	41,92	5744	442	288	51.0
27	270	116	9,7	14,7	57,2	44,90	6626	491	326	56,2
28	280	119	10,1	15,2	61,1	47,96	7587	542	364	61,2
29	290	122	10,4	15,7	64,9	50,95	8636	596	406	66,6
30	300	125	10,8	16,2	69,1	54,24	9800	653	451	72,2
32	320	131	11,5	17,3	77,8	61,07	12510	782	555	84,7
34	340	137	12,2	18,3	86,8	68,14	15695	923	674	98,4
36	360	143	13,0	19,5	97,1	76,22	19605	1089	818	114
38	380	149	13,7	20,5	107	84,00	24012	1264	975	131
40	400	155	14,4	21,6	118	92,63	29213	1461	1158	149
42¹/₂	425	163	15,3	23,0	132	103,62	36973	1740	1437	176
45	450	170	16,2	24,3	147	115,40	45852	2037	1725	203
47¹/₂	475	178	17,1	25,6	163	127,96	56481	2378	2088	235
50	500	185	18,0	27,0	180	141,30	68738	2750	2478	268
55	550	200	19,0	30,0	213	167,21	99184	3607	3488	349
60	600	215	21,6	32,4	254	199,40	138957	4632	4668	434

[1]) Bedingen keinen Preisaufschlag.

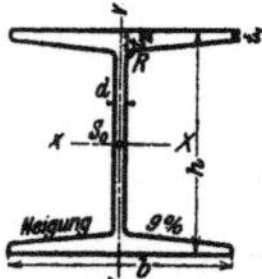

Breitflanschige Differdinger I-Eisen.

Normallängen: 4 bis einschließlich 12 m.

Lagerlängen: 4 „   „   15 m in Abstufungen von 500 mm.

Abrundungshalbmesser: $R = d$.

Profil Nr.	Abmessungen					Querschnitt	Gewicht	Momente für die Biegungsachse X−X		Momente für die Biegungsachse Y−Y	
	h	b	t_1	t_2	d	F	G	J_x	W_x	J_y	W_y
	mm	mm	mm	mm	mm	cm²	kg/m	cm⁴	cm³	cm⁴	cm³
18 B	180	180	9,0	16,72	8,5	59,9	**47,0**	3 512	**390**	1 073	119
20 B	200	200	9,5	18,12	8,5	70,4	**55,3**	5 171	**517**	1 568	157
22 B	220	220	10,0	19,5	9,0	82,6	**64,8**	7 379	**671**	2 216	201
24 B	240	240	10,5	20,85	10,0	96,8	**76,0**	10 260	**855**	3 043	254
25 B	250	250	10,9	21,7	10,5	105,1	**82,5**	12 066	**965**	3 575	286
26 B	260	260	11,7	22,9	11,0	115,6	**90,7**	14 352	**1 104**	4 261	328
27 B	270	270	11,95	23,6	11,25	123,2	**96,7**	16 529	**1 224**	4 920	365
28 B	280	280	12,35	24,4	11,5	131,8	**103,4**	19 052	**1 361**	5 671	405
29 B	290	290	12,7	25,2	12,0	141,1	**110,8**	21 866	**1 508**	6 417	443
30 B	300	300	13,25	26,25	12,5	152,1	**119,4**	25 201	**1 680**	7 494	500
32 B	320	300	14,1	27,0	13,0	160,7	**126,2**	30 119	**1 882**	7 867	524
34 B	340	300	14,6	27,5	13,4	167,4	**131,4**	35 241	**2 073**	8 097	540
36 B	360	300	16,15	29,0	14,2	181,5	**142,5**	42 479	**2 360**	8 793	586
38 B	380	300	17,0	29,8	14,8	191,2	**150,1**	49 496	**2 605**	9 175	612
40 B	400	300	18,2	31,0	15,5	203,6	**159,8**	57 834	**2 892**	9 721	648
42½ B	425	300	19,0	31,75	16,0	213,9	**167,9**	68 249	**3 212**	10 078	672
45 B	450	300	20,3	33,0	17,0	229,3	**180,0**	80 887	**3 595**	10 668	711
47½ B	475	300	21,35	34,0	17,6	242,0	**190,0**	94 811	**3 992**	11 142	743
50 B	500	300	22,6	35,2	19,4	261,8	**205,5**	111 283	**4 451**	11 718	781
55 B	550	300	24,5	37,0	20,6	288,0	**226,1**	145 957	**5 308**	12 582	839
60 B	600	300	24,7	37,2	20,8	300,6	**236,0**	179 303	**5 977**	12 672	845
65 B	650	300	25,0	37,5	21,1	314,5	**246,9**	217 402	**6 690**	12 814	854
70 B	700	300	25,0	37,5	21,1	325,2	**255,3**	258 106	**7 374**	12 818	854
75 B	750	300	25,0	37,5	21,1	335,7	**263,4**	302 560	**8 068**	12 823	855
80 B	800	300	26,0	38,5	21,5	354,9	**278,6**	360 486	**9 012**	13 269	885
85 B	850	300	26,0	38,5	21,5	365,6	**287,0**	414 887	**9 762**	13 274	885
90 B	900	300	26,0	38,5	21,5	376,4	**295,5**	473 964	**10 533**	13 279	885
95 B	950	300	27,0	39,5	21,9	396,2	**311,0**	550 974	**11 600**	13 727	915
100 B	1000	300	27,0	39,5	21,9	407,2	**319,7**	621 287	**12 425**	13 732	915

Normalprofile für gleichschenklige L-Eisen.

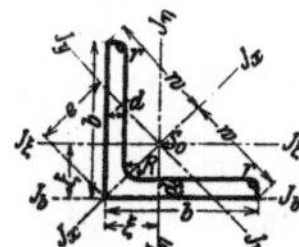

Normallängen: 4 bis einschließlich 12 m.

Lagerlängen: 4 bis einschließlich 9 m mit Abstufungen von 200 mm.

9 bis einschließlich 16 m mit Abstufungen von 250 mm.

Abrundungshalbmesser:
$$R = \frac{d_{max} + d_{min}}{2}.$$

$$r = \frac{R}{2}.$$

Profil Nr.	Abmessungen		Querschnitt	Gewicht	Abstände der Hauptachsen u. des Schwerpunktes (S_0)			Trägheitsmomente			
	b mm	d mm	F cm²	G kg/m	w cm	e cm	ξ cm	J_x cm⁴	J_y cm⁴	$J\eta = J\xi$ cm⁴	J_b cm⁴
$1^1/_2$	15	3	0,82	0,64	1,06	0,67	0,48	0,24	0,06	0,15	0,34
		4	1,05	0,82		0,73	0,51	0,29	0,08	0,18	0,46
2	20	3	1,12	0,88	1,41	0,85	0,60	0,62	0,15	0,38	0,79
		4	1,45	1,14		0,90	0,64	0,77	0,19	0,48	1,08
$2^1/_2$	25	3	1,42	1,12	1,77	1,03	0,73	1,27	0,31	0,79	1,55
		4	1,85	1,45		1,08	0,76	1,61	0,40	1,01	2,07
3	30	4	2,27	1,78	2,12	1,24	0,89	2,85	0,76	1,80	3,60
		6	3,27	2,57		1,36	0,96	3,91	1,06	2,49	5,50
$3^1/_2$	35	4	2,57	2,10	2,47	1,41	1,00	4,68	1,24	2,96	5,63
		6	3,87	3,04		1,53	1,08	6,50	1,77	4,14	8,65
4	40	4	3,08	2,42	2,83	1,58	1,12	7,09	1,86	4,48	8,34
		6	4,48	3,52		1,70	1,20	9,98	2,67	6,33	12,8
		8	5,80	4,55		1,81	1,28	12,4	3,38	7,89	17,4
$4^1/_2$	45	5	4,30	3,38	3,18	1,81	1,28	12,4	3,25	7,83	14,9
		7	5,86	4,60		1,92	1,36	16,4	4,39	10,4	21,2
		9	7,34	5,76		2,04	1,44	19,8	5,40	12,6	27,8
5	50	5	4,80	3,77	3,54	1,98	1,40	17,4	4,59	11,0	20,4
		7	6,56	5,15		2,11	1,49	23,1	6,02	14,6	29,1
		9	8,24	6,47		2,21	1,56	28,1	7,67	17,9	37,9
$5^1/_2$	55	6	6,31	4,95	3,89	2,21	1,56	27,4	7,24	17,3	32,7
		8	8,23	6,46		2,32	1,64	34,8	9,35	22,1	44,2
		10	10,07	7,90		2,43	1,72	41,4	11,27	26,3	56,1
6	60	6	6,91	5,42	4,24	2,39	1,69	36,1	9,43	22,8	42,5
		8	9,03	7,09		2,50	1,77	46,1	12,1	29,1	57,4
		10	11,07	8,69		2,62	1,85	55,1	14,6	34,9	72,7
$6^1/_2$	65	7	8,70	6,83	4,60	2,62	1,85	53,0	13,8	33,4	63,2
		9	10,98	8,62		2,73	1,93	65,4	17,2	41,3	82,2
		11	13,17	10,34		2,83	2,00	76,8	20,7	48,8	101
7	70	7	9,4	7,38	4,95	2,79	1,97	67,1	17,6	42,4	78,8
		9	11,9	9,34		2,90	2,05	83,1	22,0	52,6	103
		11	14,3	11,23		3,01	2,13	97,6	26,0	61,8	127

Profil Nr.	Abmessungen		Querschnitt	Gewicht	Abstände der Hauptachsen u. des Schwerpunktes (S_0)			Trägheitsmomente			
	b mm	d mm	F cm²	G kg/m	w cm	e cm	ξ cm	J_x cm⁴	J_y cm⁴	$J\eta = J\xi$ cm⁴	J_b cm⁴
$7^{1}/_{2}$	75	8	11,5	9,03		3,01	2,13	93,3	24,4	58,9	111
		10	14,1	11,07	5,30	3,12	2,21	113,0	29,8	71,4	140
		12	16,7	13,11		3,24	2,29	130,0	34,7	82,4	170
8	80	8	12,3	9,66		3,20	2,26	115,0	29,6	72,3	135
		10	15,1	11,86	5,66	3,31	2,34	139,0	35,9	87,5	170
		12	17,9	14,05		3,41	2,41	161,0	43,0	102	206
9	90	9	15,5	12,17		3,59	2,54	184,0	47,8	116	216
		11	18,7	14,68	6,36	3,70	2,62	218,0	57,1	138	266
		13	21,8	17,11		3,81	2,70	250,0	65,9	158	317
10	100	10	19,2	15,07		3,99	2,82	280	73,3	177	329
		12	22,7	17,82	7,07	4,10	2,90	328	86,2	207	398
		14	26,2	20,57		4,21	2,98	372	98,3	235	468
11	110	10	21,2	16,64		4,34	3,07	379	98,6	239	439
		12	25,1	19,70	7,78	4,45	3,15	444	116	280	529
		14	29,0	22,75		4,54	3,21	505	133	319	618
12	120	11	25,4	19,94		4,75	3,36	541	140	341	627
		13	29,7	23,31	8,48	4,86	3,44	625	162	394	745
		15	33,9	26,61		4,96	3,51	705	186	446	863
13	130	12	30,0	23,55		5,15	3,64	750	194	472	870
		14	34,7	27,24	9,19	5,26	3,72	857	223	540	1020
		16	39,3	30,85		5,37	3,80	959	251	605	1173
14	140	13	35,0	27,48		5,54	3,92	1014	262	638	1176
		15	40,0	31,40	9,90	5,66	4,00	1148	298	723	1363
		17	45,0	35,33		5,77	4,08	1276	334	805	1554
15	150	14	40,3	31,64		5,95	4,20	1343	347	845	1556
		16	45,7	35,87	10,6	6,07	4,30	1507	391	949	1794
		18	51,0	40,04		6,17	4,40	1665	438	1052	2039
16	160	15	46,1	36,19		6,35	4,50	1745	453	1099	2033
		17	51,8	40,66	11,3	6,46	4,60	1945	506	1226	2322
		19	57,5	45,14		6,58	4,60	2137	558	1348	2564

Normalprofile für ungleichschenklige L-Eisen.

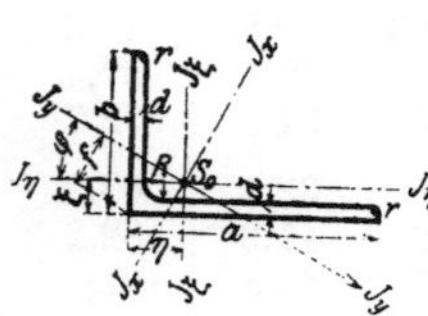

Normallängen: 4 bis einschließlich 12 m.

Lagerlängen: 4 bis einschließlich 14 m in Abstufungen von 250 mm.

Abrundungshalbmesser: $R = \dfrac{d_{max} + d_{min}}{2}$.

$$r = \frac{R}{2}.$$

Verhältnis der Schenkellängen $\dfrac{b}{a} = \dfrac{1}{1^1/_2}$.

Profil Nr.	Abmessungen b mm	a mm	d mm	Querschnitt F cm²	Gewicht G kg/m	η cm	ξ cm	tg φ	f cm	Jx cm⁴	Jy cm⁴	Jη cm⁴	Jξ cm⁴
$\frac{2}{3}$	20	30	3	1,42	1,11	0,99	0,49	0,4216	0,83	1,42	0,28	0,45	1,25
			4	1,85	1,45	1,03	0,54	0,4214	0,90	1,82	0,33	0,56	1,60
$\frac{3}{4^1/_2}$	30	45	4	2,87	2,25	1,48	0,74	0,4334	1,27	6,63	1,19	2,05	5,77
			5	3,53	2,77	1,52	0,78	0,4288	1,32	8,01	1,44	2,46	6,99
$\frac{4}{6}$	40	60	5	4,79	3,76	1,95	0,97	0,4319	1,66	19,8	3,66	6,21	17,3
			7	6,55	5,14	2,04	1,05	0,4275	1,77	26,3	4,63	7,99	22,9
$\frac{5}{7^1/_2}$	50	75	7	8,33	6,54	2,47	1,24	0,4304	2,12	53,1	9,58	16,4	46,3
			9	10,5	8,24	2,56	1,32	0,4272	2,22	65,4	11,90	20,1	57,2
$\frac{6^1/_2}{10}$	65	100	9	14,2	11,15	3,31	1,59	0,4101	2,73	160	26,8	46,6	140
			11	17,1	13,42	3,40	1,67	0,4074	2,83	189	32,9	55,1	167
$\frac{8}{12}$	80	120	10	19,1	14,99	3,92	1,95	0,4348	3,35	317	56,8	98,2	276
			12	22,7	17,82	4,00	2,02	0,4304	3 44	370	67,5	115	323
$\frac{10}{15}$	100	150	12	28,7	22,53	4,89	2,42	0,4361	4,18	747	134	232	649
			14	33,2	26,06	4,97	2,50	0,4339	4,27	854	153	264	743

Verhältnis der Schenkellängen $\dfrac{b}{a} = \dfrac{1}{2}$.

Profil Nr.	Abmessungen b mm	a mm	d mm	Querschnitt F cm²	Gewicht G kg/m	η cm	ξ cm	tg φ	f cm	Jx cm⁴	Jy cm⁴	Jη cm⁴	Jξ cm⁴
$\frac{2}{4}$	20	40	3	1,72	1,35	1,43	0,44	0,2575	0,78	2,96	0,31	0,48	2,80
			4	2,25	1,77	1,47	0,48	0,2528	0,83	3,78	0,40	0,60	3,58
$\frac{3}{6}$	30	60	5	4,29	3,37	2,15	0,68	0,2544	1,19	16,5	1,71	2,61	15,6
			7	5,85	4,59	2,24	0,76	0,2479	1,28	21,8	2,28	3,41	20,7
$\frac{4}{8}$	40	80	6	6,89	5,41	2,85	0,88	0,2568	1,56	47,6	4,99	7,63	45,0
			8	9,01	7,07	2,94	0,96	0,2518	1,65	60,8	6,41	9,62	57,6
$\frac{5}{10}$	50	100	8	11,5	9,03	3,59	1,12	0,2665	1,97	123	12,8	19,6	116
			10	14,1	11,07	3,67	1,20	0,2658	2,03	150	14,6	23,5	141
$\frac{6^1/_2}{13}$	65	130	10	18,6	14,60	4,65	1,45	0,2569	2,56	339	35,4	54,2	320
			12	22,1	17,35	4,75	1,53	0,2549	2,65	395	41,3	62,9	373
$\frac{8}{16}$	80	160	12	27,5	21,59	5,72	1,77	0,2686	3,14	762	79,4	122	719
			14	31,8	24,96	5,81	1,85	0,2679	3,29	875	86	139	822
$\frac{10}{20}$	100	200	14	40,3	31,64	7,12	2,18	0,2608	3,91	1754	182	283	1653
			16	45,7	35,87	7,20	2,26	0,2586	3,99	1973	205	316	1862

Normalprofile für ⊏-Eisen.

Normallängen: 4 bis einschließlich 10 m.

Lagerlängen: 4 bis einschließlich 9 m mit Abstufungen von
200 mm.

9 bis einschließlich 10 m mit Abstufungen von
250 mm.

Abrundungshalbmesser: $R = t$; $r = \dfrac{t}{2}$.

Profil-Nr.	Abmessungen				Quer-schnitt	Ge-wicht	Schwer-punkts-abstand		Momente für die Biegungsachsen				$h-h$
	h	b	d	t	F	G	e	e_1	J_x	W_x	J_y	W_y	J_h
	mm	mm	mm	mm	cm²	kg/m	cm	cm	cm⁴	cm³	cm⁴	cm³	cm⁴
3	30	33	5,0	7,0	5,44	4,27	1,31	1,99	6,39	4,26	5,33	2,68	14,7
4	40	35	5,0	7,0	6,21	4,87	1,33	2,17	14,1	7,05	6,68	3,08	17,7
5	50	38	5,0	7,0	7,12	5,59	1,37	2,43	26,4	10,6	9,12	3,75	22,5
$6^1/_2$	65	42	5,5	7,5	9,03	7,09	1,42	2,78	57,5	17,7	14,1	5,07	32,3
8	80	45	6,0	8,0	11,0	8,64	1,45	3,05	106	26,5	19,4	6,36	42,5
10	100	50	6,0	8,5	13,5	10,60	1,55	3,45	206	41,2	29,3	8,49	61,7
12	120	55	7,0	9,0	17,0	13,35	1,60	3,90	364	60,7	43,2	11,1	86,7
14	140	60	7,0	10,0	20,4	16,01	1,75	4,15	605	86,4	62,7	14,8	125
16	160	65	7,5	10,5	24,0	18,84	1,84	4,66	925	116	85,3	18,3	167
18	180	70	8,0	11,0	28,0	21,98	1,92	5,08	1354	150	114	22,4	217
20	200	75	8,5	11,5	32,2	25,28	2,01	5,49	1911	191	148	27,0	278
22	220	80	9,0	12,5	37,4	29,36	2,14	5,86	2690	245	197	33,6	368
24	240	85	9,5	13,0	42,3	33,21	2,23	6,27	3598	300	248	39,6	458
26	260	90	10,0	14,0	48,3	37,92	2,36	6,64	4823	371	317	47,7	586
28	280	95	10,0	15,0	53,3	41,84	2,53	6,97	6276	448	399	57,2	740
30	300	100	10,0	16,0	58,8	46,16	2,70	7,30	8026	535	495	67,8	924

Hochstegige T-Eisen $\dfrac{b}{h} = \dfrac{1}{1}$.

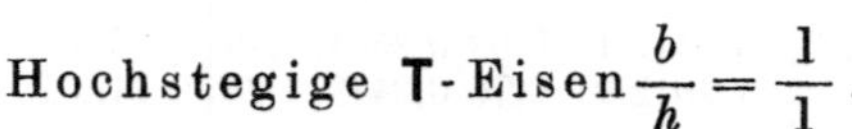

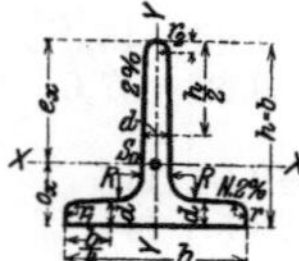

Normallängen: 4 bis einschließlich 12 m.

Lagerlängen: 4 bis einschließlich 12 m in Abstufungen
von 250 mm.

Abrundungshalbmesser: $R = d$; $r_1 = \dfrac{R}{2}$; $r_2 = \dfrac{R}{4}$.

Profil-Nr.	Abmessungen $b=h$ mm	Abmessungen $d=R$ mm	Querschnitt F cm²	Gewicht G kg/m	Schwerpunktsabstände S_0 o_x cm	Schwerpunktsabstände S_0 e_x cm	XX Trägheitsmoment J_x cm⁴	XX Widerstandsmomente $We_x = \dfrac{J_x}{e_x}$ cm³	YY Trägheitsmoment J_y cm⁴	YY Widerstandsmoment W_y cm³
$\frac{2}{2}$	20	3,0	1,12	0,88	0,58	1,42	0,38	0,27	0,20	0,20
$\frac{2^{1/2}}{2^{1/2}}$	25	3,5	1,64	1,29	0,73	1,77	0,87	0,49	0,43	0,34
$\frac{3}{3}$	30	4,0	2,26	1,77	0,85	2,15	1,72	0,80	0,87	0,58
$\frac{3^{1/2}}{3^{1/2}}$	35	4,5	2,97	2,33	0,99	2,51	3,10	1,24	1,57	0,90
$\frac{4}{4}$	40	5,0	3,77	2,96	1,12	2,88	5,28	1,83	2,58	1,29
$\frac{4^{1/2}}{4^{1/2}}$	45	5,5	4,67	3,67	1,26	3,24	8,13	2,51	4,01	1,78
$\frac{5}{5}$	50	6,0	5,66	4,44	1,39	3,61	12,1	3,35	6,06	2,42
$\frac{6}{6}$	60	7,0	7,94	6,23	1,66	4,34	23,8	5,48	12,2	4,07
$\frac{7}{7}$	70	8,0	10,6	8,32	1,94	5,06	44,5	8,79	22,1	6,32
$\frac{8}{8}$	80	9,0	13,6	10,68	2,22	5,78	73,7	12,75	37,0	9,25
$\frac{9}{9}$	90	10,0	17,1	13,42	2,48	6,52	119	18,25	58,5	13,0
$\frac{10}{10}$	100	11,0	20,9	16,41	2,74	7,26	179	24,66	88,3	17,7
$\frac{12}{12}$	120	13,0	29,6	23,24	3,28	8,72	366	41,92	178	29,7
$\frac{14}{14}$	140	15,0	39,9	31,32	3,80	10,2	660	64,71	330	47,2

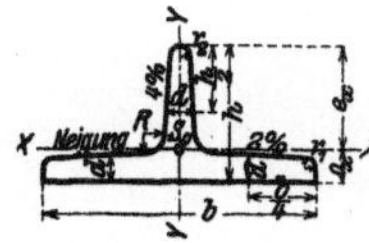

Breitflanschige **⊤**-Eisen $\dfrac{b}{h} = \dfrac{2}{1}$.

Normallängen: bis einschließlich 12 m.
Lagerlängen: 4 bis einschließlich 12 m in Abstufungen von 250 mm.
Abrundungshalbmesser:

$$R = d; \quad r_1 = \frac{R}{2}; \quad r_2 = \frac{R}{4}.$$

Profil-Nr.	Abmessungen			Querschnitt	Ge-wicht	Schwer-punkts-abstände S_o		Momente für die Biegungsachsen			
								XX		YY	
								Träg-heits-mo-ment J_x	Widerstands-momente (Min.) $W_x = \dfrac{J_x}{e_x}$	Träg-heits-mo-ment J_y	Wider-stands-moment $W_y = \dfrac{J_y}{o_y}$
	b	h	$d=R$	F	G	o_x	e_x				
	mm	mm	mm	cm²	kg/m	cm	cm	cm⁴	cm³	cm⁴	cm³
$\dfrac{6}{3}$	60	30	5,5	4,64	**3,64**	0,67	2,33	2,58	**1,11**	8,62	2,87
$\dfrac{7}{3^1/_2}$	70	35	6,0	5,94	**4,66**	0,77	2,73	4,49	**1,65**	15,1	4,31
$\dfrac{8}{4}$	80	40	7,0	7,91	**6,21**	0,88	3,12	7,81	**2,50**	28,5	7,13
$\dfrac{9}{4^1/_2}$	90	45	8,0	10,2	**8,01**	1,00	3,50	12,7	**3,63**	46,1	10,2
$\dfrac{10}{5}$	100	50	8,5	12,0	**9,42**	1,09	3,91	18,7	**4,78**	67,7	13,5
$\dfrac{12}{6}$	120	60	10,0	17,0	**13,35**	1,30	4,70	38,0	**8,09**	137	22,8
$\dfrac{14}{7}$	140	70	11,5	22,8	**17,90**	1,51	5,49	68,9	**12,6**	258	36,9
$\dfrac{16}{8}$	160	80	13,0	29,5	**23,16**	1,72	6,28	117	**18,6**	422	52,8
$\dfrac{18}{9}$	180	90	14,5	37,0	**29,05**	1,93	7,07	185	**26,2**	670	74,4
$\dfrac{20}{10}$	200	100	16,0	45,4	**35,64**	2,14	7,86	277	**35,2**	1000	100

Quadrant-Eisen.

Normallängen: 1 bis einschließlich 10 m.

Lagerlängen: 5 bis einschließlich 14 m in Abstufungen von 500 mm

Abrundungshalbmesser: $r = 0,12\,R$; $r_1 = 0,06 \cdot R$.

Profil-·Nr.	Abmessungen				Für ein Quadranteisen			Trägheitsmomente			Für die volle Röhre				
	R	b	d	t	Quer-schnitt F	Ge-wicht G	Abstand für S_1 s	J_x	J_y	J_k	Quer-schnitt F	Ge-wicht G	Trägheits-moment für jede Biegungsachse J	Größtes Widerstands-moment W_z	Kleinstes Widerstands-moment $W_x = W_y$
	mm	mm	mm	mm	cm²	kg/m	mm	cm⁴	cm⁴	cm⁴	cm²	kg/m	cm⁴	cm³	cm³
5 min.	50	35	4	6	7,44	5,84	3,46	3,59	110	144	29,8	23,36	576	89,6	66,2
5 max.	50	35	8	8	12,00	9,42	3,47	6,37	159	227	48,0	37,68	908	135	102
7½ min.	75	40	6	8	13,7	10,75	4,95	7,69	360	517	54,8	43,00	2068	237	175
7½ max.	75	40	10	10	20,0	15,70	4,97	13,3	479	745	80,0	62,80	2980	331	248
10 min.	100	45	8	10	22,0	17,27	6,43	16,5	909	1366	88,0	69,08	5464	497	367
10 max.	100	45	12	12	30,0	23,55	6,49	25,1	1144	1870	120,0	94,20	7480	664	495
12½ min.	125	50	10	12	32,2	25,28	8,02	37,5	1876	3039	128,8	101,12	12156	917	675
12½ max.	125	50	14	14	42,2	33,13	8,00	49,2	2386	3945	168,8	132,52	15780	1165	867
15 min.	150	55	12	14	44,6	35,01	9,51	73,2	3549	5909	178,4	140,04	23636	1522	1120
15 max.	150	55	18	17	62,6	49,14	9,54	104	4633	8079	250,4	196,56	32316	2029	1510

Laufkranschienen (Sonderprofil) (Fig. 30).
Abmessungen und Gewicht/lfd. m

Profil-Nr.	mm											Gewicht g kg/lfd. m
	h	b	c	d	s	r	b_1	b_0	e	f	g	
1	55	45	20	23,5	24	3	125	54	8	11	14,5	22,5
2	65	55	25	28,5	31	4	150	66	9	12,5	17,5	32,2
3	75	65	30	34	38	5	175	78	10	14	20	43,8
4	85	75	35	39,5	45	6	200	90	11	15,5	22	57

Querschnittsfunktionen und größte Raddrücke.

Profil-Nr.	Quer-schnitt F cm²	Schwer-punkts-abstand η mm	Trägheits-momente		Widerstands-momente		Größter Raddruck in kg [1]) bei $k =$			Lauf-rad-durch-messer D mm
			J_x cm⁴	J_y cm⁴	W_x cm⁴	W_y cm⁴	50	60	70	
1	28,7	22,7	94,05	182,4	29,12	29,18	6 240	7 800	9 360	400
2	41,01	26,8	180,4	352,5	47,2	47	11 280	14 100	16 920	600
3	55,8	30,6	328,6	646,12	74	73,8	17 600	22 000	26 400	800
4	72,6	35,2	523,4	988,7	105,1	98,87	25 200	31 500	37 800	1000

d) Beispiele.

10. Träger auf 2 Stützen mit Einzellast (Fig. 31).
Mit B als Drehpunkt ergibt $\Sigma M = 0$

$$A \cdot l - P \cdot b = 0 \quad \text{und daraus} \quad A = P \cdot \frac{b}{l}.$$

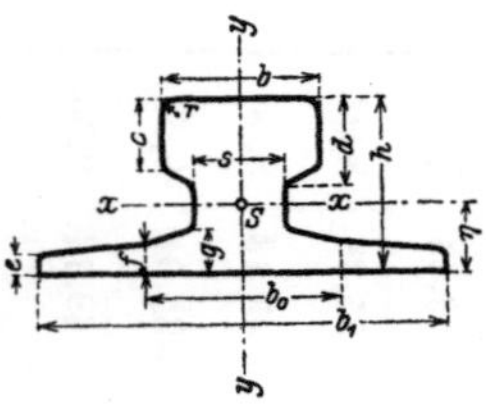

Mit A als Drehpunkt ergibt $\Sigma M = 0$

$$B l - P \cdot a = 0 \quad \text{und daraus} \quad B = P \cdot \frac{a}{l}.$$

Im Punkte A ist die Querkraft $Q_A = A$; sie bleibt bis m unverändert, da keine neue Kraft hinzutritt. In m springt die Querkraft auf $Q_m = A - P$ und bleibt bis B unverändert. In B ist sie gleich B (Fig. 31 b). Das größte Moment tritt im Punkte m auf; es ist

Fig. 30.

$$M = A \cdot a = P \cdot \frac{a b}{l} \quad \text{bzw.} \quad M = B \cdot b = P \cdot \frac{a b}{l} \quad [2])$$

Da die Momente in A und B gleich Null sind, so stellt sich die Momentenfläche als Dreieck mit der Höhe $P \cdot \dfrac{a b}{l}$ dar.

Zahlenbeispiel. $P = 2200$ kg; $a = 2$ m; $b = 3{,}5$ m; $l = 5{,}5$ m.

---

[1]) $P_{max} = D \cdot (b - 2 r) \cdot k \ldots$ kg.

[2]) Für Last in der Mitte wird $a = b = \dfrac{l}{2}$; $A = B = \dfrac{P}{2}$; $M = \dfrac{P l}{4}$.

$$A = P \cdot \frac{b}{l} = 2200 \cdot \frac{3,5}{5,5} = 1400 \text{ kg}; \quad B = P \cdot \frac{a}{l} = 2200 \cdot \frac{2}{5,5} = 800 \text{ kg};$$

$$\max M = M_m = P \cdot \frac{a\,b}{l} = 2200 \cdot \frac{200 \cdot 350}{550} = 280\,000 \text{ cmkg} .$$

Baustoff; Holz mit $k_b = 80$ kg/cm² (S. 320) erfordert

$$W = \frac{280\,000}{80} = 3500 \text{ cm}^3 .$$

Tabelle S. 341 zeigt 1 Balken, 24 cm breit, 30 cm hoch, mit $W = 3600$ cm³ ,

$$\max \sigma = \frac{280\,000}{3600} = \sim 78\,\text{kg/cm}^2 .$$

Sollen 2 Balken aufeinander-gelegt werden (Behelfsanord-nung), so muß jeder ein W von $\frac{1}{2} \cdot 3500 = 1750$ cm³ haben. Es würden z. B. laut Tabelle S. 341 2 Balken 20 × 24 cm mit $W = 2 \cdot 1920 = 3840$ cm³ in Frage kommen. Mit Dübeln und Bolzen festgespannt könnten 2 Balken 22 × 16 cm verwendet werden mit $W = 4 \cdot 938,6 = 3754$ cm³ .

Baustoff: Flußeisen mit $k_b = 1200$ kg/cm² (S. 319) erfordert

$$W = \frac{280\,000}{1200} = 225 \text{ cm}^3 .$$

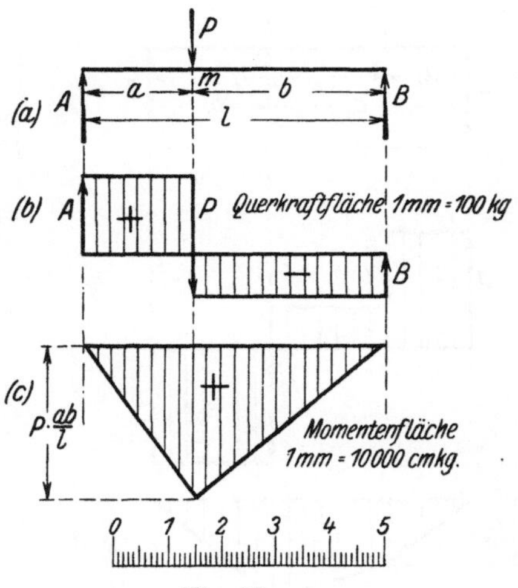

Fig. 31.

1. Rundeisen lt. Tabelle S. 342 $d = 135$ mm mit $W = 241,5$ cm³;
2. I-Eisen „ „ „ 343 NP 21 mit $W_x = 244$ cm³;
3. Differdinger „ „ „ 344 Nr. 18 B mit $W_x = 390$ cm³;
4. [-Eisen „ „ „ 348 NP 22 mit $W_x = 245$ cm³;
5. II-Eisen „ „ „ 343 NP 16 mit $W_x = 2 \cdot 117 = 234$ cm³;
6.][-Eisen „ „ „ 348 NP 16 mit $W_x = 2 \cdot 116 = 232$ cm³;
7. H-Eisen „ „ „ 343 NP 47¹/₂ mit $W_y = 235$ cm³;
8. H-Differdinger lt. Tabelle S. 344 Nr. 24 B mit $W_y = 254$ cm³.

Bem.: ∟- und ⊥-Eisen reichen nicht aus.

11. Träger auf 2 Stützen mit 2 Lasten (Fig. 32).

Für B als Drehpunkt wird

$$(B) \; A \cdot l - P_1 \cdot b_1 - P_2 \cdot b_2 = 0; \quad A = \frac{1}{l} (P_1 \cdot b_1 + P_2 \cdot b_2) .$$

Für A als Drehpunkt wird

$$(A) \; B \cdot l - P\,a_1 - P_2 \cdot a_2 = 0: \quad B = \frac{1}{l} (P_1 \cdot a_1 + P_2 \cdot a_2) .$$

Daraus ergibt sich die Querkraftfläche

$$Q_A = A;\quad Q_1 = A - P_1;\quad Q_2 = A - P_1 - P_2;\quad Q_B = B.$$

Momentenfläche

$$M_A = 0;\quad M_1 = A \cdot a_1;\quad M_2 = B \cdot b_2;$$
$$\max M = M_2 = B \cdot b_2.$$

Im Punkte 2 schneidet die Querkraftlinie die Wagerechte; die Querkraft wechselt das Vorzeichen.

12. Der Träger sei symmetrisch belastet nach Fig. 33.

Wegen der Symmetrie wird $A = B = P$.

Die Querkraft ist wegen $Q_1 = A - P = P - P = 0$ zwischen 1 und 2.

Das größte Moment ist $\max M = M_1 = M_2 = A \cdot a = P \cdot a$.

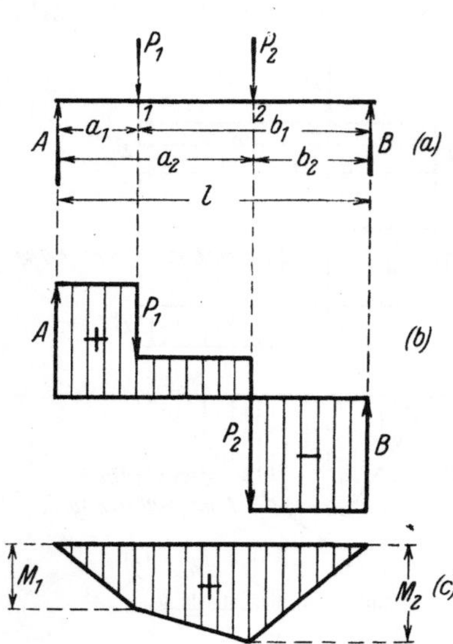

Fig. 32.

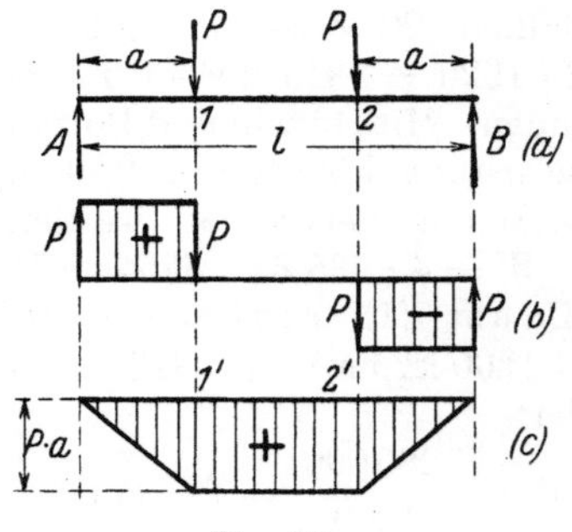

Fig. 33.

13. Träger auf 2 Stützen mit gleichförmig verteilter Last (Fig. 34).

Wegen der Symmetrie wird $A = B = \dfrac{p \cdot l}{2} = \dfrac{P}{2}$.

Die Querkraft im Punkte x ist $Q_x = A - p \cdot x$.

Aus dieser Gleichung finden wir zu jedem beliebigen x die zugehörige Querkraft.

$$\text{Für}\quad x = 0 \quad \text{wird}\quad Q_x = Q_A = A = \frac{P}{2},$$

$$\text{,,}\quad x = \frac{l}{2}\quad \text{,,}\quad Q_x = Q_m = A - p \cdot \frac{l}{2} = \frac{P}{2} - \frac{P}{l} \cdot \frac{l}{2} = 0,$$

$$\text{,,}\quad x = l\quad \text{,,}\quad Q_x = Q_B = A - p \cdot l = \frac{P}{2} - \frac{P}{l} \cdot l = -\frac{P}{2}.$$

Verbindet man die Endpunkte der als Strecken (Ordinaten) dargestellten Querkräfte, so erhält man eine geneigte Gerade (Fig. 34 b).

Das Moment im Schnitt t in der Entfernung x von A ist

$$M_x = A \cdot x - p \cdot x \cdot \frac{x}{2} \, .$$

Dabei denken wir die auf der Strecke x ruhende Last von $(p \cdot x)$ kg im Schwerpunkt des dichter gestrichelten Rechtecks vereinigt. Mit

$$A = \frac{p \cdot l}{2} \quad \text{wird} \quad M_x = \frac{p \cdot l}{2} \cdot x - \frac{p}{2} \cdot x^2 \, .$$

Rechnet man für jeden Punkt x das zugehörige M_x aus und trägt es als Ordinate von einer Wagerechten aus ab, so liegen die Endpunkte auf einer **P a r a b e l**.

Für $x = 0$ wird $M_x = M_A = 0$,

$$\quad x = \frac{l}{8} \quad ,, \quad M_x = M_1 = \frac{p \cdot l}{2} \cdot \frac{l}{8} - \frac{p}{2} \cdot \left(\frac{l}{8}\right)^2 = \frac{7}{128} \cdot p \, l^2 \, ,$$

$$\quad x = \frac{l}{4} \quad ,, \quad M_x = M_2 = \frac{p \cdot l}{2} \cdot \frac{l}{4} - \frac{p}{2} \cdot \left(\frac{l}{4}\right)^2 = \frac{12}{128} \cdot p \, l^2 \, ,$$

$$\quad x = \frac{3}{8} l \quad ,, \quad M_x = M_3 = \frac{p \cdot l}{2} \cdot \frac{3}{8} l - \frac{p}{2} \cdot \left(\frac{3}{8} l\right)^2 = \frac{15}{128} \cdot p \, l^2 \, ,$$

$$\quad x = \frac{l}{2} \quad ,, \quad M_x = M_m = \frac{p \cdot l}{2} \cdot \frac{l}{2} - \frac{p}{2} \cdot \left(\frac{l}{2}\right)^2 = \frac{16}{128} p \, l^2 = \frac{1}{8} p \cdot l^2 \, ,$$

$$\quad x = \frac{5}{8} l \quad ,, \quad M_x = M_4 = \frac{p \cdot l}{2} \cdot \frac{5}{8} l - \frac{p}{2} \cdot \left(\frac{5}{8} l\right)^2 = \frac{15}{128} \cdot p \, l^2 \, ,$$

$$\quad x = \frac{3}{4} l \quad ,, \quad M_x = M_5 = \frac{p \cdot l}{2} \cdot \frac{3}{4} l - \frac{p}{2} \cdot \left(\frac{3}{4} l\right)^2 = \frac{12}{128} \cdot p \, l^2 \, ,$$

$$\quad x = \frac{7}{8} l \quad ,, \quad M_x = M_6 = \frac{p \cdot l}{2} \cdot \frac{7}{8} l - \frac{p}{2} \cdot \left(\frac{7}{8} l\right)^2 = \frac{7}{128} \cdot p \, l^2 \, ,$$

$$\quad x = l \quad ,, \quad M_x = M_B = 0 \, .$$

Auf diese Weise lassen sich genügend Punkte der Parabel berechnen, die stetig verbunden die Momentenlinie ergeben. Das größte Moment und damit die größte Ordinate der Momentenfläche liegt da, wo die Querkraft das Vorzeichen wechselt, d. h. in der Mitte. Es ist

$$\max M = M_m = \frac{p \, l^2}{8} = \frac{P \cdot l}{8} \, . \quad \text{Hat man} \quad m \, S = M_m \quad \text{mit Hilfe des}$$

Momentenmaßstabes aufgetragen, so hat man den Scheitel S der Parabel. Die übrigen Punkte ergeben sich folgendermaßen: Teile SA_1 in eine Anzahl gleicher Teile (z. B. 4), ebenso $A_1 A'$; dann schneiden die Strahlen $S\,1$; $S\,2$; $S\,3$ die Senkrechten durch I; II; III in Parabelpunkten (Fig. 34 c).

Z a h l e n b e i s p i e l : Es sei $l = 6{,}4$ m; $p = 0{,}8$ t/m .

Die Gesamtlast wird $P = p \cdot l = 0{,}8$ t/m $\cdot\, 6{,}4$ m $= 5{,}12$ t $= 5120$ kg .

Demnach $A = B = \dfrac{P}{2} = \dfrac{1}{2} = 2560$ kg .

23*

Die größte Ordinate wird

$$\max M = M_m = \frac{P \cdot l}{8} = \frac{5120 \cdot 640}{8} = 409\,600 \text{ cmkg}.$$

Lautet der Momentenmaßstab 1 mm = 10 000 cmkg, so wird

$$m\,S = \frac{409\,600 \text{ cmkg}}{10\,000 \text{ cmkg/mm}} = \sim 41 \text{ mm}. \text{ Daraus zeichnerisch die Parabel.}$$

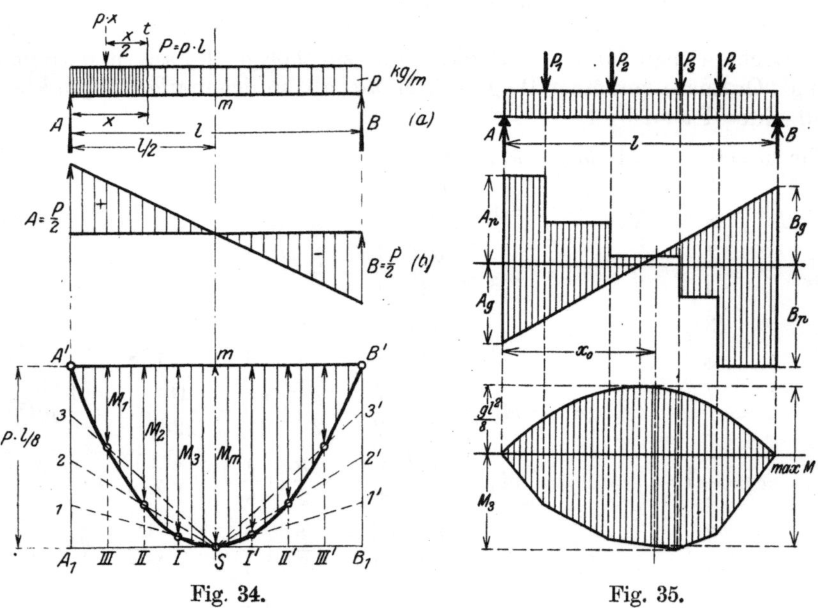

Fig. 34.   Fig. 35.

Durch Rechnung findet man:

$$M_1 = \frac{7}{128} \cdot p \cdot l^2 = \frac{7}{128} \cdot P \cdot l = \frac{7}{128} \cdot 5120 \cdot 640$$
$$= 7 \cdot 25\,600 = 179\,200 \text{ cmkg},$$
$$M_2 = \frac{12}{128} \cdot p \cdot l^2 = \frac{12}{128} \cdot P \cdot l = \frac{12}{128} \cdot 5120 \cdot 640$$
$$= 12 \cdot 25\,600 = 307\,200 \text{ cmkg},$$
$$M_3 = \frac{15}{128} \cdot p \cdot l^2 = \frac{15}{128} \cdot P \cdot l = \frac{15}{128} \cdot 5120 \cdot 640$$
$$= 15 \cdot 25\,600 = 384\,000 \text{ cmkg},$$
$$M_m = \frac{16}{128} \cdot p \cdot l^2 = \frac{16}{128} \cdot P \cdot l = \frac{16}{128} \cdot 5120 \cdot 640$$
$$= 16 \cdot 25\,600 = 409\,600 \text{ cmkg}.$$

Entsprechend die symmetrische Hälfte der Kurve. Aus *max M* bestimmt sich mit $k_b = 1200 \text{ kg/cm}^2$

$$W_{\text{erforderlich}} = \frac{409\,600}{1200} = \sim 340 \text{ cm}^3.$$

Ausgeführt: a) Differdinger Nr. 18 B mit $W_x = 390 \text{ cm}^3$
oder
b) I-Eisen NP 24 mit $W_x = 354 \text{ cm}^3$.

14. Der Träger ist durch Einzelkräfte und gleichförmig verteilte Last gleichzeitig belastet (Fig. 35). Wir betrachten zunächst den Träger unter dem Einfluß der Einzelkräfte P, bestimmen die Auflagerdrucke A_p und B_p und entwerfen die treppenförmige Querkraftlinie. Sodann werden die Auflagerdrucke A_g und B_g infolge der gleichförmig verteilten Last g kg/m berechnet. Trägt man A_p von der Wagerechten aus nach oben, A_g nach unten ab, so addieren sich beide Querkraftflächen, so daß man die gesamte Querkraftfläche infolge beider Belastungen unmittelbar erhält. Da, wo die Querkraftfläche das Vorzeichen wechselt, d. h. bei x_0, liegt das größte Biegungsmoment. Auch die Momentenfläche entwirft man getrennt, erst für die Einzelkräfte, dann für die gleichförmig verteilte Last, und zeichnet die eine Fläche unterhalb, die andere oberhalb der Wagerechten, so daß sich auch hier beide unmittelbar addieren.

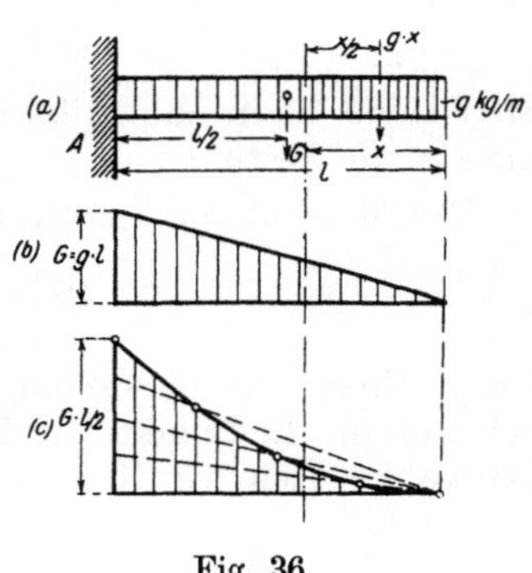

Fig. 36.

15. Zahlenbeispiel zu Fig. 19: $a = 60 \text{ cm}$; $b = 50 \text{ cm}$; $c = 60 \text{ cm}$; $l = 170 \text{ cm}$; $P_1 = 300 \text{ kg}$; $P_2 = 165 \text{ kg}$; $P_3 = 195 \text{ kg}$.

Querkraftfläche: $\qquad Q_1 = 300 \text{ kg}$; $\qquad Q_2 = 300 + 165 = 465 \text{ kg}$; $Q_3 = 300 + 165 + 195 = 660 \text{ kg} = Q_A$.

Momentenfläche: $M_1 = 0$,
$$M_2 = 300 \cdot 60 = 18\,000 \text{ cmkg},$$
$$M_3 = 300 \cdot 110 + 165 \cdot 50 = 41\,250 \text{ cmkg},$$
$$M_A = 300 \cdot 170 + 165 \cdot 110 + 195 \cdot 60 = 80\,850 \text{ cmkg}.$$

Baustoff Flußeisen mit $k_b = 1200 \text{ kg/cm}^2$ erfordert
$$W = \frac{80\,850}{1200} = \sim 67,4 \text{ cm}^3.$$

1. I-Eisen NP 14 mit $W_x = 81,9 \text{ cm}^3$,
2. ⌶-Eisen NP 14 mit $W_x = 86,4 \text{ cm}^3$.

3. ∧ NP 16 ($160 \times 160 \times 15$) mit $W_y = \dfrac{J_y}{e} = \dfrac{453}{6,35} = 71,3 \text{ cm}^3$,

4. ∟ NP 14 ($140 \times 140 \times 15$) mit $W_\xi = \dfrac{J_\xi}{14 - \xi} = \dfrac{723}{14 - 4} = 72,3 \text{ cm}^3$,

5. ⊓ NP 30 mit $W_y = 67,8 \text{ cm}^3$,
6. ⊢ NP 30 mit $W_y = 72,2 \text{ cm}^3$.

16. Der Träger der Fig. 19 sei gleichförmig mit $g = 54,24$ kg/m belastet, was dem Eigengewicht des I-Eisens NP 30 entsprechen würde (Fig. 36). Wir betrachten einen beliebigen Punkt im Abstande x vom

freien Ende des Trägers, dann ruhen auf dieser Strecke $(g \cdot x)$ kg, die wir im Schwerpunkt vereinigt denken. Dann ist die Querkraft im Punkte x

$$Q_x = g \cdot x \,.$$

Die zeichnerische Darstellung dieser Gleichung ist eine geneigte Gerade, von der wir Punkte bestimmen können, indem wir für x beliebige Werte — Bruchteile der Länge — einsetzen. Da eine gerade Linie durch zwei Punkte bestimmt ist, genügen zwei Werte für Q.

$$\text{Für} \quad x = 0 \quad \text{wird} \quad Q_x = Q_1 = g \cdot 0 = 0 \,,$$
$$,, \quad x = l \quad ,, \quad Q_x = Q_A = g \cdot l \,.$$

Sind beide Werte mit Hilfe eines Kräftemaßstabes aufgetragen, so ist die Gerade bestimmt.

Das Moment im Punkte x ist

$$M_x = g \cdot x \cdot \frac{x}{2} = \frac{g\,x^2}{2} \,.$$

Die zeichnerische Darstellung dieser Gleichung ist eine Parabel, deren Scheitel im Endpunkt des Trägers liegt. Einen zweiten Punkt der Kurve erhalten wir für $x = l$, d. h. für die Einspannstelle; es wird

$$M_x = M_A = g\,\frac{l^2}{2} \quad \text{oder mit} \quad g \cdot l = G \quad M_A = G \cdot \frac{l}{2} \,.$$

Das konnten wir auch unmittelbar berechnen; denkt man sich nämlich die Gesamtlast $G = g \cdot l$ im Schwerpunkt vereinigt, so hat G den Hebelarm $\frac{l}{2}$; folglich das Moment $M_A = G \cdot \frac{l}{2}$. Trägt man diesen Wert mit Hilfe eines Momentenmaßstabes senkrecht unter A von einer Wagerechten aus ab, so sind dieser Punkt und der Scheitel der Parabel festgelegt. Die übrigen Punkte werden nach Fig. 34 durch Zeichnung gefunden.

Zahlenbeispiel: $G = g \cdot l = 54{,}24 \text{ kg/m} \cdot 1{,}7 \text{ m} = \sim 95 \text{ kg}$.

$$Q_1 = 0 \,; \quad Q_A = g \cdot l = G = 95 \text{ kg} \,;$$
$$M_1 = 0 \,; \quad M_A = \frac{g\,l^2}{2} = G \cdot \frac{l}{2} = 95 \cdot \frac{170}{2} = 8100 \text{ cmkg} \,.$$

Berücksichtigt man diesen Zuwachs des Einspannmomentes infolge des Eigengewichtes, so wird für Beispiel 10; 6

$$\max M = 80\,850 + 8100 = 88\,950 \text{ cmkg} \,.$$

Mit $W_y = 72{,}2 \text{ cm}^3$ erhält man als größte Biegungsspannung

$$\max \sigma = \frac{88\,950}{72{,}2} = \sim 1230 \text{ kg/cm}^2 \,.$$

Da die zulässige Biegungsspannung nur $k_b = 1200 \text{ kg/cm}^2$ beträgt, darf dieser Träger auf keinen Fall verwendet werden; vielmehr müßte das nächst höhere Profil Nr. 32 gewählt werden mit $W_y = 84.7$ cm³ und $g = 61{,}07$ kg/m. Infolge des höheren Eigengewichtes wird

$$M_A = 80\,850 + G \cdot \frac{l}{2} = 80\,850 + 61{,}07 \cdot 1{,}7 \cdot \frac{170}{2} = 89\,670 \text{ cmkg},$$

daraus

$$\max\sigma = \frac{89\,670}{84{,}7} = 1060 \text{ kg/cm}^2,$$

was zulässig ist.

17. Ein Freiträger sei am Ende mit einer Einzellast von $P = 150$ kg bei einer freien Länge von 110 cm belastet. Das größte Moment tritt an der Einspannstelle mit $M = 150 \cdot 110$ $= 16\,500$ cmkg auf. Es soll ein T-Eisen mit $k_b = 1000$ kg/cm² verwendet werden. Erforderlich ist

$$W = \frac{16\,500}{1000} = 16{,}5 \text{ cm}^3.$$

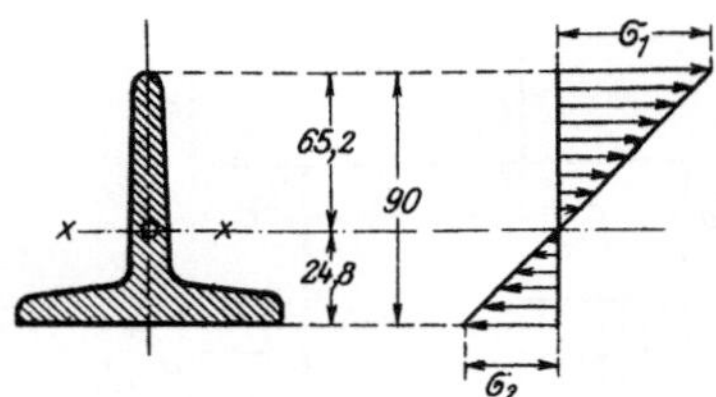

Fig. 37

Tabelle S. 349 gibt als brauchbar das hochstegige T-Eisen 9/9 mit $W_x = 18{,}25$ cm³ und $g = 13{,}42$ kg/m. Der Zuwachs des Einspannmomentes infolge des Eigengewichtes ist

$$M_y = G \cdot \frac{l}{2} = 13{,}42 \cdot 1{,}1 \cdot \frac{110}{2} = 812 \text{ cmkg},$$

so daß

$$\max M = 16\,500 + 812 = 17\,312 \text{ cmkg}; \quad \max\sigma = \frac{17\,312}{18{,}25} = \sim 950 \text{ kg/cm}^2.$$

In diesem Falle handelt es sich um ein Profil, das in Beziehung auf die $x - x$-Achse (Fig. 37) unsymmetrisch ist. Da die Spannungsnulllinie durch den Schwerpunkt geht, wird σ_1 erheblich größer als σ_2; d. h. der Teil des Querschnittes, der am meisten Fleisch hat, wird am wenigsten ausgenutzt — der Querschnitt ist ungünstig. Das Widerstandsmoment, bezogen auf die obere Faser, ist

$$W_1 = \frac{J_1}{6{,}52} = \frac{119}{6{,}52} = 18{,}25 \text{ cm}^3;$$

bezogen auf die untere Faser

$$W_2 = \frac{J_x}{2{,}48} = \frac{119}{2{,}48} = 48 \text{ cm}^3;$$

damit wird

$$\sigma_2 = \frac{17\,312}{48} = \sim 360 \text{ kg/cm}^2.$$

Das kleinste Widerstandsmoment ist für die Wahl des Profils maßgebend.

18. Der Träger hänge an einem Ende über (Fig. 38) und sei mit Einzellasten belastet.

Für B als Drehpunkt liefert $\Sigma M = 0$ bei der Spannweite $AB = l$

$$A \cdot l - P_1 \cdot b + P_2 \cdot c = 0; \quad A = \frac{1}{l}(P_1 \cdot b - P_2 \cdot c).$$

Für A als Drehpunkt liefert $\Sigma M = 0$

$$B \cdot l - P_1 \cdot a - P_2 (l + c); \quad B = \frac{1}{l}[P_1 \cdot a + P_2 \cdot (l + c)].$$

Die Querkraftfläche ist in Fig. 38b dargestellt und in bekannter Weise ermittelt.

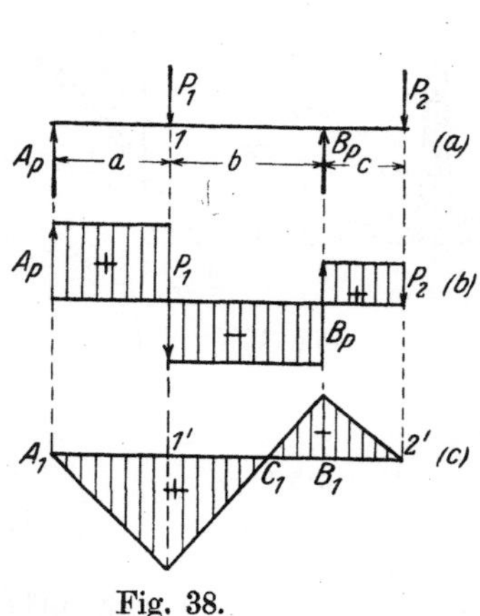

Fig. 38.

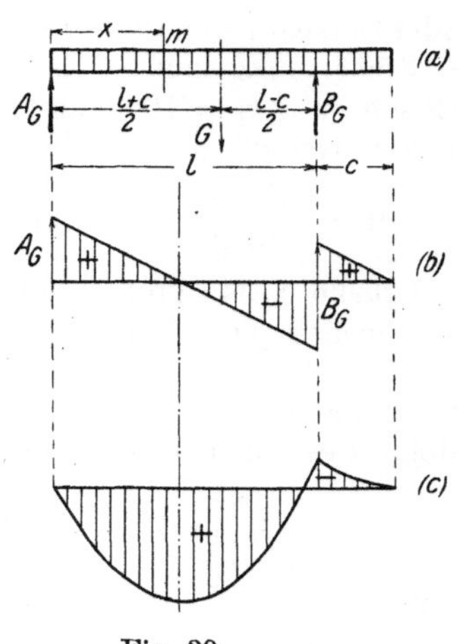

Fig. 39.

Momentenfläche: $M_A = 0$; $M_1 = A \cdot a$; $M_B = A \cdot l - P_1 \cdot b$; $M_2 = 0$. Infolge $P_1 \cdot b > A \cdot l$ wird das Moment in B, das sog. Stützmoment, negativ. Die Momentenfläche ist in Fig. 38c dargestellt und zeigt positive und negative Teile. Solange das Biegungsmoment positiv ist, d. h. zwischen A_1 und C_1, ist die Biegungslinie nach unten gewölbt; zwischen C_1 und $2'$ ist sie infolge der negativen Biegungsmomente nach oben gewölbt.

Zahlenbeispiel:

$l = 4{,}5$ m; $a = 2{,}5$ m; $b = 2$ m; $c = 1$ m; $P_1 = 3\,t$; $P_2 = 1{,}5\,t$.

$$A = \frac{1}{4{,}5}(3 \cdot 2 - 1{,}5 \cdot 1) = 1\,t; \quad B = \frac{1}{4{,}5}(3 \cdot 2{,}5 + 1{,}5 \cdot 5{,}5) = 3{,}5\,t;$$

$$Q_A = 1000\,\text{kg}; \quad Q_1 = 1000 - 3000 = -2000\,\text{kg};$$
$$Q_B = 1000 - 3000 + 3500 = +1500\,\text{kg} = P_2;$$
$$M_A = 0; \quad M_1 = 1000 \cdot 250 = 250\,000\,\text{cmkg};$$
$$M_B = 1000 \cdot 450 - 3000 \cdot 200 = -150\,000\,\text{cmkg}; \quad M_2 = 0.$$

Maßgebend ist das absolut größte Moment

$$\max M = M_1 = 250\,000\,\text{cmkg}.$$

Für Flußeisen mit $k_b = 1000\,\mathrm{kg/cm^2}$ ist erforderlich

$$W = \frac{250\,000}{1000} = 250\,\mathrm{cm^3}\,.$$

19. Der Träger der Fig. 39 sei gleichförmig belastet mit $G = g \cdot l$. Zur Bestimmung der Auflagerdrucke denken wir die Gesamtlast G im Schwerpunkt vereinigt, der die Entfernung $\dfrac{l+c}{2}$ von A und $\dfrac{l-c}{2}$ von B hat.

Für B als Drehpunkt liefert $\Sigma M = 0$

$$A \cdot l - G \cdot \frac{l-c}{2} = 0; \quad A = G \cdot \frac{l-c}{2 \cdot l}\,.$$

Für A als Drehpunkt liefert $\Sigma M = 0$

$$G \cdot \frac{l+c}{2} - B \cdot l = 0; \quad B = G \cdot \frac{l+c}{2 \cdot l}\,.$$

Für einen beliebigen Punkt in der Entfernung x vom Auflager A ist

$$Q_x = A - g \cdot x\,.$$

Durch Einsetzen besonderer Werte für x erhalten wir:

$$x = 0 \quad \text{ergibt} \quad Q_x = Q_A = A\,,$$
$$x = l \quad \text{,,} \quad Q_x = Q_B = A - g \cdot l\,,$$

unmittelbar rechts von B wird

$$Q'_B = A - g \cdot l + B$$

oder mit $A + B = G$

$$Q'_B = G - g \cdot l = g\,(l + c) - g \cdot l = g \cdot c\,.$$

Die Querkraftlinie schneidet in den Punkten x_0 und l die Wagerechte, d. h. dort treten größte Momente auf, von denen M_0 positiv, M_B negativ ist. Das absolut größte ist für die Querschnittabmessungen maßgebend. Zur Errechnung der Entfernung x_0 haben wir die Bedingung: Die Querkraft Q_0 im Punkte x_0 muß gleich Null sein, oder in Form einer Gleichung:

$$Q_0 = A - g \cdot x_0 = 0\,, \quad G \cdot \frac{l-c}{2\,l} - g \cdot x_0 = 0$$

oder

$$g\,(l+c) \cdot \frac{l-c}{2\,l} - g \cdot x_0 = 0\,, \quad g\frac{l^2 - c^2}{2\,l} - g \cdot \frac{2\,l}{2\,l} \cdot x_0\,; \quad x_0 = \frac{l^2 - c^2}{2\,l}\,;$$

$$M_A = 0\,; \quad M_0 = A \cdot x_0 - g \cdot x_0 \cdot \frac{x_0}{2} \quad \text{(größtes positives Moment)},$$

$$M_B = A \cdot l - g \cdot l \cdot \frac{l}{2} = - g \cdot c \cdot \frac{c}{2} \quad \text{(größtes negatives Moment)}.$$

$$M_2 = 0\,.$$

Die Momentenlinie besteht aus zwei Parabeln, deren Scheitel im **Querkraft-Nullpunkt**, bzw. senkrecht unter P_2 liegt. Nach Errechnung dieser beiden Ordinaten durch Einsetzen von Zahlenwerten sind die Punkte und Kurven gefunden, aus denen die übrigen Punkte nach Fig. 34 folgen (Fig. 39).

Zahlenbeispiel: Längen wie (13);

$$g = 0,6\,\text{t/m}\,.\qquad G = 0,6\,\text{t/m}\cdot 5,5\,\text{m} = 3,3\,\text{t}\,.$$

$$A = 3,3\cdot\frac{4,5-1}{2\cdot 4,5} = 1,283\,\text{t};\qquad B = 3,3\cdot\frac{4,5+1}{2\cdot 4,5} = 2,017\,\text{t}\,.$$

$$Q_A = A = 1283\,\text{kg};\qquad Q_B = 1283 - 600\cdot 4,5 = -\,1417\,\text{kg}:$$

$$Q'_B = 0,6\,\text{t/m}\cdot 1\,\text{m} = 0,6\,\text{t}\,.$$

$$x_0 = \frac{l^2 - c^2}{2\,l} = \frac{4,5^2 - 1^2}{2\cdot 4,5} = \frac{19,15}{9} = 2,14\,\text{m}\,.$$

$$M_A = 0\,;\qquad M_0 = 1283\cdot 214 - 600\cdot 2,14\cdot\frac{214}{2} = \sim 137\,000\,\text{cmkg}\,;$$

$$M_B = 1283\cdot 450 - 600\cdot 4,5\cdot\frac{450}{2} = -\,30\,000\,\text{cmkg};$$

$$M_B = -\,g\cdot c\cdot\frac{c}{2} = -\,600\cdot 1\cdot\frac{100}{2} = -\,30\,000\,\text{cmkg};\qquad M_2 = 0\,.$$

Aus $\max M = M_0 = 137\,000$ cmkg bestimmt sich das erforderliche W

$$W_{\text{erforderlich}} = \frac{\max M}{k_b}\,.$$

20. Ruhen die Einzellasten nach Fig. 38 und die gleichförmig verteilte Last nach Fig. 39 gleichzeitig auf dem Träger, so addieren sich die Querkräfte und Momente (Fig. 40). Die Lage des größten Momentes ergibt sich aus der Bedingung $Q_x = 0$ für $x = x_0$, wenn man mit x_0 die Entfernung des Querkraftnullpunktes vom Auflager A aus bezeichnet. Der infolge beider Lasten auftretende Auflagerdruck A wird

$$A = A_P + A_G = 1000 + 1283 = 2283\,\text{kg}\,.$$

Aus $Q_0 = A - g\cdot x_0 = 2283 - 600\cdot x_0 = 0$

folgt $\qquad x_0 = \dfrac{2283}{600} = 3,805\,\text{m}\,.$

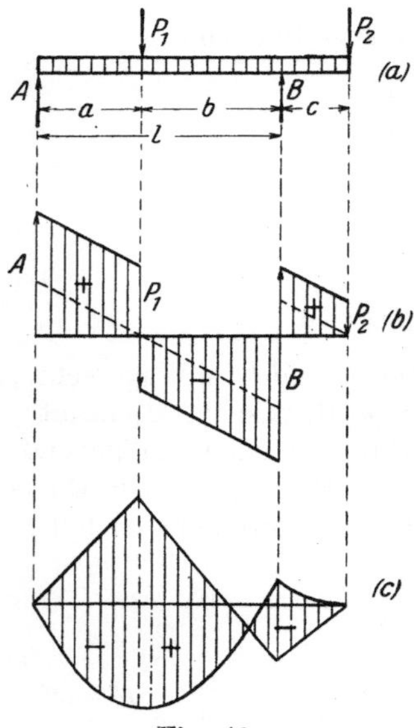
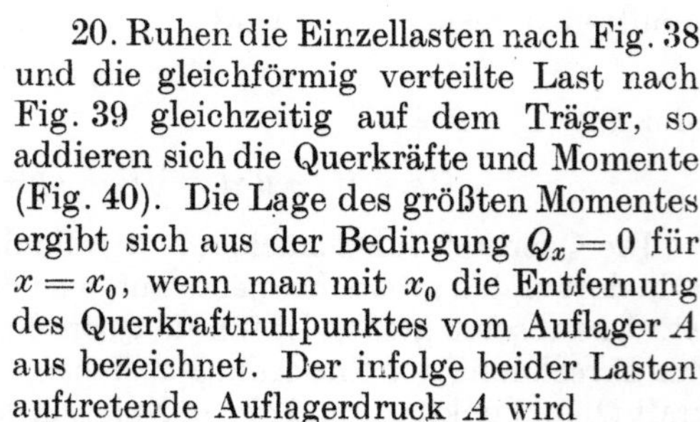

Fig. 40.

Dieser Wert liegt aber rechts von P_1, so daß die Querkraftfläche bereits im Angriffspunkt von P_1 das Vorzeichen wechselt. Es ist unmittelbar links von P_1

$$Q_0 = A - g\cdot a = 2283 - 600\cdot 2,5 = +\,783\,\text{kg}\,,$$

unmittelbar rechts von P_1 wird

$$Q'_0 = A - g\cdot a - P_1 = 2283 - 600\cdot 2,5 - 3000 = -\,2217\,\text{kg}\,,$$

also springt die Querkraft Q_0 im Angriffspunkte von P_1 von $+783$ kg auf -2217 kg; d. h. sie wechselt das Vorzeichen. Damit ist die Lage des größten (positiven) Momentes festgelegt, das sich nunmehr ergibt zu

$$\max M = A \cdot a - g \cdot a \cdot \frac{a}{2} = 2283 \cdot 250 - 600 \cdot 2{,}5 \cdot \frac{250}{2} = 383\,250 \text{ cmkg} .$$

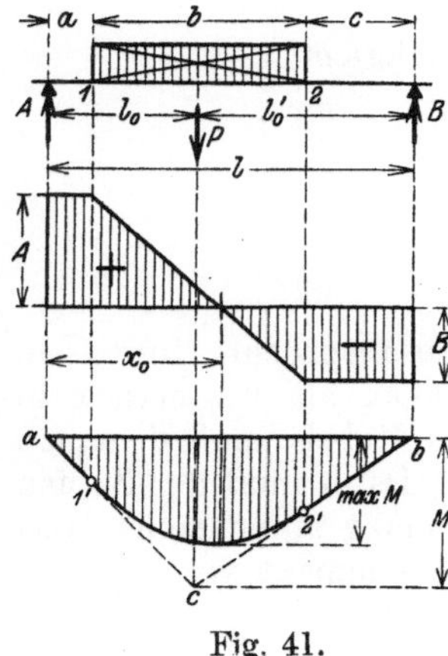

Aus ihm erhalten wir mit $k_b = 1000$ kg/cm^2 das erforderliche Widerstandsmoment

$$W = \frac{383\,250}{1000} = 383{,}25 \text{ cm}^3 .$$

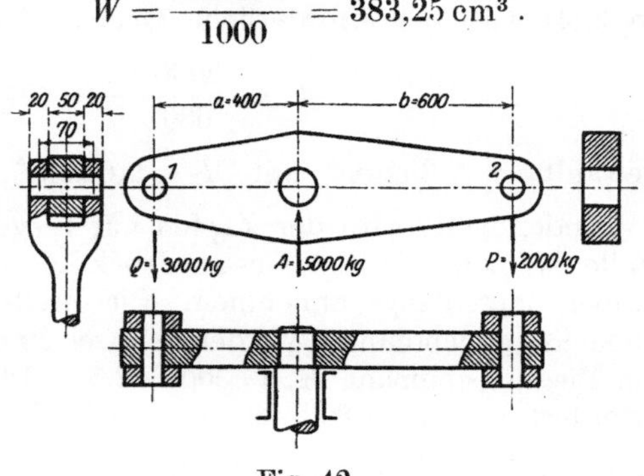

Fig. 41.   Fig. 42.

21. Ein Träger auf 2 Stützen sei durch eine gleichmäßig verteilte Streckenlast P belastet (Fig. 41). Sind l_0 und l_0' die Schwerpunktsabstände von A bzw. B, so liefert $\Sigma M = 0$

$$A \cdot l - P \cdot l_0' = 0; \quad A = P \cdot \frac{l_0'}{l} ;$$

$$B \cdot l - P \cdot l_0 = 0; \quad B = P \cdot \frac{l_0}{l} ;$$

$$Q_A = A; \quad Q_1 = A; \quad Q_2 = A - P = -B; \quad Q_B = B.$$

Zwischen 1 und 2 ist die Querkraftlinie entsprechend der gleichmäßig verteilten Last eine geneigte Gerade. Ist $p = \dfrac{P}{b}$ die auf die Längeneinheit entfallende Streckenlast, so wird $\max M$ da auftreten, wo

$$Q_0 = A - p\,(x_0 - a) = 0$$

wird. Ist x_0 berechnet, so findet man

$$\max M = A \cdot x_0 - p \cdot (x_0 - a) \cdot \frac{x_0 - a}{2} .$$

Zwischen den Punkten $1'$ und $2'$ ist die Momentenlinie eine Parabel, die in x_0 ihren Scheitel hat. Die Strecken $a\,1'$ und $2'\,b$ sind gerade, da zwischen A und 1 bzw. 2 und B der Träger unbelastet ist.

22. Der zweiarmige Hebel der Fig. 42 sei im Zapfen A gelagert. An den Enden sind zwei Stangen angebracht, von denen die linke

$Q = 3000\,\text{kg}$ trägt. Aus $\Sigma M = 0$ folgt für A als Drehpunkt;

$$Q \cdot a - P \cdot b = 0; \qquad P = Q \cdot \frac{a}{b} = 3000 \cdot \frac{400}{600} = 2000\,\text{kg}.$$

Aus $\Sigma V = 0$ folgt

$$A = Q + P = 3000 + 2000 = 5000\,\text{kg}.$$

a) Zapfen in A: Auf Abscheren mit

$$k_s = 0{,}85 \cdot k_z = 0{,}85 \cdot 800 = 680\,\text{kg/cm}^2$$

(S. 324) wird der erforderliche Querschnitt

$$F = \frac{5000}{680} = \sim 7{,}4\,\text{cm}^2;$$

gewählt $d = 35\,\text{mm}$ mit $F = 9{,}62\,\text{cm}^2$.

Andererseits wird der Zapfen auf Biegung beansprucht. In diesem Falle können wir den Gesamtdruck $A = 5000\,\text{kg}$ als Einzelkraft in halber Zapfenlänge annehmen. Die Breite des Hebels muß demnach zunächst angenommen werden; sie sei 50 mm. Dann muß der Zapfen ein Biegungsmoment $M_z = 5000 \cdot 2{,}5 = 12\,500\,\text{cmkg}$ aufnehmen. Das erfordert bei $k_b = 800\,\text{kg/cm}^2$ ein Widerstandsmoment von

$$W = \frac{12\,500}{800} = \sim 15{,}5\,\text{cm}^3.$$

Die Tabelle auf S. 342 gibt für $d = 3{,}5\,\text{cm}$ ein $W = 4{,}209\,\text{cm}^3$ an. Der Zapfen ist zu schwach; es müßte $d = 55\,\text{mm}$ mit $W = 16{,}334\,\text{cm}^3$ gewählt werden.

b) Zapfen in 1 für $Q = 3000\,\text{kg}$. Die Beanspruchung auf Abscheren erfordert $F = \dfrac{3000}{680} = 4{,}41\,\text{cm}^2$; gewählt $d = 25\,\text{mm}$ mit $F = 4{,}91\,\text{cm}^2$.

Auch dieser Zapfen erfährt Biegung. Wir fassen ihn als Träger auf 2 Stützen auf mit der Stützweite $l = 70\,\text{mm}$, wenn wir die Stärke der Gabel mit 20 mm annehmen, und denken die Last Q als Einzellast in der Mitte. Das größte Biegungsmoment wird (S. 352)

$$M = Q \cdot \frac{l}{4} = 3000 \cdot \frac{7}{4} = 5250\,\text{cmkg}.$$

$k_b = 800\,\text{kg/cm}^2$ (Flußeisen) erfordert $\quad W = \dfrac{52 \cdot 50}{800} = 6{,}56\,\text{cm}^3.$

Nun hat aber ein kreisförmiger Querschnitt von 2,5 cm $\varnothing$ ein Widerstandsmoment $W = 1{,}534\,\text{cm}^3$, wäre also viel zu klein. Andererseits ist die Annahme einer Einzellast zu ungünstig. Denken wir Q gleichförmig verteilt, dann wird

$$\max M = \frac{Q \cdot l}{8} = \frac{3000 \cdot 7}{8} = 2625\,\text{cmkg}.$$

Da diese Annahme wieder zu günstig erscheint, ist es üblich, für solche Zapfen mit

$$\max M = \frac{Q \cdot l}{6} = \frac{3000 \cdot 7}{6} = 3500 \text{ cmkg}$$

zu rechnen. Das erfordert $W = \dfrac{3500}{800} = 4{,}375 \text{ cm}^3$.

Ein kreisförmiger Querschnitt von 35 mm $\varnothing$ hat $W = 4{,}209 \text{ cm}^3$;

,, ,, ,, ,, 40 ,, $\varnothing$,, $W = 6{,}283 \text{ cm}^3$;

$$d = 35 \text{ mm } \varnothing \text{ erfährt } \max\sigma = \frac{3500}{4{,}209} = \sim 830 \text{ kg/cm}^2 \text{ ;}$$

$$d = 40 \text{ mm } \varnothing \text{ erfährt } \max\sigma = \frac{3500}{6{,}283} = \sim 560 \text{ kg/cm}^2 \text{ .}$$

Da es sich in unserm Falle um eine rohe Annäherung handelt, so könnte die geringe Überschreitung der zulässigen Biegungspannung in Kauf genommen werden. Wir wählen jedoch endgültig für Zapfen 1 Durchmesser 40 mm.

c) Zapfen 2 für $P = 2000$ kg. Da die Abmessungen auf Scherbeanspruchung zu kleine Durchmesser ergeben, rechnen wir sofort auf

$$\text{Biegung mit} \quad \max M = \frac{P \cdot l}{6} = \frac{2000 \cdot 7}{6} = 2333 \text{ cmkg .}$$

$$k_b = 800 \text{ kg/cm}^2, \text{ erfordert} \quad W = \frac{2333}{800} = 2{,}92 \text{ cm}^3.$$

Die Tabelle gibt für $d_2 = 31$ mm ein Widerstandsmoment $W = 2{,}925 \text{ cm}^3$, doch wird man ebensowenig 31 mm wählen wie 36 mm beim Zapfen 1. Wir könnten noch $d_2 = 30$ mm mit $W = 2{,}651 \text{ cm}^3$ verantworten, da die auftretende Spannung

$$\max\sigma = \frac{2333}{2{,}651} = \sim 880 \text{ kg/cm}^2$$

die zulässige Biegungsspannung $k_b = 800 \text{ kg/cm}^2$ nur um 10% übersteigt. Wir wählen jedoch $d_2 = 35$ mm für Zapfen 2.

Sicherer ist es unter allen Umständen, $d_1 = 40$ mm und $d_2 = 35$ mm auszuführen.

d) Der Hebel hat das größte Biegungsmoment in A mit

$$M_A = Q \cdot a = P \cdot b = 3000 \cdot 40 = 120\,000 \text{ cmkg .}$$

$k_b = 800 \text{ kg/cm}^2$ erfordert

$$W = \frac{120\,000}{800} = 150 \text{ cm}^3 \text{ .}$$

Der Querschnitt ist durch die Zapfenbohrung $d = 55$ mm geschwächt. Wir wählen $h = 150$ mm und erhalten

$$J = \frac{b \cdot h^3}{12} - \frac{b \cdot 5{,}5^3}{12} = \frac{5 \cdot 15^3}{12} - \frac{5 \cdot 5{,}5^3}{12} = \frac{5}{12}(3375 - 166);$$

$$J = 1337 \text{ cm}^3; \quad W = \frac{1337}{7{,}5} = 178 \text{ cm}^3 \text{ (zu groß!) .}$$

Wir wählen $h = 140$ mm und erhalten

$$J = \frac{5}{12}\,(14^3 - 5{,}5^3) = 1074\,\text{cm}^4\;;$$

$$W = \frac{1074}{7} = 153\,\text{cm}^3\,.$$

Ausgeführt $h = 140$ mm mit $W = 153\,\text{cm}^3$.

Damit sind die Hauptabmessungen des Hebels festgelegt.

23. Eine Last von $Q = 1600$ kg soll verladen werden. Ein Bock mit einem Querbalken aus Holz von 18×22 cm Querschnitt bei $l = 2{,}5$ m freier Länge steht zur Verfügung. Es ist zu untersuchen, ob er benutzt werden darf. Die Last hänge an einem Flaschenzuge in der Mitte des Balkens, so daß

$$\max M = \frac{Q \cdot l}{4} = \frac{1600 \cdot 250}{4} = 100\,000\,\text{cmkg}$$

wird.

Der Querschnitt 18×22 cm hat lt. Tabelle $W = 1452\,\text{cm}^3$; demnach

$$\max \sigma = \frac{100\,000}{1452} = \sim 69\,\text{kg/cm}^2\,.$$

Laut Tabelle ist für Behelfzwecke $k_b = 100\,\text{kg/cm}^2$ zulässig. Der Bock darf benutzt werden.

24. Es soll für die Bedingungen unter **23** als Querbalken ein Gasrohr verwendet werden bei $k_b = 600\,\text{kg/cm}^2$. Erforderlich ist

$$W = \frac{100\,000}{600} = 166{,}7\,\text{cm}^3\,.$$

Das stärkste handelsübliche Gasrohr ist 3 Zoll engl. mit einem Außendurchmesser von $D = \sim 90$ mm und einem Innendurchmesser von $d = \sim 76{,}2$ mm. Das Widerstandsmoment dieses kreisringförmigen Querschnittes ist lt. Tabelle S. 341

$$W = \frac{\pi\,(D^4 - d^4)}{32 \cdot D} = \frac{\pi\,(6561 - 3376)}{32 \cdot 9} = \sim 35\,\text{cm}^3\,.$$

Infolge eines größten Biegungsmomentes von $100\,000$ cmkg würde die größte Spannung werden

$$\max \sigma = \frac{100\,000}{35} = 2860\,\text{kg/cm}^2,$$

d. h. ein Gasrohr kommt für den vorliegenden Fall überhaupt nicht in Frage.

Angenommen, eine Laufkranschiene Nr. 4 stünde zur Verfügung; lt. Tabelle S. 352 ist ihr $W_x = 105{,}1\,\text{cm}^3$, so daß

$$\max \sigma = \frac{100\,000}{105{,}1} = \sim 950\,\text{kg/cm}^2$$

wird. Sie darf verwendet werden.

V. Knickfestigkeit.

Auf S. 305 war gesagt, daß jeder gedrückte Stab auf Knicken nachzurechnen ist.

Wir denken uns einen geraden Stab senkrecht stehend und an seinem unteren Ende eingespannt (Fig. 43). Er werde unter stetiger Steigerung der Kraft P belastet. Der Versuch zeigt, daß die freie Spitze zwar ausweicht, daß sich jedoch eine Gleichgewichtslage trotz dieser deutlich sichtbaren Formänderung einstellt. Hat P einen bestimmten Betrag erreicht, so knickt der Stab restlos zusammen; die Spitze senkt sich bis auf den Boden. Wiederholte Versuche zeigen, daß dieser Grenzwert stets gleich bleibt, wenn gleiche Stäbe geprüft werden. Man nennt die Kraft P, bei der das Knicken erfolgt, Knicklast und bezeichnet sie mit P_k.

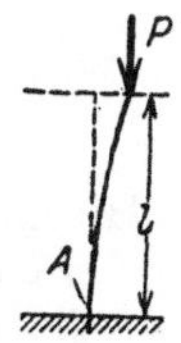

Fig. 43.

Macht man Stäbe gleicher Abmessungen aus verschiedenen Baustoffen, so zeigt sich, daß die Knicklasten von dem elastischen Verhalten des Baustoffes abhängen. Die Zahl, die dieses Verhalten kennzeichnet, war die Elastizitätziffer E (S. 313). Der Stab hält am meisten, der das größte E hat. Wir entnehmen aus dem Versuch, daß die Knicklast in einem einfachen Verhältnis zu E steht; sie ist E direkt proportional.

Man stelle sich Rohre gleicher Länge her mit kreisringförmigem Querschnitt und mache sämtliche Querschnitte

gleich groß; d. h. ist D der äußere, d der innere Durchmesser, so ist $\dfrac{\pi}{4}$

$(D^2 - d^2)$ der Flächeninhalt, gemessen in cm². Bei allen Rohren soll nun F in cm² gleich groß sein; das Rohr mit großem D hat also geringe Wandstärke, das Rohr mit kleinem d große Wandstärke. Diese Rohre werden der Reihe nach bis zum Knicken belastet. Der Versuch zeigt, daß die Knicklasten trotz der gleichen Querschnitte verschieden sind. Und zwar trägt das Rohr mit dem größten Durchmesser am meisten, das Rohr mit dem kleinsten Durchmesser am wenigsten. Die Knicklasten wachsen mit dem Durchmesser. Wir lernen daraus, daß es bei der Knickfestigkeit auf die Form des Querschnittes mehr ankommt als auf den Flächeninhalt. Die Größe, die die Form des Querschnittes bei der Tragfähigkeit berücksichtigt, war das Trägheitsmoment (vgl. S. 332). Die Knicklast ist dem Trägheitsmoment des Querschnittes direkt proportional. Da ein Ausweichen nach der Seite des geringsten Widerstandes erfolgt, ist das kleinste Trägheitsmoment maßgebend.

Zum dritten stelle man sich Stäbe gleichen Querschnittes her, von denen der erste eine Länge l habe, der zweite messe $2\,l$, der dritte $3\,l$ usw. Der Versuch zeigt, daß ein Stab von doppelter Länge nur den 4. Teil der Last trägt; ein Stab von dreifacher Länge trägt nur den 9. Teil der Last des Stabes von der Länge l; ein Stab mit der Länge $4\,l$ trägt nur den 16. Teil des Stabes von der Länge l. Bei dieser Versuchsreihe haben wir es nicht mit einer einfachen, sondern einer quadratischen Abhängigkeit zu tun, und zwar steht die Tragfähigkeit im umgekehrten Verhältnis zur Länge des Stabes.

Schreibt man die Versuchsergebnisse in Form einer Gleichung, so erhält man für die Knicklast

$$P_k = C \cdot \frac{E \cdot J}{l^2} \,,$$

wobei C ein — noch unbekannter — Proportionalitätsfaktor ist. C ist von dem Mathematiker **Euler** berechnet worden; er fand je nach Art der Befestigung

nach Fig. 44 $C = \pi^2$, so daß $P_k = \dfrac{\pi^2 \cdot EJ}{l^2}$ ist;

„ Fig. 45 $C = \dfrac{\pi^2}{4}$, „ „ $P_k = \dfrac{\pi^2 \cdot EJ}{4 \cdot l^2}$ „

„ Fig. 46 $C = 4\,\pi^2$, „ „ $P_k = \dfrac{4\,\pi^2 \cdot EJ}{l^2}$ „

„ Fig. 47 $C = 2\,\pi^2$. „ „ $P_k = \dfrac{2\,\pi^2 \cdot EJ}{l^2}$ „

Hierin bedeuten:

P_k die Knicklast des Stabes in kg,

l die Länge des Stabes in cm,

J das kleinste Trägheitsmoment des Querschnittes in cm⁴,

E das Elastizitätsmaß des Baustoffes in kg/cm².

	Grundfall Freie in der Achse geführte Stabenden	Ein Stabende eingespannt, das andere frei beweglich	Eingespannte, in der Achse geführte Stabenden	Ein Stabende eingespannt, das andere frei in der Achse geführt
Darstellung des Belastungsfalles	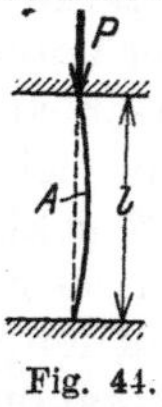 Fig. 44.	 Fig. 45.	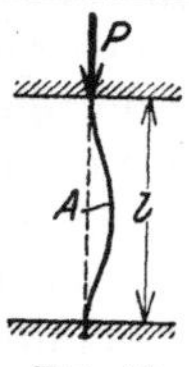 Fig. 46.	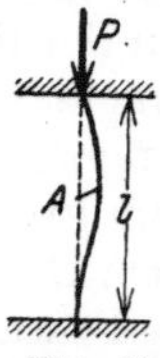 Fig. 47.
Knicklast $P_k =$	$\dfrac{\pi^2 \cdot E \cdot J}{l^2}$	$\dfrac{\pi^2 \cdot EJ}{4 \cdot l^2}$	$\dfrac{4\,\pi^2 \cdot EJ}{l^2}$	$\dfrac{2\,\pi^2 \cdot EJ}{l^2}$

Nun ist es ohne weiteres klar, daß man keinen Stab bis zur Knickgrenze belasten darf, ebensowenig, wie wir die Zerreißfestigkeit als zulässige Zugspannung setzten. Man wählt einen Bruchteil der Knicklast als zulässige Belastung und setzt

$$P = \frac{P_k}{\mathfrak{S}} \,.$$

wobei $\mathfrak{S}$ den Sicherheitsgrad gegen Knicken bedeutet, der für verschiedene Baustoffe verschieden ist.

$\mathfrak{S}$ für Gußeisen 8,
$\mathfrak{S}$ „ Schweißeisen 5,
$\mathfrak{S}$ „ Flußeisen 5 (für gedrückte Fachwerkstäbe 4),
$\mathfrak{S}$ „ Flußstahl 5,
$\mathfrak{S}$ „ Holz 10.

Im allgemeinen wird Fall 1 (Fig. 44) vorliegen. Für ihn sollen die Eulerschen Knickgleichungen einfacher geschrieben werden. Aus

$$P = \frac{P_k}{\mathfrak{S}} = \frac{\pi^2 \cdot E \cdot J}{\mathfrak{S} \cdot l^2}$$

ergibt sich als kleinstes Trägheitsmoment — Minimum J —

$$\min J = \frac{P \cdot \mathfrak{S} \cdot l^2}{\pi^2 \cdot E} = \frac{\mathfrak{S}}{\pi^2 \cdot E} \cdot P \cdot l^2 ;$$

setzt man die Last in t; die Länge in m ein, d. h. ist $P = (P_1 \cdot 1000)\,\mathrm{kg}$; $l = (l_1 \cdot 100)\,\mathrm{cm}$, wobei P_1 in t; l_1 in m gemessen werden, so wird

$$\min J = \frac{\mathfrak{S} \cdot 1000 \cdot 100^2}{\pi^2 \cdot E} \cdot P_1 \cdot l_1 .$$

Gußeisen: $\mathfrak{S} = 8$; $E = 1\,000\,000\,\mathrm{kg/cm^2}$ gibt $\min J = 8 \cdot P_1 \cdot l_1^2$
Schweißeisen: $\mathfrak{S} = 5$; $E = 2\,000\,000$ „ „ $\min J = 2{,}5 \cdot P_1 \cdot l_1^2$
Flußeisen: $\mathfrak{S} = 5$; $E = 2\,150\,000$ „ „ $\min J = 2{,}33 \cdot P_1 \cdot l_1^2$
Flußstahl: $\mathfrak{S} = 5$; $E = 2\,200\,000$ „ „ $\min J = 2{,}24 \cdot P_1 \cdot l_1^2$
Holz: $\mathfrak{S} = 10$; $E = 100\,000$ „ „ $\min J = 100 \cdot P_1 \cdot l_1^2 .$

Der Belastungfall 1 (Fig. 44) setzt Spitzenlagerung voraus; die in der Praxis vorkommende Befestigung bewirkt aber meist eine erhebliche Einspannung, die in der Weise berücksichtigt wird, daß die Knicklänge l als Bruchteil der Gesamtlänge L in die Rechnung eingeführt wird. Auf Grund zahlreicher Versuche setzt man nach v. Tetmajer und v. Emperger

$l = 0{,}95 \cdot L$ bei mäßiger Einspannung des einen und freier Führung des anderen Endes;

$l = 0{,}9 \cdot L$ bei mäßiger Einspannung beider Enden;

$l = 0{,}85 \cdot L$ bei guter Einspannung des einen und mäßiger Einspannung des anderen Endes;

$l = 0{,}8 \cdot L$ bei guter Einspannung beider Enden;

$l = 0{,}7 \cdot L$ bei gedrückten Fachwerkstäben, die durch Niete angeschlossen sind.

Beispiele. 25. Eine Säule von 4 m Gesamtlänge ist durch eine Kraft von 10 000 kg zentrisch belastet. Gesucht sind die Abmessungen des Querschnittes.

a) Baustoff: Holz mit $\mathfrak{S} = 10$.
Erforderlich ist $\min J = 100 \cdot P_1 \cdot l_1^2 = 100 \cdot 10 \cdot 4^2 = 16\,000\,\mathrm{cm^4}$.

1. Ein unbearbeiteter Baumstamm von 25 cm $\varnothing$ hat $J = 19\,175\,\mathrm{cm^4}$ und darf bei Behelfsbauten, zum Abstützen u. dgl. benutzt werden. Die

wirklich nach **Euler** vorhandene Knicksicherheit folgt aus der Überlegung:

$$J = 16\,000 \text{ cm}^4 \quad \text{entspricht} \quad \mathfrak{S} = 10,$$

$$J = 19\,175 \text{ cm}^4 \qquad \text{,,} \qquad \mathfrak{S} = 10 \cdot \frac{19\,175}{16\,000} = \sim 12.$$

Die in dem Stabe auftretende Druckspannung ist

$$\sigma = \frac{P}{F} = \frac{10\,000}{491} = \sim 21 \text{ kg/cm}^2;$$

sie bleibt weit unter der zulässigen Grenze von $k = 100 \text{ kg/cm}^2$.

2. Es soll geprüft werden, ob ein vorhandener Balken von $24 \cdot 26$ cm
benutzt werden darf. Das kleinste Trägheitsmoment dieses rechteckigen
Querschnittes ist

$$\min J = \frac{26 \cdot 24^3}{12} = 29\,952 \text{ cm}^2.$$

Die Sicherheit gegen Knicken ist

$$\mathfrak{S} = 10 \cdot \frac{29\,952}{16\,000} = 18,7.$$

Der Balken ist reichlich.

3. Es sind 2 Balken $18 \cdot 18$ cm vorhanden. Dürfen sie benutzt werden? Jeder Balken muß für die halbe Last knicksicher sein; das erfordert
$$\min J = \tfrac{1}{2} \cdot 100 \cdot 10 \cdot 4^2 = 8000 \text{ cm}^4.$$

Vorhanden ist $$J = \frac{18 \cdot 18^3}{12} = 8748 \text{ cm}^4.$$

Demnach ist die Sicherheit $\quad \mathfrak{S} = 10 \cdot \dfrac{8747}{8000} = \sim 11.$

Die Balken reichen aus.

b) Baustoff: Flußeisen mit $S = 5$. Erforderlich ist
$$\min J = 2,33 \cdot 10 \cdot 4^2 = 373 \text{ cm}^4.$$

1. ⊢⊣-Eisen NP 29 $\quad$ mit $\min J = J_y = 406 \text{ cm}^4$; $\quad \mathfrak{S} = 5 \cdot \dfrac{406}{373} = 6,4.$

2. ⊢⊣-Differdinger 18 B $\;$,, $\;\min J = J_y = 390 \text{ cm}^2$; $\quad \mathfrak{S} = 5 \cdot \dfrac{390}{373} = 5,2.$

3. ∟-Eisen 150/150/16 $\;$,, $\;J_y = 391 \text{ cm}^4$; $\qquad \mathfrak{S} = 5 \cdot \dfrac{391}{373} = 5,2.$

4. ⊏-Eisen NP 28 $\qquad$,, $J_y = 399 \text{ cm}^4$; $\qquad \mathfrak{S} = 5 \cdot \dfrac{399}{373} = 5,3.$

5. Volle Röhre aus Quadranteisen Nr. 5 min (S. 351) mit
$$J = 576 \text{ cm}^4 \quad \text{und} \quad \mathfrak{S} = 5 \cdot \frac{576}{373} = 7,7.$$

6. ⊐⊏-Eisen NP 10. (Fig. 48) Die beiden U-Eisen werden so weit auseinander gerückt, daß die Trägheitsmomente J_I und J_{II}, bezogen auf die

wagerechte und senkrechte Hauptachse, gleich groß sind. Dann ist $J_\mathrm{I} = 2 \cdot J_x = J_\mathrm{II}$, wobei J_x das der Tabelle zu entnehmende J_x bedeutet. Man findet demnach die Profilnummer, indem man in der Spalte J_x die Zahl sucht, die gegen $\frac{1}{2} \cdot \min J = \frac{1}{2} \cdot 373 = 187$ die nächsthöhere ist. Das ist 206; sie gehört zu NP 10. Beide Eisen haben ein Gesamtträgheitsmoment von $2 \cdot 206 = 412\ \mathrm{cm^4}$, so daß

$$\mathfrak{S} = 5 \cdot \frac{412}{373} = 5,5$$

ist. Wie weit die U-Eisen auseinander zu setzen sind, damit die Trägheitsmomente, bezogen auf die Hauptachsen, gleich groß sind, ist in manchen Tabellen in der Spalte i in mm angegeben. Ist das nicht der Fall, so findet man i durch Rechnung auf folgende Weise (Fig. 48):

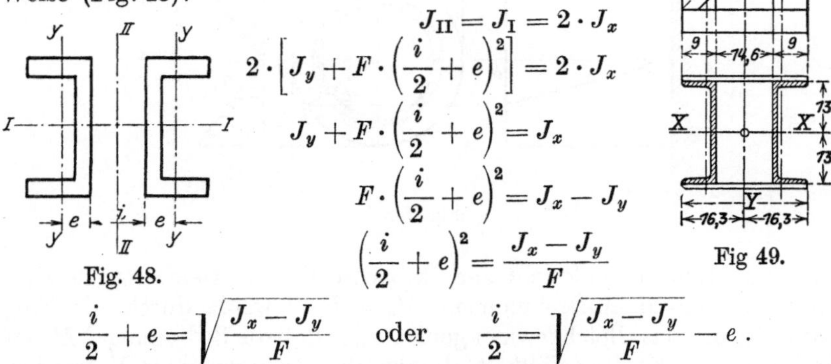

$$J_\mathrm{II} = J_\mathrm{I} = 2 \cdot J_x$$

$$2 \cdot \left[J_y + F \cdot \left(\frac{i}{2} + e \right)^2 \right] = 2 \cdot J_x$$

$$J_y + F \cdot \left(\frac{i}{2} + e \right)^2 = J_x$$

$$F \cdot \left(\frac{i}{2} + e \right)^2 = J_x - J_y$$

$$\left(\frac{i}{2} + e \right)^2 = \frac{J_x - J_y}{F}$$

Fig. 48.

Fig 49.

$$\frac{i}{2} + e = \sqrt{\frac{J_x - J_y}{F}} \qquad \text{oder} \qquad \frac{i}{2} = \sqrt{\frac{J_x - J_y}{F}} - e \ .$$

Mit den Abmessungen der Profil-Nummer 10 wird

$$\frac{i}{2} = \sqrt{\frac{206 - 29,3}{13,5}} - 1,55 = 3,62 - 1,55 = 2,07\ \mathrm{cm},$$

folglich

$$i = 2 \cdot 20,7 = 41,4\ \mathrm{mm}\ .$$

Wollte man beide U-Eisen ohne Querverbindungen einfach nebeneinander stellen, so müßte jedes für sich für die halbe Last knicksicher sein, müßte also ein $J_y \geqq \frac{1}{2} \min J$ oder $J_y \geqq 187\ \mathrm{cm^4}$ haben. Das erforderte 2 U-Eisen NP 22 mit $J_y = 197\ \mathrm{cm^4}$. Sorgt man aber dafür, daß beide U-Eisen von Zeit zu Zeit durch Bänder oder Winkeleisen verbunden werden, wie es in Fig. 49 — für NP 26 — dargestellt ist, so genügen NP 10. Die freie Länge a darf nicht größer sein, als dem $J_y = 29,3\ \mathrm{cm^4}$ entspricht; sie berechnet sich aus $J_y = 2,33 \cdot (\frac{1}{2} \cdot P_1) \cdot l_2^0$ zu

$$a = \sqrt{\frac{J_y}{2,33 \cdot \frac{1}{2} \cdot P_1}} = \sqrt{\frac{29,3}{2,33 \cdot 5}} = 1,58\ \mathrm{m}.$$

Es müßten also mindestens 2 Querverbindungen bei einer Gesamtlänge von $l = 4\ \mathrm{m}$ vorgesehen werden.

24*

7. Es soll ein ringförmiger Querschnitt verwendet werden. Gewählt $D = 100$ mm; $d = 70$ mm; Wandstärke $s = 15$ mm. Es ist

$$J = J_{100} - J_{70}$$

laut Tabelle S. 342

$$= 490,9 - 117,9 = 373 \text{ cm}^4 .$$

Die Sicherheit beträgt $\mathfrak{S} = 5$, da das erforderliche und das vorhandene Trägheitsmoment gleich groß sind.

VI. Drehfestigkeit.

Ein gerader Stab von kreisförmigem Querschnitt (Fig. 50) wird von zwei gleich großen, entgegengesetzt drehenden Kräftepaaren angegrif-

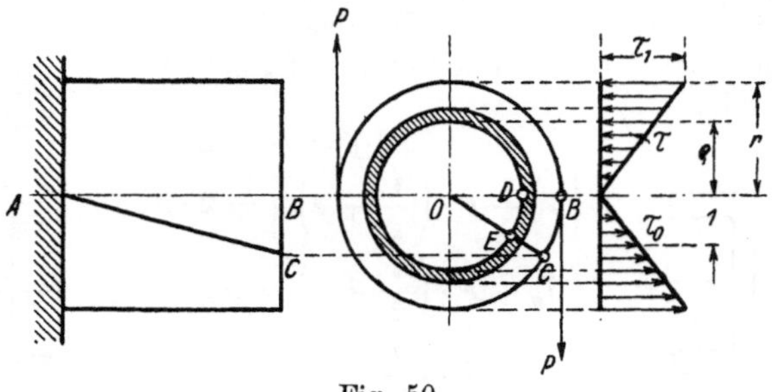

Fig. 50.

fen, deren Ebenen senkrecht zur Stabachse liegen. Dem angreifenden Kräftepaar mit dem Drehmoment $M_d = P \cdot d$ werde durch die Einspannung in A das Gleichgewicht gehalten, so daß die Bedingung $\Sigma M = 0$ für die äußeren Kräfte erfüllt ist. Infolge des Drehmomentes M_d werden in einem Querschnitt Spannungen wachgerufen; die einzelnen Teile zweier benachbarter Querschnitte versuchen sich gegeneinander zu verschieben. Wir nannten die Spannungen, die in einem Querschnitt, d. h. senkrecht zur Stabachse, auftreten, Schubspannungen (vgl. S. 306) und bezeichneten sie mit τ, um den Unterschied gegen die Normalspannungen σ, die senkrecht zum Querschnitt, d. h. in Richtung der Stabachse, auftreten, auch äußerlich zum Ausdruck zu bringen.

Auch im vorliegenden Falle können wir die Spannungen nicht wahrnehmen; wir können nur aus der meßbaren Verdrehung auf ihre Größe schließen. Stellen wir uns den Stab aus Gummi her und drehen in Richtung der Kräfte P an seinen Umfange, so werden alle Punkte am Umfange des Kreises den angreifenden Kräften nachgeben und gewissermaßen auf dem Umfange wandern. So gelangte z. B. der Punkt B nach C. Der Mittelpunkt O wird seine ursprüngliche Lage beibehalten. Nun läßt sich innerhalb gewisser Grenzen feststellen, daß ein zwischen O und B liegender Punkt D in der Entfernung ϱ vom Mittelpunkt O ebenfalls auf einem Kreise wandert; er gelangt bei der Verdrehung nach E und stellt sich so ein, daß E auf dem Halbmesser OC liegt. Wir entnehmen der Beobachtung den Satz: Die Verschiebungen nehmen nach dem Rande hin nach einem einfachen Verhältnis zu; sie sind den Entfernungen ϱ vom Mittelpunkt direkt proportional. Auf Grund dieser Tatsache sagen wir ferner: Ebenso wie die Verschiebungen verhalten sich die Spannungen τ; auch sie nehmen nach dem Rande hin zu. Mathematisch ausgedrückt heißt das

$$\tau : \tau_0 = \varrho : 1,$$

wenn wir mit τ die Schubspannung in der Entfernung ϱ, mit τ_0 die Schubspannung in der Entfernung 1 vom Mittelpunkt bezeichnen. Wie bei der Biegung haben wir es hier mit einer veränderlichen Spannung zu tun, d. h. mit einer Spannung, die sich nicht gleichmäßig über den ganzen Querschnitt verteilt. Wollen wir auf den Fall einer gleichförmigen Verteilung zurückgreifen, so müssen wir einen Querschnittsteil suchen, für den die Spannungen gleich groß sind. Das ist ein Kreisring von verschwindend kleiner Dicke, der in Fig. 50 durch Strichelung hervorgehoben ist. Wir dürfen für ihn eine gleichmäßige Verteilung mit um so größerer Wahrscheinlichkeit annehmen, je geringer seine Dicke ist, und erreichen die Wirklichkeit, wenn wir den Kreisring als unendlich dünn ansehen. Nach der Erklärung des Begriffes „Spannung" verstehen wir darunter die Kraft, die auf 1 cm^2 des Querschnittes entfällt; mißt der Ring $(\varDelta F)$ cm^2 und ist τ die Spannung, so übertragen $(\varDelta F)$ cm^2 eine Kraft von $(\varDelta F \cdot \tau)$ kg. Nun soll zwischen den äußeren und inneren Kräften Gleichgewicht herrschen, folglich muß die algebraische Summe ihrer Momente, bezogen auf einen beliebigen Punkt als Drehpunkt, gleich Null sein. Wählt man O als Momentenpunkt, so hat die Teilkraft $(\varDelta F \cdot \tau)$, die in der Entfernung ϱ von O wirkt, das Moment $\varDelta F \cdot \tau \cdot \varrho$. Der ganze Querschnitt besteht aber aus unzähligen solcher verschwindend dünnen Kreisringe, die alle an der Kraftübertragung teilnehmen. Die Summe der Drehmomente aller dieser Teilkräfte ist $\varSigma(\varDelta F \cdot \tau \cdot \varrho)$; sie muß gleich dem Moment $M_d = P \cdot d$ der äußeren Kräfte sein, so daß sich die Bedingung ergibt

$$M_d = \varSigma \varDelta F \cdot \tau \cdot \varrho;$$

mit $\tau = \varrho \cdot \tau_0$ geht diese Gleichung über in

$$M_d = \tau_0 \cdot \varSigma \varDelta F \cdot \varrho^2,$$

wobei τ_0 als unveränderlicher Faktor, der in jedem Summanden vorkommt, vor das Summenzeichen gezogen ist. $\varSigma \varDelta F \cdot \varrho^2$ ist genau so gebaut wie $\varSigma \varDelta F \cdot y^2$ auf S. 332. Der Unterschied zwischen beiden Ausdrücken besteht darin, daß ϱ die Entfernung des Flächenteilchens von einem Punkte, y die Entfernung des Flächenteilchens von einer Achse bedeutet. Wir nennen $\varSigma \varDelta F \cdot \varrho^2$ ebenfalls Trägheitsmoment des Querschnittes, bezeichnen es aber zum Unterschied gegen das auf eine Achse bezogene als polares Trägheitsmoment; das übliche Zeichen dafür ist J_p. Mit $\varSigma \varDelta F \cdot \varrho^2 = J_p$ erhalten wir $M_d = \tau_0 \cdot J_p$,

und daraus mit $\tau_0 = \dfrac{\tau_1}{r}$ $\qquad M_d = \dfrac{\tau_1}{r} \cdot J_p = \tau_1 \cdot \dfrac{J_p}{r}.$

$\dfrac{J_p}{r}$ ist gleich dem polaren Trägheitsmoment dividiert durch die Entfernung der äußersten Faser; wir nennen diesen Ausdruck in Anlehnung an den gleichen Wert auf S. 332 das **polare Widerstandsmoment** des Querschnittes und bezeichnen ihn mit W_p. Die Maßeinheiten sind für das polare Trägheitsmoment cm⁴, für das polare Widerstandsmoment cm³. Mit $\dfrac{J_p}{r} = W_p$ erhalten wir die Randspannung

$$\tau_1 = \frac{M_d}{W_p}.$$

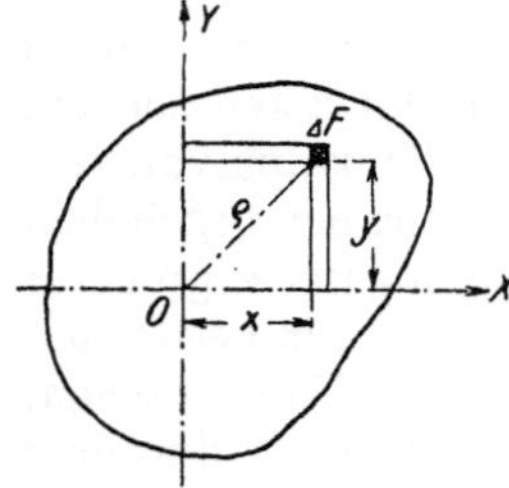

Fig. 51.

Die Festigkeitsbedingung erfordert $\tau_1 \leqq k_d$, wenn k_d die zulässige Drehfestigkeit in kg/cm² bedeutet (S. 318).

Beziehungen zwischen dem polaren und axialen Trägheitsmoment. In Fig. 51 sei ΔF ein so kleines Flächenteilchen, daß die Entfernung seines Schwerpunktes von O mit ϱ zusammenfällt; dann ist $\varrho^2 = y^2 + x^2$. Setzt man diesen Wert in J_p ein, so ergibt sich

$$J_p = \Sigma \Delta F \cdot \varrho^2 = \Sigma \Delta F\,(y^2 + x^2)$$
$$= \Sigma \Delta F \cdot y^2 + \Sigma \Delta F \cdot x^2.$$

$\Sigma \Delta F \cdot y^2$ ist das auf die x-Achse bezogene axiale Trägheitsmoment J_x des Querschnittes; $\Sigma \Delta F \cdot x^2$ ist das auf die y-Achse bezogene axiale Trägheitsmoment J_y des Querschnittes; folglich

$$J_p = J_x + J_y.$$

Für den Kreisquerschnitt ist

$$J_x = J_y = J, \quad \text{so daß} \quad J_p = 2 \cdot J$$

ist, wobei J der Tabelle auf S. 342 entnommen wird. Bezeichnet d in cm den Durchmesser des Kreises, so ist:

$$J_p = 2 \cdot J = 2 \cdot \frac{\pi\,d^4}{64} = \frac{\pi\,d^4}{32}; \qquad W_p = \frac{J_p}{r} = \frac{J_p}{\dfrac{d}{2}} = \frac{\pi\,d^3}{16}.$$

Damit ergibt sich die Randspannung $\quad \tau_1 = \dfrac{M_d}{\dfrac{\pi\,d^3}{16}}.$

Die Festigkeitsbedingung $\tau_1 \leqq k_d$ erfordert

$$M_d \leqq \frac{\pi}{16} \cdot d^3 \cdot k_d \quad \text{oder} \quad d \geqq \sqrt[3]{\frac{16}{\pi} \cdot \frac{M_d}{k_d}}.$$

Im allgemeinen gibt der Maschinenbauer nicht das Drehmoment unmittelbar an; er sagt, eine Welle überträgt N PS bei n Umläufen in der Minute. Aus N in PS und n in Umläufen pro Minute erhält man

$$M_d = 71\,627 \cdot \frac{N}{n},$$

gemessen in cmkg (vgl. Abschnitt Mechanik S. 146).

Für normale Triebwerkwellen aus gewöhnlichem Walzeisen ist $k_d = 120 \text{ kg/cm}^2$; der Wert ist mit Absicht niedrig gewählt, weil neben der Verdrehung auch Biegung auftritt. Mit

$$M_d = 71\,620\,\frac{N}{n} \quad \text{und} \quad k_d = 120 \text{ kg/cm}^2$$

wird

$$d \geqq \sqrt[3]{\frac{16}{\pi} \cdot \frac{71\,620}{120} \cdot \frac{N}{n}} = \sim 14{,}5 \sqrt[3]{\frac{N}{n}}.$$

Beispiele. 26. In eine Vorgelegewelle werden $N = 7$ PS durch Scheibe 1 (Fig. 52) hineingeleitet und 7 PS von Scheibe 2 abgenommen bei

$$n = 125 \text{ Uml./Min.;} \quad k_d = 120 \text{ kg/cm}^2.$$

Drehmomentenfläche. Die Welle ist von A bis 1 spannungslos, da nur Drehspannungen berücksichtigt werden sollen. In 1 wird das volle Drehmoment

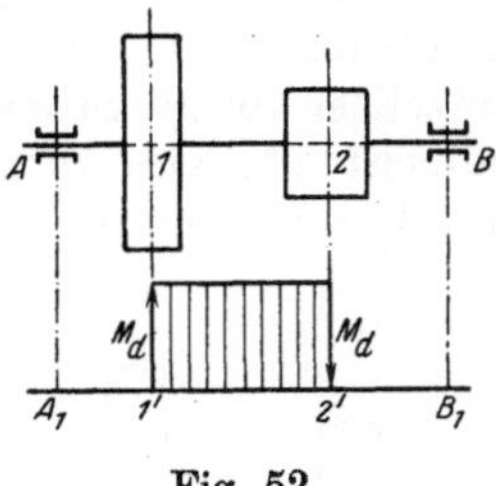

Fig. 52.

$$M_1 = 71\,620 \cdot \frac{N}{n} = 71\,620 \cdot \frac{7}{125} = \sim 4000 \text{ cmkg}$$

durch die Nabe in die Welle geleitet. Obwohl die Überleitung längs der ganzen Nabe vor sich geht, nehmen wir in Anlehnung an die Querkraftflächen (S. 325) an, daß M_1 im Punkte 1 auftritt. Da zwischen 1 und 2 keine Änderung des Zustandes eintritt, bleibt M_1 unveränderlich und muß im Punkte 2 gleich M_2 sein. Von 2 bis B ist die Welle wieder spannungslos.

Querschnittabmessung. $k_d = 120 \text{ kg/cm}^2$ erfordert

$$W_p = \frac{4000}{120} = 33{,}3 \text{ cm}^3.$$

In die Tafel auf S. 342 gehen wir mit $\quad \frac{1}{2} W_p = \frac{1}{2} \cdot 33{,}3 = \sim 17 \text{ cm}^3$ und finden als nächsthöheren Wert, auf 0 oder 5 abgerundet,

$$d = 60 \text{ mm} \quad \text{mit} \quad W_p = 2 \cdot 21{,}21 = 42{,}4 \text{ cm}^3.$$

Für diesen Querschnitt wird $\quad \max\tau = \frac{4000}{42{,}4} = \sim 94 \text{ kg/cm}^2.$

27. In dem Punkte 2 einer Welle (Fig. 53) werden N_2 PS bei n Uml./Min. hineingeleitet und im Punkte 1 N_1 PS, im Punkte 3 N_3 PS entnommen.

Drehmomentenfläche. Die Welle überträgt zwischen 1 und 2 ein Drehmoment $M_1 = 71\,620 \cdot \frac{N_1}{n}$, das wir mit Hilfe eines Momentenmaßstabes von einer Wagerechten aus darstellen. Nehmen wir an, daß dieses Moment linksdrehend (nur der Drehsinn des Momentes, nicht der Welle ist gemeint!) ist, so dreht $M_2 = 71\,620 \cdot \dfrac{N_2}{n}$ rechts herum, d.h. entgegengesetzt. Ist also das linksdrehende Moment M_1 nach oben abgetragen, so muß das rechtsdrehende Moment M_2 nach unten abgetragen werden. Unmittelbar links von 2 ist $M_d = M_1$; unmittelbar rechts von 2 ist $M_d = M_1 - M_2$. Diese Differenz ist negativ, da $M_2 > M_1$ ist. Da zwischen 2 und 3 kein weiteres Drehmoment hinzutritt, bleibt die Drehmomentenlinie zwischen 2 und 3 parallel zur Wagerechten. Ihre Ordinate in 3 muß gleich $M_3 = 71\,620 \cdot \dfrac{N_3}{n}$ sein. Dem Aufbau nach entspricht die Drehmomentenfläche der Querkraftfläche eines Trägers auf zwei Stützen, der eine Einzellast trägt (Fig. 353). Ebenso wie sich diese Einzellast auf die Stützen verteilt, wird im vorliegenden Falle das Drehmoment M_2 von den Scheiben 1 und 3 aufgenommen.

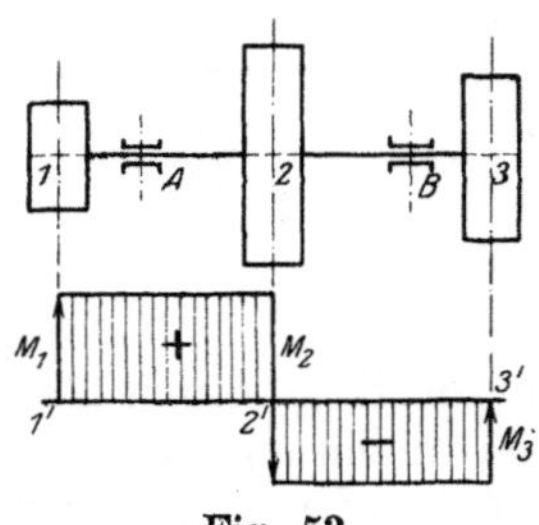

Fig. 53.

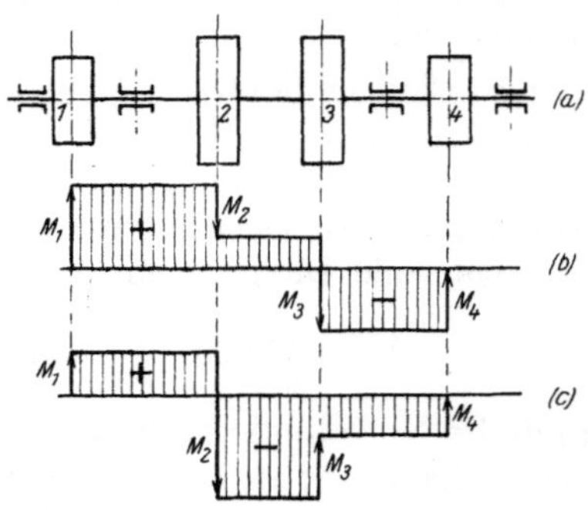

Fig. 54.

Zahlenbeispiel.

28. $N_1 = 40\;\text{PS}$; $N_2 = 100\;\text{PS}$; $N_3 = 60\;\text{PS}$; $n = 175\;\text{Uml./Min}$.
Daraus:

$$M_1 = 71\,620 \cdot \frac{N_1}{n} = 71\,620 \cdot \frac{40}{175} = 16\,400\;\text{cmkg},$$

$$M_2 = 71\,620 \cdot \frac{N_2}{n} = 71\,620 \cdot \frac{100}{175} = 41\,000\quad\text{,,}$$

$$M_3 = 71\,620 \cdot \frac{N_3}{n} = 71\,620 \cdot \frac{60}{175} = 24\,600\quad\text{,,}$$

Die M_d-Fläche ist in Fig. 53 dargestellt; wir entnehmen ihr als größtes Drehmoment

$$\max M_d = M_3 = 24\,600\;\text{cmkg}.$$

Mit $k_d = 120\;\text{kg/cm}^2$ wird erforderlich

$$W_p = \frac{24\,600}{120} = 205\;\text{cm}^3.$$

In die Tabelle auf S. 342 gehen wir mit $W = \tfrac{1}{2} \cdot 205 = 103\,\text{cm}^3$ und finden $d = 105\,\text{mm}$ mit $W_p = 2 \cdot 113,65 = 227,3\,\text{cm}^3$.

$$\max \tau = \frac{24\,600}{227,3} = 108\,\text{kg/cm}^2.$$

Sonderfall. Werden in den Scheiben 1 und 3 je $\tfrac{1}{2} N_2$ PS abgenommen, so wird $M_1 = M_3 = \tfrac{1}{2} \cdot M_2 = \tfrac{1}{2} \cdot 41\,000 \cdot 20\,500\,\text{cmkg}$. Daraus mit $k_d = 120\,\text{kg/cm}^3$

$$W_p = \frac{20\,500}{120} = 171\,\text{cm}^3.$$

Die Tabelle auf S. 342 liefert

$$d = 100\,\text{mm} \quad \text{mit} \quad W_p = 2 \cdot 98,175 = 196,35\,\text{cm}^3.$$

29. Angenommen, ein Motor arbeite auf Scheibe 1 und gebe seine Leistung N_1 an die Scheiben 2 und 3; durch Mehrbelastung von Scheibe 3 wird ein zweiter Motor nötig, der auf Scheibe 4 arbeitet. Die Drehmomentenfläche ist zu entwerfen.

Es ist:
$$M_1 = 71\,620 \cdot \frac{N_1}{n} \qquad M_2 = 71\,620 \cdot \frac{N_2}{n}$$
$$M_3 = 71\,620 \cdot \frac{N_3}{n} \qquad M_4 = 71\,620 \cdot \frac{N_4}{n}.$$

Die M_d-Fläche ist in Fig. 54b dargestellt; sie zeigt

$$\max M_d = M_1.$$

30. Angenommen, in Scheibe 2 werde eine Leistung von N_2 PS hineingeleitet, die von den Scheiben $1 \div 3 \div 4$ wieder abgenommen wird (Fig. 54c).

Drehmomentenfläche. Aus

$$M_d = 71\,620 \cdot \frac{N}{n}$$

ergibt sich:

$$M_1 = 71\,620 \cdot \frac{N_1}{n}; \qquad M_2 = 71\,620 \cdot \frac{N_2}{n};$$
$$M_3 = 71\,620 \cdot \frac{N_3}{n}; \qquad M_4 = 71\,620 \cdot \frac{N_4}{n}.$$

Die M_d-Fläche ist in Fig. 54c dargestellt; sie zeigt

$$\max M_d = M_2 - M_1 = M_3 + M_4.$$

Zahlenbeispiel:

$$n = 180\,\text{Uml./Min.} \quad N_1 = 25\,\text{PS}; \quad N_2 = 90\,\text{PS};$$
$$N_3 = 35\,\text{PS}; \qquad N_4 = 30\,\text{PS}.$$

Daraus
$$M_1 = 71\,620 \cdot \frac{N_1}{n} = 71\,620 \cdot \frac{25}{180} = 10\,000\,\text{cmkg}$$
$$M_2 = 71\,620 \cdot \frac{N_2}{n} = 71\,620 \cdot \frac{90}{180} = 36\,000 \quad ,,$$

$$M_3 = 71\,620 \cdot \frac{N_3}{n} = 71\,620 \cdot \frac{35}{180} = 14\,000 \text{ cmkg}$$

$$M_4 = 71\,620 \cdot \frac{N_4}{n} = 71\,620 \cdot \frac{30}{180} = 12\,000 \quad ,,$$

$$\max M_d = 36\,000 - 10\,000 = 14\,000 + 12\,000 = 26\,000 \text{ cmkg} .$$

$k_d = 120 \text{ kg/cm}^2$ erfordert

$$W_p = \frac{26\,000}{120} = 208 \text{ cm}^3 .$$

Die Tabelle auf S. 342 liefert für

$$d = 105 \text{ mm} , \ W_p = 2 \cdot 113{,}65 = 227{,}3 \text{ cm}^3 ,$$

so daß

$$\max \tau = \frac{26\,000}{227{,}3} = \sim 115 \text{ kg/cm}^3 \text{ wird} .$$

Ist keine Tabelle zur Hand, so berechnet sich d aus $W_p = \dfrac{\pi\, d^3}{16}$ zu

$$d = \sqrt[3]{\frac{16}{\pi} \cdot W_p} = \sqrt[3]{\frac{16}{\pi} \cdot 208} = \sqrt[3]{1060} = 10{,}2 \text{ cm} ,$$

oder aus

$$d = 14{,}5 \cdot \sqrt[3]{\frac{N}{n}} = 14{,}5 \cdot \sqrt[3]{\frac{90 - 25}{180}} = 14{,}5 \cdot \sqrt[3]{\frac{65}{180}} = 1{,}45 \cdot \sqrt[3]{\frac{650}{1{,}8}}$$

$$= 1{,}45 \cdot \sqrt[3]{361} = 1{,}45 \cdot 7{,}12 = 10{,}3 \text{ cm} .$$

Elastizitäts- und Festigkeitszahlen.
a) Eisen und Stahl.

Eisensorte	$E = \dfrac{1}{\alpha}$ kg/cm²	$G = \dfrac{1}{\beta}$ kg/cm²	σ_p kg/cm²	σ_f kg/cm²	K_z kg/cm²	K kg/cm²
Schweißeisen || zur S.hnenrichtung	2 000 000	770 000	1300 bis 1700	2200 bis 2800	3300 bis 4000	σ_f maßgebend
Flußeisen	2 150 000	830 000	2000 bis 2400	2500 bis 3000	3400 bis 4400	σ_f maßgebend
Flußstahl	2 200 000	850 000	2500 bis 5000	2800 und mehr, härteres Material ohne Streckgrenze	4500 bis 10 000	wenn weich, so ist σ_f maßgebend: wenn hart, so $K \gtreqqless K_z$
Federstahl, ungehärtet	2 000 000	850 000	4000 und mehr		7000 bis 9000	
Federstahl, gehärtet	2 200 000	850 000	7500 und mehr		8000 und mehr	
Stahlguß	2 150 000	830 000	2000 und mehr	wie bei Flußstahl	3500 bis 7000	wie bei Flußstahl
Gußeisen	750 000 bis 1 050 000	290 000 bis 400 000	σ_p u. σ_f nicht vorhanden für Zug $\varepsilon = \dfrac{1}{1\,250\,000}\sigma^{1,1}$ für Druck $\varepsilon = \dfrac{1}{1\,180\,000}\sigma^{1,05}$		1200 bis 1800	7000 bis 8000

b) Kupfer und Kupferlegierungen[1]).

Metallsorte	$E = \dfrac{1}{\alpha}$ kg/cm²	σ_f kg/cm²	K_z kg/cm²	Dehnung ψ in v. H.	Einschnürung ψ in v. H.
Kupferblech, gewalzt	1 150 000	—	2000 ÷ 2300	35 ÷ 38	45 ÷ 50
Feuerbüchs-Hartkupfer (geglüht)	1 150 000	—	> 2300	> 38	> 45
Sonderstehbolzenkupfer (geglüht)	—	—	> 2700	> 35	> 60
Desgleichen „extra gehärtet"	—	—	> 4000	4	> 60
Messing gegossen	800 000	650	1 00	13	17,5
Rotguß	900 000	900	2000	6 ÷ 20	10,5
Geschützbronze	1 100 000	800	3000	—	—
desgl. verdichtet	1 100 000	900	3200	—	—
Phosphorbronze	—	—	4000	—	—
Manganbronze (4 v. H.) gewalzt	1 200 000	260	2900	41	68
Manganbronze (15 v. H.) gegossen	940 000	770	3570	34	44
Oerlikoner Bronze Nr. A, überschmiedet	—	2800	4400 ÷ 5600	—	—
Deltametall	1 010 000 bis 1 080 000	—	—	15—25	—
Legierung I: Rohguß	—	—	5200 ÷ 6100	6 ÷ 13	11 ÷ 15
gewalzt	—	—	6800 ÷ 7000	19 ÷ 23	22 ÷ 29
Legierung II: Rohguß	—	—	4000 ÷ 4800	16 ÷ 23	48 ÷ 54
gepreßt	—	—	5600 ÷ 6600	15 ÷ 21	42 ÷ 48
Legierung III: Rohguß	—	—	3600 ÷ 4000	23 ÷ 43	32 ÷ 37
geschmiedet	—	—	4500 ÷ 4700	31 ÷ 40	32 ÷ 53

c) Andere Metalle und Stoffe.

Baustoff	$E = \dfrac{1}{\alpha}$ kg/cm²	σ_p kg/cm²	σ_f kg/cm²	K_z kg/cm²	Bemerkungen
Aluminium, rein (98,5 ÷ 99 v. H. Al), gewalzt oder geschmiedet	675 000	—	—	1000	$\varphi = 8 \div 13$
0,7 cm stark; längs	726 000	480	—	1500	$\varphi = 5$
quer	690 000	440	—	1400	$\varphi = 6$
Aluminiumbronze mit 10% Al; gegossen	1 200 000	—	—	6200	$\varphi = 0,5$
gewalzt	—	—	—	5100	$\varphi = 0,4$
mit 5% Al; gewalzt, 1,2 bis 1,6 cm dick	1 200 000	—	—	4300	$\varphi = 50$
Zink, gewalzt	960 000	—	—	2350	$\varphi = 12 \div 38$ $\psi = 23$
Blei, weich	50 000	—	50 ÷ 150	125	—
hart	—	—	300	300	—
Zinn	400 000	—	—	350	—
Weißmetall[1])					
90 Pb; 10 Sb; Zug	267 000	—	153	500	$\varphi = 0,8$; $\psi = 15$
Druck	273 000	—	218	1190	$K_b = 840$; $K_s = 360$
85 Pb; 15 Sb; Zug	270 000	—	145	450	$\varphi = 1,2$; $\psi = 2,4$
Druck	286 000	—	168	1180	$K_b = 730$; $K_s = 340$
80 Pb; 15 Sb; 5 Sn; Zug	275 000	—	128	400	$\varphi = 0,5$
Druck	297 000	—	160	1100	$K_b = 760$; $K_s = 300$
Glas	700 000	—	—	250	—

[1]) Entnommen aus Hütte. Bd. I, 21. Aufl. Berlin 1911. W. Ernst & Sohn.

Griechisches Alphabet.

Zeichen der Buchstaben		Laute	Name
groß	klein		
A	α	ă oder ā	álpha
B	β	b	béta
Γ	γ	g	gámma
$\varDelta$	δ	d	délta
E	ε	ĕ	épsilon
Z	ζ	z (ds)	zéta
H	η	ē	éta
Θ	ϑ	th	théta
I	ι	ĭ oder ī	ĭóta
K	$\varkappa$	k	káppa
$\varLambda$	λ	l	lámbda
M	μ	m	my
N	ν	n	ny
Ξ	ξ	x (ks)	xi
O	o	ŏ	ŏmikron
Π	π	p	pi
P	ϱ	r	rho
Σ	σ	s	sígma
T	τ	t	tau
Υ	υ	y	ýpsilon
Φ	φ	ph	phi
X	χ	ch	chi
Ψ	ψ	ps	psi
Ω	ω	ō	ŏmĕga

Werkstattbücher. Für Betriebsbeamte, Vor- und Facharbeiter. Herausgegeben von **Eugen Simon** in Berlin.

Heft 1. **Gewindeschneiden.** Von Oberingenieur **Otto Müller.** Mit 151 Textfiguren. 7.—12. Tausend. 1922.

Heft 2. **Meßtechnik.** Von Betriebsingenieur Privatdozent Dr. **Max Kurrein** in Berlin. Zweite Auflage. Mit etwa 143 Textfiguren. In Vorbereitung

Heft 3. **Das Anreißen in Maschinenbauwerkstätten.** Von Ingenieur **H. Frangenheim.** Mit 105 Textfiguren. 7.—12 Tausend. 1922.

Heft 4. **Wechselräderberechnung für Drehbänke** unter Berücksichtigung der schwierigen Steigungen. Von Betriebsdirektor **Georg Knappe.** Mit 13 Textfiguren und 6 Zahlentafeln. 1921.

Heft 5. **Das Schleifen der Metalle.** Von Dr.-Ing. **B. Buxbaum.** Mit 71 Textfiguren. 1921.

Heft 6. **Teilkopfarbeiten.** Von Dr.-Ing. **W. Pockrandt.** Mit 23 Textfiguren. 1921.

Heft 7. **Härten und Vergüten.** Erster Teil: Stahl und sein Verhalten. Von **Eugen Simon.** Mit 52 Figuren und 6 Zahlentafeln im Text. 1921.

Heft 8. **Härten und Vergüten.** Zweiter Teil: Die Praxis der Warmbehandlung. Von **Eugen Simon.** Mit 92 Figuren und 10 Zahlentafeln im Text. 1921.

Heft 9. **Rezepte für die Werkstatt.** Von Ingenieur-Chemiker **Hugo Krause.** 1922.

Heft 10. **Kupolofenbetrieb.** Von **Carl Irresberger.** Mit 63 Figuren und 5 Zahlentafeln im Text. 1922.

Heft 11. **Freiformschmiede.** Erster Teil: Technologie des Schmiedens. Rohstoffe der Schmiede. Von Direktor **P. H. Schweißguth.** Mit 225 Textfiguren. 1922.

Heft 12. **Freiformschmiede.** Zweiter Teil: Einrichtungen und Werkzeuge der Schmiede. Von Direktor **P. H. Schweißguth.** 1922.

Heft 13. **Die neuen Schweißverfahren.** Von Dr.-Ing. **Paul Schimpke,** Professor an der Staatlichen Gewerbeakademie, Chemnitz. Mit 60 Figuren und 2 Zahlentafeln im Text. 1922.

Jedes Heft GZ. 1.

Weitere Hefte befinden sich in Vorbereitung.